Martin Hack

Energie-Contracting

Energie-Contracting

Energiedienstleistungen und dezentrale Energieversorgung

von

Martin Hack
LL.M. (Stockholm)
Rechtsanwalt, Hamburg

3. Auflage

C.H.BECK

www.beck.de

ISBN 978 3 406 67864 6

Wilhelmstraße 9, 80801 München
Druck: Druckhaus Nomos
In den Lissen 12, 76547 Sinzheim
Satz: Fotosatz Buck
Zweikirchener Str. 7, 84036 Kumhausen

Gedruckt auf säurefreiem, alterungsbeständigem Papier
(hergestellt aus chlorfrei gebleichtem Zellstoff)

Vorwort

Schien die „Energiewende" bei Erscheinen der zweiten Auflage im Jahre 2012 eine Richtung bekommen zu haben, die von einem erfreulich breiten Konsens getragen wird, so haben die zurückliegenden Jahre gezeigt, dass der Eindruck trügt. Die europarechtlichen Effizienzziele für das Jahr 2020 werden aller Voraussicht nach verfehlt. Erfolgversprechende Anstrengungen, sie zu erreichen, sind nicht erkennbar. Notwendige Korrekturen am Erneuerbare-Energien-Gesetz wurden gezielt genutzt, um kleinmaßstäbliche, dezentrale und von einem breiten bürgerschaftlichen Engagement getragene Lösungen wirtschaftlich und organisatorisch unattraktiv zu machen. Stattdessen wird bürokratischen Großlösungen der Vorrang gegeben. Das gesetzliche Ziel, den Anteil von KWK-Strom bis zum Jahr 2020 auf 25 % zu steigern, ist politisch aufgegeben worden. Das soll jüngsten Vorschlägen zur Novellierung des KWKG zufolge dahinter versteckt werden, dass der 25%-Anteil zukünftig auf die Strommenge bezogen wird, die nicht aus regenerativen Energien erzeugt wird. Die Förderung nach dem KWKG soll auf zentrale Großstrukturen zu Lasten dezentraler Erzeugung und Vermarktung verschoben werden. Der Umstand, dass aktuell kein Kapazitätsmarkt zur Subventionierung bestehender Großkraftwerke politisch gewollt scheint, löst eine gewisse Erleichterung aus. Unverständlich bleibt aber, weshalb nicht die Chancen ergriffen werden, mittels dezentraler Lösungen binnen weniger Jahre eine hocheffiziente, flächendeckende, netzentlastende und einem breiten Kreis von Akteuren offen stehende Energieversorgungsstruktur zu schaffen.

Optimistisch gewendet lässt es sich so sehen: Die zunehmende Gegenwehr und die nicht selten unsachlichen Angriffe, mit denen sich dezentrale Lösungen konfrontiert sehen, deuten darauf hin, dass sie tatsächlich eine Alternative zu herkömmlichen Konzepten sind. Die Vorteile sind unverändert: Keine langen Planungs- und Genehmigungsverfahren, keine landschaftsfressenden Neuanlagen, umfangreiche Verfügbarkeit der benötigten Technik in erprobter Form ohne weitere Entwicklungszeiten, überschaubare Investitionsvolumina im einzelnen Projekt, breite Risikostreuung, unmittelbare wirtschaftliche Vorteile für den Letztverbraucher und die Regionalwirtschaft.

Mit diesem Buch möchte ich einen Beitrag dazu leisten, dass möglichst vielen Energie nutzenden Unternehmen, Gebäudeeigentümern und -nutzern, Energieversorgern und sonstigen Entscheidungsträgern die Aufgaben als leistbar und beherrschbar erscheinen, die bei der Umsetzung von Energieeffizienz- und dezentralen Energieversorgungsprojekten zu bewältigen sind. Da ich eine wesentliche Aufgabe des Rechtsanwalts darin sehe, funktionierende Lösungen für die anstehenden Aufgaben zu entwickeln und verständlich darzustellen, würde ich mich besonders freuen, wenn dieses Buch auch vielen Nicht-Juristen in ihrer täglichen Arbeit verlässliche Unterstützung bietet.

Für Hinweise, Kritik, Verbesserungs- und Ergänzungsvorschläge aus dem Kreis der Leser bin ich stets dankbar. Sie erreichen mich unter folgender Adresse: Rechtsanwalt Martin Hack, Rechtsanwälte Günther; Mittelweg 150; 20148 Hamburg; Tel.: 040/2784940; Fax: 040/27849499; E-Mail: hack@rae-guenther.de, www.martinhack.de.

Mein Dank gilt vielen langjährigen Kooperationspartnern für die bereichernde interdisziplinäre Zusammenarbeit. Insbesondere danke ich Frau Dipl.-Ing. Birgit Arnold und Herrn Dipl.-Ing. Norbert Krug, die mir in mehr als 20 Jahren gemeinsamer Arbeit zu verschiedensten Fragen im Zusammenhang mit Wärmelieferung, Contracting und sonstigen Energiedienstleistungen vielfältige Anregungen vermittelt haben. Herrn Dipl.-Ing. Heinz-Ullrich Brosziewski danke ich für die vielfältige Unterstützung bei der Klärung von Fragen der dezentralen Stromversorgung. Meiner Kollegin Jenny Kortländer und meinem Kollegen Dr. Dirk Legler gilt mein Dank für die vielfältigen und lebendigen Diskussionen während der Ausarbeitung der dritten Auflage und die Entlastung bei der Alltagsarbeit. Meiner langjährigen Mitarbeiterin Frau Anke Janott danke ich für die Unterstützung bei der Fertigstellung des Textes und die stets verlässliche Organisation des Arbeitsalltages, die es erst ermöglicht, parallel zum Anwaltsalltag dieses Buchprojekt zu bewältigen.

Mein besonderer Dank gebührt schließlich erneut meiner Frau und unseren Kindern, die mir nicht immer leichten Herzens den Raum und die Zeit gewährt haben, an diesem Buch zu arbeiten.

Hamburg, im April 2015 *Martin Hack*

Inhaltsübersicht

Inhaltsverzeichnis

Abkürzungsverzeichnis

a.a.O.	am angegebenen Ort
ABl.	Amtsblatt der Europäischen Union
Abs.	Absatz
AbzG	Abzahlungsgesetz
AEUV	Vertrag über die Arbeitsweise der Europäischen Union
aF	alte Fassung
AG	Amtsgericht
AGB	Allgemeine Geschäftsbedingungen
AGBG	Gesetz zur Regelung des Rechts der Allgemeinen Geschäftsbedingungen
AGFW	AGFW/Der Energieeffizienzverband für Wärme, Kälte und KWK e.V.
Anh.	Anhang
Anm.	Anmerkung
Art.	Artikel
Aufl.	Auflage
AusglMechV	Ausgleichsmechanismusverordnung
AVBEltV	Verordnung über Allgemeine Bedingungen für die Elektrizitätsversorgung von Tarifkunden
AVBFernwärmeV	Verordnung über Allgemeine Bedingungen für die Versorgung mit Fernwärme
AVBGasV	Verordnung über Allgemeine Bedingungen für die Gasversorgung von Tarifkunden
AVBV	Verordnung über Allgemeine Versorgungsbedingungen
AVBWasserV	Verordnung über Allgemeine Bedingungen für die Versorgung mit Wasser
BAFA	Bundesamt für Wirtschaft und Ausfuhrkontrolle
BauGB	Baugesetzbuch
BauR	Baurecht
BayObLG	Bayerisches Oberstes Landesgericht
Beschl.	Beschluss

BetrKV .... Betriebskostenverordnung
BFH.................. Bundesfinanzhof
BGB.................. Bürgerliches Gesetzbuch
BGBl. .... Bundesgesetzblatt
BGH .... Bundesgerichtshof
BGHZ................ Entscheidungen des Bundesgerichtshofs in Zivilsachen
BHKW .... Blockheizkraftwerk
BHO .... Bundeshaushaltsordnung
BImSchG .... Bundes-Immissionsschutzgesetz
BR-Drs. .... Bundesrats-Drucksache
BT-Drs. .... Bundestags-Drucksache
BTOElt............... Bundestarifordnung Elektrizität
Buchst. .... Buchstabe
BVerfG .... Bundesverfassungsgericht
bzw. .... beziehungsweise

CO_2.................. Kohlenstoffdioxid
CuR.................. Contracting und Recht

dena.................. Deutsche Energie-Agentur GmbH
d.h. .... das heißt
DIN.................. Deutsches Institut für Normung
DNotZ .... Deutsche Notar-Zeitschrift
DVBl................. Deutsches Verwaltungsblatt

EDL-G .... Gesetz über Energiedienstleistungen und andere Energieeffizienzmaßnahmen
EEG.................. Erneuerbare-Energien-Gesetz
EEWärmeG .... Erneuerbare Energien-Wärmegesetz
EffizienzRL........... Effizienzrichtlinie 2012/27/EU
EG .... Europäische Gemeinschaft
EGBGB............... Einführungsgesetz zum Bürgerlichen Gesetzbuch
EG-RL .... Richtlinie der Europäischen Gemeinschaft
Einf. .... Einführung
EltRl .... Elektrizitätsbinnenmarktrichtlinie
EnWG .... Energiewirtschaftsgesetz
EnWZ .... Zeitschrift für das gesamte Recht der Energiewirtschaft
ErbbauRG .... Erbbaurechtsgesetz

EWeRK . . . . Zeitschrift des Instituts für Energie- und Wettbewerbsrecht in der Kommunalen Wirtschaft e.V.
EuGH . . . . Europäischer Gerichtshof
EU-RL . . . . Richtlinie des Europäischen Parlaments
EuZW . . . . Europäische Zeitschrift für Wirtschaftsrecht
EWG . . . . Europäische Wirtschaftsgemeinschaft

ff. folgende

GasGVV . . . . Gasgrundversorgungsverordnung
GBl. . . . . Gesetzblatt
GBO . . . . Grundbuchordnung
GO. . . . . Gemeindeordnung
GPKE . . . . Geschäftsprozesse zur Kundenbelieferung mit Elektrizität
GRUR. . . . . Gewerblicher Rechtsschutz und Urheberrecht
GVGA. . . . . Geschäftsanweisung für Gerichtsvollzieher
GWB . . . . Gesetz gegen Wettbewerbsbeschränkungen/Kartellgesetz
GWh . . . . Gigawattstunde

HPflG. . . . . Haftpflichtgesetz
HeizkV . . . . Heizkostenverordnung
HGrG . . . . Gesetz für die Grundsätze des Haushaltsrechts des Bundes und der Länder
HLH . . . . Lüftung/Klima, Heizung/Sanitär, Gebäudetechnik, Monatsschrift

IBR . . . . Immobilien- & Baurecht
InsO . . . . Insolvenzordnung
IR. InfrastrukturRecht
IT. Informationstechnik

JW . . . . Juristische Wochenschrift
JZ . . . . JuristenZeitung

KAVO. . . . . Konzessionsabgabenverordnung
KG. . . . . Kammergericht

KlimaSchFöG .... Gesetz zur Förderung des Klimaschutzes bei der Entwicklung in den Städten und Gemeinden
KStZ .... Kommunale Steuer-Zeitschrift
kW .... Kilowatt
kWh.................... Kilowattstunde
KWKG .... Kraft-Wärme-Kopplungsgesetz

MessZV................. Messzugangsverordnung
MDR.................... Monatsschrift für Deutsches Recht
MHG.................... Gesetz zur Regelung der Miethöhe
MietRÄndG.............. Mietrechtsänderungsgesetz
MW .... Megawatt
MWh.................... Megawattstunde
m.w.N. .... mit weiteren Nachweisen
MwSt. .... Mehrwertsteuer

NAV .... Niederspannungsanschlussverordnung
NDAV................... Niederdruckanschlussverordnung
NJW .... Neue Juristische Wochenschrift
NJWE-MietR .... NJW-Entscheidungsdienst Miet- und Wohnungsrecht
NJW-RR .... Neue Juristische Wochenschrift – Rechtsprechungs-Report
NMV.................... Neubaumietenverordnung
NZBau .... Neue Zeitschrift für Bau- und Vergaberecht
NZM.................... Neue Zeitschrift für Mietrecht

OLGR .... OLG-Report
OLGZ .... Entscheidungen der Oberlandesgerichte in Zivilsachen einschließlich der freiwilligen Gerichtsbarkeit
ORC-Anlagen .... Organic Rankine Cycle-Anlagen

PAngV.................. Verordnung über Preisangaben
PreisKlG............... Preisklauselgesetz
PrKV................... Preisklauselverordnung
ProdHaftG.............. Produkthaftungsgesetz

RdE.................... Recht der Energiewirtschaft
RGZ .... Entscheidungen des Reichsgerichts in Zivilsachen

RNotZ .... Rheinische Notar-Zeitschrift
Rpfleger .... Rechtspfleger

SächsVBl. .... Sächsisches Verwaltungsblatt
SH GO .... Gemeindeverordung für Schleswig-Holstein
Slg. .... Sammlung
SMG .... Gesetz zur Modernisierung des Schuldrechts
str. .... streitig
StromNEV .... Stromnetzentgeltverordnung
StromGVV .... Stromgrundversorgungsverordnung
StromNZV .... Stromnetzzugangsverordnung

Überbl. .... Überblick
UmweltHG............ Umwelthaftungsgesetz
Urt. .... Urteil
USt. .... Umsatzsteuer
UWG.................. Gesetz gegen den unlauteren Wettbewerb

VDE .... Verband der Elektrotechnik Elektronik Informationstechnik e.V.
VDI .... Verband Deutscher Ingenieure e.V.
VerbrKrG .... Verbraucherkreditgesetz
VergabeR .... Vergaberecht
VersorgBdg. .... Versorgungsbedingungen
VersR .... Versicherungsrecht
VfW.................. Verband für Wärmelieferung e.V.
VGH .... Verwaltungsgerichtshof
vgl. .... vergleiche
VgV .... Vergabeverordnung
VK.................... Vergabekammer
VNB .... Verteilernetzbetreiber
VOB/A .... Vergabe und Vertragsordnung für Bauleistungen Teil A
VOF.................. Vergabeordnung für freiberufliche Leistungen
VOL/A .... Vergabe- und Vertragsordnung für Leistungen Teil A
Vorb. .... Vorbemerkung

W .... Watt
WärmeLV .... Wärmelieferverordnung

WEG .... Wohnungseigentumsgesetz
WHG .... Wasserhaushaltsgesetz
WM .... Wertpapiermitteilungen
WoBindG .... Wohnungsbindungsgesetz
WoFG .... Wohnraumförderungsgesetz
WuM .... Wohnungswirtschaft und Mietrecht
WuW/E .... Wirtschaft und Wettbewerb/Entscheidungssammlung zum Kartellrecht

ZfIR .... Zeitschrift für Immobilienrecht
ZIP .... Zeitschrift für Wirtschaftsrecht
ZMR .... Zeitschrift für Miet- und Raumrecht
ZNER .... Zeitschrift für Neues Energierecht
ZPO .... Zivilprozessordnung
ZVG .... Zwangsversteigerungsgesetz
ZWE .... Zeitschrift für Wohnungseigentumsrecht

II. BV .... Zweite Berechnungsverordnung

Literaturverzeichnis

Bärmann, Johannes, Wohnungseigentumsgesetz, Kommentar, von *Christian Armbrüster/Matthias Becker/Michael Klein/Werner Merle/Eckhart Pick,* 12. Aufl., München 2013.

Bartsch, Alexander/Ahnis, Erik, Leitungsrechte in der Energiewirtschaft: Der Gestattungsvertrag, IR 2014, 245.

Bartsch, Michael/Röhling, Andreas/Salje, Peter/Scholz, Ulrich, Stromwirtschaft – Ein Praxishandbuch, 2. Aufl., Köln 2008.

Battis, Ulrich/Krautzberger, Michael/Löhr, Rolf-Peter, Baugesetzbuch, Kommentar, 11. Aufl., München 2009.

Beck, Siegfried/Depré, Peter, Praxis der Insolvenz, München 2010.

Behrens, Klaus, Reichweite des Urteils des BGH vom 15.11.2012 zur Unwirksamkeit von insolvenzabhängigen Lösungsklauseln in Energielieferverträgen, RdE 2014, 424.

Bemmann, Ulrich/Schädlich, Sylvia (Hrsg.), Contracting Handbuch 2003, 4. Aufl., Köln 2003.

Berendes, Konrad/Frenz, Walter/Müggenborg, Hans-Jürgen (Hrsg.), Wasserhaushaltsgesetz, Kommentar, Berlin 2011.

Beyer, Dietrich, Der neue Rechtsrahmen für die gewerbliche Wärmelieferung, CuR 2014, 4 .

Braun, Eberhard (Hrsg.), Insolvenzordnung (InsO), 5. Aufl., München 2012.

von Braunmühl, Wilhelm (Hrsg.), Handbuch Contracting, 2. Aufl., Düsseldorf 2000.

Brickwedde, Werner, Stromlieferung in der Insolvenz des Kunden, RdE 2012, 321.

Britz, Gabriele/Hellermann, Johannes/Hermes, Georg (Hrsg.), EnWG Energiewirtschaftsgesetz, Kommentar, 3. Aufl., München 2015.

Büdenbender, Ulrich, Schwerpunkte der Energierechtsreform 1998, 2. Aufl., Köln 2005.

Bundesministerium für Verkehr, Bau und Stadtentwicklung, Contracting im Mietwohnungsbau, Heft 141 der Schriftenreihe „Forschungen" des Bundesministeriums für Verkehr, Bau und Stadtentwicklung, Berlin 2010.

Cronauge, Ulrich/Westermann, Georg, Kommunale Unternehmen, 5. Aufl., Berlin 2006.

Danner, Wolfgang/Theobald, Christian, Energierecht, Kommentar, Stand: Januar 2015, München 2015.

Deutsche Energie-Agentur GmbH (dena), Leitfaden Energieliefer-Contracting, Berlin 2010.

dies., Leitfaden Energiespar-Contracting, Berlin 2008.

Ebel, Hans-Rudolf, Energielieferungsverträge, Heidelberg 1992.

Eder, Jost/Weise, Michael/Raschetti, Enrico, Das neue Mess- und Eichrecht, RdE 2014, 313.

Eisenschmid, Norbert/Rips, Franz-Georg/Wall, Dieter, Betriebskostenkommentar, 3. Aufl., Berlin 2010.

Eisenschmid, Norbert, Die Auslagerung von Vermieterleistungen, WuM 1998, 449–454.

ders., Contracting als Instrument des Klimaschutzes, WuM 2008, 264–270.

Faßbender, Heiner, Die Insolvenz des Energie-Contractors, Baden-Baden 2014.

Filthaut, Werner, Haftpflichtgesetz, Kommentar, 9. Aufl., München 2015.

Fricke, Norman, Die gerichtliche Kontrolle von Entgelten in der Energiewirtschaft, Baden-Baden 2015.

Gern, Alfons, Deutsches Kommunalrecht, 3. Aufl., Baden-Baden 2003.

Gertz, Sascha/Weise, Michael/Raschetti, Enrico, Das neue Mess- und Eichrecht 2015 und seine Auswirkungen auf die Versorgungswirtschaft, IR 2015, 29.

Graf von Westphalen, Vertragsrecht und AGB-Klauselwerke, Stand: Dezember 2011, 30. Aufl., München 2012.

Hamer, Martin/Geldsetzer, Annette, Vertragsabschluss, Vertragseintritt und Vertragsänderung bei Fernwärmelieferverhältnissen – welche Bedingungen gelten?, EWeRK 2014, 203-209.

Haupt, Christian/Tritschler, Markus/Weisenberger, Dietmar/Hack, Martin/Moritz, Wolfram, Kraft-Wärme-Kopplung im Mehrfamilienhaus, Teil 1: HLH 3-2013, 86; Teil 2: HLH 4-2013, 2.

Heix, Gerhard, Änderung der Kostenmiete nach einer Umstellung auf eigenständig gewerbliche Heizungs- und Warmwasserversorgung im preisgebundenen Wohnraum, WuM 1994, 177–178.

Hempel, Dietmar/Franke, Peter (Hrsg.), Recht der Energie- und Wasserversorgung, Kommentar, Band 2, Köln 2012 ff.

Hermann, Hans Peter/Recknagel, Henning/Schmidt-Salzer, Joachim, Kommentar zu den Allgemeinen Versorgungsbedingungen für Elektrizität, Gas, Fernwärme und Wasser, Heidelberg Band 1 1981, Band 2 1984.

Hinz, Werner, Die Umstellung auf Wärmecontracting, WuM 2014, 55.

Immenga, Ulrich/Mestmäcker, Ernst-Joachim/Körber, Torsten, Wettbewerbsrecht, Band 2, GWB, Kommentar zum deutschen Kartellrecht, 5. Aufl., München 2014.

Kachel, Markus/Weise, Michael/Wagner, Florian, Unterzähler in Kundenanlagen – zur rechtssicheren Umsetzung des § 20 1d EnWG, IR 2013, 2-6.

Klemm, Andreas, Der neue Rechtsrahmen für die gewerbliche Wärmelieferung, CuR 2013, 152.

Koch, Hans-Joachim/Mengel, Constanze, Gemeindliche Kompetenzen für Maßnahmen des Klimaschutzes am Beispiel der Kraft-Wärme-Kopplung, DVBl. 2000, 953–463.

Krafczyk, Wolfgang/Lietz, Franziska, Pflichten zur Legionellenprüfung bei gewerblicher Warmwasserversorgung, CuR 2012, 158.

Kraft, Manfred/Wollschläger, Stefan, Leitfaden zur Kalkulation und Änderung von Fernwärmepreisen, Frankfurt a.M. 2012.

Kramer, Dennis, Wärme-Contracting in preisgebundenen Wohnraummietverhältnissen, ZMR 2007, 508-511.

Kreuzberg, Joachim/Wien, Joachim, Handbuch der Heizkostenabrechnung, 8. Aufl., Köln 2012.

Kruse, Tobias, Wärmelieferungsverträge (Contracting) in der notariellen Praxis, RNotZ 2011, 65-86.

Lammel, Siegbert, Heizkostenverordnung, Kommentar, 4. Aufl., München 2015.

Langefeld-Wirth, Klaus, Der Wechsel der Wärme-Versorgungsart (Übergang zum sog. „Wärme-Contracting“) im System des deutschen Mietrechts, ZMR 1997, 165–168.

Lauer, Jörg, Scheinbestandteile als Kreditsicherheit, MDR 1986, 889–891.

Legler, Dirk, Preiskontrolle in Wärmelieferverträgen: Darf in automatischen Preisgleitklauseln kein Index mehr genutzt werden? ZNER 2010, 20-24.

Lützenkirchen, Klaus, Wärmecontracting, Kommentar zur Wärmelieferverordnung, Köln 2014.

Morell, Klaus-Dieter, Niederdruckanschlussverordnung (NDAV), Gasgrundversorgungsverordnung (GasGVV), Kommentar, Berlin 2009.

Müller, Thorsten/Oschmann, Volker/Wustlich, Guido, EEWärmeG, Erneuerbare-Energien-Wärmegesetz, Kommentar, München 2010.

Ortlieb, Birgit/Staebe, Erik, Praxishandbuch Geschlossene Verteilernetze und Kundenanlagen, Berlin 2014.

Palandt, Bürgerliches Gesetzbuch, Kommentar, von *Peter Bassenge/Gerd Brudermüller/Jürgen Ellenberger/Isabell Götz/Christian Grüneberg/Hartwig Sprau/Karsten Thorn/Walter Weidenkaff/Dietmar Weidlich*, 74. Aufl., München 2015.

Pfeiffer, Frank-Georg, Betriebskosten und Übergang auf das Wärmecontracting, in: *Artz, Markus/Börstinghaus, Ulf*, 10 Jahre Mietrechtsreformgesetz – Eine Bilanz, München 2011, S. 552–563.

Raabe, Marius/Meyer, Niels, Kommunalwirtschaftliche Rahmenbedingungen der gemeindlichen Nahwärmeversorgung, Rechtsgutachten, herausgegeben vom Ministerium für Finanzen und Energie des Landes Schleswig-Holstein, Kiel 2001.

Rauscher, Thomas/Krüger, Wolfgang, Münchener Kommentar zur Zivilprozessordnung mit Gerichtsverfassungsgesetz und Nebengesetzen, München 2013; zitiert: *MüKo-ZPO/(Verfasser)*.

Reinholz, Hans, Die rechtliche Einordnung des Energielieferungsvertrages, RdE 1999, 64–74.

Roller, Gerhard, Wärmeschutzbezogene Festsetzungen im Bebauungsplan, BauR 1995, 185–193.

Säcker, Franz Jürgen (Hrsg.), Berliner Kommentar zum Energierecht, Bände 1 und 2, Frankfurt a.M. 2013 und 2014.

Säcker, Franz Jürgen/Rixecker, Roland, Münchener Kommentar zum Bürgerlichen Gesetzbuch, 6. Aufl., München 2012; zitiert: *MüKo/(Verfasser)*.

Schmid, Michael J., Wärme- und Warmwasserlieferung, ZMR 1998, 732–740.

ders., Zur Kostenumlegung bei Übergang zur Wärmelieferung, WuM 2000, 339–340.

ders., Kosten der Hausanlagen als Entgelt für die Wärmelieferung?, ZMR 2001, 690–691.

ders., Neue Aspekte zum Wärmecontracting, ZMR 2002, 177–179.

ders., Wärmecontracting in der Wohnungseigentümergemeinschaft, CuR 2008, 84–87.

ders., Geplante Neuregelung des Übergangs zur gewerblichen Wärmelieferung, CuR 2011, 52–59.

Schmidt-Futterer, Mietrecht, Kommentar, herausgegeben von *Blank, Hubert*, 11. Aufl., München 2013.

Schneider, Jens-Peter/Theobald, Christian (Hrsg.), Recht der Energiewirtschaft, 4. Aufl., München 2013.

Schmidt-Ränsch, Jürgen, Das neue Schuldrecht – Anwendung und Auswirkungen in der Praxis, Köln 2002.

Schöne, Thomas, Stromlieferungsverträge, in: *Graf von Westphalen*, Vertragsrecht und AGB-Klauselwerke, 30. Aufl., München 2012.

Schreiber, Klaus, Eigentumserwerb an Heizungsanlagen bei gewerblicher Wärmelieferung (Contracting), NZM 2002, 320–323.

Stöber, Kurt, Zwangsversteigerungsgesetz, Kommentar, 19. Aufl., München 2009.

Topp, Adolf, Der Begriff der Fernwärme, RdE 2009, 133–138.

Ulmer/Brandner/Hensen, AGB-Recht, Kommentar zu den §§ 305–310 BGB und zum UKlaG, von *Guido Christensen/ Andreas Fuchs/ Mathias Habersack/ Carsten Schäfer/ Harry Schmidt/ Alexander Witt*, 11. Aufl., Köln 2011.

Unberath, Hannes/Fricke, Norman, Vertrag und Haftung nach der Liberalisierung des Strommarktes, NJW 2007, 3601-3606.

VfW e.V., Leitfaden für die Ausschreibung von Energieliefer-Contracting, Stand: 2011, http://www.energiecontracting.de, im Abschnitt „Praxishilfen".

Vogler, Ingrid, Untersuchung von mittel- und langfristigen Auswirkungen verschiedener Energie-Einsparstrategien von Wohnungsunternehmen auf die Wohnkosten; Dissertation Universität Kassel, Kassel 2014.

de Wal, Maurice, Preis- und Preisänderungskontrolle in Energielieferungsverträgen, Hamburg 2015.

Wall, Dietmar, Die Berechnung des Kostenvergleichs bei der Umstellung auf Contracting nach §§ 8 bis 10 WärmeLV, WuM 2014, 68.

Weyand, Rudolph, ibr-online-Kommentar Vergaberecht, Stand: 15.2.2015.

Wimmer, Klaus (Hrsg.), Frankfurter Kommentar zur Insolvenzordnung (FK-InsO), 6. Aufl., Köln 2011.

Witzel, Horst/Topp, Adolf, Allgemeine Versorgungsbedingungen für Fernwärme, 2. Aufl., Frankfurt a.M. 1997.

Zehelein, Kai, Energie-Effizienz-Management in Zeiten geänderten Mietrechts: Anlagenoptimierung und die Umlagefähigkeit entsprechender Vermieterkosten, NZM 2014, 649.

Zöller, Richard, Zivilprozessordnung, Kommentar, bearbeitet von *Reinhold Geimer/ Reinhard Gregor/ Kurt Herget/ Hans-Joachim Heßler/ Clemens Lückemann/ Kurt Stöber/ Max Vollkommer/ Christian Feskorn/ Arndt Lorenz*, 12. Aufl., Köln 2015.

Einführung

1 Die Fülle der Energieszenarien, Energieprogramme und **Energiekonzepte**, die eine zukunftsfähige Energieversorgung ermöglichen und deren Umsetzung beschleunigen sollen, hat in den zurückliegenden Jahren fast inflationären Umfang angenommen[1]. Die öffentliche Diskussion rankt sich um die Nutzung erneuerbarer Energien, den Ausstieg aus der Kernkraftnutzung, den Bau neuer Hochspannungstrassen, Kohlekraftwerke und andere energiebezogene Großprojekte. Die Europäische Union hat nur wenige Jahre nach Erlass der ersten Richtlinie zum Thema Energieeffizienz „nachgelegt" und im Oktober 2012 die Energieeffizienzrichtlinie[2] erlassen, die als Hauptziel eine Steigerung der Energieeffizienz um 20 % bis zum Jahre 2020 festschreibt. **Energieeffizienz** und **dezentrale Versorgungskonzepte** werden als probate Mittel einer nachhaltigen Energieversorgung beschworen, erweisen sich aber oft als sehr kleinteilig und nicht selten mühsam. Die gewünschten Effekte können sie nur dann haben, wenn es praktikable Konzepte zur Erschließung von **Effizienzpotentialen** gibt. Ein standardisiertes Massengeschäft wie bei der Strom- und Gaslieferung mittels Netznutzung lässt sich nicht ohne weiteres etablieren, wird aber andererseits benötigt. Denn nur mit einer Vielzahl von kleinen und mittleren Projekten sind die Einspareffekte zu erschließen, die mengenmäßig nötig sind, um großtechnische Lösungen zu ersetzen.

Die zur Verfügung stehenden Möglichkeiten zur effizienten, nachhaltigen und kostengünstigen Energieversorgung sind häufig technisch und organisatorisch **anspruchsvoll**. Die herkömmliche Stromversorgung aus dem Netz ebenso wie die Wärme- oder Käl-

[1] Die jüngsten Versionen der Bundesregierung: „Energiekonzept für eine umweltschonende, zuverlässige und bezahlbare Energieversorgung" vom 28.9.2010, www.bmu.de; „Der Weg zur Energie der Zukunft – sicher, bezahlbar und umweltfreundlich – Eckpunkte für ein energiepolitisches Konzept" vom 6.6.2011, www.bmwi.de; „Die Energiewende in Deutschland – Mit sicherer, bezahlbarer und umweltschonender Energie in das Jahr 2050", Februar 2012, www.bmwi.de; Grünbuch: Ein Strommarkt für die energiewende, November 2014, www.bmwi.de; Nationaler Aktionsplan Energieeffizienz (NAPE), Dezember 2014, www.bmwi.de.

[2] Richtlinie 2012/27/EU des Europäischen Parlaments und des Rates vom 25. Oktober 2012 zur Energieeffizienz, zur Änderung der Richtlinien 2009/125/EG und 2010/30/EU und zur Aufhebung der Richtlinien 2004/8/EG und 2006/32/EG, ABl. L 315/1 vom 14.11.2012.

teversorgung mit weitgehend automatisch funktionierenden technologisch einfachen Geräten auf Gas- oder Ölbasis erscheint vielen Gebäudeeigentümern als zu bewältigende Aufgabe. Das ist bei der Nutzung von regenerativen Energien, Blockheizkraftwerken oder umfangreichen Gebäudemanagementkonzepten nicht mehr der Fall. Aber auch bei der Nutzung herkömmlicher Versorgungstechnologien können die in ihnen steckenden Effizienzpotentiale nur genutzt werden, wenn die nötige Kompetenz in der Auswahl, dem Einsatz und der Unterhaltung solcher Anlagen vorhanden ist, die bei vielen Gebäudeeigentümern und -nutzern fehlt.

Ein sich bietender Weg zur Erschließung der vorhandenen Einspar- und Effizienzpotentiale ist die Einschaltung darauf **spezialisierter Unternehmen**, die mit **innovativer** Technik und **langfristig** angelegten Konzepten eine **ressourcen- und klimaschonende** Energieversorgung in einer den unterschiedlichsten Gebäude- und Nutzeranforderungen angepassten Weise realisieren. Eine wesentliche Voraussetzung für das Funktionieren solcher **dezentraler Versorgungskonzepte** ist langfristige **Rechtssicherheit**. Regelmäßig werden Energieeffizienzpotentiale dadurch erschlossen, dass hohe Verbräuche durch investitionsintensive Technik und langfristig angelegte Betriebskonzepte vermieden werden. Solche Konzepte lassen sich ohne oder mit überschaubaren Kostensteigerungen für den Endverbraucher realisieren, wenn die nötigen Investitionen über **lange Laufzeiten** aus den Einsparungen an Einsatzenergie refinanziert werden. Darauf lässt sich ein Anbieter aber nur dann ein, wenn er sich hinreichend sicher ist, die notwendigen Einnahmen auch langfristig verlässlich erzielen zu können. Dadurch entstehen rechtlich **ungewohnte Konfliktlinien**: Ein auf kurze Vertragslaufzeiten fixierter **Verbraucherschutz** wäre ein massives Hindernis für alle Projektansätze, die Energieverbrauch durch langfristig aus Einsparungen refinanzierte Investitionen ersetzen. Benötigt werden rechtliche Konzepte, die möglichst alle Eventualitäten solcher langfristigen Vertragsverhältnisse in einer für beide Seiten angemessenen Weise regeln.

2 Für solche Konzepte ist in den neunziger Jahren des letzten Jahrhunderts der Begriff „Contracting“ geprägt worden. Fragt man nach einer Erläuterung, so stößt man immer wieder auf ein historisches Beispiel, das die Funktionsweise des Contractings veranschaulichen soll. James Watt (1736–1819), Erfinder der Dampfmaschine, soll die zögerliche Vermarktung seiner Erfindung dadurch in Gang gebracht haben, dass er das **erste bekannte Contracting-Angebot** formuliert hat:

„Wir werden Ihnen kostenlos eine Dampfmaschine überlassen. Wir werden diese installieren und für fünf Jahre den Kundendienst übernehmen. Wir garantieren Ihnen, dass die Kohle für die Maschine weniger kostet, als Sie gegenwärtig an

Futter (Energie) für die Pferde aufwenden müssen. Und alles, was wir von Ihnen verlangen, ist, dass Sie uns ein Drittel des Geldes geben, das Sie sparen."[3]

Contracting lässt sich in Abgrenzung zum klassischen Verkauf von Anlagen oder Energieträgern als **umfassende Energiedienstleistung** verstehen, die den Nutzer von allen Aufgaben entlastet, die mit der Bereitstellung der von ihm benötigten Nutzenergie zusammenhängen. Der Begriff „Contracting" oder auch „Energie-Contracting" ist eine rein deutsche Wortschöpfung für solche Leistungen, der für den Nichtfachmann nur wenig anschaulich den Umfang der erfassten Leistungen beschreibt.

3 Unter der Bezeichnung „Energiedienstleistung" hat das in Deutschland so bezeichnete Energie-Contracting Eingang in den europäischen Normenbestand gefunden. Die „**Richtlinie** 2006/32/EG des Europäischen Parlaments und des Rates vom 5. April 2006 über **Endenergieeffizienz** und **Energiedienstleistungen** und zur Aufhebung der Richtlinie 93/76/EWG des Rates"[4] definierte in Art. 3d) Energiedienstleistungen erstmals. Die Nachfolgeregelung in Art. 2 Nr. 7 der **Energieeffizienzrichtlinie** 2012/27/EU (EffizienzRL) hat sie weitgehend beibehalten und lautet:

„Im Sinne der Richtlinie bezeichnet der Ausdruck „Energiedienstleistung" den physischen **Nutzeffekt**, den **Nutzwert** oder die Vorteile, die aus einer **Kombination** von **Energie** mit energieeffizienter **Technologie** oder mit **Maßnahmen** gewonnen werden, die die erforderlichen Betriebs-, Instandhaltungs- und Kontrollaktivitäten zur Erbringung der Dienstleistung beinhalten können; sie wird auf der **Grundlage** eines **Vertrags** erbracht und führt unter normalen Umständen erwiesenermaßen zu überprüfbaren und mess- oder schätzbaren **Energieeffizienzverbesserungen** oder **Primärenergieeinsparungen**."

Die Komplexität der Energiedienstleistungen findet ihren Niederschlag in diesem **sprachlichen Ungetüm**. Etwas ausführlicher formuliert lässt es sich wie folgt fassen: Kern der vertraglichen Leistungspflicht eines Energiedienstleisters ist die Bereitstellung eines Nutzeffekts, eines Nutzwertes oder anderer Vorteile. Das sind Strom, Wärme, Kälte, Frischluft, Licht oder andere vom Nutzer benötigte Leistungen. Der **Energiedienstleister** trägt das **Risiko** der effizienten Bereitstellung der Leistung. Nicht mehr der Nutzer muss sich um die Umwandlung der Einsatzenergie in die von ihm benötigte Nutzenergie kümmern, sondern der Energiedienstleister übernimmt dies mit allen Risiken. Dieser Kern der Leistungspflicht muss das Ergebnis der Kombination von Energie mit energieeffizienter Technologie und/oder mit Maßnahmen sein, die die erforderliche Betriebs-, Instandhaltungs- und Kontrollaktivitäten enthalten können. Ein Energiedienstleister liefert beispielsweise Wärme, also einen

[3] Zitat aus *von Braunmühl*, Handbuch Contracting, S. 7.
[4] ABl. L 114/64 v. 27.4.2006.

Nutzwert, den er dadurch bereitstellt, dass er von ihm als Brennstoff eingekaufte Energie, z.B. Holzpellets, mittels von ihm eingesetzter energieeffizienter Technologie, also eines modernen Holzpelletkessels, in die allein geschuldete und gelieferte Wärme umwandelt. Das geschieht auf der Grundlage eines Wärmelieferungsvertrages, der ihn automatisch verpflichtet, an der Wärmeerzeugungsanlage die erforderlichen Betriebs-, Instandhaltungs- und Kontrollaktivitäten vorzunehmen. Denn er könnte seine Lieferpflicht nicht dauerhaft erfüllen, wenn er diese Arbeiten an der Anlage nicht ausführen würde.

Die Übernahme des Risikos, den Nutzwert möglichst effizient bereitzustellen, führt – so die Annahme des europäischen Normgebers und der Befund in der Realität – im Vergleich zur ersetzten alten Technik, aber auch im Vergleich zu einer vom Gebäudeeigentümer selbst vorgenommenen Versorgung mittels neuerer Technik[5], zu nachweisbaren Einsparungen an Energie. Eine Gegenüberstellung des Primärenergieverbrauchs vor und nach Einschaltung des Energiedienstleisters ergibt regelmäßig eine **Primärenergieeinsparung**. Der Umfang der Einsparung hängt von dem Umfang der Änderungen an der eingesetzten Technik und Betriebsweise ab.

4 Der **deutsche Gesetzgeber** hat im Rahmen der ihm obliegenden Umsetzung der Richtlinie 2006/32/EG eine Definition der Energiedienstleistung in § 2 Nr. 6 des Gesetzes über Energiedienstleistungen und andere Energieeffizienzmaßnahmen vom 4.11.2010 (EDL-G)[6] aufgenommen, die den **Blick** auf den Wesenskern der Energiedienstleistung **verstellt:**

Danach ist eine Energiedienstleistung eine „Tätigkeit, die auf der Grundlage eines Vertrags erbracht wird und in der Regel zu überprüfbaren und mess- oder schätzbaren Energieeffizienzverbesserungen oder Primärenergieeinsparungen *sowie* zu einem physikalischen Nutzeffekt, einem Nutzwert oder zu Vorteilen als Ergebnis der Kombination von Energie mit energieeffizienter Technologie oder mit Maßnahmen wie beispielsweise Betriebs-, Instandhaltungs- und Kontrollaktivitäten führt."

Der deutsche Gesetzgeber verbindet Energieeffizienzverbesserungen bzw. Primärenergieeinsparungen durch ein „sowie" mit dem Nutzeffekt oder Nutzwert. Das erweckt den Anschein, als stünden diese Elemente **nebeneinander**. Kern der europarechtlichen Konzep-

[5] Ausweislich der im Auftrag des Bundesministerium für Verkehr, Bau und Stadtentwicklung durchgeführten Studie „Contracting im Mietwohnungsbau", Heft Nr. 141, Bonn 2009, führt die Übertragung der Wärmeversorgungsaufgabe auf einen Energiedienstleister bei unveränderter Technik im Schnitt zu Energieeinsparungen von 10 % allein aufgrund der Einsparmöglichkeiten, die aus der vorhandenen Anlage aufgrund der höheren Betriebsführungskompetenz des Energiedienstleisters erzielt werden; siehe ausführlich dazu Rn. 506 f.

[6] BGBl. I 2010 S. 1483.

tion ist aber, dass die Energieeffizienzverbesserung oder Primärenergieeinsparung **Folge** davon ist, dass einem Energiedienstleister die Verantwortung für die Nutzeffekt- bzw. Nutzwertbereitstellung übertragen wird[7]. Dadurch, dass er den vom Kunden benötigten Nutzeffekt (z.B. Wärme, Kälte) und nicht die zu dessen Erzeugung eingesetzte Energie vergütet bekommt, sorgt er aus reinem Eigeninteresse schon für einen sparsamen Einsatz der zur Erzeugung benötigten Energie. Im Rahmen einer verpflichtend vorzunehmenden europarechtskonformen Auslegung des deutschen Gesetzes[8] ist die unklar formulierte Definition im deutschen Gesetz so zu verstehen, wie es sich aus der europarechtlichen Vorgabe ergibt.

5 Die Begriffe **„Energiedienstleistung"** und **„Energiedienstleister"** beschreiben treffend die Art des Umgangs mit den Aufgaben der Energiebereitstellung, denen dieses Buch dienen soll. Nachdem sie auch Eingang in die europäische und deutsche Gesetzgebung gefunden haben, werden sie als **Leitbegriffe** in diesem Buch verwendet.

6 Die **Erscheinungsformen** der Energiedienstleistungen sind vielfältig. Industrieunternehmen übertragen die **Gesamtverantwortung** für die Versorgung von Produktionsstätten einschließlich der dafür benötigten Anlagen einem Energiedienstleister. Krankenhäuser, Kasernen oder Verwaltungsgebäude werden nicht mehr vom Eigentümer selbst, sondern von einem Energiedienstleister mit **Wärme**, **Kälte** und **Strom** versorgt. Wohnungsunternehmen verpflichten einen Energiedienstleister, die Errichtung oder Modernisierung und den zukünftigen Betrieb von Heizanlagen zu übernehmen. Gewerbe- und Wohngebiete werden aus Nahwärmenetzen versorgt, die ein Energiedienstleister häufig unter Nutzung von Anlagen zur Kraft-Wärme-Kopplung oder mittels Einsatzes regenerativer Brennstoffe versorgt. Im Falle der energetischen **Sanierung** von Gebäuden werden bisweilen nicht nur Energieerzeugungs- und -verteilungsanlagen in den Aufgabenbereich des Energiedienstleisters einbezogen, sondern auch weitere Maßnahmen am Gebäude wie die Dämmung der Außenhülle, obersten Geschossdecke oder Kellerdecke oder der Ersatz von Fenstern.

Die Reihe der Beispiele ließe sich nahezu beliebig verlängern[9]. Der Umfang der vom Energiedienstleister zu erbringenden Leistungen unterscheidet sich von Objekt zu Objekt und je nach den vertraglichen Vereinbarungen. Der sich ergebende **Regelungsbedarf** variiert

---

[7] Siehe dazu 20. Erwägungsgrund der RL 2006/32/EG, ABl. 2006 L 114/66.

[8] Vgl. BVerfG, Beschl. v. 29.7.2004 – 2 BvR 2248/03, Rn. 34–38, NVwZ 2004, 1224–1228.

[9] Anschauliche Schilderungen von Beispielsfällen finden sich bei *von Braunmühl*, Handbuch Contracting, S. 323–575, und *Bemmann/Schädlich*, Contracting Handbuch 2002, S. 263–328.

entsprechend. Für die Wärmeversorgung eines Mehrfamilienwohnhauses lässt sich noch ein weitgehend standardisiertes Verfahren entwickeln. Die Ausgestaltung eines Contracting-Vorhabens, das nicht nur sämtliche Energieanlagen, sondern auch Teile der Gebäudehülle und das Verhalten der Gebäudenutzer erfasst, verlangt sehr viel umfangreichere vertragliche Regelungen.

Energiedienstleistungen beschränken sich nicht auf die Belieferung mit Wärme oder Strom, sondern können ebenso beispielsweise die Lieferung von Kälte, **Druckluft**, **Prozessdampf**, Licht oder mechanischer Energie zum Gegenstand haben. Entscheidend ist die Bereitstellung der Energie in der Form, die der Nutzer nach seinen individuellen Anforderungen benötigt. Die vom Energiedienstleister gelieferte Energie ist **immer** die vom Kunden benötigte **Nutzenergie**.

7 Gemeinsam ist den Projekten die Zielrichtung: Die Energieversorgung soll einem für die Übernahme der Aufgabe qualifizierten Fachunternehmen übertragen werden, das eine sparsame, wirtschaftliche, umweltverträgliche und zuverlässige Versorgung sicherstellt. Eigentümer oder Nutzer der zu versorgenden Gebäude oder Anlagen brauchen sich nicht mehr selbst um die teilweise sehr **komplexe Aufgabe** der Energieversorgung zu kümmern. Der Energiedienstleister übernimmt die Planung, Errichtung, Finanzierung und den Betrieb der Anlage. Er hat Energie in einer Art und einem Umfang zur Verfügung zu stellen, die vom Nutzer bei Vertragsschluss definiert wird. Wie die vertragsgemäße Energiebereitstellung bewerkstelligt wird, ist allein Sache des Energiedienstleisters. Der Nutzer zahlt nur das, was er bekommt. Der Nutzer soll ein „Rundum-Sorglos-Paket“[10] zu langfristig verlässlich **kalkulierbaren Kosten** erhalten.

8 Effiziente und umweltverträgliche, insbesondere klimaschonende **Versorgungskonzepte** sind häufig technisch und organisatorisch anspruchsvoll. Dies schreckt eine Vielzahl von Energieabnehmern von ihrer Nutzung ab. Energiedienstleister dagegen können mit solchen Konzepten umgehen und damit Energieeinsparpotentiale erschließen, die anderenfalls brachliegen würden. Das gilt sowohl für den optimierten Einsatz konventioneller Energieträger durch entsprechende Anlagen- und Steuertechnik, als auch für den Einsatz regenerativer Energieträger z.B. in einem Holzhackschnitzelheizwerk zur Versorgung eines Nahwärmenetzes, die Nutzung von Abwärme zur Unterstützung der Raumerwärmung oder Zukunftsprojekte wie die Versorgung von Wohnhäusern mit Strom und Wärme aus Brennstoffzellen. Energiedienstleistungen bieten damit die

---

[10] *von Braunmühl*, Handbuch Contracting, S. 6.

Chance, dem **klimapolitischen Ziel** der deutlichen Reduktion von CO_2-Emissionen näher zu kommen[11].

9 Die Beschaffung der zur Wärme-, Kälte- und Stromversorgung notwendigen Energie erfolgt häufig unstrukturiert und an Zufällen orientiert. Vergibt der Energieabnehmer dagegen den Versorgungsauftrag im **Wettbewerb** an einen Energiedienstleister, der ihm langfristig das günstigste Angebot bietet, so kann mit einmaligem Aufwand bei der Auftragsvergabe über viele Jahre eine wirtschaftliche Versorgung sichergestellt werden. Gerade bei solch komplexen Vertragsinhalten wie einer objektspezifischen Energiedienstleistung ist die Nutzung des Wettbewerbs zwischen den Anbietern das **unverzichtbare** und einzige zur Verfügung stehende **Mittel**, um zu **wirtschaftlichen Versorgungsbedingungen** zu gelangen. Es ist eine Illusion, mit vertretbarem Aufwand durch wie auch immer geartete nachträgliche Preiskontrollmechanismen unter Berücksichtigung aller objektspezifischen Eigenheiten einen „richtigen" Preis für eine Energiedienstleistung ermitteln und an dem so ermittelten Preis den tatsächlich vereinbarten messen zu können.

10 Energiedienstleistungen sind ein Organisationsmodell zur Energieversorgung, das hinsichtlich der Einhaltung der Wirtschaftlichkeits- und Umweltziele ordnungspolitisch den entscheidenden Vorteil aufweist, weitgehend **selbststeuernd** zu sein. Energie-Contracting zielt darauf ab, die Energieversorgung so zu organisieren, dass der effiziente Umgang mit Energie möglichst automatisch erfolgt und nicht durch umfassende Überwachungsmaßnahmen „erzwungen" werden muss. Durch die intelligente rechtliche Zuordnung von Aufgaben und Risiken wird ein starker wirtschaftlicher Effizienzanreiz gesetzt. Das klassische Beispiel dafür ist das Einspar-Contracting, bei dem der Contractor als Vergütung den Geldbetrag erhält, den der Gebäudenutzer infolge der vom Contractor durchgeführten Maßnahmen einspart. Spart der Gebäudenutzer mehr ein, als vertraglich verabredet, erhält der Contractor eine Belohnung in Form einer höheren Vergütung, spart er weniger ein, muss der Contractor dennoch den Kunden so stellen, als wäre die versprochene Einsparung erreicht worden.

Eine andere Nutzung dieses Ansatzes ist das Energieliefer-Contracting in vermieteten Wohngebäuden. Ist die Beheizung Aufgabe des Vermieters, für den die Brennstoffkosten nur durchlaufende Kosten sind (§ 2 Nr. 4 a) Betriebskostenverordnung), die er auf die Mieter umlegt (§ 556 BGB), so achtet nur der engagierte Vermieter

---

[11] Energiekonzept der Bundesregierung für eine umweltschonende, zuverlässige und bezahlbare Energieversorgung vom 28.9.2010, S. 29, www.bundes regierung.de.

auf die Effizienz der Heizungsanlage. Erfolgt die Wärmeversorgung durch einen Energiedienstleister, der nicht den Brennstoff, sondern die erzeugte und gemessene Wärme zu vereinbarten Preisen bezahlt bekommt, so achtet der Energiedienstleister von sich aus darauf, dass die Umwandlung von Brennstoff in Wärme möglichst effizient erfolgt. Dieses Prinzip lässt sich auf alle erdenklichen Arten der Nutzenergieerzeugung übertragen und erlaubt es deshalb, im Zusammenhang mit vielen Energieumwandlungsprozessen Effizienzpotentiale zu erschließen, ohne gesonderte Überwachungs-, Kontroll- und Berichtspflichten zu schaffen. Damit stellt das – richtig strukturierte – Energie-Contracting auch ein Instrument effizienter Energiepolitik dar. Dieser Effekt ist im Auftrag des Bundesministeriums für Verkehr, Bau und Stadtentwicklung für den Bereich des Mietwohnungsbaus untersucht und bestätigt worden[12].

11 Es kommt darauf an, ein Energiedienstleistungsvorhaben technisch und rechtlich so zu strukturieren, dass die angesprochenen wirtschaftlichen, organisatorischen und ökologischen **Ziele dauerhaft erreicht** werden können. Dieses Buch will einen Beitrag dazu leisten, Anbieter und Nachfrager von Energiedienstleistungen in die Lage zu versetzen, verlässliche Rahmenbedingungen miteinander zu vereinbaren. Planern, Investoren oder der öffentlichen Hand möchte es aufzeigen, welche Rahmenbedingungen für eine effiziente dezentrale Energieversorgung geschaffen werden können. Schließlich soll dem Ziel gedient werden, beim Entstehen nicht vertraglich geregelter oder in der Normsetzung nicht berücksichtigter Konflikte zu tragfähigen Lösungen zu gelangen.

Wie bei vielen neuen Geschäftsmodellen, so sind auch im Bereich der Energiedienstleistungen vereinzelte Entwicklungen zu beobachten, deren Zielrichtung nicht klar ist und die jedenfalls nicht zu den vorstehend genannten Effekten führen. Recht anschaulich hat das Hanseatische Oberlandesgericht Hamburg dies bei der detaillierten Auseinandersetzung mit einer Vertragskonstruktion herausgearbeitet, die als Energiedienstleistung bezeichnet wird. Die Konstruktion sieht vor, dass dem Wortlaut der Verträge zufolge ein Energiedienstleister seinen Kunden unter Nutzung von deren stromverbrauchenden Haushaltsgeräten (Toaster, Fön, Waschmaschine etc.) Nutzenergie liefert. In die Leistungserbringung werden in verschachtelter Weise drei verschiedene Unternehmen mit unterschiedlichen Aufgaben eingebunden. Objektiv stellt sich die Leistung, die der Kunde

---

[12] Bundesministerium für Verkehr, Bau und Stadtentwicklung/Bundesamt für Bauwesen und Raumordnung, „Contracting im Mietwohnungsbau", Heft Nr. 141 der Schriftenreihe „Forschungen", Bonn 2009, S. 78-89; siehe auch Techem Energy Services GmbH, Energiekennwerte 2013 „Techem Studie", Eschborn 2014, S. 60 und Grafik 17 und 18.

erhält, aber als Stromlieferung dar. Die Analyse durch das OLG endet mit der Feststellung: „Nach dem Gesamtbild der Verträge drängt sich unter diesen Umständen geradezu auf, dass die Beklagte und die Nebenintervenientinnen mit den Vertragsgestaltungen ein sogenanntes Schein-Contracting als echtes, steuerbegünstigtes Energie-Contracting darzustellen und zugleich zu erreichen versuchen, dass möglichst keines der drei Unternehmen die EEG-Umlage zu zahlen hat."[13] Ziel der Auseinandersetzung mit Energiedienstleistungen und Energie-Contracting in diesem Buch ist es auch, die Leser in die Lage zu versetzen, zwischen Energiedienstleistungen, die zu Energieeinsparungen und Effizienzverbesserungen führen, und anderen als Energiedienstleistung bezeichneten Angeboten unterscheiden zu können.

---

[13] OLG Hamburg, Urt. v. 12.8.2014 – 9 U 198/13, Rn. 78, juris.

A. Energiedienstleistungen in der Praxis

12 Die Bandbreite der Vorhaben, die als Energiedienstleistungen einzustufen sind, drückt sich auch in einer begrifflichen Vielfalt aus. Nachdem sich der Begriff „Contracting" für Energiedienstleistungen verbreitete, fehlte eine rechtlich verbindliche Definition. Dies veranlasste den DIN Deutsches Institut für Normung e.V. mit der **DIN 8930 Teil 5 (Contracting)** im Jahre 2002 einen verlässlichen begrifflichen Rahmen zu schaffen. Die darin verwendete und in der Praxis mittlerweile recht weitgehend etablierte **Strukturierung** verschiedener **Organisationsformen** der Energiedienstleistungen wird nachfolgend zugrunde gelegt. Sie ist eine sinnvolle Orientierung. Eine rechtlich verbindliche Definition gibt es bis heute nicht. In der Praxis gibt es diverse Mischformen, die aus dem Bestreben erwachsen, für jedes Objekt eine den Bedürfnissen der Nutzer entsprechende Lösung zu bieten. Entscheidend für den rechtlichen Umgang mit Energiedienstleistungen ist nie die Benennung, sondern allein der konkrete Inhalt der zu erbringenden Leistungen[14].

I. Energieliefer-Contracting

13 Als „Energieliefer-Contracting" werden Vorhaben bezeichnet, bei denen der Energiedienstleister die **Energieerzeugungsanlage** entweder plant, finanziert und errichtet oder eine vorhandene Energieerzeugungsanlage übernimmt und für die Dauer des Vertrages die **Anlagenverantwortung** und das Anlagenrisiko trägt, also den Betrieb führt, die Anlage wartet, Instand setzt und bedient, die Einsatzenergie einkauft und die **Nutzenergie** verkauft.

Die Leistungsgrenze zwischen der Anlage des Energiedienstleisters und des Energieabnehmers ist vertraglich genau zu definieren, da davon der Umfang der in das Entgelt für die Lieferung einzurechnenden Anlagenerstellungs- und Unterhaltungskosten abhängt. Die gelieferte Energiemenge wird durch geeignete Messgeräte erfasst. Vergütet werden dem Energiedienstleister die Vorhaltung der Anlage, die gelieferte Nutzenergiemenge und die Ablesung und Abrechnung.

[14] Vergabekammer der Freien Hansestadt Bremen, Beschl. v. 24.10.2000 – VK 3/00, S. 8.

Der Energiedienstleister betreibt die Anlage auf **eigenes Risiko** auf der Basis eines **langfristigen Vertrages**, der die Amortisation der vom Energiedienstleister getätigten Investition gewährleistet. Die Preise sind nur insoweit veränderlich, als sich die Preise für die eingesetzte Energie, sonstige Kosten und die jeweiligen Verhältnisse auf dem Wärmemarkt ändern.

14 In der Contracting-Praxis ist dieses Modell das am häufigsten anzutreffende. Es umfasst so **unterschiedliche Fälle** wie die Belieferung eines Mehrfamilienhauses mit Wärme aus einer dem Energiedienstleister gehörenden Anlage, die Versorgung eines Lebensmittel verarbeitenden Industriebetriebes mit Dampf und Kälte aus einer vom Energiedienstleister langfristig gepachteten Anlage oder die Versorgung einer Vielzahl von Gebäuden aus einem vom Energiedienstleister verlegten Wärmeleitungsnetz, in das er Wärme aus einem ihm gehörenden Heizwerk einspeist.

Der **Vertrag**, in dem die Lieferbedingungen festgelegt werden, wird vor Beginn der Installation der notwendigen Anlagen geschlossen. Ihm liegt eine verbindliche Definition der Anforderungen zugrunde, die die Nutzenergielieferung erfüllen muss. Im Vertrag werden die **Preise** festgelegt und nur insoweit **veränderlich** ausgestaltet, als sich die für den laufenden Betrieb anfallenden **Kosten** und die **Verhältnisse auf dem Energiemarkt** nachträglich ändern. Falsche Annahmen bei der Kalkulation der Preise, z.B. hinsichtlich der Anlagenerstellungskosten oder der zukünftigen Effizienz der Anlage, gehen zu Lasten des Energiedienstleisters.

15 Der Umfang der Risiken, die der Energiedienstleister dem Gebäudeeigentümer bzw. -nutzer beim Energieliefer-Contracting üblicherweise abnimmt, lässt sich anschaulich in Tabellenform darstellen:

Risiko	**Risikoträger**
Anlagendimensionierung	Energiedienstleister
Ordnungsgemäße Errichtung	Energiedienstleister
Finanzierung	Energiedienstleister
Reparatur, Ersatz	Energiedienstleister
Effizienter Betrieb	Energiedienstleister
Verbrauchsverhalten	Kunde
Klima	Kunde
Brennstoffpreis	Kunde

Tabelle 1: Standard-Risikoverteilung beim Energieliefer-Contracting

Die vom Kunden getragenen Risiken sind die, die er steuern kann (Verbrauchsverhalten) und die weder vom Kunden, noch vom Energiedienstleister kalkulierbaren Klima- und Brennstoffpreisrisiken. Beide müsste der Kunde auch tragen, wenn er die Versorgung selbstständig durchführt. Denkbar ist hinsichtlich der beiden letztgenannten allenfalls eine teilweise Übernahme durch den Energiedienstleister verbunden mit der Absicherung durch entsprechende Finanzinstrumente, was aber erst einmal zu einer Erhöhung der Kosten für den Kunden führt.

Beschränkt sich das Energieliefer-Contracting auf die Lieferung von Wärme, so liegt ein Fall der **eigenständigen gewerblichen Lieferung von Wärme** und Warmwasser im Sinne des § 1 Abs. 1 Nr. 2 HeizkV vor. Vorhaben, bei denen es um Energieliefer-Contracting geht, werden teilweise auch als „Anlagen-Contracting"[15] oder „Nutzenergie-Lieferung" bezeichnet.

II. Einspar-Contracting

16 Als „Einspar-Contracting" werden Vorhaben bezeichnet, bei denen der Energiedienstleister nicht nur Energieerzeugungs-, sondern auch Energieverteilungs- und **Energienutzungsanlagen** sowie andere, für den Energieverbrauch des versorgten Gebäudes maßgebliche **Bauteile** plant, finanziert, errichtet, betreibt und Instand hält. Die Einbindung der Nutzer in ein vom Energiedienstleister zu erstellendes Energiekonzept und die **Schulung** der Nutzer sind regelmäßig Bestandteil der Leistung.

Das Einspar-Contracting umfasst nicht automatisch auch Energielieferleistungen. Es zielt primär darauf ab, **Gebäude** mittel- oder langfristig energetisch zu **optimieren** und damit dem Gebäudenutzer oder -eigentümer einen über die Vertragslaufzeit hinaus wirkenden wirtschaftlichen und ökologischen Vorteil zu verschaffen. Wirtschaftlich werden die Projekte meist so gestaltet, dass die Kostenersparnis beim Energiebezug zur Finanzierung der investiven Maßnahmen verwendet wird. Der Energiedienstleister erhält als Vergütung ein Entgelt, das sich an der erzielten Einsparung orientiert. Die Kostenbelastung des Gebäudeeigentümers oder -nutzers bleibt

[15] *Bemmann/Schädlich*, Contracting-Handbuch 2002, S. 46 ff.; *von Braunmühl*, Handbuch Contracting, S. 11.

gleich oder reduziert sich[16]. Der Energiedienstleister **garantiert** eine **Energieeinsparung**, bezogen auf einen definierten Gebäudezustand, eine bestimmte Nutzung und definierte klimatische Rahmenbedingungen.

17 Anwendung findet dieses Modell beispielsweise im Bereich von **Gebäuden der öffentlichen Hand**, bei denen nicht nur die Erneuerung der Energieerzeugungsanlage, sondern z.B. die Erneuerung der gesamten Heizungs- und Belüftungstechnik sowie die Dämmung der Gebäudehülle vom Energiedienstleister übernommen werden. Die Laufzeit des Vertrages richtet sich nach dem Zeitraum, den der Energiedienstleister zu Amortisation der von ihm getätigten Investitionen benötigt. Nach Ablauf dieses Zeitraumes verbleibt dem Gebäudeeigentümer oder -nutzer noch eine je nach Bauteil unterschiedlich lange Restnutzungsdauer, während der er von der energiesparenden Investition des Energiedienstleisters durch geringe Verbrauchskosten profitiert, ohne weiter die Belastung aus den Investitionskosten zu haben[17]. Aufgrund der **Komplexität** der vom Energiedienstleister zu übernehmenden Aufgaben und des **hohen wirtschaftlichen Aufwandes** bei der Projektentwicklung, die sich aus der allein am Einsparеffekt orientierten Vergütung ergeben, kommt das Einspar-Contracting in der Praxis nur bei **größeren Gebäuden** zum Einsatz. Um möglichen Auftraggebern die Auftragserteilung zu erleichtern, hat das Bundesministerium für Wirtschaft und Energie eine Richtlinie zur Förderung von Beratungen zum Energiespar-Contracting am 9.12.2014 erlassen[18]. Mit Hilfe der Fördermittel sollen mögliche Auftraggeber kompetente Planer beauftragen, die die Vergabe vorbereiten. Einspar-Contracting wird teilweise auch als „Performance-Contracting“[19] und „Energiespar-Contracting“[20] bezeichnet.

III. Finanzierungs-Contracting

18 Als „Finanzierungs-Contracting“ werden Vorhaben bezeichnet, bei denen der Energiedienstleister eine für die Energieversorgung eines Gebäudes eingesetzte **Anlage plant, finanziert und errichtet.**

---

[16] Ausführlich zur Ausgestaltung Leitfaden Energiespar-Contracting, *Deutsche Energie-Agentur GmbH*, Berlin 2008.

[17] Beispielsbeschreibung bei *Franke* in: *von Braunmühl*, Handbuch Contracting, S. 441 ff.

[18] BAnz. AT 19.12.2014 B1, S. 1.

[19] *Bemmann/Schädlich*, Contracting-Handbuch 2002, S. 27.

[20] Leitfaden Energiespar-Contracting, *Deutsche Energie-Agentur GmbH*, Berlin 2008.

Die Betriebs- und Instandhaltungsverantwortung liegt anders als beim Energieliefer- und Einspar-Contracting beim Nutzer bzw. Gebäudeeigentümer. Als Vergütung erhält der Energiedienstleister ein Entgelt für die Anlagenbereitstellung. Alle anderen laufenden Kosten des Betriebes trägt der Nutzer bzw. Gebäudeeigentümer.

Eingesetzt wird das Finanzierungs-Contracting vor allem von Anlagenherstellern, die ihren Kunden auf diese Weise neben der eigentlichen Anlage eine Finanzierungsdienstleistung anbieten. Das Finanzierungs-Contracting wird auch als „Third-Party-Financing" oder „Anlagenbau-Leasing" bezeichnet. Es unterscheidet sich wesentlich von den zuvor erörterten Contracting-Varianten, weil es gerade nicht die Betriebsphase mit umfasst und deshalb die aus der Verlagerung des **Effizienzrisikos** vom Energieabnehmer auf den Energiedienstleister resultierenden Vorteile nicht bietet. Weil es gerade nicht die für Energiedienstleistungen notwendige Übernahme der Anlagen- und Lieferverantwortung durch ein besonders dafür qualifiziertes Unternehmen beinhaltet, wird es hier nicht weiter betrachtet.

IV. Technisches Anlagenmanagement

19 Eine manchmal als „Betriebsführungs-Contracting"[21] bezeichnete und deshalb hier erörterte Leistung ist das technische Anlagenmanagement. Es **beschränkt** sich darauf, dass der Unternehmer für den Anlageneigentümer Aufgaben wie das **Bedienen, Überwachen, Reparieren und Instandhalten** von Energieanlagen übernimmt. Die Vergütung besteht aus einem diese Leistungen entweder pauschal für bestimmte Zeiträume abgeltenden oder abhängig vom Zeit- und Materialaufwand bemessenen Entgelt. Leistungen dieser Art werden auch als technisches Gebäudemanagement bezeichnet. In den zurückliegenden Jahren sind solche Modelle zahlreicher geworden, weil immer mehr Letztverbraucher aus Gewerbe, Industrie und Gesundheitswirtschaft ihren Strom- und Wärmebedarf im Wege der Eigenversorgung und damit gemäß § 61 EEG teilweise von der EEG-Umlage befreit decken. Sie betreiben z.B. Kraft-Wärme-Kopplungsanlagen und nehmen für die Betriebsführung Unterstützung in Form des technischen Anlagenmanagements in Anspruch.

20 Die vorgestellten Modelle treten in der Praxis oft in Mischformen zwischen verschiedenen Spielarten auf, je nach den Zielen und der Gestaltung des Einzelprojekts und den Interessenlagen der Beteilig-

[21] *Bemmann/Schädlich*, Contracting Handbuch 2002, S. 56f.

ten[22]; insbesondere die Grenzen zwischen Energieliefer-Contracting und Einspar-Contracting werden sich in der Zukunft stärker auflösen[23]. Dieses Buch befasst sich hauptsächlich mit Energiedienstleistungen in Form des Energieliefer-Contractings und des Einspar-Contractings sowie verwandten Konzepten, weil diese Erscheinungsformen die für Energiedienstleistungen wesentliche Übernahme des **Effizienzrisikos** durch den Energiedienstleister umfassen.

[22] Z.B. *Bundesdeutscher Arbeitskreis für Umweltbewusstes Management e.V. (B.A.U.M. e.V.)*, Das Konzept Erfolgs-Contracting, 2012, www.naerco.de.
[23] *Hack* in: VfW Jahrbuch Energielieferung 2009/2010, S. 15.

B. Der Energiedienstleistungsvertrag

21 Aus der Vielfalt möglicher Energiedienstleistungen ergibt sich, dass es nicht ein Modell des Energiedienstleistungsvertrages gibt. Verwirrend aus der Sicht eines deutschen Juristen ist zudem, dass Energiedienstleistungsverträge fast nie Dienstleistungsverträge im Sinne der §§ 611 ff. BGB sind. Sie sind **Kaufverträge** oder **gemischte Verträge** mit kauf-, werk- und dienstvertraglichen Elementen. Das steht der Zulässigkeit und Wirksamkeit eines Energiedienstleistungsvertrages aber nicht entgegen, weil gemäß § 311 Abs. 1 BGB durch Vertrag ein Schuldverhältnis beliebigen Inhalts begründet werden kann, sofern der Inhalt nicht gegen gesetzliche Verbote verstößt. Die Vertragsparteien können in einem Vertrag also das regeln, was ihnen wichtig erscheint und diesen Vertrag so nennen, wie es ihnen richtig erscheint[24].

Fehlt eine präzise gesetzliche Vorgabe, so ist es notwendig, sowohl die vertraglichen **Leistungspflichten**, als auch den Umgang mit Leistungsstörungen sehr **sorgfältig** und umfassend im Vertrag selbst zu **regeln**. Je sorgfältiger diese Aufgabe bei Vertragsschluss bewältigt wird, desto geringer ist das Risiko späterer Auseinandersetzungen zwischen den Vertragsparteien.

22 Für einen Teilbereich der Energiedienstleistungen, nämlich die Wärmelieferung als einer Unterart des Energieliefer-Contractings, findet sich allerdings eine recht weitgehende gesetzliche Vorstrukturierung des Vertragsinhalts, und zwar in der Verordnung über Allgemeine Bedingungen für die Versorgung mit Fernwärme[25] (**AVBFernwärmeV**). Dieses Muster gilt gemäß Art. 243 EGBGB i.V.m. § 1 Abs. 1 AVBFernwärmeV dann, wenn ein Fernwärmeversorgungsunternehmen für den Anschluss an die Fernwärmeversorgung und für die Versorgung mit Fernwärme Vertragsmuster oder Vertragsbedingungen verwendet, die für eine Vielzahl von Verträgen vorformuliert

---

[24] Die große Vielfalt üblicher Verträge allein schon bei der Strom- und Gasversorgung wird anschaulich geschildert von *de Wyl/Soetebeer* in: *Schneider/Theobald*, § 11, Rn. 5–52.

[25] Vom 20.6.1980, BGBl. I S. 742; geändert durch die Verordnung zur Änderung der energiesparrechtlichen Vorschriften vom 19.1.1989, BGBl. I S. 112; mit Maßgaben für das Inkrafttreten in dem Gebiet gemäß Art. 3 des Vertrages zwischen der Bundesrepublik Deutschland und der Deutschen Demokratischen Republik über die Herstellung der Einheit Deutschlands – Einigungsvertrag – vom 31.8.1990, BGBl. II S. 889, zuletzt geändert durch Art. 16 des Gesetzes vom 25. Juli 2013, BGBl. I S. 2722.

sind. Wird der Vertrag individuell ausgehandelt oder wird das Vertragsmuster nicht vom Fernwärmeversorgungsunternehmen, sondern vom Abnehmer gestellt, gilt die AVBFernwärmeV nicht von Gesetzes wegen, kann aber durch entsprechende Vereinbarung der Parteien für anwendbar erklärt werden.

23 Auch im Bereich der Elektrizitätsversorgung wird durch Gesetz und Verordnungen der Inhalt von Versorgungsverträgen geregelt, und zwar durch die Elektrizitätsbinnenmarktrichtlinie (EltRL)[26], das Energiewirtschaftsgesetz (EnWG)[27] und die Verordnung über Allgemeine Bedingungen für die Grundversorgung von Haushaltskunden und die Ersatzversorgung mit Elektrizität aus dem Niederspannungsnetz (Stromgrundversorgungsverordnung – **StromGVV**)[28]. Durch die gesetzliche Trennung von Elektrizitätsversorgung und Betrieb von Elektrizitätsversorgungsnetzen[29] enthalten die Regelungen der StromGVV als Vorgabe für einen Stromliefervertrag keine Vorgaben für die Netzbereitstellung. Erbringt ein Energiedienstleister neben Elektrizitätslieferungen auch die Netzbereitstellung, finden sich vertragliche Vorgaben in der Verordnung über Allgemeine Bedingungen für den Netzanschluss und dessen Nutzung für die Elektrizitätsversorgung in Niederspannung (Niederspannungsanschlussverordnung – **NAV**)[30], die nach § 18 Abs. 1 und 3 EnWG für den Netzanschluss an das Niederspannungsnetz der allgemeinen Versorgung gilt.

Sowohl die StromGVV als auch die NAV sind für Energiedienstleistungsprojekte im Regelfall nicht zwingend anwendbar. Denn die StromGVV gilt gemäß § 39 Abs. 2 EnWG nur dann, wenn es um die „Belieferung von Haushaltskunden in Niederspannung im Rahmen der Grundversorgung" geht. Grundversorger ist nach § 36 Abs. 2 EnWG das Energieversorgungsunternehmen, das die meisten Haushaltskunden in einem Netzgebiet der allgemeinen Versorgung beliefert. Da ein **Energiedienstleister** im Regelfall **nicht** der örtliche **Grundversorger** ist, sind die Regelungen der StromGVV regelmäßig nicht von Gesetzes wegen Vertragsinhalt des Stromlieferungsvertrages, den der Energiedienstleister mit seinem Kunden schließt. Die

---

[26] Richtlinie 2009/72/EG des Europäischen Parlaments und des Rates vom 13. Juli 2009 über gemeinsame Vorschriften für den Elektrizitätsbinnenmarkt und zur Aufhebung der Richtlinie 2003/54/EG, ABl. L Nr. 211 S. 55.

[27] V. 7.7.2005, BGBl. I S. 1970, zuletzt geändert durch Art. 6 des Gesetzes vom 21.7.2014, BGBl. I S. 1066.

[28] Vom 26.10.2006, BGBl. I S. 2391, zuletzt geändert durch Art. 1 der Verordnung v. 22.10.2014, BGBl. I S. 1631.

[29] Zu den Einzelheiten *de Wyl/Thole/Bartsch* in: *Schneider/Theobald*, § 16, Rn. 230.

[30] V. 1.11.2006, BGBl. I S. 2477, zuletzt geändert durch Art. 4 der Verordnung v. 3.9.2010, BGBl. I S. 1261.

NAV gilt nach § 18 Abs. 1 und 3 EnWG nur für den Netzanschluss an das Netz der allgemeinen Versorgung. Von Energiedienstleistern bereitgestellte kleine Netze sind im Regelfall keine Netze der allgemeinen Versorgung, so dass auch die NAV nicht zwingend auf Energiedienstleistungsverträge anwendbar ist, die auch die Netzbereitstellung beinhalten. Zwingende gesetzliche Vorgaben für Energiedienstleistungsverträge mit Stromlieferung gibt es nur dann, wenn diese mit Haushaltskunden abgeschlossen werden. Dann gelten zwingend gemäß Art. 3 Abs. 7 EltRL die Regelungen des Anhangs 1 der Richtlinie und die Regelungen des § 41 EnWG.

Insoweit besteht also ein wesentlicher Unterschied zur Wärmelieferung im Rahmen von Energiedienstleistungsvorhaben, bei der die AVBFernwärmeV den Vertragsinhalt bei den in der Praxis meist vorkommenden, vom Energiedienstleister gestellten Vertragsmustern verbindlich vorgibt. Dessen ungeachtet haben auch die StromGVV und die NAV im Bereich des Elektrizitäts-Contractings praktische Bedeutung, weil gemäß § 310 Abs. 2 BGB die Klauselverbote der §§ 308 und 309 BGB keine Anwendung auf Versorgungsverträge mit Elektrizitätsversorgungsunternehmen finden, wenn die Versorgungsbedingungen nicht zum Nachteil des Kunden von der StromGVV und NAV abweichen. Dies wird in Kapitel C. (Rn. 335 ff.) vertieft.

24 Für Energiedienstleistungs-Vorhaben, deren Gegenstand **andere Medien** als Wärme und Elektrizität sind, also z.B. Kälte, Licht, Druckluft oder mechanische Bewegungsenergie, existieren **keine speziellen** gesetzlichen **Regelungen**, die Vertragsinhalte vorgeben.

Sind auf einen konkreten Energiedienstleistungsvertrag weder die AVBFernwärmeV noch die StromGVV oder NAV anwendbar, so muss im Streitfall entschieden werden, welche Regelungen zur Klärung heranzuziehen sind. Gelangt man zu dem Ergebnis, dass der Energiedienstleistungsvertrag einem im Gesetz geregelten Vertragstyp entspricht, also z.B. als Kauf-, Werk-, Miet- oder Dienstvertrag einzuordnen ist, so sind die für den jeweiligen Vertragstyp vorgesehenen Regelungen anzuwenden. Da die Regelungen über die Fälligkeit der Leistungen, Gewährleistung, Haftung, Verjährung usw. von Vertragstyp zu Vertragstyp variieren können, kann die Zuordnung zu einem der gesetzlich geregelten Vertragstypen von streitentscheidender Bedeutung sein. Es stellt sich deshalb die Frage, welche Rechtsnatur der Energiedienstleistungsvertrag hat.

I. Rechtsnatur des Energiedienstleistungsvertrages

25 Die einheitliche Zuordnung aller Energiedienstleistungsverträge zu einem bestimmten schuldrechtlichen Vertragstyp ist nicht mög-

lich. Für Strom-, Gas- und Fernwärmelieferungsverträge ist anerkannt, dass es sich um Kaufverträge handelt[31]. Kaufverträge sind gemäß §433 Abs.1 BGB Verträge, in denen sich der Verkäufer verpflichtet, dem Käufer die Sache zu übergeben und das Eigentum an der Sache zu verschaffen. Energie in Form von Wärme oder Strom ist zwar physikalisch gesehen keine Sache, sondern, wie Ebel ausführt[32], „Arbeit und Leistung", so dass man auch erwägen kann, die Vorschriften über den Dienstvertrag darauf anzuwenden. Alle Diskussionen zu dieser Frage haben sich aber durch das Schuldrechtsmodernisierungsgesetz[33] erledigt. In Anknüpfung an die bisherige Einordnung als **Kaufvertrag** stellt die Regelung in §453 Abs.1 BGB, wonach die Vorschriften über den Kauf von Sachen auf den Kauf von Rechten und sonstigen Gegenständen entsprechende Anwendung finden, klar, dass für Energielieferungsverträge Kaufrecht gilt[34].

Diese Einordnung kann für Energieliefer-Contracting-Verträge übernommen werden, weil diese sich von typischen Energielieferungsverträgen nur dadurch unterscheiden, dass die zur Belieferung notwendige Anlage in vielen Fällen auf dem Grundstück des Kunden steht. Dies führt aber zu keinem strukturellen Unterschied, weil die Verantwortung für die Anlage ebenso wie bei leitungsgebundener Energieversorgung aus Anlagen außerhalb des Grundstücks allein beim Energiedienstleister liegt. Die Pflicht zur Duldung der Aufstellung der Energieerzeugungsanlage ist nur eine Nebenpflicht, die den Vertragscharakter nicht ändert.

26 Anders ist dagegen die Rechtsnatur eines **Einspar-Contracting-Vertrages** einzuschätzen. Ein Ziel des Vertrages ist die Durchführung von gebäudetechnischen Sanierungsmaßnahmen. Die vom Energiedienstleister errichteten Anlagen und Bauteile sollen über die Dauer des Vertrages hinaus im Gebäude verbleiben. Dies deutet eher auf einen **Werkvertrag** als auf einen Kaufvertrag hin. Häufig sehen Einspar-Contracting-Verträge auch gar keine Lieferung von Nutzenergie vor. Auch die Vergütung ist anders als bei Energieliefer-Contracting-Verträgen geregelt und orientiert sich nicht am Verbrauch, sondern an der erzielten Einsparung. Hinzu kommt, dass Leistungen wie Beratung und Schulung geschuldet sein können, die sich am ehesten dem **Dienstvertragsrecht** zuordnen lassen können. Beim Einspar-Contracting-Vertrag wird man deshalb zu dem Ergebnis gelangen, dass dieser als **Vertrag eigener Art** mit starken werk-

[31] BGH, Urt. v. 16.7.2003 – VIII ZR 30/03, NJW 2003, 2902; Urt. v. 15.2.2006 – VIII ZR 138/05, NJW 2006, 1667, Rn.7; *de Wyl/Soetebeer* in: *Schneider/Theobald*, §11, Rn.84.

[32] *Ebel*, Energielieferungsverträge, S.2 m.w.N.

[33] Gesetz zur Modernisierung des Schuldrechts v. 26.11.2001, BGBl. I S.3138.

[34] BT-Drs. 14/6040, S.242.

vertraglichen Elementen einzustufen ist, der so verschiedenartige Elemente enthält, dass er sich der eindeutigen Zuordnung zu einem gesetzlichen Muster entzieht.

Um die aus einer unklaren Zuordnung zu gesetzlichen Vertragstypen resultierenden **Unsicherheiten** zu **vermeiden**, sollte großer Wert auf die **präzise Regelung** der gegenseitigen Rechte und Pflichten, insbesondere auch den Umgang mit Leistungsstörungen, gelegt werden. Denn wenn vertraglich Klarheit herrscht, stellt sich die Frage nach der Rechtsnatur und damit nach den jeweils geltenden unterschiedlichen gesetzlichen Regelungen nicht, da die gesetzlichen Regelungen in weiten Bereichen zur Disposition der Vertragsparteien stehen und damit die eindeutige vertragliche Regelung den Sachverhalt abschließend regelt.

II. Gesetzliche Vorgaben

27 Im Rahmen der Klärung der Rechtsnatur von Energiedienstleistungsverträgen wurde bereits darauf hingewiesen, dass mit der AVBFernwärmeV, der StromGVV und der NAV für Teilbereiche der Energiedienstleistungen Regelungsmuster vorliegen, die zum Teil verbindlich sind. Der Geltungsbereich dieser Regelungsmuster bedarf der genaueren Betrachtung.

1. AVBFernwärmeV

28 Der Inhalt von Wärmelieferungsverträgen wird durch die AVBFernwärmeV weitgehend zwingend vorgegeben, wenn „**Fernwärmeversorgungsunternehmen** für den Anschluss an die Fernwärmeversorgung und für die Versorgung mit Fernwärme **Vertragsmuster** oder Vertragsbestimmungen verwenden, die für eine Vielzahl von Verträgen vorformuliert sind" (§ 1 Abs. 1 AVBFernwärmeV). Der Inhalt des Vertrages richtet sich dann nach den §§ 2 bis 34 der AVBFernwärmeV. Die AVBFernwärmeV ist dann unmittelbar geltendes Gesetzesrecht und nicht Teil von allgemeinen Geschäftsbedingungen, der durch Vereinbarung Vertragsbestandteil wird[35]. Abgesehen von konkreten Preisen, der objektbezogen zu ermittelnden Leistung und der genauen Bestimmung der sonstigen Leistungen des Fernwärmeversorgungsunternehmens sind durch die AVBFernwärmeV praktisch alle für die Versorgung wesentlichen rechtlichen Fragen geregelt.

[35] OLG Saarbrücken, Urt. v. 13.11.2014 – 4 U 147/13, Rn. 82, 87.

Die AVBFernwärmeV findet keine automatische Anwendung, wenn nicht der Energiedienstleister, der die Wärme liefert, sondern der Kunde die Vertragsbedingungen vorgegeben hat. Denn § 1 Abs. 1 AVBFernwärmeV erklärt die AVBFernwärmeV nur dann für zwingend anwendbar, wenn Vertragsmuster und allgemeine Versorgungsbedingungen des Fernwärmeversorgungsunternehmens zum Einsatz kommen. Verwendet der Kunde allgemeine Geschäftsbedingungen, gilt nicht die AVBFernwärmeV, sondern es gelten die allgemeinen Regelungen über allgemeine Geschäftsbedingungen in den §§ 305 bis 310 BGB. Selbstverständlich kann in einem solchen Fall vertraglich die Geltung der AVBFernwärmeV vereinbart werden, was auch sachgerecht ist, da sie alle wesentlichen Vertragsfragen regelt.

a) Ermächtigungsgrundlage

29 Art. 243 EGBGB[36] ermächtigt das Bundesministerium für Wirtschaft und Technologie, im Einvernehmen mit dem Bundesministerium der Justiz durch Rechtsverordnung mit Zustimmung des Bundesrates die Allgemeinen Geschäftsbedingungen für die Versorgung mit Wasser und Fernwärme sowie die Entsorgung von Abwasser einschließlich von Rahmenregelungen über die Entgelte ausgewogen zu gestalten und hierbei unter angemessener Berücksichtigung der beiderseitigen Interessen

1. die Bestimmungen der Verträge einheitlich festzusetzen,
2. Regelungen über den Vertragsschluss, den Gegenstand und die Beendigung der Verträge zu treffen sowie
3. die Rechte und Pflichten der Vertragsparteien festzulegen.

Die AVBFernwärmeV und die Verordnungen zur Regelung bestimmter Vertragsbedingungen bei der Strom-, Gas- und Wasserversorgung stellen im System des Zivilrechts in gewisser Weise einen Fremdkörper dar: Mit ihnen regelt der Bundeswirtschaftsminister durch Rechtsverordnung den Inhalt zivilrechtlicher Verträge. Nicht die Vertragsparteien, sondern der Staat bestimmt damit den Inhalt eines Vertrages zwischen Privaten. Dies ist nur deshalb mit dem grundrechtlich verbürgten und in § 311 Abs. 1 BGB konkretisierten Grundsatz der Vertragsfreiheit vereinbar, weil die gesetzliche Regelung der Vertragsbedingungen nicht für alle Verträge gilt, sondern nur für solche, die unter Verwendung allgemeiner Geschäftsbedingungen im Sinne des § 305 Abs. 1 BGB zustande kommen. Diese Beschränkung ist schon aus dem Wortlaut des § 243 EGBGB abzu-

---

[36] In der Fassung der Bekanntmachung vom 21.9.1994, BGBl. I S. 2494, ber. 1997 I S. 1061, zuletzt geändert durch Art. 3 des Gesetzes vom 22.7.2014, BGBl. I S. 1218.

leiten, ergibt sich explizit aber auch aus § 1 Abs. 1 AVBFernwärmeV. Die Vertragsfreiheit ist also gewahrt, weil Lieferant und Kunde ihnen vorzugswürdig erscheinende abweichende Bedingungen individuell vereinbaren können. Solche Individualabreden gehen der AVBFernwärmeV gemäß § 305b BGB immer vor.

b) Anwendbarkeit auf alle Fälle der Wärmelieferung

30 Anlass für den Erlass des Art. 243 EGBGB bzw. dessen Vorgängerregelung in § 27 des Gesetzes zur Regelung des Rechts der allgemeinen Geschäftsbedingungen (AGBG)[37] war nicht ein gesetzgeberisches Bedürfnis, Energiedienstleistungs-Verträge zu regeln, sondern die Absicht, für Massenversorgungsverhältnisse, wie sie bei der Versorgung aus großen Fernwärmenetzen bestehen, angemessene Vertragsbedingungen zum Schutz der Endverbraucher vorzugeben[38].

Geht man vom Wortlaut des § 1 AVBFernwärmeV aus, so beschränkt sich ihr Anwendungsbereich auf die Versorgung mit Fernwärme. Was **Fernwärme** im Sinne der Vorschrift ist, wird **nicht definiert**[39]. Dies führte bis zum Jahre 1989 zu einem intensiven Streit in Rechtsprechung und Literatur darüber, ob als Fernwärmelieferung im Sinne des § 1 AVBFernwärmeV auch Versorgungskonzepte anzusehen sind, die als „Nahwärme", „Direktwärme" oder „Objektwärme" bezeichnet wurden und sich von der klassischen Fernwärme dadurch unterscheiden, dass nur eine begrenzte Zahl von Kunden in bestimmten Objekten aus einer in dem Objekt befindlichen Anlage oder in dessen unmittelbarer Nähe befindlichen Anlage versorgt werden[40].

31 Dieser Streit ist vom Bundesgerichtshof in seinem Urteil vom 25.10.1989[41] dahingehend entschieden worden, dass Fernwärme im Sinne des § 1 AVBFernwärmeV immer dann vorliegt, wenn aus einer nicht im Eigentum des Gebäudeeigentümers stehenden Heizungsanlage von einem Dritten nach unternehmenswirtschaftlichen Gesichtspunkten **eigenständig Wärme produziert** und an andere geliefert wird. Der Bundesgerichtshof begründet dieses Ergebnis mit dem Hinweis darauf, dass bereits in der Begründung der Heizkostenver-

[37] In der Fassung der Bekanntmachung vom 29.6.2000, BGBl. I S. 946; BGBl. III 402–28, aufgehoben durch das Gesetz zur Modernisierung des Schuldrechts vom 26.11.2001, BGBl. I S. 3138.
[38] *Ulmer* in: *Ulmer/Brandner/Hensen*, AGB-Gesetz, 8. Aufl., §§ 26, 27, Rn. 1.
[39] *Topp*, RdE 2009, 133, 134.
[40] Ausführlich zum Streitstand BGH, Urt. v. 25.10.1989 – VIII ZR 229/88, WuM 1990, 33, 35.
[41] VIII ZR 229/88, NJW 1990, 1181, 1183.

ordnung aus dem Jahre 1980[42] Fernwärme als Wärmelieferung sowohl durch herkömmliche Fernwärmeversorgungsunternehmen als auch durch Unternehmen, die es übernommen haben, die Heizungsanlage des Gebäudeeigentümers für diesen im eigenen Namen und für eigene Rechnung zu betreiben, angesehen wird. Die **Gleichstellung** der **unterschiedlichen Konzepte** der eigenständigen gewerblichen Lieferung von Wärme sei zudem ausdrückliches Regelungsziel[43] der zum 1.3.1989 in Kraft getretenen Änderung des § 1 Abs. 1 Nr. 2 Heizkostenverordnung gewesen, mit der der bisher verwendete Begriff „Lieferung von Fernwärme" durch „eigenständig gewerbliche Lieferung von Wärme" ersetzt wurde.

Mit seinem Urteil vom 15.2.2006[44] hat der Bundesgerichtshof entschieden, dass eine Fernwärmeversorgung im Sinne des § 1 Abs. 1 AVBFernwärmeV immer dann vorliegt, wenn sich der Lieferant zur Versorgung anderer mit Wärme verpflichtet hat. Es kommt nicht einmal darauf an, ob er die Wärme selbst herstellt oder von einem Erfüllungsgehilfen bezieht und nur **weiterverkauft**[45]. Denn tragendes Element für ein Versorgungsunternehmen ist nicht die eigene Herstellung der Wärme, sondern die Versorgung anderer. Daraus ist abzuleiten, dass es auch nicht darauf ankommen kann, ob der Wärmelieferant die verkaufte Wärme in einer dem Gebäudeeigentümer gehörenden Anlage erzeugt oder einer eigenen[46]. Im Urteil vom 16.4.2008[47] entschied der Bundesgerichtshof, dass die aus einem Energieliefer-Contracting-Vertrag erwachsenden Kosten auf den Mieter als Betriebskosten umgelegt werden können, weil der Vertrag die Umlage der Heizkosten vorsah und Fernwärmekosten als eine Art von Heizkosten benannte.

Diese Entscheidungen legten es nahe, alle Fälle der entgeltlichen eigenständigen gewerblichen Lieferung von Wärme, die unter Verwendung allgemeiner Versorgungsbedingungen erfolgt und mit deren Lieferung keine eigenen mietrechtlichen Nebenpflichten verfolgt werden, als Lieferung von Fernwärme im Sinne der AVBFernwärmeV anzusehen[48]. Dem hat sich der Bundesgerichtshof jedoch in

---

[42] BR-Drs. 632/80, S. 17.

[43] BR-Drs. 494/88, S. 19, 21, 22.

[44] VIII ZR 138/05, NJW 2006, 1667, Rn. 23.

[45] BGH, Urt. v. 15.02.2006 – VIII ZR 138/05.

[46] KG, Urt. v. 1.9.2009 – 27 U 76/08, Rn. 10, CuR 2010, 24–26; für diese Sichtweise spricht auch das Urteil des OLG Düsseldorf v. 23.4.2007 – I-9 U 73/06, Rn. 38, CuR 2007, 66,68, in dem es ausdrücklich feststellt, dass es für die Wirksamkeit eines Wärmelieferungsvertrages unbeachtlich ist, ob die Heizungsanlage Scheinbestandteil des Kundengrundstücks ist oder wesentlicher Bestandteil des Grundstücks geworden ist.

[47] VIII ZR 75/07, Rn. 15–16, NJW 2008, 2105–2106.

[48] *Topp*, RdE 2009, 133, 138.

seinem Urteil vom 21.12.2011[49] nicht angeschlossen und die Anwendbarkeit der **AVBFernwärmeV abgelehnt**, wenn der Wärmelieferant **keine Investitionen** in Versorgungsanlagen getätigt hat, die es rechtfertigen, ihm die Möglichkeit zuzugestehen, in allgemeinen Versorgungsbedingungen eine Laufzeit von zehn Jahren zu vereinbaren.

32 Fernwärme im Sinne der AVBFernwärmeV liegt demnach immer nur dann vor, wenn zusätzlich zu den im vorausgehenden Absatz genannten Tatbestandsmerkmalen der Wärmelieferant mit dem Entgelt, das er für die Wärmelieferung vereinbart, Investitionen in Anlagen, die für die Wärmeversorgung erforderlich sind, bedient. Weil der Bundesgerichtshof auf die Notwendigkeit abstellt, dass Investitionen bedient werden müssen, kommt es nicht darauf an, ob der Lieferant selbst die Investition getätigt hat oder ob er, wie in dem am 15.2.2006 entschiedenen Fall[50], bei der Weiterlieferung von Wärme durch die Zahlungen an seinen Vorlieferanten dazu beiträgt, dass Investitionen des Vorlieferanten in Wärmeversorgungsanlagen bedient werden können.

Diese Auslegung des Begriffs „Fernwärme" im Sinne des §1 Abs.1 AVBFernwärmeV führt dazu, dass alle Wärmelieferungsverträge bis auf diejenigen, in denen dem Energiedienstleister die Wärmeerzeugungsanlage kostenlos oder zu geringfügigen Kosten zur Verfügung gestellt wird, in den Anwendungsbereich der AVBFernwärmeV fallen, sofern diese Verträge unter Verwendung allgemeiner Versorgungsbedingungen des Energiedienstleisters zustande gekommen sind. Nur dann, wenn der Kunde die Energieerzeugungsanlage kostenlos zur Verfügung stellt, ist die Wirksamkeit der dafür eingesetzten allgemeinen Versorgungsbedingungen nicht am Maßstab der AVBFernwärmeV zu messen, sondern an den allgemeinen Vorschriften des AGB-Rechts in den §§305ff. BGB[51]. In der Praxis verhält es sich so, dass auch dann, wenn die Wärmelieferung aus einer Bestandsanlage erfolgt, die dem Kunden gehört, die Geltung der AVBFernwärmeV regelmäßig vereinbart wird. Denn sie enthält eine Vielzahl von praktisch erprobten Regelungen für typische Problemfälle, die bei der Lieferung auftreten können. Außerdem hat der Normgeber sie als angemessenen Ausgleich zwischen den Interessen der Vertragsparteien angesehen. Der vom BGH bei der Laufzeitfrage als entscheidend angesehene Aspekt der Investitionen ist völlig belanglos für die Frage, wann eine Rechnung fällig ist, wie mit Ablesefehlern umgegangen wird, welche Fristen für die Ankündigung zur Einstellung der Versorgung oder welche Anforderungen

[49] VIII ZR 262/09, MDR 2012, 135–136.
[50] VIII ZR 138/05, NJW 2006, 1667, Rn.23.
[51] BGH, Urt. v. 21.11.2011 – VIII ZR 262/09, Rn.22.

an Preisänderungsklauseln einzuhalten sind. Für all solche Fälle stellen die Regelungen der AVBFernwärmeV eine sachgerechte Lösung dar. Man wird deshalb im Rahmen der Prüfung von allgemeinen Versorgungsbedingungen für die Wärmelieferung aus kundeneigenen Anlagen im Regelfall zu dem Ergebnis kommen, dass diese mit den Vorgaben des § 305 BGB vereinbar sind, wenn sie der AVBFernwärmeV entsprechen. Nur dann, wenn die Kunden Verbraucher sind und die Regelung in der AVBFernwärmeV zum Nachteil des Kunden von einem Klauselverbot des § 309 BGB abweicht, wird der Verweis nicht wirksam sein, es sei denn, dass der BGH seine Rechtsprechung dahingehend präzisiert, dass bei fehlender Investition nur die Regelungen der AVBFernwärmeV nicht anwendbar sind, die der Sicherung der Investition dienen.

c) Ausnahmen

33 In der Energiedienstleistungs-Praxis entsteht immer wieder das Bedürfnis, von Regelungen der AVBFernwärmeV abzuweichen, so z.B. durch die Vereinbarung einer Laufzeit von mehr als zehn Jahren, wie sie nach § 32 Abs. 1 AVBFernwärmeV maximal zulässig ist. Das ist in folgenden drei Konstellationen möglich:

34 **aa) Industriekunden.** § 1 Abs. 2 AVBFernwärmeV bestimmt, dass die Verordnung nicht für den Anschluss und die Versorgung von Industriekunden gilt. Der Begriff des „Industriekunden" ist nicht weiter definiert. Das schafft Unklarheit: Ausgeschlossen ist die Geltung sicherlich für Kunden, die einen Industriebetrieb unterhalten und mit dem Energiedienstleister die Versorgung mit Wärme in Form von speziell konditioniertem Dampf für einen bestimmten **Produktionszweck** vereinbaren. Weniger klar ist die Anwendbarkeitsfrage aber dann zu beantworten, wenn ein Industriebetrieb beispielsweise aus dem Nahwärmenetz des Energiedienstleisters Wärme zur Beheizung seiner Büroräume bezieht. Stellt man auf die Person des Kunden ab, so gilt die AVBFernwärmeV hier nicht, weil der Kunde einen Industriebetrieb unterhält. Stellt man dagegen auf den Einsatzzweck der Wärme ab, so unterscheidet sich der Industriekunde nicht von jedem anderen Kunden, der die Wärme zur Raumerwärmung bezieht. Die amtliche Begründung stellt auf eine Abgrenzung von Industriekunden zu handwerksmäßig, land- oder forstwirtschaftlich betriebenen Gewerbebetrieben ab. Diese Abgrenzung deutet darauf hin, dass nicht auf den Einsatzzweck, sondern die Person des Kunden abzustellen ist[52]. In der Literatur wird eine betriebsbezogene Sichtweise

[52] Sowohl *Danner/Theobald – Wollschläger,* § 1 AVBFernwärmeV, Rn. 15 ff.

bevorzugt, die auf die Abnahmeverhältnisse abstellt[53]. Eine Konkretisierung durch die Rechtsprechung fehlt[54]. Mithin erscheint es angebracht, auch bei Abnehmern, die einen Industriebetrieb unterhalten, zur Geltung der AVBFernwärmeV immer dann zu gelangen, wenn nur die Lieferung von Wärme für die Raumheizung und Brauchwarmwasserbereitung und nicht für industrielle Prozesse vereinbart ist.

In dem umgekehrten Fall, in dem ein Abnehmer, der nach seinen betrieblichen Verhältnissen nicht als Industriekunde angesehen werden kann, spezielle Wärme (hinsichtlich Druck und Temperatur) bezieht, also z.B. Hochdruckwasserdampf für einen Fertigungsprozess, stellt sich ebenfalls die Frage, ob man zu dem Ergebnis gelangen kann, dass hier die AVBFernwärmeV nicht anwendbar ist. Das erscheint in Anbetracht des Wortlautes des § 1 Abs. 2 fraglich. Für eine Freistellung solcher Energiedienstleistungen spricht, dass die AVBFernwärmeV für die Standardversorgung aus Leitungsnetzen konzipiert ist und von einer strukturellen Unterlegenheit des Abnehmers gegenüber dem Fernwärmeversorgungsunternehmen ausgeht. Da diese Situation bei der Lieferung spezieller Wärme im Regelfall nicht besteht, erscheint die Anwendung der AVBFernwärmeV nicht sachgerecht.

35

bb) Wahlrecht des Kunden. Der Vertrag kann gemäß § 1 Abs. 3 AVBFernwärmeV auch zu allgemeinen **Bedingungen** abgeschlossen werden, die von den §§ 2 bis 34 **abweichen**, wenn das Fernwärmeversorgungsunternehmen einen Vertragsabschluss zu den allgemeinen Bedingungen angeboten hat und der **Kunde** mit den Abweichungen **ausdrücklich einverstanden** ist.

Voraussetzung für die Anwendbarkeit dieser Regelung ist, dass dem Kunden alternativ zu den abweichenden Bedingungen ein Vertrag angeboten worden ist, der die Vorgaben der AVBFernwärmeV vollständig beachtet[55]. Der Verwender solcher abweichenden Bedingungen muss sich darüber im Klaren sein, dass diese abweichenden Bedingungen der Klauselkontrolle gemäß §§ 305c bis 309 BGB unterliegen[56]. Danach können sich wesentlich restriktivere Beschränkun-

---

[53] *Hermann/Recknagel/Schmidt-Salzer*, § 1 AVBFernwärmeV, Rn. 31; *Witzel/Topp*, § 1 AVBFernwärmeV, S. 52.

[54] Im Urt. v. 6.2.1985 – VIII ZR 61/84, Rn. 8, BGHZ 89, 358–372, hat der BGH zwar die Anwendbarkeit der insoweit wortgleichen AVBWasserV abgelehnt, weil der Kunde ein Industriekunde war. Weshalb der Kunde Industriekunde war, wurde aber nicht weiter thematisiert.

[55] *Danner/Theobald – Wollschläger*, § 1 AVBFernwärmeV, Rn. 19.

[56] Der Wortlaut des § 1 Abs. 3 AVBFernwärmeV verweist auch heute noch auf die schon zum 1.1.2002 außer Kraft getretenen §§ 3 bis 11 AGBG. Das ist aber nur ein redaktioneller Fehler. Weil im Jahre 2002 die Regelungen des AGBG in das

gen ergeben, so z.B. bei der zulässigen Laufzeit, die nach § 309 Nr. 9 BGB in allgemeinen Geschäftsbedingungen in Verbraucherverträgen nicht mehr als zwei Jahre betragen darf. Das Oberlandesgericht Düsseldorf vertritt allerdings die Ansicht[57], dass auf die von der AVBFernwärmeV abweichenden Regelungen zur Laufzeit nicht § 309 Nr. 9 BGB anzuwenden sei, weil diese Regelung nach allgemeiner Meinung auf typische Dauerschuldverhältnisse keine Anwendung fände. Es hat deshalb eine Laufzeit von 15 Jahren, die in allgemeinen Vertragsbedingungen eines Wärmebereitstellungsvertrages vorgesehen war, für wirksam gehalten[58].

Es ist im Rahmen der vorliegenden Darstellung nicht möglich, alle Anforderungen einer Prüfung nach den Vorgaben der §§ 305c bis 309 BGB darzustellen. Die von der AVBFernwärmeV abweichenden Bestimmungen müssen deshalb im Einzelfall auf ihre Wirksamkeit geprüft werden. Abweichende Bedingungen dürfen gemäß § 1 Abs. 3 AVBFernwärmeV zudem keine von § 18 AVBFernwärmeV abweichende Regelung zur Ermittlung des verbrauchsabhängigen Entgelts vorsehen.

36 cc) **Individualabreden.** Nicht ausdrücklich in der AVBFernwärmeV erwähnt ist schließlich die Möglichkeit, durch **Individualabreden** von ihr **abzuweichen.** Die Zulässigkeit solcher abweichenden Individualabreden ergibt sich schon aus dem allgemeinen Grundsatz der Vertragsfreiheit, aber auch aus § 305 Abs. 1 S. 3 BGB, der bestimmt, dass AGB nicht vorliegen, soweit die Vertragsbedingungen zwischen den Vertragsparteien im Einzelnen ausgehandelt sind[59]. § 305b BGB bestimmt ausdrücklich den Vorrang von individuellen Vertragsabreden vor AGB. Ebenso folgt der Vorrang aus einem Umkehrschluss aus § 1 S. 1 AVBFernwärmeV, demzufolge die Verordnung eben nur anwendbar ist, wenn allgemeine Versorgungsbedingungen einseitig vom Versorgungsunternehmen verwendet werden. Es sind mehrere in der Praxis vorkommende Fallgestaltungen zu betrachten, die sich als Individualabrede darstellen.

37 Eindeutig ist der Fall, in dem vom Verwender gestellte Vertragsbedingungen um ausgehandelte Regelungen ergänzt oder vorformulierte Bedingungen abgeändert werden. In beiden Fällen liegen keine

---

BGB übernommen wurden, ohne dass es grundlegende Änderungen gab, ist der Verweis deshalb dahingehend zu verstehen, dass die entsprechenden Vorschriften des BGB gemeint sind.

[57] Unter Hinweis auf die Kommentierung bei *Palandt*, § 309 BGB, Rn. 9 und BGHZ 153, 148 ff.

[58] OLG Düsseldorf, Urt. v. 23.4.2007 – I-9 U 73/06, Rn. 51, CuR 2007, 66, 69; a.A. *Topp*, Anm. zu diesem Urteil, CuR 2007, 70, 71.

[59] OLG Saarbrücken, Urt. v. 13.11.2014 – 4 U 147/13, Rn. 87.

„vorformulierten" Bedingungen[60] und damit nicht die Geltungsvoraussetzungen des § 1 Abs. 1 AVBFernwärmeV vor. Das ist z.B. der Fall, wenn der Kunde Vorschläge für Vertragsformulierungen unterbreitet, Entwürfe des Energiedienstleisters überprüft und mehrere Verhandlungsgespräche geführt hat[61]. Wird allerdings in einen ausgehandelten Vertrag nachträglich vom Verwender eine Klausel eingefügt, die er in anderen Fällen auch verwendet, so ist diese als allgemeine Geschäftsbedingung im Sinne des § 305 BGB und nicht etwa als Individualabrede einzustufen[62]. Eine **Individualabrede** liegt auch dann **nicht** vor, wenn der Vertrag die Möglichkeit der **Streichung** einzelner Klauseln vorsieht oder die Wahlmöglichkeit zwischen verschiedenen vorformulierten Klauseln durch das Angebot **anzukreuzender** Varianten eröffnet[63].

38 Schwieriger ist der Fall zu beurteilen, in dem der Energiedienstleister als Verwender eine vorformulierte Regelung stellt, die aber noch ergänzt werden muss, also beispielsweise eine Laufzeitregelung, bei der nur noch die konkrete Jahreszahl eingesetzt werden muss. Hier ist zu unterscheiden: Ist noch der Kerngehalt der Regelung zu ergänzen und sind diesbezüglich keine Vorgaben in den vorformulierten Bedingungen enthalten, so stellt die **von vorformulierten Vorgaben unbeeinflusste Ergänzung** des Vertrages durch den Kunden eine Individualabrede dar. Dies ist z.B. dann der Fall, wenn der Kunde in ein Antragsformular für einen Versicherungsvertrag ohne jede Vorgabe selbst das Anfangsdatum und das Enddatum der Laufzeit einträgt. Die sich aus diesen Daten ergebende Laufzeit ist als Individualabrede der Kontrolle nach den §§ 305 ff. BGB entzogen. Ist dagegen die wesentliche Regelung schon vorformuliert, also z.B. eine über die AVBFernwärmeV hinausgehende Laufzeit, so wird dies von der Rechtsprechung selbst dann als allgemeine Vertragsbedingung und damit als unwirksam angesehen, wenn der Kunde noch die Möglichkeit hatte, durch Eintragung an anderer Stelle eine kürzere Laufzeit zu wählen[64].

39 Nicht ausgeschlossen ist die Einordnung einer vertraglichen Regelung als Individualabrede aber selbst dann, wenn eine **vorformulierte Klausel** unverändert **erhalten** bleibt[65]. Denn § 305 Abs. 1 S. 3 BGB wird von der Rechtsprechung als Einschränkung der AGB-Definition verstanden. Die unveränderte Übernahme von allgemeinen Geschäftsbedingungen in einen Einzelvertrag ist danach eine wirk-

---

[60] *Ulmer* in: *Ulmer/Brandner/Hensen*, AGB-Recht, § 305 BGB, Rn. 47.
[61] OLG Düsseldorf, Urt. v. 6.11.2013 – I-3 U 51/12, CuR 2013, 168-171.
[62] BGH, Urt. v. 25.6.1992 – VII ZR 128/91, NJW 1992, 2759.
[63] BGH, Urt. v. 7.2.1996 – IV ZR 16/95, NJW 1996, 1676, 1677.
[64] Vgl. BGH, Urt. v. 7.2.1996 – IV ZR 16/95, NJW 1996, 1676, 1677.
[65] *Palandt-Grüneberg*, § 305 BGB, Rn. 20 m.w.N.

same Individualabrede, wenn sie sich als Ergebnis des Aushandelns darstellt. Ein „Aushandeln" liegt nach ständiger Rechtsprechung des Bundesgerichtshofes[66] dann vor, wenn der Verwender den in seinen AGB enthaltenen „gesetzesfremden" Kerngehalt, also die den wesentlichen Inhalt der gesetzlichen Regelung ändernden oder ergänzenden Bestimmungen inhaltlich ernsthaft **zur Disposition stellt** und dem Verhandlungspartner Gestaltungsfreiheit zur Wahrung eigener Interessen einräumt mit zumindest der realen Möglichkeit, die inhaltliche Ausgestaltung der Vertragsbedingungen beeinflussen zu können[67]. Im Vertragsverhältnis zwischen Unternehmern soll es nach einer Entscheidung des Oberlandesgerichts Frankfurt a.M.[68] sogar ausreichen, dass die fragliche Klausel ausführlich erläutert, vom Vertragspartner des Verwenders verstanden und akzeptiert worden ist[69]. Darauf sollte man sich aber nicht verlassen, da es nach überwiegender Ansicht nicht genügt, wenn der Verwender den Inhalt der Klausel lediglich erläutert und dies den Vorstellungen des Partners entspricht. Es reicht also nicht, dass der Vertragspartner die Klausel in Kenntnis ihrer Bedeutung akzeptiert[70].

40 Umstritten ist, ob Klauseln, die einmal mit dem ausdrücklichen Ziel ausgehandelt wurden, danach mehrfach eingesetzt zu werden, ab der zweiten Verwendung wieder als allgemeine Geschäftsbedingungen einzustufen sind, die der vollen Inhaltskontrolle unterliegen[71]. Die Einstufung als kontrollfähige AGB würde die privatautonome Entscheidung der Parteien zum mehrfachen Einsatz für unbeachtlich erklären, ohne dafür eine Rechtfertigung zu haben. Der beiderseits gewollte, mehrfache Einsatz einmal ausgehandelter Vertragsbedingungen steht der Einstufung als Individualabrede damit nicht im Wege[72].

41 Die **Beweislast** dafür, dass es sich bei einer streitigen Regelung um allgemeine Geschäftsbedingungen handelt, trägt der Kunde, der sich darauf beruft[73]. Erfolgt die Niederlegung des Vertragstextes in einer Weise, die für eine mehrfache Verwendung spricht, so ist der Anscheinsbeweis erbracht, dass es sich um Allgemeine Geschäftsbedingungen handelt. Diesen muss der Lieferant, der sich auf die Indi-

[66] BGH, Urt. v. 25.6.1992 – VII ZR 128/91, NJW 1992, 2759, 2760; Urt. v. 3.11.1999 – VIII ZR 269/98, NJW 2000, 1110.

[67] BGH, Urt. v. 3.11.1999 – VIII ZR 269/98, Rn. 27, NJW 2000, 1110, 1111.

[68] Urt. v. 27.8.2013 – 11 U 55/12, IR 2014, 10.

[69] Ähnlich OLG Nürnberg, Beschl. v. 10.11.2010 – IZ U 565/10, CuR 2011, 24-28, Rn. 20ff.

[70] *Münchener Kommentar zum BGB/Basedow*, § 305 BGB, Rn. 39 m.w.N.; *Graf von Westphalen*, Vertragsrecht, Individualvereinbarung, Rn. 1.

[71] *Graf von Westphalen*, Individualvereinbarung, Rn. 26 m.w.N.

[72] OLG Düsseldorf, Urt. v. 6.11.2013 – I-3 U 51/12, CuR 2013, 168-171, Rn. 48.

[73] OLG Düsseldorf, Urt. v. 6.11.2013 – I-3 U 51/12, CuR 2013, 168-171, Rn. 45.

vidualabrede beruft, erschüttern, indem er detailliert unter Beweisantritt vorträgt, woraus sich die Individualabrede ergibt[74]. Wird eine Klausel aus gestellten Bedingungen unverändert in den Einzelvertrag übernommen, so muss der Verwender beweisen, dass die Klausel ausgehandelt wurde[75]. Den Nachweis eines Aushandelns kann er nicht dadurch führen, dass der Vertragspartner eine vorbereitete Klausel gesondert unterschreibt, die besagt, dass der Inhalt des Vertrages in allen Einzelheiten ausgehandelt worden sei, was durch die Unterschrift ausdrücklich bestätigt wird[76]. Ebenso wenig reicht es, jedes Blatt der Vertragsurkunde mit dem Handzeichen der Vertragsparteien zu versehen, um ein Aushandeln nachzuweisen. Der Ablauf des Aushandelns muss vielmehr durch geeignete Beweismittel langfristig verlässlich dokumentiert werden, damit der Verwender, der seine Kalkulation beispielsweise auf eine in Abweichung von der AVBFernwärmeV vereinbarte Laufzeit aufbaut, auch noch Jahre nach Vertragsschluss verlässlich nachweisen kann, dass eine von ihm vorformulierte längere Laufzeit zur Disposition gestellt wurde und Gegenstand der Verhandlungen war. Dies wird praktisch nur durch einen entsprechenden Schriftwechsel oder von beiden Seiten bestätigte Verhandlungsprotokolle möglich sein, die zu den Vertragsunterlagen zu nehmen sind. Bei den besonders wichtigen Regelungen zu Laufzeiten sollten Varianten angeboten und deren Auswirkungen auf die laufenden und die gesamten Kosten dargestellt werden. Unterschiedliche Preisänderungsklauseln sollten hinsichtlich ihrer Auswirkungen in Preisszenarien dargestellt werden, so dass der Kunde eine bewusste Entscheidung für eine der möglichen Varianten trifft[77].

Im Ergebnis ergibt sich deshalb die **Empfehlung**, bei Energiedienstleistungsverträgen, auf die die AVBFernwärmeV anwendbar ist, sehr sorgfältig zu prüfen, ob die gewählten Vertragsbedingungen mit der AVBFernwärmeV vereinbar sind und die Zahl der davon abweichenden Regelungen auf das unbedingt erforderliche Maß zu reduzieren, weil der Aufwand, abweichende Regelungen wirksam zu vereinbaren, wie soeben dargestellt, hoch ist.

---

[74] OLG Düsseldorf, Urt. v. 6.11.2013 – I-3 U 51/12, CuR 2013, 168-171, Rn. 46; *Hamer/Geldsetzer*, EWeRK 2014, 203, 205.
[75] BGH, Urt. v. 3.4.1998 – V ZR 6/97, NJW 1998, 2600, 2601.
[76] BGH, Urt. v. 15.12.1976 – IV ZR 197/75, NJW 1977, 624.
[77] *Hamer/Geldsetzer*, EWeRK 2014, 203, 205.

2. Allgemeine Geschäftsbedingungen und allgemeine Versorgungsbedingungen

42 Nur im Anwendungsbereich der AVBFernwärmeV gibt es in der Praxis des Energiedienstleistungsrechts regelmäßig Fallgestaltungen, in denen die Vertragsbedingungen sich zwingend nach dem Recht der Verordnungen über Versorgungsbedingungen richten. Bei der Stromversorgung im Rahmen eines Energiedienstleistungsvertrages ist es umgekehrt: Die StromGVV gilt regelmäßig nicht automatisch, weil der Energiedienstleister nicht Grundversorger ist. Erst durch die vertragliche Einbeziehung in die allgemeinen Versorgungsbedingungen des Energiedienstleisters kommt sie zur Anwendung. Energiedienstleistungsverträge, die Wärme- oder Stromlieferung zum Gegenstand haben und unter Verwendung allgemeiner Geschäftsbedingungen abgeschlossen werden, unterliegen dann, wenn sie nicht in den Anwendungsbereich der AVBFernwärmeV oder der StromGVV bzw. NAV fallen, dem Recht der allgemeinen Geschäftsbedingungen (§§ 305 bis 310 BGB). Aber selbst dann, wenn die StromGVV nicht in einen Stromlieferungsvertrag oder die AVBFernwärmeV nicht in einen Wärmlieferungsvertrag mit Industriekunden einbezogen werden, haben diese Verordnungen Bedeutung für die Wirksamkeit solcher allgemeiner Vertragsbedingungen.

a) AGB-Kontrolle bei Verträgen mit Unternehmern und Gleichgestellten

43 Die **Inhaltskontrolle** allgemeiner Geschäftsbedingungen ist durch § 310 Abs. 1 BGB **eingeschränkt**, wenn es sich bei dem Kunden um Unternehmer, juristische Personen des öffentlichen Rechts oder öffentlich-rechtliche Sondervermögen handelt. Dann gelten die strengen Einbeziehungsvoraussetzungen des § 305 Abs. 2 und Abs. 3 BGB sowie die Klauselverbote der §§ 308 und 309 BGB nicht unmittelbar. Die Inhaltskontrolle beschränkt sich auf die Anwendung der Generalklausel des § 307 BGB. Danach sind Klauseln in allgemeinen Geschäftsbedingungen unwirksam, wenn sie den Vertragspartner des Verwenders entgegen den Geboten von Treu und Glauben unangemessen benachteiligen. Ob einzelne Klauseln Unternehmer oder gleichgestellte Kunden im Sinne des § 307 BGB unangemessen benachteiligen, ist auch unter Einbeziehung der Verordnungen über allgemeine Versorgungsbedingungen zu klären, weil es keinen sachlichen Grund gibt, diese weniger schutzbedürftige Gruppe weitergehend zu schützen als die Abnehmer, für die die Verordnungen gelten. Die vom Verordnungsgeber als angemessen angesehenen Regelungen können gegenüber Unternehmern und gleichgestellten Kunden nicht als unangemessen im Sinne des § 307 BGB angesehen werden[78].

44 Die Ausnahmeregelung des § 310 Abs. 1 BGB hat in der Praxis aber nur noch eine **eingeschränkte Bedeutung**. Der **Bundesgerichtshof** sieht bei der Prüfung von allgemeinen Geschäftsbedingungen, die gegenüber Unternehmern und Gleichgestellten verwendet werden, in einem Verstoß gegen eines der Verbote des § 309 BGB ein Indiz für die Unangemessenheit der Regelung im Sinne des § 307 BGB[79]. In der Praxis hat das zur Konsequenz, dass ein Unternehmer, der ihm gestellte **AGB einfach hinnimmt**, vielfach „besser fährt" als ein Unternehmer, der über die Bedingungen verhandelt. Denn derjenige, der nicht verhandelt, kann mit Aussicht auf Erfolg später immer noch versuchen, ihm ungünstige Klauseln unter Berufung auf ihre Unangemessenheit im Rechtsstreit für unwirksam erklären zu lassen. Dies ist zu Recht auf starke Kritik gestoßen[80]. Neuere Entscheidungen des Bundesgerichtshofes aus dem Jahr 2014 deuten darauf hin, dass der Bundesgerichtshof von der beschriebenen Tendenz abweicht und der Selbstverantwortung des Unternehmers wieder mehr Gewicht in der Angemessenheitsprüfung im Rahmen des § 307 BGB gibt. Denn er verwehrt zutreffend dem Unternehmer, der einen Energiebezugsvertrag geschlossen hat, die Berufung auf die Verbraucherschutzrechtsprechung des Gerichts zu Preisänderungsklauseln. Dies begründet er überzeugend wie folgt[81]:

„Von einem gewerblichen Unternehmen wie der Klägerin ist zu erwarten, dass es seine Kosten – auch auf dem Energiesektor – sorgfältig kalkuliert und deshalb einer ihm gegenüber verwendeten Preisanpassungsklausel besondere Aufmerksamkeit schenkt. Diese Kostenkalkulation gehört zum Kernbereich kaufmännischer Tätigkeit. Es ist deshalb in einer marktwirtschaftlichen Ordnung Aufgabe des Unternehmers, selbstverantwortlich zu prüfen und zu entscheiden, ob ein Gaslieferungsvertrag, der eine Bindung des Arbeitspreises für Erdgas an den Preis für leichtes Heizöl vorsieht, für ihn als Kunden akzeptabel ist. Es ist dagegen nicht Aufgabe der Gerichte, die unternehmerische Entscheidung für eine Ölpreisbindung darauf hin zu überprüfen, ob sie sachgerecht ist, und sie gegebenenfalls zu Gunsten des einen Unternehmens sowie zu Lasten des anderen zu korrigieren."

Bei der Ausgestaltung allgemeiner Geschäftsbedingungen für Energiedienstleistungsverträge mit Kunden, die Unternehmer sind,

---

[78] *Palandt-Grüneberg*, § 310 BGB, Rn. 6; einschränkend *Ulmer/Brandner/Hensen-Schäfer*, § 310, Rn. 104.
[79] BGH, Urt. v. 19.9.2007 – VIII ZR 141/06, NJW 2007, 3774.
[80] AnwBl. 2012, 292–319; *Dauner-Lieb*, AnwBl. 2013, 845-849.
[81] BGH, Urt. v. 14.5.2014 – VIII ZR 114/13, Rn. 46.

kann man sich heute also wohl wieder etwas stärker auf die geltende unternehmerische Eigenverantwortung des Kunden verlassen, so dass der Vertrag nicht durchgängig so formuliert werden muss, als wenn der Kunde Verbraucher wäre.

b) AGB-Kontrolle bei Verträgen mit Nicht-Unternehmern

45 Für die Fälle der uneingeschränkten Kontrolle nach den §§ 305 bis 309 BGB, also für Verträge mit natürlichen Personen und juristischen Personen des Zivilrechts, die nicht Unternehmer sind, findet sich im Recht der allgemeinen Geschäftsbedingungen eine Wahlmöglichkeit für die Versorgungsunternehmen, die aus praktischen Gründen von erheblichem Gewicht sein kann. § 310 Abs. 2 BGB sieht vor, dass die **§§ 308 und 309 BGB keine Anwendung** finden auf Verträge der Elektrizitäts-, Gas-, Fernwärme- und Wasserversorgungsunternehmen über die Versorgung von Sonderabnehmern mit elektrischer Energie, Gas, Fernwärme und Wasser aus dem Versorgungsnetz, soweit die Versorgungsbedingungen nicht zum Nachteil der Abnehmer von Verordnungen über Allgemeine Bedingungen für die Versorgung von Tarifkunden mit elektrischer Energie, Gas, Fernwärme und Wasser abweichen. Die AVBEltV und die AVBGasV, die noch den „Tarifkunden" kannten, sind außer Kraft getreten. Es gibt für den Strom- und Gasbereich keine Verordnungen mehr, die an die Eigenschaft des Kunden als Tarifkunde anknüpfen. Nach heutiger Rechtslage ist vielmehr zwischen der Versorgung von Haushaltskunden im Rahmen der Grundversorgung (§§ 36–39 EnWG), Haushaltskunden außerhalb der Grundversorgung (§ 41 EnWG) und sonstigen Kunden (§ 3 Nr. 24 EnWG) zu unterscheiden. Weil nicht davon ausgegangen werden kann, dass der Gesetzgeber mit der Änderung der für Kunden verwendeten Bezeichnungen den § 310 Abs. 2 BGB leerlaufen lassen wollte, ist dieser dahingehend zu verstehen, dass er bei der Elektrizitätsversorgung auf die StromGVV sowie die NAV und bei der Gasversorgung auf die GasGVV und NDAV verweist[82].

46 Bei der Wärmeversorgung wird es keine Fälle geben, in denen § 310 Abs. 2 BGB Anwendung findet, weil alle denkbaren Fälle der Versorgung mit Wärme unter Verwendung allgemeiner Geschäftsbedingungen mit Nichtunternehmern in den zwingenden Anwendungsbereich der AVBFernwärmeV fallen. Bei der Elektrizitätsversorgung öffnet sich dagegen ein Anwendungsbereich, weil die Stromkunden eines Energiedienstleisters regelmäßig nicht Haushaltskunden im Rahmen der Grundversorgung im Sinne des § 1

[82] *Palandt-Grüneberg*, § 310 BGB, Rn. 6; *de Wyl/Soetebeer* in: *Schneider/Theobald*, § 11, Rn. 156.

Abs. 1 und 2 StromGVV und deshalb als Sonderkunden im Sinne des § 310 Abs. 2 BGB anzusehen sind. Das bedeutet, dass sich der Energiedienstleister z.B. bei der Stromversorgung der Bewohner eines Mehrfamilienhauses, in dem er nicht nur die Wärme liefert, sondern auf der Basis von Einzelverträgen mit jedem Bewohner auch den Strom, bei der Vertragsgestaltung aussuchen kann, ob er den Vertrag an den Vorgaben der StromGVV und NAV oder denen der §§ 308 und 309 BGB ausrichtet. Auch Mischformen sind möglich, weil die Kontrolle anhand der §§ 308 und 309 BGB gemäß § 310 Abs. 2 BGB nur ausgeschlossen ist, „soweit" keine Abweichung von der StromGVV und der NAV erfolgt.

47 § 310 Abs. 2 BGB gilt nach der jüngeren Rechtsprechung des Europäischen Gerichtshofes und des Bundesgerichtshofes aber nicht mehr in dieser Weise. Ausgehend von den vom Europäischen Gerichtshof definierten Anforderungen an Preisänderungsklauseln in Verbraucherverträgen außerhalb der Grundversorgung entschied der Bundesgerichtshof, dass in Sonderverträgen über die Lieferung von Gas die wörtliche Übernahme der Preisänderungsberechtigung aus § 4 AVBGasV, der insoweit weitgehend den §§ 5 Abs. 2 StromGVV bzw. GasGVV in der bis zum 29.10.2014 geltenden Fassung entspricht, unwirksam ist[83]. § 310 Abs. 2 BGB ist einschränkend dahingehend auszulegen, dass die Freistellung von der Inhaltskontrolle nicht hinsichtlich der Anforderungen an Sonderkundenverträge gilt, die sich aus der Richtlinie 93/13/EWG des Rates vom 5. April 1993 über missbräuchliche Klauseln in Verbraucherverträgen oder der Richtlinie 2003/55/EG des Europäischen Parlamentes und des Rates vom 26. Juni 2003 über gemeinsame Vorschriften für den Erdgasbinnenmarkt ergeben[84].

Hinsichtlich der Inhaltskontrolle nach den §§ 305 ff. BGB bedeutet dies im Ergebnis: Der Energiedienstleister hat die **Möglichkeit**, auch außerhalb des Geltungsbereiches der **StromGVV** und der **NAV** die gesamten Regelwerke oder Auszüge aus ihnen im Rahmen allgemeiner Geschäftsbedingungen als verbindlich zu **vereinbaren**, und zwar auch dann, wenn sie nicht mit den Klauselverboten der §§ 308 und 309 BGB vereinbar sind[85], es sei denn, die einbezogenen Regelungen verstoßen gegen Vorgaben des europäischen Verbraucherschutzrechts. Praktische Bedeutung kann dies insbesondere für Klauseln über den Haftungsumfang (§ 18 NAV), eine Vertragsstrafe (§ 10 StromGVV), eine Schadenspauschale (§ 23 Abs. 2 NAV, § 17 Abs. 2

---

[83] BGH, Urt. v. 31.7.2013 – VIII ZR 162/09, EnWZ 2013, 458-463.

[84] BGH, Urt. v. 31.7.2013 – VIII ZR 162/09, Rn. 57 ff.

[85] BGH, Urt. v. 25.2.1998 – VIII ZR 276/96, NJW 1998, 1640; einschränkend *Ulmer/Schäfer* in: *Ulmer/Brandner/Hensen*, AGB-Recht, § 310 BGB, Rn. 98.

StromGVV) und die Zahlungsverweigerung (§ 17 Abs. 1 StromGVV) haben. Inwieweit die Einbeziehung der gesamten Regelwerke oder einzelner Regelungen auch sinnvoll ist, hängt von den Verhältnissen des Einzelfalls ab.

III. Abschluss, Übertragung und Änderung von Energiedienstleistungsverträgen

48 Der Energiedienstleistungsvertrag ist unabhängig davon, welcher Art die vereinbarte Energiedienstleistung ist, regelmäßig ein zweiseitiger schuldrechtlicher Vertrag, der gemäß §§ 311 Abs. 1, 145 ff. BGB dadurch zustande kommt, dass die eine Vertragspartei das Angebot der anderen Vertragspartei annimmt. Es bedarf also der Einigung über einen zwischen den Parteien einvernehmlich festgelegten Vertragsinhalt.

Die **Übernahme** eines einmal zustande gekommenen schuldrechtlichen Vertrages durch ein Dritten bedarf gemäß §§ 414, 415 BGB der **Zustimmung** des jeweils anderen Vertragspartners, sofern der Übernehmer nicht nur Ansprüche seines Rechtsvorgängers gegen den anderen Vertragspartner, sondern auch Pflichten seines Rechtsvorgängers gegenüber dem anderen Vertragspartner übernimmt. Grundsätzlich hat keine Vertragspartei also das Recht, ihre vertragliche Schuldnerstellung ohne Zustimmung der anderen Vertragspartei auf einen Dritten zu übertragen. Der Energiedienstleister, der eine Eissporthalle mit Kälte versorgt, darf den zwischen ihm und dem Betreiber der Eissporthalle bestehenden Kältelieferungsvertrag nicht ohne Zustimmung des Betreibers auf einen anderen Energiedienstleister übertragen.

Die geschilderten schuldrechtlichen Grundsätze sind für Teilbereiche des Energiedienstleistungsrechts aufgrund gesetzlicher Sonderregelungen modifiziert worden und können unter bestimmten Voraussetzungen vertraglich abgeändert werden.

1. Abschluss des Energiedienstleistungsvertrages

49 Es gibt keine generelle gesetzliche Pflicht, Energiedienstleistungsverträge schriftlich abzuschließen. Ein mündlicher oder durch schlüssiges Verhalten geschlossener Energielieferungsvertrag ist wirksam. Praktisch verursacht er das Problem, den vollständigen einvernehmlich festgelegten Vertragsinhalt zu bestimmen. Deshalb ist es üblich und dringend angeraten, Energiedienstleistungsverträge schriftlich abzuschließen.

a) Schriftformerfordernis

50 § 2 Abs. 1 S. 1 AVBFernwärmeV sieht vor, dass der Vertrag **schriftlich** abgeschlossen werden **soll**. Das geschieht in der Praxis gerade bei Energiedienstleistungsverträgen regelmäßig, weil die Fülle der erforderlichen Regelungen schon aus Beweisgründen schriftlich dokumentiert wird. Da schuldrechtliche Verträge auch wirksam durch schlüssiges Verhalten oder mündliche Einigung zustande kommen können, stellt sich die Frage, ob durch § 2 Abs. 1 S. 1 AVBFernwärmeV ein zusätzliches Formerfordernis geschaffen wird. Der Formulierung ist jedoch zu entnehmen, dass die Wirksamkeit des Vertragsschlusses nicht von der Einhaltung der Schriftform abhängt, denn der Vertrag „soll" schriftlich abgeschlossen werden. Dass die Nichtbeachtung dieser Form dem Vertragsschluss nicht entgegensteht, ergibt sich ferner aus dem nächsten Satz: „Ist er (der Vertrag) auf andere Weise zustande gekommen, so hat das Fernwärmeversorgungsunternehmen den Vertragsschluss dem Kunden unverzüglich schriftlich zu bestätigen." Unterbleibt das, so ist der Vertrag dennoch wirksam. Dann gelten aber nicht die von dem Fernwärmeversorgungsunternehmen sonst eingesetzten allgemeinen Versorgungsbedingungen, weil deren Einbeziehung einer entsprechenden Einigung bedarf, die bei Zustandekommen des Vertrages durch Abnahme von Energie nicht gegeben ist und auch nicht durch die Übersendung der Bedingungen an den Kunden schon vollzogen ist[86].

51 Oftmals wird neben einem Energiedienstleistungsvertrag ein **Mietvertrag** für den **Raum** abgeschlossen, in dem die Energieanlagen aufgestellt werden. Um sich die Nutzung des Raumes für die Aufstellung der Energieanlagen zu sichern, wird die Laufzeit des Mietvertrages der des Energiedienstleistungsvertrages entsprechen, also zehn oder mehr Jahre betragen. Gemäß §§ 578, 550 BGB gilt ein Mietvertrag über Räume zur Errichtung von Energieanlagen mit einer **Laufzeit** von mehr als einem Jahr als auf unbestimmte Zeit geschlossen, wenn er nicht in **Schriftform** abgeschlossen worden ist. Eine längere feste Laufzeitvereinbarung ist wegen der fehlenden Schriftform unwirksam. Der Mietvertrag sollte also stets in Schriftform abgeschlossen werden. Dann ist es naheliegend, auch den Energiedienstleistungsvertrag schriftlich abzuschließen.

52 Schriftform bedeutet gemäß § 126 Abs. 1 BGB, dass die Urkunde durch den Aussteller eigenhändig mit einer Namensunterschrift versehen sein muss. Gemäß § 126 Abs. 2 BGB müssen bei einem Vertrag beide Parteien auf einer Urkunde „unterzeichnen". Die Unterschrift muss den Urkundentext räumlich abschließen. Nicht ausrei-

[86] BGH, Urt. v. 15.1.2014 – VIII ZR 111/13, Rn. 16 – 21, NJW 2014, 1296–1298.

chend ist eine „Oberschrift", also eine Unterschrift vor dem Ende der maßgeblichen Textpassagen[87]. Nachträge müssen erneut unterschrieben werden[88].

Die Schriftform gemäß § 126 BGB ist nur dann erfüllt, wenn eine **einheitliche schriftliche Urkunde** vorliegt. Früher verlangte die Rechtsprechung dafür, dass die Ergänzungsurkunden mit der Ursprungsurkunde verbunden werden. Mittlerweile hat aber die Auflockerungsrechtsprechung des Bundesgerichtshofes zur Absenkung der Anforderungen geführt. Es reicht danach aus, wenn sich aus der Gesamtheit der durch Bezugnahme zu einer gedanklichen Einheit verbundenen Vertragsurkunden hinreichend bestimmbar ergibt, was Vertragsinhalt ist[89]. In einer Ergänzungsvereinbarung zu einem langfristigen Energiedienstleistungsvertrag muss der Ausgangsvertrag also genau benannt werden. Außerdem muss der Ausgangsvertrag mit einem Hinweis auf den Ergänzungsvertrag versehen werden.

b) Notarielle Beurkundung

53 Weil ein Energiedienstleistungsvertrag schon nicht der Schriftform bedarf, ist eine notarielle Beurkundung für einen ohne Zusammenhang mit anderen beurkundungsbedürftigen Verträgen abgeschlossenen Energiedienstleistungsvertrag erst recht nicht nötig[90]. Bildet ein Energiedienstleistungsvertrag aber mit einem gemäß § 311b Abs. 1 BGB beurkundungsbedürftigen **Grundstückskaufvertrag** eine **rechtliche Einheit**, dann ist auch der Energiedienstleistungsvertrag beurkundungsbedürftig. Eine solche rechtliche Einheit ist dann anzunehmen, wenn der Grundstückskaufvertrag mit dem Bestand und der Geltung des Energiedienstleistungsvertrages steht und fällt[91]. Ob ein solcher Zusammenhang besteht, kann nicht generell festgestellt werden, sondern muss in jedem Einzelfall ermittelt werden[92]. Eine Beurkundungspflicht kommt in Betracht, wenn der Verkäufer des Grundstücks und der Energiedienstleister vereinbart haben, dass das Grundstück nur mit Abschluss eines Energiedienstleistungsvertrages zwischen Erwerber und Energiedienstleister verkauft werden sollen. Ist der Energiedienstleistungsvertrag dagegen schon zwischen Verkäufer und Energiedienstleister abgeschlossen worden, so ist regelmäßig nur die Vereinbarung zwischen Verkäufer und Käufer

[87] BGH, Urt. v. 20.11.1990 – XI ZR 107/89, NJW 1991, 487–489.
[88] BGH, Urt. v. 24.1.1990 – VIII ZR 296/88, NJW-RR 1990, 518.
[89] BGH, Urt. v. 2.5.2007 – XII ZR 178/04, NJW 2007, 3273–3275.
[90] *Kruse*, RNotZ 2011, 65, 69.
[91] *Kruse*, RNotZ 2011, 65, 69.
[92] Eine sorgfältige Betrachtung der verschiedenen in der Praxis vorkommenden Konstellation findet sich bei *Kruse*, RNotZ 2011, 65, 69–76.

über den Eintritt beurkundungspflichtig, was durch die Aufnahme der Eintrittsregelung in den Kaufvertrag unschwer mit geregelt werden kann.

c) Vertragsschluss durch Abnahme von Energie

54 Es gibt aber auch Fälle, in denen Energie abgenommen wird, ohne dass vorher ein schriftlicher Vertrag geschlossen wurde. So liegt es z.B., wenn ein Einfamilienhaus in einem Nahwärmegebiet verkauft wird und der neue Eigentümer Wärme ohne vorherigen ausdrücklichen Vertragsschluss mit dem Energiedienstleister abnimmt. Die AVBFernwärmeV geht davon aus, dass auch durch Abnahme ein Vertrag zustande kommen kann, denn § 2 Abs. 2 S. 1 lautet: „Kommt der Vertrag dadurch zustande, dass die Fernwärme entnommen wird, ...". Unabhängig davon sieht die Rechtsprechung die tatsächliche **Entnahme** von Energie als eine auf den Abschluss eines Versorgungsvertrages gerichtete **Willenserklärung** an[93], durch die das in der **Vorhaltung** des Anschlusses liegende **Angebot** des Versorgungsunternehmens **angenommen** wird.

Für die Annahme eines wirksamen Vertragsschlusses reicht es unabhängig davon, ob die AVBFernwärmeV auf den konkreten Einzelfall anwendbar ist, aus, dass ein Anschluss an das Verteilungsnetz des Energieversorgungsunternehmens vorhanden ist[94], kein anderer Versorgungsvertrag für die betroffene Abnahmestelle besteht[95] und Energie abgenommen wird[96]. Auch ein Industriekunde, für den die AVBFernwärmeV nach deren § 1 Abs. 2 nicht gilt, schließt also durch Abnahme von Wärme über einen vom Versorgungsunternehmen bereitgestellten Anschluss einen Wärmelieferungsvertrag.

55 In dem eingangs gebildeten Beispielsfall, in dem der Energiedienstleister keine Möglichkeit hatte, dem Erwerber vor Beginn der Abnahme ein Angebot zu unterbreiten, gewährleistet diese, in § 2 Abs. 2 AVBFernwärmeV zum Ausdruck kommende Rechtsprechung, dass ab Abnahme von Energie ein Vertrag zu den Bedingungen der AVBFernwärmeV besteht. § 2 Abs. 2 S. 2 AVBFernwärmeV schreibt weiter vor, dass die Versorgung „zu den **für gleichartige Versorgungsverhältnisse geltenden Preisen**" erfolgt, so dass die grundsätzliche Vergütungspflicht, die Höhe der Vergütung und die gegensei-

---

[93] BGH, Beschl. v. 20.12.2005 – VIII ZR 7/04, WuM 2006, 207; BGH, Urt. v. 30.4.2003 – VIII ZR 279/02, NJW 2003, 3131–3132, Urt. v. 15.1.2014 – VIII ZR 111/13, Rn. 17, NJW 2014, 1296-1298.

[94] OLG Brandenburg, Urt. v. 16.6.1999 – 7 U 12/99, RdE 2000, 72, 73; *Hermann/Recknagel/Schmidt-Salzer*, § 2 AVBV, Rn. 22.

[95] BGH, Urt. v. 17.3.2004 – VIII ZR 95/03, NJW-RR 2004, 928–929 m.w.N.

[96] BGH, Beschl. v. 20.12.2005 – VIII ZR 7/04, WuM 2006, 207; Urt. v. 30.4.2003 – VIII ZR 279/02, NJW 2003, 3131–3132.

tigen Rechte und Pflichten, soweit sie in der AVBFernwärmeV geregelt sind, feststehen. In dem Beispielsfall würde also der Grundstückseigentümer ein Entgelt für den Energiebezug entrichten müssen, dass dem der anderen gleichartigen Versorgungsobjekte, die das Versorgungsunternehmen in dem Versorgungsgebiet versorgt, entspricht[97].

Hat es vor dem Beginn der Abnahme von Energie über den vom Energiedienstleister vorgehaltenen Anschluss Vertragsverhandlungen gegeben, in denen der Energiedienstleister zum Ausdruck gebracht hat, nur zu bestimmten, im Vertragsangebot enthaltenen Bedingungen liefern zu wollen, so liegt in dem **Beginn der Abnahme** von Energie durch den Anschlussnehmer die **Annahme** des Angebotes. Dies gilt auch dann, wenn der Abnehmer gleichzeitig erklärt, das Angebot nicht zu akzeptieren. Denn durch sein Abnahmeverhalten **widerspricht** er seiner dadurch **unbeachtlich** werdenden Erklärung[98]. Der Abnehmer kann dann nicht verlangen, zu anderen als den angebotenen Bedingungen versorgt zu werden.

56 Da nach der Rechtsprechung des Bundesgerichtshofes der Versorgungsvertrag durch Abnahme von Energie über einen vorhandenen Versorgungsanschluss mit demjenigen zustande kommt, der die Verfügungsgewalt über diesen Anschluss hat[99], kommt ein Vertragsschluss durch Entnahme von Energie auch dann in Betracht, wenn die Energie dezentral in einer Anlage erzeugt wird, die der Energiedienstleister im Gebäude des Kunden errichtet hat und an die die Kundenanlage angeschlossen ist. Dies kann z.B. dann von Bedeutung sein, wenn das **Gebäude verkauft** wird, der Verkäufer aber entgegen seiner Pflicht aus § 32 Abs. 4 AVBFernwärmeV nicht die Rechte und Pflichten aus dem bestehenden Versorgungsvertrag auf den Erwerber übertragen hat. Regelmäßig hat der Energiedienstleister ein Interesse daran, auch bei einem Wechsel des Eigentümers oder Nutzers die Belieferung fortzusetzen, weil die Anlage dem Objekt angepasst errichtet wurde und die Versorgungsbedingungen so kalkuliert sind, dass die ursprünglich vorgesehene Laufzeit notwendig für die Amortisation der getätigten Investition ist.

Ein Versorgungsvertrag mit dem neuen Eigentümer kann in einem solchen Fall nach der Rechtsprechung des Bundesgerichtshofes aber nur dann zustande kommen, wenn nicht schon ein Versorgungsvertrag für die Versorgung über diesen Anschluss mit einem Drit-

---

[97] BGH, Urt. v. 17.10.2012 – VIII ZR 292/11, Rn. 13, NJW 2013, 595–597.

[98] BGH, Urt. v. 25.11.2009 – VIII ZR 235/08, NJW-RR 2010, 516–517.

[99] BGH, Beschl. v. 20.12.2005 – VIII ZR 7/04, WuM 2006, 207; Urt. v. 2.7.2014 – VIII ZR 316/13, Rn. 12, NJW 2014, 3148–3150; Urt. v. 22.7.2014 – VIII ZR 313/13, Rn. 11, 24, NJW 2014, 3150–3151.

ten besteht[100]. Ein noch **bestehender Energielieferungsvertrag** mit dem ehemaligen Eigentümer entfaltet also **Sperrwirkung**, auch wenn der Vertragspartner nicht zahlt. Ein Vertragsschluss mit dem neuen Eigentümer allein durch Entnahme von Energie über den vorhandenen Anschluss kommt in diesem Fall erst nach Beendigung des Vertrages mit dem Voreigentümer zustande.

Ist der Vertrag mit dem Voreigentümer in einem solchen Fall beendet, so gelten für den neuen Eigentümer nicht automatisch die Bedingungen des ehemals für die Abnahmestelle bestehenden Vertrages. Vielmehr gilt der Grundsatz des § 2 Abs. 2 AVBFernwärmeV, dass die Versorgung zu den für gleichartige Vertragsverhältnisse geltenden Preisen erfolgt[101]. Diese sind zu ermitteln, wenn es keine Einigung gibt.

2. Übernahme des Energiedienstleistungsvertrages

57 Bei Energiedienstleistungsverträgen werden immer dann, wenn der Energiedienstleister Investitionen tätigen muss, um seine vertraglichen Leistungspflichten erfüllen zu können, lange Laufzeiten vereinbart. Sie sind nötig, weil anders eine Amortisation der Investition nicht möglich ist. Es ist aber nicht im Voraus absehbar, ob sich nicht auf Seiten des Kunden oder des Energiedienstleistungsunternehmens während der Laufzeit Änderungen ergeben, die es erforderlich machen, die Vertragsparteien auszutauschen. Das ist z.B. dann notwendig, wenn der **Kunde** sein versorgtes **Grundstück verkauft** oder das Energiedienstleistungsunternehmen im Rahmen einer Unternehmensumstrukturierung den Vertrag auf ein anderes Unternehmen übertragen möchte. Für diese Fälle treffen § 32 AVBFernwärmeV und § 2 NAV Vorkehrungen, die in den Fällen, in denen die AVBFernwärmeV und die NAV nicht zwingend gelten, je nach den Erfordernissen des Einzelfalles durch entsprechende vertragliche Regelungen vereinbart werden sollten.

a) Wechsel des Vertragspartners auf Kundenseite

58 In der AVBFernwärmeV sind zwei Fallgestaltungen geregelt, der Wechsel des Kunden auf Wunsch des bisherigen Kunden (§ 32 Abs. 3) und die Pflicht des bisherigen Kunden, der Eigentümer des versorgten Grundstücks ist, den **Vertrag** auf den Erwerber des Grundstücks zu **übertragen** (§ 32 Abs. 4). Ist im Rahmen des Energiedienstleistungsverhältnisses auch ein Niederspannungsnetzanschluss für einen

[100] BGH, Urt. v. 17.3.2004 – VIII ZR 95/03, NJW-RR 2004, 928–929 m.w.N.
[101] OLG Frankfurt a. M., Urt. v. 23.4.2008 – 4 U 150/07, CuR 2009, 65–69.

Grundstückseigentümer vorzuhalten, so tritt als Vertragspartner des Netzanschlussvertrages bei einem Eigentumswechsel am Grundstück automatisch der Erwerber gemäß § 2 Abs. 4 NAV in den Netzanschlussvertrag ein.

59 **aa) Wechsel des Kunden.** In § 32 Abs. 3 AVBFernwärmeV ist vorgesehen, dass der Eintritt eines anderen Kunden anstelle des bisherigen Kunden nicht der Zustimmung des Fernwärmeversorgungsunternehmens bedarf. Das Unternehmen ist aber berechtigt, das Vertragsverhältnis aus wichtigem Grund mit zweiwöchiger Frist auf das Ende des der Mitteilung folgenden Monats zu kündigen. Dem Kunden wird also abweichend von den §§ 414 und 415 BGB das Recht eingeräumt, einseitig einen neuen Schuldner einzusetzen. Das damit verbundene Risiko des Fernwärmeversorgungsunternehmens, einem neuen Vertragspartner ausgesetzt zu sein, der nicht in der Lage ist, die vertraglichen Verpflichtungen zu erfüllen, soll dadurch begrenzt werden, dass das Fernwärmeversorgungsunternehmen das Recht hat, den Vertrag „aus wichtigem Grund“ zu kündigen. Ein wichtiger Grund im Sinne der Vorschrift liegt vor, wenn dem Fernwärmeversorgungsunternehmen die Fortsetzung des Vertrages wirtschaftlich unzumutbar ist[102].

Es stellt sich die Frage, ob die Regelung auf Energiedienstleistungsverträge angewendet werden kann. Das Regelungskonzept des § 32 Abs. 3 AVBFernwärmeV will das mit dem Kundenwechsel verbundene Risiko, einem nicht ausreichend leistungsfähigen Kunden ausgesetzt zu sein, dadurch begrenzen, dass der Vertrag gekündigt werden kann. Bei einem Fernwärmeversorgungsunternehmen herkömmlicher Art mag dies eine geeignete Art der Risikobegrenzung sein, denn der Verlust eines Kunden in einem Netz mit mehreren Hundert oder Tausend Anschlussnehmern stellt wirtschaftlich keine schwerwiegende Belastung dar.

Völlig **anders** ist die **Lage** aber bei **Energiedienstleistungen**: Die Wirtschaftlichkeit der Gesamtanlage hängt davon ab, dass das Versorgungsobjekt oder die Versorgungsobjekte, für die die Anlage ausgelegt und errichtet worden ist, über die vereinbarte Laufzeit zu den vereinbarten Bedingungen versorgt werden. Scheidet das oder ein Objekt vorzeitig aus der Versorgung aus, bricht die objektspezifische Kalkulation in sich zusammen. Das kann für den Energiedienstleister existenzbedrohende Ausmaße annehmen, wenn wesentliche Teile der Investition noch nicht durch die laufenden Einnahmen refinanziert sind. Das für Großnetze konzipierte Absicherungskonzept des **§ 32 Abs. 3 AVBFernwärmeV** ist also **nicht** auf Energiedienstleistungen

---

102 *Hermann/Recknagel/Schmidt-Salzer*, § 32 AVBFernwärmeV, Rn. 77.

übertragbar. Eine entsprechende Anwendbarkeit der Vorschrift auf Energiedienstleistungen ist deshalb abzulehnen. Es bleibt bei dem Grundsatz des § 415 BGB, dass die Schuldübernahme nur wirksam ist, wenn sie vom Gläubiger, hier also vom Energiedienstleister, genehmigt wird.

Der Kunde kann den Vertrag also auf einen neuen Kunden übertragen, diese Übertragung wird aber erst wirksam, wenn der Energiedienstleister seine Genehmigung erklärt hat. Um den Regelungsgehalt des § 32 Abs. 3 AVBFernwärmeV so weit wie möglich zu erhalten, wird man dem Energiedienstleister ein Recht zur Verweigerung der Genehmigung nur dann zugestehen, wenn in der Person des Kunden ein wichtiger Grund vorliegt, der es für den Energiedienstleister wirtschaftlich unzumutbar sein lässt, den Vertrag mit dem neuen Kunden fortzusetzen. Das ist z.B. dann der Fall, wenn der neue Kunde nicht Grundstückseigentümer ist oder wirtschaftlich nicht ausreichend leistungsfähig, um den Vertrag über die Laufzeit zu erfüllen.

60

bb) Eintrittspflicht des Grundstückserwerbers. Ist der Kunde Eigentümer des versorgten Grundstücks, so wird die langfristige Vertragserfüllung vom Verordnungsgeber zutreffend als gefährdet angesehen, wenn der Kunde das Eigentum an dem Grundstück einem anderen überträgt[103]. Um die langfristige Erfüllung abzusichern, sieht § 32 Abs. 4 S. 2 AVBFernwärmeV deshalb eine Pflicht des Kunden vor, dem Erwerber des Grundstücks den **Eintritt** in den Versorgungsvertrag aufzuerlegen, sofern die Eigentumsübertragung **„während der ausdrücklich vereinbarten Vertragsdauer"** erfolgt. Die Pflicht zur Übertragung besteht also dann nicht mehr, wenn sich der Vertrag nach Ablauf der ursprünglich vereinbarten Vertragslaufzeit gemäß § 32 Abs. 1 AVBFernwärmeV verlängert hat. Mit dem Eintritt des Erwerbers in den Vertrag erlöschen die Rechte und Pflichten des Kunden aus dem Vertrag für die Zukunft[104]. Für Rückstände aus der Vergangenheit soll nur der Altkunde in Anspruch genommen werden können[105]. Zweifel an der entsprechenden Anwendbarkeit auf Energiedienstleistungen bestehen bei § 32 Abs. 4 AVBFernwärmeV nicht, weil das Interesse an der langfristigen Absicherung ebenfalls besteht und regelmäßig so verfahren wird, dass die ausdrücklich vereinbarte Laufzeit derjenigen entspricht, die der Energiedienstleister für die Amortisation seiner Anfangsinvestition benötigt.

---

[103] *Hermann/Recknagel/Schmidt-Salzer*, § 32 AVBFernwärmeV, Rn. 78.

[104] BGH, Urt. v. 29.10.1980 – VIII ZR 272/79, NJW 1981, 1361, 1362.

[105] *Hermann/Recknagel/Schmidt-Salzer*, § 32 AVBFernwärmeV, Rn. 79; a.A. *Witzel/Topp*, § 32 AVBFernwärmeV, S. 217.

Der Eintritt eines neuen Grundstückseigentümers in den Vertrag ist kein Neuabschluss des Vertrages. Er muss den Vertrag so hinnehmen, wie er ist. Kommt es zum Streit über die Wirksamkeit insgesamt oder einzelner Klauseln, so ist immer auf die Verhältnisse bei Vertragsschluss abzustellen. Tritt z.B. eine Wohnungseigentümergemeinschaft, die als Verbraucher im Sinne des § 13 BGB gilt, in einen Wärmelieferungsvertrag ein, den ein Wohnungsunternehmen und ein Energiedienstleister geschlossen haben, so gelten für die Prüfung der Frage, ob die Vertragsbedingungen dem Recht der allgemeinen Geschäftsbedingungen unterliegen und welche Prüfungsmaßstäbe anzusetzen sind, nicht etwa die strengen verbraucherschützenden Regelungen, sondern die Regelungen, die für Verträge zwischen Unternehmen maßgeblich sind[106].

b) Wechsel des Vertragspartners auf Seiten des Energiedienstleisters

61 Tritt anstelle des bisherigen Wärmeversorgungsunternehmens ein anderes Unternehmen in die sich aus dem Vertragsverhältnis ergebenden Rechte und Pflichten ein, so bedarf es hierfür gemäß § 32 Abs. 5 AVBFernwärmeV **nicht** der **Zustimmung** des Kunden. Gleichzeitig ist vorgesehen, dass der Kunde berechtigt ist, das Vertragsverhältnis aus wichtigem Grund mit zweiwöchiger Frist auf das Ende des der Bekanntgabe folgenden Monats zu kündigen. Der Kunde kann den Vertrag kündigen, wenn in der Person des neuen Wärmelieferanten ein wichtiger Grund vorliegt, dieser also keine hinreichende Gewähr für eine ausreichende, technisch sichere und preiswürdige Versorgung bietet oder dem Kunden aus anderen besonders gewichtigen Gründen als Vertragspartner nicht zumutbar ist[107]. Allein der Umstand, dass der Wärmelieferungsvertrag auf ein anderes Unternehmen übertragen wird, stellt keinen Kündigungsgrund dar[108].

c) Vertragliche Regelungen

62 Bestehen die Möglichkeiten zum vereinfachten Wechsel des Vertragspartners auf Kunden- oder Energiedienstleisterseite nicht schon wegen der zwingenden Geltung der AVBFernwärmeV, so sollten die Vertragsparteien prüfen, ob sie solche Regelungen vereinbaren wol-

---

[106] OLG Düsseldorf, Urt. v. 6.11.2013 – I-3 U 51/12, CuR 2013, 168–171, Rn. 35 f.

[107] OLG Dresden, Urt. v. 30.3.2007 – 9 U 1658/05, CuR 2007, 101–105; *Hermann/Recknagel/Schmidt-Salzer*, § 32 AVBFernwärmeV, Rn. 80.

[108] BGH, Urt. v. 25.10.1989 – VIII ZR 229/88, Rn. 32, NJW 1990, 1181, 1183; *Witzel/Topp*, § 32 AVBFernwärmeV, S. 218.

len. Eine entsprechende Individualvereinbarung ist unproblematisch möglich.

63 Bei der Elektrizitätsversorgung durch einen Energiedienstleister besteht dagegen keine Möglichkeit, in einem Stromlieferungsvertrag, der nicht individuell ausgehandelt ist, sondern dem Recht der Allgemeinen Geschäftsbedingungen unterliegt, von Anbeginn ein Recht des Energiedienstleisters vorzusehen, den Vertrag während seiner Laufzeit auf einen anderen Energiedienstleister zu übertragen. Denn anders als § 32 Abs. 5 AVBFernwärmeV enthält die **StromGVV keine Regelung**, die eine solche Vertragsübertragung zulässt und auf die im Stromlieferungsvertrag verwiesen werden könnte. Soll eine solche Regelung dennoch Bestandteil allgemeiner Geschäftsbedingungen für die Stromlieferung werden, so ist eine solche Regelung gemäß § 309 Nr. 10 BGB nur dann wirksam, wenn sie entweder den zukünftigen Energiedienstleister namentlich bezeichnet oder dem Kunden das Recht einräumt, sich beim Wechsel vom Vertrag zu lösen. Die Benennung des zukünftig eintretenden Energiedienstleisters ist eher theoretischer Natur, weil ein irgendwann zukünftig einmal eintretender Energiedienstleister bei Vertragsschluss noch nicht bekannt sein wird. Die Einräumung eines Kündigungsrechts beim Wechsel des Energiedienstleisters nimmt dem Vertrag eine verlässliche längerfristige Perspektive. In der Praxis wird es deshalb regelmäßig erforderlich sein, die Zustimmung des Kunden einzuholen, wenn ein Energiedienstleister den Stromlieferungsvertrag, den er mit einem Kunden abgeschlossen hat, auf einen anderen Energiedienstleister ohne Kündigungsrisiko übertragen möchte.

3. Energiedienstleistungsverträge mit Verbrauchern

64 Energiedienstleistungsverträge werden in der Praxis größtenteils mit Unternehmen abgeschlossen. Die Kunden von Einspar-Contracting-Projekten sind Körperschaften des öffentlichen Rechts oder Unternehmen; Energieliefer-Contracting-Verträge werden oft mit Wohnungsunternehmen, Industrie- oder Gewerbebetrieben abgeschlossen. Handelt es sich bei dem Kunden dagegen um einen Verbraucher, so gelten bestimmte Verbraucherschutzvorschriften.

a) Verbraucherbegriff

65 Verbraucher ist nach § 13 BGB jede natürliche Person, die ein Rechtsgeschäft zu einem Zweck abschließt, der weder ihrer gewerblichen noch ihrer selbständigen beruflichen Tätigkeit dient. Unternehmer ist nach § 14 BGB eine natürliche oder juristische Person oder

eine rechtsfähige Personengesellschaft, die bei Abschluss eines Rechtsgeschäfts in Ausübung ihrer gewerblichen oder selbständigen beruflichen Tätigkeit handelt. Zu den gewerblichen Tätigkeiten gehört nicht die **Verwaltung eigenen Vermögens**, die auch dann grundsätzlich dem privaten Bereich zugerechnet wird, wenn es sich um die Anlage beträchtlichen Kapitals handelt. Es kommt ausschließlich auf den Umfang der mit der Vermögensverwaltung verbundenen Geschäfte an. Erfordern diese einen planmäßigen Geschäftsbetrieb, wie etwa die Unterhaltung eines Büros oder einer Organisation, so liegt eine gewerbliche Betätigung vor[109]. Ein ausgedehntes oder sehr wertvolles Objekt an eine geringe Anzahl von Personen zu vermieten, hält sich daher grundsätzlich im Rahmen der privaten Vermögensverwaltung. So hat der Bundesgerichtshof in der zitierten Entscheidung eine Gesellschaft bürgerlichen Rechts, die ein Büroobjekt im Wert von rund 4,7 Mio. EUR an wenige gewerbliche Mieter vermietet hat, als Verbraucher und nicht als Unternehmer eingestuft. Dagegen hat das Oberlandesgericht Düsseldorf den Eigentümer und Vermieter zweier Mehrfamilienmietshäuser wegen des Umfangs der Teilnahme am Vermietungsmarkt bereits als Unternehmer eingestuft[110]. **Wohnungseigentümergemeinschaften** sind unabhängig von der Größe des zu versorgenden Objekts ebenfalls als **Verbraucher** im Sinne des § 13 BGB einzustufen, es sei denn, an ihnen sind ausschließlich Unternehmer beteiligt[111].

b) Widerrufsrecht

66 Die Regelungen des BGB über den Vertragsschluss enthalten eine Vielzahl von Verbraucherschutzvorschriften, die verhindern sollen, dass die als geschäftlich unerfahren angesehenen Verbraucher sich übereilt oder ohne genaue Prüfung der finanziellen Konsequenzen auf umfangreiche vertragliche Pflichten einlassen. Das Mittel zum Schutz des **Verbrauchers** besteht regelmäßig in einer Kombination aus umfangreichen Informations- und Aufklärungspflichten und einem Widerrufsrecht innerhalb bestimmter Fristen nach Vertragsschluss. Für Energiedienstleistungsverträge kann dies erhebliche Auswirkungen haben: Entscheidet sich eine Kunde, der rechtlich als Verbraucher anzusehen ist, den Vertrag zu widerrufen, so müssen die bis dahin erbrachten Leistungen rückabgewickelt werden. Ein Energiedienstleister müsste also die von ihm errichtete Heizanlage wieder ausbauen und bekäme nur einen marktüblichen Preis für die Wär-

---

[109] BGH, Urt. v. 23.10.2001 – XI ZR 63/01, Rn. 23, NJW 2002, 368–370.

[110] OLG Düsseldorf, Urt. v. 16.10.2003 – I-10 U 46/03, WuM 2003, 621.

[111] BGH, Urt. v. 24.3.2015 – VIII ZR 243/13; OLG München, Urt. v. 25.9.2008 – 32 Wx 118/08, NJW 2008, 3574.

melieferung in der kurzen Zeit, in der der Vertrag galt. Den Wertverlust der ein- und ausgebauten Heizstation und den mit Ein- und Ausbau verbundenen Aufwand bekäme er dagegen nicht ersetzt. Kommen die Verbraucherschutzvorschriften zur Anwendung, so muss der Energiedienstleister anders als sonst verfahren, sich also beispielsweise im Vertrag vorbehalten, mit der Installation seiner Anlage bis zum Ablauf der Widerrufsfrist zu warten.

67 Das einem Verbraucher in verschiedenen gesetzlich geregelten Fällen zustehende **Widerrufsrecht** kann gemäß § 355 Abs. 2 BGB innerhalb von **zwei Wochen** nach Vertragsschluss ohne weitere Begründung durch Erklärung in Textform gegenüber dem Lieferanten ausgeübt werden, wenn der Kunde vor oder bei Vertragsschluss schriftlich darüber belehrt wird, dass ihm dieses Recht zusteht. Erfolgt die **Belehrung** erst nach Vertragsschluss, so kann der Kunde den Widerruf gemäß § 356 Abs. 3 BGB innerhalb von zwei Wochen nach Belehrung erklären. Erfolgt überhaupt keine Belehrung, erlischt das Widerrufsrecht ein Jahr und zwei Wochen nach Vertragsschluss. Der zu beachtende Text der Widerrufsbelehrung ist gesetzlich vorgegeben und in Anlage 1 zum Einführungsgesetz zum Bürgerlichen Gesetzbuch (EGBGB) geregelt[112]. Der Unternehmer kann, muss aber nicht dem Verbraucher ein Widerrufsformular zur Verfügung stellen (§ 356 Abs. 1 BGB). Auch dafür gibt es eine gesetzliche Vorlage in Anlage zum EGBGB. Handelt es sich bei dem Kunden um einen Verbraucher, so ist die rechtzeitige Widerrufsbelehrung unter präziser Verwendung des aktuellen gesetzlichen Musters der Widerrufsbelehrung also unverzichtbar.

c) Ratenlieferungsverträge

68 Es ist **umstritten**, ob einem Verbraucher bei Abschluss eines Energiedienstleistungsvertrages, der eine **Wärme- oder Stromlieferung** zum Gegenstand hat, ein **Widerrufsrecht** zusteht, weil es sich dabei um einen Ratenlieferungsvertrag im Sinne des § 510 BGB handelt. Ratenlieferungsverträge sind gemäß § 510 BGB Verträge eines Verbrauchers mit einem Unternehmer, in denen die Willenserklärung des Verbrauchers auf den Abschluss eines Vertrages gerichtet ist, der

1. die Lieferung mehrerer als zusammengehörend verkaufter Sachen in Teilleistungen zum Gegenstand hat und bei dem das Entgelt für die Gesamtheit der Sachen in Teilzahlungen zu entrichten ist oder
2. die regelmäßige Lieferung von Sachen gleicher Art zum Gegenstand hat oder

[112] Die aktuelle Fassung der Widerrufsbelehrung stammt vom 20.9.2013 und gilt seit dem 13.6.2014, BGBl. I S. 3663–3664.

3. die Verpflichtung zum wiederkehrenden Erwerb oder Bezug von Sachen zum Gegenstand hat.

69 Praktisch ohne Bedeutung ist der wissenschaftliche Streit, ob ein Energielieferungsvertrag nun gemäß § 510 Abs. 1 Nr. 2 oder Nr. 3 BGB als **Ratenlieferungsvertrag** einzuordnen ist, weil in beiden Fällen eine Anwendbarkeit der Regelung gegeben ist[113]. Bisher gehen die Rechtsprechung[114] und Teile der Literatur[115] allerdings davon aus, dass Versorgungsverträge für leitungsgebundene Energie (Strom, Gas und Wasser) nicht von der Regelung erfasst werden. Ob das auch für Fernwärme gilt, hat der Bundesgerichtshof[116] offen gelassen.

Der Grund für die Nichtanwendbarkeit wird in der Entstehungsgeschichte gesehen. § 510 Abs. 1 Nr. 2 und 3 BGB entsprechen ohne Änderung § 2 Nr. 2 und Nr. 3 Verbraucherkreditgesetz (VerbrKrG), der wiederum unverändert aus § 1c Abzahlungsgesetz (AbzG) übernommen wurde. In der Entstehungsgeschichte zu § 1c AbzG heißt es nach einem Bericht des Abgeordneten *Dürr* in der Niederschrift der 85. Sitzung des Deutschen Bundestages vom 14.3.1974, S. 5540 unter B., dass zwar grundsätzlich „alle wiederkehrenden Leistungen" erfasst werden sollen, dies solle aber nicht für solche Verträge „der **öffentlichen Versorgung** mit Gas und Wasser" gelten[117]. Daraus folgert die herrschende Meinung[118], dass Versorgungsverträge aus dem leitungsgebundenen Tarifkundenbereich von der Anwendung des § 1c AbzG ausgeschlossen sein sollen. Da der Gesetzgeber die Nachfolgeregelungen nicht geändert hat und damit trotz der bekannten Problematik zum AbzG keinen Änderungsbedarf gesehen hat, gelte dies auch für die Nachfolgeregelungen.

70 Diese Auffassung erscheint in Anbetracht der **Liberalisierung des Energiemarktes** durch die Novellierung des Energiewirtschaftsgesetzes im Jahre 1998 nicht mehr tragfähig. Es gibt keine „öffentliche Versorgung" durch ein unausweichlich in Anspruch zu nehmendes Versorgungsunternehmen mehr. Leitungsgebunden gelieferte Elektrizität und Gas können genauso am Markt erworben werden wie Flüssiggas und Heizöl, für die nach der Rechtsprechung die Regelungen über Ratenlieferungsverträge unstreitig anzuwenden sind[119]. Dementsprechend ist davon auszugehen, dass Lieferverträge über

---

[113] BGH, Urt. v. 6.7.1988 – VIII ZR 6/88, NJW-RR 1988, 1322; zum Streitstand *MüKo-Schürnbrand*, § 510 BGB, Rn. 13, 23.

[114] BGH, Urt. v. 6.7.1988 – VIII ZR 6/88, NJW-RR 1988, 1322, Rn. 15.

[115] *de Wyl/Soetebeer* in: *Schneider/Theobald*, § 11, Rn. 85; *Schöne*, Rn. 161a f.; *Palandt-Weidenkaff*, § 510 BGB, Rn. 4.

[116] Urt. v. 28.1.1987 – VIII ZR 37/86, NJW 1987, 1622, 1625.

[117] Vgl. BR-Drs. 52/74 v. 15.2.1974, S. 5 f.

[118] *Palandt-Weidenkaff*, § 510 BGB, Rn. 4.

[119] BGB, Urt. v. 6.7.1988 – VIII ZR 6/88, NJW-RR 1988, 1322.

leitungsgebundene Energie Ratenlieferungsverträge im Sinne des § 510 BGB sind[120] und dem Kunden deshalb das Widerrufsrecht nach § 356c BGB i.V.m. § 355 BGB zusteht. Ist der Vertragspartner eines Energiedienstleistungsvertrags ein Verbraucher, sollte er also vorsorglich immer über ein Widerrufsrecht belehrt werden. Nach § 356 BGB steht einem Verbraucher, der einen Energiedienstleistungsvertrag in der Form eines Fernabsatzvertrages (§ 312 c BGB) geschlossen hat, ebenfalls ein Widerrufsrecht zu. Ein Fernabsatzvertrag liegt vor, wenn der Vertrag ausschließlich unter Nutzung von Fernkommunikationsmitteln wie Telefon, Fax, E-Mail oder sonstiger Internetanwendungen zustande kommt[121].

d) Schriftformerfordernis

71 **Ratenlieferungsverträge** bedürfen gemäß § 510 Abs. 1 S. 1 BGB der **Schriftform**. Das gilt **nicht, wenn** dem Verbraucher die Möglichkeit verschafft wird, die Vertragsbestimmungen einschließlich der Allgemeinen Geschäftsbedingungen bei Vertragsschluss **abzurufen** und in wiedergabefähiger Form zu speichern. Eine Verletzung der Schriftformvorgaben führt gemäß § 125 BGB zur Nichtigkeit des Vertrages[122].

Bei Energiedienstleistungsverträgen ergeben sich in der Regel keine Probleme aus diesen Anforderungen, weil sie üblicherweise schriftlich abgeschlossen werden. Kommt der Vertrag aber entsprechend der ständigen Rechtsprechung des Bundesgerichtshofes und § 2 Abs. 2 AVBFernwärmeV dadurch zustande, dass der Abnehmer über einen vorhandenen Anschluss Energie zu beziehen beginnt, kann nicht die Nichtigkeit aus dem fehlenden schriftlichen Vertragsschluss folgen, weil es dann keinen konkludenten Vertragsschluss durch Abnahme geben könnte. Gelöst ist dieses Problem in den Fällen, in denen vor dem Beginn der Abnahme bereits ein Vertragsentwurf an den Abnehmer übermittelt wurde. Dann sind die Bedingungen des § 510 Abs. 2 S. 2 BGB übererfüllt. Wenn aber ohne jeglichen vorherigen Kontakt zwischen Lieferant und Kunde die Lieferung beginnt, so ist der Vertrag als wirksam abgeschlossen anzusehen, wenn der Lieferant entsprechend § 2 Abs. 3 AVBFernwärmeV dem Neukunden die Vertragsbedingungen unverzüglich unentgeltlich aushändigt.

---

[120] *MüKo-Schürnbrand*, § 510, Rn. 23; *Kessal-Wulf* (2001) in: *Staudinger*, Kommentar zum Bürgerlichen Gesetzbuch, § 505, Rn. 20.

[121] *Palandt-Grüneberg*, § 312c BGB, Rn. 3 f.

[122] *MüKo-Schürnbrand*, § 510, Rn. 36; *Palandt-Weidenkaff*, § 510 BGB, Rn. 7.

4. Änderung des Energiedienstleistungsvertrages

72 Die AVBFernwärmeV regelt in § 4 Abs. 2, dass Änderungen der allgemeinen Versorgungsbedingungen erst nach öffentlicher Bekanntgabe wirksam werden. § 5 Abs. 2 StromGVV bestimmt, dass Änderungen der Allgemeinen Preise und der ergänzenden Bedingungen jeweils zum Monatsbeginn und erst nach öffentlicher Bekanntgabe, die mindestens sechs Wochen vor der beabsichtigten Änderung erfolgen muss, wirksam werden. Es stellt sich die Frage, ob und in welchem Umfang damit dem Energiedienstleister, der unter Verwendung allgemeiner Versorgungsbedingungen und Einbeziehung der Verordnungen Energie liefert, ein Recht zur **einseitigen Vertragsänderung** zusteht.

a) Bedingungsänderung nach § 4 Abs. 2 AVBFernwärmeV

73 Die Vorschrift vermittelt dem Unternehmen die Möglichkeit, die allgemeinen Versorgungsbedingungen einseitig zu ändern. Die dogmatische Begründung ist uneinheitlich[123]. Änderbar sind alle in der Form allgemeiner Bedingungen gehaltenen Bestandteile des Wärmelieferungsvertrages, insbesondere Technische Anschlussbedingungen und Preisänderungsklauseln. Teilweise wird eine generelle Änderbarkeit auch der Preise im Rahmen des § 4 Abs. 2 AVBFernwärmeV angenommen[124]. Der Bundesgerichtshof hat sich dazu bisher nicht abschließend geäußert, aber in einer Entscheidung aus dem Jahr 2006 die durch Veröffentlichung festgelegten Preise seinen Ausführungen zugrunde gelegt, ohne deren Wirksamkeit in Frage zu stellen[125]. Das ist als grundsätzliche **Anerkennung** eines **Preisänderungsrechts** nach § 4 Abs. 2 AVBFernwärmeV zu verstehen[126]. Die Instanzrechtsprechung geht von einem Recht zur einseitigen Preisänderung aus[127].

Die einseitig vorgenommenen Änderungen von Bedingungen oder Preisen unterliegen gemäß § 315 BGB der **Billigkeitskontrolle**[128]. Die Beweislast für die Billigkeit der vorgenommenen Leistungsbestimmung trägt das Unternehmen[129]. Der Kunde ist also auf zwei Ebenen

---

[123] *Witzel/Topp*, § 4 AVBFernwärmeV, S. 77 m.w.N.

[124] *Hempel/Franke*, AVBFernwärmeV, § 4 Anm. 2, S. 239f.; *Dibbern/Wollschläger*, CuR 2011, 148, 149.

[125] BGH, Urt. v. 15.2.2006 – VIII ZR 138/05, Rn. 29, NJW 2006, 1667–1671.

[126] *Wollschläger* in: *Danner/Theobald*, § 4 AVBFernwärmeV, Rn. 6; ausführlich *Dibbern/Wollschläger*, CuR 2011, 148, 150f.

[127] OLG Rostock, Urt. v. 23.4.2013 – 4 U 79/11, BeckRS 2013, 16650; LG Nürnberg, Urt. v. 22.5.2013 – 3 O 4143/12.

[128] *Witzel/Topp*, § 4 AVBFernwärmeV, S. 79 m.w.N.; *Dibbern/Wollschläger*, CuR 2011, 148, 152.

[129] *Witzel/Topp*, § 4 AVBFernwärmeV, S. 79 m.w.N.

geschützt: Das Gericht überprüft den Inhalt der vorgenommenen Änderung. Dafür muss nicht der Kunde vortragen und beweisen, dass die Änderung unbillig ist, sondern das Energiedienstleistungsunternehmen, dass sie der Billigkeit entspricht.

b) Preis- und Bedingungsänderung nach § 5 Abs. 2 StromGVV

74 Die einseitige Änderung der Stromversorgungsbedingungen war bis zum Jahr 2014 in § 5 Abs. 2 und 3 StromGVV nur etwas ausdifferenzierter geregelt als in der AVBFernwärmeV. Durch eine Ergänzung sind die Anforderungen im Jahre 2014 erhöht worden. Gleichzeitig ist schon durch den Wortlaut geklärt, dass sich das Änderungsrecht sowohl auf die Allgemeinen Preise, als auch die ergänzenden Bedingungen bezieht. Beide können einseitig geändert werden, wenn folgende Anforderungen eingehalten werden:

- Die Änderung erfolgt jeweils zum Monatsbeginn,
- sie wird erst nach öffentlicher Bekanntgabe wirksam, die mindestens sechs Wochen vor der beabsichtigten Änderung erfolgen muss,
- das Unternehmen ist verpflichtet, zu den beabsichtigten Änderungen zeitgleich mit der öffentlichen Bekanntgabe eine briefliche Mitteilung an den Kunden zu versenden und die Änderungen auf seiner Internetseite zu veröffentlichen,
- hierbei hat das Unternehmen den Umfang, den Anlass und die Voraussetzungen der Änderung sowie den Hinweis auf die Rechte des Kunden nach Absatz 3 und die Angaben nach § 2 Abs. 3 S. 1 Nr. 5 und S. 3 in übersichtlicher Form anzugeben.

75 Nach § 5 Abs. 3 S. 1 StromGVV steht dem Kunden das Recht zu, den Vertrag ohne Einhaltung einer Frist zum Zeitpunkt des Wirksamwerdens der Änderung zu kündigen. Zum Schutz des Kunden gilt nach § 5 Abs. 3 StromGVV, dass Änderungen der Allgemeinen Preise und der ergänzenden Bedingungen gegenüber demjenigen Kunden nicht wirksam werden, der bei einer Kündigung des Vertrages mit dem Grundversorger die Einleitung eines Wechsels des Versorgers durch entsprechenden Vertragsschluss innerhalb eines Monats nach Zugang der Kündigung nachweist.

76 Wird ein Kunde außerhalb der Grundversorgung versorgt, so kann sich das Unternehmen nur dann auf § 5 Abs. 2 berufen, wenn dieser ausdrücklich und wirksam in den Vertrag einbezogen worden ist[130]. Entgegen seiner früheren Rechtsprechung[131] hat der Bundes-

[130] BGH, Urt. v. 9.2.2011 – VIII ZR 295/09, Rn. 25 ff., NJW 2011, 1342–1346.
[131] BGH, Urt. v. 15.7.2009 – VIII ZR 56/08, NJW 2009, 2667–2671; Urt. v. 14.7.2010 – VIII ZR 246/08, Rn. 39, NJW 2011, 50–56.

gerichtshof ausgehend von den vom Europäischen Gerichtshof definierten Anforderungen an Preisänderungsklauseln in Verbraucherverträgen außerhalb der Grundversorgung[132] entschieden, dass in Sonderverträgen über die Lieferung von Gas die wörtliche Übernahme der Preisänderungsberechtigung aus § 4 AVBGasV, der insoweit weitgehend den §§ 5 Abs. 2 StromGVV bzw. GasGVV in der bis zum 29.10.2014 geltenden Fassung weitgehend entspricht, unwirksam ist[133]. § 310 Abs. 2 BGB ist einschränkend dahingehend auszulegen, dass die Freistellung von der Inhaltskontrolle nicht hinsichtlich der Anforderungen an Sonderkundenverträge gilt, die sich aus der Richtlinie 93/13/EWG des Rates vom 5. April 1993 über missbräuchliche Klauseln in Verbraucherverträgen oder der Richtlinie 2003/55/EG des Europäischen Parlamentes und des Rates vom 26. Juni 2003 über gemeinsame Vorschriften für den Erdgasbinnenmarkt (nachfolgend: Klauselrichtlinie) ergeben[134]. Mit Urteil vom 23.10.2014 hat der EuGH entschieden, dass die ehemaligen Fassungen des § 4 AVBEltV und AVBGasV über das einseitige Preisänderungsrecht nicht mit den Vorgaben der Elektrizitätsbinnenmarktrichtlinie und der Erdgasbinnenmarktrichtlinie vereinbar sind[135]. Im Oktober 2014 ist § 5 Abs. 2 StromGVV um den letzten Halbsatz ergänzt worden, der dem Unternehmen im Zusammenhang mit der Preisänderung Begründungs-, Aufklärungs- und Informationspflichten auferlegt. Es stellt sich die Frage, ob § 5 Abs. 2 StromGVV damit wieder einen Inhalt hat, der den Anforderungen der Rechtsprechung des Europäischen Gerichtshofes entspricht und seine unveränderte Übernahme erlaubt. Der Europäische Gerichtshof fordert in seiner Entscheidung für Verträge, die Grundversorger abschließen müssen, die keine Wahl haben, ob sie den jeweiligen Kunden versorgen wollen, folgende Mindestanforderungen[136]:

„Unter den in den Rn. 43 und 44 des vorliegenden Urteils angeführten Bedingungen müssten die Kunden, um diese Rechte in vollem Umfang und tatsächlich nutzen und in voller Sachkenntnis eine Entscheidung über eine mögliche Lösung vom Vertrag oder ein Vorgehen gegen die Änderung des Lieferpreises treffen zu können, rechtzeitig vor dem Inkrafttreten dieser Änderung über deren Anlass, Voraussetzungen und Umfang informiert werden."

Diese Anforderung dürfte durch die Ergänzung des § 5 Abs. 2 StromGVV erfüllt sein.

---

132 EuGH, Urt. v. 21.3.2013 – C-92/11, NJW 2013, 2253-2256.
133 BGH, Urt. v. 31.7.2013 – VIII ZR 162/09, EnWZ 2013, 458-463.
134 BGH, Urt. v. 31.7.2013 – VIII ZR 162/09, Rn. 57 ff.
135 Urt. v. 23.10.2014 – C-359/11 und C-400/11.
136 EuGH, Urt. v. 23.10.2014 – C-359/11 und C-400/11, C-359/11, C-400/11, Rn. 47.

77 Damit ist aber noch nicht geklärt, ob diese Regelung auch dann mit dem europäischen Recht vereinbar ist, wenn sie außerhalb der Grundversorgung als AGB-Klausel eingesetzt wird. Denn die Entscheidung vom Oktober 2014 zur AVBGasV und AVBStromV stützt sich nur auf die Energiebinnenmarktrichtlinien und nimmt, mangels Anwendbarkeit, keine Prüfung am Maßstab der Klauselrichtlinie vor. Eine genauere Betrachtung der beiden Entscheidungen führt zu der Erkenntnis, dass ein Zitat des ergänzten § 5 Abs. 2 StromGVV in einem Vertrag außerhalb der Grundversorgung nicht europarechtskonform ist. In seinem Urteil vom 21.3.2013[137] führt der Gerichtshof nämlich aus, dass aus Art. 3 und Art. 5 der Klauselrichtlinie die Notwendigkeit erwächst, den Anlass und den Modus der Änderung der Entgelte für die zu erbringende Leistung so transparent darzustellen, dass der Verbraucher die etwaigen Änderungen dieser Entgelte anhand klarer und verständlicher Kriterien vorhersehen kann. Dieser Anforderung genügt ein Zitat der geltenden Fassung des § 5 Abs. 2 StromGVV nicht, weil der letzte Halbsatz in § 5 Abs. 2 StromGVV mit dem Wort „hierbei" beginnt und damit nur die Pflicht schafft, bei der Mitteilung einer Preisänderung deren Umfang, Anlass und Voraussetzungen mitzuteilen, nicht aber die Pflicht, diesbezüglich bereits im Vertrag ausreichende Angaben zu machen. In Energiedienstleistungsverträgen, die ein einseitiges Preisänderungsrecht des Energiedienstleisters für den zu liefernden Strom vorsehen, reicht also ein Zitat des § 5 Abs. 2 StromGVV nicht aus, um ein wirksames Preisänderungsrecht zu begründen. Es muss vielmehr noch eine hinreichend genaue Benennung von Anlass, Voraussetzungen und Umfang möglicher Änderungen hinzukommen.

IV. Liefer- und sonstige Leistungspflichten des Energiedienstleisters

78 Hauptpflicht eines Energieliefer-Contracting-Vertrages ist die Pflicht des Energiedienstleisters, Energie im vereinbarten Umfang liefern zu können. Beim Einspar-Contracting-Vertrag in der Form, die in der Praxis dominiert[138], ist regelmäßig keine Lieferpflicht ent-

[137] Rs. C-92/11, NJW 2013, 2253-2256, Rn. 49.

[138] Leitfaden Energiespar-Contracting in öffentlichen Liegenschaften, Hessisches Ministerium für Umwelt, Energie, Landwirtschaft und Verbraucherschutz, Wiesbaden 2012; in der Praxis kommt – meist mit vielen Abwandlungen in Details – das Vertragsmuster der Deutschen Energie-Agentur GmbH (dena) zum Einsatz, zuletzt veröffentlicht in der Fassung aus dem Jahre 2008; eine aktualisierte Fassung ist in Arbeit. Eine aufgrund der Erfahrungen in der Praxis abgewandelte Fassung des dena-Musters hat der Arbeitskreis Einspar-Contrac-

halten. Hier ist aber ein Wandel hin zu Mischformen zu beobachten, die verbindliche Einsparverpflichtungen und Energielieferungspflichten verbinden, z.B. beim Energiebudget-Contracting[139] oder dem Erfolgs-Contracting[140]. Je nach Ausgestaltung des Energiedienstleistungsvorhabens können weitere Leistungspflichten hinzutreten, beim Energieliefer-Contracting etwa die Erstellung der Abrechnung für die Nutzer und beim Einspar-Contracting mehr oder weniger umfangreiche Pflichten hinsichtlich der Durchführung baulicher Maßnahmen am versorgten Gebäude. Beim Finanzierungs-Contracting dagegen beschränkt sich die Leistungspflicht auf die Bereitstellung der Anlage. Inwieweit diese Bereitstellung auch eine Pflicht zur Instandhaltung beinhaltet, ergibt sich aus den vertraglichen Vereinbarungen.

1. Individuelle und präzise Festlegung der Leistungspflichten

79 Energiedienstleistungsverträge sollen sich durch optimale Anpassung an die Bedürfnisse des jeweiligen Objektes und Kunden auszeichnen. Die **sorgfältige Bestimmung** der **Leistungspflichten** des Energiedienstleisters ist deshalb der Schwerpunkt bei der Ausgestaltung des Vertrages. Dazu ist es erforderlich, den Bedarf des zu versorgenden Objekts unter Berücksichtigung der Nutzungsansprüche des Kunden möglichst präzise zu ermitteln. Nur dann ist ein gleichermaßen verlässliches wie preisgünstiges Angebot möglich.

Kann bei der Bedarfsermittlung auf vorhandene Erkenntnisse des Kunden zurückgegriffen werden, z.B. eine Wärmebedarfsermittlung für einen Neubau, so kann sich die Bedarfsbestimmung darauf beziehen. Zwischen den Vertragsparteien ist aber eindeutig zu klären und im Vertrag festzulegen, wer die Verantwortung für die Bedarfsermittlung trägt. Fehlt eine eindeutige **Zuordnung der Verantwortung**, wird man davon ausgehen müssen, dass der Energiedienstleister als Fachunternehmer dafür verantwortlich ist, die vorzuhaltende Leistung zutreffend zu ermitteln. Er sollte deshalb dann, wenn von Kundenseite kein Erkenntnismaterial zur Verfügung steht, für das der Kunde die Verantwortung übernimmt, selbst eine sorgfältige Bedarfsermittlung durchführen und dafür vom Kunden die erforderlichen Parameter hinsichtlich Gebäude, Anlage und

---

ting im VfW erarbeitet. Das Muster kann unter www.einsparcontracting.eu/praxishilfen angefordert werden.

[139] Bericht der GES Ingenieurgesellschaft aus dem Jahre 2011 über ein Energiebudget-Contracting, www.energiekonsens.de/Downloads/Vortraege.

[140] *Bundesdeutscher Arbeitskreis für Umweltbewusstes Management e.V. (B.A.U.M. e.V.)*, Das Konzept Erfolgs-Contracting, 2012, www.naerco.de.

Nutzungsanforderungen abfragen. Unterlässt er dies und führt dies dazu, dass die Anlage zu klein ausgelegt wird, so ist der Energiedienstleister bei auftretenden Lieferengpässen während der Laufzeit des Vertrages verpflichtet, ohne Anspruch auf zusätzliche Vergütung die Anlage im notwendigen Umfang zu erweitern.

80 Schadensersatzpflichten wegen der Verletzung der vertraglichen Leistungspflichten entstehen gemäß §280 Abs.1 BGB, wenn der Energiedienstleister die Nichterfüllung der Leistungspflicht zu vertreten hat. Zu vertreten hat er die Nichterfüllung gemäß §276 Abs.1 BGB entweder dann, wenn sie von ihm fahrlässig oder vorsätzlich verursacht wurde. Zu vertreten hat er die Verletzung der Leistungspflicht unabhängig von einem Verschulden gemäß §276 Abs.1 BGB aber auch dann, wenn sich aus dem Vertrag eine strengere Haftung ergibt, z.B. dadurch, dass er hinsichtlich seiner Leistungspflicht eine **Garantie** oder ein Beschaffungsrisiko übernommen hat. Gibt es keine klare Regelung, besteht das Risiko, dass solche weitergehenden Pflichten unter Hinweis auf die besondere Qualifikation des Energiedienstleisters in den Vertrag hineininterpretiert werden. Schon um zu verhindern, dass der Energiedienstleister umfangreichen Schadensersatzansprüchen bei jeder Leistungsstörung – sei sie verschuldet oder unverschuldet – ausgesetzt ist, ist es erforderlich, die Leistungspflichten möglichst genau zu bezeichnen und Fälle, in denen eine Leistungsstörung vom Energiedienstleister nicht zu verantworten ist, ausdrücklich aus der Leistungspflicht herauszunehmen.

81 Schließlich ergibt sich die Notwendigkeit einer klaren Leistungsbestimmung auch aus der eventuell nicht eindeutigen Zuordnung des jeweiligen Contracting-Vertrages zu einem der gesetzlichen Vertragstypen. Wird beispielsweise im Rahmen eines Einspar-Contracting-Vertrages die Pflicht übernommen, u.a. die Gebäudehülle zu dämmen, so stellt sich die Frage, wer **Schäden** an der Dämmung zu **beheben** hat, die während der Laufzeit des Contracting-Vertrages auftreten. Fehlt eine Regelung im Vertrag, ist diese Frage unter Rückgriff auf die gesetzlichen Regelungen zu beantworten. Wendet man Werkvertragsrecht auf diese Frage an, so haftet der Energiedienstleister lediglich für die erstmalige ordnungsgemäße Herstellung und muss nur Mängel beheben, die während der gesetzlichen Gewährleistungsfrist von fünf Jahren gemäß §634a Abs.1 Nr.2 BGB auftreten. Geht man dagegen davon aus, dass die Pflicht zur Vorhaltung einer ordnungsgemäßen Dämmung ebenso wie die Pflicht zur Lieferung von Energie dauerhaft während der Vertragslaufzeit besteht, so müsste der Energiedienstleister jede während der Vertragslaufzeit auftretende Beschädigung der Dämmung unabhängig davon, ob sie auf einem von ihm zu vertretenden Mangel beruht, auf seine Kosten

ohne Zusatzvergütung beheben. Hat ein Dritter einen solchen Schaden verschuldet, kann er den auf Schadensersatz in Anspruch nehmen. Diesen Schadensersatzanspruch müsste der Energiedienstleister aber auf eigenes Risiko durchzusetzen versuchen. Die mit solchen Unklarheiten verbundenen wirtschaftlichen Risiken lassen sich nur vermeiden, wenn die Leistungsbestimmung auch insofern präzise ist und keinen Spielraum für Interpretationen lässt.

2. Leistungspflichten beim Energieliefer-Contracting

82 Ein Muster für die Bestimmung der Lieferpflicht des Energiedienstleisters enthält § 5 AVBFernwärmeV. Ausgehend von der Grundpflicht, Wärme im vereinbarten Umfang an der Übergabestelle **jederzeit** zur Verfügung zu stellen, wird die Leistungspflicht ausgeschlossen für Zeiträume, die vertraglich ausgenommen wurden und Fälle, in denen der Energiedienstleister durch höhere Gewalt oder sonstige Umstände, deren Beseitigung ihm wirtschaftlich nicht zugemutet werden kann, an der Belieferung gehindert ist. Die Unterbrechung ist weiterhin zulässig, wenn betriebsnotwendige Arbeiten es erfordern.

Dieser auf reine Lieferverhältnisse aus einem Netz ausgelegte Regelungskatalog ist bei dezentralen Energiedienstleistungen zu ergänzen um Regelungen, die aus den Besonderheiten der dezentralen Energieerzeugung und -lieferung resultieren, also etwa den Umfang der Instandhaltungsverantwortung für Anlagenteile jenseits der Liefergrenze oder vom Energiedienstleister übernommene Aufgaben im Zusammenhang mit der Anpassung der Kundenanlage oder des Kundengebäudes an die Bedingungen der neuen Energieerzeugungsanlage.

83 In Anbetracht der Vielzahl konkreter Ausgestaltungsmöglichkeiten kann hier kein abschließender **Regelungskatalog** aufgestellt werden[141]. Meist wird sich der Regelungsbedarf aber anhand folgender Oberbegriffe erfassen lassen:

- Art der zu liefernden Energie;
- Anschlussleistung und voraussichtliche Jahresarbeit;
- weitere Details bei Wärme, Kälte, Dampf: Temperatur und Druck; bei Strom: Spannung, Frequenz;
- Lieferort (Übergabestelle);

---

[141] Ausführlich zur Leistungsbestimmung *dena*, Leitfaden Energieliefer-Contracting (2010), S. 79–91; *bdew*, Contracting-Leitfaden mit einem Praxisbeispiel für einen Contracting-Vertrag, 2011; *Bemmann*, Contracting-Handbuch 2002, S. 47 ff.

- Lieferzeitraum (Nachtabsenkung; Lieferpause im Sommer bei Wärme, im Winter bei Kälte);
- zulässige Unterbrechungen der Versorgung (höhere Gewalt und andere Störungen durch Dritte; ggf. bestimmte Anlagenrisiken; betriebsnotwendige Arbeiten an der Anlage); besondere Anforderungen an Versorgungssicherheit;
- Anlagengrenze: Abgrenzung der Anlage des Energiedienstleisters von der Kundenanlage, insbesondere bei abweichender Liefergrenze;
- Übernahme sonstiger Arbeiten/Aufgaben durch den Energiedienstleister wie z.B. die Legionellenprüfung der Warmwasserversorgungsanlage[142].

3. Leistungspflichten beim Einspar-Contracting

84 Kernpflicht beim Einspar-Contracting ist die Durchführung von gebäudetechnischen, baulichen und organisatorischen **Maßnahmen zur Energieeinsparung**. Hinzukommen können Lieferverpflichtungen. Für letztere gelten die Ausführungen unter Rn. 82 ff.

Beim Einspar-Contracting sind die Gestaltungsmöglichkeiten noch vielfältiger als beim Energieliefer-Contracting. Verbindliche Muster gibt es nicht[143]. Im konkreten Einzelfall ist eine sorgfältige ingenieurtechnische Planung und betriebswirtschaftliche Kalkulation vorzunehmen, um den möglichen Umfang eines Projekts zu ermitteln. Der nachfolgende Regelungskatalog kann mithin nur als erste Orientierung dienen[144]. Als mögliche **Regelungspunkte** sind zu nennen:

- Änderungen/Erneuerungen/Ergänzungen der gebäudetechnischen Anlagen; Verantwortlichkeit für Pflege, Instandhaltung, Reparatur und Ersatz während der Vertragslaufzeit; mögliche Gewährleistung über die Vertragslaufzeit hinaus,
- weitere bauliche Maßnahmen am Gebäude, Unterhaltungsverantwortung während der Vertragslaufzeit, Gewährleistung für Mängel,
- Zeitplan für die Durchführung von Arbeiten an Gebäude und Haustechnik,

---

[142] Ausführlich dazu *Krafczyk/Lietz*, CuR 2012, 158.

[143] Eine sehr detaillierte Arbeitshilfe zur Klärung der die Leistungspflichten betreffenden Fragen bietet der Leitfaden Energiespar-Contracting, *Deutsche Energie-Agentur GmbH*, 2008.

[144] Eine der umfassenden und systematischen Bestandserfassung dienende Arbeitshilfe in Form einer Excel-Tabelle kann unter www.einsparcontracting.eu/praxishilfen angefordert werden.

- Einführung/Änderung der Gebäudeleittechnik,
- Schulung und Beratung von Gebäudenutzern.

V. Abnahmepflicht des Kunden

85 Die Abnahmepflicht des Kunden ist die tragende Voraussetzung für die wirtschaftliche Durchführung jedes Energieliefer-Contracting-Vorhabens. Die Leistungen des Energiedienstleisters werden dem konkreten Bedarf des versorgten Objekts und seiner Nutzer angepasst. Der Energiedienstleister übernimmt regelmäßig die vollen Investitionskosten für die zur Erfüllung seiner Vertragspflichten zu errichtenden Anlagen und sonstigen baulichen Maßnahmen. Der Kunde vergütet dem Energiedienstleister diese Leistung dadurch, dass er zusätzlich zu den reinen Verbrauchskosten einen die Vorhaltung der Anlagen abgeltenden Grund- oder Leistungspreis entrichtet. Gerade bei innovativen Energieversorgungskonzepten, die besonders geringe Verbräuche an Einsatzenergie ermöglichen, sind die Investitionskosten oft wesentlich höher als bei weniger sparsamen Anlagen. Erst die Zusammenschau von verbrauchsabhängigen und Vorhaltekosten führt zu einer verlässlichen wirtschaftlichen Bewertung verschiedener technischer Lösungsmöglichkeiten. Energiedienstleister sind dafür prädestiniert, technisch aufwändige und gleichermaßen sparsame Anlagen zu installieren, dann aber auch in besonderem Maße darauf **angewiesen**, dass der Kunde über die **kalkulierte Vertragslaufzeit** seinen zugrunde gelegten Energiebedarf bei ihnen deckt und dadurch die Refinanzierung der Investition gewährleistet.

86 Energiedienstleistungsvorhaben **unterscheiden** sich damit erheblich von den technischen und wirtschaftlichen Verhältnissen bei der **klassischen Strom- und Fernwärmelieferung**, die der Verordnungsgeber bei Erlass der StromGVV und der AVBFernwärmeV vor Augen hatte. Zwar sind auch die Betreiber großer Energieversorgungsnetze darauf angewiesen, langfristig einen kalkulierbaren Kundenkreis beliefern zu können. Große Fernwärme- und Elektrizitätsnetze können aber auch dann technisch und wirtschaftlich betrieben werden, wenn es während der Dauer ihrer Existenz Änderungen bei der Anzahl und Art der Abnehmer sowie dem Umfang der in Anspruch genommenen Leistung gibt. Es ist zwar unzutreffend, bei großen Netzen eine beliebige Flexibilität anzunehmen, ihre Wirtschaftlichkeit hängt aber anders als die einer dezentralen Erzeugung und Lieferung von Energie regelmäßig nicht vom Abnahmeverhalten eines einzelnen Abnehmers ab.

1. Bedarfsdeckungspflicht des Kunden

87 § 3 S.2 AVBFernwärmeV und §4 StromGVV verpflichten den Kunden, während der Laufzeit des Vertrages seinen vereinbarten Wärmebedarf bzw. seinen gesamten Elektrizitätsbedarf durch Bezug beim Lieferanten zu decken. Damit soll sichergestellt werden, dass der Bedarf **kalkulierbar** ist und notwendige Investitionen entsprechend getätigt werden können[145]. Nur bei Vertragsschluss hat das Fernwärmeversorgungsunternehmen gemäß §3 S.1 AVBFernwärmeV dem Kunden im Rahmen des wirtschaftlich zumutbaren die Möglichkeit einzuräumen, seinen Bedarf auf den von ihm gewünschten Verbrauchszweck oder auf einen Teilbedarf zu beschränken[146]. Ebenso wird bei Energiedienstleistungsprojekten, die eine Stromlieferung mit umfassen, verfahren. §4 StromGVV sieht eine solche Flexibilität bei Grundversorgungskunden nicht vor. Das ist aber kein Hindernis dafür, bei Energiedienstleistungsprojekten, für die die StromGVV nur kraft ausdrücklicher Einbeziehung in den Vertrag gilt, abweichend vorzugehen.

Durch die auf den vereinbarten Bedarf bezogene Bedarfsdeckungspflicht ist auch bei Energiedienstleistungsverträgen, bei denen die Regelungen der StromGVV oder AVBFernwärmeV anwendbar sind, die notwendige **Kontinuität der Abnahme** gewährleistet. Das Energiedienstleistungsunternehmen ist nicht verpflichtet, während der vereinbarten Vertragslaufzeit dem Kundenwunsch nach einer nachträglichen Verringerung der Anschlussleistung mit entsprechender Senkung der Vorhaltekosten zu entsprechen. Der Bundesgerichtshof hält die Betreiber geschlossener Wärmeversorgungsnetze nur für verpflichtet, bei nachträglichen Bedarfsreduzierungen wie z.B. durch eine Wärmedämmung des versorgten Gebäudes, die Reduktion der Abnahmemenge hinzunehmen; eine Reduktion der vereinbarten Anschlussleistung und des dafür zu entrichtenden Grundpreises während einer fest vereinbarten Laufzeit wird dagegen als wirtschaftlich unzumutbar angesehen[147].

---

[145] Amtliche Begründung des §3 AVBFernwärmeV, BR-Drs. 90/80, S.32ff., abgedruckt bei *Witzel/Topp*, S.235, 240.

[146] *Hempel/Franke*, Recht der Energie- und Wasserversorgung, Band 3, AVBFernwärmeV, §3, Rn.1; *Witzel/Topp*, AVBFernwärmeV, S.64.

[147] BGH, Beschl. v. 6.11.1984 – KVR 13/83, NJW 1986, 846, 848; LG Wiesbaden, Urt. v. 29.7.2008 – 1 O 306/07, CuR 2008, 97–100.

2. Begrenzung der Bedarfsdeckungspflicht bei Nutzung regenerativer Energiequellen

88 Der Energiedienstleister hat es während der Vertragslaufzeit gemäß § 3 S. 3 AVBFernwärmeV oder § 4 S. 2 StromGVV hinzunehmen, dass der Kunde seinen Wärme- oder Strombedarf unter Nutzung **regenerativer Energiequellen** deckt. § 3 S. 3 AVBFernwärmeV ist geschaffen worden, damit die langen Laufzeiten von Fernwärmelieferungsverträgen nicht der Einführung neuer energiesparender Technologien im Wege stehen[148]. Diese Regelung kann aber nicht dahingehend verstanden werden, dass mit der Vertragsanpassung automatisch eine Reduzierung der Versorgungskosten verbunden ist. Denn es ist den Versorgungsunternehmen unbenommen, unter Berücksichtigung kostenmäßiger Zusammenhänge für Vollversorgung und teilweise Versorgung unterschiedliche Preise zu verlangen[149]. Das Versorgungsunternehmen soll also nach der Ansicht des Normgebers auch bei der Bedarfsanpassung nach § 3 S. 3 AVBFernwärmeV vor nicht zumutbaren wirtschaftlichen Einbußen im Zusammenhang mit der Reduzierung des Bedarfs des Kunden geschützt werden.

89 In der Praxis kann die **Anpassung** unterschiedlich ausfallen und damit unterschiedliche Konflikte auslösen: Ergänzt der Kunde seine Warmwasseraufbereitungsanlage durch Sonnenkollektoren, so reduziert sich die über das Jahr abgenommene Wärmemenge. Die Leistung der vom Energiedienstleister vorgehaltenen Anlage kann aber in keinem Fall reduziert werden, weil die Leistung nach dem Bedarf am kältesten Tag berechnet ist. Am kältesten Tag wird die Sonnenkollektoranlage keinen Beitrag zur Bedarfsdeckung leisten, so dass auch kein Anlass besteht, eine Reduktion der Anschlussleistung und damit der mit der Vorhaltung der Anlage verbundenen Kosten (Grundpreis) zu verlangen. Aber auch die Reduktion der Gesamtabnahmemenge bedeutet schon eine wirtschaftliche Einbuße für den Energiedienstleister, weil regelmäßig die Anlagenverluste auch bei geringerer Liefermenge weitgehend konstant bleiben, so dass sie einen höheren prozentualen Anteil haben und damit die spezifischen Erzeugungskosten erhöhen. Außerdem verliert der Energiedienstleister die Ertragsanteile aus dem Arbeitspreis für die nicht mehr abgenommene Arbeit, wenn man ihn verpflichten würde, die verbleibende Liefermenge zu dem Preis pro Liefereinheit zu berechnen, der auch vor der Bedarfsreduzierung galt.

---

[148] Amtliche Begründung zu § 3 AVBFernwärmeV, BR-Drs. 90/80, S. 32 ff.
[149] Amtliche Begründung zu § 3 AVBFernwärmeV, BR-Drs. 90/80, S. 32 ff.

90 Weitergehende Konsequenzen könnte der Kunde sich dann wünschen, wenn z.B. durch einen Holzofen nicht nur die abgenommene Wärmemenge reduziert wird, sondern auch die benötigte Leistung gesenkt wird. Aus Sicht des Kunden wäre es wünschenswert, bei dieser Fallgestaltung auch den Grundpreis zu reduzieren, weil in Zukunft eine geringere Anschlussleistung ausreicht. Für den Energiedienstleister ist eine solche Konsequenz aber nicht akzeptabel. Er hat seine Anlage objektbezogen bemessen und kalkuliert. Ausgehend davon, dass über den Grundpreis die Kosten für die Vorhaltung der Fernwärmeversorgungsanlage und über den Arbeitspreis die verbrauchsgebundenen Kosten gedeckt werden, hat das Versorgungsunternehmen es nach Ansicht der Rechtsprechung hinzunehmen, durch eine reduzierte Verbrauchsmenge Einbußen beim Arbeitspreis zu erleiden. Eine **Reduzierung** des **Grundpreises** dagegen ist **nicht zumutbar**, weil die einmal zur Deckung des ursprünglichen Bedarfs getätigten Investitionen nachträglich nutzlos würden und nicht durch anderweitige Preiserhöhungen gedeckt werden könnten[150].

91 Bei anderen Preisgestaltungen dagegen, insbesondere also einem Arbeitspreis, in den teilweise auch Kosten der Anlagenvorhaltung einkalkuliert sind, müsste der Kunde eine Erhöhung des Arbeitspreises pro Abrechnungseinheit in dem Umfang akzeptieren, der bei der reduzierten Gesamtabnahmemenge erforderlich ist, um die Vorhaltekosten zu decken. Damit aufwändige Auseinandersetzungen um eine solche Preisanpassung vermieden werden, sollte der Energiedienstleister möglichst nur verbrauchsgebundene Kosten in seinen Arbeitspreis einkalkulieren. Um die Unveränderlichkeit des Grundpreises zum Ausdruck zu bringen, empfiehlt es sich bei Energiedienstleistungsprojekten des Weiteren, den Grundpreis nicht in EUR pro kW Anschlussleistung, sondern als Pauschalbetrag für die jeweilige Anlage im Vertrag auszuweisen.

Ob die Lösung der Rechtsprechung auch dann noch als akzeptabel anzusehen ist, wenn sich die Abnahmemenge so weit reduziert, dass die Restliefermenge wegen eines zu niedrigen Anlagennutzungsgrades nicht mehr wirtschaftlich zu dem vereinbarten Arbeitspreis produziert werden kann, erscheint fraglich. In einem solchen Fall, dessen Vorliegen der Energiedienstleister nachweisen müsste, hat der Abnehmer eine angemessene Erhöhung des Arbeitspreises pro Abrechnungseinheit zu akzeptieren.

92 Versorgt der Energiedienstleister den Kunden aus einer Anlage, die mit **regenerativen Brennstoffen** befeuert wird (z.B. Holzhackschnitzel, Stroh u.ä.), so besteht dem Wortlaut nach zwar auch ein

[150] KG, Beschl. v. 13.7.1983 – Kart 2/82 – WUW/E OLG 3091; LG Wiesbaden, Urt. v. 29.7.2008 – 1 O 306/07, CuR 2008, 97–100.

Anpassungsanspruch des Kunden, der nach dem Sinn und Zweck der Regelung hier aber als **ausgeschlossen** anzusehen ist, weil dem gesetzgeberischen Ziel, dem Einsatz regenerativer Energiequellen den Vorrang zu gewähren, dadurch nicht weitergehend gedient ist, sondern im Gegenteil die Wirtschaftlichkeit einer regenerative Energien nutzenden Anlage reduziert würde, wenn man es zuließe, dass Wärme aus kundeneigenen Anlagen die Abnahme aus der Anlage des Energiedienstleisters reduziert.

3. Dingliche Absicherung der Abnahmepflicht

93 Dingliche Rechte zeichnen sich im Gegensatz zu den bisher erörterten vertraglichen Regelungen zur Absicherung der Abnahmepflicht dadurch aus, dass sie nicht allein zwischen dem aktuellen Vertragspartner des Energiedienstleisters und dem Energiedienstleister gelten. Als das **Grundstück** belastende Rechte verpflichten sie im Falle eines Eigentumswechsels am versorgten Grundstück automatisch den neuen Eigentümer, ohne dass er dieses verhindern könnte. Da Energiedienstleistungsverträge in den meisten Fällen ortsfeste Anlagen oder Gebäude betreffen, bietet es sich an, dingliche Rechte zur **Absicherung** der Abnahmepflicht einzusetzen. Es sollen deshalb nachfolgend die Einsatzmöglichkeiten von Grunddienstbarkeiten, beschränkten persönlichen Dienstbarkeiten und Reallasten überprüft und dargestellt werden.

a) Dienstbarkeiten

94 Dienstbarkeiten sind im Grundbuch eingetragene dingliche Rechte, mit denen das „dienende" Grundstück belastet ist. Man unterscheidet **Grunddienstbarkeiten** (§§ 1018 ff. BGB), die zugunsten des jeweiligen Eigentümers eines anderen Grundstücks bestellt werden können, und **beschränkte persönliche Dienstbarkeiten** (§§ 1090 ff. BGB), die zugunsten einer bestimmten Person bestellt werden können. Die möglichen Inhalte einer Grunddienstbarkeit und einer beschränkten persönlichen Dienstbarkeit sind im Wesentlichen gleich (§ 1090 Abs. 1 BGB), sie unterscheiden sich nur hinsichtlich des Begünstigten.

Dienstbarkeiten werden in der Versorgungswirtschaft in unterschiedlicher Weise eingesetzt: Inhalt kann z.B. die Pflicht eines Grundstückseigentümers sein, die Verlegung von Versorgungsleitungen zu dulden, aber auch das Verbot, eine eigene Energieerzeugungsanlage zu betreiben. Im vorliegenden Zusammenhang geht es um den Einsatz als Absicherung der Wärmeabnahme auf dem

Kundengrundstück. Grundlage der Eintragung einer Dienstbarkeit ist immer ein Vertrag, also z.B. ein Energiedienstleistungsvertrag, in dem sich der Grundstückseigentümer zur Bestellung verpflichtet[151].

aa) Grunddienstbarkeit. Die Grunddienstbarkeit ist in § 1018 BGB wie folgt definiert: **95**

„Ein Grundstück kann zugunsten des jeweiligen Eigentümers eines anderen Grundstücks in der Weise belastet werden, dass dieser das Grundstück in einzelnen Beziehungen benutzten darf oder dass auf dem Grundstücke gewisse Handlungen nicht vorgenommen werden dürfen oder dass die Ausübung eines Rechtes ausgeschlossen ist, das sich aus dem Eigentum an dem belasteten Grundstücke dem anderen Grundstücke gegenüber ergibt."

Voraussetzung für die Einräumung einer Grunddienstbarkeit zur Absicherung eines Energiedienstleistungsvertrages ist also, dass der Energiedienstleister Eigentümer eines Grundstücks ist, zu dessen Gunsten die Belastung des Kundengrundstücks eingetragen werden kann. Die **räumlichen Verhältnisse** müssen so gestaltet sein, dass sie eine **Nutzung** des dienenden Grundstücks **für das herrschende Grundstück** erlauben[152]. Eigentümer eines geeigneten Grundstücks ist der Energiedienstleister beispielsweise dann, wenn er ein Nahwärmegebiet betreibt, in dem seine Energieerzeugungsanlage auf einem ihm gehörenden Grundstück errichtet wird und von dort aus die dienenden Grundstücke versorgt. Auf eine unmittelbare Nachbarschaft kommt es nicht an[153].

96 Nicht in Betracht kommt dagegen die Eintragung einer Grunddienstbarkeit zugunsten des Betriebsgrundstücks des Energiedienstleisters, auf dem sich keine, das dienende Grundstück beliefernde Energieerzeugungsanlage, sondern nur Werkstatt und Verwaltungsräume befinden. Hier fehlt es nämlich an der tatsächlichen Nutzung des dienenden für das herrschende Grundstück und damit an dem gemäß § 1019 BGB für die Wirksamkeit einer Dienstbarkeit unabdingbaren Vorteil für das herrschende Grundstück. Errichtet der Wärmelieferant die Energieerzeugungsanlage in einem dem Kunden gehörenden Heizhaus oder in dem zu beheizenden Gebäude, so ist eine Absicherung über eine Grunddienstbarkeit nicht möglich. In solchen Fällen kann eine Absicherung nur durch eine beschränkte persönliche Dienstbarkeit erfolgen (dazu unten, Rn. 103 ff.).

97 Die Grunddienstbarkeit kann die Eigentümerbefugnisse nach dem Wortlaut des Gesetzes in dreifacher Weise beschränken: Als Pflicht zur Duldung der Benutzung in einzelnen Beziehungen, zur Unterlassung gewisser tatsächlicher Handlungen oder als Ausschluss der

---

[151] *Bartsch/Ahnis,* IR 2014, 122, 123.
[152] BGH, Urt. v. 2.3.1984 – V ZR 155/83, WuM 1986, 20.
[153] *Staudinger-Mayer* (2009), § 1019 BGB, Rn. 6 m.w.N.

Rechtsausübung, wobei letztere hier nicht von Bedeutung ist. Die Formen können auch kombiniert auftreten.

Wird dem jeweiligen Eigentümer des herrschenden Grundstücks das Recht eingeräumt, das dienende Grundstück zur Errichtung von Rohrleitungsanlagen, Wärmeerzeugungsanlagen oder Ähnlichem zu **nutzen**, so liegt eine Pflicht des Eigentümers zur Duldung der Benutzung in einzelnen Beziehungen vor. Das reicht aber zur Absicherung der Abnahmepflicht des jeweiligen Grundstückseigentümers nicht aus.

Verbietet die Dienstbarkeit dem Eigentümer des belasteten Grundstücks, auf seinem Grundstück Anlagen zu errichten und zu betreiben, die der Erzeugung von Elektrizität oder Wärme zur Raumheizung und zur Bereitung von Warmwasser dienen, so liegt eine Pflicht vor, gewisse Handlungen zu unterlassen. Zulässig ist nur die Verpflichtung zur Unterlassung bestimmter tatsächlicher Handlungen. Durch eine Dienstbarkeit kann dem Eigentümer des dienenden Grundstücks also **niemals** eine unmittelbare Pflicht zum aktiven Handeln, also z.B. zum **Bezug von Energie**, auferlegt werden[154]. Es kommt also nicht in Betracht, durch eine Dienstbarkeit eine Pflicht zu begründen, bei einem bestimmten Energiedienstleister Elektrizität, Wärme, Kälte oder Druckluft für die auf dem dienenden Grundstück errichteten Gebäude einzukaufen.

98 Trotzdem können Dienstbarkeiten im Ergebnis eine Abnahmepflicht absichern, und zwar dann, wenn sie, wie bereits dargestellt, ein Verbot zur Errichtung von Energieanlagen beinhalten[155]. Die Rechtsprechung hat eine Dienstbarkeit mit dem **Verbot**, Anlagen zu errichten oder zu betreiben, die der **Erzeugung von Wärme** zur Raumheizung und zur Bereitung von Warmwasser dienen, ausdrücklich für zulässig erklärt[156]. Entgegenstehende Stimmen in älterer Rechtsprechung und Literatur[157] haben sich nicht durchgesetzt. Von dem Verbot, eigene Energieerzeugungsanlagen zu betreiben oder Energie von Dritten zu beziehen, kann der Begünstigte, bei der Grunddienstbarkeit also der jeweilige Eigentümer des herrschenden Grundstücks, Befreiungen erteilen. Die Erteilung kann er von der Bedingung abhängig machen, dass die Energie bei ihm bezogen wird.

---

[154] *Staudinger-Mayer* (2009), § 1018 BGB, Rn. 79; *Palandt-Bassenge*, § 1018 BGB, Rn. 5.

[155] *Kruse*, RNotZ 2011, 65, 84.

[156] BGH, Urt. v. 2.3.1984 – V ZR 155/83, WuM 1986, 20–22; OLG Koblenz, Urt. v. 13.3.2006 – 12 U 1227/04; NJW-RR 2006, 573–576 = CuR 2006, 152–156; *Staudinger-Mayer* (2009), § 1018 BGB, Rn. 123.

[157] BGH, Urt. v. 22.1.1992 – VIII ZR 374/89, NJW-RR 1992, 593 ff. m. umfangreichen N.; *Staudinger-Mayer* (2009), § 1018 BGB, Rn. 82 ff.

So ist gesichert, dass nur mit ihm ein Energiebezugsvertrag geschlossen wird.

99 Grunddienstbarkeiten sind wie alle dinglichen Rechte in ihrem Bestand **unabhängig** von dem zugrunde liegenden schuldrechtlichen **Vertrag** (Abstraktionsprinzip). Sind sie einmal bestellt, so haben sie dauerhaft Bestand, und zwar grundsätzlich unabhängig davon, welche Motive diejenigen, die ihre Bestellung vereinbart und veranlasst haben, einmal hatten. Dies gilt auch für Dienstbarkeiten der hier erörterten Art, die Bezugspflichten absichern sollen[158]. Anders liegt es nur dann, wenn die Dienstbarkeit auflösend bedingt bestellt wurde. Dann erlischt die Dienstbarkeit, wenn die Bedingung eintritt. Eine Pflicht zur Bewilligung der Löschung besteht, wenn dies bei Abschluss der Vereinbarung über die Bestellung der Dienstbarkeit ausdrücklich vorgesehen ist. Eine befristete Dienstbarkeit erlischt automatisch bei Fristablauf. Fehlt es aber an jeder zeitlichen oder von bestimmten Ereignissen abhängigen Beschränkung der Dienstbarkeit, so hat sie dauerhaften Bestand[159]. Ein Energiedienstleister, der Begünstigter einer solchen Dienstbarkeit ist, hat damit seine Alleinstellung als Versorger des belasteten Grundstücks **dauerhaft abgesichert**.

100 Dienstbarkeiten der hier beschriebenen Art werden umfangreich im Brauereigewerbe eingesetzt, um den **Bierabsatz** zu sichern. Dabei wird zu Lasten des Gaststättengrundstücks eine Dienstbarkeit eingetragen, die den Verkauf von Getränken verbietet. Die begünstigte Brauerei erlaubt dem Eigentümer des Gaststättengrundstücks nur unter der Bedingung den Getränkeverkauf, dass diese Getränke von ihr bezogen werden. Das führt zu einer sehr starken wirtschaftlichen Abhängigkeit des Betreibers der Gaststätte von der Brauerei, insbesondere auch von der Attraktivität ihrer Produkte. Da sich der Geschmack ändern kann, hat der Bundesgerichtshof entschieden, dass Bierlieferungsverträge eine maximale Laufzeit von 20 Jahren haben dürfen[160]. Sonst verlöre der Gastwirt jede wirtschaftliche Handlungsmöglichkeit, was gemäß § 138 Abs. 1 BGB sittenwidrig ist und zur Unwirksamkeit der entsprechenden Regelung führt. Daraus leitet der Bundesgerichtshof weiter ab, das der Begünstigte einer Dienstbarkeit, die ausschließlich zur Absicherung eines solchen Bierlieferungsvertrages bestellt worden ist – sie werden deshalb auch als

---

[158] BGH, Urt. v. 22.1.1992 – VIII ZR 374/89, NJW-RR 1992, 593, 594; OLG Koblenz, Urt. v. 13.3.2006 – 12 U 1227/04, NJW-RR 2006, 573–576, CuR 2006, 152–156.

[159] *Staudinger-Mayer* (2009), § 1018 BGB, Rn. 172 ff.

[160] BGH, Urt. v. 8.4.1988 – V ZR 120/87, NJW 1988, 2362 m.w.N.

Sicherungsdienstbarkeit bezeichnet[161] –, verpflichtet ist, nach Ablauf der zulässigen Laufzeit des Bierlieferungsvertrages die Löschung der Dienstbarkeit zu bewilligen[162].

Dies stellt eine Ausnahme vom Abstraktionsprinzip dar und gilt ausdrücklich nur dann, wenn allein die Absicherung einer sittenwidrig langen Laufzeit des Bierlieferungsvertrages Zweck der Dienstbarkeit ist[163]. Wurde die Dienstbarkeit unabhängig von einem bestimmten Vertrag zur langfristigen Absicherung der zukünftigen Abnahme bewilligt, z.B. bevor das einer Brauerei gehörende Gaststättengrundstück verkauft wurde, so besteht auch die Dienstbarkeit – und damit die sich daraus ergebende faktische Bezugsverpflichtung – dauerhaft[164].

101 Bei der Versorgung mit **Energie** stellt sich die Sachlage anders dar: Ein in Deutschland mit einem Wohngebäude bebautes Grundstück braucht stets eine Wärmeversorgung. Entscheidend ist, dass sie preiswert, energiesparend und verlässlich ist. Erfolgt sie durch einen Wärmelieferanten, der dazu umfangreich in Wärmeversorgungsanlagen investiert hat, so entsteht für diesen eine wesentlich größere **Abhängigkeit** von der **Wärmeabnahme** auf dem **Grundstück** als sie bei einer Brauerei hinsichtlich der Bierabnahme durch eine Gaststätte besteht. Die Brauerei kann bei Wegfall eines Kunden zur Auslastung ihrer Anlagen anderswo neue Kunden gewinnen. Der Wärmelieferant, der für bestimmte Grundstücke Wärmeversorgungsanlagen auf seine Kosten installiert hat, kann das nicht. Vor diesem Hintergrund hat der Bundesgerichtshof entschieden, dass die Rechtsprechung zu den Sicherungsdienstbarkeiten bei Bierlieferungsverträgen nicht auf Dienstbarkeiten übertragbar ist, die der Sicherung der Wärmeabnahme dienen[165]. Solche Dienstbarkeiten haben also auch über die höchstzulässige Laufzeit von Wärmelieferungsverträgen hinaus Bestand, wenn sie einmal **unbefristet** bestellt worden sind[166].

Der Bundesgerichtshof hat ausdrücklich festgestellt[167], dass durch eine solche Dienstbarkeit die Vorschriften der AVBFernwärmeV nicht faktisch außer Kraft gesetzt werden dürfen. Wird also ein Wärmelieferungsvertrag unter Verwendung allgemeiner Geschäftsbedingungen abgeschlossen und durch eine Dienstbarkeit abgesi-

---

[161] BGH, Urt. v. 2.3.1984 – V ZR 155/83, WuM 1986, 20, 21; Urt. v. 3.5.1985 – V ZR 55/84, NJW 1985, 2474; *Amann*, DNotZ 1986, 578.

[162] BGH, Urt. v. 22.1.1992 – VIII ZR 374/89, NJW-RR 1992, 593, 595.

[163] BGH, Urt. v. 29.1.1988 – V ZR 310/86, NJW 1988, 2364, 2365.

[164] BGH, Urt. v. 22.2.1992 – VIII ZR 374/89, NJW-RR 1992, 593, 595; Urt. v. 3.5.1985 – V ZR 55/84, NJW 1985, 2474.

[165] BGH, Urt. v. 2.3.1984 – V ZR 155/83, WuM 1986, 20, 21.

[166] So ausdrücklich OLG Koblenz, Urt. v. 13.3.2006 – 12 U 1227/04, NJW-RR 2006, 1285–1287.

[167] Urt. v. 2.3.1984 – V ZR 155/83, WuM 1986, 20, 22; ZMR 1984, 302, 304.

chert, so kann der Lieferant maximal eine Laufzeit von zehn Jahren vereinbaren. Danach muss ein neuer Vertrag ausgehandelt werden, wobei der Lieferant keine schlechteren Bedingungen als die in der AVBFernwärmeV vorgesehenen verlangen und seine marktbeherrschende Position bei der Preisgestaltung nicht ausnutzen darf.

Der Energiedienstleister, der eine Energieversorgungsanlage errichten soll, deren Wirtschaftlichkeit nur dann gegeben ist, wenn die Abnahme länger als die vertraglich zulässige Laufzeit gesichert ist, also z.B. der Betreiber eines Nahwärmegebietes, sollte noch vor Fertigstellung des Vorhabens und Abschluss eines Energielieferungsvertrages zu seinen Gunsten eine Dienstbarkeit an den zu beliefernden Grundstücken bestellen lassen, die den Bezug dauerhaft absichert.

102 Die Dienstbarkeit kann zur Absicherung des Grundstückseigentümers auch von Anfang an befristet werden, z.B. auf den Zeitraum, der für einen wirtschaftlichen Betrieb der Anlage notwendig ist. Dabei sind zwei Dinge zu beachten: Die Befristung ist nur dann wirksam, wenn sie im Grundbuch eingetragen (und nicht nur in der zu den Grundakten genommenen Bewilligung vereinbart) ist[168]. Soll die Dienstbarkeit ihren Zweck erfüllen und den Energiedienstleister im Falle der Übertragung des Grundstückseigentums auf einen anderen absichern, darf als **auflösende Bedingung** nicht die Beendigung des Wärmelieferungsvertrages vereinbart werden. Dieser kann nämlich z.B. dadurch enden, dass der Insolvenzverwalter entsprechend § 103 Abs. 1 InsO die weitere Erfüllung des Vertrages ablehnt. Die Befristung muss also eine echte Befristung sein, die ein bestimmtes **Enddatum** nennt, das dem Ende des Zeitraumes entspricht, der für den wirtschaftlichen Betrieb der Anlage erforderlich ist. Es ist nicht möglich, Details des Lieferverhältnisses, also z.B. den Umfang der Lieferpflicht und den Preis, in der Dienstbarkeit zu regeln.

103 **bb) Beschränkte persönliche Dienstbarkeit.** Die beschränkte persönliche Dienstbarkeit ist in § 1090 BGB wie folgt definiert:

> „Ein Grundstück kann in der Weise belastet werden, dass derjenige, zu dessen Gunsten die Belastung erfolgt, berechtigt ist, dass Grundstück in einzelnen Beziehungen zu benutzen, oder dass ihm eine sonstige Befugnis zusteht, die den Inhalt einer Grunddienstbarkeit bilden kann."

Wie dem Verweis auf die Grunddienstbarkeit zu entnehmen ist, entspricht der Belastungsgegenstand demjenigen bei der Grunddienstbarkeit. Es gibt also ein dienendes Grundstück. Auch der mögliche Inhalt ist weitgehend identisch, sodass auf die obigen Ausführungen zur Grunddienstbarkeit verwiesen werden kann.

---

[168] *Staudinger-Mayer* (2009), § 1018 BGB, Rn. 33, 172.

104 Der wesentliche Unterschied zwischen der beschränkten persönlichen Dienstbarkeit und der Grunddienstbarkeit besteht beim **Berechtigten.** Ist es bei der Grunddienstbarkeit der jeweilige aktuelle Eigentümer eines bestimmten, in der Dienstbarkeit präzise benannten Grundstücks, so ist der Begünstigte einer beschränkten persönlichen Dienstbarkeit eine bestimmte, in der Dienstbarkeit benannte **Person.** Es gibt also kein herrschendes Grundstück. Begünstigte können natürliche oder juristische Personen sein.

Gemäß §§ 1090 Abs. 2 und 1061 BGB erlischt die beschränkte persönliche Dienstbarkeit mit dem Wegfall des Berechtigten[169]. Wird sie zur Absicherung eines Energielieferungsvertrages eingesetzt, so sollte also nicht der Inhaber des Wärmelieferungsunternehmens als Berechtigter eingetragen werden, sondern das Unternehmen als juristische Person. Ist nämlich eine juristische Person Berechtigte, so **erlischt** die Dienstbarkeit erst mit Erlöschen dieser juristischen Person, nicht aber bei Gesellschafterwechseln o.ä. Beschränkte persönliche Dienstbarkeiten sind gemäß § 1092 Abs. 1 BGB nicht übertragbar. Das ist insbesondere dann hinderlich, wenn ein durch eine Dienstbarkeit abgesichertes Energiedienstleistungsvorhaben auf ein anderes Unternehmen übertragen werden soll.

105 Der Gesetzgeber wollte die beschriebenen Probleme aufgrund der fehlenden **Übertragbarkeit** von Dienstbarkeiten im Bereich der Energieversorgung durch die Einführung des § 1092 Abs. 3 BGB[170] lösen. Danach kann eine beschränkte persönliche Dienstbarkeit ausnahmsweise übertragen werden, wenn sie einer juristischen Person zusteht und diese u.a. dazu berechtigt, ein Grundstück für Anlagen zur **Fortleitung** von Elektrizität, Gas, Fernwärme, Wasser, Abwasser, Öl oder Rohstoffen einschließlich aller dazugehörigen Anlagen, die der Fortleitung unmittelbar dienen, zu nutzen. Sofern die zugunsten eines Energiedienstleisters bestellte Dienstbarkeit Versorgungsleitungen absichert, also z.B. bei einer Nahwärmeversorgung, bestehen keine Zweifel an der Übertragbarkeit der beschränkten persönlichen Dienstbarkeit. Dient die Dienstbarkeit aber der Absicherung allein einer stationären Energieerzeugungsanlage samt Anlagenzubehör wie Zu- und Ableitungen, wie es der Fall ist, wenn die Energieerzeugungsanlage im belieferten Gebäude des Kunden errichtet wird, so wird damit zwar auch eine Anlage zur Fortleitung von Energie abgesichert. Die Fortleitung ist aber anders als bei einer Nah- oder Fernwärmeleitung nicht der Hauptzweck[171]. Es ist deshalb fraglich,

---

169 *Palandt-Bassenge*, § 1090 BGB, Rn. 8.
170 Gesetz v. 17.7.1996, BGBl. I S. 990.
171 *Staudinger-Mayer* (2009), § 1092 BGB, Rn. 28.

ob eine solche Dienstbarkeit nach § 1092 Abs. 3 BGB übertragbar ist[172].

Eine teilweise Lösung dieses Problems lässt sich wie folgt erreichen: Zulässig ist es gemäß § 1092 Abs. 1 Satz 2 BGB, dass der Berechtigte die **Ausübung** der Dienstbarkeit einem Dritten überlässt, wenn der Eigentümer des belasteten Grundstück dies gestattet. Bei der Bestellung einer beschränkten persönlichen Dienstbarkeit sollte deshalb als weiterer Regelungspunkt vereinbart werden, dass die Überlassung der Ausübung gestattet ist. Eine solche Vereinbarung bedarf zu ihrer Wirksamkeit gegenüber dem Grundstückseigentümer, mit dem sie vereinbart wird, nicht der Eintragung im Grundbuch. Um auch gegenüber einem Rechtsnachfolger des sie gewährenden Grundstückseigentümers geltend gemacht werden zu können, muss sie im Grundbuch eingetragen werden[173]. Es ist deshalb dringend anzuraten, die Gestattung der Ausübung durch einen Dritten stets in die Bewilligung der Dienstbarkeit mit aufzunehmen und von Anfang an eintragen zu lassen. Der Energiedienstleister, zu dessen Gunsten eine solche Dienstbarkeit eingetragen ist, hat dann die Möglichkeit, bei der Übertragung des Energiedienstleistungsvertrages auf einen anderen Energiedienstleister diesem die Ausübung der Rechte aus der Dienstbarkeit zu überlassen. Als Berechtigter bleibt weiterhin der ursprünglich eingetragene Energiedienstleister im Grundbuch eingetragen. In der Praxis nimmt der Ausübungsberechtigte dann die Stellung des Berechtigten ein. Diese Stellung ist aber davon abhängig, dass der Berechtigte weiter existiert.

106 Handelt es sich bei dem aus der beschränkten persönlichen Dienstbarkeit berechtigten Energiedienstleister um eine **juristische Person** oder eine rechtsfähige Personengesellschaft, so kann die Dienstbarkeit gemäß § 1092 Abs. 2 i.V.m. § 1059a Abs. 1 Nr. 2 BGB auf das übernehmende Unternehmen übertragen werden, wenn sich die Übertragung der Versorgungsaufgabe im konkreten Fall als Übertragung eines Unternehmensteils darstellt und die Erfüllung dieser Voraussetzung durch die zuständige Landesbehörde festgestellt wird[174]. Dieser mit Verwaltungsaufwand verbundene Weg sollte dann beschritten werden, wenn bei Einräumung der Dienstbarkeit versäumt worden war, die Ausübung durch einen Dritten zu gestatten und der aktuelle Grundstückseigentümer nicht bereit ist, diese Gestattung nachträglich zu erteilen.

---

[172] Ablehnend *Götting*, Übertragbarkeit von Fernwärmedienstbarkeiten, ZfIR 2005, 344, 346.

[173] *Staudinger-Mayer* (2009), § 1092 BGB, Rn. 5.

[174] OLG Brandenburg, Urt. v. 30.3.2012 – 4 U 95/11, Rn. 43, juris; *Götting*, ZfIR 2005, 344, 346 f.

107 cc) **Eintragung der Dienstbarkeit.** Eine Dienstbarkeit **entsteht** gemäß § 873 Abs. 1 BGB erst dann wirksam, wenn sie im Grundbuch eingetragen ist. Voraussetzung für die Eintragung ist eine Bewilligung, die den Inhalt der Dienstbarkeit genau beschreiben und mit der notariell beglaubigten Unterschrift des Grundstückseigentümers versehen sein muss. Es ist zwar nicht zwingend erforderlich, durch einen Lageplan zu bestimmen, wo auf dem Grundstück die Energieanlagen errichtet und genutzt werden dürfen[175], wenn dies textlich erfolgt. Sicherer ist es aber, einen Lageplan der Bewilligung beizufügen. Weil die Dienstbarkeit erst mit Eintragung entsteht, reicht es niemals aus, sich nur die Bewilligung aushändigen zu lassen und diese dann zu verwahren. Die mit der beglaubigten Unterschrift des Grundstückseigentümers versehene Bewilligung sollte vielmehr sofort zur **Eintragung** beim Grundbuchamt eingereicht werden, weil sie z.B. nach einem Eigentümerwechsel nicht mehr eingetragen würde, da dann die gemäß § 19 Grundbuchordnung (GBO) für die Eintragung erforderliche Bewilligung durch denjenigen, dessen Recht betroffen ist, nicht mehr gegeben wäre.

108 Aber auch dann, wenn man die Eintragung schnell veranlasst, ist noch nicht sicher, dass die Dienstbarkeit wie bewilligt entsteht. Eine Dienstbarkeit ist nämlich nur dann wirksam entstanden, wenn sich der **Umfang** der durch sie eingeräumten Rechte hinreichend genau aus der **Eintragung** im Grundbuch ergibt. Bei der Eintragung von Dienstbarkeiten, die zugunsten eines Energiedienstleisters bestellt werden, passiert es erstaunlich oft, dass die Eintragungen unzureichend sind.

So wird z.B. oft nur ein „Heizanlagenrecht" in das Grundbuch eingetragen, auch wenn die Dienstbarkeit neben dem Recht zur Errichtung einer Heizanlage den Eigentümer verpflichtet es zu unterlassen, selbst zu heizen oder Wärme von Dritten zu beziehen. Das Oberlandesgericht Düsseldorf hat in einem solchen Fall entschieden, dass das Heizverbot nicht wirksam entsteht, wenn es nicht in der Eintragung erwähnt wird[176]. Zwar kann nach § 874 BGB zur Bestimmung der Details einer Dienstbarkeit auf die Bewilligung verwiesen werden. Wesentliche Charaktermerkmale der Dienstbarkeit müssen aber unmittelbar aus dem Grundbuch erkennbar sein. Enthält eine Dienstbarkeit ein Recht zur Errichtung einer Wärmeerzeugungsanlage und ein Heizverbot, so entsteht das **Heizverbot** nur dann, wenn es auch in der Eintragung im Grundbuch erwähnt wird.

---

[175] OLG Hamm, Beschl. v. 31.7.2013 – 15 W 259/12, Rn. 7f., NJW-RR 2014, 21, 22 m.w.N.

[176] Beschl. v. 6.5.2010 – I-3 Wx 241/09.

Zwar hat sich das Oberlandesgericht Schleswig[177] dieser strengen Sichtweise nicht angeschlossen. Es ist der Ansicht, dass die Pflicht des Grundstückseigentümers, nicht selbst zu heizen, ein unselbstständiges Anhangsrecht des Heizanlagenrechts ist. Aber auch dieses Gericht betont, dass die Eintragung klarer und benutzerfreundlicher wäre, wenn das Heizverbot mit erwähnt würde.

Energiedienstleister sollten deshalb die ihnen vom Grundbuchamt übersandte Eintragungsnachricht sehr genau prüfen. Ist in Abteilung II des Kundengrundbuchs nur ein Heizanlagenrecht eingetragen, so ist ein in der Bewilligung auch enthaltenes Heizverbot nach der Rechtsprechung des Oberlandesgerichts Düsseldorf nicht wirksam entstanden. Man sollte dann das Grundbuchamt um Berichtigung bitten und bei deren Ablehnung dagegen in die Beschwerde gehen.

b) Reallast

109 Ein Grundstück kann gemäß § 1105 BGB in der Weise belastet werden, dass an denjenigen, zu dessen Gunsten die Belastung erfolgt, **wiederkehrende Leistungen** aus dem Grundstück zu entrichten sind. Eine solche Belastung bezeichnet das Gesetz als Reallast. Eingesetzt wird die Reallast z.B. zugunsten desjenigen, der im Wege der vorweggenommenen Erbfolge das Eigentum an einem Grundstück seinen Erben überträgt, weiterhin aber von den Erträgen des Grundstücks leben möchte. Mit einer Reallast können die neuen Eigentümer zu regelmäßigen Leistungen in Form von Geld oder Naturalien verpflichtet werden. Eine Reallast kann also auch Energielieferungen z.B. als Pflicht zum Beheizen der Räume, die der aus der Reallast Berechtigte nutzt, zum Gegenstand haben[178].

110 Es sind aber auch schon Reallasten bestellt worden, die vorsehen, dass der jeweilige Eigentümer des dienenden Grundstücks Wärme oder Energie zur Wärmeerzeugung für Raumheizung, Klimatisierung und Bereitung von Brauchwarmwasser nur aus der auf dem herrschenden Teileigentum befindlichen Fernheizungsanlage zu beziehen hat[179]. Während das Oberlandesgericht Celle in der zitierten Entscheidung diese Reallast für zulässig und wirksam erachtet hat, wird die Zulässigkeit und Wirksamkeit solcher Reallasten in der Literatur in Frage gestellt[180]. Nachvollziehbar eingewandt wird, dass

---

[177] Beschl. v. 18.5.2010 – 2 W 38/10.

[178] So z.B. in den Fällen des BayObLG, Beschl. v. 9.12.1999 – 2 Z BR 106/92, NJW-RR 1993, 530f. und des OLG Koblenz, Urt. v. 9.10.2009 – 10 U 1164/08, ZWE 2010, 96–97.

[179] So in dem Fall, der dem Beschl. des OLG Celle v. 29.8.1978 – 4 Wx 20/78, 4 Wx 21/78, JZ 1979, 268f., zugrunde liegt.

[180] *Joost*, JZ 1979, 467f.; *Prütting* in: Gedenkschrift Schulz 1987, S. 287, 302.

die Abnahme von Energie keine „wiederkehrende Leistung aus dem Grundstücke" sei. Die wiederkehrende Leistung sei vielmehr die Bezahlung der bezogenen Energie. Wenn man hier eine Reallast einsetzen wolle, so müsste deshalb die Zahlung der für die Energieabnahme anfallenden Kosten Inhalt der Reallast sein[181].

Eine Reallast im letztgenannten Sinne wirft zudem weitere Fragen auf: Der sich aus einer Reallast ergebende Leistungsumfang muss in einer Weise bestimmbar sein, die die höchstmögliche Belastung des Grundstücks aufgrund der Eintragung im Grundbuch erkennen lässt[182]. Da die Abnahmemenge beim Energiebezug von subjektiven Verhaltensweisen der Nutzer des versorgten Objekts und vom Wetter abhängt, lässt sich im Vorwege der Umfang der zu entrichtenden Kosten nur ungenau absehen. Es müsste für die Erfüllung der Bestimmtheitsanforderungen an eine Reallast der Umfang der zu erbringen Zahlungen anhand eines generalisierenden Maßstabes konkretisiert werden, also z.B. unter Bezugnahme auf einen Norm-Energieverbrauch, was dann im Ergebnis zu erheblichen Über- oder Unterzahlungen – je nach Verbrauchsverhalten der Abnehmer – führen kann. Ob die Abnehmer zur Übernahme einer solchen Reallast im Rahmen eines Energiedienstleistungsvorhabens bereit wären, erscheint sehr fraglich.

Aufgrund der aufgezeigten rechtlichen Unklarheiten und praktischen Hemmnisse bietet sich die Reallast deshalb nicht als Mittel zur Absicherung der Vergütung der vom Energiedienstleister zu erbringenden Energiedienstleistungen an. Die oben ausführlich geschilderte dingliche Absicherung über eine Grunddienstbarkeit oder beschränkte persönliche Dienstbarkeit erscheint im Interesse beider Vertragsparteien angemessener.

111 Eingesetzt werden kann die Reallast dagegen zur **Absicherung der Wärmelieferungspflicht** in solchen Fällen, in denen die Wärmeerzeugungsanlage auf einem anderen Grundstück als dem belieferten Grundstück errichtet worden ist. Die Reallast müsste dann die Pflicht zur Wärmelieferung enthalten und die Lieferpflicht davon abhängig machen, dass der Berechtigte die im Energiedienstleistungsvertrag vereinbarten Zahlungen fristgerecht leistet[183].

---

[181] *Joost*, JZ 1979, 468.
[182] *Palandt-Bassenge*, § 1105 BGB, Rn. 6.
[183] *Kruse*, RNotZ 2011, 65, 85–86.

VI. Preisgestaltung

112 Die **Preisbildung** stellt sich bei Energiedienstleistungsverträgen als **komplexer** Vorgang dar: Beim **Energieliefer-Contracting** besteht ein Teil der Leistung aus der **Vorhaltung** eines Investitionsgutes, der Energieerzeugungsanlage. Deren Anschaffung und Unterhaltung verursacht Kosten weitgehend unabhängig davon, in welchem Umfang tatsächlich Energie abgenommen wird. Die zweite wesentliche Kostenposition sind die **verbrauchsabhängigen Kosten**, insbesondere also die Kosten der Brennstoffbeschaffung und für die Betriebsenergie (z.B. Pumpenstrom). Diese hängen stark vom Nutzerverhalten ab und sind damit nicht pauschalierbar. Der dritte für die Preisgestaltung maßgebliche Umstand besteht darin, dass bei den üblicherweise langen **Vertragslaufzeiten**, insbesondere bei der Einsatzenergie, erhebliche Unsicherheiten hinsichtlich der zukünftigen Preisentwicklung und der Verbrauchsmengen bestehen. Es ist deshalb wirtschaftlich ausgeschlossen, für einen langen Zeitraum einen festen Preis, z.B. für die Erwärmung des vom Abnehmer genutzten Hauses, zu vereinbaren. Energiedienstleistungsverträge in Form von Energieliefer-Contracting-Verträgen zeichnen sich deshalb dadurch aus, dass es **keinen feststehenden Preis** gibt. Vielmehr enthalten solche Verträge aufbauend auf dem Grundsatz, dass der Preis immer veränderlich ist, nur eine Berechnungsregel, mit deren Hilfe der jeweils aktuelle Preis ermittelt wird.

113 Beim **Einspar-Contracting** sind vollständig andere Verhältnisse anzutreffen. Regelmäßig umfasst es nicht die Energielieferung. Als erfolgsabhängige Vergütung erhält der Energiedienstleister einen **Anteil** an der garantierten **Einsparung**. Die Gestaltungsaufgabe besteht darin, eine Vergütungsregel zu entwerfen, die vom Energiedienstleister nicht beeinflussbare Veränderungen neutralisiert, gleichzeitig aber eine Verletzung der Einspargarantie sanktioniert.

114 Jede Preisstruktur, die veränderliche Preise enthält, bedeutet für beide Vertragsparteien, insbesondere für die fachlich regelmäßig nicht gleichermaßen informierte Kundenseite, eine **Unsicherheit** hinsichtlich der zukünftigen Kosten- bzw. Erlösentwicklung. Die Preisbildung muss deshalb in einer Weise erfolgen, die sowohl für den Kunden als auch für den Energiedienstleister transparent und akzeptabel ist. Der Idealfall besteht darin, dass das **Ergebnis** der **Vertragsverhandlungen** über die Vertragslaufzeit **aufrechterhalten** wird[184]: Der Kunde, der einen günstigen Preis durchgesetzt hat, soll auch

---

[184] Wird dieser Grundsatz nicht eingehalten, ist eine in allgemeinen Geschäftsbedingungen enthaltene Preisänderungsklausel unwirksam, BGH, Urt. v. 24.3.2010 – VIII ZR 304/08, Rn. 34.

über die ganze Vertragslaufzeit zu vergleichsweise günstigen Bedingungen versorgt werden. Der Energiedienstleister, der einen auskömmlichen Preis durchgesetzt hat, soll nicht durch nachträgliche Änderung der Rahmenbedingungen in die Verlustzone geraten oder unverhältnismäßige Gewinne erzielen.

115 Der Ausgangspunkt der rechtlichen Betrachtung ist der beinahe selbstverständliche Hinweis auf die **Vertragsfreiheit**, die es Energiedienstleistern und Kunden erlaubt, den Preis und den Preisänderungsmechanismus zu vereinbaren, den sie für richtig halten. Dabei sind aber vom Gesetzgeber, insbesondere aus Gründen des **Verbraucherschutzes** und der **Preisstabilität, Grenzen** gesetzt, die es zu beachten gilt.

1. Preisstruktur beim Energieliefer-Contracting

116 Die schon mehrfach angesprochene Kostenstruktur der Energieliefer-Contracting-Projekte, die sich aus den zu erheblichen Teilen wenig veränderlichen Kosten für die Vorhaltung der Energieversorgungsanlagen und den veränderlichen verbrauchsabhängigen Kosten zusammensetzt, hat zu der weit verbreiteten Praxis geführt, den Preis für Energieliefer-Contracting-Leistungen in einen **Grund- oder Leistungspreis** für die **Vorhaltung** der Energieversorgungsanlage und einen **Arbeitspreis** für die tatsächlich abgenommene **Nutzenergie** (Wärme, Kälte, Druckluft, Strom etc.) zu unterteilen. Manchmal kommt noch ein Messpreis hinzu, der die Kosten der Messung decken soll, wenn sie nicht im Grundpreis enthalten sind. Diese Preisstruktur zeichnet sich dadurch aus, dass sie die Kostensituation relativ genau abbildet:

Der Grundpreis deckt die Kapitalkosten für die Investition in die Energieversorgungsanlage, die Kosten der Pflege, Überwachung, Wartung und Reparatur der Anlage, wenn nicht gesondert vereinbart, die Kosten der Messung des Verbrauchs, Versicherungskosten und weitere, aus der Vorhaltung der Anlage erwachsende Kosten sowie einen Unternehmergewinn. Sie fallen an, solange die Anlage vorgehalten wird und sind weitgehend unabhängig von Verbrauchsschwankungen.

Der Arbeitspreis deckt die Kosten der Lieferung von Nutzenergie, also die Kosten der Beschaffung der Einsatzenergie (z.B. Brennstoffe), die Kosten der Betriebsenergie (z.B. Pumpenstrom) und die bei der Umwandlung der Einsatzenergie in Nutzenergie vom Anlagenwirkungsgrad abhängigen Verluste (z.B. Abwärmeverluste über das Abgas).

117 Neben der Aufteilung in Grund-, Arbeits- und gegebenenfalls Messpreis finden sich aber auch **Preismodelle**, bei denen das Entgelt ausschließlich oder jedenfalls zu einem weit überwiegenden Anteil aus einem **mengenabhängigen Preis** besteht. Die Vorhaltekosten müssen dann in den Preis für die verbrauchte Nutzenergiemenge einkalkuliert werden. Dies geschieht regelmäßig dadurch, dass anhand angenommener Durchschnittsverbräuche pro abgenommener Energieeinheit ein bestimmter Betrag an Vorhaltungskosten angesetzt wird. Nimmt der Kunde dann aber weniger Energie ab, so führt dies zu einer Unterdeckung bei den Vorhaltekosten des Energiedienstleisters. Nimmt der Kunde mehr Energie ab, so erzielt der Energiedienstleister Erträge, die über seinen kalkulierten Vorhaltekosten liegen. Bei großen Abweichungen vom angenommenen Verbrauch kann es also zu schwerwiegenden **Verschiebungen** des ausgehandelten **Gleichgewichts** von Leistung und Gegenleistung kommen. Dies mag folgendes Beispiel illustrieren, das sich an einen Praxisfall anlehnt:

Die Vertragsparteien haben keinen Grundpreis, sondern einen reinen Mengenpreis vereinbart. Darin enthalten sind kalkulatorisch 0,05 EUR pro abgenommener kWh Wärme für die Verbrauchskosten (Brennstoff, Strom). Die angenommene Jahresverbrauchsmenge beträgt 700 MWh. Für die Vorhaltung der Anlagen hat der Energiedienstleister 28.000,– EUR pro Jahr kalkuliert. Das ergibt umgelegt auf die Verbrauchsmenge einen Preis von 0,04 EUR/kWh. Damit ergibt sich ein Mengenpreis von 0,09 EUR/kWh. Verbraucht der Kunde tatsächlich die angenommene Menge, so entstehen ihm Jahreskosten von 63.000,– EUR. Verbraucht der Kunde aufgrund eines besonderen Verbraucherverhaltens nicht 700 MWh, sondern 1.000 MWh im Jahr, so hat er 90.000,– EUR zu bezahlen. Die Vorhaltekosten der einmal installierten Anlage des Energiedienstleisters erhöhen sich aber bei größerem Verbrauch kaum, bleiben also bei 28.000,– EUR. Die verbrauchsabhängigen Kosten steigen entsprechend dem Mehrverbrauch. Nach seiner Kalkulation benötigt der Energiedienstleister für die Verbrauchskosten bei 1.000 MWh 50.000,– EUR, die Vorhaltekosten liegen unverändert bei 28.000 EUR. Bei einem Erlös von 78.000 EUR würde er also das ursprünglich kalkulierte Ergebnis erzielen. Weil aber für die gesamte Bezugsmenge der Mengenpreis von 0,09 EUR/kWh zu zahlen ist, erhält er 90.000 EUR und erzielt damit einen zusätzlichen Gewinn von 12.000 EUR. Hätten die Parteien dagegen einen Grundpreis von 28.000,– EUR im Jahr und einen Arbeitspreis von 0,05 EUR/kWh vereinbart, hätte der Kunde nur die aus seinem Mehrverbrauch tatsächlich resultierenden Mehrkosten in Höhe von 15.000,– EUR und damit insgesamt nur 78.000,– EUR gezahlt. Die bei dem reinen Mengenpreismodell entstehende **überproportionale Mehrbelastung** des Kunden wäre vermieden worden. Verbraucht der Kunde weniger als kalkuliert, entsteht die umgekehrte Situation, dass der Energiedienstleister erhebliche Verluste erleidet.

Präzise rechtliche Vorgaben, die bei der beispielhaft geschilderten Kostensituation eine bestimmte Art der Preisstruktur vorschreiben und stets gelten, gibt es nicht[185]. Wäre die Preisregelung des Beispielsfalles individuell vereinbart worden, so bestünden trotz der damit verbundenen überproportionalen Preisänderungen keine vertragsrechtlichen Zweifel an der Wirksamkeit. Allenfalls könnte sie sich nach den Vorschriften des Preisklauselgesetzes ergeben. Wird der Preis dagegen – wie in den meisten Fällen – im Rahmen allgemeiner Geschäftsbedingungen vereinbart, so stellt sich die Frage, ob sich nach dem Recht der Allgemeinen Geschäftsbedingungen oder der AVBFernwärmeV die Unwirksamkeit einer solchen Preisregelung ergibt.

118 In § 24 Abs. 4 AVBFernwärmeV ist nur geregelt, dass Preisänderungsklauseln in Wärmelieferungsverträgen u.a. die Kostenentwicklung bei Erzeugung und Bereitstellung der Fernwärme angemessen berücksichtigen müssen. Für die Preisbildung als solche ergibt sich daraus unmittelbar nichts. Trotzdem wird der Regelung auch für die Preisbildung Bedeutung beigemessen, weil in ihr der für die gesamte Fernwärmeversorgung geltende Grundsatz der kostenorientierten Preisbildung seinen Niederschlag gefunden habe. Daraus folge, dass im Grundsatz ein Preissystem anzuwenden sei, das zwischen Bereitstellungs- und verbrauchsabhängigen Kosten unterscheidet, also Grund- und Arbeitspreis ausweist. Zwar sei es nicht ausgeschlossen, auch einen gewissen Teil der Bereitstellungskosten in den Arbeitspreis zu verlagern, dies gelte aber nur so lange, wie noch eine ausgewogene Preisgestaltung vorliege[186]. Gerichtliche Entscheidungen zu dieser Frage liegen nicht vor.

Die je nach Energiedienstleistungsvorhaben unterschiedliche Kostensituation erlaubt es nicht, ganz allgemein eine Vereinbarung über die Zahlung eines reinen Mengenpreises für unzulässig zu halten. Es kommt stets auf die Umstände des Einzelfalls an. Im Zweifel sollte jedoch das übliche, aus Grund- und Arbeitspreis bestehende Preismodell gewählt werden. Hinzuweisen ist in diesem Zusammenhang darauf, dass ein Energiedienstleister, der in einem von ihm gestellten Vertrag einen reinen Mengenpreis anbietet und dann aufgrund eines von ihm zu hoch angesetzten Verbrauchs Mindererträge erzielt, sich

[185] Vgl. BGH, Urt. v. 4.11.2003 – KZR 16/02, Rn. 47.
[186] *Hermann/Recknagel/Schmidt-Salzer*, § 24, Rn. 15.

nicht auf die Unangemessenheit einer solchen Preisstruktur berufen kann, weil das Recht der allgemeinen Geschäftsbedingungen gemäß § 307 Abs. 1 BGB nicht ihn als Verwender, sondern nur den Vertragspartner des Verwenders allgemeiner Geschäftsbedingungen, also den Kunden, schützt[187].

2. Preisstruktur beim Einspar-Contracting

119 Die Preisstruktur beim Einspar-Contracting unterscheidet sich schon deshalb grundlegend von der des Energieliefer-Contractings, weil regelmäßig keine Energielieferung geschuldet ist. Der Kunde behält die Verantwortung für den Energiebezug. Die Vergütung, die der Energiedienstleister erhält, dient also ausschließlich der Bezahlung seiner darin bestehenden Leistung, die Einsparpotentiale zu ermitteln (Planungsleistung), die notwendigen gebäudetechnischen Anlagen ein- oder umzubauen sowie während der Vertragslaufzeit Instand zu halten (Werkleistung) und die Einhaltung der von ihm erarbeiteten Vorgaben zur Gebäudebewirtschaftung während der Vertragslaufzeit sicherzustellen (Dienstleistung).

Würde man sich bei der Preisstruktur eng an die Struktur des Energieliefer-Contractings anlehnen, so könnte man einen Grundpreis vereinbaren, der über die Vertragslaufzeit gezahlt wird. Das Einspar-Contracting geht aber über diesen Ansatz hinaus und bietet mit der Übernahme einer **Einspar-Garantie** durch den Energiedienstleister eine zusätzliche Qualität. Diese Garantieübernahme für die Einsparung wird in der Vergütungsregelung abgebildet: Der Energiedienstleister erhält als **Vergütung** einen **Teilbetrag der Energiekosteneinsparung.** Regelmäßig werden Anteile des Energiedienstleisters in Höhe von 80–90 % der Einsparung vereinbart. Der Kunde hat also ab Beginn der Garantieperiode zwei Vorteile: Die laufenden Kosten sind leicht gesenkt und er erspart sich die Modernisierung der vom Energiedienstleister erneuerten Anlagen.

120 Einsparpotentiale eines Umfangs, die eine vollständige Finanzierung der Einsparmaßnahmen aus den eingesparten Verbrauchskosten ermöglichen, lassen sich meist nur in **größeren Gebäuden** mit **erheblichem Energiebedarf** (Krankenhäuser, große Verwaltungsgebäude mit Klimatisierung etc.) erschließen[188]. Bei kleineren und einfacheren Gebäuden mit sowieso schon geringerem Energieverbrauch lassen sich mit Hilfe von Energiedienstleistungen immer auch umfangreiche

[187] *Palandt-Grüneberg*, § 307 BGB, Rn. 11 m.w.N.

[188] Praxisbeispiele finden sich auf den Internetseiten des Arbeitskreise Einspar-Contracting des VfW e.V. unter www.einsparcontracting.eu/praxisbei spiele.

Energieeinsparungen zu wesentlich geringeren Kosten als bei der Selbstvornahme durch den Gebäudeeigentümer erschließen. Es ist bei solchen Gebäuden aber nur selten möglich, diese Maßnahmen allein aus der Einsparung von Verbrauchskosten zu finanzieren.

Die Übernahme einer Einspargarantie durch den Energiedienstleister kann nicht mit einer Garantie der absoluten Kostenbelastung gleichgesetzt werden. Denn die Energiekostenbelastung des Kunden kann durch Faktoren verändert werden, auf die der Energiedienstleister keinen Einfluss hat. Ändern sich die Preise für die eingesetzte Energie, so steigen oder sinken die Kosten des Kunden dafür völlig unabhängig davon, ob die Einspargarantie eingehalten wird. Ist der Winter kälter als in dem Bezugsjahr, auf das sich die Einspargarantie bezieht, steigt der Verbrauch trotz voller Funktionstüchtigkeit der Einsparmaßnahmen. Ändert der Kunde sein Verbrauchsverhalten dadurch, dass das Gebäude nicht mehr bis 17.00 h, sondern bis 20.00 h genutzt wird, so steigt der Energieverbrauch ebenfalls, ohne dass den Energiedienstleister eine Verantwortung dafür trifft. Die Einspargarantie wird deshalb immer auf ein klar definiertes **Bezugsniveau** hinsichtlich des Gebäudezustandes, des Nutzungsverhaltens, der klimatischen Rahmenbedingungen und der Energiepreise bezogen. Dieses Bezugsniveau wird als **„Baseline"** bezeichnet. Der Energiedienstleister muss nach Ablauf jedes Vertragsjahres eine Erfolgsrechnung vorlegen, in der er die Verbrauchskosten des Gebäudes umrechnet auf die Baseline. Die sich daraus ergebende Zahl wird verglichen mit den garantierten Kosten. Unterschreiten oder erreichen die Kosten den Garantiebetrag, hat der Energiedienstleister seine vertraglichen Pflichten ordnungsgemäß erfüllt, sind die Kosten höher, hat er die Garantie verfehlt und muss eine Reduktion seiner Vergütung in Höhe des Betrages hinnehmen, um den der Garantiebetrag überschritten worden ist[189]. In Einspar-Contracting-Verträgen wird regelmäßig vereinbart, dass der Energiedienstleister dann, wenn er eine höhere als die garantierte Einsparung erzielt, als Prämie einen größeren Anteil an dem Teil der Einsparung erhält, der über den Garantiebetrag hinausgeht. Dadurch soll ein Anreiz dafür gesetzt werden, dass die Einsparung möglichst hoch ausfällt.

[189] Zu den Vertragsdetails wird auf den Mustervertrag der dena und die Version des Arbeitskreises Einspar-Contracting des VfW e.V. verwiesen, www.einsparcontracting.eu/praxishilfen/mustervertrag.

3. Preisangabevorschriften

121 Aus Gründen des Verbraucherschutzes und der Sicherstellung eines transparenten Wettbewerbes[190], zum Teil beeinflusst durch europarechtliche Vorgaben, schreibt die **Preisangabenverordnung** (PAngV)[191] vor, dass Letztverbrauchern gegenüber **Preise** umfassend und **vollständig angegeben** werden müssen. Letztverbraucher sind nicht nur Abnehmer, die Waren oder Leistungen für den Privatbedarf ge- oder verbrauchen, sondern grundsätzlich auch gewerbliche Verbraucher, die Waren z.B. für ihren Betrieb erwerben, ohne sie weiter umsetzen zu wollen[192]. Gemäß §9 Abs.1 Ziffer 1 PAngV ist die Verordnung aber **nicht anwendbar** auf Angebote oder Werbung gegenüber Letztverbrauchern, die die Ware oder Leistung in ihrer **selbständigen beruflichen** oder **gewerblichen** oder in ihrer **behördlichen** oder **dienstlichen Tätigkeit** verwenden. Im Ergebnis sind die Preisangabenverordnung also nur auf Energiedienstleistungsangebote und Werbung dafür gegenüber Verbrauchern anwendbar, die damit ihren eigenen Bedarf decken oder die Energie im Rahmen der Bewirtschaftung einer Immobilie beziehen, die sie im Rahmen der privaten Vermögensverwaltung bewirtschaften.

122 Wird solchen Letztverbrauchern leitungsgebunden Elektrizität, Gas oder Fernwärme angeboten, so muss gemäß §3 PAngV je **Mengeneinheit** in **Kilowattstunden** der verbrauchsabhängige Preis angegeben werden. Die weit verbreitete Angabe von Arbeitspreisen bezogen auf Megawattstunden ist also gegenüber solchen Letztverbrauchern nicht zulässig, wenn nicht gleichzeitig auch ein Preis pro kWh angegeben wird. Der Preis darf auch nicht ausschließlich als Nettopreis angegeben werden, sondern muss sowohl Umsatzsteuer als auch alle spezifischen Verbrauchssteuern (z.B. Energiesteuer, Stromsteuer) enthalten. Es reicht also nicht, den Preis in „EUR/kWh zzgl. MwSt.“ oder ähnlich anzugeben. Um Veränderungen bei den Steuern belastungsgerecht weitergeben zu können, muss im Vertrag ausdrücklich textlich festgelegt werden, dass die angegebenen Preise Umsatzsteuer und sonstige Steuern in bestimmter Höhe enthalten und sich automatisch ändern, wenn diese Abgaben steigen oder fallen.

Ein neben dem Arbeitspreis geforderter nicht verbrauchsabhängiger Preis (**Grundpreis**) ist nach §3 S.4 PAngV ebenfalls vollständig, also als Bruttopreis, in **unmittelbarer Nähe** des **Arbeitspreises**

---

[190] *Vogler*, Das neue Preisangabenrecht, S.9.

[191] In der Fassung der Bekanntmachung vom 18.10.2002, BGBl. I S.4197, zuletzt geändert durch Art.7 des Gesetzes v. 20.9.2013, BGBl. I S.3642.

[192] OLG Hamburg, Urt. v. 24.6.2004 – 3 U 201/03, Rn.44, OLGR Hamburg 2005, 321–324.

anzugeben, sodass der Letztverbraucher sich schnell einen verlässlichen Überblick über die Gesamtkosten verschaffen kann. Alle Preisbestandteile sollten also im Vertrag zusammenhängend oder vollständig textlich miteinander verbunden oder auf einem gesonderten Preisblatt angegeben werden.

123 Wer gegen diese Vorschriften verstößt, kann gemäß § 10 PAngV mit einem Bußgeld belegt werden und muss damit rechnen, von Wettbewerbern gemäß § 1 UWG auf Unterlassung gerichtlich in Anspruch genommen zu werden[193]. Wenn nicht eindeutig bestimmbar ist, ob ein potentieller Kunde unter die Ausnahme des § 9 Abs. 1 PAngV fällt, empfiehlt es sich, die Regelungen der Preisangabenverordnung stets zu beachten. Das hat auch den Vorteil, dass entsprechende Angebote transparent und für den Abnehmer leicht mit anderen Angeboten vergleichbar sind.

4. Preisbildung

124 Energiedienstleistungsverträge erfordern regelmäßig **lange Laufzeiten**, wenn die Investitionen zur Steigerung der Energieeffizienz über die Laufzeit des Vertrages vollständig oder jedenfalls zu großen Teilen aus der Einsparung beim Energieverbrauch bezahlt werden sollen. Die **Entwicklung** wesentlicher Elemente der Kalkulation des Energiedienstleisters, wie z.B. des **Preises** für die eingesetzte Energie oder der Lohnkosten für Betrieb und Instandhaltung der Anlagen, ist für solche langen Vertragslaufzeiten **nicht vorhersehbar**. Sinken beispielsweise die Preise für die Einsatzenergie, so wäre es unangemessen, wenn der Kunde weiterhin einen auf der Grundlage hoher Energiepreise kalkulierten Arbeitspreis zahlen müsste. Steigen Energie- und Lohnkosten, benötigt der Energiedienstleister einen höheren Preis für seine Leistung, um seine Einkaufskosten zu decken und weiter den im ausgehandelten Preis enthaltenen Ertrag erwirtschaften zu können. Es ist deshalb in der Regel unvermeidlich, in Energiedienstleistungsverträgen mit langen Laufzeiten veränderliche Preise zu vereinbaren. Dazu stehen unterschiedliche Möglichkeiten zur Verfügung, die nachfolgend beschrieben werden. Kein Grundlage für einen Anspruch auf Anpassung der Preise ist eine sogenannte Wirtschaftsklausel, die ganz allgemein eine Anpassung des Vertrages vorsieht, wenn die technischen, wirtschaftlichen oder rechtlichen Voraussetzungen, die Grundlage der vertraglichen Vereinbarungen sind, eine Änderung erfahren[194].

[193] LG Bonn, Beschl. v. 8.7.2009 – 11 O 146/08, BeckRS 2011, 09555; LG Itzehoe, Urt. v. 14.7.2009 – 5 O 68/09.

[194] BGH, Urt. v. 23.1.2013 – VIII ZR 47/12, EnWZ 2013, 310.

a) Preishauptabrede

125 Der Preis, der die Gegenleistung für die vom Energiedienstleister erbrachten Leistungen ist, kann von Anfang an als jeweils **aktuell zu ermittelnder Preis** ausgestaltet werden. Das ist z.B. dann der Fall, wenn der zu einem bestimmten Moment der Vertragslaufzeit geltende Arbeitspreis für die Kilowattstunde gelieferter Energie nach einer feststehenden Formel aus den Energieeinkaufskosten des Lieferanten zu errechnen ist. Eine solche Formel könnte wie folgt aussehen:

$P_A = 1{,}15 \times GP$

P_A ist der jeweils zu zahlende Arbeitspreis pro Kilowattstunde gelieferter Nutzenergie. GP ist der Preis, den der Energiedienstleister für jede Kilowattstunde Energie bezahlt, die er zur Erzeugung der zu liefernden Nutzenergie einsetzt. Ebenso kann GP aber auch der Gaspreis sein, den der örtliche Gasgrundversorger als Grundversorgungstarif für den Gasbezug verlangt.

Eine solche Preisvereinbarung führt dazu, dass der maßgebliche Preis für die gelieferte Nutzenergie sich immer automatisch in Abhängigkeit von einer Bezugsgröße ergibt, die weder vom Energiedienstleister noch vom Kunden beeinflusst wird.

126 Im Rahmen der Vertragsfreiheit können Energiedienstleister und Kunde frei vereinbaren, welchen Preis der Kunde für die vereinbarten Energiedienstleistungen als Gegenleistung zu zahlen hat. Auch wenn sich eine solche Preisabrede in Allgemeinen Geschäfts- oder Versorgungsbedingungen findet, ist eine gerichtliche Kontrolle ausgeschlossen. Denn § 307 Abs. 3 BGB beschränkt die Inhaltskontrolle nach den §§ 307 bis 309 BGB auf Klauseln, die von Rechtsvorschriften abweichen oder diese ergänzen. Da die Vertragsparteien nach dem im Bürgerlichen Recht geltenden Grundsatz der Privatautonomie **Leistung und Gegenleistung grundsätzlich frei bestimmen** können, unterliegen AGB-Klauseln, die Art und Umfang der vertraglichen Hauptleistungspflicht und den dafür zu zahlenden Preis (Preishauptabrede) unmittelbar regeln, nicht der Inhaltskontrolle. Kontrollfähig sind dagegen (Preis-)Nebenabreden, d.h. Abreden, die zwar mittelbare Auswirkungen auf Preis und Leistung haben, an deren Stelle aber, wenn eine wirksame vertragliche Regelung fehlt, dispositives Gesetzesrecht treten kann[195].

[195] Ständige Rechtsprechung des BGH, siehe BGH, Urt. v. 30.11.1993 – XI ZR 80/93, Rn. 12 unter Verweis auf BGHZ 93, 358, 360f.; 106, 42, 46; 114, 330, 333; 116, 117, 119; BGH, Urt. v. 20.10.1992 – X ZR 95/90, WM 1993, 384, 386; Urt. v. 9. 12.1992 – VIII ZR 23/92, WM 1993, 753, 754; Urt. v. 14.5.2014 – VIII ZR 114/13, Rn. 17.

Der Energiedienstleistungsvertrag, der Energielieferungen mit umfasst, ist ein Kaufvertrag. Da das Gesetz die Bildung des Kaufpreises nicht bestimmt, sondern die Preisbildung den Vertragspartnern überlässt, fehlt es an dispositivem Gesetzesrecht, das die Preisbestimmung durch die Parteien ersetzen könnte. Es gibt keine gesetzliche Regelung zur Bestimmung des Kaufpreises. Mithin scheidet eine gerichtliche Überprüfung einer Preishauptabrede, aus der man den maßgeblichen Preis erst errechnet, aus[196].

Diesen Grundsatz hat der Bundesgerichtshof – unter ausdrücklicher Ablehnung entgegengesetzter Rechtsprechung verschiedener Oberlandesgerichte[197], aber ohne Bezugnahme auf entsprechende Rechtsprechung des Bundesgerichtshofes zu anderen Vertragstypen als Energielieferverträgen – in seiner jüngsten Rechtsprechung in Bezug auf Energielieferungsverträge modifiziert. Bei der Kontrolle einer solchen Preisvereinbarung ist danach eine Aufteilung derselben Formel in zwei Funktionen vorzunehmen. Hinsichtlich der Funktion, den Preis bei Vertragsbeginn zu bestimmen, ist die Formel nach Auffassung des Bundesgerichtshofes der gerichtlichen Kontrolle als Preishauptabrede entzogen. Hinsichtlich ihrer Funktion, den Preis zu späteren Zeitpunkten als bei Vertragsbeginn zu bestimmen, unterliegt dieselbe Formel dagegen der vollen Inhaltskontrolle nach den Regelungen des Rechts der Allgemeinen Geschäftsbedingungen[198]. Diese Betrachtungsweise sei geboten, weil sich der Klauselverwender ansonsten der gerichtlichen Kontrolle seiner Preisänderungsbestimmungen einfach durch geschickte Formulierung entziehen könne, was mit dem Schutzzweck der Vorschriften des AGB-Rechts nicht zu vereinbaren sei[199]. Die oben beispielhaft wiedergegebene Preisregelung ist demnach hinsichtlich des sich aus ihr ergebenden Preises für alle Zeitpunkte nach Vertragsschluss wie eine Preisnebenabrede der gerichtlichen Kontrolle nach den Grundsätzen des Rechts der allgemeinen Geschäftsbedingungen unterworfen, es sei denn, sie ist individuell vereinbart worden.

---

[196] So ausdrücklich für das Werkvertragsrecht, in dem in § 631 Abs. 1 die Vergütungszahlung genau so wie im Kaufrecht in § 433 Abs. 2 geregelt ist; BGH, Urt. v. 19.11.1991 – X ZR 63/90, Rn. 15, NJW 1992, 688–689.

[197] OLG Bamberg, RdE 2013, 273 ff.; OLG Naumburg, Urt. v. 22.2.2012 – 12 U 168/12, juris, Rn. 68 f.

[198] BGH, Urt. v. 14.5.2014 – VIII ZR 114/13, Rn. 14 ff., NJW 2014, 2708-2714.

[199] BGH, Urt. v. 14.5.2014 – VIII ZR 114/13, Rn. 29 und 30, NJW 2014, 2708–2714.

b) Preisänderungsklauseln

127 **Preisnebenabreden**, die zu Veränderungen des Preises während der Vertragslaufzeit führen, werden als Preisänderungsklauseln bezeichnet. Diese können rechtlich unterschiedlich ausgestaltet sein.

128 **aa) Leistungsvorbehalt.** In den Vertrag kann ein Leistungsvorbehalt aufgenommen werden. Darunter ist nach § 1 Abs. 2 Nr. 1 Preisklauselgesetz eine Regelung zu verstehen, die hinsichtlich des Ausmaßes der Änderung des geschuldeten Betrages einen Ermessensspielraum lässt, der es ermöglicht, die neue Höhe der Geldschuld nach Billigkeitsgrundsätzen zu bestimmen. Bei Eintritt bestimmter Voraussetzungen (z.B. Änderung einer Bezugsgröße wie etwa Lohn- oder Energiekosten) kann die Höhe des Preises durch eine Partei, hier also den Energiedienstleister, neu festgesetzt werden[200]. Ein in der Vergangenheit auch in Energiedienstleistungsverträgen, die die dezentrale Stromversorgung regeln, zu findender typischer Leitungsvorbehalt war das Zitat des § 5 Abs. 2 StromGVV in der bis 2014 geltenden Fassung. Danach galt: „*Änderungen der Allgemeinen Preise und der ergänzenden Bedingungen werden jeweils zum Monatsbeginn und erst nach öffentlicher Bekanntgabe wirksam, die mindestens sechs Wochen vor der beabsichtigten Änderung erfolgen muss.*“

Wenn nichts Abweichendes geregelt ist, wird die Anpassung mit dem Zugang der Anpassungserklärung wirksam. Der zur Anpassung berechtigte Gläubiger hat die Bestimmung nach billigem Ermessen entsprechend der § 315 BGB vorzunehmen[201].

129 Ist ein solcher Leistungsvorbehalt in Verträgen mit Verbrauchern vorgesehen, so genügt er aber nicht den rechtlichen Anforderungen und ist damit unwirksam. Denn aus Art. 3 und Art. 5 S. 1 der Richtlinie 93/13/EWG des Rates vom 5. April 1993 über missbräuchliche Klauseln in Verbraucherverträgen[202] folgt, dass in dem Vertrag der Anlass und der Modus der Änderung der Entgelte für die zu erbringende Leistung so transparent darstellt werden muss, dass der Verbraucher die etwaigen Änderungen dieser Entgelte anhand klarer und verständlicher Kriterien vorhersehen kann. Das wiederum erfordert eine klare und verständliche Information über die grundlegenden Voraussetzungen der Ausübung eines solchen Änderungsrechts[203].

---

[200] BGH, Urt. v. 9.5.2012 – XII ZR 79/10, Rn. 19; *Palandt-Grüneberg*, Anh. zu § 245 BGB, § 1 PrKlG, Rn. 3.

[201] *Palandt-Grüneberg*, Anh. zu § 245, § 1 PrKlG, Rn. 3.

[202] ABl. L Nr. 95/29.

[203] BGH, Urt. v. 31.7.2013 – VIII ZR 162/09 –, BGHZ 198, 111–140, Rn. 59, in Anwendung der Vorgaben des EuGH, Urt. v. 21.3.2013 – C-92/11, RIW 2013, 299 – RWE Vertrieb AG.

Die heutige Fassung des §5 Abs. 2 StromGVV sieht in Satz 2 am Ende nunmehr ergänzend vor, dass der Grundversorger dann, wenn er eine Preisänderung vornimmt, den Umfang, den Anlass und die Voraussetzungen der Änderungen angeben muss. Er verlangt nicht, dass diese Angaben schon im Vertrag enthalten sein müssen. Ob die Übernahme dieser geänderten Fassung den soeben geschilderten Anforderungen der Rechtsprechung an Stromlieferungsverträge mit Verbrauchern außerhalb der Grundversorgung genügt, erscheint fraglich. Vorzugswürdig ist es, bereits in der vertraglichen Regelung in dem Umfang, den eine abstrakte Regelung erlaubt, Umfang, Anlass und Voraussetzungen einer zukünftigen Änderung zu benennen. Eine mögliche Formulierung könnte dann wie folgt lauten:

„Tritt im Zusammenhang mit der Stromversorgung

a) eine Veränderung gesetzlicher Abgaben, Steuern oder anderer gesetzlicher oder behördlich angeforderter Umlagen oder Entgelte ein oder werden diese eingeführt oder

b) verändern sich die Gestehungskosten, insbesondere die Kosten für die Stromerzeugung, für den Erwerb von Strom bzw. für die Netznutzung oder für die Verteilung und Abrechnung,

erhöht oder verringert der Lieferant den Strompreis verhältnismäßig zu den Kostenänderungen. Die Preisänderungen unterliegen der Billigkeitskontrolle nach §315 Absatz 3 des Bürgerlichen Gesetzbuches."

Die getroffene Bestimmung ist für den anderen Teil nur verbindlich, wenn sie der Billigkeit entspricht und alle sonstigen Informationspflichten erfüllt werden. Der Vertragspartner, der sich der Bestimmung des anderen unterworfen hat, soll hierdurch gegen eine willkürliche Vertragsgestaltung durch den anderen geschützt werden[204]. So entspricht z.B. eine Preiserhöhung eines Gasversorgungsunternehmens billigem Ermessen, wenn dadurch im wesentlichen Bezugskostensteigerungen an die Kunden weitergegeben werden[205].

130 Leistungsvorbehalte haben den Nachteil, dass die erfolgten Preisanpassungen nicht ohne umfangreiche Aufklärung der Hintergründe verlässlich auf ihre Wirksamkeit geprüft werden können und auch nur eine begrenzte Vorhersehbarkeit von zukünftigen Preisänderungen ermöglichen. In der Praxis der Energiedienstleistungen finden sich solche Preisänderungsklauseln selten. Sie haben für das Energiedienstleistungsunternehmen den Vorteil, dass dann, wenn die Leistungsvorbehaltsklausel als solche wirksam ist, im Falle eines Streites über die Höhe der vorgenommenen Preisänderung ein Fehler des

---

[204] BGH, Urt. v. 13.6.2007 – VIII ZR 36/06, Rn. 16.
[205] BGH, Urt. v. 13.6.2007 – VIII ZR 36/06, Rn. 122ff.

Energiedienstleistungsunternehmens bei der Preisbestimmung nicht dazu führt, dass ihm die geltend gemachte Preisänderung vollständig wegen Unwirksamkeit versagt ist, sondern diese nach § 315 Abs. 3 BGB auf das angemessene Maß reduziert wird[206].

bb) Automatische Preisanpassung. Vorzugswürdig erscheinen dennoch Preisänderungsklauseln, die zu einer automatischen Preisanpassung führen, die für beide Vertragsparteien ohne großen Aufwand nachvollziehbar ist. Eine automatische oder selbsttätige Anpassung der vereinbarten Preise setzt voraus, dass im Vertrag zum einen die **Formel**, nach der die Preisanpassung vollzogen wird, zum anderen die maßgeblichen Bezugsgrößen, deren Änderung zu einer Preisanpassung führen, **präzise** benannt werden. Fehlt es schon daran, so ist eine automatische Preisanpassung unmöglich. Eine Klausel, die eine automatische Preisanpassung erreichen soll, aber so unvollständig oder unklar formuliert ist, dass sie zu keinem eindeutigen Ergebnis führt, ist dann, wenn sie in AGB enthalten ist, schon deshalb wegen unangemessener Benachteiligung des Kunden unwirksam, weil sie gegen das sich aus § 307 Abs. 1 S. 2 BGB ergebende Transparenzgebot verstößt[207]. **131**

Eine automatische Preisanpassung ließe sich beispielsweise durch folgende Klausel erreichen:

$P_A = PA_0 \times S/S_0$.

In dieser Formel bedeuten:

P_A = *Arbeitspreis*

PA_0 = *Basisarbeitspreis*

S = *aktueller Strom-Grundversorgungstarif des örtlichen Grundversorgers in EUR/kWh*

S_0 = *Strom-Grundversorgungstarif bei Vertragsschluss in Höhe von EUR .../kWh.*

Eine solche Klausel bewirkt, dass der Arbeitspreis sich **automatisch** in dem Umfang und in dem Zeitpunkt ändert, in dem sich der hier beispielhaft in Bezug genommene Strom-Grundversorgungstarif ändert. Einer gesonderten Erklärung gegenüber dem Kunden bedarf es für die Wirksamkeit einer solchen Preisänderung nicht[208]. Zahlt der Kunde Abschläge auf die zu erwartenden Jahreskosten, so

---

206 *MüKo/Würdinger*, § 315 BGB, Rn. 51.
207 BGH, Urt. v. 17.12.2008 – VIII ZR 274/06, NJW 2009, 578–580.
208 BGH, Urt. v. 10.10.1979 – VIII ZR 277/78, NJW 1980, 589; *Palandt-Grüneberg*, Anh. zu § 245 BGB, § 1 PrKlG, Rn. 4.

kann der Energiedienstleister in der Jahresabrechnung ab dem Zeitpunkt, zu dem sich nach der Preisänderungsklausel die Veränderung ergibt, den neuen Preis in Ansatz bringen. Er ist nicht gezwungen, sofort nach Veränderung der Bezugsparameter höhere Abschlagszahlungen zu fordern.

132 Manchmal ist in Energielieferungsverträgen eine Regelung anzutreffen, die zwar wie eine automatische Preisanpassung formuliert ist, aber dahingehend ergänzt wurde, dass für die Wirksamkeit der Preiserhöhung eine **Mitteilung** an den Kunden erforderlich ist. Bei einer solchen Klausel kann der Lieferant den höheren Preis tatsächlich erst nach einer entsprechenden Mitteilung an den Kunden verlangen, auch wenn die sonstigen Voraussetzungen einer Preiserhöhung schon früher vorlagen. Es gibt aber keine gesetzliche Pflicht, Preisänderungsklauseln in Energiedienstleistungsverträgen so auszugestalten.

133 Die Gestaltungsfreiheit der Vertragsparteien ist bei der Vereinbarung automatischer Preisänderungsklauseln in mehrfacher Hinsicht eingeschränkt: Immer, also auch bei Individualvereinbarungen, gelten die Vorschriften des **Preisklauselgesetzes (PrKG)**[209]. Sind Preisänderungsklauseln Bestandteil allgemeiner Versorgungsbedingungen, so gelten die Grundsätze der §§307ff. BGB mit Ausnahme von Wärmelieferungsverträgen, für die die speziellen Regelungen des §24 Abs.4 AVBFernwärmeV gelten.

134 **(1) Anforderungen nach dem Preisklauselgesetz.** Wäre es zulässig, jeden Preis einer automatischen Anpassung z.B. an die Inflationsrate oder die Lohnkostenentwicklung zu unterwerfen, so bestünde die Gefahr, dass sich eine einmal begonnene Inflation automatisch verstärkt. Deshalb sind gemäß §1 Abs.1 PrKG – wie in den Vorgängergesetzen auch – **automatisch** wirkende **Preisänderungsklauseln** grundsätzlich **verboten**[210]. Das Gesetz drückt dies so aus:

> „Der Betrag von Geldschulden darf nicht unmittelbar und selbsttätig durch den Preis oder Wert von anderen Gütern oder Leistungen bestimmt werden, die mit den vereinbarten Gütern oder Leistungen nicht vergleichbar sind.“

Automatisch wirkende Preisänderungsklauseln sind nach §1 Abs.2 und den §§3 bis 7 PrKG **ausnahmsweise** nur dann **zulässig**, wenn der Gesetzgeber ein berechtigtes Interesse dafür in bestimmten Bereichen anerkennt. Relevant für Energiedienstleistungsverträge sind die Ausnahmen in §1 Abs.2 Nr.2 und 3 PrKG für Spannungs- und Kostenelementklauseln. Die Zulässigkeit solcher Preisände-

[209] Gesetz über das Verbot der Verwendung von Preisklauseln bei der Bestimmung von Geldschulden – Preisklauselgesetz v. 7.9.2007, BGBl. I S.2246, zuletzt geändert durch Art.8 Abs.8 des Gesetzes v. 29.7.2009, BGBl. I 2355.

[210] BR-Drs. 68/2007, S.68; vgl. dazu BGH, Urt. v. 15.7.2009 – VIII ZR 225/07.

rungsklauseln bei der Wärmelieferung ergibt sich aus § 24 Abs. 4 AVBFernwärmeV, der für Wärmelieferungsverträge gemäß § 1 Abs. 3 PrKG als speziellere Regelung dem Preisklauselgesetz vorgeht.

135 Wird der Preis für die Leistungen des Energiedienstleisters an die Preisentwicklung für gleichartige oder zumindest vergleichbare Güter oder Leistungen gekoppelt, so liegt eine gemäß § 1 Abs. 2 Nr. 3 PrKG genehmigungsfreie **Spannungsklausel** vor. Der Energiedienstleister, der Strom liefert, kann seinen Strompreis also beispielsweise an die Entwicklung des Strompreises eines örtlichen Stromlieferanten koppeln.

136 Zulässig sind gemäß § 1 Abs. 2 Nr. 3 PrKG ferner Klauseln, die den Preis für die Leistungen des Energiedienstleisters an die Entwicklung der Preise oder Werte für Güter oder Leistungen koppeln, die die Selbstkosten des Energiedienstleisters bei der Erbringung seiner Leistungen unmittelbar beeinflussen (**Kostenelementklauseln**).

Dies soll an einer Preisgestaltung für die Kältelieferung aus Kälteanlagen verdeutlicht werden. Die Kältelieferung wird als Beispiel gewählt, weil es für diese anders als für die Wärme- und Stromlieferung keine gesetzlichen Vorgaben für die Vertragsgestaltung in speziellen Verordnungen gibt, wie es bei der Wärme die AVBFernwärmeV und beim Strom die StromGVV ist. Bei Kältelieferungsverträgen gelten also nur die allgemeinen rechtlichen Vorgaben, die somit an diesem Beispiel gut veranschaulicht werden können. Die Kosten des Kältelieferanten für die von ihm produzierte und gelieferte Kälte verändern sich in Abhängigkeit von den Stromkosten, wenn die Kälte – wie meistens – mit strombetriebenen Kältemaschinen erzeugt wird. Eine Preisänderungsklausel kann dann wie folgt aussehen:

$PA = PA_0 \times S/S_0$.

In dieser Formel bedeuten:

PA = *Arbeitspreis*

PA_0 = *Basisarbeitspreis*

S = *aktueller Stromeinkaufpreis pro kWh*

S_0 = *Basisstrompreis bei Vertragsschluss in Höhe von EUR.../kWh.*

137 Diese Formel befasst sich nur mit dem **Arbeitspreis** für die gelieferte Kältemenge. Für den Grundpreis, der für die Vorhaltung der Kältemaschinen zu entrichten ist, ist eine eigene Preisänderungsklausel erforderlich. Diese muss eine Koppelung an die den **Grundpreis** beeinflussenden Kostenfaktoren vorsehen. Dass die Lohnkosten eine zulässige Bezugsgröße für die Anpassung des Grundpreises sind, steht außer Frage, weil die Lohnkosten für Wartung, Pflege, Repa-

ratur und Verwaltung einen Teil der Vorhaltekosten beeinflussen. Es steht aber ebenso außer Frage, dass eben nur ein Teil der Vorhaltekosten von den Lohnkosten beeinflusst wird. Unbeeinflusst von der Lohnkostenentwicklung sind die auch im Grundpreis enthaltenen Kapitalkosten. Eine wesentliche Zulässigkeitsvoraussetzung für eine Kostenelementklausel ist nach § 1 Abs. 2 Nr. 3 PrKG, dass der Preis für die Leistung des Energiedienstleisters nur insoweit an die Kostenentwicklung der zulässigen Bezugsgröße gekoppelt ist, als diese sich auch unmittelbar auf seine Kosten auswirkt. Der auf die Kapitalkosten entfallende Anteil des Grundpreises darf mithin nicht an die Lohnkostenentwicklung gekoppelt werden, sondern allenfalls an eine Veränderung der Kapitalkosten. Sind die Kapitalkosten für die Vertragslaufzeit unveränderlich, dann muss auch ein den Kapitalkosten entsprechender Anteil des Grundpreises unveränderlich sein.

Für die Anpassung des Grundpreises ergeben sich daher regelmäßig etwas kompliziertere Formeln:

$PG = PG_0 \times (x + y \times L/L_0)$.

In dieser Formel bedeuten:

PG = Grundpreis

PG_0 = Basis-Grundpreis

x = nicht variabler Anteil des Grundpreises, ausgedrückt als Dezimalzahl (z.B. 0,6 für 60 % Kapitalkostenanteil)

y = variabler Anteil des Grundpreises, ausgedrückt als Dezimalzahl (z.B. 0,4 für 40 % lohnkostenabhängige Kosten im Grundpreis)

Die Summe der Faktoren x und y muss stets 1 betragen.

L = Lohnindex des Statistischen Bundesamtes für …, maßgeblich ist jeweils der Stand am … des dem Abrechnungszeitraum vorausgehenden Jahres.

L_0 = Basis-Lohnindex des Statistischen Bundesamtes für …, Stand: (genaues Datum) = (genauer Basis-Indexwert).

138 Solche zulässigen Kostenelementklauseln lassen sich theoretisch noch sehr viel weiter verfeinern. So könnte der Grundpreis neben dem unveränderlichen Kapitalkostenanteil einen Anteil aufweisen, der lohnkostenabhängig veränderlich ist, einen weiteren, der von den Ersatzteilkosten abhängig veränderlich ist und schließlich einen, der in Abhängigkeit von den Grundkosten veränderlich ist, die der Energiedienstleister für einen von ihm gegebenenfalls benötigten Anschluss an ein Energieversorgungsnetz zahlt. Solche Klauseln finden sich in der Praxis immer wieder. Die Vertragsparteien und insbesondere der Energiedienstleister, der solche Klauseln meist vorschlägt, sollten aber stets sorgfältig überlegen, ob solche komplexen Klauseln notwendig und sinnvoll sind. Sie führen zu einer geringeren Durchschaubarkeit der Preisentwicklung und verursachen insbesondere dann, wenn die Kosten z.B. in Form von Betriebskosten an Mieter weitergegeben werden sollen, hohen Erklärungsaufwand.

139 Die rechtlich geforderte **richtige Gewichtung** der von den Bezugsgrößen abhängigen Faktoren ist wirtschaftlich von nicht zu unterschätzender Bedeutung. Dies verdeutlicht folgendes Beispiel:

Ein Energiedienstleister versorgt aus einer Kälteanlage mit 1 MW Leistung einen Gebäudekomplex. Es handelt sich um eine weitgehend automatisch gesteuerte, an die Fernüberwachung angeschlossene Anlage, die aufgrund der eingesetzten zuverlässigen Technik nahezu keinen Wartungs- und Pflegeaufwand erfordert. Dementsprechend setzen sich die abgerechneten Vorhaltekosten zu 70 % aus Kapitalkosten und zu 30 % aus sonstigen Kosten, die von der Lohnentwicklung abhängig sind, zusammen. Der vereinbarte Grundpreis beträgt 60,– EUR pro kW Anschlussleistung. Der Energiedienstleister hat unter Verstoß gegen § 1 Abs. 2 Nr. 3 und § 2 Abs. 1 und Abs. 3 Nr. 3 PrKG eine Preisänderungsklausel vereinbart, die den Grundpreis zu 60 % in Abhängigkeit von den Lohnkosten steigen lässt. Bei Vertragsbeginn betrug der Stundenlohn, auf den Bezug genommen wurde, 7,50 EUR. Neun Jahre später betrug der in Bezug genommene Stundenlohn wegen allgemeiner Lohnerhöhungen und der Anpassung der Löhne in den sog. neuen Bundesländern an das Lohnniveau in den sog. alten Ländern 12,50 EUR.

Nach der vertraglichen Preisänderungsklausel belief sich der Grundpreis pro kW im neunten Jahr damit auf 60,– × (0,4 + 0,6 × 12,50 / 7,50) = 84,– EUR. Bei 1 MW Leistung ergibt das einen Jahresgrundpreis von 84.000,– EUR.

Bei einer zulässigen Preisänderungsklausel mit nur 30 % lohnkostenabhängiger Änderung des Grundpreises sähe die Rechnung wie folgt aus:

60,– × (0,7 + 0,3 × 12,50 / 7,50) = 72,– EUR. Bei 1 MW Leistung ergibt sich daraus ein Jahresgrundpreis von 72.000,– EUR. Der Kunde würde in dem Beispiel also unberechtigt mit 12.000,– EUR belastet, denen auf Seiten des Energiedienstleisters keine Mehrkosten gegenüber stünden.

140 Ist eine Kostenelementklausel oder Spannungsklausel in Teilbereichen wie im Beispielsfall **unzulässig**, so war sie nach früherer

Rechtslage als von Anfang an unwirksam anzusehen[211]. Die Rechtsprechung prüfte dann, ob die Parteien den Vertrag auch ohne Wertsicherungsklausel abgeschlossen hätten. Das ist bei langfristigen Energiedienstleistungsverträgen zu verneinen, weil beiden Parteien von Anfang an bewusst ist, dass die Veränderungen der Einsatzkosten über die lange Laufzeit nicht kalkulierbar sind. Weil der planvoll langfristig angelegte Energiedienstleistungsvertrag wegen der Lücke durch die fehlende Preisänderungsklausel aber nicht insgesamt unwirksam sein soll, war im Wege der **ergänzenden Vertragsauslegung** eine wirksame Wertsicherungsklausel zu finden. Diese galt dann als von Anfang an vereinbart[212].

Im Beispielsfall würde also die kostengerechte Anpassung des Grundpreises als vereinbart angesehen werden und damit dann, wenn der Energiedienstleister auf Zahlung seiner Ausgangsforderung klagt, nur der geringere Grundpreis gerichtlich zugesprochen werden.

141 Diese Rechtsprechung gilt für die Sachverhalte, auf die das am 14.9.2007 in Kraft getretene Preisklauselgesetz anwendbar ist, nicht mehr[213]. Denn in § 8 S. 1 PrKG ist geregelt, dass die **Unwirksamkeit** der Preisklausel erst zu dem Zeitpunkt eintritt, in dem der Verstoß gegen das Gesetz **rechtskräftig** festgestellt worden ist. Die Unwirksamkeit tritt also erst mit der Rechtskraft eines Urteils ein, das der Vertragspartner erstreitet, der die Klausel für unzulässig hält. Klarstellend heißt es weiter in § 8 S. 2 PrKG, dass die Rechtswirkungen einer Preisklausel bis zum Zeitpunkt der Unwirksamkeit unberührt bleiben. Derjenige, der eine gegen das Preisklauselgesetz verstoßende Preisklausel verwendet, kann also auf der Grundlage der unzulässigen Preisklausel bis zu dem Moment abrechnen, in dem das Gerichtsurteil rechtskräftig wird, in welchem die Unzulässigkeit der Klausel festgestellt wird[214]. Der andere Vertragspartner kann für die Zeit davor weder Einbehalte vornehmen, noch Rückforderungsansprüche stellen. Die Unwirksamkeit tritt nach § 8 S. 1 PrKG nur dann früher ein, wenn im Vertrag ausdrücklich geregelt ist, dass bei Unwirksamkeit der Preisklausel Rückforderungsansprüche bestehen.

142 Die Regelung des § 8 PrKG ist rechtspolitisch verfehlt. Der Verwender unzulässiger Klauseln geht damit kein oder nur ein geringes Risiko ein: Erkennt sein Kunde den Fehler nicht, vereinnahmt er

---

211 Beispielhaft mit umfangreichen Rechtsprechungsnachweisen OLG Dresden, Urt. v. 14.6.2006 – 6 U 195/06, IBR 2006, 485.

212 BGH, Urt. v. 12.7.1989 – VIII ZR 297/88, NJW 1990, 115–116; OLG Dresden, Urt. v. 14.6.2006 – 6 U 195/06, Rn. 36, IBR 2006, 485.

213 BGH, Urt. v. 14.5.2014 – VIII ZR 114/13, Rn. 57, NJW 2014, 2708–2714.

214 Vgl. BGH, Urt. v. 14.5.2014 – VIII ZR 116/13, Rn. 48 ff.

über die gesamte Vertragslaufzeit überhöhte Beträge. Wehrt sich der Kunde, so können die ungerechtfertigten Beträge trotzdem bis zum rechtskräftigen Abschluss eines Prozesses vereinnahmt werden. Eine Begründung für diese **verfehlte Regelung** sucht man in der Gesetzesbegründung vergeblich[215]. Die durch § 8 PrKG vorgezeichneten unbilligen Ergebnisse werden sich in der Praxis hauptsächlich dann ergeben, wenn solche unzulässigen Klauseln individuell vereinbart wurden und nicht Bestandteil allgemeiner Versorgungsbedingungen sind. Denn auf letztere finden die strengen Regelungen zur Inhaltskontrolle allgemeiner Geschäfts- und Versorgungsbedingungen Anwendung. Aber auch diese sehen nicht vor, dass allein schon der Verstoß gegen das Klauselverbot in § 1 Abs. 1 PrKG zu einer Unwirksamkeit der Klausel gemäß § 307 Abs. 1 S. 1 BGB führt. Denn damit würde die Regelungsabsicht des § 8 PrKG unterlaufen[216].

Um zur anfänglichen Unwirksamkeit einer gegen § 1 Abs. 1 PrKG verstoßenden Preisänderungsklausel zu gelangen, muss sich also im Rahmen einer eigenständigen Prüfung nach § 307 BGB die Unwirksamkeit ergeben. Wird die Preisanpassung auf der Grundlage der Entwicklung von Kostenelementen herbeigeführt, so ist die Schranke des § 307 Abs. 1 S. 1 BGB überschritten, wenn solche Preisanpassungsbestimmungen dem Verwender die Möglichkeit einräumen, über die Abwälzung konkreter Kostensteigerungen hinaus den zunächst vereinbarten Preis ohne jede Begrenzung anzuheben und so nicht nur eine Gewinnschmälerung zu vermeiden, sondern einen zusätzlichen Gewinn zu erzielen[217].

(2) Anforderungen des § 24 Abs. 4 AVBFernwärmeV. Die Wirksamkeit von Preisänderungsklauseln bestimmt sich bei Wärmelieferungsverträgen, die unter Verwendung allgemeiner Versorgungsbedingungen des Wärmelieferanten zustande gekommen sind, nach § 24 Abs. 4 AVBFernwärmeV[218]. Wird eine an die konkreten Fälle des einzelnen Projekts angepasste Preisänderungsklausel vereinbart, ansonsten aber ein Vertragsmuster verwendet, so handelt es sich bei der Preisänderungsklausel um eine Individualvereinbarung, die nicht der Kontrolle nach § 24 Abs. 2 AVBFernwärmeV unterliegt[219]. **143**

---

[215] BR-Drs. 68/2007, S. 74–75.

[216] BGH, Urt. v. 14.5.2014 – VIII ZR 114/13, Rn. 57, NJW 2014, 2708–2714.

[217] BGH, Urt. v. 14.5.2014 – VIII ZR 114/13, Rn. 35, unter Verweis auf die ständige Rechtsprechung durch Senatsurteile v. 12.7.1989 – VIII ZR 297/88, NJW 1990, 115 unter II 2 b; v. 21.9.2005 – VIII ZR 38/05, WM 2005, 2335 unter II 2; v. 13.12.2006 – VIII ZR 25/06, NJW 2007, 1054, Rn. 21; v. 24.3.2010 – VIII ZR 178/08, a.a.O., Rn. 35, und VIII ZR 304/08, a.a.O., Rn. 34.

[218] Ausführlich zur praktischen Anwendung *Kraft/Wollenschläger*, Leitfaden zur Kalkulation und Änderung von Fernwärmepreisen.

[219] OLG Nürnberg, Urt. v. 10.11.2010 – 12 U 565/10, CuR 2011, 24–28.

Die Regelung in § 24 Abs. 4 AVBFernwärmeV geht als speziellere der des § 307 Abs. 1 BGB vor, sodass § 307 Abs. 1 BGB auf die Überprüfung einer Preisänderungsklausel in Wärmlieferungsverträgen, für die die AVBFernwärmeV gilt, nicht anwendbar ist[220]. § 24 Abs. 4 AVBFernwärmeV schreibt vor, dass Preisänderungsklauseln nur so ausgestaltet sein dürfen, dass sie sowohl die **Kostenentwicklung** bei Erzeugung und Bereitstellung der Fernwärme durch das Unternehmen, als auch die jeweiligen Verhältnisse auf dem **Wärmemarkt** angemessen berücksichtigen. Der Gesetzgeber hat sich für eine Kombination aus Kosten- und Marktelement entschieden[221].

144 (a) **Kostenelement.** Wie das Kostenelement auszugestalten ist, deutet der Bundesgerichtshof wie folgt an: „Die Erzeugungskosten hängen in der Regel überwiegend von den Brennstoffkosten ab, während die Bereitstellungskosten vor allem durch Lohnkosten und in geringem Maße durch die Materialkosten bestimmt werden.“[222] Da **Kostenorientierung** nicht Kostenechtheit bedeutet, zwingt § 24 Abs. 4 AVB-FernwärmeV das Versorgungsunternehmen zwar nicht dazu, seine Preise spiegelbildlich zur jeweiligen Kostenstruktur auszugestalten[223]. Daher ist es nicht erforderlich, dass sämtliche Kosten des Fernwärmeversorgungsunternehmens ihren Niederschlag in der Preisänderungsklausel finden. Der Grundsatz der Kostenorientierung ist jedoch nicht mehr gewahrt, wenn sich die verwendete Preisanpassungsklausel nicht hinreichend an den kostenmäßigen Zusammenhängen ausrichtet[224]. So hat das Oberlandesgericht Hamm eine Preisänderungsklausel für unwirksam gehalten, die 85 % des Arbeitspreises an die Preisentwicklung für schweres Heizöl und 15 % an die Stromkosten bindet, solange die gelieferte Fernwärme aus der Abwärme einer Müllverbrennungsanlage stammt[225].

Die Kostenorientierung erfordert, dass als Bemessungsgröße ein Indikator gewählt wird, der an die tatsächliche Entwicklung der Kosten des bei der Wärmeerzeugung **überwiegend eingesetzten Brennstoffs** anknüpft[226]. Werden mehrere Brennstoffe eingesetzt, braucht also keine komplizierte Formel verwendet werden, die jeden Brennstoff erfasst. Wenn die eigenen Brennstoffkosten des Wärmelieferanten durch die Preisentwicklung bei einem anderen Brennstoff verändert werden, so ist auch eine Koppelung an den anderen Brenn-

[220] BGH, Urt. v. 6.4.2011 – VIII ZR 273/09, Rn. 24–31, NJW 2011, 2501–2508.
[221] BGH, Urt. v. 6.4.2011 – VIII ZR 273/09, Rn. 33, NJW 2011, 2501–2508; Urt. v. 13.7.2011 – VIII ZR 339/10, Rn. 20, NJW 2011, 3222–3226.
[222] BGH, Urt. v. 13.7.2011 – VIII ZR 339/10, Rn. 23, NJW 2011, 3222–3226.
[223] *Legler*, ZNER 2010, 20, 21.
[224] BGH, Urt. v. 13.7.2011 – VIII ZR 339/10, Rn. 24, NJW 2011, 3222–3226.
[225] OLG Hamm, Urt. v. 18.9.1985 – RdE 1986, 6.
[226] BGH, Urt. v. 13.7.2011 – VIII ZR 339/10, Rn. 24, NJW 2011, 3222–3226.

stoff zulässig. Dementsprechend ist beispielsweise eine Koppelung des Wärmepreises eines Erdgas einsetzenden Wärmelieferanten an die Preisentwicklung beim Heizöl nicht etwa automatisch unwirksam, sondern nur dann, wenn die Einkaufskosten des Wärmelieferanten sich anders entwickeln als der Heizölpreis[227].

145 Der Bundesgerichtshof sieht unter bestimmten Bedingungen keinen Zwang, die eigenen Einkaufskosten als konkrete Bezugsgröße in der Preisänderungsklausel zu verwenden. Vielmehr gibt es seiner im zweiten Leitsatz des Urteils vom 6.7.2011[228] zusammengefassten Sichtweise nach auch die Möglichkeit, dass die **Kostenentwicklung** durch die **Bezugnahme** auf einen **Index** abgebildet wird. Voraussetzung dafür ist, dass die konkreten Energiebezugskosten des Versorgungsunternehmens sich im Wesentlichen – wenn auch mit gewissen Spielräumen – in gleicher Weise entwickelten wie der Index. Verändern sich also die Einkaufskosten des Wärmelieferanten in gleicher Weise wie ein Brennstoffindex für den eingesetzten Brennstoff und kann der Wärmlieferant das nachweisen, dann ist die Koppelung des Wärmepreises allein an diesen Index wirksam[229].

Für die generelle Zulässigkeit eines Indexbezuges als Kostenelement spricht der Umstand, dass Wärmelieferungsverträge für Laufzeiten von zehn und mehr Jahren abgeschlossen werden, während Brennstoffeinkaufverträge des Wärmelieferanten regelmäßig Laufzeiten von ein oder zwei Jahren aufweisen. Selbst wenn man den Wärmepreis bei Vertragsschluss also an den Preismechanismus des Brennstoffeinkaufsvertrages des Wärmelieferanten koppelt, bildet eine solche Regelung bei einem Wechsel des Brennstofflieferanten oder bei Preisänderungen beim Brennstoffbezug nicht mehr die Kosten ab. Da sich die Brennstoffbeschaffung des Wärmelieferanten aber immer mit einer gewissen Bandbreite im Bereich der amtlich ermittelten Indexwerte für den eingesetzten Brennstoff bewegen wird, stellt nach einer in der Literatur vertretenen Ansicht die Indexbindung einen Weg zur Erfüllung der Forderung des §24 Abs.4 AVBFernwärmeV nach einer Kostenorientierung dar[230]. Die Rechtsprechung des Bundesgerichtshofes erlaubt ein solches Vorgehen aber nicht. Ändert sich das Einkaufsverhalten des Lieferanten und entwickeln sich danach die Einkaufskosten des Wärmelieferanten nicht mehr im Wesentlichen in gleicher Weise wie das in der Preisänderungsklausel gewählte Kostenelement, so wird die Preisänderungsklausel ab dem Zeitpunkt, in dem sich die Einkaufskosten anders als

227 BGH, Urt. v. 6.4.2011 – VIII ZR 273/09, Rn.39ff., NJW 2011, 2501–2508.
228 VIII ZR 37/10, NJW 2011, 3219–3222.
229 Ebenso *Hempel/Franke-Fricke*, §24 AVBFernwärmeV, Rn.86–88, 95ff.
230 *Thomale*, CuR 2011, 65, 69.

das Kostenelement entwickeln, unwirksam[231]. In einem solchen Fall muss der Wärmelieferant ab dem Zeitpunkt der Änderung mit dem Kunden eine entsprechend angepasste Preisänderungsklausel vereinbaren oder, wenn der Wärmelieferungsvertrag ein solches einseitiges Gestaltungsrecht vorsieht, durch Erklärung gegenüber dem Kunden eine entsprechend geänderte Preisänderungsklausel bestimmen.

146 Der Bundesgerichtshof geht davon aus, dass sich die **Vorhaltekosten**, die der **Grundpreis** abdeckt, unabhängig von den Verhältnissen auf dem Wärmemarkt vor allem entsprechend den **Material- und Lohnkosten** entwickeln[232]. Zulässig zur Abbildung der Materialkosten ist die Anknüpfung an die Preisentwicklung des investitionsgüterproduzierenden Gewerbes, weil dies eine zulässige Pauschalierung darstellt[233]. Bei der Koppelung an die Entwicklung der Lohnkosten kommt es darauf an, dass diese die eigenen Kosten des Fernwärmeversorgungsunternehmens abbildet und nicht nur eine Anknüpfung an die allgemeine Lohnentwicklung darstellt[234].

147 (b) **Marktelement**. Neben dem Kostenelement muss eine Preisänderungsklausel in Wärmelieferungsverträgen nach § 24 Abs. 4 AVBFernwärmeV auch die **jeweiligen Verhältnisse** auf dem **Wärmemarkt** angemessen berücksichtigen.

Es bestehen unterschiedliche Ansichten darüber, wie dieses Tatbestandsmerkmal in der Praxis anzuwenden ist. Einige Stimmen in der Literatur[235] und Instanzrechtsprechung[236] leiten daraus die Pflicht ab, dass ein Marktelement zu bilden ist, welches die **Preisentwicklung aller** in Deutschland für die Wärmeerzeugung eingesetzten **Energieträger** (Erdgas, Heizöl, Kohle, Holz, Strom u.a.) mit ihrem jeweiligen Marktgewicht abbildet. Um hier zu einer zutreffenden Rechtsanwendung zu gelangen, erscheint eine differenzierte Betrachtung nötig. Diese beginnt damit zu betonen, dass Maßstab nicht der Wärmemarkt ist, sondern „die jeweiligen Verhältnisse auf dem Wärmemarkt". Daraus folgt: Versteht man unter „Wärmemarkt" dem Wortlaut entsprechend alle zur Wärmeerzeugung eingesetzten Energieträger, so folgt daraus noch nicht, dass auch alle diese Energieträger das Marktelement in allen zum Einsatz kommenden Preisänderungsklauseln für den Wärmearbeitspreis abgeben. Denn

[231] BGH, Urt. v. 25.6.2014 – VIII ZR 344/13.
[232] BGH, Urt. v. 13.7.2011 – VIII ZR 339/10, Rn. 32, NJW 2011, 3222–3226.
[233] BGH, Urt. v. 13.7.2011 – VIII ZR 339/10, Rn. 33, NJW 2011, 3222–3226.
[234] BGH, Urt. v. 13.7.2011 – VIII ZR 339/10, Rn. 34, NJW 2011, 3222–3226.
[235] Ausführlich dazu m.w.N. *de Wal*, S. 285–300, *Hermann/Recknagel/Schmidt-Salzer*, § 34 AVBFernwärmeV, Rn. 22 m.w.N.; *Thomale*, CuR 2011, 64, 65; differenzierter, aber vom gleichen Grundsatz ausgehend *Hempel/Franke-Fricke*, § 24 AVBFernwärmeV, Rn. 106 ff.
[236] LG Münster, Urt. v. 25.11.2008 – 6 S 59/08, Rn. 11, CuR 2009, 69–71.

der Gesetzeswortlaut verlangt, dass nur „die jeweiligen Verhältnisse" auf dem so definierten Wärmemarkt maßgeblich sind. Es ist nicht gesetzlich bestimmt, ob mit den jeweiligen Verhältnissen zeitliche, räumliche und/oder sachliche gemeint sind.

148 Naheliegend ist es, dass damit eine zeitliche Aussage verbunden sein soll, und zwar in der Weise, dass die einbezogenen Verhältnisse auf dem Wärmemarkt solche sein müssen, die für den (weitgehend) gleichen Zeitraum herrschen, für den sie berücksichtigt werden sollen. Denn es kann nicht sachgerecht sein, die Preisänderungen eines Wärmelieferungsvertrages durch historische Preise zu begrenzen.

Räumlich können unter Marktverhältnissen, an denen ein Anbieter sich zum Schutz seiner Kunden zu orientieren hat, nur solche verstanden werden, die für die zu schützenden Kunden relevant sind. Das sind bei den dominierenden Energieträgern Gas und Öl die bundesweiten Marktverhältnisse, weil diese Märkte im Wesentlichen bundesweite Märkte sind. Ganz anders sieht es bei Holzhackschnitzeln aus, bei denen wegen der sehr hohen Transportkosten eine große regionale Zersplitterung der Marktverhältnisse herrscht.

149 Aber auch sachlich, also hinsichtlich der den Wärmemarkt ausmachenden Energieträger, die als Marktelement in einem konkreten Wärmelieferungsvertrag zu berücksichtigen sind, kann unter den „jeweiligen Verhältnissen" nicht stets die Summe aller Energieträger verstanden werden. Handelt es sich bei dem Wärmelieferanten um einen Wärmenetzbetreiber, der in sein Wärmenetz die Wärme aus gas-, öl- und kohlebeheizten Wärmeerzeugungsanlagen einspeist, wird die Lieferung durch die jeweiligen Verhältnisse auf dem Wärmemarkt für diese Energieträger bestimmt. Erfolgt die Wärmelieferung dagegen aus einer mit Holzpellets befeuerten Anlage im Haus des Wärmekunden, so sind die maßgeblichen jeweiligen Verhältnisse auf dem Wärmemarkt allein diejenigen auf dem Markt für Holzpellets. Würde man auch hier eine Ausrichtung an allen den Wärmemarkt ausmachenden Energieträger vornehmen, so käme das einem Zwang zur Durchführung unkalkulierbarer Spekulationsgeschäfte gleich. Denn ein solcher Zwang würde dazu führen, dass der Kunde, der sich bewusst für eine Versorgung durch die im Vergleich zum Gas und Öl relativ preisstabilen Holzpellets entscheidet, gezwungen würde, zu wesentlichen Teilen doch die Preissprünge bei Gas und Öl hinzunehmen. Für das Energiedienstleistungsunternehmen hätte eine Koppelung an ein so verstandenes Marktelement zur Folge, dass es bei Preissteigerungen des eingesetzten und Preissenkungen anderer Brennstoffe zu einem Arbeitspreis liefern müsste, der nicht einmal die Kosten deckt. Ein Gesetzesverständnis, dass einen Vertragspartner dazu zwingt, seine Leistung unter seinen Kosten zu verkaufen, ist aber nicht zulässig. Es wäre auch nicht angemessen, weil ein Kunde, der sich einmal für eine bestimmte Heiztechnik entscheidet und diese selbst betreibt, nicht die Möglichkeit hat, ohne umfangreiche Investitionen in neue Heiztechnik vom bisher verwendeten Brennstoff zu einem (zeitweise) preisgünstigeren zu wechseln. Genau dies bringt auch der Bundesgerichtshof in seiner Rechtsprechung zum Ausdruck, wenn er in Bezug auf Spannungsklauseln, die auf Marktverhältnisse Bezug nehmen, schreibt: „Eine gleitende Preisentwicklung durch Bezugnahme auf ein Referenzgut, das den Gegebenheiten des konkreten Geschäfts gerecht wird und deshalb für beide Vertragsparteien akzeptabel ist, vermeidet auf beiden Seiten die Notwendigkeit, einen langfristigen Vertrag allein deshalb zu kündigen, um im Rahmen eines neu abzuschließenden Folgevertrags einen neuen Preis aushandeln zu können. Sie sichert so zugleich stabile Vertragsverhältnisse und die im Massengeschäft erforderliche rationelle Abwicklung[237].

150 Das hier vorgestellte differenzierte Verständnis der „jeweiligen Verhältnisse auf dem Wärmemarkt" ist auch mit der Rechtsprechung des Bundesgerichtshofes zu § 24 Abs. 4 AVBFernwärmeV vereinbar. Es ist aus dem zweiten Leitsatz des Urteils vom 6.7.2011[238] abzuleiten, weil sonst die vom Bundesgerichtshof gewählte Formulierung „Stellt eine Preisanpassungsklausel in Allgemeinen Versorgungsbedingungen allein auf einen Preisindex für den eingesetzten Energieträger ab, fehlt es ihr an der gemäß § 24 Abs. 4 S. 1 AVBFernwärmeV (§ 24 Abs. 3 S. 1 AVBFernwärmeV aF) neben der Berücksichtigung der jeweiligen Verhältnisse auf dem Wärmemarkt (Marktelement) erforderlichen Berücksichtigung der Kostenentwicklung bei der Erzeugung und Bereitstellung der Fernwärme durch das Versorgungsunternehmen (Kostenelement), es sei denn ..." keinen Sinn hätte. Der Bundesgerichtshof erkennt hier nämlich den Preisindex für den eingesetzten Energieträger als Marktelement an.

151 In seinem Urteil vom 13.7.2011 führt der Bundesgerichtshof aus, dass durch die Bezugnahme auf die „jeweiligen Verhältnisse" auf dem Wärmemarkt nicht nur die Verhältnisse in dem Marktsegment „Fernwärme" und auch nicht die rein lokalen Gegebenheiten gemeint sind. Mit dem in § 24 Abs. 4 AVBFernwärmeV vorausgesetzten funktionierenden Wärmemarkt ist daher der allgemeine – d.h. der sich auch auf andere Energieträger erstreckende – Wärmemarkt gemeint, der sich außerhalb der Einflusssphäre des marktbeherrschenden Fern-

---

[237] BGH, Urt. v. 14.5.2014 – VIII ZR 114/13, Rn. 36, 39, NJW 2014, 2708–2714; BGH, Urt. v. 24.3.2010 – VIII ZR 178/08, Rn. 30, NJW 2010, 2789–2793 und VIII ZR 304/08, Rn. 38, NJW 2010, 2793–2797.

[238] VIII ZR 37/10, NJW 2011, 3219–3222.

wärmeversorgungsunternehmens entwickelt hat[239]. „Andere Energieträger" im Sinne dieser Formulierung sind andere Energieträger als Fernwärme. Welcher andere Energieträger maßgeblich ist, ergibt sich dann aus den jeweils eingesetzten Energieträgern. Die Vertreter der Auffassung, dass alle für die Wärmeerzeugung in Betracht kommenden Brennstoffe das Marktelement bilden müssen, argumentieren **widersprüchlich**, wenn sie sich darauf berufen, dass die von ihnen benannten Energieträger die „funktional zur Wärmeversorgung austauschbaren Energieträger" seien[240]. Denn in einem zur dezentralen Wärmeversorgung verwendeten Holzpelletkessel kann man kein Erdgas einsetzen und auch nicht umgekehrt. Erdgas und Holzpellets sind also nicht funktional austauschbar. Im Übrigen wäre die gesetzlich geforderte **Transparenz** einer Preisänderungsklausel für den Arbeitspreis, die diesen zur Hälfte an die Brennstoffkosten des Energiedienstleisters und zur Hälfte an einen Faktor koppelt, der sich aus fünf Indices (Gas-, Öl-, Kohle-, Holz- und Strompreisentwicklung) zusammensetzt, mehr als fraglich[241].

152 Stattdessen kommt es darauf an, dass die als Marktelement gewählte Bezugsgröße geeignet ist, die Marktentwicklung abzubilden, der jedermann ausgesetzt ist, der die zu betrachtende Versorgung betreibt. Damit wird der mit der Regelung verfolgte **Kundenschutz** umgesetzt; und nicht mit einem Marktelement, dass den Kunden – zu seinem Vorteil oder Nachteil – in eine Position versetzt, die er nach der Entscheidung für eine bestimmte Heiztechnik niemals selbst oder bei der Versorgung durch einen anderen erlangen könnte. Handelt es sich um eine netzbasierte Fernwärmeversorgung, die auf mehreren Erzeugungsanlagen mit unterschiedlichen Brennstoffen beruht, kann das Marktelement ein Mischindex der eingesetzten Brennstoffe sein oder ein Index, der die Kostenentwicklung der eingesetzten Brennstoffe insgesamt abbildet. Ob der Heizölpreis als ein solcher Repräsentant der Gesamtpreisentwicklung anzusehen ist[242], erscheint in Anbetracht der in jüngerer Zeit unterschiedlichen Preisentwicklung bei Heizöl und Erdgas, dem mengenmäßig weit dominierenden Brennstoff im Wärmemarkt, fraglich. Das passende Marktelement für eine ausschließlich auf der Basis von Holzpellets erfolgenden Wärmeversorgung ist dagegen ein Preisindex für Holzpellets und nicht der Gas-, Öl- oder ein sonstiger Brennstoffpreisindex.

---

[239] BGH, Urt. v. 13.7.2011 – VIII ZR 339/10, Rn. 22, NJW 2011, 3222–3226.

[240] *Thomale*, CuR 2011, 64, 70; *Hermann/Recknagel/Schmidt-Salzer*, § 34 AVBFernwärmeV, Rn. 22.

[241] Vgl. zu entsprechenden Problemen bei der Stromlieferung *Schöne*, Stromlieferverträge, Rn. 85a.

[242] Dies deuten *Wollschläger/Zorn*, ZNER 2011, 491, 493 an.

153 (c) **Gewichtung von Markt- und Kostenelement.** § 24 Abs. 4 S. 1 AVBFernwärmeV weist dem **Markt-** und dem **Kostenelement** den **gleichen Rang** zu und erlaubt Abstufungen nur im Rahmen der Angemessenheit[243]. Im Regelfall ist also von einer hälftigen Kostenorientierung und einer hälftigen Marktorientierung auszugehen. Dies gilt für den Arbeitspreis. Beim Grundpreis sieht der Bundesgerichtshof keinen unmittelbaren Zusammenhang mit dem Wärmemarkt[244], sodass es dort ausreicht, die die Kosten abbildende Orientierung an Investitionsgüter- und Lohnkostenindex vorzusehen.

154 (d) **Transparenz der Preisänderungsklausel.** § 24 Abs. 4 S. 2 AVBFernwärmeV verlangt weiter, dass Preisänderungsklauseln „die maßgeblichen **Berechnungsfaktoren vollständig** und in **allgemein verständlicher** Form ausweisen" müssen. Dementsprechend hat der Bundesgerichtshof eine Preisänderungsklausel eines Wärmelieferanten wegen Verstoßes gegen die sich aus § 24 Abs. 4 S. 2 AVBFernwärmeV ergebenden Transparenzanforderungen für unwirksam erklärt, bei der für die Berücksichtigung der Kostenentwicklung beim Erdgasbezug des Versorgungsunternehmens auf einen variablen Preisänderungsfaktor abgestellt wird, dessen Berechnungsweise für den Kunden nicht erkennbar ist[245].

155 (3) **Preisänderungsklauseln und allgemeines AGB-Recht.** Geht es um die Zulässigkeit von Preisänderungsklauseln in allgemeinen Versorgungsbedingungen von Energiedienstleistungsverträgen, die keine Wärmelieferungsverträge sind, so kommen die Regelungen des Rechts der allgemeinen Versorgungsbedingungen in den §§ 305 bis 310 BGB zur Anwendung. Das betrifft also Energiedienstleistungsverträge, die die Lieferung von Strom, Kälte, Luft und anderen Nutzenergien beinhalten. Wesentlicher Ansatzpunkt für sich danach ergebende Unwirksamkeitsurteile in Bezug auf Preisänderungsklauseln ist § 307 Abs. 1 BGB, der unangemessen benachteiligende Preisänderungsklauseln für unwirksam erklärt. Im Zusammenhang mit Energielieferverträgen haben zwei Ausprägungen dieses Verbotes Bedeutung, die Unzulässigkeit zusätzlicher Gewinnmöglichkeiten und das Transparenzgebot. Ferner ist das anzuwendende Schutzniveau davon abhängig, ob der Kunde Verbraucher oder Unternehmer ist.

156 (a) **Unzulässige Gewinnmöglichkeiten.** Der Bundesgerichtshof hat in seiner Rechtsprechung zum Recht der allgemeinen Geschäftsbe-

[243] BGH, Urt. v. 6.4.2011 – VIII ZR 273/09, 2. Leitsatz und Rn. 44, NJW 2011, 2501–2508; Urt. v. 13.7.2011 – VIII ZR 339/10, Rn. 20, NJW 2011, 3222–3226.
[244] BGH, Urt. v. 13.7.2011 – VIII ZR 339/10, Rn. 32, NJW 2011, 3222–3226.
[245] BGH, Urt. v. 6.4.2011 – VIII ZR 66/09, CuR 2011, 80–87.

dingungen mehrfach **Preisänderungsklauseln** für **unwirksam** erklärt, die dem Verwender die Möglichkeit eröffneten, über die Abwälzung konkreter Kostensteigerungen (etwa Lohn- und Materialkosten) hinaus, den zunächst vereinbarten Preis ohne jede Begrenzung anzuheben und so nicht nur eine Gewinnschmälerung zu vermeiden, sondern einen **zusätzlichen Gewinn** zu erzielen[246]. Weil eine solche Klausel den Vertragspartner entgegen den Geboten von Treu und Glauben unangemessen benachteiligt, ist sie gemäß § 307 Abs. 1 S. 1 BGB unwirksam.

Erhebliche Bedeutung hat diese Rechtsprechung in den zurückliegenden Jahren im Bereich der Gasversorgung erlangt. Während abgeleitet aus § 24 Abs. 4 AVBFernwärmeV bei Wärmelieferungsverträgen eine kombinierte Orientierung an den Kosten- und Marktentwicklung die Wirksamkeitsvoraussetzung für eine Preisänderungsklausel ist, fordert die jüngere Rechtsprechung des Bundesgerichtshofes bei Preisänderungsklauseln in Gaslieferungsverträgen eine **strikte Kostenbindung**[247]. Dies wird durch den Leitsatz des Urteils vom 24.3.2010 deutlich[248]:

„Eine Preisanpassungsklausel in einem Erdgassondervertrag, nach der sich der neben einem Grundpreis zu zahlende Arbeitspreis für die Lieferung von Gas zu bestimmten Zeitpunkten ausschließlich in Abhängigkeit von der Preisentwicklung für extra leichtes Heizöl ändert, benachteiligt die Kunden des Gasversorgers – unabhängig von der Frage, ob dessen Gasbezugskosten in demselben Maße von der Preisentwicklung für Öl abhängig sind – unangemessen und ist gemäß § 307 Abs. 1 Satz 1 BGB unwirksam, wenn ein Rückgang der sonstigen Gestehungskosten des Versorgers auch bei dem Grundpreis unberücksichtigt bleibt."

157 Ob dieser Ansatz aus Sicht des **Verbrauchers** zu **wünschenswerten** Ergebnissen führt, erscheint **fraglich**. Wirtschaftet das Versorgungsunternehmen schlecht, so kann es die Preise erhöhen, wirtschaftet es effizient, muss es die durch eigene Anstrengung erzielten Vorteile abgeben. Das dahinter liegende wirtschaftliche Grundverständnis ist jedenfalls nicht geeignet, einen Anreiz zu effizientem Wirtschaften zu setzen. In seinem Urteil vom 6.12.1978[249] hatte der Bundesge-

[246] Urt. v. 21.9.2005 – VIII ZR 38/05, Rn. 10, NJW-RR 2005, 1717; Urt. v. 12.7.1989 – VIII ZR 297/88, NJW 1990, 115–116, unter Verweis auf Senatsurteile v. 11.6.1980 – VIII ZR 174/79, WM 1980, 1120, 1121 unter II 2b und v. 7.10.1981 – VIII ZR 229/80, BGHZ 82, 21, 25 unter II 2c; BGH, Urt. v. 6.12.1984 – VII ZR 227/83, WM 1985, 199, 200 unter II 1b, v. 20.5.1985 – VII ZR 198/84, BGHZ 94, 335, 340 unter II 2b, v. 29.10.1985 – X ZR 12/85, WM 1986, 73, 75 unter IV 3 und v. 16.3 1988 – IVa ZR 247/84, NJW-RR 1988, 819, 821 unter 7.

[247] *Heine*, CuR 2011, 59, 61 f.; *Thomale*, CuR 2011, 65, 67; *Fricke*, S. 344 ff.

[248] BGH, Urt. v. 24.3.2010 – VIII ZR 178/08, NJW 2010, 2789–2793.

[249] VIII ZR 273/77, Rn. 47, NJW 2011, 2501–2508.

richtshof hier noch eine andere Sichtweise: „Nach der Überzeugung des Senats sind Preiserhöhungsvereinbarungen für Versorgungsleistungen auf der Grundlage von Durchschnittswerten sachgerecht ausgewählter Kostenfaktoren verbraucherneutral, weil sie die Preisentwicklung vom wirtschaftlichen Schicksal des einzelnen Versorgungsunternehmens, das nicht immer positiv verlaufen muss, lösen.“ Die sich daraus ergebenden Konsequenzen entsprächen auch einem marktwirtschaftlichen Ansatz: Wer besser als der Durchschnitt wirtschaftet, erzielt bei einer an der durchschnittlichen Preisveränderung orientierten Preisanpassung einen Vorteil, wer schlechter wirtschaftet, einen Nachteil. Insgesamt würden alle versuchen, wirtschaftlicher zu agieren und damit das Preisniveau gering halten.

158 Die für die Änderung von Gaspreisen entwickelten Grundsätze sind auf Preisänderungsklauseln für **Strompreise** und die Preise anderer Medien, die von Energiedienstleistern angeboten werden, zu übertragen, weil insoweit keine anderen Regelungen gelten[250]. Ein Energiedienstleister, der dezentral Strom erzeugt und liefert und eine automatische Preisänderungsklausel verwenden will, muss in einer solchen also streng alle relevanten **Kostenelemente** abbilden. Weil das schwierig zu erfüllen ist, erscheint es vorzugswürdig, hinsichtlich der Änderung von Strompreisen einen Leistungsvorbehalt zu vereinbaren, dessen Ausfüllung Spielräume lässt und der gerichtlichen Billigkeitskontrolle unterzogen ist. Die gerichtliche Kontrolle führt dann bei Vorliegen eines Fehlers nicht zur vollständigen Unwirksamkeit, sondern nur zur Korrektur der Höhe der Preisanpassung auf ein angemessenes Maß[251].

159 Betrachtet man diese Vorgaben vom Standpunkt des **unternehmerischen Risikos** aus, kann dieses bei Beachtung der Rechtsprechung des Bundesgerichtshofes weitgehend **minimiert** werden: Wenn es dem Unternehmen gelingt, einen kostendeckenden Preis bei Vertragsschluss durchzusetzen, wird es die Kostendeckung immer aufrechterhalten können, wenn es die Entwicklung der eigenen Kosten nur sorgfältig dokumentiert und der Preisanpassung zugrunde legt. Aus Sicht des Kunden sollte man sorgfältig überlegen, ob man sich auf ein solches Modell einlassen mag oder nicht eher individuell mit dem Energiedienstleister eine Preisorientierung an Marktindices vereinbart und damit nicht in die Lage gerät, ungünstige Kostenentwicklungen beim Anbieter mitfinanzieren zu müssen.

160 **(b) Transparenzgebot**. Eine unangemessene Benachteiligung und damit die Unwirksamkeit der Preisänderungsklausel kann sich ge-

---

[250] BGH, Urt. v. 15.1.2014 – VIII ZR 80/13, Rn. 9, 19.

[251] So im Ergebnis auch *de Wyl/Soetebeer* in: *Schneider/Theobald*, § 11, Rn. 327.

mäß § 307 Abs. 1 S. 2 BGB insbesondere daraus ergeben, dass die Bestimmung nicht **klar und verständlich** ist. So hat der Bundesgerichtshof eine Preisänderungsklausel für unwirksam erklärt, bei der das Versorgungsunternehmen den ursprünglich vereinbarten Gaspreis unter nicht voraussehbaren und nicht nachvollziehbaren Voraussetzungen ändern konnte[252]. Die konkret nach § 307 Abs. 1 BGB als unwirksam angesehenen Klauseln lauten wie folgt:

„Bei einer Änderung des Lohnes oder der Lohnbasis und der Preise für Heizöl behalten sich die Stadtwerke eine entsprechende Anpassung der Gaspreise vor."

„Die Stadtwerke sind berechtigt, die vorgenannten Preise im gleichen Umfang wie ihr Vorlieferant an die Lohnkosten- und die Heizölpreisentwicklung anzupassen."

Nach Ansicht des Bundesgerichtshofes steht es angesichts dieser konkret gewählten weiten Formulierungen („berechtigt", „vorbehalten") im freien **Belieben** des Versorgungsunternehmens, ob und wann es auf eine Änderung der Verhältnisse reagiert. Es kann also Kostensenkungen erst später weitergeben, als diese bei ihm wirksam werden, und damit zusätzliche, ungerechtfertigte Gewinne erzielen. Weil objektive Kriterien, die zu einer Beschränkung dieser Befugnis führen könnten – insbesondere eine Bezugnahme auf einen bestimmten, prozentualen Umfang der Änderungen und einen bestimmten Zeitpunkt – diesen Formulierungen nicht zu entnehmen sind, ist die Preisänderungsklausel **unwirksam**.

161 Vertragliche Preisänderungsklauseln sind nur dann klar und verständlich gefasst, wenn der Kunde anhand der Klausel die auf ihn zukommenden Preissteigerungen deutlich erkennen kann. Preisänderungsklauseln sind also immer **so zu formulieren**, dass der Preisanpassungsmechanismus **automatisch** zu Preissenkungen oder Preissteigerungen genau in dem Moment und Umfang führt, in dem dies bei den zulässigen Bezugswerten der Fall ist. Sprachlich bedeutet das, dass die Klausel mit den Worten „Der Preis ändert sich, wenn ..." oder einer gleichermaßen eindeutigen Formulierung beginnen muss. Die hier dargestellte Rechtsprechung ist zu Gaslieferungsverträgen und nicht zu Energiedienstleistungsverträgen ergangen. Dogmatisch ist aber hinsichtlich der Einhaltung des Transparenzgebotes ein Unterschied zwischen Gaslieferungsverträgen und Energiedienstleistungsverträgen, die auch die Lieferung von Energie wie z.B. Strom mit enthalten, nicht erkennbar. Insofern sind die aufgezeigten Vorgaben bei der Ausgestaltung von allgemeinen Geschäftsbedingungen für solche Energiedienstleistungsverträge zu beachten.

---

[252] BGH, Urt. v. 28.10.2009 – VIII ZR 320/07, NJW 2010, 993–997.

162 **(c) Verträge mit Unternehmern.** Auch Allgemeine Geschäftsbedingungen, die in Verträgen zwischen Unternehmern vereinbart werden, unterliegen der Inhaltskontrolle nach § 307 BGB. Diese erfüllt dann aber einen anderen Zweck als bei Verträgen zwischen Verbrauchern und Unternehmern. Der Bundesgerichtshof forumliert dies wie folgt[253]:

„Bei der Inhaltskontrolle Allgemeiner Geschäftsbedingungen, die gegenüber einem Unternehmer verwendet werden, ist auf die Gewohnheiten und Gebräuche des Handelsverkehrs Rücksicht zu nehmen (§ 310 Abs. 1 Satz 2 BGB) und darüber hinaus den Besonderheiten des kaufmännischen Geschäftsverkehrs angemessen Rechnung zu tragen (BGH, Urteil vom 27. September 1984 – X ZR 12/84, BGHZ 92, 200, 206, zu § 24 AGBG). Der kaufmännische Rechtsverkehr ist wegen der dort herrschenden Handelsbräuche, Usancen, Verkehrssitten und wegen der zumeist größeren rechtsgeschäftlichen Erfahrung der Beteiligten auf eine stärkere Elastizität der für ihn maßgeblichen vertragsrechtlichen Normen angewiesen als der Letztverbraucher (BT-Drucks. 7/3919, S. 14; vgl. BT-Drucks. 14/6857, S. 54). Innerhalb des kaufmännischen Geschäftsverkehrs sind auch die branchentypischen Interessen der Vertragschließenden zu berücksichtigen (Senatsurteile vom 16. Januar 1985 – VIII ZR 153/83, BGHZ 93, 252, 260 f.; vom 6. April 2011 – VIII ZR 31/09, WM 2011, 1870 Rn. 31; vgl. BGH, Urteil vom 3. März 1988 – X ZR 54/86, BGHZ 103, 316, 328 f.; MünchKommBGB/Wurmnest, 6. Aufl., § 307 Rn. 80; Erman/Roloff, aaO, § 307 Rn. 35; Staudinger/Coester, aaO Rn. 111 f.; Staudinger/Coester-Waltjen, aaO, § 309 Nr. 1 Rn. 28; Berger, aaO Rn. 30).“

163 Daraus leitet der Bundesgerichthof für die Prüfung von Preisänderungsklauseln ab, dass im kaufmännischen Rechtsverkehr nicht dieselben strengen Maßstäbe wie gegenüber Verbrauchern gelten. Er verdeutlicht in klarer Sprache, dass ein Unternehmer verständliche und damit transparente Preisänderungsklauseln hinnehmen kann und dann später noch die Möglichkeit hat, deren Unwirksamkeit später noch unter Berufung auf Maßstäbe des Verbraucherschutzrechts geltend zu machen[254]:

„Von einem gewerblichen Unternehmen wie der Klägerin ist zu erwarten, dass es seine Kosten – auch auf dem Energiesektor – sorgfältig kalkuliert und deshalb einer ihm gegenüber verwendeten Preisanpassungsklausel besondere Aufmerksamkeit schenkt. Diese Kostenkalkulation gehört zum Kernbereich kaufmännischer Tätigkeit. Es ist deshalb in einer marktwirtschaftlichen Ordnung Aufgabe des Unternehmers, selbstverantwortlich zu prüfen und zu entscheiden, ob ein Gaslieferungsvertrag, der eine Bindung des Arbeitspreises für Erdgas an den Preis für leichtes Heizöl vorsieht, für ihn als Kunden akzeptabel ist. Es ist dagegen nicht Aufgabe der Gerichte, die unternehmerische Entscheidung für eine Ölpreisbindung darauf hin zu überprüfen, ob sie sachgerecht ist, und sie gegebenenfalls zu Gunsten des einen Unternehmens sowie zu Lasten des anderen zu korrigieren.“

Es kann also davon ausgegangen werden, dass eine verständliche, mathematisch funktionierende und auffindbare Bezugswerte enthaltende Preisänderungsklausel in Verträgen im kaufmännischen

[253] BGH, Urt. v. 14.5.2014 – VIII ZR 114/13, BGHZ 201, 230–252, Rn. 43, 44.
[254] BGH, Urt. v. 14.5.2014 – VIII ZR 114/13, BGHZ 201, 230–252, Rn. 46.

Geschäftsverkehr einer Angemessenheitsprüfung nach § 307 BGB standhält und damit wirksam ist.

164 (4) **Weitere Anforderungen an Preisänderungsklauseln.** Energiepreise schwanken regelmäßig und bei Brennstoffen wie Öl oder Importkohle sehr schnell. Haben die Parteien eine automatische Preisanpassung vereinbart, ohne den **zeitlichen Rhythmus** zu bestimmen, so würde dies z.B. bei täglich schwankendem Ölpreis als Bezugsgröße dazu führen, dass sich der davon abhängige Arbeitspreis des Energiedienstleisters täglich ändert. Das ist praktisch nur mit unzumutbarem Aufwand durchführbar und deshalb unerwünscht. Sinnvoll ist es bei einer schnellen Schwankungen unterliegenden Bezugsgröße vielmehr, Zeiträume zu bestimmen, deren Durchschnittspreis als Bezugsgröße für den sich automatisch anpassenden Preis des Energiedienstleisters für diesen Zeitraum verwendet wird. Hat man den Ölpreis als Bezugsgröße gewählt, bietet es sich an, beispielsweise den Durchschnittspreis eines Monats oder eines Quartals als Bezugsgröße für einen entsprechenden Zeitraum zu wählen.

Um zu gewährleisten, dass die Bezugsgröße von beiden Vertragsparteien ohne übermäßigem Aufwand ermittelt und überprüft werden kann, empfiehlt es sich, auf Werte Bezug zu nehmen, die vom **Statistischen Bundesamt** regelmäßig ermittelt und veröffentlicht werden. Solche statistischen Größen stehen heute für alle von Energiedienstleistern eingesetzten Primärenergieträger zur Verfügung. Bei Wärmelieferungsverträgen können sie als Bezugswert eingesetzt werden, um das Marktelement abzubilden. Ob sie auch als Abbild des Kostenelements taugen, hängt von den Verhältnissen in jedem Einzelfall ab.

165 Überträgt man allerdings die Gaspreisrechtsprechung des Bundesgerichtshofes auf Energiedienstleistungsverträge, die keine Wärmelieferung beinhalten, sondern die Lieferung anderer Nutzenergie wie Strom, Kälte oder Druckluft, so kann zu einer Bezugnahme auf statistische Werte in Bedingungen, die der Energiedienstleister stellt, nicht geraten werden. Denn die Anforderungen sind so ausdifferenziert und dennoch unklar, dass die Konstruktion einer verlässlichen automatischen Preisänderungsklausel in allgemeinen Versorgungsbedingungen kaum gelingen kann. Stattdessen sollte ein Leistungsvorbehalt[255] gewählt werden, der der Billigkeitskontrolle durch die Gerichte unterliegt. Das hindert aber einen Kunden, der sich nicht einem eventuell schlecht einkaufenden und wirtschaftenden Energiedienstleister ausliefern möchte, nicht daran, von sich aus auf einen Preisanpassungsmechanismus zu drängen, der sich nicht an den Kos-

[255] Siehe oben Rn. 128.

ten des Energiedienstleisters, sondern an Indexwerten des Statistischen Bundesamtes ausrichtet.

Erweist sich während der Vertragslaufzeit, dass die in der Preisänderungsklausel gewählte Bezugsgröße nicht mehr geeignet ist, die gewollte Preisanpassung zu bewirken, so ist nach älterer Rechtsprechung im Wege der Auslegung eine der Regelungsabsicht der Parteien entsprechende Bezugsgröße zu verwenden[256]. Ob dies in Anbetracht der jüngeren Rechtsprechung des Bundesgerichtshofes zu § 24 Abs. 4 AVBFernwärmeV noch aufrecht zu erhalten ist oder nicht auch in solchen Fällen eine Unwirksamkeit ab dem Zeitpunkt anzunehmen ist, in dem die gewählte Bezugsgröße nicht mehr geeignet ist, erscheint offen. Es dürfte zu differenzieren sein zwischen der rechtlichen Unzulässigkeit nach den Vorgaben des Rechts der Allgemeinen Geschäftsbedingungen und dem Fall, dass eine ausgehandelte Preisänderungsklausel wegen fehlender Eignung der Bezugswerte nicht mehr funktioniert. Nur im letztgenannten Fall dürfte man zu einer Lückenfüllung durch Auslegung gelangen.

166 **cc) Umgang mit unwirksamen Preisänderungsklauseln.** Für die Beurteilung, ob eine Bestimmung in allgemeinen Geschäftsbedingungen gemäß § 307 Abs. 1 BGB oder § 24 Abs. 4 AVBFernwärmeV unwirksam ist, ist im Individualprozess auf die Verhältnisse bei Vertragsschluss abzustellen[257]. Ergibt eine solche Prüfung einen Verstoß gegen die zu beachtenden Rechtsvorschriften, so ist die **unzulässige Preisänderungsklausel** von Anfang an unwirksam[258]. Dem kann auch nicht entgegengehalten werden, dass § 8 PrKG der Regelung des § 307 BGB als spezielleres Gesetz vorgeht und deshalb die Unwirksamkeit erst durch ein entsprechendes Urteil eintritt. Das Preisklauselgesetz ist nämlich eine währungspolitische Regelung[259], die die Anwendbarkeit des § 307 BGB, der vor einer unangemessenen Ausnutzung der Vertragsfreiheit durch den Verwender der AGB schützen soll[260], nicht beeinflusst.

167 Weil Energiedienstleistungsverträge oft für sehr lange Laufzeiten abgeschlossen werden, ist es nicht möglich, schon bei Vertragsschluss vorherzusehen, wie sich die Kosten- und Marktverhältnisse während der Vertragslaufzeit entwickeln. Tritt z.B. durch eine Änderung der Einkaufsverhältnisse die Situation ein, dass das in der Preisänderungsklausel eines Wärmelieferungsvertrages gewählte Kostenele-

---

[256] OLG Bremen, Urt. v. 22.4.1999 – 2 U 15/98, RdE 2000, 117–120.
[257] BGH, Urt. v. 25.6.2014, VIII ZR 344/13, Rn. 31.
[258] BGH, Urt. v. 6.4.2011 – VIII ZR 273/09, Rn. 20, NJW 2011, 2501–2508.
[259] BR-Drs. 68/2007, S. 68.
[260] BGH, Urt. v. 24.3.2010 – VIII ZR 304/08, NJW 2010, 2793–2797 und VIII ZR 178/08, NJW 2010, 2789–2793.

ment die Kostenentwicklung bei der Brennstoffbeschaffung nicht mehr abbildet, so führt dies dazu, dass die Preisänderungsklausel ab dem Zeitpunkt, in dem die Einkaufsverhältnisse sich geändert haben, unwirksam wird. Eine rückwirkende Unwirksamkeit für die Zeiträume, in der die Klausel die Preisentwicklung bei den Einkaufskosten angemessen abgebildet hat, tritt nicht ein[261].

Die Konsequenzen der Unwirksamkeit beschreibt der Bundesgerichtshof für den Bereich der Gaslieferungsverträge wie folgt[262]: „Sind Allgemeine Geschäftsbedingungen nicht Vertragsbestandteil geworden oder unwirksam, so bleibt der Vertrag grundsätzlich nach § 306 Abs. 1 BGB im Übrigen wirksam und richtet sich sein Inhalt gemäß § 306 Abs. 2 BGB nach den gesetzlichen Vorschriften. Dazu zählen zwar auch die Bestimmungen der §§ 157, 133 BGB über die **ergänzende Vertragsauslegung** (BGHZ 90, 69, 75 zu der Vorgängerregelung in § 6 Abs. 2 AGBG). Eine ergänzende Vertragsauslegung kommt aber nur dann in Betracht, wenn sich die mit dem Wegfall einer unwirksamen Klausel entstehende Lücke nicht durch dispositives Gesetzesrecht füllen lässt und dies zu einem Ergebnis führt, das den beiderseitigen Interessen nicht mehr in vertretbarer Weise Rechnung trägt, sondern das **Vertragsgefüge völlig einseitig** zugunsten des Kunden verschiebt (BGHZ 90, 69, 77 f.; 137, 153, 157).“ Bei der Unwirksamkeit einer Preisänderungsklausel in Gaslieferungsverträgen besagt das dann geltende einschlägige dispositive Recht nach Auffassung des Bundesgerichtshofes, dass der Anfangspreis als fester Preis gilt. Denn die Parteien eines Gaslieferungsvertrages mit kurzer Laufzeit hätten keinen von vornherein variablen Preis vereinbart[263]. Die Geltung dieses dispositiven Rechts sei auch nicht wegen einer sich daraus ergebenden unbilligen Belastung des Versorgungsunternehmens ausgeschlossen, weil das Unternehmen die Möglichkeit hätte, den Vertrag zu kündigen und bis dahin die Last aus der nicht kostendeckenden Lieferung verkraften kann. In solchen Fällen scheidet eine ergänzende Vertragsauslegung mit dem Inhalt, dass eine andere Preisänderungsklausel und nicht der Ausgangspreis gilt, also aus.

168 Lediglich hinsichtlich der Folgen der Unwirksamkeit wendet der Bundesgerichtshof die ergänzende Vertragsauslegung an. Er berücksichtigt die rückwirkende Geltendmachung der Unwirksamkeit von Preisänderungsklauseln nur für solche Preiserhöhungen, die binnen drei Jahren beanstandet worden sind, und zwar gerechnet ab Zugang der ersten Jahresabrechnung, in der die Preiserhöhung berücksichtigt

[261] BGH, Urt. v. 25.6.2014 – VIII ZR 344/13, Rn. 36.
[262] BGH, Urt. v. 14.7.2010 – VIII ZR 246/08, Rn. 50 ff., NJW 2011, 50–56.
[263] BGH, Urt. v. 28.10.2009 – VIII ZR 320/07, Rn. 46, NJW 2010, 993–997.

wurde[264]. Mithin gilt in solchen Fällen der letzte vor dieser Jahresabrechnung maßgebliche Preis. Läuft der Vertrag erst so kurz, dass der Kunde Einwände gegen die Preiserhöhungen schon innerhalb der ersten drei Jahre nach der ersten Jahresabrechnung erhebt, so ist kein Raum für eine ergänzende Vertragsauslegung[265]. Durch die Rechtsprechung erscheint damit weitgehend geklärt, wie mit der Unwirksamkeit von Preisänderungsklauseln in Energielieferungsverträgen umzugehen ist, wenn Rückforderungen für abgerechnete Zeiträume verlangt werden.

169 Keine höchstrichterlichen Entscheidungen finden sich dagegen zu der Frage, welche Preisregelungen für noch ausstehende zukünftige Jahre einer fest vereinbarten langen Vertragslaufzeit gelten. Diese Frage stellt sich **Energiedienstleistungsverträgen** regelmäßig, da sie wegen der mit ihnen erfolgenden Refinanzierung von Einsparinvestitionen auf lange Laufzeiten angewiesen sind. Allen Beteiligten eines solchen Vertrages ist bei Abschluss klar, dass die Preise für die gelieferte Nutzenergie nicht konstant sein können. Die Variabilität des Preises ist von Anfang an vereinbart[266]. Es gibt kein dispositives Recht, dass bei Unwirksamkeit der Preisänderungsklausel eingreift und anordnet, dass der Ausgangspreis ein Festpreis für alle zukünftigen Vertragsjahre ist[267]. Das Vertragsgefüge wäre völlig einseitig zugunsten des Kunden verschoben, wenn bei der Unwirksamkeit einer Preisänderungsklausel in einem Energiedienstleistungsvertrag mit einer Laufzeit von zehn oder 15 Jahren der Energiedienstleister für die gesamte Vertragslaufzeit nur einen nicht einmal seine Brennstoffeinkaufskosten deckenden Ausgangs-Arbeitspreis für die gelieferte Nutzenergie verlangen könnte.

Dementsprechend ist davon auszugehen, dass der Vertrag durch die Unwirksamkeit einer Preisänderungsklausel auch lückenhaft ist. Diese Lücke ist im Wege der **ergänzenden Vertragsauslegung** zu schließen, wenn das Energiedienstleistungsunternehmen ohne diese **Lückenschließung** dauerhaft nicht kostendeckend Nutzenergie liefern müsste. Entsprechende Belastungen muss das Unternehmen in der Auseinandersetzung um die Folgen der Unwirksamkeit der Preisänderungsklausel frühzeitig in der Tatsacheninstanz vortragen[268].

Die Vertragslücke kann dadurch geschlossen werden, dass eine wirksame Preisänderungsklausel ermittelt wird oder dadurch, dass dem Energiedienstleister ein einseitiges Preisbestimmungsrecht

[264] BGH, Urt. v. 13.3.2012 – VIII ZR 93/11 und VIII ZR 113/11; Urt. v. 24.9.2014 – VIII ZR 350/13, NJW 2014, 3639.

[265] BGH, Urt. v. 15.1.2014 – VIII ZR 80/13, EnWZ 2014, 313.

[266] *de Wyl/Soetebeer* in: *Schneider/Theobald*, § 11, Rn. 356.

[267] *Krafczyk/Lietz*, ZNER 2011, 597, 600.

[268] BGH, Urt. v. 13.1.2010 – VIII ZR 81/08, Rn. 29, NJW-RR 2010, 1202–1204.

zugestanden wird. Dabei ist das Verbot der geltungserhaltenden Reduktion zu beachten[269]. Das geschieht dadurch, dass die zu ermittelnde Ersatzregelung nicht eine solche sein kann, die „gerade noch zulässig" ist, sondern nur eine solche, die es verhindert, dass das Vertragsgefüge völlig einseitig zugunsten des Kunden verschoben ist. Das ist dann der Fall, wenn der Energiedienstleister jedenfalls seine **Kosten** durch den Preis **decken** kann, der sich nach der im Wege der ergänzenden Vertragsauslegung gefundenen Klausel ergibt. Er kann nicht beanspruchen, dass die Ersatzklausel ihm einen Gewinn sichert, den er bei Vertragsabschluss einkalkuliert hatte. Zu diesem Ergebnis kann man sowohl dadurch gelangen, dass man die Geltung einer zu gerade kostendeckenden Preisen führenden Preisänderungsklausel annimmt, als auch ein einseitiges Preisbestimmungsrecht[270], das nur dann nach billigem Ermessen ausgeübt worden ist, wenn sich nicht mehr als ein kostendeckender Preis ergibt.

5. Preiskontrolle

170 Im Rahmen der Privatautonomie bestimmen die Vertragsparteien den Inhalt des Energiedienstleistungsvertrages. Der für die Leistungen des Energiedienstleisters **vereinbarte Preis** ist das beiderseits akzeptierte Ergebnis der Vertragsverhandlungen. Für eine nachträgliche Kontrolle mit der Folge, dass der vereinbarte Preis geändert wird, ist grundsätzlich kein Raum[271]. Auch dann, wenn die Preisvereinbarung Teil eines dem Recht der allgemeinen Geschäftsbedingungen unterliegenden Vertrages ist, findet keine nachträgliche Preiskontrolle statt. Denn Leistungsbeschreibungen, die Art, Güte und Umfang der Hauptleistungspflichten, also auch den Preis, unmittelbar festlegen, sind einer Inhaltskontrolle entzogen[272].

Der Energiedienstleister ist ebenfalls **nicht** generell verpflichtet, seine **Kalkulation offen zu legen**, weil eine Pflicht zur Offenlegung nur in gesetzlich geregelten Spezialfällen besteht, in denen fremde Angelegenheiten besorgt werden. Das ist bei dem als Kaufvertrag einzuordnenden Energiedienstleistungsvertrag nicht der Fall[273]. Hat sich der Energiedienstleister verkalkuliert und einen zu günstigen Preis angeboten, so bleibt er daran für die Vertragslaufzeit ebenso

[269] *Krafczyk/Lietz*, ZNER 2011, 597, 601.
[270] *Krafczyk/Lietz*, ZNER 2011, 597, 601 scheinen das einseitige Preisbestimmungsrecht zu bevorzugen.
[271] BerlKommEnR/*Busche*, Anh. zu § 39, Rn. 1.
[272] *Palandt-Grüneberg*, § 307 BGB, Rn. 57 ff. m.w.N.
[273] So ausdrücklich für den Fernwärmelieferungsvertrag BGH, Urt. v. 6.12.1978 – VIII ZR 273/77, NJW 1979, 1304, 1305; vgl. LG Kiel, Urt. v. 29.9.2004 – 1 S 154/04; LG Berlin, Beschl. v. 17.10.2008 – 49 S 14/08.

gebunden wie der Kunde, der einen im Vergleich zu anderen Anbietern hohen Preis akzeptiert hat.

Verhält es sich aber so, dass der vereinbarte Preis zwischen den Parteien nicht ausgehandelt, sondern aufgrund der Umstände **einseitig bestimmt** wird, so besteht Anlass dafür, derjenigen Vertragspartei eine **Kontroll- und Korrekturmöglichkeit** zu verschaffen, die der einseitigen Preisbestimmung unterworfen ist. Das ist z.B. dann der Fall, wenn der Kunde mit Hilfe eines Anschluss- und Benutzungszwanges verpflichtet wird, die für sein Gebäude benötigte Wärmeenergie bei dem Betreiber eines Nah- oder Fernwärmenetzes zu beziehen[274]. Gleiches gilt, wenn ein Vertrag es einer Partei erlaubt, einseitig den Preis bestimmter Leistungen zu bestimmen. Das ist etwa bei einem Energielieferungsvertrag der Fall, bei dem der Lieferant sich das Recht vorbehält, die Preise durch Bekanntgabe gegenüber dem Kunden neu zu bestimmen[275].

a) Billigkeitskontrolle gemäß § 315 BGB

171 Im letztgenannten Fall des vertraglich vorgesehenen einseitigen **Leistungsbestimmungsrechts** sieht § 315 Abs. 1 BGB vor, dass die Bestimmung „nach billigem Ermessen zu treffen ist". Die Vertragspartei, die der Leistungsbestimmung durch die andere Vertragspartei unterworfen ist, kann sich im Falle der **Unbilligkeit** der Bestimmung auf deren Unwirksamkeit berufen[276] und gemäß § 315 Abs. 3 S. 2 BGB die Bestimmung durch ein gerichtliches Urteil erwirken[277]. In der Energiedienstleistungspraxis hat dieser Fall der Preiskontrolle wenig praktische Bedeutung, weil meistens kein einseitiges Preisbestimmungsrecht in Energiedienstleistungsverträgen vereinbart wird. Preisänderungen erfolgen vielmehr – wie oben (Rn. 124 ff.) dargestellt – überwiegend auf der Grundlage vereinbarter Preisregelungen oder Preisänderungsklauseln und damit auf einer präzisen, vertraglich bestimmten Grundlage.

b) Leistungen der Daseinsvorsorge

172 In der Rechtsprechung ist seit langem anerkannt, dass die Tarife von Unternehmen , die im Rahmen eines privatrechtlich ausgestalte-

---

[274] OLG Brandenburg, Urt. v. 16.3.2006 – 5 U 75/05, Rn. 38, NJW-RR 2007, 270–272.

[275] So z.B. bei der Überprüfung von Gaspreiserhöhungen, BGH, Urt. v. 13.6.2007 – VIII ZR 36/06, NJW 2007, 2540–2544.

[276] *Palandt-Grüneberg*, § 315 BGB, Rn. 16.

[277] Zu allen hier anstehenden Fragen wird verwiesen auf die sehr ausführliche Darstellung bei *Fricke*, Die gerichtliche Kontrolle von Entgelten in der Energiewirtschaft – Eine Untersuchung zu § 315 BGB, 2015.

ten Benutzungsverhältnisses Leistungen der Daseinsvorsorge anbieten, auf deren Inanspruchnahme der andere Vertragsteil im Bedarfsfall angewiesen ist, grundsätzlich der Billigkeitskontrolle nach § 315 Abs. 3 BGB unterworfen sind[278]. Auch das Vorliegen einer staatlichen Genehmigung schließt die Billigkeitskontrolle nicht aus[279]. Die Beweislast für die Angemessenheit des Preises trifft denjenigen, der den Preis bestimmt hat[280]. Angewiesen auf die Versorgungsleistung im Sinne dieser Rechtsprechung ist der andere Vertragsteil dann, wenn er keine andere Möglichkeit hat, seinen entsprechenden Bedarf zu decken. So liegt es beispielsweise bei einem **Anschluss- und Benutzungszwang** für Fern- oder Nahwärme. Kann ein solcher Lieferant die Angemessenheit seiner Preise nicht beweisen, wird eine von ihm gegen den Kunden angestrengte Zahlungsklage abgewiesen[281]. Klagt der Kunde auf Rückzahlung seiner Ansicht nach unbillig hoher, überzahlter Lieferentgelte, so trifft ihn eine erweiterte, anspruchsvolle Behauptungslast hinsichtlich der Gründe für die Unbilligkeit. Nur wenn diese erfüllt wird, muss der Lieferant den Gegenbeweis der Angemessenheit führen[282]. Konnte der belieferte Vertragspartner dagegen bei Abschluss des Liefervertrages zwischen verschiedenen Anbietern wählen, so scheidet eine nachträgliche Billigkeitskontrolle des vereinbarten Preises aus[283].

c) Kartellrechtliche Kontrolle

173 Eine kartellrechtliche Kontrolle der Preise kann unterschiedliche Ansatzpunkte haben. Schließen mehrere miteinander im Wettbewerb stehende Unternehmen Vereinbarungen, die die Verhinderung, Einschränkung oder Verfälschung des Wettbewerbs z.B. durch abgestimmte Preise bezwecken oder bewirken, so liegt eine nach § 1 des Gesetzes gegen Wettbewerbsbeschränkungen (GWB) unzulässige Kartellvereinbarung vor. Solche Vereinbarungen sind auch im Energiedienstleistungsmarkt denkbar, bisher aber nicht bekannt geworden, so dass sie hier nicht weiter betrachtet werden. Im Jahre 2007 ist mit § 29 GWB eine speziell für die Strom- und Gasversorgung gel-

---

[278] BGH, Urt. v. 10.10.1991 – III ZR 100/90, Rn. 22, NJW 1992, 171–174; ausführlich zu der dogmatisch fragwürdigen Begründung *Fricke*, S. 208–229.

[279] BGH, Urt. v. 2.10.1991 – VIII ZR 240/90, NJW-RR 1992, 183, 185, Urt. v. 18.10.2005 – KZR 36/04, Rn. 20, NJW 2006, 684–687.

[280] BGH, Urt. v. 2.4.1964 – KZR 10/62, BGHZ 41, 271, 279; Urt. v. 6.3.1986 – III ZR 195/84, BGHZ 97, 212, 223.

[281] AG Bad Neuenahr-Ahrweiler, Urt. v. 10.12.1997 – 3 C 527-97, NJW 1998, 2540.

[282] BGH, Urt. v. 5.2.2003 – VIII ZR 111/02, Rn. 12, NJW 2003, 1449–1450.

[283] OLG Brandenburg, Urt. v. 16.3.2006 – 5 U 75/06, Rn. 38, NJW-RR 2007, 270–272.

tende Missbrauchsregelung eingeführt worden, der zufolge Preise und Geschäftsbedingungen kartellrechtlich überprüft werden können. Die umstrittene[284] Regelung gilt gemäß § 131 Abs. 1 GWB befristet bis zum 31.12.2017. Sie soll dazu dienen, die Missbrauchsaufsicht durch die Kartellbehörden im Energiesektor zu verschärfen und zu erleichtern[285]. Veröffentlicht wurde bisher erst eine Entscheidung des Bundeskartellamtes, die sich ergänzend auch auf § 29 GWB stützt und die Preisgestaltung bei Heizstrom betrifft[286].

174 Praktisch von größerer Bedeutung ist dagegen die kartellrechtliche Überprüfung von Entgelten marktbeherrschender Unternehmen gemäß § 19 GWB. Die missbräuchliche Ausnutzung einer marktbeherrschenden Stellung ist gemäß § 19 Abs. 1 GWB verboten. Das GWB dient in erster Linie dem Schutz der Wettbewerber marktbeherrschender Unternehmen. Diese Wettbewerber können gegenüber dem Unternehmen, das gegen § 19 GWB verstößt, aus § 33 GWB einen Unterlassungsanspruch geltend machen. Die im Zusammenhang mit Energiedienstleistungen denkbaren Verstöße sind vielfältig. Bietet ein **marktbeherrschendes Gasversorgungsunternehmen** Wärmelieferung zu besonders günstigen Preisen an, die die Wettbewerber schon deshalb nicht anbieten können, weil sie keinen vergleichbaren Zugang zu den Gasbeschaffungsmärkten haben, so kann darin jedenfalls dann, wenn gleichzeitig hohe Preise für die Belieferung der Wettbewerber mit Gas gefordert werden, ein Verstoß gegen § 19 GWB liegen. Gleiches gilt, wenn das Gasversorgungsunternehmen gleichzeitig ein Fernwärmenetz betreibt und dem Energiedienstleister einen technisch möglichen Gasanschluss verweigert, um den Fernwärmeabsatz auf dem betreffenden Grundstück zu sichern. Das hat aber nichts mit der Preiskontrolle durch den mit Energie belieferten Kunden zu tun.

175 Für die Frage der nachträglichen Kontrolle von Nutzenergiepreisen ist ein anderer Aspekt des Kartellrechts von Bedeutung. Neben dem Wettbewerber schützt das GWB nämlich auch die unmittelbaren **Kunden** marktbeherrschender Unternehmen. Denn ein Vertrag, der gegen die als Verbotsgesetz anzusehende Vorschrift des § 19 GWB verstößt, ist gemäß § 134 BGB unwirksam, wenn sich nicht aus dem Gesetz ein anderes ergibt. Es ist dann zu klären, ob der Vertrag im Übrigen gemäß § 139 BGB aufrechterhalten bleibt, weil er auch ohne die unwirksame Regelung geschlossen worden wäre. Das wird regelmäßig nicht der Fall sein, so dass man entweder die Nichtigkeitsfolge teleologisch auf den Teil des Preises begrenzen muss, der

[284] *Schöne*, Rn. 120–120i.
[285] *Körber* in: *Immenga/Mestmäcker*, § 29 GWB, Rn. 9.
[286] Beschl. v. 26.9.2011 – B 10 – 31/10, juris.

in Ausnutzung der marktbeherrschenden Stellung unberechtigt gefordert wurde, oder aber zur Nichtigkeit des gesamten Vertrages gelangt und gleichzeitig einen Anspruch auf Neuabschluss zu wettbewerbsanalogen Preisen gemäß § 33 Abs. 3 i.V.m. § 19 GWB annimmt[287]. Für den Kunden ist das Ergebnis das gleiche.

Der Kunde eines in der konkreten Vertragssituation marktbeherrschenden Energiedienstleisters kann also z.B. eine Korrektur der **Preise** durchsetzen, wenn sich herausstellt, dass die vom Energiedienstleister geforderten Entgelte oder sonstigen Geschäftsbedingungen von denjenigen abweichen, die sich bei **wirksamem Wettbewerb** mit hoher Wahrscheinlichkeit ergeben würden (§ 19 Abs. 2 Ziffer 2 GWB) oder wenn sich zeigt, dass der Energiedienstleister ungünstigere Entgelte oder sonstige Geschäftsbedingungen fordert, als er sie selbst auf vergleichbaren Märkten von gleichartigen Abnehmern fordert (§ 19 Abs. 2 Ziffer 3 GWB).

176 Ob ein Energiedienstleister eine marktbeherrschende Stellung hat, ist in jedem **Einzelfall** zu überprüfen. Im Bereich der dezentralen Objektversorgung aus genau auf das Objekt abgestimmten Anlagen wird nur unter besonderen Umständen der Fall vorliegen, dass der Energiedienstleister aus einer marktbeherrschenden Stellung heraus agiert. Bei der Versorgung von Kunden, die durch einen Anschluss- und Benutzungszwang oder in anderer rechtlich oder tatsächlich bindender Weise an den Betreiber eines Nahwärmenetzes gebunden sind, wird dagegen regelmäßig eine marktbeherrschende Stellung des Energiedienstleisters gemäß § 18 Abs. 1 Ziffer 1 GWB anzunehmen sein, weil der Energiedienstleister bezüglich seiner Anschlussnehmer ohne Wettbewerber ist.

177 Um zur Unzulässigkeit des Preises zu gelangen, bedarf es mehrerer Prüfungsschritte: Maßstab ist der in § 19 Abs. 2 Ziffer 2 GWB geregelte „Als-ob-Wettbewerbspreis“[288], der sich „mit hoher Wahrscheinlichkeit bei wirksamem Wettbewerb“ ergebende Preis. Aus dem Merkmal der hohen Wahrscheinlichkeit leitet die Rechtsprechung ab, dass nur bei einer erheblichen Überschreitung des auf dem Vergleichsmarkt festgestellten Preises mit hinreichender Sicherheit der verlangte Preis als ungerechtfertigt angesehen werden könne[289]. Weiterhin sei ein Missbrauchszuschlag zu berücksichtigen[290]. Abzustellen ist auf das Preisniveau auf einem Vergleichsmarkt. Das ist hier insofern schwierig, als bei Fällen der leitungsgebundenen Wärmeversorgung stets nur Monopolsituationen und gerade keine funktio-

[287] *Fuchs* in: *Immenga/Mestmäcker*, § 19, Rn. 79.
[288] *Fuchs/Möschel* in: *Immenga/Mestmäcker*, § 19 GWB, Rn. 259 ff.
[289] BGH, Urt. v. 16.12.1976 – KVR 2/76, BGHZ 68, 23, 37.
[290] *Fuchs/Möschel* in: *Immenga/Mestmäcker*, § 19 GWB, Rn. 275 m.w.N.

nierenden Märkte zu betrachten sind. Dem begegnet die Rechtsprechung damit, dass in diesen Extremfällen auch einzelne Monopolunternehmen als **„Vergleichsmarkt"** zugelassen werden[291]. Selbst das führt aber nur selten zu verwertbaren Ergebnissen, weil stets auch die Besonderheiten des konkreten Vergleichsfalles in die Betrachtung einfließen müssen, die sich z.B. aus einer abweichenden Nutzer- oder Netzstruktur ergeben. Im Ergebnis stellt sich die kartellrechtliche Überprüfung damit als theoretisch möglich, praktisch aber nur schwer realisierbar dar. Eine im Herbst 2009 eingeleitete Untersuchung von Fernwärmepreisen des Bundeskartellamts führte zu einem Abschlussbericht „Sektoruntersuchung Fernwärme" vom August 2012[292]. Darin wird der Markt für Energiedienstleistungen in Form des Energieliefer-Contractings und anderer Contracting-Formen strukturell wesentlich anders als der Fernwärmemarkt und deshalb als separater Markt neben dem Fernwärmemarkt eingestuft[293] und nicht weiter untersucht. Im Übrigen wurden in Einzelfällen Anhaltspunkte für überhöhte Entgelte gefunden, die zu einzelnen Verfahren gegen betroffene Unternehmen führen sollten[294]. Das Bundeskartellamt betont, dass auch im Fernwärmemarkt die strukturellen Unterschiede von Versorgungsgebiet zu Versorgungsgebiet so groß sind, dass ohne Detailbetrachtung der individuellen Verhältnisse eine Feststellung gar nicht möglich ist, ob die geforderten Preise missbräuchlich sind oder nicht[295].

d) Effektivität der Preiskontrolle

178 Die aufgezeigten Ansatzpunkte für eine Preiskontrolle gehen von unterschiedlichen gesetzlichen Zielen aus, was sich auch auf den Gang und das Ergebnis der Preiskontrolle auswirkt: Die kartellrechtlichen Bestimmungen wollen allein diejenigen Nachteile ausgleichen, die sich aus dem fehlenden Wettbewerb ergeben. § 315 BGB soll im Unterschied dazu die der einen Vertragspartei übertragene Rechtsmacht, den Inhalt des Vertrages einseitig festzusetzen, eingrenzen. Die Billigkeitskontrolle ist deshalb nicht auf einen bloßen Preisvergleich beschränkt, sondern beinhaltet eine umfassende Würdigung der die Preisbestimmung beeinflussenden Faktoren, insbesondere der Kosten- und Gewinnsituation[296]. Der aus Sicht der Abnehmer

---

[291] BGH, Urt. v. 21.10.1986 – KVR //85, GRUR 1987, 310.
[292] http://www.bundeskartellamt.de/SharedDocs/Publikation/DE/Sektoruntersuchungen/Sektoruntersuchung%20Fernwaerme%20-%20Abschlussbericht.pdf?__blob=publicationFile&v=3.
[293] Sektoruntersuchung, a.a.O., Rn. 181.
[294] Sektoruntersuchung, a.a.O., Rn. 269.
[295] Sektoruntersuchung, a.a.O., Rn. 286 ff.
[296] BGH, Urt. v. 2.10.1991 – VIII ZR 240/90, NJW-RR 1992, 183, 185.

effektivere Kontrollansatz ist also der von der Rechtsprechung aus § 315 BGB entwickelte.

VII. Messung und Abrechnung

179 Die Vergütung der Leistungen des Energiedienstleisters setzt sich im Regelfall aus einem unveränderlichen Leistungs- oder Grundpreis sowie einem verbrauchsabhängigen Arbeitsentgelt zusammen. Es steht den Vertragsparteien grundsätzlich frei, wie sie die Messung und die Abrechnung regeln. Wird der Vertrag unter Verwendung allgemeiner Geschäftsbedingungen abgeschlossen, sind aber auch hier die Vorgaben der AVBFernwärmeV, der §§ 305 bis 310 BGB sowie der StromGVV und NAV zu beachten.

1. Messung

180 In § 18 AVBFernwärmeV und den §§ 40 Abs. 2 Nr. 4, 21e Abs. 1 EnWG wird der Grundsatz geregelt, dass die verbrauchte Energie durch Messeinrichtungen zu ermitteln ist, die den eichrechtlichen Vorschriften entsprechen. Mit den „eichrechtlichen Vorschriften" sind die Regelungen des Gesetzes über das Inverkehrbringen und die Bereitstellung von Messgeräten auf dem Markt, ihre Verwendung und Eichung sowie über Fertigpackungen (Mess- und Eichgesetz – MessEG)[297] gemeint, die für alle Arten von Messgeräten gelten.

a) Mess- und eichrechtliche Anforderungen

181 Ein Energiedienstleister, der im Rahmen seiner vertraglichen Pflichten Messungen durchführt, darf gemäß § 31 MessEG ausschließlich Messgeräte verwenden, die den Bestimmungen des MessEG und den auf seiner Grundlage erlassenen Verordnungen entsprechen. Damit wird auf die Verordnung über das Inverkehrbringen und die Bereitstellung von Messgeräten auf dem Markt sowie über ihre Verwendung und Eichung – (Mess- und Eichverordnung – MessEV)[298] verwiesen. Außerdem besteht die Pflicht, solche zulässigen Messgeräte immer nur im Rahmen der vorgesehenen Verwendungsbedingungen einzusetzen.

---

[297] Neugefasst durch das Gesetz zur Neuregelung des gesetzlichen Messwesens vom 25. Juli 2013, BGBl. I S. 2722; zu den Auswirkungen auf die Versorgungswirtschaft siehe *Gertz/Weise/Raschetti*, IR 2015, 29 und den Verteilernetzbetreiber *Eder/Weise/Raschetti*, RdE 2014, 313.

[298] Vom 11.12.2014, BGBl. I S. 2010, 2011.

Messgeräte dürfen gemäß § 37 MessEG nicht ungeeicht verwendet werden. Die zuständigen Behörden überwachen die Verwendung nach den §§ 54 bis 56 MessEG. Sie nehmen Stichproben und führen bei konkreten Verdachtsfällen Prüfungen durch. Gemäß § 56 Abs. 1 MessEG sind die zuständigen Behörden befugt, zu den üblichen Betriebs- und Geschäftszeiten Grundstücke, Betriebs- und Geschäftsräume zu betreten, um Messgeräte zu besichtigen, zu prüfen oder prüfen zu lassen. Die Verwenderpflichten werden in den §§ 22 bis 29 MessEV genauer bestimmt. Insbesondere hat der Verwender nach § 23 Abs. 1 MessEV sicherzustellen, dass das Messgerät a) über die für den Verwendungszweck erforderliche Genauigkeit verfügt, b) für die vorgesehenen Umgebungsbedingungen geeignet ist und c) innerhalb des zulässigen Messbereichs eingesetzt wird. Er muss es weiterhin so aufstellen, anschließen, handhaben und warten, dass die Richtigkeit der Messung und die zuverlässige Ablesung der Anzeige gewährleistet sind. Zudem muss er sicherstellen, dass Informationen über die Funktionsweise jederzeit verfügbar sind. Wo die Informationen über die Funktionsweise verfügbar sein müssen, regelt das Gesetz nicht, so dass nicht klar ist, ob ein Energiedienstleister für jedes von ihm eingesetzte Messgerät am Ort des Einsatzes eine Betriebsanleitung bereithalten muss, damit z.B. der Kunde jederzeit eine Ablesung des Messgerätes vornehmen kann.

182 Die Eichfristen sind in Anlage 7 zur MessEV geregelt. Sie betragen beispielsweise für Kaltwasserzähler sechs Jahre, für Warmwasserzähler fünf Jahre, für klassische Wechselstromzähler mit Induktionsmesswerk 16 Jahre, für elektronische Wechselstromzähler acht Jahre sowie für Kälte- und Wärmemengenzähler fünf Jahre. Messgeräte sind nach § 38 MessEV mit den in der Verordnung geregelten Eichkennzeichen zu versehen. Nach § 35 MessEV können die dort vorgesehenen Eichfristen von der Eichbehörde ohne Prüfung jedes Einzelgerätes verlängert werden, wenn nach dem in § 35 MessEV geregelten Stichprobenverfahren mit ausreichender Sicherheit ermittelt worden ist, dass eine große Anzahl baugleicher Messgeräte des Verwenders weiterhin ordnungsgemäß funktionieren.

Wer ein begründetes Interesse an der Messrichtigkeit darlegt, kann bei der zuständigen Behörde oder einer staatlich anerkannten Prüfstelle beantragen, dass festgestellt wird, ob ein Messgerät zur Ermittlung des Verbrauchs von Energie die wesentlichen gesetzlichen Anforderungen erfüllt, insbesondere die Verkehrsfehlergrenzen einhält. Diese Prüfung wird Befundprüfung genannt und kann unabhängig von den vertraglichen Vorschriften, die zwischen den Parteien eines Energiedienstleistungsvertrages gelten, von jeder Partei direkt bei der zuständigen Stelle beantragt werden.

b) Messung der gelieferten Wärme

183 Gemäß § 18 Abs. 1 S. 2 AVBFernwärmeV ist die gelieferte **Wärmemenge** durch **Messung** festzustellen[299]. Es muss also grundsätzlich ein geeichter Wärmemengenzähler verwendet werden. Auf die Ausnahmeregelung für Altanlagen wird hier nicht weiter eingegangen, weil diese bei Anlagen, die nach dem 30.9.1989 installiert wurden, irrelevant ist. Bei kleineren Anlagen verursachen geeichte Zähler im Vergleich zur Gesamtvergütung relativ hohe **Kosten**. Es wird deshalb immer wieder überlegt, bei solchen Anlagen auf die **Messung** der gelieferten Wärme zu **verzichten** und stattdessen den Wärmeverbrauch auf der Grundlage des eingesetzten Brennstoffes und des Anlagenwirkungsgrades zu ermitteln. Da die eingesetzte Brennstoffmenge jedenfalls beim Einsatz von Öl oder Gas stets gemessen wird, spart sich der Energiedienstleister so die Kosten des Wärmemengenzählers.

Abgesehen von der noch zu erörternden rechtlichen Zulässigkeit weist ein solches Verfahren für den Kunden des Energiedienstleisters einen erheblichen Nachteil auf: Bei einer Bestimmung der verbrauchten Wärmemenge auf der Grundlage der eingesetzten Energiemenge trägt der **Kunde** das **Effizienzrisiko**. Führen unterlassene Wartung oder schlechte Einstellung der Anlage zu Mehrverbräuchen, so trägt der Kunde die Mehrkosten. Der Energiedienstleister verliert bei einer solchen Abrechnungsweise den für Energiedienstleistungsprojekte gerade typischen wirtschaftlichen Anreiz zur optimalen Auslegung und Betriebsführung der Anlagen. Es ist nicht absehbar, ob die Einsparung bei den Messkosten nicht durch Mehrbelastungen bei den Verbrauchskosten überkompensiert wird. Vor diesem Hintergrund ist von einer solchen Art der Verbrauchserfassung abzuraten.

184 Zulässig ist eine Verbrauchsermittlung auf der Grundlage der eingesetzten (und nicht der gelieferten) Energiemenge dennoch in Ausnahmesituationen: § 18 Abs. 2 AVBFernwärmeV erlaubt die Bestimmung des Entgeltes in anderer Weise, wenn dies mit dem Kunden vereinbart wird und die Wärme ausschließlich der Deckung des **eigenen Bedarfs** des Kunden dient. Anwendbar ist diese Ausnahme also nur dann, wenn der Lieferant mit dem Verbraucher der Wärme einen direkten Liefervertrag abschließt, wie es bei der Wärmelieferung an einen Einfamilienhauseigentümer aus einer in seinem Gebäude errichteten Kleinstanlage der Fall ist[300]. Wird die Wärme dagegen an einen Vermieter geliefert, der sie an die Mieter weiterverteilt, so gibt es keine Möglichkeit gemäß § 18 Abs. 2 AVBFernwär-

[299] Zu den Anforderungen im Detail siehe *Danner/Theobald – Wollschläger*, § 18 AVBFernwärmeV, Rn. 1 ff.
[300] So auch *Witzel/Topp*, S. 158.

meV, auf die Erfassung der gelieferten Menge mittels Wärmemengenzähler zu verzichten.

185 Gemäß § 18 Abs. 3 AVBFernwärmeV besteht eine weitere Ausnahmemöglichkeit dann, wenn Wärme aus Anlagen der **Kraft-Wärme-Kopplung** geliefert wird und die zuständige Behörde im Interesse der Energieeinsparung eine Abweichung genehmigt. Um eine solche Genehmigung zu erhalten, müsste die wirtschaftliche und energetische Unsinnigkeit einer Verbrauchsmessung mittels Wärmemengenzähler dargelegt werden. Das kann allenfalls bei Mikro-KWK-Anlagen zur Versorgung eines oder weniger Verbraucher gegeben sein.

186 Eine weitere Ausnahme wird aus der § 11 Abs. 1 Nr. 1b HeizkV abgeleitet. Nach dieser Norm besteht eine Pflicht zur Verbrauchserfassung und verbrauchsabhängigen Verteilung der Heizkosten nicht bei der Versorgung von Räumen, bei denen das Anbringen der Ausstattung zur Verbrauchserfassung, die Erfassung des Wärmeverbrauchs oder die Verteilung der Kosten des Wärmeverbrauchs nicht oder nur mit **unverhältnismäßig hohen Kosten** möglich ist. In solchen Fällen kann ein angemessenes einfaches Abrechnungsverfahren vereinbart werden[301]. § 18 Abs. 7 AVBFernwärmeV bestimmt, dass bei der Abrechnung der Lieferung von Fernwärme und Fernwarmwasser die Bestimmungen der Heizkostenverordnung zu beachten sind. Dementsprechend kann man eine Ausnahme von der Pflicht zur Wärmemengenmessung bei unverhältnismäßig hohen Kosten annehmen[302]. Neben den in § 18 AVBFernwärmeV geregelten Ausnahmen gibt es immer die Möglichkeit, im Wege der Individualvereinbarung abweichend von der AVBFernwärmeV zu regeln, dass auf eine Wärmemengenmessung verzichtet wird.

Liegt **keiner** der geschilderten **Ausnahmefälle** vor, wird aber trotzdem nach der eingesetzten Brennstoffmenge und nicht der tatsächlich gelieferten Wärmemenge abgerechnet, so kann der Kunde eine Abrechnung nach § 21 AVBFernwärmeV auf der Grundlage eines **geschätzten Verbrauchs** einfordern. Außerdem kann er den nachträglichen **Einbau** von Wärmemengenzählern für die Restlaufzeit des Vertrages verlangen.

Auch § 18 Abs. 1 AVBFernwärmeV verlangt ausdrücklich den Einsatz geeichter Wärmemengenzähler. Solange die Eichgültigkeit besteht, besteht eine Vermutung der Richtigkeit der Zählwerte. Wird ein Zähler nach Ende der Eichgültigkeit weiter eingesetzt, entfällt diese Vermutung. Die Richtigkeit der Zählwerte muss dann im Streit-

---

[301] *Lammel*, HeizkV, § 11, Rn. 13 f.

[302] *Hermann/Recknagel/Schmidt-Salzer*, § 18 AVBFernwärmeV, Rn. 17; OLG Düsseldorf, Urt. v. 21.8.1991 – 23 S 606/90, RdE 1991, 215–216.

falle nachgewiesen werden[303]. Die fehlende Eichgültigkeit führt also nicht dazu, dass kein Wärmeverbrauch abgerechnet werden darf. Der Bundesgerichtshof ordnet die Vorschriften des Mess- und Eichgesetzes also nicht als Verbotsgesetze im Sinne des § 134 BGB ein. Die zuständige Eichbehörde kann aber den Einsatz nicht geeichter Zähler mit einem Bußgeld ahnden. Sollte ein Energiedienstleister feststellen, dass ein von ihm eingesetztes Gerät die Eichgültigkeit überschritten hat, so sollte er es also sofort austauschen und unter Einhaltung der dafür geltenden technischen Regeln einer Befundprüfung nach § 39 MessEG durch eine anerkannte Prüfstelle unterziehen lassen, damit in einem eventuellen Streit um die Ermittlung der abgerechneten Liefermengen von Anfang an Klarheit darüber besteht, ob das Gerät trotz Überschreitung der Eichfrist noch richtig gemessen hat.

c) Messung der gelieferten Elektrizität

Die neben den stets geltenden mess- und eichrechtlichen Anforderungen einzuhaltenden gesetzlichen Vorgaben an die Messung von gelieferter Elektrizität unterscheiden sich erheblich in Abhängigkeit davon, unter welchen Rahmenbedingungen die Lieferung erfolgt.

187 Beliefert eine Elektrizitätsversorgungsunternehmen seine Kunden in der Weise, dass der Strom durch das Netz der allgemeinen Versorgung zur Abnahmestelle des Kunden transportiert wird, so gelten für diese Messung die Vorschriften der §§ 21b bis 21h EnWG sowie die Detailregelungen in der auf der Grundlage des § 21i EnWG erlassenen Messzugangsverordnung (MessZV)[304]. § 21b EnWG regelt, dass der Netzbetreiber der allgemeinen Versorgung für die Abnahmestellen, die an sein Netz angeschlossen sind, die Grundzuständigkeit für den Messstellenbetrieb hat. Nach § 21b Abs. 2 EnWG kann der Anschlussnutzer aber auch einen geeigneten Dritten als Messstellenbetreiber wählen. Dieser und der Netzbetreiber haben dann in einer in der Messzugangsverordnung beschriebenen Weise zusammenzuarbeiten, um eine ordnungsgemäße Messung zu gewährleisten. Alle Messstellenbetreiber haben die in § 21e EnWG festgelegten allgemeinen Anforderungen an Messsysteme zu beachten. Dazu gehören insbesondere die Einhaltung der eichrechtlichen Vorschriften und die Sicherstellung von Datenschutz, Datensicherheit und Interoperabilität der Messsysteme.

---

[303] BGH, Urt. v. 17.11.2010 – VIII ZR 112/10, NJW 2011, 598.

[304] Verordnung über die Rahmenbedingungen für den Messstellenbetrieb und die Messung im Bereich der leistungsgebundenen Elektrizitäts- und Gasversorgung (Messzugangsverordnung – MessZV) v. 17.10.2008, BGBl. I S. 2006, zuletzt geändert durch Art. 14 des Gesetzes vom 25.7.2013 (BGBl. I S. 2722).

Dezentrale Elektrizitätsversorgungsprojekte zeichnen sich dadurch aus, dass ein dort tätiger Energiedienstleister den von ihm erzeugten Strom ohne Netznutzung innerhalb der Kundenanlage an die dort angeschlossenen Letztverbraucher liefert. Die Regelungen der §21bff. EnWG über den Messstellenbetrieb finden sich im Abschnitt 3 des Energiewirtschaftsgesetzes, der die Überschrift „Netzzugang" trägt. Das Netz endet gemäß §5 NAV mit der Hausanschlusssicherung. Eine Elektrizitätsversorgung durch einen Energiedienstleister innerhalb der Kundenanlage kommt ohne eine Netznutzung aus. Für sie gelten dementsprechend auch nicht die Regelungen über den Netzzugang und damit auch nicht die über den Messstellenbetrieb und die Messung[305]. Für die Messung in der Kundenanlage ist also allein der Kundenanlagenbetreiber verantwortlich.

§40 Abs.1 Nr.4 EnWG schreibt vor, dass Stromlieferanten in ihren Rechnungen für Stromlieferungen an alle Letztverbraucher, also nicht nur an besonders schutzbedürftige Verbraucher im Sinne des §13 BGB, den Verbrauch im Abrechnungszeitraum angeben müssen. Wie er zu ermitteln ist, wird dort nicht geregelt. Da nach den oben geschilderten Vorgaben des Mess- und Eichgesetzes im geschäftlichen Verkehr nur Messwerte verwendet werden dürfen, die mit geeichten Geräten ermittelt worden sind, müssen alle Stromrechnungen auf Messwerten beruhen, die mit geeichten Messgeräten ermittelt wurden. Anders als in §18 AVBFernwärmeV gibt es **keine Ausnahmeregelungen**, die andere Verfahren oder einen Verzicht auf die Verbrauchsmessung zulassen. Dafür besteht aber auch kein praktisches Bedürfnis, weil die Kosten der technisch einfachen Messung so gering sind, dass nahezu keine Fälle auftreten, in denen sie außer Verhältnis zu den Gesamtkosten stehen.

2. Abrechnung

188 Der Energieverbrauch wird bei kleineren und mittleren Anlagen üblicherweise jährlich abgerechnet, weil sonst der Abrechnungsaufwand im Verhältnis zu den Gesamtkosten übermäßig wird. Bis dahin werden Abschläge oder Vorauszahlungen erhoben. Bei größeren Anlagen mit wenigen Abnehmern ist eine monatliche Abrechnung üblich.

[305] OLG Düsseldorf, Beschl. v. 16.1.2013 – VI-3 Kart 163/11 (V), Rn.68 und 69, juris = EnWZ 2013, 132; nicht eindeutig BerlKommEnR/*Säcker/Boesche*, §20 EnWG, Rn.208 und 209.

a) Abschlags- und Vorauszahlungen

189 Das zur Energielieferung verpflichtete **Unternehmen** ist **vorleistungspflichtig**[306]. Es könnte bei einem jährlichen Abrechnungsrhythmus also erst nach Abschluss des Lieferjahres die für die Fälligkeit seiner Vergütungsforderung erforderliche Rechnung erstellen und dann erst die Bezahlung seiner Leistung verlangen. Damit sowohl die mit dieser unrealistischen Vorfinanzierung verbundenen Kosten als auch der übermäßige Aufwand monatlicher oder ähnlicher kurzfristiger Abrechnungen vermieden werden, können gemäß §§ 25 und 28 AVBFernwärmeV bzw. §§ 13 und 14 StromGVV Abschlags- oder Vorauszahlungen erhoben werden. Ihre Höhe hat sich an dem Verbrauch des Kunden im vorausgehenden Abrechnungszeitraum zu orientieren. Aus der Vorleistungspflicht folgt, dass grundsätzlich **Abschläge** für bereits verstrichene Zeiträume verlangt werden können. Der Energiedienstleister ist gemäß § 28 Abs. 1 AVBFernwärmeV/§ 14 StromGVV nur dann berechtigt **Vorauszahlungen** zu verlangen, wenn nach den Umständen des Einzelfalles zu besorgen ist, dass der Kunde seinen Zahlungsverpflichtungen nicht oder nicht rechtzeitig nachkommt. Rechnungen und Abschläge werden gemäß § 27 Abs. 1 AVBFernwärmeV/§ 17 Abs. 1 StromGVV zu dem vom Energiedienstleister angegebenen Zeitpunkt, frühestens jedoch zwei Wochen nach Zugang der Zahlungsaufforderung fällig. Um den Inkassoaufwand möglichst gering zu halten, empfiehlt es sich deshalb, am Beginn jedes Abrechnungszeitraumes bzw. in der Jahresabrechnung die Höhe der Abschlagszahlungen und alle Zahlungstermine für die Abschlagszahlungen ausdrücklich mitzuteilen. So wird vermieden, für jede Abschlagszahlung eine Zahlungsaufforderung absenden zu müssen.

b) Anforderungen an die Abrechnung von Wärmelieferungen

190 Die Abrechnung des Energieverbrauchs kann gemäß § 24 Abs. 1 S. 1 AVBFernwärmeV nach Wahl des Energiedienstleisters monatlich oder in anderen Zeitabschnitten erfolgen, die jedoch zwölf Monate nicht wesentlich überschreiten dürfen. Sofern der Kunde es wünscht, ist das Unternehmen nach Satz 2 aber verpflichtet, abweichend von seiner Wahl eine monatliche, vierteljährliche oder halbjährliche Abrechnung zu vereinbaren. Gerade bei Abnehmern mit geringem Verbrauch stellen die Kosten einer monatlichen oder vierteljährlichen Abrechnung gegenüber der Jahresabrechnung einen erheblichen Mehraufwand dar, weshalb solche bei kleineren Verbrauchern regelmäßig nicht angewendet werden. § 24 Abs. 1 S. 2 AVBFernwärmeV

---

[306] Siehe unten Rn. 259.

gewährt dem Kunden kein einseitiges Bestimmungsrecht, zu unveränderten Bedingungen eine häufigere Abrechnung zu erhalten, sondern verpflichtet den Energiedienstleister nur, auf Wunsch des Kunden eine Vereinbarung über die Änderung des **Abrechnungsrhythmus** zu schließen und diesen dann **umzustellen**. Als Bedingung für den Abschluss einer solchen Vereinbarung kann der Energiedienstleister mithin die Forderung stellen, dass der Kunde bei verkürztem Abrechnungsrhythmus die damit verbundenen Mehrkosten trägt[307].

191 In Abrechnungen über die Wärmelieferung sind gemäß § 24 Abs. 2 AVBFernwärmeV weiterhin die geltenden Preise sowie der ermittelte Verbrauch im Abrechnungszeitraum und im vergleichbaren Abrechnungszeitraum des Vorjahres anzugeben. Bei Preisänderungen innerhalb des Abrechnungszeitraumes ist gemäß § 24 Abs. 3 AVBFernwärmeV der für die neuen Preise maßgebliche Verbrauch zeitanteilig unter Berücksichtigung jahreszeitlicher Verbrauchsschwankungen zu berechnen. Am sichersten – aber auch aufwändigsten – ist mithin die unterjährige Ablesung der Zähler zu den Zeitpunkten, zu denen die Preise sich ändern. Eine Pflicht dazu besteht nicht. Ohne Ablesung hat die zeitanteilige Aufteilung am sichersten unter Berücksichtigung von Gradtagszahlen zu erfolgen.

c) Anforderungen an die Abrechnung von Stromlieferungen

192 Rechnungen für Energielieferungen an Letztverbraucher (also nicht nur an Verbraucher im Sinne des BGB, sondern auch an Unternehmen, wenn diese Letztverbraucher sind) müssen gemäß § 40 Abs. 1 S. 1 EnWG **einfach** und **verständlich** sein. Die für Forderungen maßgeblichen Berechnungsfaktoren sind vollständig und in allgemeinverständlicher Form auszuweisen. § 40 Abs. 2 EnWG konkretisiert den Mindestinhalt einer Abrechnung. Lieferanten müssen danach in Rechnungen an Letztverbraucher

1. ihren Namen, ihre ladungsfähige Anschrift, ihr zuständiges Registergericht sowie Angaben, die eine schnelle elektronische Kontaktaufnahme ermöglichen, einschließlich der Adresse der elektronischen Post,
2. die Vertragsdauer, die geltenden Preise, den nächstmöglichen **Kündigungstermin** und die Kündigungsfrist,
3. die für die Belieferung maßgebliche Zählpunktbezeichnung und die Codenummer des Netzbetreibers,
4. den ermittelten **Verbrauch** im Abrechnungszeitraum und bei Haushaltskunden Anfangszählerstand und den Endzählerstand des abgerechneten Zeitraums,

---

[307] *Hempel/Franke-Fricke*, § 24 AVBFernwärmeV, Rn. 18 f.

5. den Verbrauch des vergleichbaren Vorjahreszeitraums,
6. bei Haushaltskunden unter Verwendung von Grafiken darstellen, wie sich der eigene Jahresverbrauch zu dem Jahresverbrauch von Vergleichskunden verhält,
7. die Belastungen aus der Konzessionsabgabe und aus den Netzentgelten für Letztverbraucher und gegebenenfalls darin enthaltene Entgelte für den Messstellenbetrieb und die Messung beim jeweiligen Letztverbraucher sowie
8. Informationen über die Rechte der Haushaltskunden im Hinblick auf **Streitbeilegungsverfahren**, die im Streitfall zur Verfügung stehen, einschließlich der für Verbraucherbeschwerden nach § 111b EnWG einzurichtenden Schlichtungsstelle und deren Anschrift sowie die Kontaktdaten des Verbraucherservice der Bundesnetzagentur für den Bereich Elektrizität und Gas

gesondert ausweisen.

193 Gemäß § 40 Abs. 3 EnWG kann die Abrechnung des Energieverbrauchs wie bei der Wärme nach der Wahl des Energiedienstleisters monatlich oder in anderen Zeitabschnitten erfolgen, die jedoch zwölf Monate nicht wesentlich überschreiten dürfen. Abweichend von den Vorgaben bei der Wärmeabrechnung muss der Energiedienstleister bei der Stromabrechnung aber von sich aus eine monatliche, vierteljährliche oder halbjährliche Abrechnung anbieten. Dabei steht es ihm frei, für höheren Abrechnungsaufwand auch einen höheren Preis zu verlangen[308].

Rechnungen über Energielieferungen sind nach § 27 Abs. 1 AVBFernwärmeV und § 17 StromGVV/GasGVV frühestens zwei Wochen nach Zugang der Abrechnung fällig. Die Richtigkeit der darin zugrunde gelegten Messwerte und die Erfüllung der weiteren Anforderungen aus § 40 EnWG sind keine Voraussetzung für die Fälligkeit, sondern eine Frage der materiellen Richtigkeit. Eine auf fehlerhaften Messwerten beruhende Rechnung ist also fällig, aber nur in der Höhe, in der nach Korrektur der Messwerte ein Rechnungsbetrag verbleibt[309].

d) Schätzung

194 Fallen die Messeinrichtungen zur Ermittlung der gelieferten Energiemenge aus oder fehlen die Messwerte mangels Ablesung, so ist der Energiedienstleister nach § 20 und § 21 AVBFernwärmeV bzw. § 11 und § 18 StromGVV unter den dort genannten Bedingungen zur

[308] Ebenso BerlKommEnR/*Bruhn*, § 40 EnWG, Rn. 49.
[309] BGH, Urt. v. 16.10.2013 – VIII ZR 243/12, Rn. 30, 31.

Schätzung des Verbrauchs berechtigt. Führt er eine Schätzung durch, obwohl die Voraussetzungen dafür gar nicht vorliegen, so führt dies nicht dazu, dass er den Anspruch auf seine Vergütung vollständig verliert. Vielmehr hat das Gericht im Rechtsstreit über die geschätzte Forderung die Richtigkeit der Schätzung zu überprüfen und diese gegebenenfalls durch eine eigene Schätzung zu ersetzen[310]. Zu beachten ist, dass die nachträgliche Korrektur einer Verbrauchsberechnung nach § 21 AVBFernwärmeV für längstens zwei zurückliegende Jahre und nach § 11 StromGVV für längstens drei zurückliegende Jahre erfolgen kann, selbst wenn nachgewiesen werden kann, dass die Messeinrichtung über einen längeren Zeitraum fehlerhaft arbeitete.

e) Abrechnungsfrist

195 Die **AVBFernwärmeV** sieht **keine Frist** vor, bis zu deren Ablauf die Abrechnung erfolgt sein muss. Der Energiedienstleister kann also grundsätzlich auch noch ein oder mehrere Jahre nach Ablauf des Abrechnungszeitraums eine Abrechnung vorlegen, aus der sich Nachforderungen ergeben können. Selbst die dreijährige Verjährungsfrist gemäß § 195 BGB führt nicht dazu, dass spätestens drei Jahre nach Ende des Lieferzeitraums abgerechnet werden muss, weil die **Verjährung** gemäß § 199 Abs. 1 BGB überhaupt erst mit Entstehung des Anspruchs, also erst mit Fälligkeit des Abrechnungssaldos, zu laufen beginnt[311]. Fällig wird ein Abrechnungssaldo nach § 27 Abs. 1 AVBFernwärmeV und § 17 StromGVV/GasGVV frühestens zwei Wochen nach Zugang der Abrechnung. Die Verjährung beginnt also nicht zu laufen, solange nicht abgerechnet ist.

196 Auch aus dem **Mietrecht** ergibt sich nicht unmittelbar eine stets zu beachtende Abrechnungsfrist bei der Belieferung vermieteter Gebäude. Der Vermieter, der die Kosten der Energielieferung im Rahmen der Betriebskostenabrechnung gegenüber seinen Mietern abrechnet, muss dies innerhalb der Abrechnungsfrist von einem Jahr nach Ende des Abrechnungszeitraumes (§ 556 Abs. 3 BGB) erledigen. Nach deren Ablauf kann der Vermieter keine Nachforderungen mehr gegenüber den Mietern geltend machen, es sei denn, die Verzögerung ist unverschuldet. Nach Auffassung des Bundesgerichtshofes ist der Vermieter nicht gehindert, berechtigte Nachforderungen gegenüber den Mietern abzurechnen, wenn er dies nur deshalb nicht innerhalb der Jahresfrist erledigen konnte, weil derjenige, der die Betriebskosten dem Vermieter in Rechnung stellt, nicht rechtzeitig abgerechnet hat. In einem solchen Fall kann der Vermieter auch nach Ablauf der

---

[310] BGH, Urt. v. 16.10.2013 – VIII ZR 243/12, Rn. 20.

[311] BGH, Urt. v. 22.10.1986 – VIII ZR 242/85, NJW-RR 1987, 237–239, Rn. 27 ff.

Jahresfrist Nachforderungen innerhalb von drei Monaten nach dem Zeitpunkt geltend machen, in dem ihm gegenüber die entsprechenden Kosten geltend gemacht worden sind[312]. Ergibt sich aus einer später als ein Jahr nach Ende des Abrechnungszeitraums erstellten Abrechnung eine Nachzahlung des Vermieters, so kann er also deren Begleichung nicht mit dem Argument zurückweisen, die Kosten wegen Fristablaufs nicht auf seine Mieter umlegen zu können. Im Übrigen wäre eine Beachtung dieser Frist durch den Energiedienstleister auch nur dann verpflichtend, wenn das vertraglich vereinbart ist.

197 Anders verhält es sich bei der Abrechnung von **Stromlieferungen** an Letztverbraucher. Diese haben gemäß § 40 Abs. 4 EnWG spätestens **sechs Wochen** nach Beendigung des abzurechnenden Zeitraumes zu erfolgen. Eine Abschlussrechnung hat ebenfalls spätestens sechs Wochen nach Ende des Lieferverhältnisses zu erfolgen. Nicht geregelt sind die Auswirkungen dieser Abrechnungspflicht auf die Verjährung von Forderungen aus Stromlieferungen. Fällig wird ein Abrechnungssaldo nach § 17 Abs. 1 StromGVV auch frühestens zwei Wochen nach Zugang der Abrechnung. Nach der oben dargestellten Rechtsprechung beginnt damit die **Verjährung** nicht vor Rechnungsstellung. Damit würde aber die Regelungsabsicht des § 40 Abs. 4 EnWG ausgehebelt, der schnelle Klarheit über die Verbrauchskosten für den Letztverbraucher erreichen will. Es wäre konsequent, deshalb abweichend von den üblichen Regelungen bei Forderungen aus Stromlieferungen an Letztverbraucher davon auszugehen, dass die Forderung aus der Schlussrechnung mit Ablauf der Abrechnungsfrist gemäß § 40 Abs. 4 EnWG fällig wird und damit die Verjährung zu laufen beginnt[313]. Der Bundesgerichtshof hat aber zuletzt 2013 entschieden, dass sich die Fälligkeit allein nach § 27 Abs. 1 AVBFernwärmeV und § 17 StromGVV/GasGVV richtet[314]. Es ist deshalb fraglich, ob man aus § 40 EnWG ein anderes Ergebnis herleiten kann.

3. AVBFernwärmeV und Heizkostenverordnung

198 In der Praxis begegnet man regelmäßig der Auffassung, dass die Lieferung von Wärme „nach der Heizkostenverordnung abzurechnen“ sei. Dies beruht jedoch auf einem Missverständnis des vom Gesetzgeber recht kompliziert geregelten Verhältnisses von AVB-

---

[312] BGH, Urt. v. 5.7.2006 – VIII ZR 220/05, Rn. 19, NJW 2006, 3350–3352; a.A. *Rips-Wall*, Betriebskostenkommentar, Rn. 1978–1981.

[313] So AG Neuss, Urt. v. 28.3.2013 – 92 C 4945/12, Rn. 5, juris = BeckRS 2014, 00193; offen gelassen von AG Segeberg, Urt. v. 1.12.2011 – 17a C 78/11, juris = BeckRS 2011, 27253.

[314] Urt. v. 16.10.2013 – VIII ZR 243/12, Rn. 30, 31.

FernwärmeV zur Verordnung über die verbrauchsabhängige Abrechnung der Heiz- und Warmwasserkosten[315] (HeizkV). Folgendes ist zu beachten: Die Heizkostenverordnung regelt ausweislich ihres § 1 die **Verteilung** der Heiz- und Warmwasserkosten, nicht die **Ermittlung** dieser Kosten. Die Kostenermittlung ist vielmehr ein gesonderter, der Verteilung notwendig vorausgehender Vorgang. Die soeben erläuterten Bestimmungen der AVBFernwärmeV über die Messung und Abrechnung bleiben also von der HeizkV grundsätzlich unberührt. § 18 Abs. 7 AVBFernwärmeV enthält lediglich den allgemeinen Grundsatz, dass bei der Abrechnung der Lieferung von Fernwärme und Fernwarmwasser die Bestimmungen der HeizkV zu beachten sind.

199 In welcher Weise der Wärmelieferant die Bestimmungen der HeizkV zu beachten hat, ergibt sich wiederum aus der HeizkV. Diese unterscheidet **drei Modelle**, nach denen die Kosten der eigenständigen gewerblichen Lieferung von Wärme abgerechnet werden können:

200 – Der **Gebäudeeigentümer verteilt** die ihm vom Lieferanten in Rechnung gestellten Wärmelieferungskosten auf die Nutzer (§ 1 Abs. 1 Nr. 2 HeizkV). Dabei hat er so zu verfahren, dass er die Gesamtkosten der Wärmelieferung (Grund-, Arbeits- und Messpreis) entsprechend § 7 HeizkV zu mindestens 50 % und höchstens 70 % nach dem – regelmäßig durch Heizkostenverteiler – erfassten Verbrauchsanteil der Nutzer verteilt. Das Verhältnis von Grundkosten zu Arbeitskosten bei der Wärmelieferung ist also ohne jede Bedeutung für die Abrechnung gegenüber den Nutzern. Es ist möglich, dass nur 50 % der gesamten Wärmelieferungskosten Arbeitskosten, also verbrauchsabhängige Kosten sind, trotzdem aber eine Verteilung der Gesamtkosten zu 70 % nach den Verbrauchsanteilen der Nutzer und zu 30 % nach dem Flächenanteil der Nutzer erfolgt.

201 – Der **Lieferant** liefert auf der Basis eines mit den einzelnen Nutzern abgeschlossenen Wärmelieferungsvertrages direkt an die Nutzer und rechnet mit ihnen ab. Dabei legt er nicht den durch Wärmemengenzähler bei jedem Nutzer gemessenen Verbrauch zugrunde, sondern **verteilt** die Gesamtkosten entsprechend der bei den Nutzern – regelmäßig durch Heizkostenverteiler – ermittelten Verbrauchsanteile. Dieser Fall ist in der Heizkostenverordnung doppelt geregelt, nämlich in § 1 Abs. 2 Nr. 2 und Abs. 3. Man kann § 1 Abs. 2 Nr. 2 HeizkV nicht als den Fall ansehen, in dem der Gebäudeeigentümer sich einer anderen Person bedient, die die Heizan-

[315] In der Fassung der Bekanntmachung v. 5.10.2009, BGBl. I S. 3250.

lage für ihn betreibt und nur in Vollmacht des Grundstückseigentümers die Heizkosten direkt von den Nutzern einzieht. Denn die nach § 1 Abs. 2 Nr. 2 HeizkV geforderte Berechtigung, „ein Entgelt vom Nutzer zu fordern", liegt nur dann vor, wenn ein schuldrechtlicher Vertrag zwischen Nutzer und Betreiber, also ein Wärmelieferungsvertrag, besteht[316]. In Abs. 3 wird die Wärmelieferung ausdrücklich erwähnt. Weil Wärmelieferung nach § 1 Abs. 1 Nr. 2 HeizkV jede Art der eigenständigen gewerblichen Wärmelieferung erfasst, kann auch nicht in der Weise unterschieden werden, dass Abs. 2 Nr. 2 die Wärmelieferung aus Anlagen im Gebäude erfasst und Abs. 3 „echte Fernwärme"[317]. Werden die Wärmelieferungskosten vom Lieferanten unter den Nutzern verteilt, so ist der Wärmelieferant dem Gebäudeeigentümer gleichgestellt, hat also genau so wie der Gebäudeeigentümer die Summe der Wärmelieferungskosten entsprechend § 7 HeizkV auf die Nutzer zu verteilen.

– Der **Lieferant** liefert direkt an die Nutzer und rechnet mit ihnen ab. Dabei legt er die **individuellen Verbräuche** zugrunde, die bei den einzelnen Nutzern durch Wärmemengenzähler, **nicht** Heizkostenverteiler, ermittelt werden. Dieser Fall ist in der Heizkostenverordnung nicht geregelt. Aus § 1 Abs. 3 HeizkV ergibt sich vielmehr im Umkehrschluss, dass er in der Heizkostenverordnung nicht geregelt werden soll, weil Abs. 3 ausdrücklich nur dann für die Wärmelieferung gilt, wenn die Kosten vom Lieferanten zwischen den Nutzern verteilt werden. Wenn der Lieferant mit jedem Nutzer einen Wärmelieferungsvertrag abschließt und nach der beim Nutzer gemessenen Wärmemenge abrechnet, gilt die AVB-FernwärmeV mit ihren Regelungen zur Wärmemessung in § 18. Dessen Absatz 7 verweist zwar auf die Heizkostenverordnung. Weil die für diesen Fall wie soeben gezeigt gerade keine Regelung enthält, hat der Verweis insoweit keine Bedeutung. Technische Voraussetzung für diese Art der Wärmelieferung ist, dass durch geeichte Wärmemengenzähler für jede Nutzeinheit deren Verbrauch ermittelt werden kann. Der Lieferant verteilt dann nicht die Gesamtkosten für das Objekt gemäß § 7 HeizkV, sondern stellt jedem Nutzer die bei ihm gemessene Wärmemenge und daneben einen Grundpreis in Rechnung, der sich z.B. aus einer Verteilung des für das Gesamtgebäude anfallenden Grundpreises nach der Fläche der einzelnen Nutzeinheiten ergibt. **202**

[316] *Lammel*, HeizkV, § 1, Rn. 33.

[317] So aber *Lammel*, § 1 HeizkV, Rn. 14, unter Außerachtlassung der Änderungsgründe für § 1 Abs. 1 Nr. 2 HeizkV im Jahre 1989.

Bei dieser Art der Abrechnung muss der Lieferant eine eventuell eintretende Differenz zwischen der Summe der Zählwerte der Einzelzähler und dem Messwert eines Gesamtverbrauchszählers, der am Ausgang der Wärmeerzeugungsanlage installiert ist, selbst tragen. Gleiches gilt für die Leitungsverluste zwischen Wärmeerzeugungsanlage und den Zählern für die einzelnen Nutzeinheiten. Das ist bei der Kalkulation zu berücksichtigen.

Diese Ausführungen gelten für die Verteilung der **Warmwasserkosten** entsprechend.

Lieferant und Gebäudeeigentümer sollten also frühzeitig klären, welche Art der Verteilung der Heiz- und Warmwasserkosten gewählt werden soll und darauf aufbauend die Messtechnik[318] und die Verträge entsprechend gestalten.

VIII. Energieerzeugungsanlage

203 Gehört die Belieferung mit Nutzenergie zu den Aufgaben des Energiedienstleisters, so benötigt er dazu eine oder mehrere Energieerzeugungsanlagen. Um Energie liefern zu können, ist es nicht zwingend erforderlich, dass die Energieerzeugungsanlage dem Energiedienstleister gehört. Er könnte sie auch pachten, betreiben und die erzeugte Energie an den Kunden, der auch Eigentümer der Anlage sein kann, verkaufen. In den meisten Fällen der dezentralen Energielieferung verhält es sich aber so, dass die Energieerzeugungsanlage dem Energiedienstleister gehört. Aus seiner Energieerzeugungsanlage liefert er Wärme, Elektrizität, Kälte, Druckluft, Licht oder sonstige Nutzenergien. Die Energieerzeugungsanlage ist Voraussetzung für die Leistungserbringung durch den Energiedienstleister. Abweichend von hergebrachten Gepflogenheiten investiert nicht der Eigentümer oder Nutzer des Grundstücks in die für die Versorgung des Grundstücks mit der benötigten Energie erforderliche Anlage, sondern der Energiedienstleister. Aus der Pflicht, auf eigene Kosten die umfangreiche Investition in die Energieerzeugungsanlage zu bestreiten, erwächst das Bedürfnis, hinsichtlich der Energieerzeugungsanlage eine gesicherte Rechtsposition gegenüber dem Kunden zu behalten, auf dessen Grundstück die Anlage errichtet wird. Bleibt der Energiedienstleister Eigentümer der Anlage, so hat er dann, wenn es zu Vertragsstörungen kommt, jedenfalls noch den Zugriff auf die Anlage selbst. Häufig wird das Eigentum an der Anlage als Sicherungsmittel für eine Finanzierung des Energiedienstleistungs-

[318] Ausführlich dazu *Kreuzberg/Wien*, Kap. 4–12.

projekts eingesetzt, z.B. dann, wenn eine Leasing-Finanzierung vorgesehen ist. Der Verbleib des Eigentums an der Energieerzeugungsanlage beim Energiedienstleister ist auch aus Kundensicht nur konsequent, denn der Energiedienstleister nimmt dem Kunden die notwendige Investition in die Energieerzeugungsanlage ab. Es muss deshalb für jedes Projekt ein Investitionsabsicherungskonzept entworfen werden, dass die Interessen des Kunden und des Energiedienstleisters angemessen berücksichtigt. Dazu können die nachfolgend geschilderten Instrumente genutzt werden.

1. Eigentum an der Energieerzeugungsanlage

204 Die Energieerzeugungsanlage ist eine bewegliche Sache. Bei der Installation im Gebäude des Kunden wird sie mit dem Gebäude des Kunden verbunden. Wird eine bewegliche Sache mit einem Grundstück dergestalt verbunden, dass sie **wesentlicher Bestandteil** des Grundstücks wird, so erstreckt sich gemäß § 946 BGB das Eigentum an dem Grundstück auf diese Sache. Die Verbindung ist ein rein tatsächlicher Vorgang (Realakt). Es kommt deshalb weder auf die Geschäftsfähigkeit des Handelnden noch darauf an, ob sie absichtlich oder zufällig, gut- oder bösgläubig erfolgt. Im Zeitpunkt der Verbindung erwirbt der Grundstückseigentümer kraft Gesetzes lastenfreies Eigentum (§ 949 S. 1 BGB) an der mit dem **Grundstück verbundenen Sache** und das Eigentum des bisherigen Eigentümers der beweglichen Sache erlischt. Der Eigentumsübergang ist zwingend und endgültig. Als Ausgleich steht dem bisherigen Eigentümer gemäß § 951 BGB ein Vergütungsanspruch nach bereicherungsrechtlichen Grundsätzen zu. Das Eigentum an der Sache verbleibt auch bei einer späteren Trennung bei dem Grundstückseigentümer[319]. Da wesentliche Bestandteile gemäß § 93 BGB nicht Gegenstand besonderer Rechte sein können, könnte ein Energiedienstleister, dessen Anlage wesentlicher Bestandteil des Kundengrundstücks wird, kein Eigentum an ihr behalten oder dann, wenn er eine schon eingebaute Anlage übernehmen möchte, nachträglich daran begründen.

205 Vor diesem Hintergrund stellt sich die Frage, ob eine Energieerzeugungsanlage mit Errichtung auf dem Kundengrundstück wesentlicher Bestandteil desselben wird. Gelangt man dazu, dass eine Energieerzeugungsanlage grundsätzlich durch Verbindung mit dem Grundstück oder Einfügung in das Gebäude dessen wesentlicher Bestandteil wird, so ist weiter zu klären, ob dies mit Hilfe der Regelungen des § 95 BGB in bestimmten Fällen doch vermieden werden

[319] *Staudinger-Wiegand* (2011), § 946 BGB, Rn. 6, 7, 10.

kann und die Energieerzeugungsanlage stattdessen nur als „Scheinbestandteil“ anzusehen ist und damit Gegenstand besonderer Rechte sein kann. Ist das der Fall, so könnte der Energiedienstleister trotz Einbau in das Kundengebäude Eigentümer der Anlage bleiben oder das Eigentum an einer schon eingebauten Anlage übernehmen.

a) Ist eine Energieerzeugungsanlage wesentlicher Grundstücksbestandteil?

206 Wesentliche Bestandteile einer Sache sind nach § 93 BGB solche, die voneinander nicht getrennt werden können, ohne dass der eine oder der andere zerstört oder in seinem Wesen verändert wird. Zu den wesentlichen Bestandteilen eines Grundstücks gehören gemäß § 94 Abs. 1 BGB die mit dem Grund und Boden fest verbundenen Sachen, insbesondere Gebäude. Zu den wesentlichen Bestandteilen eines Gebäudes gehören gemäß § 94 Abs. 2 BGB die zur Herstellung des Gebäudes eingefügten Sachen.

207 **aa) Bestandteilseigenschaften.** Bestandteile sind „diejenigen körperlichen Gegenstände ..., die entweder von Natur aus eine Einheit bilden oder durch Verbindung miteinander ihre Selbständigkeit dergestalt verloren haben, dass sie fortan, solange die Verbindung dauert, als ein Ganzes, als eine einheitliche Sache erscheinen.“[320]. Ob durch die Verbindung eine einheitliche Sache entsteht, richtet sich nach der Verkehrsauffassung, hilfsweise nach der natürlichen Betrachtungsweise. Eine nicht ohne weiteres lösbare Verbindung durch Bolzen und Schrauben schafft eine einheitliche Sache[321]. Die Energieerzeugungsanlage, die in einem Kellerraum des Gebäudes aufgestellt und mit den Fundamenten verschraubt wird, bildet also mit dem Gebäude eine einheitliche Sache.

Um von einer eine einheitliche Sache schaffenden Verbindung auszugehen, genügt auch die Wirkung der Schwerkraft, wobei in diesem Fall aber zusätzlich die gegenseitige Anpassung der durch die Schwerkraft zusammengehaltenen Stücke erforderlich ist[322]. Da Energieerzeugungsanlagen, die auf dem Kundengrundstück oder in dem Gebäude des Kunden errichtet werden, dort befestigt und hinsichtlich der Anschlüsse dem Aufstellungsort angepasst werden, kann man davon ausgehen, dass eine Energieerzeugungsanlage, die auf einem Kundengrundstück errichtet wird, regelmäßig als **Bestandteil** des Kundengrundstücks anzusehen ist. Zu klären bleibt, ob sie

---

[320] RG, Urt. v. 19.4.1906 – V 528/05, RGZ 63, 171, 173.
[321] *Staudinger-Jickeli/Stieper* (2012), § 93 BGB, Rn. 9.
[322] *Staudinger-Jickeli/Stieper* (2012), § 93 BGB, Rn. 9.

damit auch **wesentlicher** Bestandteil des Gebäudes oder Grundstücks wird.

bb) Wesentlicher Bestandteil im Sinne des § 93 BGB? Ein wesentlicher Bestandteil liegt gemäß § 93 BGB dann vor, wenn die Bestandteile der einheitlichen Sache voneinander nicht getrennt werden können, ohne dass der eine oder der andere zerstört oder in seinem Wesen verändert wird. Ob ein Bestandteil einer einheitlichen Sache ein wesentlicher Bestandteil ist, hängt also nicht davon ab, ob der betreffende Bestandteil für die Gesamtsache wesentlich ist. Entscheidend ist vielmehr, ob die verschiedenen Bestandteile nach der Trennung noch in der bisherigen Art wirtschaftlich genutzt werden können, sei es auch erst, nachdem sie zu diesem Zweck wieder mit anderen Sachen verbunden worden sind[323]. Ausgehend davon kam der Bundesgerichtshof in der zitierten Entscheidung zu dem Ergebnis, dass der Motor eines Kraftfahrzeuges kein wesentlicher Bestandteil des Fahrzeugs ist, weil er ohne Beschädigung des Motors selbst und anderer Bauteile wieder ausgebaut und in einem anderen Fahrzeug eingesetzt werden kann. Einschränkend führt der Bundesgerichtshof aus, dass jedenfalls dann nicht von einem wesentlichen Bestandteil ausgegangen werden kann, wenn die Trennung ohne erheblichen Arbeitsaufwand möglich ist[324]. **208**

Übertragen auf Energieerzeugungsanlagen bedeutet dies, dass es jedenfalls zweifelhaft ist, ob solche Anlagen wesentliche Bestandteile eines Gebäudes oder Grundstücks aufgrund der Regelung des § 93 BGB sind. Denn es ist möglich, Heizkessel, Blockheizkraftwerke, Kältemaschinen u.ä. zu demontieren und ggf. in Einzelteilen wieder aus dem Gebäude heraus zu befördern, ohne die Anlage und das Gebäude bzw. andere Bestandteile des Gebäudes so zu beschädigen, dass sie nicht mehr nutzbar sind. Die Energieerzeugungsanlage selbst kann anderenorts wieder eingebaut und weiter genutzt werden. Die verbleibende Gebäudeinfrastruktur (Heiz-, Strom- oder Kühlwasserleitungen etc.) ist nach Einbau einer anderen Energieerzeugungsanlage weiter nutzbar[325]. Als wesentlicher Bestandteil im Sinne des § 93 BGB wäre eine Energieerzeugungsanlage aber dann anzusehen, wenn das Gebäude zu ihrer Montage erheblich beschädigt und nur mit großem Aufwand wiederhergestellt werden könnte. **209**

Gegen die generelle Annahme, dass Energieerzeugungsanlagen wesentliche Bestandteile im Sinne des § 93 BGB sind, spricht auch die Rechtsprechung zur Bestandteilseigenschaft von Maschinen, die in einer Fabrik aufgestellt wurden. Hatte das Reichsgericht anfäng- **210**

---

[323] BGH, Urt. v. 8.10.1955 – IV ZR 116/55, BGHZ 18, 226, 229.
[324] BGH, Urt. v. 8.10.1955 – IV ZR 116/55, BGHZ 18, 226, 232.
[325] Darauf weist auch *Schreiber*, NZM 2002, 320, 321 hin.

lich angenommen, dass Maschinen wesentliche Bestandteile einer Fabrik sind, weil die Fabrik ohne Maschinen ein anderes Wesen hat als mit Maschinen, entspricht es nunmehr zutreffend der herrschenden Auffassung, dass nicht auf die Fabrik, sondern auf das Gebäude abzustellen ist. Dieses bleibt bei Entfernung der Maschinen unverändert. Deshalb wird jedenfalls dann, wenn es sich nicht um besonders angepasste und speziell für das Gebäude angefertigte Maschinen handelt[326], regelmäßig angenommen, dass diese keine wesentlichen Bestandteile eines Fabrikgebäudes sind und deshalb sonderrechtsfähig sein können[327]. Sind die hier in Rede stehenden Energieerzeugungsanlagen Serienprodukte (was bei kleineren und mittleren Anlagengrößen regelmäßig der Fall sein wird), so sind sie im Regelfall auch keine wesentlichen Bestandteile im Sinne des § 93 BGB.

211 **cc) Wesentlicher Bestandteil im Sinne des § 94 BGB?** Auch wenn eine Energieerzeugungsanlage nicht aufgrund der Regelung des § 93 BGB als wesentlicher Bestandteil eines Gebäudes oder Grundstücks anzusehen ist, kann sie gemäß § 94 BGB als wesentlicher Bestandteil anzusehen sein. Zwischen § 94 BGB und § 93 BGB besteht keine Spezialität, weil ein Grundstücksbestandteil sowohl wesentlicher Bestandteil gemäß § 93 und § 94 BGB sein kann als auch wesentlicher Bestandteil nur nach einer der beiden Vorschriften[328].

212 **(1) Grundstücksbestandteil gemäß § 94 Abs. 1 BGB**. Zu den wesentlichen Bestandteilen eines Grundstücks gehören nach § 94 Abs. 1 BGB die mit dem Grund und **Boden fest verbundenen** Sachen, insbesondere Gebäude. Ein Heizwerk in einem eigenen Gebäude ist also grundsätzlich wesentlicher Bestandteil des Grundstücks, auf dem es errichtet worden ist. Bei einer Transformatorstation, die als fertiges Bauteil auf dem Grundstück ohne weitere Verankerung aufgestellt wird und dort nur aufgrund ihres hohen Gewichts fest steht, stellt sich die Frage, ob sie fest mit dem Grundstück verbunden und damit wesentlicher Bestandteil ist. Der Bundesfinanzhof hat im Rahmen einer Entscheidung darüber, ob eine Fertiggarage als zum Grundstück gehörig anzusehen und damit bei der Bemessung der Grunderwerbssteuer zu berücksichtigen ist, festgestellt, dass eine Fertiggarage wesentlicher Bestandteil des Aufstellungsgrundstücks ist, auch wenn sie nicht gesondert auf dem Grundstück verankert sei. Für die Frage, ob eine feste Verbindung vorliege, sei keine gesonderte Veran-

---

[326] Solche sind wesentliche Bestandteile des Fabrikationsgebäudes, OLG Hamm, Urt. v. 17.3.2005 – 5 U 183/04, BauR 2005, 1222; ebenso die Maschinenanlage eines Wasserkraftwerkes, dessen Gebäude speziell für die Wasserkraftnutzung gebaut wurde, BayObLG, Rpfleger 1999, 86.

[327] *Staudinger-Jickeli/Stieper* (2012), § 93 BGB, Rn. 18 m.w.N.

[328] *Staudinger-Jickeli/Stieper* (2012), § 94 BGB, Rn. 2.

kerung maßgeblich, sondern die Frage, ob das Bauwerk auf dem Grundstück die für seinen Verwendungszweck ausreichende Standfestigkeit habe. Wenn sich diese wie bei einer Fertiggarage ohne Fundamente schon aus dem Gewicht der Garage ergäbe, sei diese auch wesentlicher Bestandteil[329].

213 Allein aus dem Umstand, dass auch eine Transformatorstation ebenso wie eine Fertiggarage nur mit Hilfe eines Krans vom Grundstück entfernt werden kann, kann man nicht den Schluss ziehen, dass sie wesentlicher Bestandteil des Grundstücks ist. Denn dann gäbe es keinen Grund, Maschinen, die häufig wesentlich größer und schwerer als Transformatorstationen sind, nicht auch als wesentliche Grundstücksbestandteile anzusehen. Die Entscheidung des Bundesfinanzhofes kann also nicht dahingehend verallgemeinert werden, dass alle aufgrund ihres Gewichts fest und einsatzfähig auf einem Grundstück stehenden beweglichen Sachen auch wesentlicher Bestandteil des Grundstücks sind. Es ist vielmehr eine Besinnung auf den Wortlaut der Norm erforderlich und damit davon auszugehen, dass die bewegliche Sache zusätzlich auch noch Gebäudeeigenschaft aufweisen muss, wie es bei der Fertiggarage der Fall war. Eine **Transformatorstation** ist deshalb ebenso wie eine Maschine **nicht** als wesentlicher **Bestandteil** gemäß § 94 Abs. 1 BGB anzusehen[330]. Gleiches gilt für Heizcontainer, Stromaggregate und ähnliche transportable energietechnische Anlagen.

214 **(2) Gebäudebestandteil gemäß § 94 Abs. 2 BGB.** In den meisten Fällen werden Energieerzeugungsanlagen von Energiedienstleistern in und auf Gebäuden errichtet. Werden sie dadurch wesentlicher Bestandteil des Gebäudes, so gehen sie in das Eigentum des Grundstückseigentümers über, weil Gebäude nach § 94 Abs. 1 BGB wesentliche Grundstücksbestandteile und damit nach § 946 BGB Eigentum des Grundstückseigentümers sind. Zu den wesentlichen Bestandteilen eines Gebäudes gehören nach § 94 Abs. 2 BGB die **zur Herstellung** des Gebäudes **eingefügten** Sachen. Für die Einfügung kommt es nicht auf die objektive Festigkeit der Verbindung an. Vielmehr genügen ein räumlicher Zusammenhang mit dem Gebäude und die Anpassung des Teiles an das Gebäude. Darin liegt der Unterschied zu § 93 BGB. Es kommt auch nicht darauf an, ob die Einfügung bei der Errichtung des Gebäudes oder später, z.B. anlässlich einer Reparatur, stattfindet[331].

---

[329] BFH, Urt. v. 4.10.1978 – II R 15/77, NJW 1979, 392.

[330] Gegenteiliger Ansicht für eine Transformatorstation von der Größe zweier PKW-Garagen, 10 t Gewicht und Aufstellungsort neben Betriebsgebäuden OLG Schleswig, Urt. v. 21.5.2013 – 3 U 77/12, CuR 2013,81-84.

[331] *Staudinger-Jickeli-Stieper* (2012), § 94 BGB, Rn. 28 m.w.N.

215 Für die Beurteilung der Frage, ob eine Sache „zur Herstellung“ in ein Gebäude eingefügt wird, ist darauf abzustellen, ob der Baukörper für eine bestimmte Verwendung, zu der die fragliche Sache benötigt wird, hergestellt wurde[332]: Zur Herstellung eingefügte Sachen „sind in erster Linie die verwendeten Baustoffe und Bauelemente, darüber hinaus aber auch diejenigen Gegenstände, deren Einfügung dem Gebäude erst seine besondere Eigenart gibt (Senat, NJW 1984, 2277, 2278 m.w.N.). Ob diese Voraussetzung vorliegt, beurteilt sich nach der Verkehrsanschauung, die für das betreffende Gebäude nach dessen Wesen, Zweck und Beschaffenheit besteht (BGH, NJW 1953, 1180; BGHZ 53, 324, 325)“[333].

In der hier zitierten Entscheidung ging es um die Frage, ob ein Notstromaggregat zur Herstellung eines modernen Hotels eingefügt wurde. Der Bundesgerichtshof bejahte dies, weil der Verwendungszweck „Hotel“ zu der Verkehrsanschauung führe, dass zu einem funktionierenden Hotelgebäude eine die ständige Stromversorgung sichernde Ersatzanlage gehöre. Wenigstens in gewissem Umfange sei eine ständige Stromversorgung z.B. für Notbeleuchtung und Notrufanlagen erforderlich. Man könne die Eigenschaft als wesentlicher Bestandteil auch nicht durch den Verweis auf die Entscheidung des Senats in BGHZ 53, 324, 326 in Frage stellen, weil dort entschieden wurde, dass bei vorhandener Koksheizungsmöglichkeit eine daneben bestehende Ölheizungsanlage nicht wesentlicher Bestandteil des Gebäudes sei. Denn im Notfall sei das Notstromaggregat anders als die Ölheizung im anderen Fall die alleinige und unentbehrliche Stromversorgungsquelle. Als weiteres Indiz für die Annahme, es handele sich bei dem Notstromaggregat um einen wesentlichen Gebäudebestandteil, wertet der Bundesgerichtshof den Umstand, dass die Baugenehmigung die Aufstellung eines solchen Aggregats vorschrieb[334]. Die Argumentation des Bundesgerichtshofes, mit der das von der Entscheidung in BGHZ 53, 324 abweichende Ergebnis begründet wird, ist nicht vollständig überzeugend. Denn im Notfall, in dem die Koksheizungsmöglichkeit in einem Haus ausfällt, ist die daneben vorhandene Ölheizung auch die einzige und auch notwendige Beheizungsmöglichkeit.

216 Verallgemeinernd gelangt man zu dem Ergebnis, dass eine **Energieerzeugungsanlage** nach der bisherigen Rechtsprechung zur **Herstellung** eines Gebäudes in dieses eingefügt worden ist, **wenn** die Energieerzeugungsanlage für die Nutzung des Gebäudes **unverzichtbar** ist. Dementsprechend sieht die Rechtsprechung auch die Lüf-

[332] *Staudinger-Jickeli/Stieper* (2012), § 94 BGB, Rn. 26.
[333] BGH, Urt. v. 10.7.1987 – V ZR 285/86, NJW 1987, 3178.
[334] BGH, Urt. v. 10.7.1987 – V ZR 285/86, NJW 1987, 3178.

tungsanlage eines Hotels[335] oder einer Gaststätte[336] als wesentlichen Gebäudebestandteil im Sinne des § 94 Abs. 2 BGB an. Vielfach sind auch Heizungsanlagen als wesentliche Gebäudebestandteile im Sinne des § 94 Abs. 2 BGB angesehen worden[337]. Auch eine Wärmepumpe, die der Beheizung des Gebäudes dient, ist als wesentlicher Bestandteil angesehen worden[338]. Das Eigentum geht bereits dann auf den Grundstückseigentümer über, wenn die Anlage an ihrem endgültigen Standort aufgestellt worden ist. Ob sie schon vollständig angeschlossen, besonders verankert oder vor Fertigstellung des Rohbaus eingefügt wurde, ist ohne Bedeutung[339].

217 Die zitierte Rechtsprechung stammt zum größten Teil aus einer Zeit, als es die in diesem Buch behandelten Energiedienstleistungskonzepte noch nicht gab. In der Literatur wird darauf hingewiesen, dass die bisherige Sichtweise der Rechtsprechung heute für Heizanlagen, die von Energiedienstleistern aufgestellt werden, nicht mehr sachgerecht sei[340]. Mittlerweile sind Energiedienstleistungen in Form eines Energieliefer-Contractings eine eingeführte Methode zur Organisation der Energieversorgung. Es ist üblich und notwendig, dass der Energiedienstleister Eigentümer der Anlage bleibt. Der Gesetzgeber hat die dezentrale eigenständige gewerbliche Lieferung von Wärme nicht nur zur Kenntnis genommen, sondern fördert sie durch die Gleichstellung im Rahmen der Regelungen über die Betriebskosten[341]. § 93 BGB verfolgt primär einen wirtschaftlichen Zweck: Es soll verhindert werden, dass wirtschaftliche Werte zerstört werden, weil an ihren Bestandteilen unterschiedliche Personen Rechte geltend machen können. Das ist aber bei Energieanlagen, die ausgebaut und weiterverwendet werden können, kein Problem. Die Rechtsprechung berücksichtigt außerdem schon seit langem privatwirtschaftliche Erwägungen bei der Beurteilung der Bestandteilseigen-

[335] LG Freiburg, Urt. v. 28.12.1956 – I O 70/56, MDR 1957, 419; OLG Stuttgart, Urt. v. 17.10.1957 – NJW 1958, 1685.

[336] OLG Hamm, Urt. v. 26.11.1985 – 27 U 144/84, NJW-RR 1986, 376.

[337] LG Freiburg, Urt. v. 28.12.1956 – I O 70/56, MDR 1957, 419; OLG Stuttgart, Urt. v. 6.10.1965 – 4 U 55/65 BB 1966, 1037; BGH, Urt. v. 21.5.1953 – IV ZR 24/53, NJW 1953, 1180; OLG Köln, Urt. v. 22.10.1969 – 2 U 60/69, RPfleger 1970, 88; BGH, Urt. v. 13.3.1970 – V ZR 71/67, BGHZ 53, 324–327; OLG Hamm, Urt. v. 6.11.1974 – 8 U 129/74, BB 1975, 156; BGH, Urt. v. 27.9.1978 – V ZR 36/77, NJW 1979, 712; OLG Rostock, Urt. v. 15.1.2004 – 7 U 91/02, Rn. 11, CuR 2004, 145–148; OLG Hamm, Urt. v. 22.11.2004 – 5 U 136/04, Rn. 23 ff., NZM 2005, 158–159; LG Lüneburg, Urt. v. 13.9.2006 – 6 S 43/06, WuM 2006, 609; OLG Düsseldorf, Urt. v. 23.4.2007 – 9 U 73/06, Rn. 36, CuR 2007, 66–70.

[338] BGH, Urt. v. 15.11.1989 – IVa ZR 212/88, NJW-RR 1990, 158.

[339] BGH, Urt. v. 27.9.1978 – V ZR 36/77, NJW 1979, 712.

[340] *Schreiber*, NZM 2002, 320, 321.

[341] Siehe dazu ausführlich oben Rn. 28 ff.

schaft[342]. Dies alles rechtfertigt es, bei **Heizanlagen**, die von **Energiedienstleistern** eingebaut werden, generell davon auszugehen, dass sie **nicht** wesentlicher **Bestandteil** eines Gebäudes werden[343]. Bisher hat sich die Rechtsprechung dieser Sichtweise nicht angeschlossen[344].

218 **dd) Zwischenergebnis: Energieerzeugungsanlagen sind meistens wesentlicher Grundstücksbestandteil.** Als Zwischenergebnis ist festzuhalten, dass Energieerzeugungsanlagen selten wesentlicher Bestandteil eines Grundstücks gemäß § 93 BGB sind, weil sie sich meist ohne wesentliche Schäden an Grundstück, Gebäude und Anlage vom Grundstück und Gebäude trennen lassen. Nach der in bisherigen gerichtlichen Entscheidungen zugrunde gelegten Verkehrsanschauung sind aber die in ein Gebäude eingefügten Energieerzeugungsanlagen, die das Gebäude erst nutzbar macht, regelmäßig als zur Herstellung des Gebäudes eingefügt anzusehen. Sie gelten danach als wesentliche Bestandteile im Sinne des § 94 Abs. 2 BGB. Eine abweichende Beurteilung, die auf die heutigen wirtschaftlichen Fakten bei Energiedienstleistungsprojekten abstellt, hat sich noch nicht durchgesetzt. Würden die gesetzlichen Regelungen zu den wesentlichen Bestandteilen eines Grundstücks sich auf die bisher erörterten Vorschriften beschränken, würde der Energiedienstleister, der auf einem fremden Grundstück eine Energieerzeugungsanlage errichtet, sein Eigentum daran regelmäßig mit dem Einbau der Anlage verlieren.

b) Energieerzeugungsanlagen als Scheinbestandteil

219 Das Zwischenergebnis lässt aber die hier sehr bedeutende Vorschrift des § 95 BGB unberücksichtigt. Zu den Bestandteilen eines Grundstücks gehören gemäß § 95 Abs. 1 S. 1 BGB solche Sachen nicht, die nur zu einem **vorübergehenden Zweck** mit dem Grund und Boden verbunden sind. Diese Regelung wird ergänzt durch § 95 Abs. 2 BGB, der vorsieht, dass Sachen, die nur zu einem vorübergehenden Zweck in ein Gebäude eingefügt sind, nicht zu den Bestandteilen des Gebäudes und damit auch nicht zu den Bestandteilen des Grundstücks gehören. § 95 Abs. 1 S. 2 BGB bestimmt weiter, dass ein Gebäude oder anderes Werk, welches in Ausübung eines Rechtes an einem fremden Grundstück von dem Berechtigten mit dem Grundstücke verbunden worden ist, ebenfalls nicht als Bestandteil des Grundstücks anzusehen ist. Da die erfassten Gegenstände sich dem äußeren Anschein nach wie Bestandteile des Grundstücks darstellen,

[342] BGH, Urt. v. 30.9.1955 – IV ZR 116/55, BGHZ 18, 226, 232.
[343] *Schreiber*, NZM 2002, 320, 322.
[344] OLG Rostock, Urt. v. 15.1.2004 – 7 U 91/02, Rn. 11, CuR 2004, 145–148; OLG Düsseldorf, Urt. v. 23.4.2007 – 9 U 73/06, Rn. 36, CuR 2007, 66–70.

es aber rechtlich betrachtet nicht sind, werden sie als „Scheinbestandteile" bezeichnet.

Für die Energiedienstleistungspraxis haben diese Regelungen erhebliche Bedeutung: Ist ein Gegenstand Scheinbestandteil eines Grundstücks im Sinne des § 95 BGB, so ist er nicht nur kein „wesentlicher Bestandteil", sondern überhaupt kein Bestandteil. Der Gegenstand ist vielmehr als bewegliche Sache zu bewerten, so dass sich der Eigentumserwerb daran nicht wie bei Bestandteilen nach den für Grundstücke geltenden Vorschriften, sondern nach den §§ 929 ff. BGB richtet[345]. Ein Energiedienstleister kann also sein Eigentum an der von ihm auf dem Kundengrundstück installierten Energieerzeugungsanlage wahren, wenn die Anlage zwar grundsätzlich als wesentlicher Bestandteil des Kundengrundstücks anzusehen ist, dies aber im konkreten Fall nicht gilt, weil einer der Ausnahmetatbestände des § 95 BGB erfüllt ist und die Anlage deshalb nur Scheinbestandteil des Grundstücks ist[346].

220 **aa) Verbindung zu einem vorübergehenden Zweck.** Die eine Möglichkeit, in Bezug auf die Energieerzeugungsanlage zu einem Scheinbestandteil zu gelangen, besteht darin, dass die Sache nur zu einem vorübergehenden Zweck mit dem Grundstück verbunden wird (§ 95 Abs. 1 S. 1 BGB). Eine Verbindung zu einem vorübergehenden Zweck ist in der Regel gegeben, wenn im Zeitpunkt ihrer Vornahme die spätere Trennung beabsichtigt ist. Entscheidend ist der Wille des Verbindenden/Einfügenden und nicht der des Grundstückseigentümers[347]. Dieser **Wille** muss hinreichend **klar** hervortreten. Bei Energiedienstleistungsprojekten wird deshalb zur Absicherung des Eigentums des Energiedienstleisters an der von ihm errichteten Anlage der Wille zur nur vorübergehenden Verbindung regelmäßig vertraglich dokumentiert[348]. Das ist nicht schon dann der Fall, wenn vertraglich vereinbart wird, dass die Anlage „Scheinbestandteil" ist. Es kommt vielmehr darauf an, dass der von Anfang an bestehende Wille zur Entfernung bei Vertragsende in klaren widerspruchsfreien Worten festgehalten wird. Das ist der Fall, wenn im Vertrag der Ausbau bei Vertragsende ausdrücklich vorgesehen ist. Die Wirksamkeit einer Scheinbestandteilsabrede, die sich auf Energieerzeugungsanlagen bezieht, ist mittlerweile mehrfach gerichtlich bestätigt worden[349]. Von einer Verbindung zu einem vorübergehenden Zweck

---

[345] BGH, Urt. v. 31.10.1986 – V ZR 168/85, NJW 1987, 774.

[346] Vgl. *Staudinger-Jickeli/Stieper* (2012), § 95 BGB, Rn. 3 unter Verweis auf RGZ 109, 128, 129, VI 82/24.

[347] BGH, Urt. v. 22.12.1995 – V ZR 334/94, NJW 1996, 916, 917 m.w.N.

[348] Siehe z.B. § 4 des Mustervertrages.

[349] LG Leipzig, Urt. v. 9.8.2001 – 15 O 8132/00, CuR 2004, 24–26; OLG Naumburg, Urt. v. 11.8.1998 – 12 U 29/98; OLG Celle, Urt. v. 25.3.2009 –

kann aber nur dann ausgegangen werden, wenn zwischen den Vertragsparteien keine weiteren Regelungen getroffen sind, die der Annahme einer nur vorübergehenden Verbindung entgegenstehen. In folgenden Fällen wird selbst dann, wenn im Vertrag ausdrücklich geregelt ist, dass die Verbindung nur zu einem vorübergehenden Zweck erfolgen soll, von einer dauerhaften Verbindung und damit der Unwirksamkeit der Scheinbestandteilsabrede auszugehen sein:

Hat der Energiedienstleister die Absicht oder ist zwischen ihm und dem Grundstückseigentümer in einer Endschaftsregelung vereinbart, dass der Grundstückseigentümer die Anlage nach dem Ende der Vertragslaufzeit **übernimmt**, kann die Anlage nicht Scheinbestandteil sein[350]. Wird dem Grundstückseigentümer freigestellt, die Anlage nach Vertragsende zu übernehmen oder hat er ein Wahlrecht, nach Vertragsende die Anlage zu erwerben oder deren Entfernung zu verlangen, so kann auch nicht von einem vorübergehenden Zweck der Verbindung und damit von einem Scheinbestandteil ausgegangen werden[351]. Ob eine solche Übernahmevereinbarung vorliegt, ist durch Auslegung des gesamten Vertrages zu ermitteln. Allein der Wortlaut einer Vertragspassage, die unter bestimmten Voraussetzungen eine Übernahme durch den Grundstückseigentümer vorsieht, schließt es noch nicht aus, von einer Verbindung zu einem vorübergehenden Zweck auszugehen[352].

221 Abweichend von der soeben beschriebenen Anforderung, dass der Wille zur nur vorübergehenden Verbindung bzw. Einfügung hinreichend klar in Erscheinung treten muss, wird bei **Mietern** und Pächtern der Wille zur vorübergehenden Verbindung oder Einfügung vermutet. In den Worten der Bundesgerichtshofes: „Verbindet der Mieter, Pächter oder ein in ähnlicher Weise schuldrechtlich Berechtigter Sachen mit dem Grund und Boden, so spricht nach feststehender Rechtsprechung regelmäßig eine **Vermutung** dafür, dass dies nur

---

4 U 162/08, CuR 2009, 150; OLG Brandenburg, Urt. v. 15.1.2009 – 5 U 170/06, CuR 2009, 59–64.

[350] BGH, Urt. v. 20.5.1988 – V ZR 269/86, NJW 1988, 2789, 2790 = BGHZ 104, 298, 301; Urt. v. 4.7.1984 – VIII ZR 270/83, WM 1984, 1236, 1237; Urt. v. 27.5.1959 – V ZR 173/57, NJW 1959, 1487, 1488; Urt. v. 2.3.1973 – V ZR 57/71, WM 1973, 561, 562; OLG Rostock, Urt. v. 15.1.2004 – 7 U 91/02, Rn. 12, CuR 2004, 145–148; OLG Düsseldorf, Urt. v. 23.4.2007 – 9 U 73/06, Rn. 37, CuR 2007, 66–70.

[351] BGH, Urt. v. 5.5.1971 – VIII ZR 197/69, WM 1971, 822, 824; LG Hannover, Urt. v. 28.11.1979 – 11 S 281/79, MDR 1980, 310; OLG Rostock, Urt. v. 15.1.2004 – 7 U 91/02, Rn. 12, CuR 2004, 145–148; OLG Koblenz, Urt. v. 21.9.2006 – 5 U 738/06, Rn. 16, CuR 2007, 107–109; OLG Düsseldorf, Urt. v. 23.4.2007 – 9 U 73/06, Rn. 37, CuR 2007, 66–70.

[352] OLG Hamburg, Urt. v. 27.1.1999 – 4 U 189/98, OLG-Report Bremen, Hamburg, Schleswig 1999, 362, 363; OLG Naumburg, Urt. v. 11.8.1998 – 12 U 29/98, S. 3 des Urteilsabdrucks.

in seinem Interesse für die Dauer des Vertragsverhältnisses und damit zu einem **vorübergehenden Zweck** geschieht"[353]. In dem Urteil vom 22.12.1995[354] wiederholt er die eben zitierte Passage und ergänzt: „Diese Vermutung wird nicht schon bei einer massiven Bauart des Bauwerks oder bei langer Dauer des Vertrages entkräftet. Hierfür ist vielmehr erforderlich, dass der Erbauer bei der Errichtung des Baus den Willen hat, das Bauwerk bei Beendigung des Vertragsverhältnisses in das Eigentum seines Vertragspartners übergehen zu lassen".

222 Der in der Literatur geäußerten und auf Rechtsprechung zu § 97 BGB gestützten Ansicht, dass die Scheinbestandteilseigenschaft schon dann zu verneinen sei, wenn sich der Vertrag, auf dessen Grundlage die bewegliche Sache mit dem Grundstück verbunden wurde, nach einer fest vereinbarten Laufzeit automatisch verlängert, sofern nicht eine Partei kündigt[355], kann deshalb nicht gefolgt werden. Ist der Vertrag nach der vereinbarten festen Laufzeit kündbar, so besteht gerade bei Energiedienstleistungsprojekten eine erhebliche Wahrscheinlichkeit, dass die Anlage auch tatsächlich wieder vom Grundstück entfernt wird, weil der Kunde z.B. ein Interesse daran haben kann, nach Ablauf der Vertragslaufzeit eine neue, sparsamere oder andere Vorteile aufweisende Anlage auf der Grundlage eines neuen Vertrages einbauen zu lassen. Es steht also gerade nicht fest, dass aus dem vorübergehenden ein dauernder Zweck wird. Anders als bei dem für die Scheinbestandteilseigenschaft schädlichen Wahlrecht des Kunden über den Verbleib der Anlage auf dem Grundstück bei Vertragsende, hat der Kunde es bei der Verlängerungsregelung nicht in der Hand, den Verbleib der Anlage auf dem Grundstück auch gegen den Willen des Energiedienstleisters durchzusetzen.

223 Die aus dem Bestehen eines zeitlich begrenzten schuldrechtlichen Nutzungsrechts abgeleitete Vermutung, dass die in Ausübung dieses Nutzungsrechts mit dem Grundstück verbundenen Sachen nur Scheinbestandteile sind, ist dann nicht mehr tragfähig, wenn die **Laufzeit** des Berechtigungsverhältnisses über die **Lebensdauer** der Sache hinausgeht. Ist die Anlage bei Vertragsende nämlich nicht mehr gebrauchsfähig, so kann sie nach Vertragsende auch keinen Zweck mehr erfüllen. Sie war damit für die gesamte Dauer ihrer Eignung zur Zweckerfüllung und nicht nur vorübergehend mit dem Grundstück verbunden[356]. Das Oberlandesgericht Düsseldorf hat zwar für den unterirdischen Kraftstofftank einer Tankstelle ent-

---

[353] BGH, Urt. v. 31.10.1986 – V ZR 168/85, NJW 1987, 774.
[354] NJW 1996, 916f.
[355] *Lauer*, Scheinbestandteile als Kreditsicherheit, MDR 1986, 889.
[356] OLG Köln, Urt. v. 13.5.1961 – 4 U 58/59, NJW 1961, 461, 462; *Staudinger-Jickeli/Stieper* (2012), § 95 BGB, Rn. 11.

schieden[357], dass dieser nur zu einem vorübergehenden Zweck mit dem Grundstück verbunden worden ist, weil die Anlage entweder bei Ende des Nutzungsverhältnisses mit dem Tankstellenbetreiber oder infolge Abnutzung nach einer gewissen Zeitdauer ausgetauscht werde. Danach stünde eine sich auf die Anlagenlebensdauer erstreckende Vertragslaufzeit eines Energiedienstleistungsvertrages nicht der Scheinbestandteilseigenschaft entgegen. Würde man aber allein den Umstand, dass bestimmte Sachen wie Tanks oder Energieerzeugungsanlagen eine geringere Lebensdauer als das Grundstück bzw. Gebäude selbst haben, ausreichen lassen, um von einer Einfügung nur zu einem vorübergehenden Zweck auszugehen, so würde die Regelung des § 94 Abs. 2 BGB nahezu keine Anwendung mehr finden. Denn die von ihr erfassten Gegenstände zeichnen sich meist gerade dadurch aus, dass sie eine geringere Lebensdauer als das Gebäude selbst haben, trotzdem aber dem Eigentum des Gebäudeeigentümers zugerechnet werden sollen. Es ist deshalb wenig wahrscheinlich, dass die Entscheidung des Oberlandesgerichts Düsseldorf in einem vergleichbaren Streit bestätigt werden würde. Sie ist deshalb nicht geeignet, um daraus weitere Gestaltungsmöglichkeiten zur Eigentumsabsicherung des Energiedienstleisters abzuleiten.

224 **bb) Verbindung in Ausübung eines Rechts an einem fremden Grundstück.** Gebäude und andere Werke sind gemäß § 95 Abs. 1 S. 2 BGB keine Bestandteile eines Grundstücks, wenn sie in Ausübung eines Rechtes vom Berechtigten mit dem fremden Grundstück verbunden wurden. Werke sind vom Menschen geschaffene Einrichtungen wie z.B. Zäune, Schienenanlagen oder Stauwehre[358]. Energieerzeugungsanlagen sind von Menschen geschaffene Einrichtungen und damit Werke im Sinne der Vorschrift. Es kommt also in Betracht, zur Absicherung des Eigentums an ihnen den Weg über § 95 Abs. 1 S. 2 BGB zu beschreiten.

225 „Recht an einem Grundstück" im Sinne der Vorschrift sind **dingliche** oder ähnliche **Rechte**, nicht aber obligatorische Rechte wie Miete oder Pacht[359]. Von praktischer Bedeutung im Zusammenhang mit Energiedienstleistungsprojekten sind hier beschränkte persönliche **Dienstbarkeiten** oder Grunddienstbarkeiten, die zugunsten des Energiedienstleisters und zu Lasten des belieferten Grundstücks bewilligt und eingetragen werden. Fügt also ein Energiedienstleister in **Ausübung** einer beschränkten persönlichen Dienstbarkeit am Kundengrundstück eine Heizstation in das Kundengebäude ein, so geht diese nicht in das Eigentum des Kunden über. § 95 Abs. 1 S. 2

[357] Urt. v. 6.2.1992 – 10 U 23/91, VersR 1993, 316.
[358] *Staudinger-Jickeli/Stieper* (2004), § 95 BGB, Rn. 17 m.w.N.
[359] *Staudinger-Jickeli/Stieper* (2004), § 95 BGB, Rn. 18.

BGB ordnet diese Rechtsfolge unabhängig davon an, was sonst noch zwischen den Parteien vereinbart wurde[360]. Anders als im Falle des § 95 Abs. 1 S. 1 BGB entfällt die Scheinbestandteilseigenschaft also auch dann nicht, wenn beispielsweise vertraglich vorgesehen ist, dass die Anlage nach Vertragsende in das Eigentum des Kunden übergeht. Es wird von Gesetzes wegen unwiderlegbar angenommen, dass eine Verbindung mit dem Grund und Boden nur für die Dauer des Rechts gewollt ist[361].

226 Da die Eintragung dinglicher Rechte im Grundbuch bisweilen längere Zeit in Anspruch nimmt, meist aber gleichzeitig sehr kurzfristig der Einbau der neuen Anlage erfolgen soll, stellt sich häufig die Frage, ob es für die Sicherung des Eigentums erforderlich ist, dass die Dienstbarkeit vor dem Einbau der Anlage eingetragen wurde. Aus dem Wortlaut der Vorschrift, der verlangt, dass die Verbindung „in Ausübung" des Rechts erfolgt, wird abgeleitet, dass das Recht wirksam entstanden sein muss[362]. Das setzt gemäß § 873 BGB Einigung und Eintragung im Grundbuch voraus. Danach würde die Bewilligung allein nicht ausreichen. Dies würde in der Praxis zu erheblichen Verzögerungen beim Bau der Anlage führen.

Gründlicher erörtert wird diese Problematik vom Hanseatischen Oberlandesgericht Hamburg in einer Entscheidung aus dem Jahre 1999, in der sich das Gericht mit der Scheinbestandteilseigenschaft eines Tankstellengebäudes befasst[363]. Dort verhielt es sich so, dass der Pachtvertrag, der die Pächterin zum Errichten einer Tankstelle auf dem Grundstück berechtigt, die Eintragung einer beschränkten persönlichen Dienstbarkeit zugunsten der Pächterin vorsah. Der Inhalt der Dienstbarkeit war durch ein beigefügtes Muster bestimmt. Ferner war im Vertrag ausdrücklich geregelt, dass die von der Pächterin errichteten Gebäude und Anlagen zu einem vorübergehenden Zweck errichtet würden. Die Pächterin war verpflichtet, das Grundstück bei Beendigung des Pachtverhältnisses im ursprünglichen Zustand an die Verpächterin zurückzugeben. Diese Regelungen bestimmten nach Ansicht des Gerichts den vorübergehenden Zweck der Verbindung so eindeutig, dass es für die Anwendung des § 95 Abs. 1 S. 2 BGB genügt, wenn die Errichtung des Gebäudes in **Ausübung eines künftigen**, seiner Art nach genügend bestimmten **Rechts** erfolgt ist,

---

[360] OLG Düsseldorf, Urt. v. 23.4.2007 – 9 U 73/06, Rn. 38, CuR 2007, 66–70.

[361] FH, Beschl. v. 30.12.1986 – II B 110/86, juris.

[362] *Lauer*, Scheinbestandteile als Kreditsicherheit, MDR 1986, 889, 890; *Staudinger-Jickeli/Stieper* (2004), § 95 BGB, Rn. 21.

[363] OLG Hamburg, Urt. v. 27.1.1999 – 4 U 189/98, OLG-Report Bremen, Hamburg, Schleswig 1999, 362.

auch wenn die **Eintragung** erst **später** geschieht[364]. Der Bundesgerichtshof hat die dagegen gerichtete Revision nicht angenommen, weil die Rechtssache keine grundsätzlich Bedeutung und die Revision im Endergebnis auch keine Aussicht auf Erfolgt habe[365]. Man wird deshalb davon ausgehen können, dass der Bundesgerichtshof die Sichtweise des Oberlandesgerichts billigt und insoweit die in der Literatur formulierten strengeren Anforderungen an die Anwendbarkeit des § 95 Abs. 1 S. 2 BGB nicht erfüllt werden müssen, um sich auf diese Regelung berufen zu können.

227 Behält die Rechtsprechung die beschriebene Sichtweise bei, so könnte ein Energiedienstleister unter Berufung auf § 95 Abs. 1 S. 2 BGB sein Eigentum an einer von ihm in das auf dem Kundengrundstück befindliche Gebäude eingefügten Anlage auch dann wahren, wenn er den vorübergehenden Zweck der Einfügung und die Absicherung über eine Dienstbarkeit im Vertrag vorsieht, die Dienstbarkeit bei Einbau aber noch nicht bewilligt und eingetragen ist[366]. In jedem Falle muss die Eintragung aber erfolgen. Da der Begriff „in Ausübung“ in der Literatur enger ausgelegt wird, sollte der Energiedienstleister stets bemüht sein, die Eintragung vor der Installation herbeizuführen. Ratsam erscheint es, wenn vor dem Einbau der Anlage jedenfalls die Bewilligung erfolgt und der Eintragungsantrag beim Grundbuchamt gestellt worden ist[367]. Dies sichert im Übrigen den Rang der Dienstbarkeit gegenüber später hinzukommenden dinglichen Belastungen ab. Eine umgehende Eintragung empfiehlt sich auch deshalb, weil der Energiedienstleister nach einem Verkauf des Anlagengrundstücks die Dienstbarkeit nicht mehr aufgrund der vom ehemaligen Eigentümer abgegebenen Bewilligung eintragen lassen kann, da nach § 19 Grundbuchordnung die Eintragung nur dann erfolgt, wenn sie von dem bewilligt wurde, der als Eigentümer eingetragen ist. Das durch eine Dienstbarkeit gesicherte Eigentum des Energiedienstleisters an der Anlage geht nicht dadurch verloren, dass die Dienstbarkeit später aus welchen Gründen auch immer wegfällt. Die einmal begründete Scheinbestandteilseigenschaft bleibt bestehen[368].

---

[364] OLG Hamburg, Urt. v. 27.1.1999 – 4 U 189/98, OLG-Report Bremen, Hamburg, Schleswig 1999, 362, 364; im Ergebnis ähnlich, aber ohne genauere Erörterung OLG Köln, Beschl. v. 1.2.1993 – 2 Wx 2/93, NJW-RR 1993, 982, 983.

[365] BGH, Beschl. v. 24.2.2000 – V ZR 136/99 (nicht veröffentlicht).

[366] So auch OLG Schleswig, Urt. v. 26.8.2005 – 14 U 9/05, Rn. 59, BauR 2006, 358–361.

[367] Dies hat das OLG Köln, Beschl. v. 1.2.1993 – 2 Wx 2/93, NJW-RR 1993, 982, 983, ohne Vertiefung der Problematik ausreichen lassen.

[368] *Staudinger-Wiegand* (2011), § 946 BGB, Rn. 9.

c) Übernahme vorhandener Anlagen

228 Im Rahmen umfassender energetischer Sanierungen insbesondere bei aufwendigen Gebäuden (Krankenhäuser, Industriebetriebe u.ä.) verhält es sich regelmäßig so, dass der Kunde nicht nur die Lösung einzelner anstehender energietechnischer Probleme dem Energiedienstleister überlassen, sondern ihm die gesamte energietechnische Anlage übertragen möchte. Sind Teile der Anlage erst vor kurzer Zeit erneuert worden, wäre es unsinnig, sie ebenso wie alte Anlagenteile zu entfernen und durch neue, vom Energiedienstleister eingebaute Teile zu ersetzen. Es stellt sich dann die Frage, ob der Energiedienstleister die **vorhandenen**, noch weiter verwendbaren **Anlagenteile**, die vom Grundstückseigentümer bereits mit dem Grundstück verbunden worden sind, in sein **Eigentum** übernehmen kann.

Wie oben dargestellt, werden Energieerzeugungsanlagen, die in ein Gebäude eingefügt worden sind und für die zweckentsprechende Nutzbarkeit des Gebäudes erforderlich sind, regelmäßig als wesentlicher Bestandteil des Gebäudes und damit des Grundstücks anzusehen sein. Nach § 93 BGB können sie damit nicht Gegenstand besonderer Rechte sein. Der Energiedienstleister kann an ihnen also so lange, wie sie wesentlicher Bestandteil des Grundstücks sind, kein Eigentum erwerben. Besondere Rechte an der Energieerzeugungsanlage können erst **nach Trennung** von Gebäude und Grundstück wieder begründet werden[369]. Es ist nach dieser Sichtweise also ausgeschlossen, nachträglich Eigentum an einer auf dem Grundstück verbleibenden Energieversorgungsanlage zu erwerben, die vom Grundstückseigentümer so mit dem Grundstück verbunden wurde, dass sie wesentlicher Bestandteil geworden ist.

229 Auch die nachträgliche Bestellung einer beschränkten persönlichen Dienstbarkeit zugunsten des Energiedienstleisters führt nicht dazu, dass er Eigentum an der schon auf dem Grundstück bestehenden Energieerzeugungsanlage erwerben könnte[370]. Denn § 95 Abs. 1 S. 2 BGB setzt voraus, dass das Recht am Grundstück vor Einbau der Anlage begründet worden ist und dass die Verbindung durch den Inhaber des Rechts erfolgt.

230 Anders stellte sich die Rechtslage bisher nur in dem Sonderfall der Bestellung eines Erbbaurechts dar. Zu den Bestandteilen des **Erbbaurechts** gehört nach § 12 Abs. 1 S. 1 und 2 ErbbauRG nicht nur das aufgrund des Erbbaurechts errichtete Bauwerk, sondern auch das bei Bestellung des Erbbaurechts bereits vorhandene Bauwerk. Hier konnte also nachträglich an schon vorhandenen Gebäuden und damit

[369] So noch OLG Hamm, Urt. v. 22.11.2004 – 5 U 136/04, Rn. 29 ff., NZM 2005, 158–159.

[370] OLG Koblenz, Urt. v. 21.9.2006 – 5 U 738/06, Rn. 18, CuR 2007, 107–109.

auch an den darin eingebauten Anlagen Eigentum erworben werden. Praktisch ist diese Regelung für Energiedienstleistungsprojekte aber kaum nutzbar, weil das Erbbaurecht nach § 1 ErbbauRG die Berechtigung beinhaltet, auf oder unter der Oberfläche des Grundstücks ein Bauwerk zu haben. Die Beschränkung des Erbbaurechts auf einen Gebäudeteil ist gemäß § 1 Abs. 3 ErbbauRG unzulässig und macht die Bestellung unwirksam[371]. Man kann ein Erbbaurecht also nur an einem Grundstück bzw. abzutrennenden Grundstücksteil, nicht aber an einzelnen Räumen bestellen. Einsetzbar ist das Erbbaurecht damit praktisch nur in den Fällen, in denen sich die zu übernehmende Energieerzeugungsanlage auf einem abtrennbaren Grundstücksteil befindet, nicht aber in dem überwiegend vorkommenden Fall, in dem der Energiedienstleister eine im Gebäude befindliche Anlage übernehmen soll.

Möglich ist die Übernahme einer vorhandenen Anlage nach den oben beschriebenen Grundsätzen ferner dann, wenn derjenige, von dem der Energiedienstleister sie übernehmen soll, nicht der Grundstückseigentümer ist. Hat also z.B. der Mieter die Anlage eingebaut und ist er verpflichtet, alle Einbauten bei Vertragsende zu entfernen, so wird er im Regelfall Eigentümer der entsprechenden Einbauten geblieben sein, wenn er kein Übernahmerecht des Vermieters vereinbart hat. Dann kann er auch das Eigentum an der von ihm errichteten Energieanlage auf den Energiedienstleister übertragen.

231 Die beschriebene Rechtslage ist jedoch durch das Urteil des Bundesgerichtshofes vom 2.12.2005[372] **grundlegend verändert** worden, mit der er eine ältere, sehr spezielle Rechtsprechung zum Eigentum an Versorgungsleitungen verallgemeinert. Danach ist es nunmehr möglich, dass der Eigentümer einer Sache, die wesentlicher Bestandteil eines Grundstücks ist, deren **Zweckbestimmung** aufgrund eines berechtigten Interesses **nachträglich ändert** und sie damit zum **Scheinbestandteil** im Sinne des § 95 BGB macht[373]. Eine solche Sache, z.B. also eine Energieerzeugungsanlage, kann er danach einem Energiedienstleister dadurch übereignen, dass er mit diesem den Eigentumsübergang vereinbart und ihm den Besitz an der Anlage verschafft, also z.B. den Heizraum mit der darin stehenden Anlage vermietet. Die allgemeine Anwendbarkeit dieser Rechtsprechung auf alle Grundstücksbestandteile wird nunmehr auch von anderen Gerichten[374] und weitgehend in der Literatur[375] angenommen. Dem-

---

[371] *Palandt-Bassenge*, § 1 ErbbRV, Rn. 4.
[372] V ZR 35/05, NJW 2006, 990–992.
[373] BGH, Urt. v. 2.12.2005 – V ZR 35/05, Rn. 15, NJW 2006, 990–992.
[374] OLG Celle, Urt. v. 22.5.2007 – 4 U 41/07, Rn. 6.
[375] *Palandt-Ellenberger*, § 95 BGB, Rn. 4; ablehnend *Staudinger-Jickeli/Stieper* (2012), § 95 BGB, Rn. 15.

entsprechend ist davon auszugehen, dass das Eigentum an Energieerzeugungsanlagen, die der Eigentümer mit dem Grundstück verbunden hat, nachträglich bei richtiger Ausgestaltung der Vereinbarung auf einen Energiedienstleister übertragen werden kann.

2. Anmietung des Anlagenaufstellungsortes

232 Der Energiedienstleistungsvertrag als Kaufvertrag begründet wie jeder andere schuldrechtliche Vertrag Rechte und Pflichten zwischen den Vertragsparteien, also Energiedienstleister und Kunde. Dieser schuldrechtliche Vertrag geht im Falle der Veräußerung des belieferten Grundstücks nicht automatisch auf den Erwerber über. Zur besseren Absicherung des Energiedienstleisters nicht nur im Falle der Übertragung des belieferten Grundstücks an einen Dritten, bietet es sich an, einen Mietvertrag über den Anlagenaufstellungsort, also regelmäßig einen im Gebäude dafür vorgesehenen oder dafür herzurichtenden Heiz- bzw. Versorgungsraum, abzuschließen. Damit sind mehrere Effekte verbunden:

a) Absicherung des Nutzungsrechts bei Grundstücksveräußerung

233 Das Wohnraummietrecht bestimmt in § 566 Abs. 1 BGB, dass bei der Veräußerung einer vermieteten Wohnung der **Erwerber** anstelle des Vermieters in die sich während der Dauer seines Eigentums aus dem Mietverhältnis ergebenden Rechte und Pflichten **eintritt**. Diese Regelung führt dazu, dass die gesetzliche Regelung die Überschrift „Kauf bricht nicht Miete" trägt. Auf Mietverhältnisse über Räume, die keine Wohnräume sind, findet gemäß § 578 Abs. 2 BGB i.V.m. § 578 Abs. 1 BGB auch § 566 BGB Anwendung. Schließt also der Energiedienstleister einen Mietvertrag über den Raum, in dem er seine Anlagen aufstellt, mit dem Grundstückseigentümer ab, so tritt im Falle der Veräußerung des Grundstücks der Erwerber in diesen Vertrag ein. Der Energiedienstleister hat also weiter das ausschließliche Nutzungsrecht an dem für die Aufstellung seiner Anlagen genutzten Raum. Entsprechendes gilt gemäß § 581 Abs. 2 BGB, wenn der Energiedienstleister den Heizraum mit Heizstation pachtet[376]. Die Regelungen des § 566 BGB gelten nur für Miet- und Pachtverträge, also Verträge, die eine entgeltliche Gebrauchsüberlassung vorsehen. Sie gelten nicht für Leihverträge, die eine unentgeltliche Gebrauchsüberlassung vorsehen. Das Landgericht Berlin[377] stuft

[376] LG Berlin, Urt. v. 30.11.2007 – 22 O 247/07.
[377] LG Berlin, Urt. v. 30.11.2007 – 22 O 247/07.

auch einen Vertrag, bei dem eine Jahresmiete von 1,– EUR für einen Heizraum verabredet wurde, als wirksamen Mietvertrag ein. Ungeachtet dessen sollte man zur Vermeidung von Diskussionen darüber, ob der Vertrag Miete oder Leihe vorsieht, mehr als einen symbolischen Betrag als Miete vereinbaren.

Hat der bisherige Grundstückseigentümer und Kunde des Energiedienstleisters entgegen seiner vertraglich vorgesehenen oder sich schon aus § 32 Abs. 4 AVBFernwärmeV ergebenden Pflicht beim Verkauf des Grundstücks nicht den Vertrag mit allen Rechten und Pflichten auf den Erwerber übertragen, so ergibt sich aus dem gesetzlich vorgeschriebenen Eintritt des Erwerbers in den Mietvertrag noch **nicht** ein **Eintritt** in den **Energiedienstleistungsvertrag.** Der Energiedienstleister ist aber gegenüber dem Erwerber besser abgesichert als wenn er nur einen Energiedienstleistungsvertrag mit dem ehemaligen Eigentümer hätte, weil er jedenfalls nicht gezwungen werden kann, seine Anlagen vom Grundstück zu entfernen. Auf dieser Grundlage sollten Grundstückserwerber und Energiedienstleister eine Lösung anstreben, die insbesondere berücksichtigt, dass der neue Grundstückseigentümer sich bei Eintritt in den Energiedienstleistungsvertrag die Investition in eine neue Energieversorgungsanlage erspart und dass der Energiedienstleister seine noch nicht amortisierte Anlage sinnvollerweise im Gebäude belässt, so dass sie dort weiter betrieben und aus dem Ertrag die Finanzierung bestritten werden kann[378].

b) Absicherung des Eigentums an der Energieerzeugungsanlage

234 Es wurde oben bereits dargestellt[379], dass der Bundesgerichtshof in ständiger Rechtsprechung davon ausgeht, dass eine vom Mieter mit dem Grundstück verbundene bewegliche Sache ein Scheinbestandteil ist und damit im Eigentum des Mieters verbleibt, weil das Mietverhältnis seinem Wesen nach auf Zeit angelegt ist und der Mieter nach seinem Ende die Sache in ordnungsgemäßen Zustand zurück zu geben hat: „Verbindet der Mieter, Pächter oder ein in ähnlicher Weise schuldrechtlich Berechtigter Sachen mit dem Grund und Boden, so spricht nach feststehender Rechtsprechung regelmäßig eine Vermutung dafür, dass dies nur in seinem Interesse für die Dauer des Vertragsverhältnisses und damit zu einem vorübergehenden Zweck geschieht“[380]. Der Abschluss eines Mietvertrages bestärkt also nochmals eine vertraglich getroffene Abrede, dass die vom Energie-

---

[378] Die Absicherungskonstruktion wurde ausdrücklich anerkannt vom LG Berlin, Urt. v. 30.11.2007 – 22 O 247/07.

[379] Siehe oben Rn. 221.

[380] BGH, Urt. v. 31.10.1986 – V ZR 168/85, NJW 1987, 774.

dienstleister eingebaute Anlage nur zu einem vorübergehenden Zweck mit dem Grundstück verbunden und deshalb nicht Eigentum des Kunden wird.

IX. Vertragslaufzeit

235 Ein wesentliches Merkmal des Großteils der Energiedienstleistungsverträge besteht darin, dass die **Investition** in die zur Versorgung des Kunden erforderliche Energieversorgungsanlagen vom Energiedienstleister übernommen wird. Dies kann der Energiedienstleister nur anbieten, wenn er mit dem Kunden verlässlich die zur Amortisation seiner Investition nötige **lange Vertragslaufzeit** vereinbaren kann. Ist die Vertragslaufzeit Gegenstand einer Individualabrede im Sinne des §305b BGB, besteht grundsätzlich kein Anlass, die Wirksamkeit der Laufzeitvereinbarung in Frage zu stellen. In der Rechtsprechung sind in Wärmelieferungsverträgen individuell vereinbarte Laufzeiten von 15[381] und 20[382] Jahren als zulässig angesehen worden. Ist die Laufzeitregelung dagegen Gegenstand der AGB, so ist zu klären, welche Laufzeiten auf diese Weise wirksam vereinbart werden können. Außerdem ist noch die bisweilen aufgeworfene Frage der kartellrechtlichen Zulässigkeit langer Vertragslaufzeiten anzusprechen.

1. Laufzeitbestimmungen in Allgemeinen Geschäftsbedingungen

236 In AGB mit Verbrauchern kann gemäß §309 Nr.9a) BGB für Dauerschuldverhältnisse keine über **zwei Jahre** hinausgehende Laufzeit wirksam vereinbart werden. Dauerschuldverhältnisse sind Vertragsverhältnisse, die die regelmäßige Lieferung von Waren oder die regelmäßige Erbringung von Dienst- oder Werkleistungen durch den Verwender zum Gegenstand haben. Energie ist eine Ware im Sinne der Vorschrift[383], so dass die Regelung grundsätzlich auch für alle Arten von Energielieferungsverträgen gilt.

237 Im Geltungsbereich der AVBFernwärmeV[384] wird diese Regelung durch §32 Abs.1 dahingehend abgewandelt, dass die in allgemeinen Versorgungsbedingungen vereinbarte Laufzeit von Wärmeliefe-

---

381 LG Berlin, Urt. v. 22.11.2005 – 14 O 114/05, CuR 2006, 24–26.

382 LG Berlin, Urt. v. 11.5.2004 – 16 O 703/03 Kart, CuR 2004, 96–99.

383 *Christensen* in: *Ulmer/Brandner/Hensen*, §309 Nr.9 BGB, Rn.8; OLG Rostock, Urt. v. 15.1.2004 – 7 U 91/02, Rn.19, CuR 2004, 145–148.

384 Also nicht bei Wärmelieferungsverträgen, bei denen der Energiedienstleister die Wärmeerzeugungsanlage ohne nennenswerten Investitionsaufwand

rungsverträgen höchstens **zehn Jahre** betragen kann. § 32 Abs. 1 AVBFernwärmeV geht als spezielleres Gesetz dem § 309 Ziffer 9a) BGB vor. Bei der Lieferung von Wärme auf der Grundlage der AVB-FernwärmeV kann also eine für Energiedienstleistungsprojekte häufig gewählte Laufzeit von zehn Jahren in allgemeinen Versorgungsbedingungen vereinbart werden. Längere Laufzeiten können nur mittels Individualabrede[385] wirksam vereinbart werden.

238 Anders stellt sich die Rechtslage bei der Elektrizitätslieferung dar. Gemäß § 20 Abs. 1 StromGVV läuft das Vertragsverhältnis solange ununterbrochen weiter, bis es von einer der beiden Seiten mit einer Frist von zwei Wochen gekündigt wird. In Ermangelung einer Regelung zur maximalen Vertragsdauer greift hier wieder § 309 Nr. 9a) BGB ein. Bei der Elektrizitätsversorgung kann in allgemeinen Geschäftsbedingungen mit Verbrauchern also eine maximale Vertragslaufzeit von zwei Jahren vereinbart werden. Ist der Energiedienstleister zur Amortisation seiner Investition darauf angewiesen, dass der Kunde den Strom zu den vereinbarten Preisen länger abnimmt, so muss darüber einer **Individualabrede** im Sinne des § 305b BGB abgeschlossen werden.

239 Maßgeblicher **Anfangszeitpunkt** für die Berechnung der Laufzeit ist der **Vertragsschluss** und **nicht** der nach dem Energiedienstleistungsvertrag geschuldete **Beginn der Lieferung**[386]. Der Bundesgerichtshof begründet dies bei Stromlieferungsverträgen wie folgt: „Schutzzweck des genannten Klauselverbots ist es, eine übermäßig lange Bindung des Kunden zu verhindern, die dessen Dispositionsfreiheit beeinträchtigt. Ein Vertrag bindet jedoch bereits ab seinem Abschluss und nicht erst ab Beginn des Leistungsaustauschs." Diese Rechtsprechung ist wenig verständlich. Der Kunde eines Energiedienstleisters bezieht bis zum Zeitpunkt des Beginns der Energielieferung durch den Energiedienstleiter noch von seinem bisherigen Lieferanten nach Maßgabe eines anderen Vertrages die benötigte Energie. Die Dispositionsfreiheit hinsichtlich des Leistungsbezuges ist nur für die vereinbarte Lieferdauer, nicht aber für die davor liegende Zeit zwischen Vertragsschluss und Lieferbeginn ausgeschlossen. Für diese „Vorlaufzeit" hat der Kunde nämlich aufgrund einer früheren Vertragsabschlusses eine andere Disposition getroffen, die mit dem neuen Vertrag nichts zu tun hat. Dieser Einwand ist für die Praxis aber ohne Bedeutung, weil der Bundesgerichtshof so entschieden hat, wie es hier wiedergegeben wurde. Darauf muss man sich bei der Bestimmung der Laufzeit einstellen.

---

zur Verfügung gestellt bekommt, siehe dazu BGH, Urt. v. 21.12.2011 – VIII ZR 262/09.

[385] Siehe dazu oben Rn. 36.

[386] BGH, Urt. v. 12.12.2012 – VIII ZR 14/12, Rn. 22.

240 Bei einem Energiedienstleistungsprojekt, das die Versorgung des Kunden mit Strom und Wärme vorsieht, kann eine zehnjährige Laufzeit also nur hinsichtlich der Wärmelieferung in allgemeinen Versorgungsbedingungen vereinbart werden. Auf die verbindliche Vereinbarung einer ausreichend langen Vertragslaufzeit auch hinsichtlich der Abnahme von **Elektrizität** durch eine entsprechende **Individualabrede** sollte der Energiedienstleister nur dann verzichten, wenn für ihn eine Gesamtwirtschaftlichkeit der Anlage auch dann noch gegeben ist, wenn sich der Kunde entscheidet, keine Elektrizität mehr vom Energiedienstleister zu beziehen. Dann muss der Energiedienstleister den Strom – ggf. zu ungünstigeren Bedingungen – anderweitig vermarkten, z.B. durch Einspeisung in das örtliche Verteilernetz und Verkauf an einen anderen Kunden.

241 Bei der Lieferung von Kälte, Druckluft und anderen Medien, für die es keine speziellen gesetzlichen Regelungen gibt, kann in AGB mit Verbrauchern gemäß § 309 Nr. 9a) BGB maximal eine Laufzeit von zwei Jahren vereinbart werden.

242 § 309 BGB findet gemäß § 310 Abs. 1 BGB keine Anwendung auf AGB, die gegenüber einem Unternehmer, einer juristischen Person des öffentlichen Rechts oder einem öffentlich-rechtlichen Sondervermögen verwendet werden. Energiedienstleistungsverträge werden bisher nur selten mit Verbrauchern abgeschlossen, so dass die vorausgegangenen Ausführungen nur in wenigen Fällen unmittelbare Bedeutung haben. Das sollte aber nicht Anlass für einen unbedachten Umgang mit Laufzeitvereinbarungen sein. Denn die gegenüber Unternehmern und gleichgestellten juristischen Personen verwendeten AGB unterliegen nach § 310 Abs. 1 S. 2 BGB weiterhin der Angemessenheitskontrolle gemäß § 307 BGB. Auch wenn anerkannt ist, dass die Laufzeitbeschränkungen des § 309 Nr. 9 BGB wegen ihres betont verbraucherbezogenen Inhalts gegenüber Unternehmern und gleichgestellten Körperschaften nicht zur Bestimmung angemessener Laufzeiten herangezogen werden können[387], ist zu beachten, dass die **Rechtsprechung** sich auch bei der Angemessenheitskontrolle nach § 307 BGB immer enger an den Verbotsnormen der §§ 308 und 309 BGB orientiert[388]. Bei der Vereinbarung von Laufzeiten von zehn Jahren und mehr in allgemeinen Geschäftsbedingungen, die zwischen Unternehmern vereinbart werden, verlangt der Bundesgerichtshof besondere Umstände, die die Laufzeit rechtfertigen können[389]. Entscheidend für die Beurteilung der Angemessenheit sind

---

387 *Christensen* in: *Ulmer/Brandner/Hensen*, § 309 Nr. 9 BGB, Rn. 20; OLG Koblenz, Urt. v. 12.1.2005 – 1 U 1009/04, Rn. 18, OLGR Koblenz 2005, 157–159.

388 BGH, Urt. v. 19.9.2007 – VIII ZR 141/06, NJW 2007, 3774; siehe oben Rn. 35.

389 BGH, Urt. v. 17.12.2002 – X ZR 220/01, Rn. 16, NJW 2003, 886–888.

vor allem der **Umfang der Investitionen** des Verwenders und seiner Leistungen für den anderen Teil[390].

Lange Laufzeiten in allgemeinen Versorgungsbedingungen für Energiedienstleistungsverträge zur Strom-, Kälte-, Druckluft- und anderen Nutzenergielieferung mit Unternehmen und Gleichgestellten sind also wirksam, wenn im Streitfall ein Gericht zu der Ansicht kommt, dass die Investitionen und sonstigen Leistungen sie rechtfertigen. Will man die Unsicherheit hinsichtlich der richterlichen Billigung der Laufzeit vermeiden, so sollte die Laufzeit individuell vereinbart werden.

2. Andere Begrenzungen der Vertragslaufzeit

243 Es existieren keine weiteren, auf alle Vertragsverhältnisse anzuwendenden gesetzlichen Vorschriften, die den Parteien eines Energiedienstleistungsvertrages verbieten, lange Laufzeiten zu vereinbaren. Soweit mit den vertraglichen Energielieferungsbeziehungen keine zusätzlichen **wettbewerbsbeschränkenden Wirkungen** oder Vereinbarungen verbunden sind, sind auch langfristige Energielieferungsverträge kartellrechtlich unerheblich. Der Umstand, dass in dem Volumen der verbindlich vereinbarten Energielieferungen der Kunde als Nachfrager auf dem Energiemarkt ebenso ausscheidet wie der Lieferant als Anbieter, ist als solcher wesenstypisch für jedes vertragliche Austauschverhältnis und damit auch vom Kartellrecht grundsätzlich hinzunehmen[391].

244 Eine kartellrechtliche Unzulässigkeit langer Laufzeiten in **Einzelverträgen** kann sich dann gemäß Art. 101 Abs. 1 AEUV ergeben, wenn durch sie der Handel zwischen den Mitgliedstaaten beeinträchtigt wird. Dies kann bei Energielieferungsverträgen zwischen Marktakteuren, die nennenswerte **Marktbedeutung** haben, der Fall sein[392]. Für die hier behandelten Fälle dezentraler Energiedienstleistungen fehlt es wegen des zwar nicht für die Beteiligten, aber für den Gesamtmarkt geringen Umfangs schon an der Möglichkeit einer spürbaren Beeinträchtigung des Handels, ohne die ein Verstoß nicht angenommen werden kann[393]. Eine weitere Betrachtung der kartellrechtlichen Unzulässigkeit gemäß Art. 101 Abs. 1 AEUV erübrigt sich deshalb.

---

[390] BGH, Urt. v. 3.11.1999 – VIII ZR 269/98, Rn. 35, NJW 2000, 1110–1114; BGH, Urt. v. 6.12.2002 – V ZR 220/02, Rn. 10, 11, NJW 2003, 1313–1316.

[391] *de Wyl/Soetebeer* in: *Schneider/Theobald*, § 11, Rn. 171 unter Verweis auf BGHZ 143, 103 ff.

[392] Siehe dazu die ausführliche Schilderung von Beispielsfällen bei *de Wyl/Soetebeer* in: *Schneider/Theobald*, § 11, Rn. 173–183.

[393] *de Wyl/Essig* in: *Schneider/Theobald*, § 11, Rn. 175.

245 Versucht allerdings ein **marktbeherrschendes Energieversorgungsunternehmen** seine Kunden durch ein alternativloses Angebot von sehr langen Laufzeiten langfristig an sich zu binden und damit von den Vorteilen wettbewerblich strukturierter Märkte auszuschließen, verstößt dies sowohl gegen das Missbrauchsverbot des § 19 GWB, also auch gegen das Behinderungsverbot des § 20 Abs. 1 GWB[394]. Weil Energiedienstleistungsverträge durch die Einbeziehung der Anlagenvorhaltung oder anderer Leistungselemente strukturell auf eine lange Laufzeit angelegt sind, kann in dem alternativlosen Anbieten langer Laufzeiten für solche Verträge nicht schon ein kartellrechtlich unzulässiges Verhalten gesehen werden, selbst wenn das anbietende Unternehmen marktbeherrschend sein sollte. Es kommt vielmehr darauf an, ob eine Abwägung aller im Einzelfall relevanten Interessen unter Berücksichtigung der auf die Freiheit des Wettbewerbs gerichteten Zielsetzung des GWB zur Annahme der kartellrechtlichen Unzulässigkeit führt[395].

246 Scheidet eine kartellrechtliche Unzulässigkeit aus, so richtet sich die Frage der Laufzeitbegrenzung nach allgemeinen zivilrechtlichen Grundsätzen. Gemäß § 138 Abs. 1 BGB kann eine Laufzeitvereinbarung nichtig sein, wenn sie in einer gegen die **guten Sitten** verstoßenden Art und Weise die Vertragsfreiheit des Vertragspartners einschränkt[396]. Ein Verstoß gegen die guten Sitten ist ausgeschlossen, wenn für die vereinbarte Laufzeit sachliche Gründe bestehen. Diese können z.B. in der Langlebigkeit und der entsprechend langfristigen Amortisationszeit von Energieerzeugungs- und -versorgungsanlagen liegen[397]. So hat der Bundesgerichtshof eine Laufzeit von 20 Jahren[398] wegen der hohen Investitionen, die für eine Fernwärmeversorgung erforderlich sind und der nicht vorhandenen Chance, mit wirtschaftlichem Aufwand die erzeugte Fernwärme zu einem anderen Abnehmer zu transportieren, für wirksam gehalten. In seinem Urteil vom 7.5.1975 hat der Bundesgerichtshof sogar eine Regelung für wirksam gehalten, die bei einem Wärmeversorgungsvertrag die Kündigung ohne zeitliche Begrenzung ausschließt[399]. Eine solche Regelung verstieße in einem unter Verwendung allgemeiner Geschäftsbedingungen abgeschlossenen und heute noch bestehenden Vertrag gegen § 32

[394] *Büdenbender*, Rn. 481; *de Wyl/Soetebeer* in: *Schneider/Theobald*, § 11, Rn. 184 ff.

[395] *de Wyl/Soetebeer* in: *Schneider/Theobald*, § 11, Rn. 189 unter Verweis auf die st. Rspr. vgl. BGH, Urt. v. 27.4.1999 – KZR 35/97, WuW/E DE-R 357 f. – Feuerwehrgeräte.

[396] Sog. „Knebelungsverträge", *Palandt-Ellenberger*, § 138 BGB, Rn. 39.

[397] *Büdenbender*, Rn. 476.

[398] BGH, Urt. v. 28.1.1987 – VIII ZR 37/86, NJW 1987, 1622, insbesondere 1624.

[399] BGH, Urt. v. 7.5.1975 – VIII ZR 210/73, NJW 1975, 1268.

Abs. 1 AVBFernwärmeV und wäre damit unwirksam. Seit der Änderung der AVBFernwärmeV im Jahre 2010 sind auch die vor Inkrafttreten der AVBFernwärmeV mit einer über die zulässigen zehn Jahre hinausgehenden Laufzeit abgeschlossenen Verträge nicht mehr gegen eine Kündigung unter Verweis auf eine den § 32 Abs. 1 AVB-FernwärmeV überschreitende Laufzeit geschützt. Die Entscheidung des Bundesgerichtshofes hat aber insoweit auch heute noch eine Bedeutung, als dort ausdrücklich verneint wird, dass die Laufzeitregelung gegen den Grundsatz von Treu und Glauben und die guten Sitten verstößt und damit bei individueller Vereinbarung wirksam wäre. In einer weiteren Entscheidung wird die Wirksamkeit einer vereinbarten Vertragslaufzeit von 25 Jahren nicht in Frage gestellt[400]. Die **lange Lebensdauer** der zu amortisierenden Anlagen kann auch bei anderen Arten der Energieversorgung **sachlicher Grund** für eine lange Vertragsdauer sein[401].

247 An der Wirksamkeit einer über zehn Jahre hinausgehenden Laufzeit eines Energiedienstleistungsvertrages bestehen deshalb dann keine Zweifel, wenn sich die Laufzeit aus der Lebensdauer der Anlage rechtfertigt, die Laufzeitabrede eine individuelle Vertragsabrede ist und der Vertrag nicht von einem marktbeherrschenden Unternehmen unter Missbrauch seiner Marktmacht abgeschlossen worden ist.

X. Leistungsstörung; Haftung

248 Eine Leistungsstörung liegt immer dann vor, wenn bei der Begründung oder während der Laufzeit eines Energiedienstleistungsvertrages Hindernisse auftreten, die dazu führen, dass die geschuldeten Leistungen nicht oder nicht wie geschuldet erbracht werden[402]. Kommt es zu Leistungsstörungen, so ist zu klären, welche Auswirkungen dies auf die gegenseitigen Pflichten, den Bestand und den Inhalt des Energiedienstleistungsvertrages hat. Außerdem stellt sich die Frage, wer in welchem Umfang für eventuell aus der Leistungsstörung resultierende Schäden haftet. Die Erörterung der sich aus dem Vertrag ergebenden Haftung legt es nahe, daran anschließend gesetzliche, also unabhängig von den Vereinbarungen der Vertragsparteien bestehende Haftungstatbestände zu erörtern und zu klären, welche Besonderheiten es aufgrund gesetzlicher Spezialregelungen im Bereich der Energiedienstleistungen gibt. Schließlich stellt

[400] BGH, Urt. v. 29.10.1980 – VIII ZR 272/79, NJW 1981, 1361.
[401] *Büdenbender*, Rn. 479, unter Verweis auf OLG Karlsruhe, WuW/E OLG 5665, KG WuW/E OLG 3091; LG Regensburg, RdE 1977, 85.
[402] *Palandt-Grüneberg*, Vorb. § 275 BGB, Rn. 1.

sich die Frage nach den Möglichkeiten, die gesetzlichen Regelungen durch vertragliche zu modifizieren.

1. Leistungsstörungen

249 Das Leistungsstörungsrecht **gliedert** sich in die §§ 275 bis 278 BGB, die sich mit der Befreiung von der Leistungspflicht befassen, die §§ 324 bis 326 BGB, die sich mit dem Rücktritt vom Vertrag und der Befreiung von der **Pflicht zur Gegenleistung** befassen sowie die §§ 280 bis 288 BGB, die sämtliche Fälle des **Schadensersatzes** regeln. Zum Leistungsstörungsrecht gehören ferner § 311 Abs. 2 und Abs. 3 BGB, die Grundlage für Ansprüche aus der Anbahnung von Verträgen sind, § 311a BGB, der Leistungshindernisse bei Vertragsschluss regelt, § 313 BGB, der Störungen der Geschäftsgrundlage regelt und schließlich § 314 BGB, der bei Dauerschuldverhältnissen die **Kündigung** aus wichtigem Grund regelt[403].

Wie oben[404] dargestellt, ist ein Energiedienstleistungsvertrag, der Energielieferungen beinhaltet, gemäß § 453 Abs. 1 BGB rechtlich wie ein Kaufvertrag zu behandeln. Das Kaufvertragsrecht enthält zum Teil Vorschriften zur Regelung von Leistungsstörungen, die von den allgemeinen Vorschriften der §§ 275 ff. BGB abweichen oder diese ergänzen. Da man aber nicht auf alle Energiedienstleistungsverträge die kaufrechtlichen Spezialregelungen wird anwenden können, werden nachfolgend sowohl die allgemeinen, als auch die kaufvertragsrechtlichen Regelungen dargestellt. Die kaufvertragsrechtlichen Regelungen zur Leistungsstörung knüpfen an einen Mangel der Kaufsache und damit an die Verletzung der Primärleistungspflicht an. Sie finden erst ab Gefahrübergang Anwendung. Vor Gefahrübergang und für nicht durch Sonderregelungen erfasste Fälle, also z.B. die Verletzung von Nebenpflichten im Sinne des § 241 Abs. 2 BGB, gelten die allgemeinen Regeln[405].

250 Das Leistungsstörungsrecht des BGB wird durch **energierechtliche Sonderregelungen** zum Teil erheblich abgewandelt. Weil diese energierechtlichen Sonderregelungen aber nicht für alle Energiedienstleistungsverträge gelten, ist es erforderlich, sowohl die allgemeinen, als auch die speziellen Regelungen zu betrachten. Es ist für jeden Energiedienstleistungsvertrag dann gesondert zu entscheiden, ob die allgemeinen oder die speziellen energierechtlichen Regelungen gelten.

---

403 *Palandt-Grüneberg*, Vorb. § 275 BGB, Rn. 4.
404 Rn. 25.
405 *Palandt-Weidenkaff*, Überbl. § 433 BGB, Rn. 6.

Kommt es zu einer Leistungsstörung, so stellen sich für die Vertragsparteien vier Fragen, die die nachfolgende Darstellung strukturieren:

- Welche Auswirkungen hat die Leistungsstörung auf den gestörten Erfüllungsanspruch?
- Welche Auswirkungen hat die Leistungsstörung auf den Anspruch auf die Gegenleistung?
- Wer ist für den Ausgleich von Schäden verantwortlich, die aus der Leistungsstörung resultieren?
- Hat die Leistungsstörung Auswirkungen auf den weiteren Bestand oder den Inhalt des Vertrages?

a) Auswirkungen auf den Erfüllungsanspruch

251 Erfüllt der Energiedienstleister seine Pflicht, den Kunden mit Energie zu beliefern nicht, so stellt sich die Frage, ob der Kunde verlangen kann oder muss, dass die Lieferung nachgeholt wird oder ob der Lieferanspruch ausgeschlossen ist.

252 **aa) Weiterbestehen des Vertrages.** Nach § 311a Abs. 1 BGB bleibt der Vertrag bei jeder Art der Leistungsstörung bestehen[406]. Der Kunde des Energiedienstleisters kann also grundsätzlich verlangen, dass die gestörte Leistung ordnungsgemäß erbracht wird. Dieser Grundsatz führt aber z.B. dann nicht mehr zu sinnvollen Ergebnissen, wenn es für den Kunden überhaupt keinen Sinn hat, dass der Energiedienstleister die Leistung nachholt. So liegt es z.B. dann, wenn der Energiedienstleister zur Lieferung von Wärme verpflichtet ist, diese Pflicht für einen Tag aufgrund einer Anlagenstörung nicht erfüllt, dann aber wieder ordentlich liefert. Es ist deshalb sinnvoll und geboten, den Erfüllungsanspruch in dieser und anderen **Sondersituationen entfallen** zu lassen und zu regeln, welche weiteren Konsequenzen sich aus dem Ausschluss der Leistungspflicht ergeben.

253 **bb) Ausschluss der Leistungspflicht.** Das Gesetz regelt in § 275 BGB drei unterschiedliche Fälle, in denen die Pflicht zur Erbringung der primären Leistung entfällt: Der Anspruch auf Leistung ist nach § 275 Abs. 1 BGB ausgeschlossen, wenn die Leistung für den Schuldner oder jedermann **unmöglich** ist. Die frühere Unterscheidung zwischen anfänglicher und nachträglicher, zu vertretender und nicht zu vertretender sowie objektiver und subjektiver Unmöglichkeit ist entfallen[407]. Anwendbar ist die Vorschrift nur bei dauernder Unmöglich-

---

[406] *Palandt-Grüneberg*, § 311a BGB, Rn. 1 ff., 5.
[407] *Palandt-Grüneberg*, § 275 BGB, Rn. 4 ff.

keit. Ist die Unmöglichkeit nur vorübergehend, kann der Schuldner also später noch leisten, so liegt nur Verzug vor.

Bei Energiedienstleistungsverträgen ist folgende Besonderheit zu beachten: Kann der Schuldner eine Dauerverpflichtung, hier die Lieferung von Energie, vorübergehend nicht erfüllen, so wird man in der Regel davon ausgehen, dass für den Zeitraum der fehlenden Lieferbereitschaft eine **teilweise dauernde Unmöglichkeit**[408] vorliegt, weil für den Kunden, der beispielsweise während des eintägigen Heizungsausfalls im Kalten saß, die verspätete Lieferung nicht mehr den geschuldeten Erfolg – Wohnungserwärmung an dem schon verstrichenen Tag – herbeiführen kann. Der Energielieferungsvertrag ist in zeitlicher Hinsicht also ein absolutes Fixgeschäft[409]. Auf einen solchen Fall ist § 275 BGB auch dann anzuwenden, wenn der Energiedienstleister nach Behebung des Leistungshindernisses wieder leistungsfähig ist.

254 Hinsichtlich der Primärleistungspflicht des Kunden, das Entgelt für die Energielieferung zu entrichten, gilt § 275 Abs. 1 BGB allerdings nicht. Die Geldschuld bleibt also auch dann bestehen, wenn dem Kunden die Erfüllung mangels verfügbarer Mittel unmöglich ist. Denn für seine finanzielle Leistungsfähigkeit hat ein Schuldner immer einzustehen[410].

Der Schuldner kann gemäß § 275 Abs. 2 BGB die Leistung ferner dann verweigern, wenn diese einen **Aufwand** erfordert, der unter Beachtung des Inhalts des Schuldverhältnisses und der Gebote von Treu und Glauben in einem groben Missverhältnis zu dem Leistungsinteresse des Gläubigers steht. Diese Regelung ist als Einrede ausgestaltet, führt also nicht automatisch, sondern nur dann zur Schuldbefreiung, wenn der Schuldner sich darauf beruft[411]. Es ist eine Ausnahmenorm, die in extremen Einzelfällen aufgrund einer Abwägung aller gegenseitigen Belange zum Einsatz kommen kann[412]. Ein solcher Fall könnte z.B. dann vorliegen, wenn der Energiedienstleister sich zur Energiebelieferung aus einer ihm gehörenden Anlage verpflichtet hat, die Anlage aufgrund eines Totalschadens drei Wochen vor Ende der Vertragslaufzeit ausfällt und der Energiedienstleister damit grundsätzlich verpflichtet wäre, eine Ersatzanlage am vereinbarten Aufstellungsort zu installieren, um seine Lieferpflicht bis zum Ende der Laufzeit zu erfüllen. Weil er die Anlage aufgrund der

---

[408] *Reinholz*, RdE 1999, 64, 74 m.w.N. zur Einordnung des Energielieferungsvertrages als absolutes Fixgeschäft in zeitlicher Hinsicht; *Palandt-Grüneberg*, § 275 BGB, Rn. 11; § 286 BGB, Rn. 12.

[409] *de Wyl/Soetebeer* in: *Schneider/Theobald*, § 11, Rn. 89.

[410] *Palandt-Grüneberg*, § 276 BGB, Rn. 3, 28.

[411] *Palandt-Grüneberg*, § 275 BGB, Rn. 26.

[412] *Palandt-Grüneberg*, § 275 BGB, Rn. 27 ff.

vertraglichen Regelungen bereits drei Wochen nach ihrer Installation wieder demontieren müsste, liefe die Erfüllung seiner Pflicht zur Bereitstellung der zur Energieerzeugung notwendigen Anlage darauf hinaus, umfangreiche Installations- und Demontagekosten aufwenden und den Wertverlust der kurzfristig eingebauten Anlage hinnehmen zu müssen. Das wäre als unzumutbar anzusehen, so dass die **Lieferpflicht entfällt**. Besteht aber die Möglichkeit, die Belieferung des Kunden für die restliche Vertragslaufzeit auch aus einer mobilen Anlage zu bewerkstelligen, so würde die Lieferpflicht nicht entfallen. Der Energiedienstleister könnte von dem Kunden verlangen, dass dieser für die Restlaufzeit des Vertrages die Aufstellung der mobilen Anlage außerhalb des für die Energieerzeugungsanlage vorgesehenen Raumes duldet bzw. ermöglicht.

Die Leistungspflicht des Schuldners entfällt nach § 275 Abs. 3 BGB schließlich dann, wenn der Schuldner die Leistung persönlich zu erbringen hat, ihm dies aber nicht **zumutbar** ist. Dieser Fall ist für Energiedienstleistungsverträge ohne praktische Bedeutung und wird hier nicht weiter betrachtet.

255 Da die kaufrechtlichen Sondervorschriften zur Leistungsstörung an einen Mangel der Kaufsache anknüpfen (§§ 434, 435 BGB), sich aber nicht mit dem vollständigen Ausbleiben der Kaufsache befassen, gelten hinsichtlich des Ausschlusses der Primärleistungspflicht auch bei Energiedienstleistungsverträgen, die als Kaufverträge einzustufen sind, beim vollständigen Ausbleiben der Lieferleistung keine kaufrechtlichen Besonderheiten.

Wie bereits dargestellt, bedeutet der Ausschluss der Primärleistungspflicht nach § 275 BGB nicht, dass der Schuldner damit von allen Pflichten aus dem Vertrag frei wird. Es ist vielmehr zu prüfen, ob er den Schaden, der dem Gläubiger durch das Ausbleiben der Leistung entsteht, zu ersetzen hat und ob der Gläubiger das Ausbleiben der Leistung zum Anlass für einen Rücktritt oder eine Kündigung nehmen kann.

b) Auswirkungen auf den Gegenanspruch

256 Besteht die Leistungsstörung darin, dass der Kunde seinen Zahlungspflichten nicht nachkommt, stellt sich für den Energiedienstleister die Frage, ob er seine Lieferpflicht weiterhin vertragsgemäß zu erfüllen hat. Entfällt die Leistungspflicht des Energiedienstleisters wie oben geschildert nach § 275 BGB, stellt sich für den Kunden die Frage, welche Auswirkungen das auf seine Gegenleistungspflicht, die Zahlung des Entgelts, hat.

257 **aa) Leistungsverweigerungsrecht.** § 273 Abs. 1 BGB bestimmt, dass der Schuldner dann, wenn er aus demselben rechtlichen Verhältnis, auf dem seine Verpflichtung beruht, einen fälligen Anspruch gegen den Gläubiger hat, die geschuldete Leistung verweigern kann, bis die ihm gebührende Leistung bewirkt wird, sofern nicht aus dem Schuldverhältnis sich ein anderes ergibt. § 320 BGB erweitert das **Zurückbehaltungsrecht** des § 273 BGB dahingehend, dass derjenige, der aus einem gegenseitigen Vertrag verpflichtet ist, die ihm obliegende Leistung bis zur Bewirkung der Gegenleistung verweigern kann, es sei denn, dass er vorzuleisten verpflichtet ist. Dies ist die Einrede des nicht erfüllten Vertrages.

258 (1) **Allgemeine Regel**. Energiedienstleistungsverträge sind gegenseitige Verträge. Aus § 320 BGB folgt, dass alle gegenseitigen Verträge grundsätzlich nur Zug um Zug gegen Empfang der Gegenleistung zu erfüllen sind[413]. Der Energiedienstleister bräuchte danach gar nicht zu liefern, wenn er nicht im Gegenzug sofort das Entgelt erhielte. Eine solche Abwicklung des Vertrages ist aber nicht nur bei Energiedienstleistungen unpraktisch, sondern in vielen Schuldverhältnissen. Es wird deshalb häufig vertraglich geregelt, dass eine Vertragspartei in bestimmten Umfang **vorleistungspflichtig** ist. So liegt es etwa dann, wenn ein Energiedienstleister sich verpflichtet, Kälte an einen Kunden zu liefern, für die der Kunde jeweils nach Ende eines Liefermonats das vereinbarte Entgelt bezahlt. Verhält es sich bei einem Sukzessivlieferungsvertrag wie dem Energiedienstleistungsvertrag aber so, dass der Kunde mit seiner Gegenleistung für eine frühere Vorleistung des Energiedienstleisters, die dieser ordnungsgemäß erbracht hat, im Rückstand ist, so lebt trotz einer vertraglich vereinbarten Vorleistungspflicht das Recht des Energiedienstleisters wieder auf, die Einrede des nicht erfüllten Vertrages geltend zu machen und weitere Lieferungen zurück zu halten[414].

259 (2) **Vorleistungspflicht nach AVBFernwärmeV und StromGVV**. Für den Bereich der Energiedienstleistungsverträge, auf die die AVBFernwärmeV anwendbar ist, ergibt sich eine Vorleistungspflicht des Energiedienstleisters nicht erst aufgrund einer ausdrücklichen vertraglichen Regelung, sondern schon aus der AVBFernwärmeV direkt[415]. Dies ist nicht ausdrücklich bestimmt, ergibt sich aber z.B. daraus, dass das Entgelt für die Lieferung nach § 20 AVBFernwärmeV aufgrund einer Ablesung des Verbrauchs, die nur nachträglich möglich ist, ermittelt wird und Zahlungen nach § 27 Abs. 1 AVBFernwärmeV frühestens zwei Wochen nach Zugang der Rechnung fällig

413 *Palandt-Grüneberg*, § 320 BGB, Rn. 1.

414 OLG Düsseldorf, Urt. v. 15.1.1993 – 22 U 172/92, NJW-RR 1993, 1206, 1207.

415 *Hermann/Recknagel/Schmidt-Salzer*, § 28 AVBV, Rn. 1; *Witzel/Topp*, § 28 AVBFernwärmeV, S. 201.

werden, die auf der Grundlage der abgelesenen Werte erstellt wird. Dementsprechend erlaubt § 28 AVBFernwärmeV Vorauszahlungen auch nur in Sonderfällen, und zwar dann, wenn zu besorgen ist, dass der Kunde seinen Zahlungspflichten nicht oder nicht rechtzeitig nachkommt. Für Stromlieferungen ergibt sich die Vorleistungspflicht des Grundversorgers aus den §§ 12 und 14 StromGVV[416].

260 **(3) Einstellung der Versorgung nach § 33 AVBFernwärmeV.** § 33 AVBFernwärmeV regelt in seinen Absätzen 1 und 2, unter welchen Bedingungen der Energiedienstleister die Versorgung einstellen, also ein Leistungsverweigerungsrecht gegenüber dem Kunden geltend machen kann. Es reicht nicht aus, dass der Kunde mit seiner Gegenleistung für eine bereits vom Energiedienstleister erbrachte Vorleistung im Rückstand ist, sondern es müssen weitere, in der Vorschrift genau benannte Voraussetzungen erfüllt sein[417]. Bei schweren Vertragsverstößen (Umgehung der Messeinrichtung u.ä.) erlaubt § 33 Abs. 1 AVBFernwärmeV die **fristlose Einstellung** der Versorgung. Von praktisch wesentlich größerer Bedeutung ist aber die Regelung des § 33 Abs. 2 AVBFernwärmeV. Sie berechtigt den Lieferanten, die Versorgung einzustellen, wenn der Kunde zum wiederholten Male trotz Mahnung und Androhung, die Versorgung einzustellen, nicht zahlt. Zwischen Zugang[418] der Androhung und Einstellung der Versorgung müssen mindestens zwei Wochen liegen.

261 Für die Nutzung des Einstellungsrechts reicht es aus, dass diese Voraussetzungen erfüllt sind. Das dann bestehende Recht zur Einstellung der Versorgung darf nach § 33 Abs. 2 S. 2 AVBFernwärmeV aber nicht ausgeübt werden, wenn der Kunde darlegt, dass die Folgen der Einstellung der Versorgung außer Verhältnis zur Schwere der Zuwiderhandlung stehen und die hinreichende Aussicht besteht, dass der Kunde seinen Verpflichtungen nachkommt. Voraussetzung dafür, dass der Lieferant prüfen muss, ob die Einstellung der Versorgung zu unterbleiben hat, ist also, dass der Kunde die Unverhältnismäßigkeit der Einstellung darlegt. Belässt es der **Kunde** bei der **Darlegung** der **Unverhältnismäßigkeit**, so führt das auch noch nicht zu einem Verbot der Einstellung. Der Kunde muss auch noch darlegen, dass hinreichend Aussicht besteht, den bisher nicht erfüllten Verpflichtungen nachzukommen[419]. Es muss also eine konkrete Zahlungsperspektive aufgezeigt werden, die sich nicht nur auf Hoffnungen stützen darf.

---

[416] BGH, Urt. v. 11.12.2013 – VIII ZR 41/13, NJW 2014, 2024–2026, Rn. 19.
[417] *Hermann/Recknagel/Schmidt-Salzer*, § 33 AVBV, Rn. 24.
[418] *Witzel/Topp*, § 33 Abs. 2 AVBFernwärmeV, S. 222.
[419] *Witzel/Topp*, Anm. zu § 33 Abs. 2, S. 223 m.w.N.

262 Sind diese Voraussetzungen erfüllt, so hat die Verhältnismäßigkeitsprüfung durch den Lieferanten zu erfolgen. Ist der Zahlungsrückstand im Verhältnis zu der Gesamtverpflichtung als gering einzustufen, darf nicht als erstes Mittel die Einstellung der Versorgung gewählt werden. Schuldet der Kunde also beispielsweise zum wiederholten Male eine Monatsrate und hat er die früher nicht pünktlich geleisteten Zahlungen vor dem neuen Verzug nachgezahlt, so muss der Lieferant erst einmal durch die Forderung nach **Vorauszahlungen** gemäß § 28 AVBFernwärmeV oder einer **Sicherheitsleistung** gemäß § 29 AVBFernwärmeV versuchen, sich abzusichern. Verweigert der Kunde diese, ist die Einstellung dagegen berechtigt[420].

263 Das Versorgungsunternehmen ist nicht verpflichtet, einen Empfänger staatlicher Unterstützungsleistungen wegen dessen schlechter wirtschaftlicher Lage und seines Angewiesenseins auf die Versorgungsleistungen kostenlos zu beliefern. Es ist vielmehr die Aufgabe der **Sozialverwaltung** und nicht eines Privatunternehmens, die menschenwürdige Lebensführung einer in Not geratenen Person sicherzustellen[421].

Abweichend davon hat das Landessozialgericht Nordrhein-Westfalen entschieden, dass ein Versorgungsunternehmen die zukünftige Belieferung mit Strom nicht davon abhängig machen dürfe, dass der Sozialhilfeträger auch Rückstände des sozialhilfeberechtigten Bürgers für die Vergangenheit erfüllt, sofern die künftigen Abschläge direkt vom Sozialhilfeträger an das Versorgungsunternehmen gezahlt werden[422]. Diese Auffassung vermengt in unzulässiger Weise Haushaltserwägungen des Sozialhilfeträgers mit zivilrechtlichen Vertragsansprüchen[423]. Um in Fällen dieser Art Diskussionen mit der Sozialverwaltung von Anfang an zu vermeiden, sollte ein Energiedienstleister gar nicht erst größere Rückstände auflaufen lassen, sondern stets zeitnah vom Recht zur Einstellung der Versorgung Gebrauch machen, wenn die Voraussetzungen dafür erfüllt sind.

264 Das Amtsgericht Frankfurt a. M. hat am 17.10.1997 eine einstweilige Verfügung bestätigt, die dem Wasserversorgungsunternehmen verbietet, wegen Zahlungsrückständen des Eigentümers eines Mietshauses die Versorgung des Hauses mit der Folge einzustellen, dass die Mieter die Opfer des unzulässigen Verhaltens ihres Vermieters werden[424]. Diese Entscheidung ist rechtsmethodisch nicht zu rechtfertigen, weil es schon an einem Vertragsverhältnis zwischen Mietern und Wasserversorgungsunternehmen fehlt. Das Gericht begründet

---

420 *Hermann/Recknagel/Schmidt-Salzer*, § 33 AVBV, Rn. 60.
421 LG Augsburg, Urt. v. 10.6.1997 – 4 S 5932/96, RdE 1998, 161.
422 Beschl. v. 15.7.2005 – L 1 B 7/05 SO ER.
423 *Knauss*, RdE 2006, 17–20.
424 33 C 3441/97 – 50, 33 C 3441/97, WuM 1998, 42.

seine Entscheidung deshalb unter Rückgriff auf § 242 BGB damit, dass die Einstellung gegen „Treu und Glauben“ verstieße. Dem kann nicht gefolgt werden. Das Landgericht Frankfurt/Oder hat zutreffend in seinem Urteil vom 1.2.2002 festgestellt, dass in einem so strukturierten Fall ein direkter Anspruch der Mieter gegen das Versorgungsunternehmen ausgeschlossen ist[425]. Dementsprechend kann der Energiedienstleister, der einen Vermieter mit Wärme beliefert, davon ausgehen, dass die Mieter bei einer Einstellung der Versorgung keinen direkten Anspruch auf Weiterbelieferung gegen ihn geltend machen können.

Das führt auch nicht zu unbilligen Belastungen der Mieter. Die Mieter haben in einer solchen Situation nämlich die Möglichkeit, durch Zahlung an das Versorgungsunternehmen direkt im Wege der Ersatzvornahme gemäß § 536a Abs. 2 BGB die Belieferung wieder herbeizuführen und die dafür entstandenen Kosten mit der Miete zu verrechnen[426]. Entgegen der Ansicht des Amtsgerichts Frankfurt a. M. stellt dies keine unzumutbare Belastung der Mieter dar, weil der Vermieter keine Chance hat, aus den sich ergebenden Mietkürzungen eine Kündigung des Mietverhältnisses abzuleiten.

265 Unzulässig ist es schließlich, wenn das Versorgungsunternehmen gegenüber einem Kunden, der regelmäßig seine Abschlagszahlungen entrichtet, aber mit einer nicht abwegigen Begründung Einwände gegen die Jahresabrechnung und die sich daraus ergebende Nachzahlung erhebt, zur Durchsetzung der **Nachzahlungsforderung** das Mittel der Versorgungseinstellung wählt[427]. Der Bundesgerichtshof hat diesen gedanklichen Ansatz ohne die in der zitierten Literatur und Rechtsprechung formulierten Einschränkungen sowie gegen deutliche Stimmen in Rechtsprechung und Literatur[428] in Bezug auf Streitigkeiten über die Wirksamkeit von Preisänderungsklauseln verallgemeinert und entschieden, dass der in § 30 AVBFernwärmeV geregelte **Einwendungsausschluss** über den Wortlaut der Norm hinaus auch dann nicht gilt, wenn „Einwendungen des Kunden, die sich nicht auf bloße Abrechnungs- und Rechenfehler beziehen, sondern die vertraglichen Grundlagen für die Art und den Umfang seiner Leistungspflicht betreffen“, erhoben werden. Dazu gehört nach Ansicht des Bundesgerichtshofes auch die Frage der Wirksamkeit

---

[425] 6a S 75/01, RdE 2002, 151, 152f.

[426] Vgl. dazu auch *Fischer*, RdE 2007, S. 256, 257 mit Verweis auf AG Jena, Urt. v. 10.06.1998 – 28 C 786/98, WuM 1998, 675–676.

[427] *Hermann/Recknagel/Schmidt-Salzer*, § 33 AVBV, Rn. 70, unter Verweis auf LG Hannover, Urt. v. 27.8.1975 – RdE 1975, S. 8.

[428] OLG Hamm, NJW-RR 1989, 1455; LG Frankfurt a.M., CuR 2007, 76f.; *Witzel* in: *Witzel/Topp*, S. 207; *Hempel/Franke*, § 30 AVBFernwärmeV, Rn. 6 m.w.N.; *Morell*, Verordnung über Allgemeine Bedingungen für die Versorgung mit Wasser, Stand: April 2004, E § 30 Anm. d.

einer Preisänderungsklausel[429]. Wenn der Kunde wegen seiner Zweifel an der Wirksamkeit der Preisänderungsklausel die Zahlung verweigern darf, dann verletzt er auch keine Zahlungsverpflichtung, wenn er nicht zahlt. In der Konsequenz ist das Einstellungsrecht des Lieferanten aus § 33 Abs. 2 AVBFernwärmeV ausgeschlossen.

266 Der Bundesgerichtshof hat sich zu dem Umfang, in dem dadurch Zahlungsverweigerungen möglich gemacht werden, nicht geäußert, zielt aber ausdrücklich **nicht** darauf ab, die Regelung des § 30 AVBFernwärmeV **leerlaufen** zu lassen[430]. Weil die streitige Preisänderungsklausel Ursache für die Zahlungsverweigerung ist, kann unter Berufung auf eine angebliche Unwirksamkeit der Preisänderungsklausel deshalb nicht die Zahlung des gesamten Wärmentgelts zurückbehalten werden, sondern nur die Zahlung des Teils des Wärmeentgelts, dass sich aufgrund der streitigen Preisänderungsklausel gegenüber der letzten unbeanstandeten Abrechnung ergibt, also der streitige **Erhöhungsbetrag.** Versucht ein Wärmelieferungskunde mit der Behauptung, die Preisänderungsklausel sei unwirksam, ein weitergehendes Zahlungsverweigerungsrecht hinsichtlich größerer Anteile oder gar der gesamten von ihm zu leistenden Abschlags- und Rechnungsbeträge durchzusetzen, so kann die Versorgung weiterhin gemäß § 33 Abs. 2 AVBFernwärmeV eingestellt werden[431].

267 § 33 Abs. 3 AVBFernwärmeV betont eine Selbstverständlichkeit. Der Energiedienstleister hat die Belieferung wieder aufzunehmen, kann sein Leistungsverweigerungsrecht also nicht mehr ausüben, wenn die Voraussetzungen für dessen Ausübung entfallen sind, also z.B. Zahlung erfolgt ist. Als einzige zusätzliche, sich nicht aus allgemeinen Regelungen ergebende Voraussetzung für die Pflicht zur Weiterbelieferung ist vorgesehen, dass der Kunde zuvor die Kosten der Einstellung der Versorgung ersetzt hat.

268 **(4) Einstellung der Versorgung nach § 19 StromGVV.** Die StromGVV hat die früheren Regelungen des § 33 AVBEltV, die denen des § 33 AVBFernwärmeV entsprachen, in § 19 in der Grundstruktur übernommen, aber dadurch eingeschränkt, dass bei der Berechnung eines Zahlungsrückstandes „form- und fristgerecht sowie schlüssig begründet beanstandete“ Forderungen, gestundete Forderungen und Forderungen aus einer streitigen und noch nicht rechtskräftig entschiedenen Preiserhöhung außer Betracht bleiben. Außerdem muss die Unterbrechung der Versorgung nicht zwei, sondern **vier Wochen** vorher angedroht und zusätzlich drei Tage vor Unterbrechung ange-

---

[429] BGH, Urt. v. 6.4.2011 – VIII ZR 273/09, Rn. 51–54.

[430] BGH, Urt. v. 6.4.2011 – VIII ZR 273/09, Rn. 54.

[431] So jetzt auch BGH, Urt. v. 11.12.2013 – VIII ZR 41/13, NJW 2014, 2024–2026, Rn. 20 ff.

kündigt werden. Damit entsprechen die in der StromGVV gesetzlich geregelten Einschränkungen des Einwendungsausschlusses ungefähr denjenigen, die der Bundesgerichtshof durch seine einschränkende Anwendung des § 30 AVBFernwärmeV bewirkt.

269 **bb) Befreiung von der Gegenleistung.** Besteht die Leistungsstörung nicht in einer verzögerten Erbringung der Leistungspflichten durch die andere Vertragspartei, sondern liegt eine Situation vor, in der die Leistungspflicht gemäß § 275 BGB ausgeschlossen ist, so **entfällt** gemäß § 326 Abs. 1 BGB auch der Anspruch auf die **Gegenleistung**. Der Kunde, der vom Energiedienstleister für einen Tag keine Wärme erhalten hat, weil die Anlage des Energiedienstleisters defekt war, braucht für diesen Zeitraum nicht die Gegenleistung zu entrichten. Es ergeben sich also nicht nur mangels Abnahme von Wärme keine Arbeitskosten, sondern es entfällt zeitanteilig auch der Grundpreis.

Bei Energiedienstleistungsverträgen, die als Kaufvertrag einzustufen sind, und für die deshalb die kaufrechtlichen Sonderregelungen anzuwenden sind, ergibt sich bei unvollständiger Erfüllung der Lieferpflicht des Energiedienstleisters ein entsprechendes Ergebnis. Der Kunde hat nach § 437 Nr. 2 BGB die Möglichkeit, neben Schadensersatz[432] auch die Minderung des Preises nach §§ 441 und 323 BGB zu verlangen. Dieses Recht steht dem Käufer dann zu, wenn die von ihm verlangte **Nacherfüllung ausgeschlossen** ist, weil sie nicht mehr rechtzeitig erfolgen kann. Das ist bei Energiedienstleistungen regelmäßig der Fall. Der Kunde wird deshalb für Zeiten unvollständiger Erfüllung der Lieferpflicht (z.B. Heizwasser mit zu geringer Temperatur oder teilweises Entfallen der zugesagten elektrischen Leistung) nicht nur wegen des geringeren Verbrauchs geringere Arbeitskosten haben, sondern auch gemäß §§ 437 Nr. 2 und 441 BGB verlangen können, dass der Grundpreis für den entsprechenden Zeitraum reduziert wird.

c) Schadensersatz

270 Das Schuldrechtsmodernisierungsgesetz hat im Bereich des Schadensersatzrechts eine neue Begrifflichkeit eingeführt. Werden vertragliche Pflichten verletzt, steht dem Geschädigten grundsätzlich Schadensersatz wegen Pflichtverletzung zu. Lässt die Pflichtverletzung die Erfüllung des Vertrages nicht mehr zu oder nicht mehr zumutbar erscheinen, kann Schadensersatz statt der Leistung verlangt werden. Für Energiedienstleistungsverträge ist neben der Betrachtung dieser grundsätzlichen Strukturen von Bedeutung, in

[432] Diese Rechte aus § 437 BGB bestehen grundsätzlich nebeneinander, *Palandt-Weidenkaff*, § 437 BGB, Rn. 4.

welchem Umfange der Energiedienstleister für Schäden haftet, die von Unternehmern verursacht werden, derer er sich zur Erfüllung seiner Vertragspflichten bedient und in welchem Umfange er gegenüber anderen Personen als dem Kunden selbst schon aus dem Vertrag heraus zum Schadensersatz verpflichtet ist. Nachfolgend wird zuerst die gesetzliche Normalhaftung dargestellt und anschließend (siehe Rn. 305 ff.) deren Modifikation durch die AVBFernwärmeV und die StromGVV bzw. NAV.

271 **aa) Schadensersatz wegen Pflichtverletzung.** Die Grundnorm für jeden Schadensersatzanspruch aus der Verletzung von Pflichten aus einem Schuldverhältnis ist § 280 BGB: „Verletzt der Schuldner eine Pflicht aus dem Schuldverhältnis, so kann der Gläubiger Ersatz des hierdurch entstehenden Schadens verlangen." Der sich daraus ergebende Anspruch auf „Schadensersatz wegen Pflichtverletzung" umfasst alle **unmittelbaren und mittelbaren Nachteile** des schädigenden Verhaltens. Er tritt neben den vertraglichen Erfüllungsanspruch[433]. Es ist unbeachtlich, ob die Verletzung einer vertraglichen Hauptpflicht oder Nebenpflicht (§ 241 Abs. 2 BGB) ursächlich für den Schaden ist. Ebenso unbeachtlich ist es, ob die Pflichten nicht, schlecht oder verspätet erfüllt werden. Nichterfüllung, Schlechterfüllung und Verzug werden also grundsätzlich gleich behandelt[434].

272 Nach § 280 Abs. 1 S. 2 BGB besteht kein Schadensersatzanspruch, wenn der Schuldner die Pflichtverletzung nicht zu vertreten hat. Der Schuldner hat nur die Möglichkeit, den Entlastungsbeweis zu führen. Hat der Gläubiger bewiesen, dass der geschuldete Erfolg nicht eingetreten ist, so wird das Verschulden des Schuldners vermutet[435]. Der Schuldner hat dann zu beweisen, dass er den Schaden nicht schuldhaft verursacht hat. Käme es zu einer gerichtlichen Auseinandersetzung zwischen einem Kunden und einem Energiedienstleister, der es übernommen hat, ein Kühlhaus durchgängig mit Kälte einer bestimmten Temperatur zu beliefern, so würde das Gericht eine Schadensersatzpflicht des Energiedienstleisters schon dann annehmen, wenn der Kunde nur vorgetragen und bewiesen hat, dass die vereinbarte Temperatur nicht eingehalten wurde. Will der Energiedienstleister eine entsprechende Verurteilung vermeiden, müsste er den Nachweis führen, die Pflichtverletzung nicht schuldhaft verursacht zu haben.

273 Der Schuldner hat gemäß § 276 BGB Vorsatz und Fahrlässigkeit zu vertreten, wenn eine strengere oder mildere Haftung weder bestimmt noch aus dem sonstigen Inhalt des Schuldverhältnisses,

[433] *Palandt-Grüneberg*, § 280 BGB, Rn. 32.
[434] *Palandt-Grüneberg*, § 280 BGB, Rn. 12 ff.
[435] *Palandt-Güneberg*, § 280 BGB, Rn. 35.

insbesondere der Übernahme einer Garantie oder eines Beschaffungsrisikos zu entnehmen ist. Bei Energiedienstleistungsverträgen stellt sich die Frage, ob bei Elektrizitätsversorgungsverträgen die **Angaben zu Spannung und Frequenz**, bei Gasversorgungsverträgen die Angaben zu **Brennwert und Druck** und bei Wärmeversorgungsverträgen die Angaben zu Wärmegraden des Wärmeträgers als Übernahme einer **Garantie**[436] anzusehen sind. Dies hätte zur Folge, dass bei einer Nichteinhaltung der vertraglichen Vorgaben auch dann ein Schadensersatzanspruch wegen Pflichtverletzung bestünde, wenn der Energielieferant den Schaden nicht vorsätzlich oder fahrlässig verursacht hat. Zur bisherigen Rechtslage ist unter Bezugnahme auf die Rechtsprechung des Bundesgerichtshofes, wonach Warenbeschreibungen nicht stets auch zugleich eine Eigenschaftszusicherung darstellen, durchgehend die Ansicht vertreten worden, dass die oben genannten Angaben **keine zugesicherten Eigenschaften** darstellen[437] und damit keine Garantie übernommen wurde. Bei der StromGVV und der GasGVV ergibt sich dies auch schon aus dem Wortlaut des §4 Abs.1, der die Angaben mit dem Zusatz „etwa" versieht. Kommt es für den Kunden des Energiedienstleisters darauf an, dass die Lieferparameter sehr genau eingehalten werden, weil beispielsweise Spannungsschwankungen zu umfangreichen Schäden an elektronischen Geräten führen können, so muss eine entsprechende strenge Einstandspflicht des Energiedienstleisters dadurch begründet werden, dass er im Vertrag eine Garantie für die Einhaltung präzise bestimmter Lieferparameter übernimmt.

274 **bb) Schadensersatz wegen Verzögerung der Leistung.** Die in der verzögerten Erbringung der Leistung liegende Pflichtverletzung führt nicht schon von sich aus zu einem Schadensersatzanspruch. Hinzukommen muss gemäß §280 Abs.2 BGB noch, dass auch die Voraussetzungen des §286 BGB vorliegen, der Schuldner sich also im Verzug befand. Bei Energiedienstleistungsverträgen ist regelmäßig ein bestimmtes Datum für den Beginn der Energielieferung bestimmt. Gemäß §286 Abs.2 Nr.1 BGB bedarf es deshalb zum Eintritt des Verzuges bei einer Verzögerung des Lieferbeginns nicht noch einer **Mahnung**. So hat z.B. der Energiedienstleister dem Vermieter, dem er vertraglich einen bestimmten Lieferbeginn zugesagt hat, den Mietausfall zu ersetzen, der dadurch eintritt, dass die Mieter die Miete wegen der zum vereinbarten Lieferbeginn fehlenden Beheizungsmöglichkeit mindern.

---

[436] *Palandt-Grüneberg*, §276 BGB, Rn.29.

[437] *Obernolte/Danner*, §6 AVBEltV/GasV, Erl. 2 a); *Ludwig/Odenthal*, §6 AVBEltV, Rn.11; *Ebel*, S.231; *Hermann/Recknagel/Schmidt-Salzer*, Vorb. §6 AVBEltV/GasV, Rn.25.

275 Erfüllt der Kunde des Energiedienstleisters seine Zahlungspflicht nicht pünktlich, so hat der Kunde diese Geldschuld nach § 288 Abs. 1 BGB mit einem Zinssatz in Höhe von fünf Prozentpunkten über dem Basiszinssatz gemäß § 247 BGB zu verzinsen. Bei Rechtsgeschäften, an denen ein Verbraucher nicht beteiligt ist, beträgt der Zinssatz für Entgeltforderungen gemäß § 288 Abs. 2 BGB neun Prozentpunkte über dem Basiszinssatz. Werden im Energiedienstleistungsvertrag geringere Verzugszinssätze vereinbart, so gehen diese der gesetzlichen Regelung vor.

276 cc) **Schadensersatz statt der Leistung.** Die Pflicht zum Ersatz des gesamten Schadens, die sich aus § 280 Abs. 1 S. 1 BGB ergibt, umfasst auch den Schaden, der dann entsteht, wenn der Schuldner die vereinbarten Leistungspflichten überhaupt nicht mehr erfüllt, sei es, weil die Leistung unmöglich geworden ist, sei es, weil der Gläubiger die Erfüllung aufgrund der vorgekommenen Pflichtverletzungen ablehnt[438]. Da dies einen schwerwiegenden Eingriff in das vereinbarte Verhältnis von Leistung und Gegenleistung darstellt, kann der Gläubiger den sich daraus ergebenden Schadensersatz statt der Leistung nur unter besonderen, im Gesetz in den §§ 281 bis 283 BGB geregelten Bedingungen verlangen. Gemäß § 281 BGB kann der Gläubiger auf Schadensersatz statt der Leistung übergehen, wenn der Schuldner nicht oder nicht wie geschuldet die fällige Leistung erbringt und auch eine ihm vom Gläubiger gesetzte angemessene Frist zur Nacherfüllung nicht einhält. Liefert der Energiedienstleister seinem Kunden, der ein Kühlhaus betreibt, trotz angemessener Fristsetzung zur Nacherfüllung weiterhin nicht ausreichend Kälte, so kann der Kunde von ihm die Kosten ersetzt verlangen, die ihm dadurch entstehen, dass er einen anderen beauftragt, die erforderliche Kälte für das Kühlhaus zu liefern.

277 § 282 BGB gewährt einen Anspruch auf Schadensersatz statt der Leistung dann, wenn der Schuldner eine vertragliche **Nebenpflicht** im Sinne des § 241 Abs. 2 BGB verletzt und es dem Gläubiger deswegen nicht mehr zumutbar ist, eine Leistung durch den Schuldner noch zu akzeptieren. So liegt es beispielsweise dann, wenn der Energiedienstleister zwar im vereinbarten Umfang aus eine Holzhackschnitzelheizwerk Wärme liefert, zur Befeuerung der Kesselanlage aber entgegen vertraglich getroffener Regelungen schadstoffbelastetes Holz einsetzt und dies auch nicht unterlässt, obwohl ihn der Kunde abgemahnt hat. Kündigt der Kunde wegen dieses Verstoßes den Vertrag, so kann er alle Mehrkosten ersetzt verlangen, die ihm dadurch entstehen, dass er einen neuen Energiedienstleister sucht

---

438 *Palandt-Grüneberg*, § 280 BGB, Rn. 13, 14.

und mit der den vertraglichen Qualitätskriterien entsprechenden Belieferung beauftragt.

Schließlich steht dem Gläubiger ein Anspruch auf Schadensersatz statt der Leistung nach § 283 BGB zu, wenn der Schuldner gemäß § 275 Abs. 1 bis 3 BGB nicht zur Leistung verpflichtet ist (siehe dazu oben Rn. 251) und der Schuldner dies zu vertreten hat. So läge es beispielsweise dann, wenn der Energiedienstleister aufgrund mangelnder Qualifikation nicht in der Lage wäre, eine komplexe Versorgungsaufgabe ordnungsgemäß zu erfüllen. Sucht der Kunde sich einen neuen Energiedienstleister zur Erfüllung der Versorgungsaufgabe und ist dies mit Mehrkosten verbunden, so hat der ursprüngliche Vertragspartner die Mehrkosten zu ersetzen.

278 Die §§ 280 bis 283 BGB werden ergänzt durch § 311a BGB, der klarstellt, dass der Schuldner Schadensersatz statt der Leistung unabhängig von einem Verschulden zu leisten hat, wenn schon bei **Vertragsschluss** ein Leistungshindernis im Sinne des § 275 Abs. 1 bis 3 BGB vorlag. Der Energiedienstleister übernimmt also durch den Abschluss eines Energiedienstleistungsvertrages die Haftung dafür, dass die versprochenen Leistungen im Zeitpunkt des Vertragsschlusses erfüllbar sind. Hat er bei der Angebotserstellung Umstände übersehen, die es ihm später unmöglich machen, den Vertrag ordnungsgemäß zu erfüllen, so hat er dem Kunden alle Kosten zu ersetzen, die diesem daraus erwachsen, dass er durch einen anderen und in anderer Weise den vertraglich vereinbarten Leistungserfolg bewirken lässt. Das gilt nach § 311a Abs. 2 S. 2 BGB nur dann nicht, wenn er das Leistungshindernis nicht kannte und seine Unkenntnis nicht zu vertreten hatte. Der Energiedienstleister haftet also grundsätzlich auf das volle Erfüllungsinteresse des Kunden, kann aber den Entlastungsbeweis im Rahmen des Satzes 2 führen.

279 **dd) Kaufrechtliche Sonderregelungen.** Die kaufrechtliche Mangelgewährleistungsregelung in § 437 BGB berechtigt den Käufer, bei Vorliegen eines Mangels u.a. Schadensersatz nach den §§ 440, 280, 281, 283 und 311a BGB zu verlangen. Es gilt über die Verweisung also das allgemeine Leistungsstörungsrecht, wie es dargestellt wurde. Durch § 440 BGB erfolgt lediglich insoweit eine Modifizierung, als der Käufer Schadensersatz statt der Leistung ohne vorherige Fristsetzung zusätzlich zu den in § 281 Abs. 2 BGB geregelten Fällen auch dann verlangen kann, wenn die nach § 439 BGB vorgesehene Nacherfüllung durch Neulieferung einer mangelfreien Sache oder Beseitigung des Mangels gescheitert ist oder vom Verkäufer verweigert wird. In der Praxis ergibt sich für Energiedienstleistungsverträge dadurch keine Abweichung vom allgemeinen Leistungsstörungsrecht. Sieht man beispielsweise die unzureichende Kältelieferung als Lieferung man-

gelhafter Kälte an, so kann der Kunde des Energiedienstleisters nach § 440 BGB Schadensersatz statt der Leistung nur dann verlangen, wenn er vorher gemäß § 439 BGB Nacherfüllung durch ausreichende Kältelieferung verlangt hat und dies verweigert wurde oder gescheitert ist. Genauso müsste der Kunde aber auch vorgehen, wenn man den Fall nach allgemeinem Leistungsstörungsrecht behandelt, das gemäß § 281 Abs. 1 BGB bei einer Schlechtleistung nur dann einen Anspruch auf Schadensersatz statt der Leistung vorsieht, wenn erfolglos eine angemessene Frist zur Nacherfüllung gesetzt worden war.

280 Die Sonderregelungen über den **Verbrauchsgüterkauf**, die gemäß § 474 BGB nur dann Anwendung finden, wenn der Kunde ein Verbraucher ist, finden auf die Lieferung von Strom sowie Wasser und Gas, wenn sie nicht in einem begrenzten Volumen oder in einer bestimmten Menge abgefüllt sind, gemäß Art. 1 Abs. 2b der EU-Richtlinie zum Verbrauchsgüterkauf[439] überhaupt keine Anwendung, so dass sich eine weitere Erörterung hier erübrigt. Wärmelieferung ist nicht ausdrücklich aus dem Geltungsbereich ausgenommen. Anhaltspunkte dafür, dass dies eine planmäßige Lücke ist und deshalb die Anwendbarkeit auf die Wärmelieferung ausdrücklich gewollt ist, sind nicht ersichtlich. Als Verbrauchsgüterkauf gilt deshalb entsprechend der Systematik des Art. 1 Abs. 2b der Richtlinie auch nicht die Energielieferung in Form von Wärme[440].

281 **ee) Schadensersatzansprüche Dritter.** Aus einem Vertrag können grundsätzlich nur die Vertragsparteien im Falle von schuldhaften Pflichtverletzungen Schadensersatzansprüche gegeneinander herleiten. Dritten stehen bei schuldhaften Pflichtverletzungen eines Vertragsteils nur in **Ausnahmefällen** Schadensersatzansprüche zu. Ein Vertrag mit Schutzwirkung zugunsten Dritter liegt dann vor, wenn in die vertraglichen Sorgfalts- und Obhutspflichten (§ 241 Abs. 2 BGB) auch Dritte aufgrund ihrer besonderen Stellung zum Gläubiger der Hauptleistung, die einen personenrechtlichen Einschlag aufweist, einbezogen sind[441]. Bei Kaufverträgen wird eine Schutzwirkung zugunsten Dritter grundsätzlich verneint[442]. Aufgrund der besonderen Nähe zum Kunden ist aber anerkannt, dass Energielieferungsverträge Schutzwirkung zugunsten von Familienangehörigen, Beschäftigten, Besuchern und sonstigen zur Sphäre des Kunden zu rechnenden Personen entfalten[443]. Der eine Schutzwirkung zuguns-

---

[439] Richtlinie 1999/44/EG, ABl. L 171 v. 7.7.1999, S. 12–16.

[440] *Palandt-Weidenkaff*, § 474 BGB, Rn. 3.

[441] *Palandt-Grüneberg*, § 328 BGB, Rn. 13 ff. m.w.N.

[442] Vgl. *Palandt-Grüneberg*, § 328 BGB, Rn. 17 unter Verweis auf BGHZ 51, 96; *Hermann/Recknagel/Schmidt-Salzer*, § 6 AVBEltV/GasV, Rn. 77, 78.

[443] *Hempel-Franke*, § 6 AVBEltV, Rn. 22; *Hermann/Recknagel/Schmidt-Salzer*, § 6 AVBEltV/GasV, Rn. 73 ff.; *Unberath/Fricke*, NJW 2007, 3601; *Palandt-Grüneberg*, § 328 BGB, Rn. 30a.

ten Dritter begründende personenrechtliche Einschlag wird auch bei Mietverhältnissen angenommen[444]. Mithin ist davon auszugehen, dass der Wohnungsmieter auch in die Schutzwirkungen eines Wärmelieferungsvertrages mit einbezogen ist, den der Vermieter mit einem Energiedienstleister abgeschlossen hat. Der Mieter kann also vertragliche Schadensersatzansprüche wegen der Verletzung seiner Rechtsgüter eigenständig gegenüber dem Energiedienstleister geltend machen, sofern der Energiedienstleister seine vertraglichen Pflichten schuldhaft verletzt hat.

282 **ff) Verantwortlichkeit für Erfüllungsgehilfen.** Der Energiedienstleister hat gemäß § 278 BGB ein Verschulden seines gesetzlichen Vertreters und der Personen, derer er sich zur Erfüllung seiner Verbindlichkeiten bedient, in gleichem Umfange zu vertreten wie eigenes Verschulden. Erfüllungsgehilfe ist, wer nach den tatsächlichen Gegebenheiten des Falles mit dem Willen des Schuldners bei der Erfüllung einer diesem obliegenden Verbindlichkeit als seine Hilfsperson tätig wird[445]. Ein typischer Fall der Einschaltung eines Erfüllungsgehilfen bei der Erbringung von Energiedienstleistungen ist die Beauftragung eines Anlagenbauers mit der Errichtung und Wartung der Energieerzeugungsanlage durch den Energiedienstleister. Verursacht ein solcher Erfüllungsgehilfe schuldhaft Schäden beim Kunden des Energiedienstleisters, so hat der Energiedienstleister dafür zu haften, und zwar **unabhängig** davon, ob ihn **selbst** bei der Auswahl, Anleitung oder Überwachung des Erfüllungsgehilfen ein **Verschulden** trifft[446]. Besteht eine Beschränkung der Haftung im Verhältnis zwischen Energiedienstleister und Kunde, so haftet der Energiedienstleister bei einer schuldhaften Schadensverursachung durch seine Erfüllungsgehilfen auch nur in dem Umfang, in dem seine Haftung gegenüber dem Kunden besteht[447]. Der Umstand, dass der Energiedienstleister bei einer schuldhaften Schadensverursachung durch seinen Erfüllungsgehilfen gegen diesen einen vertraglichen Anspruch auf Freihaltung von den Schadensersatzansprüchen des Kunden hat, ändert nichts daran, dass der Energiedienstleister dem Kunden gegenüber vertraglich haftet. Daneben kommt noch ein selbstständiger deliktischer Schadensersatzanspruch des Kunden gegen den Erfüllungsgehilfen in Betracht[448], sofern die Voraussetzungen eines solchen Anspruchs erfüllt sind.

---

[444] *Morell*, § 18 NDAV, Rn. 30.
[445] *Palandt-Grüneberg*, § 278 BGB, Rn. 7 m.w.N.
[446] *Palandt-Grüneberg*, § 278 BGB, Rn. 1.
[447] *Palandt-Grüneberg*, § 278 BGB, Rn. 27.
[448] *Palandt-Grüneberg*, § 278 BGB, Rn. 40.

d) Kündigung des Vertrages

283 Die Verletzung vertraglicher Pflichten wirft nicht nur die Frage nach Schadensersatzansprüchen auf, sondern in Fällen schwerwiegender Störungen des Vertragsverhältnisses auch die nach einer Beendigung des Vertragsverhältnisses. Für Verträge, die auf einmaligen Leistungsaustausch gerichtet sind, finden sich die Regelungen über den Rücktritt und die Befreiung von der Gegenleistungspflicht in den §§ 323 bis 326 BGB. Energiedienstleistungsverträge sind aber nicht auf einmaligen Leistungsaustausch gerichtet, sondern verpflichten die Vertragsparteien, über lange Zeit Leistungen immer wieder oder dauerhaft zu erbringen. Für solche **Dauerschuldverhältnisse**[449] bieten die **Rücktrittsvorschriften keine** angemessenen **Lösungen**, weil z.B. nach § 323 Abs. 1 BGB ein Rücktritt vom Vertrag dann möglich ist, wenn der Schuldner eine fällige Leistung nicht oder nicht vertragsgemäß erbringt und dies trotz Fristsetzung auch nicht nachholt, ohne dass es darauf ankäme, welches Gewicht die Verletzung der Leistungspflicht hat. Da Dauerschuldverhältnisse häufig komplex sind und es nicht als schwerwiegende Störung des Vertragsverhältnisses angesehen werden kann, wenn weniger bedeutende Nebenpflichten zeitweise nicht erfüllt werden, bedarf es für solche Verträge einer Sonderregelung. Diese findet sich in § 314 BGB, der vorsieht, dass Dauerschuldverhältnisse aus wichtigem Grund gekündigt werden können und damit neben anderen Fallkonstellationen auch die Situation erfasst, dass es wegen der Verletzung vertraglicher Pflichten einer Beendigung des Vertrages bedarf. Bei vollzogenen Dauerschuldverhältnissen tritt das **Kündigungsrecht** aus wichtigem Grund an die Stelle des Rücktrittsrechts[450].

284 § 314 Abs. 1 BGB bestimmt, dass jeder Vertragsteil ein Dauerschuldverhältnis aus wichtigem Grund ohne Einhaltung einer Kündigungsfrist kündigen kann. Ein wichtiger Grund liegt vor, wenn dem kündigenden Teil unter Berücksichtigung aller Umstände des Einzelfalls und unter Abwägung der beiderseitigen Interessen die Fortsetzung des Vertragsverhältnisses bis zur vereinbarten Beendigung oder bis zum Ablauf einer Kündigungsfrist nicht zugemutet werden kann[451]. Diese Formulierung eröffnet die Möglichkeit, nicht nur **Pflichtverletzungen** einer Vertragspartei zu berücksichtigen, sondern auch von beiden Parteien **nicht zu vertretende Umstände**. Bei einem Energiedienstleistungsvertrag wäre dies z.B. dann denk-

---

[449] Zum Begriff siehe *Palandt-Grüneberg*, § 314 BGB, Rn. 2.

[450] *Palandt-Grüneberg*, § 314 BGB, Rn. 12 m.w.N.

[451] Illustrativ für die Besonderheiten, die für ein solches Kündigungsrecht vorliegen müssen, ist die Entscheidung des OLG Dresden, Urt. v. 30.3.2007 – 9 U 1658/05, Rn. 62–67, CuR 2007, 101–105.

bar, wenn das vom Energiedienstleister versorgte Gebäude durch ein Feuer zerstört und aufgrund zwischenzeitlich geänderter Bauvorschriften nicht wieder aufgebaut werden dürfte und damit dauerhaft kein zu versorgendes Gebäude mehr vorhanden wäre.

285 Praktisch bedeutender sind die Fälle, in denen eine Vertragspartei eine **Kündigung** beabsichtigt, weil die andere Vertragspartei schwerwiegend oder anhaltend gegen ihre vertraglichen Pflichten verstößt. Für diesen Fall schreibt § 314 Abs. 2 BGB in Anlehnung an die Systematik bei den Rücktrittsregelungen vor, dass die Kündigung erst nach erfolglosem Ablauf einer zur Abhilfe bestimmten Frist oder nach erfolgloser Abmahnung zulässig ist. Dieses zusätzlichen Schrittes bedarf es gemäß § 314 Abs. 2 S. 2 BGB in entsprechender Anwendung des § 323 Abs. 2 BGB dann nicht, wenn der Schuldner die Leistung ernsthaft und endgültig verweigert, wenn der Schuldner die Leistung zu einem bestimmten Termin oder innerhalb einer bestimmten Frist nicht bewirkt, obwohl der Gläubiger im Vertrag den Fortbestand seines Leistungsinteresses an die Rechtzeitigkeit der Leistung gebunden hat oder wenn besondere Umstände vorliegen, die unter Abwägung der beiderseitigen Interessen eine sofortige Kündigung rechtfertigen[452].

Liefert der Energiedienstleister einem Industriebetrieb, dem er u.a. Druckluft mit einem bestimmten Mindestdruck liefern muss, trotz Aufforderung zur ordnungsgemäßen Leistung und Fristsetzung nicht Luft mit dem vereinbarten Druck, so wird der Kunde dann den Vertrag kündigen können, wenn er durch den zu geringen Druck Beeinträchtigungen in der Leistungsfähigkeit der für die Produktion eingesetzten Maschinen hinnehmen müsste. Erklärt ein Energiedienstleister bereits vor der Fristsetzung, dass seiner Ansicht nach der Druck ausreichend sei und er nichts weiter unternehmen werde, um die vertragliche Vereinbarung einzuhalten, so liegt ein Fall ernsthafter und endgültiger **Erfüllungsverweigerung** vor, der zur Kündigung ohne vorherige Fristsetzung berechtigen würde.

286 Eine praktisch wichtige Regelung enthält § 314 Abs. 3 BGB, der den Kündigungsberechtigten verpflichtet, innerhalb einer angemessenen **Frist** zu kündigen, nachdem er vom Kündigungsgrund Kenntnis erlangt hat. So soll zeitnah Klarheit geschaffen werden. Außerdem spricht die Fortsetzung des Vertrages nach einem angeblich zur Kündigung berechtigenden Vorfall dagegen, dass die Fortsetzung unzumutbar ist. Es ist also ausgeschlossen, eine einmal vorgekommene schwere Pflichtverletzung erst einmal hinzunehmen und später unter Berufung auf sie zu kündigen. § 314 Abs. 4 BGB stellt klar, dass die Berechtigung, Schadensersatz zu verlangen, durch die Kündigung

[452] *Palandt-Grüneberg*, § 314 BGB, Rn. 8 m.w.N.

nicht ausgeschlossen wird. Schadensersatz kann also neben der Kündigung verlangt werden. Kaufrechtliche Sonderregelungen bestehen nicht, weil § 437 Nr. 2 BGB auf das Rücktrittsrecht gemäß § 323 BGB verweist, das hier durch das Kündigungsrecht aus wichtigem Grund ausgeschlossen ist. Ausgeschlossen ist eine Kündigung gemäß § 314 BGB dann, wenn es möglich ist, über eine Anpassung des Vertrages an die geänderten Verhältnisse gemäß § 313 BGB dazu zu gelangen, dass es beiden Vertragsparteien wieder zumutbar ist, am Vertrag fest zu halten[453].

2. Gesetzliche Haftungstatbestände

287 Treten in Zusammenhang mit der Tätigkeit des Energiedienstleisters Schäden an Rechtsgütern des Vertragspartners oder Dritter auf, so kann sich neben der vertraglichen Haftung auch eine deliktische Haftung gemäß § 823 BGB oder eine Haftung nach gesetzlichen Sonderregelungen ergeben. Alle neben der vertraglichen Haftung in Betracht kommenden Haftungstatbestände zeichnen sich dadurch aus, dass sie anders als die vertraglichen Haftungsansprüche nicht nur Ansprüche des Vertragspartners, sondern aller tatsächlich geschädigten Personen begründen können. Darin liegt auch die wesentliche praktische Bedeutung dieser Ansprüche.

a) Deliktische Haftung

288 Verletzt der Energiedienstleister **vorsätzlich** oder **fahrlässig** Leben, Körper, Gesundheit, Freiheit, Eigentum oder ein sonstiges Recht seines Kunden oder eines Dritten, so ist er dem Anderen gemäß § 823 Abs. 1 BGB zum Ersatz des daraus entstehenden Schadens verpflichtet. Nach § 823 Abs. 2 BGB trifft die gleiche Verpflichtung denjenigen, der gegen ein Gesetz verstößt, dass den Schutz eines anderen bezweckt.

289 **aa) Schutzgüter.** Geschützt werden nur die in § 823 BGB genannten Rechtsgüter. Das **Vermögen** als solches ist **kein** in § 823 Abs. 1 BGB genanntes Schutzgut und auch nicht als sonstiges Recht im Sinne des Absatzes 1 anzusehen. Vermögensschädigungen, bei denen einer der Tatbestände des Absatzes 1 nicht vorliegt, begründen daher nur unter der Voraussetzung des Absatzes 2 eine Ersatzpflicht[454], also z.B. dann, wenn eine gegen das Vermögen gerichtete Straftat vorliegt. Der Kunde eines Energiedienstleisters, der einen Mietausfall dadurch

[453] *Palandt-Grüneberg*, § 314 BGB, Rn. 9.
[454] *Palandt-Sprau*, § 823 BGB, Rn. 11.

erleidet, dass er zeitweise nicht die vereinbarten Lieferungen erhält, hat gegen den schuldhaft handelnden Energiedienstleister also nur einen vertraglichen Schadensersatzanspruch, nicht aber einen deliktischen. Beschädigt dagegen der Energiedienstleister schuldhaft das Gebäude des Kunden, in dem die Anlage des Energiedienstleisters aufgestellt ist, so steht dem Kunden sowohl ein vertraglicher als auch ein deliktischer Schadensersatzanspruch zu.

Der Mieter eines Ladengeschäfts, der Umsatzeinbußen erleidet, weil der Energiedienstleister unter Verstoß gegen den mit dem Vermieter abgeschlossenen Wärmelieferungsvertrag nicht ausreichend Heizwärme liefert, hat keinen deliktischen Schadensersatzanspruch gegen den Energiedienstleister auf Ersatz der Umsatzeinbußen, weil das Ausbleiben der Wärmelieferung ihn nicht in einem der in § 823 Abs. 1 BGB genannten Rechte verletzt. Es liegt auch kein Eingriff in den gemäß § 823 Abs. 1 BGB geschützten[455] **eingerichteten und ausgeübten Gewerbebetrieb** vor, weil die Störung der Lieferung an den Vermieter sich nicht spezifisch gegen den betrieblichen Organismus des Mieters richtet und deshalb nicht als betriebsbezogener Eingriff anzusehen ist[456]. Verdirbt dagegen Ware des Mieters infolge einer schuldhaften Unterbrechung der Lieferung von Wärme, so haftet der Wärmelieferant für den darin liegenden Sachschaden am Eigentum des Mieters[457].

290 **bb) Haftung für Verrichtungsgehilfen**. Nach § 831 BGB ist derjenige, der einen anderen zu einer Verrichtung bestellt, zum Ersatz des Schadens verpflichtet, den der andere in Ausführung der Verrichtung einem Dritten widerrechtlich zufügt. Zu einer Verrichtung bestellt und damit Verrichtungsgehilfe ist, wem von einem anderen, in dessen Einflussbereich er tätig ist und zu dem er in einer gewissen Abhängigkeit steht, eine Tätigkeit übertragen worden ist. Für das Weisungsrecht ist es ausreichend, dass der Geschäftsherr die Tätigkeit des Handelnden jederzeit beschränken, untersagen oder nach Zeit und Umfang bestimmen kann[458]. Die Haftung für einen vom Verrichtungsgehilfen rechtswidrig verursachten Schaden besteht unabhängig vom Verschulden des Verrichtungsgehilfen. Nach § 831 BGB wird vielmehr ein **Verschulden** des Geschäftsherrn bei **Auswahl, Überwachung** und **Anleitung** der Hilfsperson vermutet, wenn die Hilfsperson einen Schaden im Sinne des § 823 Abs. 1 BGB verursacht[459].

---

[455] *Palandt-Sprau*, § 823 BGB, Rn. 133 ff.
[456] *Palandt-Sprau*, § 823 BGB, Rn. 135 m.w.N.
[457] *Palandt-Sprau* § 823 BGB, Rn. 9; vgl. BGH, Urt. v. 4.6.1975 – VIII ZR 55/74, BGHZ 64, 355, 359 f.; Urt. v. 4.2.1964, BGHZ 41, 123–128; *Staudinger-Hager* (2009), § 823 BGB, Rn. B 85.
[458] *Palandt-Sprau*, § 831 BGB, Rn. 5.
[459] *Palandt-Sprau*, § 831 BGB, Rn. 8.

291 Diese Vermutung kann der Geschäftsherr aber gemäß § 831 Abs. 1 S. 2 BGB entkräften, wenn er nachweist, bei der Auswahl der bestellten Person und, sofern er Vorrichtungen oder Gerätschaften zu beschaffen oder die Ausführung der Verrichtung zu leiten hat, bei der Beschaffung oder der Leitung die im Verkehr erforderliche Sorgfalt beobachtet zu haben oder wenn er nachweist, dass der Schaden auch bei Anwendung dieser Sorgfalt entstanden sein würde. Hat die ausgewählte Hilfsperson die nötige Sachkunde und technische Geschicklichkeit in Ausübung ihres Berufes, so ist grundsätzlich davon auszugehen, dass eine hinreichend sorgfältige Auswahl vorlag. Bei besonders gefahrträchtigen Tätigkeiten müssen die ausgewählten Personen darüber hinaus auch moralische Eigenschaften wie Besonnenheit und Verantwortungsgefühl besitzen, die sie vor leichtfertigen Gefährdungen Dritter behüten[460]. Das erforderliche Maß der Sorgfalt ist im Einzelfall zu bestimmen. Neben der sorgfältigen Auswahl ist die fortgesetzte Überwachung erforderlich, ob die Hilfsperson noch zu den Verrichtungen befähigt ist[461]. Gelingt dem Geschäftsherrn der **Entlastungsbeweis**, entfällt seine deliktische Haftung.

Verrichtungsgehilfe ist beispielsweise das Handwerksunternehmen, das vom Energiedienstleister mit der Wartung der Energieerzeugungsanlage beauftragt worden ist. Entsteht durch einen Fehler bei der Wartung der Anlage ein Personen- oder Sachschaden beim Kunden des Energiedienstleisters oder bei einem Dritten, so entfällt die Schadensersatzpflicht des Energiedienstleisters dann, wenn er nachweisen kann, dass das beauftragte Unternehmen die nötige handwerkliche Qualifikation hat und weder vor Auftragserteilung noch während des laufenden Wartungsauftrages durch unzureichende Ausführung von Arbeiten als unzuverlässig anzusehen war. Den Geschädigten bleibt dann nur die Möglichkeit, gegen das schädigende Unternehmen direkt vorzugehen oder – sofern möglich – vertragliche Ansprüche gegen den Energiedienstleister geltend zu machen.

b) Produkthaftungsgesetz

292 Der Hersteller eines Produkts ist nach § 1 Abs. 1 ProdHaftG[462] verpflichtet, dem Geschädigten den Schaden zu ersetzen, wenn durch den **Fehler** eines **Produkts** jemand getötet, sein Körper oder seine Gesundheit verletzt oder eine Sache beschädigt wird. Die Haftung besteht, **ohne** dass es auf ein **Verschulden** des Herstellers ankäme.

---

[460] *Palandt-Sprau*, § 831 BGB, Rn. 10 ff.

[461] *Palandt-Sprau*, § 831 BGB, Rn. 13.

[462] Vom 15.12.1989, BGBl. I S. 2198 zuletzt geändert durch das Zweite Gesetz zur Änderung schadensersatzrechtlicher Vorschriften v. 19.7.2002, BGBl. I S. 2674.

Begrenzt ist sie durch § 1 Abs. 2 und 3 ProdHaftG, wonach Voraussetzung für die Haftung insbesondere ist, dass der Hersteller das Produkt in den Verkehr gebracht hat. Bei Sachbeschädigungen ergibt sich eine wesentliche **Haftungsbegrenzung** daraus, dass die Schadensersatzpflicht gemäß § 1 Abs. 1 S. 2 ProdHaftG nur dann besteht, wenn eine andere Sache als das fehlerhafte Produkt beschädigt wird und diese andere Sache ihrer Art nach gewöhnlich für den privaten Ge- und Verbrauch bestimmt und hierzu von dem Geschädigten hauptsächlich verwendet wird. Bei Energiedienstleistungsprojekten mit gewerblichen Kunden beschränkt sich die Haftung des Energiedienstleisters nach dem Produkthaftungsgesetz also regelmäßig auf die Haftung für Körper- und Gesundheitsschäden. Für reine Vermögensschäden besteht wie bei der deliktischen Haftung keine Schadensersatzpflicht[463].

293 Produkte sind nach § 2 ProdHaftG bewegliche **Sachen** und **Elektrizität**. Fehlerhaft ist die Elektrizität im Falle von Frequenz- und Spannungsschwankungen[464]. Die Unterbrechung der Stromlieferung ist dagegen nach herrschender Ansicht keine fehlerhafte Lieferung, sodass auf sie das Produkthaftungsgesetz nicht anwendbar ist[465]. In Anbetracht der heutigen Strukturierung des Strom- und Gasmarktes muss bei diesen Produkten genau betrachtet werden, wen die Produkthaftung als **„Hersteller"** im Sinne des § 4 Abs. 1 ProdHaftG trifft. Physikalisch ist das nicht eindeutig zu ermitteln, weil der an einer Abnahmestelle gelieferte Strom aus den nächstgelegensten Erzeugungsanlagen stammt, ohne dass Mischungsverhältnis genau festzustellen ist und ohne dass es vertragliche Beziehungen zwischen dem Betreiber der Erzeugungsanlage und dem Letztverbraucher geben muss. Sachgerecht erscheint deshalb die Vorgehensweise, als Hersteller im Sinne des Produkthaftungsgesetzes den Netzbetreiber anzusehen, aus dessen Netz der Letztverbraucher den Strom erhält[466]. Der Stromlieferant, der mittels Netznutzung Letztverbraucher beliefert, ist danach niemals Hersteller im Sinne des Gesetzes[467]. Allein der Netzbetreiber haftet danach auf der Grundlage des Produkthaftungsgesetzes. Unabhängig davon, ob man dieser Sichtweise folgt, führt sie bei dezentraler Stromversorgung durch einen Energiedienstleister gerade nicht zu einer Einschränkung der Produkthaftung, weil bei der Erzeugung des Stroms innerhalb der Kundenanlage jedenfalls die dezentral erzeugte Strommenge nicht aus dem

[463] *Palandt-Sprau*, Einf. ProdHaftG, Rn. 6.

[464] *Palandt-Sprau*, § 2 ProdHaftG, Rn. 1; BGH, Urt. v. 25.2.2014 – VI ZR 144/13, NJW 2014, 2106, Rn. 7.

[465] *Palandt-Sprau*, § 2 ProdHaftG, Rn. 2 a.E.; *Oechsler*, NJW 2014, 2080, 2081.

[466] So auch BGH, Urt. v. 25.2.2104 – VI ZR 144/13, NJW 2014, 2106, Rn. 12 ff., 17.

[467] *de Wyl/Soetebeer* in: *Schneider/Theobald*, § 11, Rn. 274.

Netz entnommen wird. Mithin ist der Energiedienstleister, der dezentral Strom erzeugt, Hersteller dieses Stromes und kann damit nach dem Produkthaftungsgesetz haften[468].

Gas und Wasser unterfallen dem Produktbegriff des §2 ProdHaftG schon deshalb, weil sie bewegliche Sachen sind. Im Gesetz nicht eindeutig geregelt ist dagegen die Frage, ob das Gesetz auch auf die Lieferung von Wärme anzuwenden ist. Denn Wärme ist ebenso wie Elektrizität keine Sache. Daraus wird teilweise die Auffassung abgeleitet, dass Wärme nicht als Produkt im Sinne des Gesetzes angesehen werden kann, weil sie eben nicht benannt ist[469]. Der Gesetzgeber hat darauf verzichtet, Wärme ausdrücklich als erfasst zu benennen, weil hinsichtlich der Wärme nicht auf die Energie als solche, sondern auf den Wärmeträger (Dampf, Kondensat und Heizwasser) abgestellt wird und somit auch **Wärmelieferung** vom Gesetz **erfasst** wird[470]. Eine andere Betrachtungsweise lässt sich systematisch auch kaum vertreten. Der Gesetzgeber hat Elektrizität genannt, um alle Energieträger in den Anwendungsbereich einzubeziehen. Dann widerspricht es der Auslegung nach dem Sinn und Zweck, den Produktbegriff so einzuengen, dass er Wärme nicht umfasst.

294 Ein **Fehler** liegt gemäß §3 ProdHaftG vor, wenn das Produkt nicht die Sicherheit bietet, die unter Berücksichtigung aller Umstände berechtigterweise erwartet werden kann. Konkretisiert wird die maßgebliche Produktqualität bei Energiedienstleistungsprojekten durch die regelmäßig im Vertrag erfolgende Bestimmung der Eigenschaften der zu liefernden Nutzenergie, also Spannung, Frequenz bei Strom, von Temperatur, Druck, Zusammensetzung bei Kälte, Wärme und Dampf etc. Daneben ergeben sich die relevanten Sicherheitserwartungen aus der AVBFernwärmeV, der StromGVV und NAV[471]. Danach liegt ein Verstoß gegen die berechtigten Sicherheitserwartungen in das Produkt Elektrizität jedenfalls dann vor, wenn eine Überspannung im Streitfall zu Schäden an üblichen Verbrauchsgeräten führt. In diesem Fall ist der Bereich der Spannungsschwankungen, mit denen der Verkehr rechnen muss, nicht mehr eingehalten[472]. Ob das Netz und dessen Betrieb dem allgemein anerkannten Stand der Technik und der geübten Praxis entspricht, ist unbeachtlich und entlastet den Netzbetreiber nicht[473]. Die Haftung nach dem Produkt-

[468] Im Ergebnis ebenso *de Wyl/Rieke*, IR 2015, 5, 8.
[469] Überblick zu den Auffassungen bei *Witzel/Topp*, Anh. zu §6, S.95f.
[470] *Staudinger-Oechsler* (2009), §2 ProdHaftG, Rn.48.
[471] BGH, Urt. v. 25.2.2014 – VI ZR 144/13, NJW 2014, 2106, Rn.9.
[472] BGH, Urt. v. 25.2.2014 – VI ZR 144/13, NJW 2014, 2106, Rn.10, m.w.N.; nicht eindeutig Schlichtungsstelle Energie e.V., Schlichtungsempfehlung 3732/12, S.6f.
[473] BGH, Urt. v. 25.2.2014 – VI ZR 144/13, NJW 2014, 2106, Rn.11.

haftungsgesetz lässt gemäß § 15 Abs. 2 ProdHaftG die Haftung aufgrund anderer Vorschriften unberührt. Der Geschädigte kann sich also neben anderen Schadensersatzansprüchen auf die Haftung nach dem Produkthaftungsgesetz berufen. Die Haftung nach dem Produkthaftungsgesetz wird nicht durch die Haftungsbeschränkungsregelungen in § 18 NAV beschränkt[474].

c) Haftpflichtgesetz

295 Wird durch die Wirkungen von Elektrizität, Gasen, Dämpfen oder Flüssigkeiten, die von einer **Stromleitungs**- oder **Rohrleitungsanlage** oder einer Anlage zur Abgabe der bezeichneten Energien oder Stoffe ausgehen, ein Mensch getötet, der Körper oder die Gesundheit eines Menschen verletzt oder eine Sache beschädigt, so ist der Inhaber der Anlage gemäß § 2 Abs. 1 S. 1 HPflG[475] verpflichtet, den daraus entstehenden Schaden zu ersetzen. Voraussetzung für diese als **Wirkungshaftung** bezeichnete Haftung ist, dass sich in dem Schaden die besondere Betriebsgefahr verwirklicht, die Anlass für die Regelung ist[476]. Danach haftet der Energiedienstleister, der eine Dampfdruckleitung betreibt, nach § 2 Abs. 1 S. 1 HPflG, wenn die Leitung platzt und der unter Druck stehende Dampf Personen oder Sachen beschädigt.

296 Eine Haftung besteht weiterhin nach § 2 Abs. 1 S. 2 HPflG, wenn der Schaden, ohne auf den Wirkungen der Elektrizität, der Gase, Dämpfe oder Flüssigkeiten zu beruhen, auf das Vorhandensein einer solchen Anlage zurückzuführen ist, es sei denn, dass sich diese zur Zeit der Schadensverursachung in ordnungsmäßigem Zustand befand. Diese **Zustandshaftung** tritt ein, wenn der Schaden von mechanischen Wirkungen der vorhandenen Anlage ausgeht[477], also z.B. dann, wenn sich eine Dampfleitung infolge temperaturbedingter Ausdehnung verformt und dadurch Anlagen, die sich in ihrer Nähe befinden, beschädigt. Die Haftung nach § 2 HPflG ist ebenso wie die nach § 1 ProdHaftG eine **Gefährdungshaftung**. Auf ein Verschulden des Inhabers der Anlage kommt es nicht an. Sie beschränkt sich ebenfalls auf Personen- und Sachschäden.

297 Begrenzt wird die Ersatzpflicht weiter dadurch, dass nach § 2 Abs. 3 Nr. 2 HPflG die Haftung ausgeschlossen ist, wenn ein Energieverbrauchsgerät beschädigt wird oder eine solche Einrichtung den Schaden verursacht hat. Eine Haftung nach dem HPflG ist also

---

[474] BGH, Urt. v. 25.2.2014 – VI ZR 144/13, NJW 2014, 2106, Rn. 22.

[475] In der Fassung der Bekanntmachung v. 4.1.1978, BGBl. I S. 145, zuletzt geändert durch Art. 5 des Gesetzes v. 19.7.2002, BGBl. I S. 2674.

[476] *Filthaut*, § 2 HPflG, Rn. 21 ff.

[477] *Filthaut*, § 2 HPflG, Rn. 31 ff.

ausgeschlossen, wenn in eine Rohrleitungsanlage Heizwasser mit zu hohem Druck eingespeist wird, dies aber nicht zu unmittelbar von der Rohrleitung ausgehenden Schäden, sondern zu Schäden an der Abnehmeranlage führt. Weiterhin ist die Haftung nach §2 Abs.3 Nr.3 HPflG ausgeschlossen, wenn der Schaden durch höhere Gewalt verursacht worden ist, es sei denn, er ist auf das Herabfallen von Leitungsdrähten zurück zu führen.

298 Die Schadensersatzpflicht ist nach §2 Abs.3 HPflG auch **ausgeschlossen**, wenn der Schaden **innerhalb** eines **Gebäudes** entstanden und auf eine darin befindliche Anlage zurückzuführen oder wenn er innerhalb eines im Besitz des Inhabers der Anlage stehenden befriedeten Grundstücks entstanden ist. Damit fallen alle die dezentralen Energiedienstleistungsvorhaben, bei denen der Energiedienstleister seine Energieerzeugungsanlagen im Gebäude des Kunden errichtet und betreibt, nicht in den Anwendungsbereich des §2 HPflG. Lediglich dann, wenn der Energiedienstleister Leitungen außerhalb von Gebäuden und außerhalb eines ihm gehörenden Grundstücks unterhält und betreibt, kann sich eine Haftung nach §2 HPflG ergeben[478]. Anwendbar ist diese Vorschrift also dann, wenn eine Mehrzahl von Gebäuden aus der in einem Gebäude errichteten Energieerzeugungsanlage mit Elektrizität und Wärme versorgt wird, die über Erd- oder Freileitungen zu den einzelnen Abnehmern transportiert wird[479].

299 Eine **weitergehende Haftung** nach anderen gesetzlichen Vorschriften bleibt gemäß §12 HPflG von der Haftung nach dem Haftpflichtgesetz **unberührt**. Es kommt also in Betracht, dass in Fällen, in denen eine Gefährdungshaftung nach dem Haftpflichtgesetz ausgeschlossen ist, nach dem ProdHaftG ein Schadensersatzanspruch entstehen kann, so z.B. dann, wenn der Energiedienstleister Heizwasser mit zu hohem Druck in die Kundenanlage einspeist und diese dadurch beschädigt wird. In diesem Fall ist die Haftung nach §2 Abs.3 Nr.2 HPflG ausgeschlossen, nach dem ProdHaftG ergibt sich aber ein Schadensersatzanspruch, weil das unter zu hohem Druck stehende Heizwasser fehlerhaft im Sinne des §3 ProdHaftG ist. Handelt es sich bei dem Kunden um einen nicht-gewerblichen Abnehmer, müsste der Energiedienstleister also unabhängig von einem Verschulden den Schaden an der Kundenanlage ersetzen. Bei einem gewerblichen Kunden dagegen bestünde eine Schadensersatzpflicht nur dann, wenn sich wegen schuldhaften Verhaltens des Energiedienstleisters vertragliche oder deliktische Ansprüche ergäben.

---

[478] Vgl. BGH, Urt. v. 11.9.2014 – III ZR 490/13, NJW 2014, 3577, Rn. 11 ff.
[479] *Filthaut*, §2 HPflG, Rn. 59–60.

d) Wasserhaushaltsgesetz

300 Für Energiedienstleister, die als Betriebsmittel **wassergefährdende Stoffe**, also insbesondere Heizöl, einsetzen, kann sich eine weitgehende **Gefährdungshaftung**[480] aus § 89 Abs. 1 oder Abs. 2 WHG[481] ergeben. Wer in ein Gewässer Stoffe einbringt oder einleitet oder wer in anderer Weise auf ein Gewässer einwirkt und dadurch die Wasserbeschaffenheit nachteilig verändert, ist nach Abs. 1 zum Ersatz des daraus entstehenden Schadens verpflichtet. Hierbei handelt es sich um eine **Handlungshaftung**[482]. Nach Abs. 2 ist der Betreiber einer Anlage, die bestimmt ist, Stoffe herzustellen, zu verarbeiten, zu lagern, abzulagern, zu befördern oder wegzuleiten, zum Ersatz des Schadens verpflichtet, der dadurch entsteht, das derartige Stoffe in ein Gewässer gelangen, ohne in dieses eingebracht oder eingeleitet zu sein, und dadurch die Beschaffenheit des Wassers nachteilig verändert wird. Dabei handelt es sich um eine **Anlagenhaftung**[483].

301 Die Anlagenhaftung nach Abs. 2 steht **neben** der Handlungshaftung nach Abs. 1[484]. Voraussetzung für eine Haftung ist die **Veränderung** der physikalischen, chemischen oder biologischen Beschaffenheit des **Wassers** (§ 3 Nr. 9 WHG). Gewässer im Sinne des § 1 WHG sind oberirdische Gewässer, Küstengewässer und das Grundwasser. Gelangt also aus einem vom Energiedienstleister unterhaltenen Öltank **Heizöl** in das Grundwasser, so hat der Energiedienstleister unabhängig von einem Verschulden die Sanierungskosten zu tragen. Ein Haftungsausschluss besteht nach § 89 Abs. 2 WHG bei der Anlagenhaftung lediglich dann, wenn der Schaden durch höhere Gewalt verursacht wird. Eine Handlungshaftung trifft nach der Rechtsprechung des Bundesgerichtshofes denjenigen, der über den Vorgang des Einbringens, Einleitens und sonstigen Einwirkens die Herrschaft durch Befehle, Anweisungen und dergleichen ausübt[485]. Mithin kann ein Energiedienstleister dann, wenn diese Voraussetzungen erfüllt sind, zum Schadensersatz verpflichtet sein, wenn seine Mitarbeiter bei der Wartung eines Blockheizkraftwerkes das dort ausgetauschte **Motoröl** unsachgemäß abtransportieren, so dass es in ein Gewässer gelangt. Ein Energiedienstleister, in dessen Anlagen irgendwelche zu Gewässerverunreinigungen führenden Stoffe eingesetzt werden, sollte also in jedem Fall über eine entsprechende Haftpflichtversicherung verfügen.

---

480 *Berendes-Frenz-Müggenborg/Reiff*, § 89 WHG, Rn. 4.

481 V. 31.7.2009, BGBl. I S. 2585, zuletzt geändert durch Art. 2 Abs. 67 des Gesetzes v. 22.12.2011, BGBl. I S. 3044.

482 *Berendes-Frenz-Müggenborg/Reiff*, § 89 WHG, Rn. 11 ff.

483 *Berendes-Frenz-Müggenborg/Reiff*, § 89 WHG, Rn. 66 ff.

484 *Berendes-Frenz-Müggenborg/Reiff*, § 89 WHG, Rn. 5 m.w.N.

485 *Berendes-Frenz-Müggenborg/Reiff*, § 89 WHG, Rn. 24 m.w.N.

e) Umwelthaftungsgesetz

302 Energiedienstleister, die größere Energieerzeugungsanlagen betreiben, sind weiterhin mit der Haftung nach § 1 des Gesetzes über die Haftung für den Betrieb umweltgefährdender Anlagen (UmweltHG)[486] konfrontiert. Nach dem Anhang 1 zu § 1 UmweltHG, der insgesamt 96 Arten von erfassten Anlagen aufzählt, sind aus dem Bereich der Energieerzeugung **Kraftwerke**, **Heizkraftwerke** und **Heizwerke** mit Feuerungsanlagen für den Einsatz von festen, flüssigen oder gasförmigen Brennstoffen vom Geltungsbereich des Gesetzes erfasst, wenn die **Feuerungswärmeleistung** bei festen oder flüssigen Brennstoffen **50 MW** und bei gasförmigen Brennstoffen **100 MW** übersteigt. Wird durch eine Umwelteinwirkung, die von einer solchen Anlage ausgeht, jemand getötet, sein Körper oder seine Gesundheit verletzt oder eine Sache beschädigt, so ist der Inhaber der Anlage gemäß § 1 UmweltHG verpflichtet, dem Geschädigten den daraus entstandenen Schaden zu ersetzen. Es handelt sich ebenso wie beim Produkthaftungsgesetz und Haftpflichtgesetz um eine **Gefährdungshaftung**, die auf Personen und Sachschäden begrenzt ist.

303 Gemäß § 3 Abs. 1 UmweltHG ist ein Schaden durch eine Umwelteinwirkung entstanden, wenn er durch Stoffe, Erschütterungen, Geräusche, Druck, Strahlen, Gase, Dämpfe, Wärme oder sonstige Erscheinungen verursacht wird, die sich in Boden, Luft oder Wasser ausgebreitet haben. Das Erfordernis einer **Umwelteinwirkung** soll eine allgemeine Anlagenhaftung (etwa nach dem Muster des § 2 Abs. 1 S. 2 HPflG) ausschließen[487]. Es kommt deshalb darauf an, dass die Rechtsgutsverletzung durch eine von der Anlage ausgehende Emission verursacht wurde. Der Energiedienstleister, der eine holzbefeuerte Heizkesselanlage mit einer Feuerungswärmeleistung von mehr als 50 MW betreibt, ist z.B. dann zum Schadensersatz nach § 1 UmweltHG verpflichtet, wenn aufgrund einer Filterstörung aus der Anlage Rußpartikel emittiert werden, die in der Nachbarschaft zu einer merklichen Verschmutzung von Gebäuden, Fahrzeugen und im Freien trocknender Wäsche führen.

304 § 6 UmweltHG enthält eine faktische **Verschärfung** der Haftung, weil dort vorgesehen ist, dass die **Ursächlichkeit** einer Anlage für einen eingetretenen Schaden **vermutet** wird, wenn die Anlage nach den Gegebenheiten des Einzelfalls geeignet ist, den entstandenen Schaden zu verursachen. Nach § 8 Abs. 1 UmweltHG steht dem Geschädigten gegen den Inhaber einer Anlage ein Auskunftsan-

[486] V. 10.12.1990, BGBl. I S. 2634, zuletzt geändert durch Art. 9 Abs. 5 des Gesetzes vom 23.11. 2007, BGBl. I S. 2631.
[487] *Staudinger-Kohler* (2010), § 3 UmweltHG, Rn. 2 m.w.N.

spruch zu, wenn Tatsachen vorliegen, die die Annahme begründen, dass eine Anlage den Schaden verursacht hat. Dadurch soll dem Geschädigten die Geltendmachung von Ansprüchen erleichtert werden. Gibt es also in dem oben gebildeten Beispiel der Rußemission aus dem Heizwerk keine andere größere Feuerungsanlage für feste Brennstoffe in der Nähe und lassen die Windverhältnisse am Schadenstag es wahrscheinlich erscheinen, dass die Rußimmissionen auf das Heizwerk zurück zu führen sind, so wird die Ursächlichkeit vermutet. Der Anlageninhaber müsste zur Abwendung der Haftung beweisen, dass der Ruß nicht aus seiner Anlage stammt. Die Haftung ist nach § 4 UmweltHG **ausgeschlossen**, wenn der Schaden durch **höhere Gewalt** verursacht wurde. Eine Haftung des Inhabers aufgrund anderer Vorschriften bleibt nach § 18 UmweltHG unberührt.

3. Haftungsmodifikationen durch die Verordnungen über allgemeine Versorgungsbedingungen

305 Die AVBFernwärmeV regelt in § 6 die Haftung bei Versorgungsstörungen. Etwas komplexer sind die entsprechenden Regelungen für die Stromversorgung, bei der die Haftung für Versorgungsstörungen seit der Trennung von Netzbetrieb und Stromlieferung durch die §§ 6 Abs. 3 StromGVV und 18 NAV auf den Netzbetreiber konzentriert ist, an dessen Netz die Kundenanlage angeschlossen ist[488]. Die Vorschriften dienen in erster Linie der **Haftungsbeschränkung** des **Versorgungsunternehmens**. Wie bereits oben[489] dargestellt, gilt die AVBFernwärmeV immer dann, wenn unter Verwendung allgemeiner Versorgungsbedingungen Wärme geliefert wird. Die StromGVV dagegen gilt nie zwingend bei Energiedienstleistungsverträgen, weil Energiedienstleistungen nicht im Rahmen der Grundversorgung erbracht werden. Sie kann nur kraft vertraglicher Vereinbarung Vertragsbestandteil werden[490]. Werden die AVBFernwärmeV oder die StromGVV und die NAV kraft vertraglicher Vereinbarung Vertragsbestandteil, so finden gemäß § 310 Abs. 2 BGB die Vorschriften der §§ 308 und 309 BGB über die Inhaltskontrolle von Vertragsklauseln in allgemeinen Geschäftsbedingungen keine Anwendung. Gerade die Regelungen über die Beschränkung der Haftung sind ein Grund dafür, dass Versorgungsunternehmen und Energiedienstleister praktisch immer die AVBFernwärmeV bzw. die StromGVV und die NAV in von ihnen verwendete Verträge einbeziehen.

---

[488] Einen guten Überblick dazu geben *Unberath/Fricke*, Vertrag und Haftung nach der Liberalisierung des Strommarktes, NJW 2007, 3601–3605.

[489] Rn. 28.

[490] Rn. 23.

a) Geltungsbereich des § 6 AVBFernwärmeV

306 § 6 AVBFernwärmeV regelt die Haftung „bei **Versorgungsstörungen**“. Versorgungsstörungen sind gemäß Abs. 1 die Unterbrechung der Versorgung und Unregelmäßigkeiten bei der Belieferung. Eine Unterbrechung der Versorgung ist ein vorübergehender, vertraglich nicht vorgesehener völliger Ausfall der Energielieferung[491]. Unregelmäßigkeiten bei der Lieferung sind bei der Elektrizitätsversorgung Schwankungen der Spannung und Frequenz, bei der Gasversorgung Schwankungen des Druckes oder des Brennwertes[492] und bei der Wärmeversorgung Schwankungen der Temperatur oder des Drucks des Heizwassers, Dampfes oder Kondensats[493].

307 Die Haftungsbegrenzung umfasst aber nur den Bereich der **typischen Betriebsrisiken**. Für sonstige Betriebsrisiken gilt die uneingeschränkte rechtliche Normalhaftung[494]. Liegt eine Versorgungsstörung vor, so ist also stets zusätzlich zu klären, ob sich das typische Betriebsrisiko verwirklicht hat. Das ist z.B. dann zu verneinen, wenn das Versorgungsunternehmen eine grundsätzlich nach § 5 AVBFernwärmeV zulässige Unterbrechung der Versorgung vornimmt, den Kunden darüber aber entgegen § 5 Abs. 3 AVBFernwärmeV nicht informiert und es deshalb dazu kommt, dass die Heizungsanlage des Kunden einfriert[495].

§ 6 Abs. 1 AVBFernwärmeV bestimmt, dass die Haftungsbeschränkung für Ansprüche aus Vertrag oder unerlaubter Handlung gelten. Eine Regelung des Verhältnisses dieser Haftungsbeschränkung zu den oben erörterten sondergesetzlichen Haftungstatbeständen findet sich nicht. Anerkannt ist, dass die Gefährdungshaftung nach dem Haftpflichtgesetz nicht beschränkt wird[496]. Dann gibt es keinen Grund, die Haftung nach dem Umwelthaftungsgesetz anders zu behandeln. In § 14 ProdHaftG ist bestimmt, dass die Haftung vertraglich im Voraus weder eingeschränkt noch ausgeschlossen werden kann. Dies muss auch für den durch die AVB gesetzlich weitgehend vorgegebenen Inhalt des Versorgungsvertrages gelten[497]. Daraus ergibt sich ein **Widerspruch**: Die Unterbrechung der Lieferung wird zwar nicht als fehlerhafte Lieferung im Sinne des § 1 ProdHaftG angesehen. Unregelmäßigkeiten bei der Lieferung

[491] *Hempel-Franke,* § 6 AVBEltV, Rn. 9; *Witzel/Topp*, Anm. zu § 6 Abs. 1, S. 87.
[492] *Hempel-Franke*, § 6 AVBEltV, Rn. 10f.
[493] *Witzel/Topp*, Anm. zu § 6 Abs. 1, S. 87.
[494] *Witzel/Topp*, Anm. zu § 6 Abs. 1, S. 88; *Hermann/Recknagel/Schmidt-Salzer*, § 6 AVBEltV/GasV, Rn. 9; *Hempel-Franke*, § 6 AVBEltV, Rn. 4, 44.
[495] Vgl. OLG Frankfurt a.M., Urt. v. 11.10.1988 – NJW-RR 1989, 249.
[496] So für die nicht mehr geltende gleichlautende Regelung des § 6 AVBEltV *Hempel/Franke*, § 6 AVBEltV, Rn. 45.
[497] Im Ergebnis ebenso *Witzel/Topp*, Anh. zu § 6, S. 95.

gelten dagegen aber als fehlerhafte Lieferung von Wärme[498]. Die dafür geltenden Haftungsregelungen überlagern also die Regelungen der AVBFernwärmeV über die Haftung bei Versorgungsstörungen. Weil die gesetzlichen Vorschriften denen der Verordnung schon von der Normhierarchie her vorgehen und weil eine Beschränkung der Produkthaftung einen Verstoß gegen die europarechtliche Pflicht zur Umsetzung der Richtlinie zur Angleichung der Rechts- und Verwaltungsvorschriften der Mitgliedstaaten über die Haftung für fehlerhafte Produkte[499] darstellen würde, ist § 6 AVBFernwärmeV dahingehend auszulegen, dass die darin vorgesehene **Haftungsbegrenzung nicht** in den Fällen gilt, in denen sich eine Haftung nach dem **Produkthaftungsgesetz** ergibt[500].

b) Geltungsbereich des § 6 StromGVV

308 Das **Regelungskonzept** der StromGVV weicht vollständig von dem der ehemaligen AVBEltV ab. § 6 Abs. 3 StromGVV sagt ausdrücklich gar nichts zur Haftung. Er regelt „nur", dass der Stromlieferant bei einer Unterbrechung oder bei Unregelmäßigkeiten in der Elektrizitätsversorgung von seiner Leistungspflicht befreit ist, soweit es sich um Folgen einer Störung des Netzbetriebs einschließlich des Netzanschlusses handelt. Dies gilt nur dann nicht, wenn die Unterbrechung auf unberechtigten Maßnahmen des Stromlieferanten beruht, also z.B. einer unberechtigten Aufforderung an den Netzbetreiber, die Versorgung zu sperren. Ist der Stromlieferant aber gemäß § 6 Abs. 3 StromGVV von der Lieferpflicht befreit, so ist eine **Haftung** für Lieferstörungen **ausgeschlossen**, und zwar auch dann, wenn man den Netzbetreiber, der die Störung zu verantworten hat, als Erfüllungsgehilfen des Stromlieferanten ansieht[501].

309 Die Haftung trifft – in einem gegenüber der ehemaligen Regelung in § 6 AVBEltV nur gering erweiterten Umfang – gemäß § 18 NAV den **Netzbetreiber**, mit dem der Stromverbraucher einen Anschlussnutzungsvertrag abgeschlossen hat. Da das Anschlussnutzungsverhältnis nach § 3 Abs. 2 NAV automatisch dadurch zustande kommt, dass über einen Netzanschluss Elektrizität aus dem Verteilernetz entnommen wird, wenn ein Stromliefervertrag besteht und die Netznutzung vereinbart wurde, gilt mit allen über ein Verteilernetz versorgten Stromkunden die Haftungsregel des § 18 NAV.

---

[498] Siehe oben Rn. 295.

[499] ABl. L Nr. 210 v. 7.8.1985.

[500] So wohl auch *Hempel/Franke*, § 6 AVBEltV, Rn. 48 ff.

[501] *Danner/Theobald-Hartmann*, § 6 StromGVV, Rn. 20; *de Wyl/Soetebeer* in: *Schneider/Theobald*, § 11, Rn. 267.

310 Nur dann, wenn ein Letztverbraucher von Strom nicht aus einem Verteilernetz den Strom entnimmt, sondern aus einer zwischen dem Verteilernetz und der von ihm genutzten elektrischen Anlage liegenden **Kundenanlage** im Sinne der §§ 3 Nr. 24a oder 24b EnWG, kommt nicht automatisch ein Anschlussnutzungsvertrag zustande. In einem solchen Fall ist es erforderlich, dass zwischen dem Betreiber der Kundenanlage und dem Letztverbraucher ein Vertrag mit den Regelungselementen eines Anschlussnutzungsvertrages abgeschlossen wird. Ist der Betreiber der Kundenanlage auch gleichzeitig der Stromlieferant des Letztverbrauchers, so ergibt sich in diesem Sonderfall wieder die „alte" Situation, dass mit ein und demselben Unternehmen ein Vertrag geschlossen werden kann, der sowohl die Belieferung mit Strom, als auch den Transport des Stromes zum Verbrauchsort regelt. Dieser Vertrag dürfte dann gemäß § 310 Abs. 2 BGB die gleichen Haftungsbeschränkungen enthalten wie sie in § 18 NAV vorgesehen sind.

c) Haftungsbegrenzung

311 Die Begrenzung der Haftung ist in den einzelnen Verordnungen unterschiedlich ausgestaltet.

312 **aa) AVBFernwärmeV.** Die Modalitäten der Haftung werden gegenüber der vertraglichen und gesetzlichen Normalhaftung in vierfacher Weise geändert:

313 **(1) Verschuldensmaßstab.** § 6 Abs. 1 AVBFernwärmeV bestimmt abhängig von der **Art des Schadens** den Verschuldensmaßstab, der Voraussetzung für eine Haftung ist.

314 Gemäß Ziffer 1 haftet das Versorgungsunternehmen bei der Tötung, Verletzung des Körpers oder der Gesundheit des Kunden, wenn der Schaden von dem Unternehmen, einem Erfüllungsgehilfen oder einem Verrichtungsgehilfen fahrlässig oder vorsätzlich verursacht worden ist. Das entspricht der Normalhaftung.

315 Im Falle der Beschädigung einer Sache haftet das Versorgungsunternehmen für Schäden des Kunden, die durch Vorsatz oder grobe Fahrlässigkeit des Unternehmens oder eines Erfüllungs- oder Verrichtungsgehilfen verursacht werden. Die Normalhaftung für alle **Sachschäden**, die nicht grob fahrlässig verursacht werden, ist **ausgeschlossen.** Grob fahrlässig handelt, wer die verkehrserforderliche Sorgfalt in besonders schwerem Maße verletzt, schon einfachste, ganz nahe liegende Überlegungen nicht anstellt und das nicht beach-

tet, was im gegebenen Fall jedem einleuchten musste[502]. So ist die Haftung beispielsweise nicht ausgeschlossen, wenn die Lieferung eingestellt wird, obwohl die Voraussetzungen einer Liefersperre nach § 33 AVBFernwärmeV offensichtlich nicht gegeben waren. Wird dagegen die Versorgung nach einer Kündigung des Kunden versehentlich einen Monat zu früh eingestellt, liegt keine grobe Fahrlässigkeit vor[503].

316 Erleidet der Kunde in Folge einer Unterbrechung oder Unregelmäßigkeit der Belieferung einen **Vermögensschaden**, so haftet das Versorgungsunternehmen nur, wenn dieser durch den Inhaber des Unternehmens, ein vertretungsberechtigtes Organ oder einen Gesellschafter **grob fahrlässig** oder **vorsätzlich** verursacht worden ist. Hier wird die vertragliche Normalhaftung sehr weitgehend eingeschränkt. Kommt es zu einer Unterbrechung der Versorgung, die ein Mitarbeiter des Versorgungsunternehmens fahrlässig verursacht hat, und führt dies dazu, dass der Kunde z.B. als Betreiber eines großen Einzelhandelsbetriebes umfangreiche Umsatzeinbußen hinnehmen muss, so könnte der Kunde ohne die Regelung des § 6 Abs. 1 Nr. 3 AVBFernwärmeV gemäß § 280 Abs. 1 BGB den Ersatz des Schadens verlangen. § 6 Abs. 1 Nr. 3 AVBFernwärmeV schließt einen solchen Anspruch aus.

317 In allen Fällen des § 6 Abs. 1 AVBFernwärmeV gilt, dass der Exculpationsbeweis gemäß § 831 Abs. 1 S. 2 BGB nur bei vorsätzlichem Handeln des Verrichtungsgehilfen möglich ist. Insoweit verschärft § 6 AVBFernwärmeV die Normalhaftung[504].Verursacht also ein Verrichtungsgehilfe des Wärme liefernden Energiedienstleisters, z.B. ein von ihm beauftragter Installateur, fahrlässig einen Sachschaden beim Kunden, so haftet der Energiedienstleister auch dann, wenn er bei der Auswahl des Installateurs und seiner Überwachung die im Verkehr erforderliche Sorgfalt beobachtet hat. In der Praxis hat diese Verschärfung keine erkennbare erhebliche Bedeutung. Denn der vom Energiedienstleister eingeschaltete Verrichtungsgehilfe wird wie in dem hier gebildeten Beispiel regelmäßig auch als sein Erfüllungsgehilfe anzusehen sein, so dass der Energiedienstleister gemäß § 278 BGB ohne Exkulpationsmöglichkeit für alle von dem Erfüllungsgehilfen fahrlässig und vorsätzlich verursachten Schäden haftet, sofern denn die weiteren Voraussetzungen für eine Haftung nach § 6 AVBFernwärmeV gegeben sind.

---

[502] *Palandt-Grüneberg*, § 277 BGB, Rn. 4 unter Verweis auf BGHZ 10, 16; 89, 161; BGH, NJW 1992, 3236; BGH, NJW-RR 1994, 1471.

[503] Vgl. Beispiele bei *Hempel/Franke*, § 6 AVBEltV, Rn. 20 m.w.N.

[504] *Hempel/Franke*, § 6 AVBEltV, Rn. 26 zum wortgleichen ehemaligen § 6 AVBEltV.

(2) Beweislast. Entsprechend der bei Erlass der AVBFernwärmeV vorliegenden Rechtsprechungspraxis des Bundesgerichtshofes[505] ist in § 6 Abs. 1 AVBFernwärmeV in allen Fällen eine **Beweislastumkehr**[506] vorgesehen. Es heißt in § 6 Abs. 1 nämlich stets, dass das Unternehmen haftet, „es sei denn, dass der Schaden nicht ... verursacht worden ist." Aus dieser Formulierung ist abzuleiten, dass das Unternehmen dem Kunden für den durch Unterbrechung der Versorgung oder Unregelmäßigkeiten der Belieferung entstandenen Schaden haftet, wenn es nicht den Nachweis führt, dass es nicht fahrlässig bzw. grob fahrlässig gehandelt hat. Die Beweislastumkehr betrifft nur die Frage des Verschuldens. Hinsichtlich des eingetretenen Schadens, des Vorliegens einer Versorgungsstörung und der Ursächlichkeit der Versorgungsstörung für den Schaden bleibt es bei der üblichen Regelung, dass diese Haftungsvoraussetzungen vom Kunden als Anspruchsteller zu beweisen sind[507]. Diese Beweislastverteilung entspricht der heute für das gesamte Leistungsstörungsrecht geltenden Beweislastverteilung gemäß § 280 Abs. 1 S. 2 BGB, die mit dem Schuldrechtsmodernisierungsgesetz eingeführt worden ist. 318

(3) Ansprüche gegenüber dritten Versorgungsunternehmen. Verursacht der Vorlieferant des den Kunden beliefernden Unternehmens schuldhaft eine Versorgungsstörung, so kann der Kunde gegen den **Vorlieferanten** zwar keine vertraglichen, aber deliktische Schadensersatzansprüche geltend machen, wenn er in einem der durch § 823 BGB geschützten Rechtsgüter verletzt wird[508]. Auch diese Haftung wird durch § 6 AVBFernwärmeV begrenzt, und zwar in der Weise, dass gemäß § 6 Abs. 2 die Vorschriften des Abs. 1 auch auf Ansprüche gegenüber dritten Versorgungsunternehmen anwendbar sind. 319

(4) Mittelbare Versorgung. Weil anders als bei der Elektrizitätsversorgung im Bereich der Wärmeversorgung die Versorgungsverträge regelmäßig nicht mit dem Endabnehmer, sondern meist mit dem Gebäudeeigentümer abgeschlossen werden, der die Wärme den Nutzern zur Verfügung stellt, besteht in diesen Fällen das Risiko, dass die Nutzer deliktische Schadensersatzansprüche gegen den Lieferanten geltend machen, wenn dieser schuldhaft Versorgungsstörungen verursacht. Damit würde die Haftungsbegrenzung in Abs. 1 bis 3 in Teilbereichen ausgehebelt. Um das zu vermeiden, wird dem Kunden auferlegt, mit denen, an die er die Wärme weiterleitet, eine Haftungs- 320

---

505 Darauf verweist *Hempel/Franke*, § 6 AVBEltV, Rn. 21.

506 *Hermann/Recknagel/Schmidt-Salzer*, § 6 AVBElt/GasV, Rn. 63.

507 *Witzel/Topp*, Anm. zu § 6 Abs. 1, S. 89; *Hempel/Franke*, § 6 AVBEltV, Rn. 21; *Hermann/Recknagel/Schmidt-Salzer*, § 6 AVBEltV/GasV, Rn. 63.

508 So auch *Hempel/Franke*, § 6 AVBEltV, Rn. 35.

begrenzung entsprechend § 6 Abs. 1 bis 3 AVBFernwärmeV zu vereinbaren[509]. Dies muss also z.B. in **Mietverträgen** geregelt werden. In § 6 Abs. 4 AVBFernwärmeV wird über die Normalhaftung hinaus bestimmt, dass das Fernwärmeversorgungsunternehmen dem Dritten, an den die Wärme mit seinem Einverständnis weitergeleitet wird, entsprechend Abs. 1 bis 3 haftet. Das geht insoweit über die allgemeinen Regeln hinaus, als Versorgungsverträge zwar Schutzwirkung zugunsten Dritter wie Familienangehörigen, Beschäftigten, Besuchern, Mietern und sonstigen zur Sphäre des Kunden zu rechnende Personen entfalten, nicht aber zugunsten der Kunden des Kunden[510]. Mithin begründet § 6 Abs. 4 AVBFernwärmeV als Vertrag zugunsten Dritter einen eigenständigen Anspruch der Kunden des Kunden, der neben möglichen deliktischen Ansprüchen steht[511].

321 **bb) StromGVV/NAV.** Wie oben schon dargestellt, sieht § 6 Abs. 3 StromGVV eine vollständige Haftungsfreistellung des Stromlieferanten bei Versorgungsstörungen vor. Dafür haftet aufgrund eines regelmäßig entstehenden gesetzlichen Anschlussnutzungsverhältnisses gemäß § 3 NAV der **Netzbetreiber** für **Störungen** der Elektrizitätsversorgung. Diese Haftung ist – ähnlich wie die in § 6 AVBFernwärmeV – zum Teil erheblich eingeschränkt.

Die Modalitäten der Haftung werden gegenüber der vertraglichen und gesetzlichen Normalhaftung in dreifacher Weise geändert:

322 **(1) Verschuldensmaßstab.** § 18 Abs. 1 NAV beschränkt die Haftung für **Vermögensschäden** auf **grob fahrlässig** und vorsätzlich verursachte Schäden. Für andere Schäden wird der Verschuldensmaßstab der Normalhaftung nicht modifiziert, so dass für alle fahrlässig oder vorsätzlich verursachen Schäden gehaftet wird.

323 **(2) Beweislast.** Bei Vermögens- und Sachschäden wird das **Verschulden** des Unternehmens gemäß § 18 Abs. 1 NAV widerleglich **vermutet.**

324 **(3) Haftungshöchstsummen.** Die Haftung wird durch § 18 Abs. 2 NAV bei Sachschäden, die nicht grob fahrlässig oder vorsätzlich verursacht werden, in Abhängigkeit von der Anzahl der Netzanschlussnehmer **betragsmäßig** insgesamt begrenzt. Bei einer Anschlussnehmerzahl bis 25.000 ist die Haftung auf 2,5 Mio. EUR begrenzt. Die Haftungshöchstsumme steigt mit der Zahl der Anschlussnehmer. Summieren sich die berechtigen Schadensersatzan-

---

509 *Hermann/Recknagel/Schmidt-Salzer*, § 6 AVBFernwärmeV, Rn. 451.
510 Siehe oben Rn. 271.
511 *Hermann/Recknagel/Schmidt-Salzer*, § 6 AVBFernwärmeV, Rn. 450; *Witzel/Topp*, Anm. zu § 6 Abs. 4, S. 90 f.

sprüche der Anschlussnehmer auf einen höheren als den dort genannten Betrag, so erhalten sie nur einen gemäß § 18 Abs. 5 NAV anteilig gekürzten Betrag des ihnen zustehenden Schadensersatzes. Die Ersatzpflicht entfällt gemäß Abs. 6 bei Bagatellschäden unter 30,– EUR. Für grob fahrlässig verursachte Vermögensschäden ist die Haftung nach § 18 Abs. 4 NAV auf 5.000,– EUR je Anschlussnutzer beschränkt.

325 (4) **Ansprüche gegenüber dritten Netzbetreibern.** § 18 Abs. 3 NAV **begrenzt** Ansprüche gegenüber **vorgelagerten Netzbetreiber** ebenfalls betragsmäßig. Das hat für Energiedienstleistungsverhältnisse keine besondere Relevanz, so dass darauf hier nicht weiter eingegangen wird.

4. Vertragliche Beschränkung der Haftung

326 Anlass für eine **vertragliche Beschränkung** der Haftung kann zum einen der Umstand sein, dass die Beschränkung der Haftung für typische Betriebsrisiken gemäß § 6 AVBFernwärmeV bzw. § 6 StromGVV/§ 18 NAV bei bestimmten Fällen der Wärmelieferung oder Elektrizitätslieferung **nicht schon von Gesetzes wegen** gilt. Daneben stellt sich die Frage einer vertraglichen Haftungsbegrenzung für sonstige Betriebsrisiken bei Wärmelieferung und Elektrizitätslieferung sowie einer vertraglichen Regelung der gesamten Haftung bei den Fällen der Medienlieferung, für die es keine speziellen gesetzlichen Vorgaben gibt, also bei der Lieferung von Kälte, Druckluft, Licht, Frischluft u.ä.

a) § 6 AVBFernwärmeV in Energiedienstleistungsverträgen

327 Bei Energiedienstleistungsprojekten gilt, soweit es sich um Wärmelieferung handelt, die Haftungsbeschränkung nach § 6 AVBFernwärmeV dann, wenn – wie im Regelfall – der Vertrag unter Verwendung von AGB zustande kommt, die der Energiedienstleister stellt. Es ist unbeachtlich, ob es sich bei dem Abnehmer um einen Verbraucher oder Unternehmer handelt. Anknüpfungspunkt ist der auch bei Unternehmenskunden meist praktizierte Einsatz von AGB. Die Einbeziehung der AVBFernwärmeV und ihres § 6 auf ausschließlich vertraglicher Grundlage wird also nur dann erforderlich, wenn der Vertrag im Einzelnen ausgehandelt wurde, was nur bei komplexen Energiedienstleistungsprojekten der Fall sein dürfte, oder bei Energiedienstleistungsverträgen mit Industrieunternehmen, für die die AVBFernwärmeV gemäß ihres § 1 Abs. 2 nicht gilt. An einer **wirksamen Einbeziehung** einer individuell oder in allgemeinen Vertragsbe-

dingungen vereinbarten Haftungsbeschränkung entsprechend § 6 AVBFernwärmeV bestehen **keine Zweifel**.

b) § 6 StromGVV und § 18 NAV in Energiedienstleistungsverträgen

328 Bei der Elektrizitätsversorgung durch einen Energiedienstleister gilt die StromGVV nur dann, wenn sie ausdrücklich in den Vertrag einbezogen wird, da die zwingende Geltung nur bei Grundversorgungskunden besteht. Werden der StromGVV und der NAV entsprechende Regelungen zur Haftungsbeschränkung in solchen Fällen als Bestandteil von AGB in den Vertrag einbezogen, so ist diese **Einbeziehung wirksam**.

Gemäß § 310 Abs. 2 BGB finden die §§ 308 und 309 BGB über die Inhaltskontrolle von Vertragsklauseln keine Anwendung auf Verträge der Elektrizitäts-, Gas-, Fernwärme- und Wasserversorgungsunternehmen über die Versorgung von Sonderabnehmern mit elektrischer Energie, Gas, Fernwärme und Wasser aus dem Versorgungsnetz, soweit die Versorgungsbedingungen nicht zum Nachteil der Abnehmer von Verordnungen über Allgemeine Bedingungen für die Versorgung von Tarifkunden mit elektrischer Energie, Gas, Fernwärme und Wasser abweichen. Eine Haftungsbeschränkung durch Einbeziehung des § 6 StromGVV/§ 18 NAV bzw. § 6 AVBFernwärmeV ist also wirksam, auch wenn sie der Inhaltskontrolle nach den §§ 308 und 309 BGB nicht standhalten würde.

Die Überprüfung einer solchen Haftungsbeschränkung am Maßstab des § 307 BGB ist damit aber nicht ausgeschlossen[512]. Eine **Haftungsbeschränkung** ist also unwirksam, wenn sie den Vertragspartner des Versorgungsunternehmens entgegen den Geboten von Treu und Glauben unangemessen benachteiligt. Der Bundesgerichtshof hat in seinem Urteil vom 25.2.1998 entschieden, dass die Haftungsbegrenzung bei Vermögensschäden im ehemaligen § 6 Abs. 1 Nr. 3 AVBEltV (heute § 18 Abs. 1 NAV) und die Begrenzung der Haftung auf 5.000,– DM gemäß § 6 Abs. 2 S. 1 AVBEltV (heute 5.000,– EUR gemäß § 18 Abs. 4 NAV) **wirksam** auch in AGB für die Versorgung von Sonderkunden vereinbart werden kann, weil die AVBEltV insofern eine Leitbildfunktion für das gesamte Haftungsgefüge in der leitungsgebundenen Elektrizitätsversorgungswirtschaft hat. Die gesetzgeberischen Motive für die Haftungsbeschränkung sind auch für den Sonderkundenbereich anwendbar und berechtigten deshalb zu der Annahme, dass die der AVBEltV entsprechenden Haftungsbe-

[512] BGH, Urt. v. 25.2.1998 – VIII ZR 276/96, RdE 1998, 194.

schränkungen angemessen sind[513]. Mithin ist durch gesetzgeberische und höchstrichterliche Entscheidung geklärt, dass auch im Sonderkundenbereich die Haftungsbeschränkungen gemäß § 18 NAV wirksam vereinbart werden können[514].

329 § 310 Abs. 2 BGB befasst sich seinem Wortlaut nach mit der Lieferung von Energie **„aus dem Versorgungsnetz"**. Die Entscheidung des Bundesgerichtshof zur Einbeziehung des § 6 AVBEltV befasste sich ebenfalls mit der Elektrizitätslieferung eines Gebietsversorgers aus seinem Versorgungsnetz. Der Bundesgerichtshof hält die Haftungsbeschränkung für angemessen, weil bei einer strengeren Haftung nicht nur der Sonderkunde, sondern alle Netzkunden wegen der fehlenden Versicherbarkeit der Risiken mit höheren Versorgungskosten belastet würden[515]. Energiedienstleistungsprojekte dagegen zeichnen sich dadurch aus, dass große Anteile der gelieferten Elektrizität nicht über das allgemeine Versorgungsnetz zum Kunden transportiert, sondern vor Ort erzeugt und innerhalb der Kundenanlage geliefert werden. Es stellt sich die Frage, ob unter diesen veränderten Umständen die Einbeziehung der Haftungsregelungen des § 6 StromGVV/§ 18 NAV in allgemeine Geschäftsbedingungen noch mit § 307 BGB vereinbar ist. Gegen eine Angemessenheit einer Einbeziehung bei Energiedienstleistungsprojekten spricht auf den ersten Blick, dass der Energiedienstleister anders als der Betreiber eines großen Versorgungsnetzes nur einen bestimmten Kundenkreis versorgt, dessen Risikostruktur er vor Vertragsschluss untersuchen kann. Das Haftungsrisiko ist also vorhersehbar. Soweit es von der Qualität der vom Energiedienstleister installierten Anlage und seiner Betriebsführung abhängt, ob sich das Haftungsrisiko realisiert, besteht kein Anlass, einen umfangreichen Haftungsausschluss im Rahmen von AGB noch als angemessen anzusehen.

330 Eine solche Betrachtung lässt aber einen wesentlichen technischen Aspekt außer Acht: Ein Energiedienstleister, der die Elektrizitätsversorgung seines Kunden z.B. in der Weise übernommen hat, dass er zur Versorgung des Kundenobjekts ein Blockheizkraftwerk betreibt, betreibt nahezu immer ein **netzgekoppeltes BHKW**. Bricht das Netz zusammen, so fällt auch das BHKW aus. Nur bei inselbetriebstauglichen Anlagen kann beim Netzzusammenbruch weiter geliefert werden. Die sind aber so aufwändig und damit teuer, dass sie nur in Objekten mit unverzichtbarem Notstrombedarf eingesetzt werden. Einem Netzparallelbetriebsvertrag wird stets vom Netzbe-

---

[513] BGH, Urt. v. 25.2.1998 – VIII ZR 276/96 RdE 1998, 194, 195 ff.; zur Leitbildfunktion siehe auch BGH, Urt. v. 15.7.2009 – VIII ZR 225/07, Rn. 21.

[514] *de Wyl/Soetebeer* in: *Schneider/Theobald*, § 11, Rn. 269 ff.

[515] BGH, Urt. v. 25.2.1998 – VIII ZR 276/96, RdE 1998, 194, 197.

treiber § 18 NAV zugrunde gelegt. Würde dem Energiedienstleister in dieser Situation versagt, eine entsprechende Haftungsbeschränkung zu vereinbaren, so würde er dem Kunden gegenüber z.B. für Vermögensschäden aufgrund von Versorgungsstörungen haften, die vom vorgelagerten Netzbetreiber des Energiedienstleisters schuldhaft verursacht wurden, ohne dass der Energiedienstleister die Möglichkeit hätte, beim Vorlieferanten entsprechend Rückgriff zu nehmen. Eine **Beschränkung** der Haftung des Energiedienstleisters in dieser Konstellation entsprechend **§ 18 NAV** stellt den Kunden auch nicht schlechter als er stünde, wenn er die benötigte Elektrizität nicht vom Energiedienstleister, sondern direkt aus dem Netz der allgemeinen Versorgung bezöge. Auch dies spricht gegen eine Unangemessenheit der Einbeziehung des § 18 NAV in AGB eines Energiedienstleisters, so dass eine solche Einbeziehung als **wirksam** anzusehen ist.

c) Haftungsbegrenzung bei sonstigen Betriebsrisiken der Wärme- und Elektrizitätsversorgung

331 Die Haftungsregelungen der StromGVV, NAV und AVBFernwärmeV gelten nur für Schäden, die dadurch entstehen, dass sich **typische Betriebsrisiken** realisieren. Die Haftung für alle anderen vom Versorgungsunternehmen verursachten Schäden, bei denen sich also sonstige Betriebsrisiken realisieren, richtet sich nach den allgemeinen Vorschriften[516]. Die Normalhaftung zwischen den Vertragspartnern kann durch Individualvereinbarung weitgehend beschränkt werden, die Haftung gegenüber Dritten aufgrund gesetzlicher Haftungstatbestände dagegen nicht.

332 Ebenso ist es nur sehr eingeschränkt möglich, die gesetzliche Normalhaftung in allgemeinen Geschäftsbedingungen zu beschränken. Für Verträge mit Verbrauchern ergibt sich dies schon aus § 309 Nr. 7 BGB, der Haftungsausschlüsse oder -beschränkungen für Schäden aus der Verletzung von Leben, Körper oder Gesundheit vollständig verbietet und hinsichtlich sonstiger Schäden, also insbesondere Sach- und Vermögensschäden den Ausschluss der Haftung für grobes Verschulden untersagt. Darüber hinaus sind in AGB gemäß § 307 Abs. 2 Nr. 2 BGB Haftungsausschlüsse **unwirksam**, mit denen **wesentliche Rechte** oder **Pflichten**, die sich aus der Natur des Vertrages ergeben, so **eingeschränkt** werden, dass die Erreichung des Vertragszwecks gefährdet ist. Eine solche unzulässige Einschränkung liegt dann vor, wenn für die Einhaltung einer Kardinalpflicht[517] nur eingeschränkt gehaftet wird. Dementsprechend ist es unzulässig,

---

[516] Siehe oben Rn. 287.

[517] *Palandt-Grüneberg*, § 309 BGB, Rn. 48 unter Verweis auf die ständige Rechtsprechung des BGH, z.B. NJW-RR 1993, 561.

wenn die Haftung für fahrlässige Verletzung von Kardinalpflichten eingeschränkt wird. Ein Versorgungsunternehmen haftet immer uneingeschränkt, wenn z.B. bei einer fehlerhaften Reparatur des Leitungsnetzes der 0-Leiter und mit ihm eine angeschlossene Wasserleitung Strom führend wird, was zur Folge hat, dass eine Milchkuh des geschädigten Landwirts durch einen Stromschlag getötet wird[518]. Die Pflicht, dass Elektrizitätsversorgungsnetz so zu installieren und zu unterhalten, dass keine bei Einhaltung der Regeln der Technik nicht auftretenden Gefahren entstehen, ist eine Nebenpflicht, die aber so bedeutend ist, dass der Vertragszweck insgesamt in Frage gestellt („ausgehöhlt") würde, wenn der Kunde sich nicht darauf verlassen können dürfte, dass das Netz, aus dem er versorgt wird, keine Mängel aufweist, die Personen und Sachen schwerwiegend gefährden. Ebenso ist ein Haftungsausschluss in AGB eines Wasserversorgungsunternehmens unwirksam, der auch die Gesundheitsschäden erfasst, die dadurch entstehen, dass sich Coli-Bakterien in Trinkwasserleitungen aufgrund einer von Anfang an fehlerhaften Installation der Leitungen bilden konnten[519].

333 Weil nach der bereits dargestellten ständigen Rechtsprechung des Bundesgerichtshofes ein Verstoß gegen ein Verbot des § 309 BGB im **unternehmerischen Geschäftsverkehr** als Indiz für die Unangemessenheit und damit Unwirksamkeit der Klausel im Sinne des § 307 BGB anzusehen ist und die Wendung zu einer stärkeren unternehmerischen Eigenverantwortung bisher nur bei der Prüfung von Preisänderungsklauseln in AGB vom Bundesgerichtshof vollzogen wurde[520], besteht das Risiko, dass auch in Verträgen zwischen Unternehmern weitergehende Haftungsbeschränkungen in AGB für unwirksam angesehen werden.

d) Haftungsbeschränkung bei der Lieferung anderer Medien

334 Liefert der Energiedienstleister Kälte, Druckluft, Licht, Bewegungsenergie oder andere Medien, so finden mangels spezialgesetzlicher Regelungen die Vorschriften über die vertragliche und gesetzliche **Normalhaftung** Anwendung. Haftungsbeschränkende Regelungen in AGB unterliegen der vollen Inhaltskontrolle nach den § 307 BGB bei allen Verträgen und zusätzlich nach den §§ 308 und 309 BGB bei Verbraucherverträgen. Einschlägig ist hinsichtlich der Haftungsbegrenzung § 309 Nr. 7 BGB, dessen Regelungsumfang soeben (Rn. 331) dargestellt wurde. Ein Energiedienstleister kann

---

[518] BGH, Urt. v. 21.10.1958 – VIII ZR 145/57, NJW 1959, 38.

[519] BGH, Urt. v. 19.4.1978 – VIII ZR 39/77, NJW 1978, 1430.

[520] BGH, Urt. v. 19.9.2007 – VIII ZR 141/06, Rn. 12, NJW 07, 3774 m.w.N., siehe oben Rn. 44.

also bei der Lieferung von Kälte, Druckluft und anderen Medien, für die keine gesetzlichen Spezialregelungen vorliegen, seine Haftung in AGB nur für Sach- und Vermögensschäden ausschließen, die nicht grob fahrlässig oder vorsätzlich verursacht wurden und die nicht auf einer Verletzung wesentlicher Vertragspflichten beruhen.

C. Dezentrale Elektrizitätsversorgung

335 Das Energie-Contracting als dezentrales Energiedienstleistungskonzept hat seinen Ursprung in der Wärmeversorgung. Die **Elektrizitätsversorgung** erfolgt **traditionell** zentral. Die herkömmlichen Techniken zur Stromerzeugung sind nur im großtechnischen Einsatz kostengünstig. Die zentrale Erzeugung von Elektrizität erlaubt zwar die Nutzung von Skaleneffekten bei der Errichtung und dem Betrieb von Erzeugungsanlagen, führt aber auch dazu, dass die bei der Elektrizitätserzeugung anfallende **Abwärme** mangels einer ausreichenden Zahl von Abnehmern in der Nähe der Erzeugungsanlagen **nicht** oder nur teilweise **genutzt** wird. Technisch und wirtschaftlich ist es heute möglich, diese Ineffizienz dadurch zu vermeiden, dass in vielen Gebäuden oder in der Nähe anderer Wärmeverbraucher – verallgemeinernd auch „Wärmesenken" genannt – Strom und Wärme beispielsweise in Blockheizkraftwerken[521] gleichzeitig erzeugt werden.

336 Im Vergleich zur getrennten Erzeugung von elektrischer Energie in Kondensationskraftwerken und Nutzwärme in Kesselanlagen reduziert sich die eingesetzte Primärenergiemenge bei der **Kraft-Wärme-Kopplung (KWK)**, weil die bei der Stromerzeugung anfallende Abwärme nicht in die Umwelt abgegeben, sondern weiter genutzt wird. Diese **Abwärme** ersetzt in Kesselanlagen erzeugte **Nutzwärme**. Aufgrund der Einsparung an Einsatzenergie ergibt sich eine entsprechende Einsparung an klimaschädlichen Emissionen von Kohlendioxid[522]. Im Interesse der Energieeinsparung und des Klimaschutzes soll deshalb der Anteil der Stromerzeugung aus Kraft-Wärme-Kopplung bis zum Jahr 2025 auf 25 % gegenüber dem Stand im Jahre 2008 verdoppelt werden[523]. Dieses energiepolitische Ziel ist

---

[521] Anlagen zur gekoppelten Erzeugung von Wärme und Strom, die in den zu versorgenden Gebäuden aufgestellt sind, werden regelmäßig als Blockheizkraftwerke – BHKW – bezeichnet. Blockheizkraftwerke sind KWK-Anlagen. Da die energiewirtschaftsrechtlichen Gesetze den Begriff „BHKW" nicht verwenden, sondern nur nach verschiedenen Größenklassen von KWK-Anlagen unterscheiden, wird in diesem Buch der Begriff „Blockheizkraftwerk" ebenfalls nicht weiter verwendet. Im Regelfall sind kleine KWK-Anlagen im Sinne des § 3 Abs. 3 KWKG Blockheizkraftwerke.

[522] Die damit verbundene Energieeinsparung gilt nach Anh. II lit a) zur Richtlinie 2012/27 EU des Europäischen Parlaments und des Rates vom 25. Oktober 2014 als „hocheffizient", wenn sie gegenüber der getrennten Erzeugung von Strom und Wärme zu einer Primärenergieeinsparung von mindestens 10 % führt.

[523] BT-Drs. 16/8305, S. 14.

ausdrücklich in § 1 des Gesetzes für die Erhaltung, die Modernisierung und den Ausbau der Kraft-Wärme-Kopplung (Kraft-Wärme-Kopplungsgesetz – KWKG)[524] festgeschrieben worden und soll u.a. dadurch erreicht werden, dass die Stromerzeugung in KWK-Anlagen finanziell gefördert wird[525].

Die gekoppelte Erzeugung von Elektrizität und Wärme ist zudem gemäß § 7 Nr. 1b) des Gesetzes zur Förderung Erneuerbarer Energien im Wärmebereich (Erneuerbare-Energien-Wärmegesetz – **EEWärmeG**)[526] eine zulässige **Ersatzmaßnahme**, um die sich aus § 3 Abs. 1 EEWärmeG ergebende Pflicht zu erfüllen, einen Teil des Wärmeenergiebedarfs eines Gebäudeneubaus durch die Nutzung erneuerbarer Energien zu decken.

337 Wirtschaftlich **interessant** ist die dezentrale Erzeugung von Elektrizität zudem deshalb, weil der beim Verbraucher erzeugte Strom ohne Nutzung der Elektrizitätsversorgungsnetze zum Verbraucher gelangt und deshalb nicht mit Netznutzungsentgelten belastet ist. Das gilt nicht nur für die gekoppelte Erzeugung von Elektrizität und Wärme in KWK-Anlagen, sondern auch für die reine Stromerzeugung mit Hilfe von **Photovoltaik-** und **Windenergieanlagen.**

338 Schließlich **entlastet** die dezentrale Stromerzeugung die **Elektrizitätsversorgungsnetze.** Seit Jahren wird an Konzepten für „virtuelle Kraftwerke“ gearbeitet, bei denen dezentrale Erzeugungsanlagen miteinander vernetzt betrieben werden und so – bei ausreichender Stückzahl – zentrale Großkraftwerke ersetzen können.

339 Dezentrale Anlagen zur Erzeugung von Elektrizität in Kraft-Wärme-Kopplung erfordern im Vergleich zu konventionellen Heizkesselanlagen ein Mehrfaches an Investitionen. Der **Aufwand** bei Errichtung, Betrieb, Wartung und Reparatur ist erheblich **höher** als bei einer Kesselanlage. Wirtschaftlich interessante Erlöse kann man

---

[524] V. 19.3.2002, BGBl. I S. 1092, zuletzt geändert durch Art. 1 des Gesetzes zur Förderung der Kraft-Wärme-Kopplung v. 25.10.2008, BGBl. I S. 2101, zuletzt geändert durch Art. 13 des Gesetzes vom 21. Juli 2014, BGBl. I S. 1066.

[525] Faktisch ist dieses gesetzliche Ziel von der Bundesregierung bereits abgeschafft worden. Die im Auftrag des Bundeswirtschaftsministeriums erstellte Studie „Potenzial- und Kosten-Nutzen-Analyse zu den Einsatzmöglichkeiten von Kraft-Wärme-Kopplung (Umsetzung der EU-Energieeffizienzrichtlinie) sowie Evaluierung des KWKG im Jahr 2014“ vom 1.10.2014 kommt auf S. 20 zu dem Ergebnis, dass bei Beibehaltung des KWKG in seiner heutigen Form die KWK-Nettostromerzeugung bis zum Jahre 2020 auf aktuellem Niveau verbleiben wird. Nach dem „Vorschlag für die Förderung des KWK – 2015“ des BMWi vom 15. März 2015 soll insbesondere die Neubauförderung von Anlagen für die dezentrale Versorgung zugunsten der Förderung bestehender Anlagen beschränkt werden, so dass eine Steigerung der KWK-Nettostromerzeugung nicht zu erwarten ist.

[526] V. 7.8.2008, BGBl. I. S. 1658, zuletzt geändert durch Art. 14 des Gesetzes vom 21. 6.2014, BGBl. I S. 1066.

häufig nur dann erzielen, wenn man den in einer solchen Anlage erzeugten Strom im Gebäude selbst an die einzelnen Nutzer verkauft. Das verursacht erheblichen organisatorischen Aufwand. Energiedienstleister verfügen über die technische und wirtschaftliche Kompetenz, KWK-Anlagen zu planen, zu errichten und zu betreiben. Die Elektrizitätsversorgung aus KWK-Anlagen hat sich deshalb neben der Wärmeversorgung zu einem bedeutenden Tätigkeitsfeld für Energiedienstleister entwickelt. Im Rahmen der Entwicklung von Konzepten für „**virtuelle Kraftwerke**" sind Modelle hinzugekommen, bei denen der dezentral erzeugte Strom über das örtliche Verteilernetz der allgemeinen Versorgung in den Bilanzkreis des Betreibers eingespeist und zentral vermarktet wird, z.B. als Ergänzung für die fluktuierende Stromerzeugung in Windkraft- und Photovoltaikanlagen.

340 Neben der gekoppelten Wärme- und Elektrizitätsversorgung finden sich am Markt auch Contracting-Modelle, die ausschließlich die Bereitstellung von Elektrizitätsversorgungsanlagen wie z.B. Transformatoren oder Elektrizitätsnetzen in abgegrenzten Arealen umfassen. Die bei solchen Projekten auftretenden Rechtsfragen reichen sehr weit in den Bereich der Elektrizitätsnetzregulierung hinein und unterscheiden sich dann nicht mehr wesentlich von den Rechtsfragen, die bei jeder Art des Elektrizitätsnetzbetriebes auftreten. Für die Darstellung der komplexen Rechtsfragen zum Elektrizitäts- und Gasnetzbetrieb ist im Rahmen dieses Buches jedoch kein Raum. Es wird insoweit auf die einschlägige Literatur verwiesen[527]. Nachfolgend konzentriert sich die Betrachtung auf die energiewirtschaftsrechtlichen Fragen, die im Zusammenhang mit der Stromerzeugung und Stromversorgung aus dezentralen Erzeugungsanlagen, insbesondere aus KWK-Anlagen, auftreten.

341 Damit sind für die Praxis **drei Fallgruppen** zu betrachten: Die **Einspeisung** des dezentral erzeugten Stromes in das **Netz** der **allgemeinen Versorgung** und damit verbunden die Vergütung durch den Netzbetreiber der allgemeinen Versorgung; die **Einspeisung** in einen **Bilanzkreis** und Vermarktung aus diesem heraus sowie schließlich die **Lieferung** des Stromes an Nutzer in der **Nähe** der Erzeugungsanlage ohne Nutzung eines Elektrizitätsversorgungsnetzes[528].

Das Energiedienstleistungsunternehmen kann nur dann dezentral Strom erzeugen, wenn es einen Aufstellungsort für seine Erzeugungsanlage verlässlich für die Zeit des geplanten Anlagenbetriebes

---

[527] Z.B. *Schneider/Theobald*, Recht der Energiewirtschaft; *Ortlieb/Staebe*, Praxishandbuch Geschlossene Verteilernetze und Kundenanlagen.

[528] Einen anschaulichen Überblick der technischen, wirtschaftlichen, steuerlichen und rechtlichen Rahmenbedingungen bieten *Haupt et. al.*, HLH 3.2013, 86 und HLH 4-2013, 2.

nutzen, die Anlage in der erforderlichen Art und Weise an die vorhandene Elektrizitätsversorgungsinfrastruktur anschließen, notwendige Lagereinrichtungen oder Anschlüsse für die Brennstoffversorgung herstellen und seine Rechte an der Anlage sichern kann. Die damit verbundenen rechtlichen Fragen unterscheiden sich nicht von denen, die bei der Sicherung eines Standortes für eine reine Wärmeversorgungsanlage zu betrachten sind. Sofern die hier betrachteten Erzeugungsanlagen regelmäßig Teil eines Wärme- und Stromversorgungskonzeptes sind, gehen die nachfolgenden Ausführungen davon aus, dass alle soeben angesprochenen Fragen der **Standortnutzung** und **Anlagensicherung** im **Wärmelieferungsvertrag** geregelt sind. Bei reinen Elektrizitätserzeugungsanlagen müssen entsprechende vertragliche Regelungen in Mietverträgen über den Aufstellungsstandort vereinbart werden. Es wird deshalb auf die entsprechend anwendbaren Ausführungen zur Absicherung der Energieerzeugungsanlagen (Rn. 203 ff.) verwiesen.

I. Lieferung an den Netzbetreiber

342 Der Betreiber einer KWK-Anlage hat nach § 4 Abs. 1 KWKG einen Anspruch darauf, dass die KWK-Anlage an das nächstgelegene geeignete Netz der allgemeinen Versorgung **unverzüglich vorrangig angeschlossen** wird und dass der Netzbetreiber den in der Anlage erzeugten Strom unverzüglich vorrangig **abnimmt**. Hinsichtlich der Anspruchsdetails ist durch einen Verweis auf die §§ 5 und 6 EEG eine vollständige Gleichstellung mit Anlagen zur Nutzung regenerativer

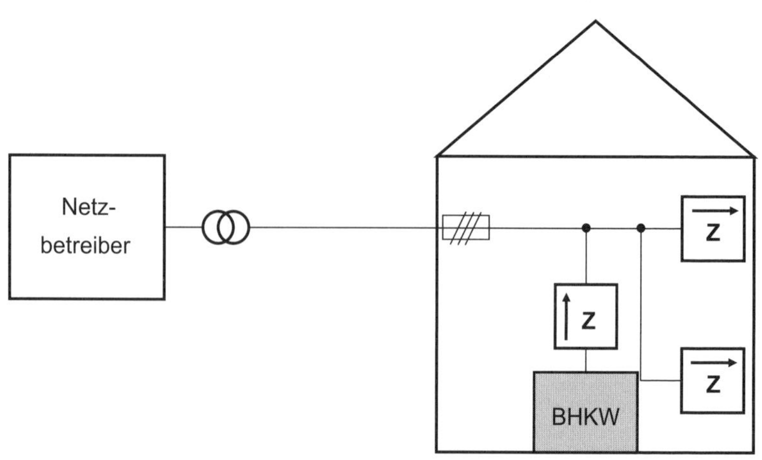

(BHKW in der Kundenanlage, ein Einspeisezähler, zwei Verbrauchszähler)

Energien erfolgt. Wählt der Betreiber der KWK-Anlage als Vermarktungsmodell die Abnahme durch den Netzbetreiber, so kommt ein Stromlieferungsvertrag zwischen ihm und dem Netzbetreiber der allgemeinen Versorgung zustande. Die bestehenden Stromlieferverhältnisse der Letztverbraucher in dem Gebäude, in dem die Anlage betrieben wird, bleiben unberührt. Der benötigte messtechnische Aufbau besteht in einem Zähler an der KWK-Anlage, der deren Erzeugungsmenge misst.

343 Die **technischen Details** des Anschlusses auf der Niederspannungsebene sind geregelt in der VDE-Anwendungsregel „VDE-AR-N 4105:2011-08 Erzeugungsanlagen am Niederspannungsnetz, Technische Mindestanforderungen für Anschluss und Parallelbetrieb von Erzeugungsanlagen am Niederspannungsnetz“[529]. Für den Anschluss auf der Mittelspannungsebene gilt bis auf weiteres die Technische Richtlinie „Erzeugungsanlagen am Mittelspannungsnetz (Richtlinie für Anschluss und Parallelbetrieb von Erzeugungsanlagen am Mittelspannungsnetz)“ des BDEW aus dem Jahre 2008 mit späteren Ergänzungen[530]. Ein Netzbetreiber darf im Zusammenhang mit dem Anschluss einer dezentralen Erzeugungsanlage nicht verlangen, dass Details dieser technischen Regelwerke eingehalten werden, für deren Einhaltung im konkreten Fall kein Bedarf besteht. Verlangt werden können nach § 20 S. 1 NAV nur Anforderungen, die für eine sichere und störungsfreie Versorgung notwendig sind und den allgemein anerkannten Regeln der Technik entsprechen[531]. Im konkreten Fall hat die Bundesnetzagentur entschieden, dass der Netzbetreiber nicht verlangen kann, dass für eine Erzeugungsanlage, in die ein Zähler eines Messdienstleisters eingebaut ist, ein weiterer Zähler in einem Zählerschrank im Gebäude installiert werden muss.

[529] Dieses Regelwerk ist nur gegen erhebliches Entgelt beim VDE-Verlag zu beziehen. Da nach § 19 Abs. 1 EnWG die Netzanschlussbedingungen vom Netzbetreiber zu veröffentlichen sind, u.a. auf seiner Internetseite, kann die Anwendungsregel nicht wirksamer Teil der Netzanschlussbedingungen eines Netzbetreibers werden, solange sie nicht auf dessen Homepage veröffentlicht wird.

[530] Zuletzt ergänzt durch „Regelungen und Übergangsfristen für bestimmte Anforderungen in Ergänzung zur technischen Richtlinie: Erzeugungsanlagen am Mittelspannungsnetz – Richtlinie für Anschluss und Parallelbetrieb von Erzeugungsanlagen am Mittelspannungsnetz“ mit Gültigkeit ab dem 1.1.2013, http://www.vde.com/de/fnn/dokumente/documents/bdew-msrl_ergaenzung4_2013-01.pdf.

[531] BNetzA, Beschl. v. 19.3.2012 – BK6-11-113, bestätigt durch OLG Düsseldorf, Beschl. v. 12.6.2013 – VI-3 Kart 165/12 (V) und BGH, Beschl. v. 14.4.2015 – EnVR 45/13.

1. Vergütung nach dem KWKG

344 Das Gesetz regelt ausweislich seines § 2 die Abnahme und Vergütung von Kraft-Wärme-Kopplungsstrom (**KWK-Strom**) aus KWK-Anlagen auf Basis von Steinkohle, Braunkohle, Abfall, Biomasse, gasförmigen oder flüssigen Brennstoffen. Weiterhin gewährt es Zuschläge für den Neu- und Ausbau von Wärme- und Kältenetzen sowie Zuschläge für den Neu- und Ausbau von Wärme- und Kältespeichern. Erfasst werden gemäß § 3 Abs. 1 KWKG nur **ortsfeste Anlagen**, zu denen auch solche gehören, die für eine abwechselnde Nutzung an zwei Standorten vorgesehen sind. Für mobile Anlagen, die an einer Vielzahl von Einsatzorten für mehr oder minder lange Zeiträume eingesetzt werden, können die Anschluss- und Vergütungsansprüche also nicht geltend gemacht werden. Das Gesetz gilt gemäß § 3 Abs. 2 KWKG für Feuerungsanlagen mit Dampfturbinen-Anlagen oder Dampfmotoren, Gasturbinen-Anlagen, Verbrennungsmotoren-Anlagen, Stirling-Motoren, ORC-Anlagen und Brennstoffzellen-Anlagen, in denen Strom und Nutzwärme erzeugt werden. **Betreiber** im Sinne des Gesetzes ist nach § 3 Abs. 10 KWKG unabhängig von den Eigentumsverhältnissen derjenige, der aus der KWK-Anlage den Strom in das Netz einspeist. Ein Energiedienstleister, der von seinem Kunden die KWK-Anlage pachtet und in dieser Strom und Wärme erzeugt, ist also Betreiber im Sinne des Gesetzes.

a) Abnahme-, Vergütungs- und Zuschlagspflicht

345 Die wirtschaftlich entscheidenden Regelungen sind die in § 4 Abs. 1 KWKG geregelte Anschluss- und Abnahmepflicht sowie die in § 4 Abs. 3 KWKG vorgesehene Vergütungspflicht. Diese Pflichten treffen gemäß § 4 Abs. 1 KWKG i.V.m. §§ 5 und 6 EEG den Netzbetreiber, zu dessen technisch für die Aufnahme geeigneten Netz die kürzeste Entfernung zum Standort der KWK-Anlage besteht. **Netzbetreiber** sind gemäß § 3 Abs. 9 KWKG die Betreiber von Netzen aller Spannungsebenen für die **allgemeine Versorgung** mit Elektrizität.

346 Für die erzeugte Strommenge sieht das KWKG anders als das frühere Erneuerbare-Energien-Gesetz[532] **keine betragsmäßig festgelegten Vergütungssätze** vor, sondern bestimmt in § 4 Abs. 3, dass der Netzbetreiber und der Anlagenbetreiber einen **Preis aushandeln** sollen, der um einen **im Gesetz betragsmäßig festgelegten Zuschlag** und die ersparten Netznutzungsentgelte zu erhöhen ist.

---

[532] Gesetz über den Vorrang Erneuerbarer Energien (Erneuerbare-Energien-Gesetz – EEG) v. 25.10.2008, BGBl. I S. 2074.

347 Für den nicht unwahrscheinlichen Fall, dass sich Netzbetreiber und Anlagenbetreiber **nicht einigen** können, schreibt das Gesetz vor, dass der **übliche Preis** zu entrichten ist. Darunter ist gemäß § 4 Abs. 3 S. 3 KWKG bei Anlagen mit einer Leistung bis zu zwei Megawatt der durchschnittliche Preis für **Grundlaststrom** an der Strombörse EEX in Leipzig im jeweils vorangegangenen Quartal zu verstehen. In der Praxis ist es der Regelfall, dass eine Vergütung nach dem Börsenpreis erfolgt. Das Gesetz stellt klar, dass sich die Vergütung um den nach den anerkannten Regeln der Technik ermittelten Anteil der **Netznutzungsentgelte** erhöht, der durch die dezentrale Einspeisung **vermieden** wird. Als anerkannte Regeln der Technik werden weiterhin die Berechnungsgrundlagen der ansonsten bedeutungslos gewordenen Verbändevereinbarung über Kriterien zur Bestimmung von Netznutzungsentgelten vom 13.9.2001 angesehen[533].

348 Zu dem vereinbarten Preis und den vermiedenen Netznutzungsentgelten kommt der **Zuschlag** gemäß § 7 KWKG hinzu. Abweichend von der bis zum 31.12.2008 geltenden Fassung des Gesetzes ist seit 2009 in § 4 Abs. 3a KWG geregelt, dass der Zuschlag nicht nur bei der Einspeisung in das Netz der allgemeinen Versorgung beansprucht werden kann, sondern auf die **Gesamtmenge** des in einer KWK-Anlage **erzeugten Stroms**[534]. Zahlungspflichtig ist insoweit auch der Netzbetreiber der allgemeinen Versorgung, an dessen Netz die KWK-Anlage angeschlossen ist. Ihm muss die für die Zuschlagsberechnung maßgebliche Abrechnung der Strommenge gemäß § 8 Abs. 1 und Abs. 2 KWKG bis zum 31. März des Folgejahres vorgelegt werden.

b) Kategorien zuschlagsberechtigter Anlagen

349 Die Förderung erstreckt sich nicht auf alle KWK-Anlagen, sondern nur auf die in § 5 KWKG genauer beschriebenen Kategorien von Anlagen. **Voraussetzung** für eine Zuschlagsberechtigung ist in allen Fällen, dass es sich um **hocheffiziente** KWK-Anlagen handelt. Das sind gemäß § 3 Abs. 11 KWKG solche Anlagen, die hocheffizient im Sinne der KWK-Richtlinie[535] der EU sind.

---

[533] *Danner/Theobald-Schulz*, § 4 KWKG, Rn. 10; *Hempel/Franke-Herrmann*, § 4 KWKG, Rn. 33.

[534] Nach den Plänen des BMWi zur Kürzung der KWK-Förderung vom März 2015 soll zukünftig für alle Anlagen größer 50 kW elektrischer Leistung der Zuschlag wieder nur dann gezahlt werden, wenn der in der Anlage erzeugte Strom in das Netz der allgemeinen Versorgung eingespeist wird.

[535] Richtlinie 2004/8/EG des Europäischen Parlaments und des Rates vom 11. Februar 2004 über die Förderung einer am Nutzwärmebedarf orientierten Kraft-Wärme-Kopplung im Energiebinnenmarkt und zur Änderung der Richtlinie 92/42/EWG, ABl. EU L 52, S. 50.

Der Umfang der Förderung hängt davon ab, welcher der nachfolgenden Kategorien die Anlage zugeordnet werden kann:

350 **aa) Kleine KWK-Anlagen.** Zuschlagsberechtigt sind gemäß § 5 Abs. 1 Ziffer 1 KWKG nach dem 1.1.2009 und bis zum 31.12.2020 in Dauerbetrieb genommene kleine KWK-Anlagen mit fabrikneuen Hauptbestandteilen, sofern sie nicht eine bereits bestehende Fernwärmeversorgung aus KWK-Anlagen verdrängen. Kleine KWK-Anlagen sind gemäß § 3 Abs. 3 KWKG Anlagen mit einer elektrischen Leistung von **bis zu 2 MW.**

351 Eine wichtige Einschränkung ergibt sich aus § 3 Abs. 3 S. 2 KWKG, der besagt, dass mehrere unmittelbar miteinander verbundene kleine KWK-Anlagen an einem Standort als eine KWK-Anlage gelten. Damit soll verhindert werden, dass modular aufgebaute Großanlagen in die Vergütungsregelung einbezogen werden[536]. Nach der Gesetzesbegründung ist insbesondere dann von mehreren unmittelbar miteinander **verbundenen Anlagen** an einem Standort auszugehen, wenn mehrere Einzelaggregate (Module) in ein gemeinsames Wärmenetz einspeisen und/oder stromseitig miteinander verbunden sind[537]. Werden die einzelnen Anlagen jedoch in einem zeitlichen Abstand von mehr als **zwölf Monaten** in Dauerbetrieb genommen, so gelten Sie auch dann nicht als verbundene Anlage, wenn die sonstigen Voraussetzungen des § 3 Abs. 3 S. 2 KWKG erfüllt sind.

352 **bb) Brennstoffzellenanlagen.** Zuschlagsberechtigt sind weiterhin gemäß § 5 Abs. 1 Ziffer 2 KWKG **ohne Begrenzung** der Anlagenleistung neue Brennstoffzellen-Anlagen.

353 **cc) Sonstige Neuanlagen.** Zuschlagsberechtigt sind gemäß § 5 Abs. 2 KWKG weiterhin KWK-Anlagen mit einer Leistung von **mehr als 2 MW,** die ab dem 1.1.2009 bis zum 31.12.2020 in Dauerbetrieb genommen worden sind, sofern sie hocheffizient sind und nicht eine bereits bestehende Fernwärmeversorgung aus KWK-Anlagen verdrängen.

354 **dd) Modernisierte Anlagen.** Nach § 5 Abs. 3 KWKG sind modernisierte oder durch neue Anlagen ersetzte Anlagen zuschlagsberechtigt, sofern sie ab dem 1.1.2009 bis zum 31.12.2020 wieder in Dauerbetrieb genommen worden sind. Eine Modernisierung liegt vor, wenn wesentliche, die Effizienz bestimmende Anlagenteile erneuert worden sind und die Kosten der Erneuerung **mindestens 25 % der Neuerrichtungskosten** der gesamten Anlage betragen. Die maßgeblichen Neuerrichtungskosten sind diejenigen, die im Zeitpunkt der

---

[536] BT-Drs. 14/7024, S. 10.
[537] BT-Drs. 14/7024, S. 10.

Modernisierung für die Neuerrichtung der Anlage in ihrem Zustand nach Modernisierung zu aktuellen Preisen anfallen würden[538].

ee) Nachgerüstete Anlagen. § 5 Abs. 4 KWKG soll einen Modernisierungsanreiz dadurch schaffen, dass eine Zuschlagsberechtigung auch für vorhandene Anlagen der ungekoppelten Strom- oder Wärmeerzeugung besteht, wenn sie durch Nachrüstung von Komponenten zur **Strom-** oder **Wärmeauskoppelung** zu KWK-Anlagen werden. Voraussetzung ist, dass die elektrische Leistung mehr als 2 MW beträgt und die nachgerüstete Anlage nach Inkrafttreten des Gesetzes und bis zum 31.12.2020 wieder in den Dauerbetrieb genommen worden ist. **355**

ff) Speicherförderung. § 5b KWKG sieht eine Zuschlagsberechtigung für den Neu- oder Ausbau von Wärmespeichern vor. Voraussetzung dafür ist ein **Mindestvolumen** von 1 m^3 Wasseräquivalent oder 0,3 m^3 Wasseräquivalent pro Kilowatt installierter elektrischer Leistung. Wasseräquivalent ist nach § 3 Abs. 20 KWKG die Wärmekapazität eines Speichermediums, die der eines Kubikmeter Wassers in flüssigem Zustand bei Normaldruck entspricht. **356**

Weitere Voraussetzungen für die Zuschlagsberechtigung sind:

- Der Neu- oder Ausbau darf erst ab Inkrafttreten dieser gesetzlichen Regelung begonnen worden und muss bis zum 31.12.2020 abgeschlossen sein,
- die Wärme des Wärmespeichers muss **überwiegend** aus einer KWK-Anlage im Sinne des § 5 stammen,
- der **Wärmeverlust** darf nicht höher als 15 W/m^2 Behälteroberfläche betragen,
- die KWK-Anlage muss über **Informations- und Kommunikationstechnik** verfügen, um Signale des Strommarktes zu empfangen und technisch in der Lage sein, darauf zu reagieren, und
- es muss eine Zulassung gemäß § 6b KWKG erteilt worden sein.

gg) Neu- und Ausbau von Wärmenetzen. Neben dem Betrieb der unter aa) bis ee) genannten KWK-Anlagen ist gemäß § 5a KWKG auch der Neu- und Ausbau von Wärmenetzen, die aus KWK-Anlagen gespeist werden, zuschlagsberechtigt. Diese Regelungen werden in Kap. E. III. „Wärmenetzförderung nach dem KWKG" (Rn. 499 ff.) behandelt. **357**

[538] *BerlKommEnR/Topp*, § 5 KWKG, Rn. 44 ff.

c) Zulassungsverfahren

358 Voraussetzung für den Vergütungsanspruch ist, dass die Anlage gemäß §§ 6, 6a bzw. 6b KWKG zugelassen ist. Zuständig für die Entscheidung über den Zulassungsantrag ist gemäß § 10 Abs. 1 KWKG das Bundesamt für Wirtschaft und Ausfuhrkontrolle **(BAFA)** in Eschborn. Die Zulassung wird gemäß § 6 Abs. 2 KWKG rückwirkend zum Zeitpunkt der Aufnahme des Dauerbetriebes erteilt, wenn der Antrag in demselben Jahr gestellt worden ist. Für den Antrag ist ein umfangreiches Antragsformular zu verwenden. Wird der Antrag später gestellt, gibt es den Zuschlag erst ab dem 1. Januar des Jahres, in dem der Antrag gestellt worden ist. Antragstellung meint die vollständige Antragstellung. Fehlt nur ein notwendiges Dokument, so ist der Antrag nicht fristgerecht gestellt[539]. Bei dem Zuschlag für die erzeugte Strommenge führt ein unvollständiger Antrag nur zum Verlust eines Jahres von Zuschlagszahlungen. Bei Versäumung der am 28. Februar des auf die Inbetriebnahme folgenden Jahres ablaufenden Antragsfrist für den Zuschlag zur Errichtung eines Netzes oder Speichers sind diese Zuschläge für immer verloren. Dem Antrag ist gemäß § 6 Abs. 1 Ziffer 4 KWKG insbesondere ein **Sachverständigengutachten** über die Eigenschaften der Anlage beizufügen, die für die Feststellung des Vergütungsanspruchs von Bedeutung sind. Dieses kostenaufwändige Gutachten kann bei serienmäßig hergestellten kleinen KWK-Anlagen durch geeignete Unterlagen des Herstellers ersetzt werden, aus denen sich die thermische und elektrische Leistung sowie die Stromkennzahl ergeben.

Das Verfahren ist gemäß § 11 KWKG **gebührenpflichtig.** Die Gebühr beträgt gemäß der Anlage 1 zur Verordnung über Gebühren und Auslagen des Bundesamtes für Wirtschaft und Ausfuhrkontrolle bei der Durchführung des Kraft-Wärme-Kopplungsgesetzes[540] bei kleinen KWK-Anlagen und Brennstoffzellenanlagen 100,– EUR, bei allen anderen Anlagen 0,2 % der gesamten KWK-Zuschläge, höchstens jedoch 30.000,– EUR.

d) Höhe des Zuschlages

359 § 7 KWKG bestimmt die Höhe des Zuschlages in Abhängigkeit von der Anlagengröße und der Zuordnung zu den Kategorien gemäß § 5 KWKG.

360 **aa) Kleine KWK-Anlagen bis 50 kW und Brennstoffzellenanlagen.** Für alle Anlagen **bis 50 kW** elektrischer Leistung und Brenn-

[539] VGH Kassel, Beschl. v. 31.7.2012 – 6 A 1106/12.Z, CuR 2012, 123–125.

[540] Vom 2.4.2002, BGBl. I S. 1231, zuletzt geändert durch Art. 2 Abs. 102 des Gesetzes v. 7.8.2013, BGBl. I S. 3152.

stoffzellenanlagen ohne Leistungsbegrenzung, die nach dem 1.1.2009 bis zum 31.12.2020 in Dauerbetrieb gehen, beträgt der Zuschlag gemäß § 7 Abs. 1 KWKG **5,41 Cent/kWh** für zehn Jahre ab Aufnahme des Dauerbetriebes.

bb) Kleine KWK-Anlagen über 50 kW. Für Neuanlagen, die nach dem 1.1.2009 und bis zum 31.12.2020 in Dauerbetrieb genommen worden sind, ist gemäß § 7 Abs. 2 eine auf maximal 30.000 Betriebsstunden beschränkte, gestaffelte Zuschlagszahlung vorgesehen: **361**

- für den Leistungsanteil bis 50 kW 5,41 Cent/kWh,
- für den Leistungsanteil über 50 kW bis 250 kW 4 Cent/kWh und
- für den Leistungsanteil **über 250 kW 2,4 Cent/kWh**.

cc) Sehr kleine KWK-Anlagen. Für Betreiber von KWK-Anlagen mit einer elektrischen Leistung bis **2 kW** ist in § 7 Abs. 3 KWKG ein **Pauschalverfahren** vorgesehen. Sie erhalten einmalig vorab eine pauschalierte Zahlung der Zuschläge, die für die Dauer von 30.000 Vollbenutzungsstunden anfallen. Damit verlieren sie aber den Anspruch auf eine mögliche weitergehende Förderung, die sie erhielten, wenn sie innerhalb der zehn Jahre Förderungsdauer mehr als 30.000 Vollbenutzungsstunden erreichen würden. **362**

dd) Sonstige Neuanlagen. Betreiber von Anlagen gemäß § 5 Abs. 2 KWKG haben ab Aufnahme des Dauerbetriebes gemäß § 7 Abs. 4 KWKG für höchstens 30.000 Vollbenutzungsstunden einen Anspruch auf Zahlung eines wie folgt **gestaffelten Zuschlages**: **363**

- für den Leistungsanteil bis 50 kW 5,41 Cent/kWh,
- für den Leistungsanteil über 50 kW bis 250 kW 4 Cent/kWh,
- für den Leistungsanteil zwischen 250 kW und 2 MW 2,4 Cent/kWh und
- für den Leistungsanteil **über 2 MW 1,8 Cent/kWh**.

Ab dem 1.1.2013 erhalten die Betreiber solcher Anlagen, die dem **Emissionshandel** unterliegen, einen um 0,3 Cent/kWh erhöhten Zuschlag.

ee) Modernisierte Anlagen. Betreiber modernisierter Anlagen im Sinne des § 5 Abs. 3 KWKG mit einer Leistung bis 50 kW erhalten ab Aufnahme des Dauerbetriebs einen Zuschlag von 5,41 ct/kWh für fünf Jahre oder 15.000 Vollbenutzungsstunden. Belaufen sich die Modernisierungskosten auf mindestens 50 % der Neuerrichtungskosten, erhöht sich die Zuschlagsdauer auf zehn Jahre oder 30.000 Vollbenutzungsstunden. Betreiber von KWK-Anlagen mit einer Leistung über 50 kW erhalten ab Wiederaufnahme des Dauerbetriebes einen nach § 7 Abs. 4 KWKG ermittelten gestaffelten Zuschlag **364**

für 15.000 Vollbenutzungsstunden, wenn die **Modernisierungskosten** mindestens 25 % der Kosten der Neuerrichtung der KWK-Anlage betrugen und für 30.000 Vollbenutzungsstunden, wenn die Kosten mindestens 50 % der Neuerrichtungskosten betrugen.

365 ff) **Nachgerüstete Anlagen**. Betreiber nachgerüsteter Anlagen im Sinne des § 5 Abs. 4 KWKG erhalten gemäß § 7 Abs. 6 KWKG ebenfalls den gestaffelten Zuschlag gemäß § 7 Abs. 4 KWKG, und zwar für 10.000 Vollbenutzungsstunden, wenn die **Nachrüstkosten** weniger als 25 % der Neuerrichtungskosten der KWK-Anlagen betrugen, für 15.000 Vollbenutzungsstunden, wenn die Nachrüstkosten mindestens 25 % der Neuerrichtungskosten betrugen und für 30.000 Vollbenutzungsstunden, wenn die Nachrüstkosten mehr als 50 % der Neuerrichtungskosten betrugen.

366 gg) **Neu- und Ausbau von Wärme- und Kältespeichern**. Der Zuschlag für den Neu- und Ausbau von Wärme- und Kältespeichern beträgt gemäß § 7b Abs. 1 KWKG einmalig 250,- EUR pro Kubikmeter Wasseräquivalent, höchstens jedoch 30 % der Investitionskosten und nicht mehr als 5 Mio. EUR je Projekt.

367 hh) **Neu- und Ausbau von Wärme- und Kältenetzen**. Die Regelungen werden im Kap. E. III. „Wärmenetzförderung nach dem KWKG" (Rn. 499 ff.) behandelt.

e) Nachweis des eingespeisten Stroms

368 In § 8 KWKG sind **Nachweispflichten** geregelt, die sicherstellen sollen, dass die Zuschlagsregelung nicht missbraucht wird. Danach sind die Betreiber von KWK-Anlagen verpflichtet, monatlich der zuständigen Stelle und dem Netzbetreiber die in das Netz für die allgemeine Versorgung eingespeiste Strommenge, die Nutzwärmemenge und die ohne Nutzung des Netzes gelieferte Strommenge mitzuteilen. Die erforderlichen Messgeräte werden vom Netzbetreiber auf Kosten des Betreibers der KWK-Anlage installiert. Bei Anlagen bis zu einer elektrischen Leistung von 100 kW sind die Anlagenbetreiber gemäß § 8 Abs. 1 KWKG selbst zur Anbringung der Messeinrichtungen berechtigt. Der Anlagenbetreiber kann unabhängig von der Anlagengröße wählen, ob die Messung vom Netzbetreiber oder einem Messdienstleister durchgeführt wird.

369 Aufwändig ist die Pflicht des Anlagenbetreibers, jährlich eine nach den Vorgaben der Nummern 4 bis 6 des Arbeitsblattes FW 308 „Zertifizierung von KWK-Anlagen – Ermittlung des KWK-Stromes" der AGFW e.V. erstellte **Berechnung** vorzulegen, die Angaben zur eingespeisten KWK-Strommenge, zur KWK-Nettostromerzeu-

gung, zur KWK-Nutzwärmeerzeugung sowie zu Brennstoffart und -einsatz enthalten muss. Diese Berechnung muss zudem von einem Wirtschaftsprüfer oder vereidigtem Buchprüfer testiert sein.

370 Wesentlich erleichtert wird der Aufwand gemäß § 8 Abs. 2 KWKG für Betreiber kleiner KWK-Anlagen, die nicht über Vorrichtungen zur Abwärmeabfuhr verfügen. Für solche Anlagen beschränkt sich die Mitteilungspflicht darauf, bis zum 31. März jeden Jahres die im vorangegangenen Kalenderjahr eingespeiste KWK-Strommenge, Angaben zur Brennstoffart und zum Brennstoffeinsatz sowie bei Anlagen über 50 kW Leistung die Vollbenutzungsstunden mitzuteilen.

f) Bewertung des Einspeisemodells

371 Damit ergibt sich für eine KWK-Anlage bis 50 kW Leistung bei einem Baseload-Preis von z.B. 3,21 Cent/kWh[541] und ersparten Netzentgelten von 0,8 Cent/kWh eine Gesamtvergütung von 9,42 Cent/kWh. Weitere Erlöse kann der Betreiber der KWK-Anlage für den Strom bei der Einspeisung in das Netz der allgemeinen Versorgung und Lieferung an den Netzbetreiber nicht erzielen.

372 Die administrative **Abwicklung** dieses Vergütungsmodells ist **denkbar einfach**: Der Betreiber der KWK-Anlage schreibt monatlich dem Netzbetreiber der allgemeinen Versorgung eine Rechnung für den mittels geeichtem Zähler gemessenen, aus seiner Anlage in die Kundenanlage vor dem Zählerplatz (und damit abrechnungstechnisch in das vorgelagerte Netz) eingespeisten Strom. Die einzigen sich ändernden Größen sind die Einspeisemenge und der maßgebliche Börsenpreis, der sich alle drei Monate ändert. Damit ist nicht nur der Aufwand des KWK-Anlagen-Betreibers minimal, sondern auch sein Ausfallrisiko, weil es sehr unwahrscheinlich ist, dass der Netzbetreiber der allgemeinen Versorgung seinen gesetzlich geregelten Vergütungspflichten nicht nachkommt. Trotz der einfachen Organisation dieses Modells und der geringen Risiken sind nach den Erfahrungen aus der Praxis die **Erlöse regelmäßig nicht hoch genug**, um mit diesem Modell eine aus Gründen des Klimaschutzes und der Energieeffizienz wünschenswerte hohe Zahl von Einsatzfällen von KWK-Anlagen zu schaffen.

[541] Wert im ersten Quartal 2015, http://www.eex.com/de/marktdaten/strom/spotmarkt/kwk-index/kwk-index---download-/65596.

2. Vergütung nach dem EEG

373 Durch die Novelle des Erneuerbare-Energien-Gesetzes im Jahre 2014[542] hat sich die Förderung vollständig verändert. Einspeisevergütungen in der hergebrachten Form werden fast nicht mehr gezahlt. Die Förderung der Nutzung von Biomasse zur Stromerzeugung ist nominell im Gesetz erhalten geblieben, aber hinsichtlich der Höhe der Förderung stark gekürzt (§ 44 EEG), hinsichtlich der Größe der Anlagen auf Kleinanlagen beschränkt (§ 46 EEG) und auf einen Zubau von 100 MW installierter Leistung pro Jahr begrenzt worden (§ 28 EEG). Faktisch hat sich gezeigt, dass die für Strom aus Biomasse nach der Gesetzesänderung noch zu erzielenden Erlöse abgesehen von Ausnahmefällen nicht für einen wirtschaftlichen Betrieb ausreichen, so dass Neuanlagen zur Erzeugung von Biogas und Biomethan nicht in erwähnenswertem Umfang errichtet werden. Damit hat auch der Einsatz von Biomethan in neuen dezentralen Energieversorgungsprojekten keine Bedeutung mehr. Es wird deshalb davon abgesehen, die Vergütungsmöglichkeiten nach dem EEG für solche Anlagen hier zu behandeln.

374 Auch für die dezentrale Erzeugung von Elektrizität in Photovoltaik- und Windkraftanlagen hat das EEG aufgrund der abgesenkten Förderung seine Bedeutung weitgehend verloren. Es ist nicht mehr möglich, z.B. in ein Gebäude eine Photovoltaikanlage zu integrieren und die mit ihrer Errichtung verbundenen Kosten dadurch zu erwirtschaften, dass der erzeugte Strom in das Netz der allgemeinen Versorgung eingespeist und an den Netzbetreiber gegen Zahlung einer Vergütung geliefert wird. Ebenso wenig funktioniert bei Kleinanlagen die nach dem EEG nunmehr regelmäßig vorgesehene Direktvermarktung, weil auch dabei keine kostendeckenden Erlöse erzielt werden können.

375 Wirtschaftlich ist die dezentrale Elektrizitätserzeugung allein dann, wenn andere Vermarktungswege für den erzeugten Strom gewählt werden, die höhere Erlöse ermöglichen. Für solche dezentralen Energieversorgungsprojekte hat das EEG eine Restbedeutung allein deshalb, weil es bei der dezentralen Vermarktung ohne Netznutzung nicht immer gelingt, 100 % des erzeugten Stromes auch in dem versorgten Objekt zu verbrauchen. Es gibt immer wieder Zeiträume, in denen Überschussmengen anfallen, die in das Netz der allgemeinen Versorgung eingespeist werden. Hinsichtlich solcher Mengen stellt die in den §§ 37 bis 39 EEG vorgesehene Einspeisevergütung eine Möglichkeit dar, für die Überschussstrommengen kleine

[542] Erneuerbare-Energien-Gesetz vom 21.7.2014 (BGBl. I S. 1066), zuletzt geändert durch Art. 1 des Gesetzes vom 22.12.2014, BGBl. I S. 2406.

Erlöse zu erzielen. Deshalb sollen diese Regelungen nachfolgend behandelt werden.

a) Grundlagen

376 Netzbetreiber der allgemeinen Versorgung sind nach § 8 Abs. 1 EEG verpflichtet, Anlagen zur Erzeugung von Strom aus erneuerbaren Energien **unverzüglich vorrangig anzuschließen**. Sie sind nach § 19 Abs. 1 EEG verpflichtet, dem Anlagenbetreiber für den eingespeisten Strom die (hier nicht weiter behandelte) Marktprämie oder die Einspeisevergütung nach den §§ 37 oder 38 EEG zu zahlen. Im EEG sind keine Beträge für die Höhe der Einspeisevergütung mehr festgelegt. Stattdessen enthält des EEG nunmehr Festlegungen hinsichtlich des „anzulegenden Wertes" für Strom aus den verschiedenen vergütungsfähigen erneuerbaren Energien. Er beträgt z.B. für Biomasseanlagen bis 150 kW Bemessungsleistung 13,66 ct/kWh, für Kleinwindanlagen für die ersten zehn Jahre und neun Monate 8,9 ct/kWh, danach 4,95 ct/kWh und für Photovoltaikanlagen bis zu einer installierten Leistung von 10 kW 13,15 ct/kWh (12,79 ct/kWh), bis 40 kW 12,8 ct/kWh (12,45 ct/kWh) und bis 1 MW 11,49 ct/kWh (11,18 ct/kWh). Gerade die Werte für die Photovoltaikanlagen unterliegen einer starken Degression. Die in Klammern genannten Werte sind die Werte für eine Anlage, die im Juni 2015 in Betrieb geht. Der anzulegende Wert ist Teil der Berechnung der Marktprämie (§ 34 Abs. 2 EEG i.V.m. Anlage 1), dem heutigen Hauptförderinstrument des EEG. Der Betreiber einer EEG-Anlage bekommt immer dann eine Marktprämie gezahlt, wenn der monatliche Marktwert des von ihm erzeugten Stromes geringer ist als der anzulegende Wert. Der anzulegende Wert ist also der Mindesterlös, den der Anlagenbetreiber immer erhält, egal wie schlecht die Erlöse bei der geförderten Direktvermarktung sind. Der anzulegende Wert wird aber auch für die Ermittlung der nach den §§ 37 und 38 EEG zu berechnenden Einspeisevergütung verwendet.

Für beide Arten der Einspeisevergütung gilt nach § 39 EEG, dass sie nur dann in Anspruch genommen werden können, wenn der Anlagenbetreiber den gesamten in der Anlage erzeugten Strom liefert. Das gilt aber nach § 39 Abs. 2 Nr. 2 EEG nicht für den Strom, der in unmittelbarer räumlicher Nähe zur Anlage verbraucht wird. Ein Energiedienstleister, der z.B. auf dem Dach des von ihm mit Strom versorgten Hauses eine Photovoltaikanlage betreibt und die Restmenge des nicht im Haus verkauften Stroms an den Netzbetreiber liefert, kann dafür die Einspeisevergütung in Anspruch nehmen.

b) Einspeisevergütung für kleine Anlagen

377 Für kleine Anlagen kann gemäß § 37 EEG weiterhin eine Einspeisevergütung in Anspruch genommen werden. Als kleine Anlagen gelten bei Inbetriebnahme vor dem 1.1.2016 Anlagen mit einer installierten Leistung von höchstens 500 kW. Für danach in Betrieb genommene Anlagen liegt die Obergrenze bei 100 kW.

Als Einspeisevergütung ist für Solar- und Windkraftanlagen der um 0,4 ct/kWh reduzierte anzulegende Wert zu zahlen, für alle anderen Anlagen der um 0,2 ct/kWh reduzierte anzulegende Wert. Bei einer im Juni 2015 in Betrieb gegangenen Photovoltaikanlage auf einem Wohngebäude mit einer Leistung von 200 kW betrüge die Einspeisevergütung also 10,78 ct/kWh.

c) Einspeisevergütung in Ausnahmefällen

378 Unabhängig von der Anlagengröße kann der Betreiber einer EEG-Anlage für eingespeisten Strom immer die Einspeisevergütung nach § 38 Abs. 2 EEG verlangen, die ihrer Überschrift nach nur in Ausnahmefällen gelten soll. Was ein Ausnahmefall ist, wird aber im Gesetz nicht weiter geregelt. Aus der Gesetzesbegründung ist zu entnehmen, dass die Vergütung hier so gering angesetzt wird, dass der Gesetzgeber davon ausgeht, dass kein Anlagenbetreiber diese geringe Vergütung auf Dauer nutzen wird[543]. Die vom Netzbetreiber zu zahlende Einspeisevergütung beläuft sich auf den um 20 % reduzierten anzulegenden Wert für die jeweilige Anlage.

II. Lieferung mit Netznutzung

379 Die zweite Möglichkeit der Vermarktung des in einer dezentralen Elektrizitätserzeugungsanlage erzeugten Stromes unter Nutzung des Netzes der allgemeinen Versorgung, an das die Anlage stets angeschlossen ist, besteht darin, ihn unter **Einbindung** des **Netzbetreibers** an einen beliebigen **Dritten** zu verkaufen. Dafür kommen in der Theorie zwei Möglichkeiten in Betracht: Der Verkauf an den Inhaber eines Bilanzkreises, in den der Strom unter Nutzung des Netzanschlusses und des Netzes eingespeist wird, und das Modell des § 4 Abs. 3 S. 4 und 5 KWKG, das eine Vermarktung unter Einbindung des Netzbetreibers beschreibt.

---

[543] BT-Drs. 18/1304, S. 139.

1. Einspeisung in einen Bilanzkreis

380 Jeder Stromhändler braucht gemäß § 3 Abs. 2 Stromnetzzugangsverordnung (StromNZV) einen **Bilanzkreis**, in den er den Verbrauch seiner über ein Netz der allgemeinen Versorgung belieferten Kunden und die zur Deckung dieses Verbrauchs erforderlichen Erzeugungsmengen einstellt. Weil Strom nicht im Netz gespeichert werden kann, müssen sich Verbrauch der Kunden und Einspeisung der beschafften Erzeugungsmengen jederzeit decken. Für das Funktionieren des Stromhandels ist es ohne Bedeutung, ob die erforderlichen Erzeugungsmengen zum Ausgleich des Bilanzkreises aus wenigen großen oder vielen kleinen Erzeugungsanlagen stammen. Allenfalls der Aufwand für den Bilanzkreisverantwortlichen steigt, wenn er eine Vielzahl von Erzeugungsanlagen koordinieren muss. Gleichzeitig bietet die Verteilung der Erzeugungskapazität auf viele kleine, schnell an- und abschaltbare Erzeugungsanlagen aber auch Möglichkeiten, diese z.B. als Ergänzung für fluktuierende regenerative Erzeugungsanlagen (Wind und Sonne) einzusetzen.

381 Der Netzbetreiber der allgemeinen Versorgung, an dessen Netz die dezentralen Erzeugungsanlagen angeschlossen sind, ist nach § 20 EnWG verpflichtet, dem einspeisenden Betreiber einer Erzeugungsanlage die Nutzung seines Netzes zur Lieferung des Stromes in den Bilanzkreis eines beliebigen Stromhändlers zu gewähren. Insofern bestehen keine Besonderheiten, die aus der dezentralen Aufstellung der Erzeugungsanlagen resultieren. § 4 Abs. 2a und 2b KWKG bestätigen diesen Anspruch ausdrücklich. Für die Netznutzung des Einspeisers und damit die **Einspeisung** in einen Bilanzkreis darf **kein Netznutzungsentgelt** erhoben werden (§ 15 Abs. 1 S. 3 StromNEV). Der Bilanzkreisverantwortliche kann mit diesem Strom seine Kunden versorgen, ihn an der Börse zum Ausgleich fluktuierender Erzeugungsanlagen anbieten, als Regelenergie verkaufen oder in anderer Weise verwerten. Die Verwendung der einmal in den Bilanzkreis gelieferten Strommengen ist Teil des Stromhandelsgeschäfts, das hier nicht weiter dargestellt wird.

2. Regelenergie

382 Regelenergie ist gemäß § 2 Nr. 9 StromNZV diejenige Energie, die zum Ausgleich von Leistungsungleichgewichten in der jeweiligen Regelzone eingesetzt wird. Sie wird vom Übertragungsnetzbetreiber in seiner Regelzone immer dann eingesetzt, wenn sich die Summe der Einspeisungen in seiner Regelzone und der Entnahmen nicht entsprechen. Die Übertragungsnetzbetreiber sind gemäß § 6 Abs. 1

StromNZV verpflichtet, Regelenergie in gemeinsamen Ausschreibungen zu beschaffen. Dezentrale Erzeugungsanlagen wie kleine KWK-Anlagen zeichnen sich dadurch aus, dass sie sehr viel schneller als große Kraftwerke hochgefahren und abgeschaltet werden können. Es bietet sich deshalb an, sie für die Erbringung von Regelleistung einzusetzen.

Die zur Wiederherstellung des Gleichgewichts erforderlichen zusätzlichen Einspeisungen oder Entnahmen müssen binnen Sekunden erfolgen, damit das Netz nicht zusammenbricht. Die extrem schnell verfügbare Regelleistung kann technisch meist nicht über längere Zeit bereitgestellt werden, weshalb sie im Bedarfsfall durch etwas langsamer bereitstehende Regelleistung abgelöst wird. Die unterschiedlich schnell verfügbaren Arten von Regelleistungen werden unterschieden in Primärregelung, Sekundärregelung und Minutenreserve. Die technischen Anforderungen an Regelleistung werden in § 6 Abs. 5 StromNZV und den Anhängen D 1 bis D 3 des Transmission Code 2007 geregelt. Alle Details findet man auf der Internetseite der Übertragungsnetzbetreiber unter www.regelleistung.net.

Primärregelung ist gemäß § 2 Nr. 8 StromNZV die im Sekundenbereich automatisch wirkende stabilisierende Wirkleistungsregelung der synchron betriebenen Verbundnetze durch Aktivbeitrag der Kraftwerke bei Frequenzänderungen und Passivbeitrag der von der Frequenz abhängigen Lasten. Primärregelleistung muss spätestens 30 Sekunden nach Anforderung bereitstehen. Sekundärregelung ist nach § 2 Nr. 10 StromNZV die betriebsbezogene Beeinflussung von zu einem Versorgungssystem gehörigen Einheiten zur Einhaltung des gewollten Energieaustausches der jeweiligen Regelzonen mit den übrigen Verbundnetzen bei gleichzeitiger, integraler Stützung der Frequenz. Sekundärregelleistung muss spätestens fünf Minuten nach Anforderung bereitstehen. Minutenreserve ist nach § 2 Nr. 6 StromNZV die Regelleistung, mit deren Einsatz eine ausreichende Sekundärregelreserve innerhalb von 15 Minuten wiederhergestellt werden kann.

383 Technisch realisiert ist bisher der Einsatz dezentraler Kleinanlagen als Minutenreserve und Sekundärregelleistung. Voraussetzung dafür ist, dass die Anlagen durch eine verlässlich funktionierende Fernsteuerung im Zeitpunkt der Anforderung auch eingesetzt werden können. Dazu müssen alle am Regelenergiemarkt teilnehmenden Anlagen mit gesonderter Fernwirktechnik ausgestattet werden und im Rahmen eines vom Übertragungsnetzbetreiber durchgeführten Präqualifikationsverfahrens ihre verlässliche Einsatzfähigkeit beweisen.

Weitere Voraussetzung für die Teilnahme an Ausschreibungen von Regelenergie ist, dass bei Sekundärregelleistung und Minutenreserve eine Mindestgröße von 5 MW angeboten wird. Das erreichen kleine KWK-Anlagen gerade nicht. Deshalb ist es erforderlich, sie steuerungstechnisch zusammen zu fassen und als Einheit anbieten zu können. Dafür bieten spezialisierte Anbieter technische Lösungen an.

Die Vergütung für die Regelenergiebereitstellung erfolgt hauptsächlich über einen Leistungspreis, der allein dafür, dass die Regelleistung in einem festgelegten Zeitfenster bereitgehalten wird, vom Übertragungsnetzbetreiber gezahlt wird, und zwar unabhängig davon, ob die Regelleistung dann tatsächlich angefordert wird. Kommt es zur Anforderung, so erfolgt zusätzlich eine Vergütung der gelieferten oder verbrauchten Strommenge. Durch die Teilnahme am Regelenergiemarkt haben die Betreiber dezentraler Anlagen die Chance, höhere Erlöse als auf anderen Vermarktungswegen zu erzielen. Ob das tatsächlich geschieht, hängt von den Marktbedingungen und dem Geschick desjenigen ab, der die Regelenergie bündelt und anbietet. Die Teilnahme am Regelenergiemarkt stellt damit eine weitere wirtschaftliche Option für die Betreiber dezentraler Anlagen dar.

3. Vermarktung über den Netzbetreiber

384 Das in §4 Abs.3 S.4 und 5 KWKG sehr knapp beschriebene Modell einer Vermarktung über den Netzbetreiber des Netzes, an das die KWK-Anlage angeschlossen ist, soll wie folgt funktionieren: Der Betreiber der KWK-Anlage sucht einen Dritten, der bereit ist, den in der KWK-Anlage erzeugten Strom zu kaufen. Mit diesem vereinbart er einen Strompreis, den dieser Dritte zu zahlen bereit ist. Diesen Vertrag legt der Betreiber der KWK-Anlage dem Netzbetreiber vor. Daraufhin ist der Netzbetreiber verpflichtet, dem Betreiber der KWK-Anlage den Strom zu dem Preis abzunehmen, der zwischen dem Betreiber der KWK-Anlage und dem Dritten vereinbart wurde. Der Dritte wiederum muss dem Netzbetreiber den Strom zu dem Preis abnehmen, den er mit dem Betreiber der KWK-Anlage vereinbart hat. Dies ist umzusetzen, ohne dass der Betreiber der KWK-Anlage oder der Dritte dafür über einen eigenen Bilanzkreis verfügen müssen[544].

385 Da es keine rechtliche Regelung gibt, die diesen unter Nutzung des Netzes an den Dritten gelieferten Strom von den Netznutzungsentgelten freistellt, muss der Dritte dem Netzbetreiber nicht nur den Preis für den Strom, den er mit dem Betreiber der KWK-Anlage vereinbart hat, sondern zusätzlich das anfallende **Netznutzungsent-**

[544] LG Braunschweig, Urt. v. 2.4.2014 – 9 O 1273/13, BeckRS 2014, 09268.

gelt zahlen. Weiterhin ist zu berücksichtigen, dass der Dritte mit den abzunehmenden Strommengen **nie** eine **Vollversorgung** erhält, weil die KWK-Anlage nahezu nie genau die Strommenge erzeugt, die der Dritte gerade verbraucht. Der Dritte muss also entweder seinen bestehenden Versorgungsvertrag aufrechterhalten oder mit dem Netzbetreiber, der ihm die KWK-Strommengen liefert, einen Vollversorgungsvertrag abschließen.

386 Dieses Modell ist preislich für den Dritten nur dann attraktiv, wenn der Preis, den der KWK-Betreiber anbietet, zuzüglich der Netznutzungsentgelte geringer ist als die vermiedenen Arbeitskosten des Dritten bei fortgesetztem Bezug von seinem bisherigen Lieferanten. Es ist hierbei unterstellt, dass Leistungs- und Messpreis in allen Fällen gleich sind.

Bei reinen Arbeitskosten in üblichen Haushaltskundenverträgen von rund 17 bis 18 Cent/kWh netto und Netznutzungsentgelten von rund 7 Cent/kWh kann der Betreiber der KWK-Anlage bei diesem Vermarktungsweg mit Erlösen in Höhe von maximal 10 Cent/kWh rechnen. Hinzu kommt der Zuschlag nach § 7 Abs. 1 KWKG in Höhe von 5,41 Cent/kWh, so dass der Betreiber maximal auf Erlöse von ca. 15 Cent/kWh kommen kann. Damit ist dieses Vermarktungsmodell preislich deutlich besser als die oben (Rn. 342 ff.) dargestellte Netzeinspeisung verbunden mit dem Verkauf an den Netzbetreiber der allgemeinen Versorgung.

387 Für den Betreiber der KWK-Anlage ist dieses Vermarktungsmodell mit mehr Aufwand und Unsicherheit als der Verkauf an den Netzbetreiber verbunden, weil ein kaufwilliger Dritter erst einmal gefunden und als Kunde während der für die Amortisation der KWK-Anlage benötigten Laufzeit gehalten werden muss. Eine genauere Betrachtung der Umsetzungsbedingungen zeigt zudem, dass dieses Modell unvollständig geregelt ist.

388 Da eine Stromlieferung von dem Netzbetreiber an den **Dritten** nur dann funktionieren kann, wenn der Strom vom Netzbetreiber in den **Bilanzkreis** geliefert wird, zu dem die Abnahmestelle des Dritten gehört, müsste der Netzbetreiber für solche Belieferungen einen Bilanzkreis bilden. Allein die Strommengen aus der KWK-Anlage reichen aber zur Vollversorgung nicht aus. Um die Vollversorgung des Dritten zu gewährleisten, kommen zwei Möglichkeiten in Betracht: Entweder stellt der Netzbetreiber nicht nur die KWK-Strommengen, sondern übernimmt die Vollversorgung, oder aber der Vollversorgungsvertrag zwischen dem Dritten und seinem bisherigen Lieferanten bleibt ergänzend bestehen.

389 Die erste Möglichkeit, also eine **Vollversorgung** durch den **Netzbetreiber**, ist schon nach § 6 Abs. 1 S. 2 EnWG **ausgeschlossen**, weil danach die Unabhängigkeit des Netzbetreibers von anderen Tätigkeitsbereichen eines Energieversorgungsunternehmens, insbesondere den Vertriebsaktivitäten, sicherzustellen ist. Ein Netzbetreiber darf also nicht Vollversorger sein. Damit bleibt nur noch das parallele Fortbestehen des bisherigen Liefervertrages zwischen dem Dritten und seinem Lieferanten. Das ist aber ein Konstrukt, das bei einer Belieferung über das Verteilernetz bisher nicht vorgesehen ist. Der Netzbetreiber muss zur Belieferung des Dritten einen Bilanzkreis bilden. Gleichzeitig kann der Dritte nicht einfach diesem Bilanzkreis zugeordnet werden, weil er ja weiterhin einen Vertrag mit seinem bisherigen Lieferanten hat und benötigt, um seine Vollversorgung zu gewährleisten. Er kann also nicht aus dem Bilanzkreis seines Stromlieferanten, der ihn weiterhin teilweise versorgt, herausgenommen werden. Die gleichzeitige Zuordnung der Abnahmestelle des Dritten zu zwei Bilanzkreisen ist aber ausgeschlossen (§ 5 Abs. 3 StromNEV) und **abrechnungstechnisch** auch **nicht darstellbar**.

390 Eine Lösungsmöglichkeit könnte darin bestehen, dass der Netzbetreiber den Strom für den Dritten in den Bilanzkreis des vorhandenen Stromlieferanten des Dritten liefert. Eine Pflicht des bisherigen Lieferanten, solche Lieferungen hinzunehmen, ist aber nicht ersichtlich. Im Gegenteil: Handelt es sich bei dem bisherigen Lieferanten um einen Grundversorger, so kann dieser unter Berufung auf § 4 StromGVV eine solche Teilbelieferung zurückweisen. Der Netzbetreiber könnte es praktisch dadurch lösen, dass er an den Stromlieferanten des Dritten nur die Mengen als Verbrauch meldet, die übrig bleiben, wenn zuvor die Mengen abgezogen worden sind, die von dem Betreiber der KWK-Anlage bezogen worden sind. Das liefe hinsichtlich der Strommengen aus der KWK-Anlage auf eine Bilanzierung im Bilanzkreis des Netzbetreibers hinaus. § 4 Abs. 3 KWKG enthält hierzu keine Regelung. Es finden sich auch keine Regelungen dazu, wie der mit einer solchen gemischten Belieferung beim bisherigen Stromlieferanten des Dritten verbundene Aufwand abgerechnet werden soll, insbesondere zu der Frage, ob dem Dritten diese Zusatzkosten in Rechnung gestellt werden können. Ungeachtet der unvollständigen Regelung hat das Landgericht Braunschweig einem Betreiber einer KWK-Anlage einen Anspruch gegen den Netzbetreiber auf Umsetzung dieses Modells zugesprochen[545].

391 Um ein solches Modell verlässlich realisieren zu können, bedürfte es rechtlicher Klarstellungen dahingehend, dass abweichend von § 4 StromGVV der bisherige Versorger eines Dritten verpflichtet ist, die ihm zur Versorgung des Dritten vom Netzbetreiber angebotenen Strommengen aus einer KWK-Anlage abzunehmen. Der Versorger

---

[545] LG Braunschweig, Urt. v. 2.4.2014 – 9 O 1237/13.

müsste sie dem Netzbetreiber in der Höhe vergüten, die zwischen dem Dritten und dem Betreiber der KWK-Anlage vereinbart wurde und genau diesen Preis für die vom Netzbetreiber an ihn weitergelieferten KWK-Strommengen in seine Abrechnung mit dem Dritten einstellen, also insoweit von seinen eigenen Preisen abweichen. Weiterhin bedürfte es einer klaren gesetzlichen Regelung, wer die mit einer solchen Abwicklung der Lieferungen von KWK-Strom verbundenen Kosten trägt. Soweit sie beim Netzbetreiber anfallen, kann er diese in die ihm aufgrund des KWKG entstehenden Kosten einrechnen und somit über die Umlage auf alle Letztverbraucher verteilen. Diese Möglichkeit hat der bisherige Lieferant, der gezwungen würde, den KWK-Strom in seinen Bilanzkreis aufzunehmen und abzurechnen, nicht. Hier müsste eine klare Kostenzuordnung im KWKG oder einer der Verordnungen zum EnWG erfolgen. Insgesamt greift ein solches Modell sehr stark in die bestehenden Strommarktstrukturen ein, so dass eine Umsetzung nicht sehr wahrscheinlich erscheint.

III. Objektbelieferung

392 Die dritte Vermarktungsvariante für dezentral erzeugten Strom besteht darin, ihn ohne Netznutzung an Abnehmer zu verkaufen, deren Abnahmestellen in **räumlicher Nähe** zur Erzeugungsanlage liegen. Die Entfernung der Abnahmestellen von der Erzeugungsanlage wird begrenzt durch die Kosten des Leitungsbaus zu den Abnahmestellen und dadurch, dass eine Leitungsinfrastruktur, die parallel zu dem vorhandenen Elektrizitätsversorgungsnetz aufgebaut wird, irgendwann selbst zu einem regulierungspflichtigen Elektrizitätsversorgungsnetz wird. Die Objektbelieferung ist so ausgestaltet, dass der Betreiber der dezentralen Elektrizitätserzeugungsanlage die Letztverbraucher **vollständig** versorgt. Sie kündigen also den Vertrag mit ihrem bisherigen Stromlieferanten und schließen einen Stromlieferungsvertrag mit dem Betreiber der dezentralen Erzeugungsanlage ab, auf dessen Grundlage sie eine Vollversorgung beanspruchen können.

1. Wirtschaftlicher Rahmen

393 Bei diesem Modell kann sich der Betreiber der dezentralen Erzeugungsanlage bei seiner Preisgestaltung an der Höhe der dadurch beim Letztverbraucher vermiedenen Strombeschaffungskosten orientieren. Im Jahre 2014 betrug der durchschnittliche Strompreis eines Haushaltskunden 29,13 ct/kWh brutto. In der Industrie belief sich dieser Wert auf 15,37 ct/kWh[546]. Schon daraus ergibt sich, dass bei der Direktvermarktung im Gebäude deutlich höhere Erlöse als bei den zuvor betrachteten Vermarktungswegen erzielt werden können.

Hinzu kommt, dass der dezentralen Lieferung von Strom ohne Netznutzung aus Anlagen bis zu einer Leistung von 2 MW viele Kosten, die sonst Teil des Strompreises sind, nicht anfallen (Zahlen für 2014):

Preisbestandteil	**Übliche Stromlieferung mit Netznutzung aus Großkraftwerken (ct/kWh)**	**Dezentrale Stromlieferung (ct/kWh)**
Netznutzungsentgelt	6,47	0
Konzessionsabgabe	1,79	0
KWK-Umlage	0,178	0
§ 19 StromNEV-Umlage	0,092	0
Offshore-Haftungsumlage	0,25	0
Umlage für abschaltbare Lasten	0,009	0
Stromsteuer	2,05	0
Summe	**10,84**	0

394 Trotz erheblich höherer Kosten für die Stromerzeugung in kleinen dezentralen Anlagen kann der Betreiber aufgrund der Einsparung von Konzessionsabgaben, Netzentgelten, sonstigen Umlagen und Stromsteuer einen Deckungsbeitrag erreichen, der es ihm ermöglicht, seinen Strom günstig anzubieten und gleichzeitig die notwendigen Beiträge zum Kapitaldienst und den sonstigen Festkosten der teuren Erzeugungsanlage zu erwirtschaften. Dieses Modell erfordert weiterhin, dass der Betreiber der Erzeugungsanlage zur Erfüllung seiner Vollversorgungspflicht einen Stromliefervertrag mit einem Stromlieferanten abschließt, der ihm den **Zusatz- und Reservestrom** liefert, den er zur Vollversorgung der Letztverbraucher benötigt, wenn seine Erzeugungsanlage nicht ausreichend Strom erzeugt oder wegen Wartungs- oder Reparaturarbeiten gar keinen Strom erzeugt. Wei-

[546] bdew-Strompreisanalyse 2014, https://www.bdew.de/internet.nsf/id/20140702-pi-steuern-und-abgaben-am-strompreis-steigen-weiter-de/$file/140702%20BDEW%20Strompreisanalyse%202014%20Chartsatz.pdf.

terhin benötigt der Anlagen-Betreiber einen Einspeisevertrag mit dem Netzbetreiber der allgemeinen Versorgung, in dem die Vergütung der Strommengen geregelt ist, die seine Letztverbraucher nicht abnehmen und die deshalb in das Netz eingespeist werden. Dafür gelten die Ausführungen oben unter Rn. 343 ff.

395 Messtechnisch ist der Aufbau etwas **komplexer** als bei den Einspeisemodellen. Denn direkt hinter der Hausanschlusssicherung wird ein zusätzlicher Zweirichtungszähler installiert, der maßgeblicher Zählpunkt für den Bezug und die Einspeisung des Anlagen-Betreibers ist.

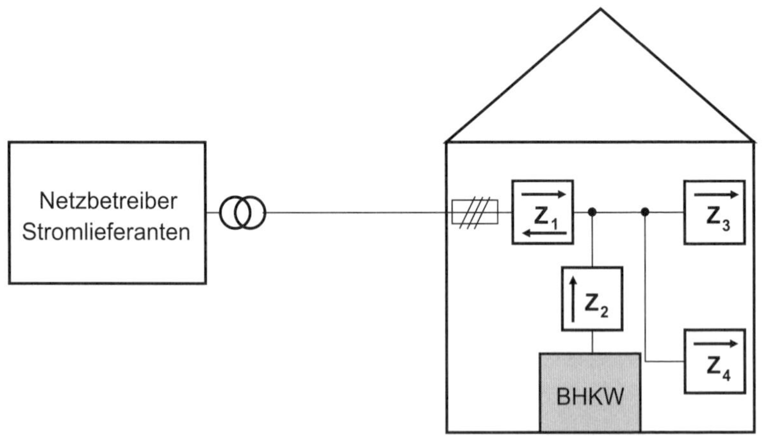

Z_1: Zweirichtungszähler; Z_2: Erzeugungszähler BHKW; Z_3 und Z_4: Letztverbraucher.

Der Zähler, der die Erzeugungsmenge der KWK-Anlage erfasst, ist erforderlich, um dem Netzbetreiber die für die Berechnung des Zuschlages gemäß §§ 5, 7, 4 Abs. 3a KWKG erforderlichen Angaben über die Menge an produziertem Strom entsprechend § 8 Abs. 2 KWKG bis zum 31. März des Folgejahres zu melden. Wenn alle Letztverbraucher Kunde des Betreibers der Anlage sind, dienen die Zähler der einzelnen Letztverbraucher nicht mehr der Abrechnung gegenüber einem externen Lieferanten, der unter Nutzung des Netzes Strom liefert, sondern werden nur für die Abrechnung zwischen dem Betreiber der KWK-Anlage und dem jeweiligen Letztverbraucher verwendet.

2. Summenzählermodell

396 Solange alle Letztverbraucher in einem Gebäude oder Areal von dem Betreiber einer dezentralen Elektrizitätserzeugungsanlage versorgt werden, ist das Versorgungsmodell in der soeben geschilderten Art und Weise messtechnisch und organisatorisch einfach umsetzbar. Da aber nach Art. 3 Abs. 4 Elektrizitätsbinnenmarktrichtlinie der EU jeder Kunde die Möglichkeit haben muss, den Strom von einem Lieferanten seiner Wahl zu beziehen, kann eine dezentrale Versorgung nicht mehr in der beschriebenen Weise umgesetzt werden, wenn ein Letztverbraucher im Gebäude den Strom von einem externen Lieferanten über das Netz der allgemeinen Versorgung beziehen will. Denn schon ein kurzer Blick auf die schematische Darstellung der Messung zeigt, dass sein Stromzähler gar keine unmittelbare Verbindung mit dem vorgelagerten Netz hat. Sein Stromverbrauch wird vorher schon in dem Zweirichtungszähler „mit gemessen", der dem Betreiber der Erzeugungsanlage zugeordnet ist. Man könnte dieses Problem dadurch lösen, dass man für alle extern versorgten Letztverbraucher so etwas wie einen zweiten Anschluss herstellt („doppelte Sammelschiene"). Dann müsste bei einem Wechsel von externer Versorgung auf dezentrale Versorgung immer ein Installateur erscheinen und den Anschluss samt Zähler von der einen auf die andere Sammelschiene umbauen. Das würde so hohe Kosten verursachen, dass niemand wechseln würde bzw. externe Anbieter sich durch hohe Wechselkosten unberechtigt diskriminiert sähen.

397 Der Gesetzgeber hat deshalb im Rahmen der Novellierung des KWK-Gesetzes im Jahre 2008 nach einer Möglichkeit gesucht, das **Potential kleiner KWK-Anlagen** zu **erschließen**[547]. Er wollte eine Möglichkeit schaffen, ohne abschreckenden Aufwand unter Beibehaltung der freien Lieferantenwahl den Einsatz von kleineren KWK-Anlagen zu ermöglichen. Am 1.1.2009 ist die Regelung in § 4 Abs. 3b KWKG in Kraft getreten. Sie lautet:

„Anschlussnehmer im Sinne des § 1 Abs. 2 der Niederspannungsanschlussverordnung, in deren elektrischer Anlage hinter der Hausanschlusssicherung Strom aus KWK-Anlagen eingespeist wird, haben Anspruch auf einen abrechnungsrelevanten Zählpunkt gegenüber dem Betreiber eines Netzes für die allgemeine Versorgung, an dessen Netz ihre elektrische Anlage angeschlossen ist. Bei Belieferung der Letztverbraucher durch Dritte findet eine Verrechnung der Zählwerte über Unterzähler statt."

398 In der Gesetzesbegründung wird das Modell wie folgt beschrieben:

[547] BT-Drs. 16/9469, S. 15.

„Durch die beiden neuen Sätze wird dem Anliegen des Bundesrates, das Potential kleiner KWK-Anlagen zu erschließen (siehe Satz 2 zur Begründung zu Nr. 10), Rechnung getragen. Satz 1 regelt den Anspruch eines Anschlussnehmers, der eine KWK-Anlage betreibt oder betreiben lässt, einen abrechnungsrelevanten Zählpunkt **(Summenzähler)** installieren zu können. Ein solcher Zählpunkt ist Voraussetzung für die Versorgung von Anschlussnutzern mit KWK-Strom aus einer hauseigenen KWK-Anlage. Ohne einen solchen Zählpunkt wäre die Messung der Zusatz- und Reservestromlieferung nicht möglich. Dieser Anspruch ist für Anschlussnehmer, in deren elektrischer Anlage **alle Anschlussnutzer der Belieferung von Strom aus der KWK zugestimmt haben,** durch die Entscheidung der Bundesnetzagentur (Beschlusskammer 6, Beschluss vom 19. März 2007, BK6-06-071) bereits anerkannt. Mit der Neuregelung werden die Voraussetzungen dafür geschaffen, dass auch in den Fällen, in denen sich einige Anschlussnutzer von anderen Stromlieferanten beliefern lassen wollen, ein abrechnungsrelevanter Zählpunkt (Summenzähler) installiert werden kann. Satz 2 schafft die Voraussetzungen dafür, dass auch bei der hauseigenen Versorgung mit KWK-Strom eine freie Lieferantenwahl durch die Letztverbraucher gewährleistet bleibt. Für diesen Fall ist es erforderlich, dass der gewählte Stromlieferant die Stromverbräuche von diesen Letztverbrauchern und **der Zusatz- und Reservestromlieferant die um diese Stromverbräuche bereinigten Zählwerte des Summenzählers** erhält. Hierfür ist eine **Verrechnung der Zählwerte des Summenzählers mit den Zählwerten der hinter dem Summenzähler installierten Zähler (Unterzähler)** in Bezug auf die Zählpunkte der Letztverbraucher erforderlich, die von einem anderen Lieferanten beliefert werden."[548]

Im Rahmen der Novellierung des Energiewirtschaftsgesetzes im Jahre 2011 ist die Spezialregelung des § 4 Abs. 3b KWKG in verallgemeinerter Form in § 20 Abs. 1d EnWG aufgenommen worden[549]. Danach gilt:

„Der Betreiber des Energieversorgungsnetzes, an das eine Kundenanlage oder Kundenanlage zur betrieblichen Eigenversorgung angeschlossen ist, hat die erforderlichen Zählpunkte zu stellen. Bei der Belieferung der Letztverbraucher durch Dritte findet erforderlichenfalls eine Verrechnung der Zählwerte über Unterzähler statt."

Es kommt jetzt also nicht mehr darauf an, dass in dem versorgten Objekt eine KWK-Anlage betrieben wird, sondern es können auch andere Erzeugungsanlagen betrieben werden oder aber es kann eine

[548] BT-Drs. 16/9469, S. 15; Hervorhebungen durch den Verfasser.

[549] Gesetz zur Neuregelung energiewirtschaftlicher Vorschriften vom 26.7.2011, BGBl. I S. 1554.

zusammengefasste Versorgung mehrerer Letztverbraucher erfolgen, ohne dass eine Erzeugungsanlage im Objekt betrieben wird.

Die Abwicklung der einzelnen Versorgungsverhältnisse läuft in allen Fällen nach dem gleichen Modell ab, für das weiterhin hin die aus dem KWK-Bereich stammende Bezeichnung „Summenzählermodell“ verwendet wird, und zwar in folgender Weise: Der Verbrauch der einzelnen Letztverbraucher wird über **Unterzähler** erfasst. Ist der Letztverbraucher Kunde des Betreibers der Kundenanlage, verwendet der Betreiber der Kundenanlage die Ablesewerte für seine Abrechnung; ist der Letztverbraucher Kunde eines externen Stromlieferanten, der ihn über das Netz der allgemeinen Versorgung beliefert, werden die Zählerwerte dieses Letztverbrauchers zur Abrechnung der Drittbelieferung verwendet. **399**

Folgende Skizze verdeutlicht den Aufbau:

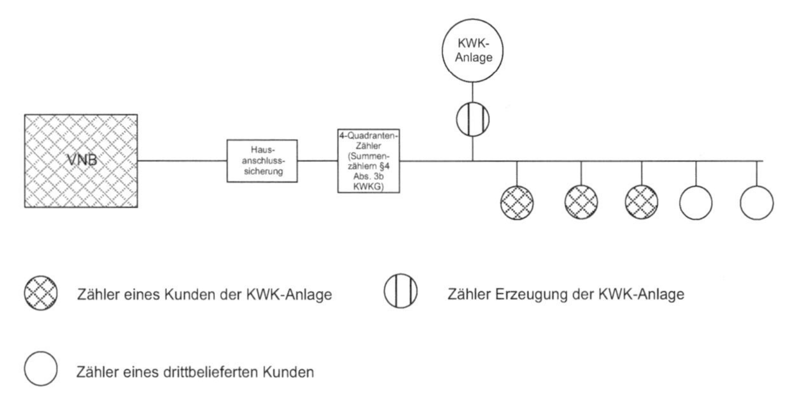

a) Virtuelle Zählpunkte

400 Nach der bisherigen Systematik der Netznutzung scheint ein solches Modell jedoch trotzdem nicht umsetzbar: **Voraussetzung** dafür, dass ein Letztverbraucher als Stromkunde eines ihn aus dem Netz der allgemeinen Versorgung beliefernden Stromlieferanten abgerechnet werden kann, ist, dass diesem Letztverbraucher ein **Zählpunkt** (§ 2 Nr. 13 StromNZV) zugeordnet werden kann. Der reale Zähler des fremdversorgten Letztverbrauchers liegt hinter dem Zweirichtungszähler des Betreibers der Kundenanlage als bereits vorhandenem maßgeblichen Zählpunkt. Würde man beide Zähler als Zählpunkt festlegen, so ergäben sich unrichtige Abrechnungswerte, weil die Gesamtmenge des aus dem Netz bezogenen Stroms am Zweirichtungszähler gemessen wird und dann Teile des Verbrauchs am Unterzähler doppelt gezählt würden. § 4 Abs. 3b S. 2 KWKG und § 20

Abs. 1d EnWG bestimmen deshalb, dass bei der Belieferung der Letztverbraucher durch Dritte eine **Verrechnung** der Zählwerte über Unterzähler stattfindet. Aus der in § 20 Abs. 1d EnWG ausdrücklich geregelten Pflicht des Netzbetreibers, den Zählpunkt zu stellen, folgt, dass es seine Pflicht ist, zur Abwicklung der Netznutzung den Datenaustausch mit allen betroffenen Marktpartnern unter Beachtung der dafür geltenden Vorschriften abzuwickeln[550].

401 Die Lösung, mit der man § 20 Abs. 1d EnWG und § 4 Abs. 3b S. 2 KWKG umsetzen kann, besteht darin, einen virtuellen Zählpunkt zu bilden, der an dem Ort des Summenzählers liegt. Ein virtueller Zählpunkt ist er deshalb, weil die reale Messung an diesem Ort gerade nicht die erforderlichen Messwerte ergibt, sondern diese unter Berücksichtigung der Unterzähler errechnet werden. Unter einem virtuellen Zählpunkt ist die vorzeichenrichtige Überlagerung mehrerer realer Messstellen zu einer **rechnerischen Messstelle** zu verstehen. Der für den Bezug des Betreibers der Kundenanlage maßgebliche Zählwert ergibt sich rechnerisch aus dem realen Zählwert an dem Summenzähler abzüglich der Summe der einzelnen Unterzähler der Letztverbraucher, die aus dem Netz der allgemeinen Versorgung und nicht vom Betreiber der Kundenanlage versorgt werden[551].

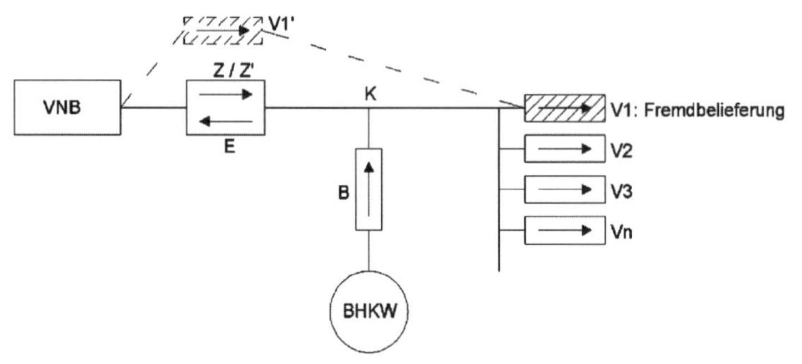

Schaubild „virtueller Zählpunkt“: Der Zähler V1 des fremdbelieferten Letztverbrauchers wird gedanklich parallel zum Zweirichtungszähler des Betreibers der KWK-Anlage geschaltet. Vom tatsächlichen Zählwert Z des Zweirichtungszählers wird der Zählwert V1 abgezogen. Es ergibt sich der rechnerische Wert Z‘, der vom Netzbetreiber als maßgeblicher Verbrauchswert seinen Meldungen und seiner Netzentgeltabrechnung zugrunde gelegt wird. Die maßgeblichen Zählpunkte werden V1 und Z‘ zugeordnet.

402 Virtuelle Zählpunkte sind in § 11 Abs. 2 EEG vorgesehen und in anderen energiewirtschaftsrechtlichen Regelungen nicht ausge-

[550] *Kachel/Weise/Wagner*, IR 2013, 2, 3.

[551] So auch *Kachel/Weise/Wagner*, IR 2013, 2, 3, siehe dort auch zu weiteren Detailfragen der Abwicklung bei Anschluss und Lieferung auf unterschiedlichen Spannungsebenen, Messverfahren und Versorgungssperre.

schlossen. Ihre Verwendung ist üblich bei großen Abnehmern, die über mehrere Anschlüsse versorgt, aber wie über eine Messeinheit abgerechnet werden (sog. Pooling). Die Definition für die technische Praxis erfolgt in Ziffer 5.2.3 der VDE-AR-N 4400 „Messwesen Strom“ (**Metering Code**):

„Virtuelle Zählpunktbezeichnung
Arithmetisch gebildete Messwerte und Zeitreihen aus mehreren realen Zählpunkten (z.B. Aggregation, Differenzbildung und Mengenbilanzierung) in Zusatzeinrichtungen oder nachgeschalteten IT-Systemen (z.B. EDM-Systeme) werden mit eindeutigen virtuellen Zählpunktbezeichnungen versehen. Insbesondere bei der Abwicklung von EEG-/KWKG-Lieferungen kann zusätzlich zu den realen Zählpunktbezeichnungen die Vergabe von virtuellen Zählpunktbezeichnungen erforderlich sein, um die korrekte Mengenzuordnung zu unterschiedlichen Bilanzkreisen und automatische Abwicklung des Lieferantenwechsels zu gewährleisten.
…“

Auf die Bildung virtueller Zählpunkte für die ordnungsgemäße Zuordnung und Abrechnung von Lieferungen wird also im technischen Regelwerk ausdrücklich hingewiesen, so dass keine Zweifel an der Zulässigkeit und Funktionalität dieser Abrechnungsmethodik erkennbar sind.

403 Die **Verantwortung** für die Einrichtung und Verwaltung des **virtuellen Zählpunktes** liegt beim **Netzbetreiber**. Das ist schon logisch zwingend, weil allein er dauerhaft vorhanden ist und stets die maßgeblichen Daten bezüglich der einzelnen Abnahmestellen erhält. In § 20 Abs. 1d S. 1 EnWG ist es noch einmal ausdrücklich aufgenommen worden. Rechtlich wäre das nicht nötig gewesen, weil es schon in § 4 Abs. 4 S. 1 Messzugangsverordnung (MessZV), der die Pflichten des Netzbetreibers bestimmt, geregelt ist:

„(4) Der Netzbetreiber ist verpflichtet,

1. die Zählpunkte zu verwalten,
2. durch ihn aufbereitete abrechnungsrelevante Messdaten an den Netznutzer zu übermitteln sowie
3. die übermittelten Daten für den im Rahmen des Netzzugangs erforderlichen Zeitraum zu archivieren.“

404 In der Praxis ergibt sich damit folgender Ablauf: Der Energiedienstleister, der die Kundenanlage und darin eine Elektrizitätserzeugungsanlage betreibt, beantragt die Einrichtung eines Summenzählers für das zur Versorgung vorgesehen Gebäude beim Verteilernetzbetreiber. Daraufhin wird ein Anschlussnutzungsvertrag abgeschlossen, in dem die Details der Einrichtung des Summenzählers geregelt werden. Der VNB legt den virtuellen Zählpunkt für den Bezug des Energiedienstleisters und seine Einspeisung an. Er muss mit dem Antrag weiterhin darüber informiert werden, welche

Letztverbraucher zukünftig vom Energiedienstleister und welche Letztverbraucher weiterhin aus dem Netz versorgt werden. Für die Letztverbraucher, die vom Energiedienstleister versorgt werden, löscht er die vorhandenen Zählpunkte. Die Zählpunkte derjenigen Letztverbraucher, die sich durch einen externen Lieferanten versorgen lassen wollen, bleiben bestehen. Für den virtuellen Zählpunkt des Energiedienstleisters hinterlegt der Netzbetreiber in der EDV einen Berechnungsweg, der bewirkt, dass von der am Summenzähler abgelesenen Bezugsmenge die Summe der Verbrauchsmengen aller der Letztverbraucher abzogen wird, die sich weiterhin von einem externen Lieferanten versorgen lassen. Nur der verbleibende Restwert der am Summenzähler gemessenen Strommenge wird dem Lieferanten des Energiedienstleisters als dessen Bezugsmenge gemeldet. Zur einfachen Abwicklung der notwendigen Meldungen ist von mehreren beteiligten Verbänden ein Formular entwickelt worden[552], das der Betreiber der Kundenanlage dem Netzbetreiber vorlegt, so dass dieser alle erforderlichen Daten für die notwendigen Änderungen in seiner EDV hat.

b) Vorgehen beim Wechsel des Stromversorgers

405 Beim Wechsel des Letztverbrauchers von Fremdbelieferung zur Belieferung durch den Betreiber der KWK-Anlage schließt der Letztverbraucher mit dem Energiedienstleister als Betreiber der Kundenanlage einen Liefervertrag ab, in dem der Zeitpunkt des Lieferbeginns zu definieren ist. Diesen Lieferbeginn meldet der Energiedienstleister dem Verteilernetzbetreiber (VNB). Der VNB bestätigt dem Energiedienstleister, ab welchem Datum die Verrechnung dieses Mieters mit dem virtuellen Zählpunkt des Energiedienstleisters beendet wird. Der reale Zählpunkt kann gelöscht werden, damit keine „Datenbankleichen" zu evtl. Abrechnungsfehlern führen.

406 Im umgekehrten Fall, also dem Wechsel des Letztverbrauchers von der Versorgung durch den Betreiber der Kundenanlage zum Fremdstromlieferanten, muss der wechselnde Letztverbraucher bzw. sein neuer Lieferant beim Energiedienstleister den bestehenden Stromlieferungsvertrag kündigen. Dies nimmt der Betreiber der Kundenanlage zum Anlass, den Verteilernetzbetreiber zur Einrichtung eines Zählpunktes für diesen Letztverbraucher aufzufordern. § 20a Abs. 2 EnWG schreibt vor, dass der **Kundenwechsel** mit einer

[552] Abrufbar auf der Internetzseite des VfW e.V., unter Praxishilfen -> Drittstrombelieferung in der Kundenanlage; http://www.energiecontracting.de/3-praxishilfen/drittstrombelieferung/Anmeldeformular-Drittstrombelieferung-innerhalb-Kundeanlage.pdf.

Frist von drei Wochen möglich sein muss. Kurz nach dem Beginn des Laufes dieser Frist muss die Einrichtung des Zählpunktes erfolgen, damit die Zählpunktbezeichnung dem neuen Lieferanten benannt werden kann.

c) Anforderungen an die Messung

407 Hinsichtlich der Verlässlichkeit der Messwerte, die für die virtuellen Zählpunkte benannt werden, sind keine Probleme zu befürchten: Der Summenzähler und die Unterzähler der fremdversorgten Letztverbraucher müssen den eichrechtlichen Vorgaben entsprechen. Wie bereits unter Rn. 187 dargestellt, gelten die Regelungen der §§ 21b ff. EnWG über den Messstellenbetrieb und die Messung nicht innerhalb der Kundenanlage. Vielmehr ist der Betreiber der Kundenanlage dafür zuständig, dass eine ordnungsgemäße Messung mit Hilfe der Unterzähler erfolgt und dass deren Messwerte dem Netzbetreiber gemeldet werden[553].

d) Bestätigung durch die Bundesnetzagentur

408 Die vorausgehenden Ausführungen zur Umsetzung des Summenzählermodells gemäß § 4 Abs. 3b KWKG sind bisher nicht Gegenstand einer Entscheidung eines Gerichts oder einer Regulierungsbehörde geworden. Im Ergebnis hat die **Bundesnetzagentur** die beschriebene Vorgehensweise aber **bestätigt**. Dies ergibt sich wie folgt:

Im Jahre 2010 hat ein Energiedienstleister, der das Summenzählermodell in einer von ihm versorgten Wohnanlage mit 310 Mietern umsetzen wollte, ein besonderes Missbrauchsverfahren bei der Bundesnetzagentur gegen den Netzbetreiber angestrengt, der sich gegen die Umsetzung dieses Modells wehrte. Der Netzbetreiber weigerte sich, die vorhandenen **Hausanschlüsse stillzulegen** und die erforderlichen neuen bzw. **veränderten Hausanschlüsse** für die vier Standorte, an denen KWK-Anlagen errichtet wurden, einschließlich der Zweirichtungszähler **herzustellen** (Az. BK6-10-128). Das Verfahren endete mit einem **Vergleich**, der weitgehend den von der 6. Beschlusskammer der Bundesnetzagentur in der mündlichen Verhandlung am 14.10.2010 vorgeschlagenen Regelungen entspricht. Die Regelungen im Vergleich lauten wie folgt (Antragstellerin ist der Energiedienstleister, Antragsgegnerin der Netzbetreiber):

---

[553] Zweifelnd *Britz/Hellermann* in: *Britz/Hellermann/Hermes*, § 20 EnWG, Rn. 199a–199e.

1. Die Antragsgegnerin verpflichtet sich, unverzüglich alle erforderlichen Maßnahmen zu treffen, um die vier Hausanschlüsse, die in der Antragsschrift vom 19.7.2010 bezeichnet sind, zu errichten und in Betrieb zu nehmen. Die Parteien sind sich darüber einig, dass über die vier genannten Anschlüsse je ein Anschlussvertrag abgeschlossen wird.
2. Die Antragsgegnerin verpflichtet sich, die Hausanschlüsse gemäß Ziffer 2 der Antragsschrift vom 19.7.2010 stillzulegen.
3. Die Antragsgegnerin verpflichtet sich, unverzüglich alle erforderlichen Maßnahmen zu treffen, um an den unter Ziffer 1 dieser Vereinbarung genannten Hausanschlüssen je einen Summenzählpunkt einzurichten und je einen Vier-Quadranten-Zähler einzubauen.
4. Für die nicht von der Antragstellerin versorgten Kunden in den Versorgungsinseln der Antragstellerin wird die Antragsgegnerin die derzeit vorhandenen Messeinrichtungen im Rahmen Ihrer Grundzuständigkeit nach § 21b Abs. 1 EnWG weiter vorhalten, betreiben und ablesen. Sie bleiben weiterhin aktive, wechselfähige Zählpunkte im Sinne der Festlegung BK6-06-009 (GPKE).
5. Die Antragstellerin wird der Beschlusskammer die Liste der für die Umstellung stillzulegenden Zählpunkte zeitnah zur Verfügung stellen. Die Antragsgegnerin verpflichtet sich, unverzüglich nach Abschluss der Arbeiten nach Ziffer 1 bis 3 dieser Vereinbarung die in der Liste enthaltenen Zählpunkte stillzulegen.
6. Von den an den jeweiligen Summenzählern erfassten Messwerten bringt die Antragsgegnerin alle Verbrauchswerte der Zähler der nach Ziffer 4 dieser Vereinbarung drittversorgten Kunden in Abzug und stellt die daraus sich ergebenden Messwerte für die weitere Abrechnung gemäß den gesetzlichen Bestimmungen und den Festlegungen der Bundesnetzagentur mittels eines virtuellen Zählpunktes bereit.
7. Für die durch die Antragstellerin versorgten Kunden ist die Antragsgegnerin berechtigt, die derzeit vorhandenen Messeinrichtungen nach vorheriger Abstimmung mit der Antragstellerin auszubauen, sofern diese von ihr betrieben werden. An diesen Entnahmestellen wird die Antragstellerin eigene Messeinrichtungen zur internen Abrechnung einbauen.
8. Sofern von der Antragstellerin versorgte Entnahmestellen künftig zu einem anderen Lieferanten wechseln, wird die Antragsgegnerin unverzüglich die Entnahmestelle wieder so in ihren Systemen abbilden, dass ein automatischer Lieferantenwechsel gewährleistet ist.

9. Die Kosten gemäß § 91 EnWG werden von der Antragsgegnerin übernommen.
10. Die Antragstellerin verpflichtet sich, unverzüglich nach tatbestandlicher Erfüllung der Ziffern 1 bis 3 dieser Vereinbarung ihren Missbrauchsantrag zurücknehmen.

Das Summenzählermodell gemäß § 20 Abs. 1d EnWG und § 4 Abs. 3b KWKG stellt also eine praktikable Möglichkeit dar, ohne erdrückenden organisatorischen Aufwand die dezentrale Stromversorgung ohne Netznutzung zu organisieren.

3. Pflichten nach dem Energiewirtschaftsgesetz

409 Die Elektrizitäts- und Gasversorgung ist – anders als die Wärmeversorgung – sehr umfassend gesetzlich geregelt. Die zentrale Norm ist das Gesetz über die Elektrizitäts- und Gasversorgung (Energiewirtschaftsgesetz – EnWG)[554]. Es regelt in erster Linie den Betrieb und die Nutzung von **Energieversorgungsnetzen** einschließlich der behördlichen Überwachung, daneben aber auch Fragen des **Verbraucherschutzes, Umweltschutzes** und andere Einzelfragen der Energieversorgung. Bei der dezentralen Stromerzeugung und Direktbelieferung von Letztverbrauchern sind insbesondere die nachfolgend dargestellten Regelungen zu beachten.

a) Energieversorgungsunternehmen

410 Anknüpfungspunkt für viele Regelungen im EnWG ist die Einordnung eines Unternehmens als Energieversorgungsunternehmen. Energieversorgungsunternehmen im Sinne des EnWG sind nach § 3 Nr. 18 natürliche oder juristische Personen, die **Energie** an andere **liefern**, ein Energieversorgungsnetz betreiben oder an einem Energieversorgungsnetz als Eigentümer Verfügungsbefugnis besitzen. Energie im Sinne des Gesetzes ist nach § 3 Nr. 14 EnWG Elektrizität oder Gas, soweit sie zur leitungsgebundenen Energieversorgung verwendet werden. Mithin ist der Energiedienstleister, der seine Kunden leitungsgebunden mit Elektrizität beliefert, Energieversorgungsunternehmen im Sinne des Gesetzes. Auf die Größe des Unternehmens oder das Vorhandensein irgendeines Versorgungsgebietes kommt es nicht an. Für die Einordnung als Energieversorgungsunternehmen im Sinne des EnWG reicht es also aus, dass der Energiedienstleister die begrenzte Anzahl von Nutzern eines Gebäudes aus

[554] V. 7.7.2005, BGBl. I S. 1970, 3621, zuletzt geändert durch Art. 6 des Gesetzes vom 21. Juli 2014, BGBl. I S. 1066.

einer im Gebäude errichteten und betriebenen Elektrizitätserzeugungsanlage mit Elektrizität versorgt. Beruht die Einordnung als Energieversorgungsunternehmen allein darauf, dass ein Energiedienstleistungsunternehmen andere mit Energie beliefert, so sind die daraus sich ergebenden Pflichten überschaubar:

411 **aa) Anzeige der Energiebelieferung.** Ein Energieversorgungsunternehmen muss die **Aufnahme** der **Energieversorgung** von **Haushaltskunden** gemäß § 5 EnWG der zuständigen Regulierungsbehörde anzeigen, es sei denn, die Versorgung erfolgt innerhalb einer Kundenanlage oder eines geschlossenen Verteilernetzes. Mit der Anzeige sind das Vorliegen der personellen, technischen und wirtschaftlichen Leistungsfähigkeit sowie die Zuverlässigkeit der Geschäftsleitung darzulegen. Ein Energiedienstleister, der einen Industriekunden aus einem für dessen Bedarf errichteten Kraftwerk versorgt, unterliegt also nicht der Anzeigepflicht. Ebenso wenig besteht für den Energiedienstleister, der die Bewohner eines Mehrfamilienhauses, die Haushaltskunden im Sinne des § 3 Nr. 22 EnWG sind, aus einer im oder am Gebäude betriebenen Erzeugungsanlage mit Strom versorgt, eine Anzeigepflicht, da die Versorgung innerhalb einer Kundenanlage erfolgt.

412 Die Anzeigepflicht besteht also im Ergebnis nur dann, wenn unter Nutzung eines vollständig regulierungspflichtigen Netzes Strom an Haushaltskunden geliefert wird. **Haushaltskunden** sind nach § 3 Nr. 22 EnWG auch solche Letztverbraucher von Strom, die den Strom zwar für berufliche, landwirtschaftliche oder gewerbliche Zwecke beziehen, aber nicht mehr als **10.000 kWh im Jahr** verbrauchen. Die Anzeigepflicht besteht also auch, wenn nur gewerbliche Kunden mit Netznutzung versorgt werden, von denen aber mindestens einer weniger als 10.000 kWh im Jahr verbraucht. Gemäß § 95 Abs. 1 Nr. 2 i.V.m. § 95 Abs. 2 EnWG handelt derjenige, der eine Anzeige gemäß § 5 nicht, nicht richtig, nicht vollständig oder nicht rechtzeitig erstattet, ordnungswidrig. Dies kann mit einer Geldbuße bis zu hunderttausend Euro geahndet werden.

413 **bb) Angebot alternativer Tarife.** § 40 Abs. 5 EnWG schreibt vor, dass Energieversorgungsunternehmen, soweit technisch machbar und zumutbar, für Letztverbraucher von Elektrizität einen Tarif anzubieten haben, der einen **Anreiz zur Energieeinsparung** oder Steuerung des Energieverbrauchs setzt. Weiterhin verlangt § 40 Abs. 5 S. 3 EnWG, dass ein Tarif anzubieten ist, für den die Datenaufzeichnung und -übermittlung auf die Mitteilung der innerhalb eines bestimmten Zeitraums verbrauchten Gesamtstrommenge begrenzt bleibt. Derjenige, der aus der KWK-Anlage Letztverbraucher innerhalb der Kun-

denanlage versorgt, muss also immer neben einem üblichen reinen Mengentarif ohne irgendwelche Differenzierungen einen zweiten Tarif anbieten, der z.B. durch zeitlich differenzierte Preise einen Anreiz setzt, den eigenen Verbrauch in Schwachlastzeiten zu verlegen.

cc) **Stromkennzeichnung.** Der Stromlieferant hat gemäß § 42 EnWG in Rechnungen, Werbematerial und auf seiner Webseite anzugeben, welchen Anteil die einzelnen Energieträger an seinem **Gesamtenergieträgermix** haben und welche Umweltauswirkungen in Bezug auf Kohlendioxidemissionen und radioaktiven Abfall auf seinen Gesamtenergieträgermix zurückzuführen sind. Die Informationen sind dem Kunden in graphisch visualisierter Form darzustellen. Die Angaben zum Gesamtenergieträgermix müssen einmal jährlich der Bundesnetzagentur gemeldet werden. **414**

b) Energieversorgungsnetz

415 Sehr viel umfangreicher stellen sich die Pflichten eines Energiedienstleistungsunternehmens dagegen dann dar, wenn es auch ein Energieversorgungsnetz im Sinne des Energiewirtschaftsgesetzes betreibt. Die Aufnahme des Netzbetriebes bedarf gemäß § 4 Abs. 1 EnWG der Genehmigung durch die zuständige Regulierungsbehörde. Auf den Netzbetrieb kommen die umfangreichen Vorschriften zur **Netzregulierung** zur Anwendung. Es wird immer wieder die Frage aufgeworfen, ob der Betreiber einer KWK-Anlage, der nach dem **Summenzählermodell** Letztverbraucher innerhalb eines Gebäudes oder eines abgegrenzten Areals beliefert, nicht durch eine technische Konstellation wie das Summenzählermodell selbst zum **Netzbetreiber** wird und damit den Regulierungspflichten, insbesondere also der Netzentgeltregulierung unterliegt. Solche den Einsatz von dezentralen KWK-Anlagen sicherlich weitgehend verhindernden Pflichten entstehen jedoch nicht, solange der Betreiber der KWK-Anlage zur Versorgung der Letztverbraucher keine Infrastruktur betreibt, die als Energieversorgungsnetz einzustufen ist.

416 Die Regelungen des EnWG zur Regulierung des Stromnetzbetriebes gelten nur dann, wenn es sich bei den Anlagen, um deren Betrieb es geht, um ein Energieversorgungsnetz handelt. Das EnWG definiert den Begriff „Netz“ nicht und verursacht deshalb Abgrenzungsschwierigkeiten zwischen regulierungsfreiem Betrieb von Elektrizitätsversorgungsanlagen und regulierungsunterworfenem Netzbetrieb.

417 Physikalisch betrachtet gehören alle Elektrizitätsversorgungsanlagen bis hin zur Steckdose zu einem großen einheitlichen Elektrizitätsversorgungsnetz, weil sie über mehrere Netzebenen und Netzabschnitte alle miteinander innerhalb des Geltungsbereiches des EnWG verbunden sind. Der Regelungsbereich der energiewirtschaftsrechtlichen Vorschriften soll aber nicht jede Stromleitung und Steckdose in einem Haus erfassen. § 5 S. 2 der Niederspannungsanschlussverordnung (NAV)[555] bestimmt, dass der **Netzanschluss an der Hausanschlusssicherung endet**. § 13 NAV definiert die elektrische Anlage hinter der Hausanschlusssicherung als „Anlage", für die der Anschlussnehmer und nicht der Netzbetreiber verantwortlich ist. Wenn die technischen Einrichtungen, die sich hinter der Hausanschlusssicherung befinden, als „Anlage" gesondert definiert werden, können sie nicht auch „Netz" im Sinne des EnWG sein. Die Stromverteilungsanlage in einem Gebäude hinter dem Netzanschluss ist also jedenfalls kein Netz im energiewirtschaftsrechtlichen Sinne[556]. Ein Energiedienstleister, der in einem Gebäude hinter der Hausanschlusssicherung eine KWK-Anlage errichtet, an die Hausanlage anschließt und die Hausanlage so umbaut, dass er die Stromversorgung der einzelnen Nutzer mit diesen abrechnen kann, wird dadurch nicht zum Netzbetreiber im Sinne des Energiewirtschaftsgesetzes.

418 Auch kein Netz im energiewirtschaftsrechtlichen Sinne ist eine **Direktleitung** im Sinne des § 3 Nr. 12 EnWG[557]. Eine Direktleitung verbindet einen einzelnen Produktionsstandort mit einem einzelnen Kunden. Der Energiedienstleister, der für einen Industriekunden auf einem für den Brennstofftransport günstig gelegenen Grundstück ein Kraftwerk errichtet und von diesem Kraftwerk eine ausschließlich der Versorgung dieses einen Kunden dienende Leitung zum Anlagengrundstück des Kunden errichtet und betreibt, bedarf also ebenfalls nicht der Genehmigung nach § 4 EnWG. Errichtet ein Energiedienstleister aber eine Leitung, um aus der in einem Gebäude errichteten KWK-Anlage auch die Mieter eines benachbarten Gebäudes mit Strom zu versorgen, so handelt es sich dabei nicht mehr um eine Direktleitung, weil sie nicht der Versorgung eines einzelnen Kunden dient.

419 Die Rechtsprechung geht von einem sehr **weiten Netzbegriff** aus, wie er beispielhaft vom Oberlandesgericht Düsseldorf verwendet wird[558]:

---

[555] Verordnung über Allgemeine Bedingungen für den Netzanschluss und dessen Nutzung für die Elektrizitätsversorgung in Niederspannung (Niederspannungsanschlussverordnung – NAV) v. 1.11.2006, BGBl. I S. 2477, zuletzt geändert durch Art. 4 der Verordnung v. 3.9.2010, BGBl. I S. 1261.

[556] OLG Düsseldorf, Beschl. v. 5.4.2006 – VI-3 Kart 143/06, Rn. 22, RdE 2006, 196–199 unter Verweis auf *Schröder-Czaja/Jacobshagen*, IR 2006, 50.

[557] OLG Düsseldorf, Beschl. v. 5.4.2006 – VI-3 Kart 143/06, Rn. 21, RdE 2006, 196–199.

[558] OLG Düsseldorf, Beschl. v. 5.4.2006 – VI-3 Kart 143/06, Rn. 20, RdE 2006, 196–199.

„Nach allgemeinem Sprachgebrauch ist unter einem Versorgungsnetz die Gesamtheit der miteinander verbundenen Anlagenteile zur Übertragung oder Verteilung von Energie zu verstehen (vgl. auch BGH RdE 2005, 79, 80). Erfasst werden daher alle Einrichtungen wie Freileitungen, Kabel und Transformatoren, Umspann- und Schaltanlagen mit Sicherungs- und Überwachungseinrichtungen, Schalter pp., die zur Übertragung oder Verteilung elektrischer Energie notwendig sind (vgl. nur: Büdenbender/Rosin, Energierechtsreform 2005, S. 106; Schröder-Czaja/Jacobshagen, IR 2006, 50). Nicht zwingend ist, dass es sich um ein verzweigtes, über eine Vielzahl von Verknüpfungspunkten verfügendes Leitungssystem handelt."

Der Bundesgerichtshof formuliert noch konkreter[559]:

„Es liegt – entgegen der Auffassung der Betroffenen – nicht nur dann ein Netz vor, wenn die Leitungen „vermascht" sind. Ein solches Verständnis ist zu eng, weil es im Ergebnis die durch Stichleitungen versorgten Einzelkunden aus dem Anwendungsbereich des Energiewirtschaftsgesetzes ausnehmen und damit dessen Regulierungszwecken nicht gerecht würde. Es ist nicht erforderlich, dass jede einzelne Versorgungsleitung durch ein selbständiges Kabel wieder in das allgemeine Netz zurückführt. Deshalb unterfällt auch ein „Strahlennetz", bei dem die Leitungen strahlenförmig von einem Punkt in verschiedene Richtungen ausgehen, dem Netzbegriff (vgl. BGH, Urteil vom 10. November 2004 – VIII ZR 391/03 Rn. 15, RdE 2005, 79)."

c) Kundenanlage

420 Der sehr weite Netzbegriff der Rechtsprechung schuf die Unsicherheit, dass jede aus Elektrizitätsversorgungsleitungen bestehende Anlage als Energieversorgungsnetz eingestuft werden könnte. Zur Beseitigung von **Abgrenzungsschwierigkeiten** und zur Klarstellung sind deshalb seit 2011 in § 3 Nr. 24a und Nr. 24b EnWG „Kundenanlagen" definiert, bei denen es sich nicht um Energieversorgungsnetze im Sinne des § 3 Nr. 16 EnWG handelt[560]. Ein Energiedienstleister, der eine Kundenanlage betreibt, unterliegt also nicht dem Netzregulierungsrecht des EnWG und spart damit Aufwand und Kosten. Er kann aber auch keine Einnahmen aus dem Betrieb der Kundenanlagen erzielen, weil er diese Infrastruktur anderen Lieferanten zur Belieferung der an die Kundenanlage angeschlossenen Letztverbraucher **unentgeltlich** zur Verfügung stellen muss. Bei den Kundenanlagen wird unterschieden zwischen (allgemeinen) Kundenanlagen (§ 3

[559] BGH, Beschl. v. 18.10.2011 – EnVZ 68/10, Rn. 19.
[560] BT-Drs. 17/6072, S. 51; *Hellermann* in: *Britz/Hellermann/Hermes*, § 3 EnWG, Rn. 43a.

Nr. 24a EnWG) und Kundenanlagen zur betrieblichen Eigenversorgung (§ 3 Nr. 24b EnWG).

421 **aa) Kundenanlage im Sinne des § 3 Nr. 24a EnWG.** Eine Kundenanlage im Sinne dieser Regelung ist eine Energieanlage zur Abgabe von Energie,

a) die sich auf einem räumlich zusammengehörenden Gebiet befindet,
b) mit einem Energieverteilungsnetz oder mit einer Erzeugungsanlage verbunden ist,
c) für die Sicherstellung eines wirksamen und unverfälschten Wettbewerbs bei der Versorgung mit Elektrizität und Gas unbedeutend ist und
d) jedermann zum Zwecke der Belieferung der angeschlossenen Letztverbraucher im Wege der Durchleitung unabhängig von der Wahl des Energielieferanten diskriminierungsfrei und unentgeltlich zu Verfügung steht.

422 **(1) Räumlich zusammengehörendes Gebiet.** Der Begriff des „räumlich zusammengehörenden Gebietes" ist auch schon in älteren Gesetzesfassungen verwendet worden, wirft aufgrund einer unklaren Gesetzesbegründung aber Fragen auf. In der Gesetzesbegründung wird zu dem Kriterium unmittelbar nichts gesagt. Nur bei der Frage, ob das weitere Kriterium, wonach die Anlage unbedeutend für den wirksamen und unverfälschten Wettbewerb bei der Versorgung mit Elektrizität sein muss, heißt es: „Geografisch eng begrenzte ‚Hausanlagen' innerhalb von Gebäuden oder Gebäudekomplexen stellen in der Regel Kundenanlagen dar. Möglich ist im Einzelfall auch, dass sich eine Kundenlage außerhalb von Gebäuden über ein größeres Grundstück erstreckt."[561]

Diese Ausführungen kann man so verstehen, dass eine Kundenanlage sich im Regelfall maximal über mehrere Gebäude auf einem Grundstück erstrecken kann. Ein so enges Verständnis hat im Gesetz aber keinen Niederschlag gefunden. Denn wenn es eine Begrenzung auf ein Grundstück geben sollte, dann wäre die vom Gesetzgeber gewählte Formulierung „räumlich zusammengehörendes Gebiet" sinnlos. Man hätte gleich „Grundstück" schreiben können.

423 Ein räumlich zusammengehörendes Gebiet ist schon nach dem Wortlaut **mehr als** ein einzelnes **Grundstück**[562]. Der Begriff „Gebiet"

---

[561] BT-Drs. 17/6072, S. 51.

[562] So auch BNetzA, Beschl. v. 7.11.2011 – BK6-10-208, S. 11, und das „Gemeinsame Positionspapier der Regulierungsbehörden der Länder und der Bundesnetzagentur zum geschlossenen Verteilernetzen gem. § 110 EnWG" auf S. 6, abzurufen unter www.bundesnetzagentur.de.

kommt vor in den Bezeichnungen „Wohngebiet“ oder „Industriegebiet“. Dort kann er im Ausnahmefall auch einmal nur ein Grundstück erfassen, wenn ein sich im städtischen Raum als Wohngebiet darstellendes Areal nur ein Grundstück ist. Aber im Regelfall besteht ein solches Gebiet aus mehreren Grundstücken[563]. Zum gleichen Ergebnis gelangt man, wenn man Begriffe wie „Gebietsansprüche“, „Rückzugsgebiet“ oder ähnliche betrachtet. Hier sind immer räumliche Bereiche gemeint, die sich über eine mehr oder minder große Anzahl von Einzelgrundstücken erstrecken[564].

424 Bestätigt wird diese Sichtweise auch durch die Rechtsprechung zum ehemaligen § 110 Abs. 1 Nr. 2 EnWG. In seinem Urteil vom 27.5.2010 definiert das Oberlandesgericht Stuttgart[565] das „räumlich zusammengehörende Gebiet“ wie folgt:

„Ein räumlich zusammengehörendes Gebiet liegt dann vor, wenn auf Grund einer gewissen räumlichen Nähe und Verbindung zwischen den Grundstücken das Gebiet aus Sicht eines objektiven Betrachters **als einheitlich wahrgenommen** wird (Stötzel a.a.O. § 110, 9 i.V.m. 6; Theobald in Danner/Theobald, EnergieR, § 110 EnWG [5/2007], 22 i.V.m. 14), ... Sinn und Zweck der Ausnahmevorschrift war ihre Begrenzung auf einen überschaubaren, zahlenmäßig bestimmten festen Kreis von im Netzgebiet angesiedelten Kunden (Boesche/Wolf a.a.O. 292; Theobald a.a.O. 25; Stötzel a.a.O. 11).“

Es wird ganz selbstverständlich von mehreren Grundstücken ausgegangen. Sie müssen auch nicht zwingend aneinander grenzen, sondern nur vom Betrachter als einheitlich wahrgenommen werden. Deshalb steht es der Annahme eines solchen Gebietes auch nicht entgegen, wenn eine öffentliche Straße zwischen den Grundstücken verläuft, die aus der Kundenanlage versorgt werden[566].

425 **(2) Unbedeutend für den Wettbewerb**. Weitere Bedingung für die Einordnung als Kundenanlage ist, dass diese Anlage „für die Sicherstellung eines wirksamen und unverfälschten Wettbewerbs bei der Versorgung mit Elektrizität und Gas unbedeutend ist“. Nach der bereits zitierten Gesetzesbegründung sind die Kriterien für die Beurteilung dieser Frage die Anzahl der angeschlossenen Letztverbraucher, die geografische Ausdehnung und die durchgeleitete Energiemenge. Weitere Kriterien sind danach die zwischen dem Betreiber und den angeschlossenen Verbrauchern abgeschlossenen Verträge und das Vorhandensein einer größeren Anzahl von angeschlossenen

---

563 BNetzA, Beschl. v. 7.1.2013 – BK6-12-152, S. 9.
564 KG, Beschl. v. 20.3.2014 – 2 W 16/13 EnWG, Rn. 45, BeckRS 2014, 18944.
565 202 EnWG 1/10, RdE 2011, 62–70.
566 OLG Sachsen-Anhalt, Beschl. v. 28.12.2009 – 1 W 35/06, Rn. 84; ebenso BerlKommEnR/*Boesche*, § 3 EnWG, Rn. 127.

Kundenanlagen. Die Begründung weist darauf hin, dass in jedem Einzelfall eine Beurteilung ggf. auch noch anhand weiterer Kriterien zu erfolgen hat[567].

426 Das Kriterium bleibt **konturenschwach**. Versorgung umfasst nach § 3 Nr. 36 EnWG sowohl die Belieferung, als auch den Netzbetrieb. Bei der Frage der Wettbewerbsrelevanz kommt es also sowohl auf die Bedeutung für den Wettbewerb um den Netzbetrieb, als auch bei der Lieferung von Elektrizität an. Geht man davon aus, dass schon immer die Elektrizitätsversorgungsanlage eines Hochhauses nicht als Netz angesehen wurde, so wird man auch die Elektrizitätsversorgungsanlagen einer Reihenhaussiedlung, also eines „waagerechten Hochhauses", nicht als hinreichend wettbewerbsrelevant ansehen können, um ihr die Einstufung als Kundenanlage zu versagen. Die Bundesnetzagentur stuft die Versorgung von 90 Abnehmern in einer Ferienanlage als unbedeutend für den Wettbewerb ein, weil das lediglich einem größeren Mehrfamilienhaus entspreche[568]. Die Gebäudegruppe mehrerer Mehrfamilienhäuser eines Wohnungsunternehmens, die sich als Einheit darstellt, kann aus einer Kundenanlage versorgt werden, ebenso mehrere Gebäude eines sich als zusammengehörende Einheit darstellenden landwirtschaftlichen Anwesens oder einer sozialen Einrichtung, die Wohnungen, Werkstätten, Pflegeeinrichtungen und Infrastruktureinrichtungen an einem Ort gebündelt hat.

427 **(3) Diskriminierungsfreie unentgeltliche Durchleitung.** Schließlich muss die Anlage jedermann zum Zwecke der **Durchleitung diskriminierungsfrei** und **unentgeltlich** zur Verfügung stehen. Es muss also gesichert sein, dass der Privatkunde, der aus der Kundenanlage versorgt wird, sich seinen Stromlieferanten frei wählen kann und der Wechsel auch möglich ist. Das ist durch das Summenzählermodell gesichert. Die Netznutzung ist nicht schon dann als entgeltlich anzusehen, wenn für die Nutzung der elektrischen Infrastruktur zum Beispiel im Rahmen eines Mietvertrages eine Pauschalzahlung zu leisten ist. Entgeltlichkeit läge erst dann vor, wenn für die Durchleitung ein Entgelt erhoben wird, dass in seiner Höhe abhängig von der Menge der durchgeleiteten Energie ist[569]. Man muss deutlich zwischen der Erhebung von Netzentgelten und der verbrauchsbezogenen Abrechnung der Stromlieferungen unterscheiden. Dass verbrauchsbezogen abgerechnet wird, stellt keinen Fall der entgeltlichen Netznutzung dar und steht somit der Einstufung als Kundenanlage nicht im Wege[570].

---

[567] BT-Drs. 17/6072, S. 51.

[568] Beschl. v. 7.1.2013 – BK6-12-152, S. 13.

[569] BNetzA, Beschl. v. 7.1.2013 – BK6-12-152, S. 11.

[570] *Voß/Weise/Heßler,* EnWZ 2015, 12, 15.

Wird zwar kein Netznutzungsentgelt für die Nutzung der Kundenanlage erhoben, hat der Letztverbraucher, dessen Abnahmestelle an die Kundenanlage angeschlossen ist aber keine Möglichkeit, einen anderen Stromlieferanten als den Betreiber der Kundenanlage zu wählen, so verbietet sich eine Einstufung als Kundenanlage, da nicht nur die unentgeltliche Nutzung der Anlage, sondern auch die freie Lieferantenwahl konstitutives Element der Einordnung als Kundenanlage sind[571]. Dies ist aber nicht dahingehend zu verstehen, dass keine Kundenanlage vorliegt, wenn aufgrund der freien Entscheidung des Letztverbrauchers dieser mit dem Betreiber der Kundenanlage einen Stromlieferungsvertrag abschließt[572].

bb) Kundenanlage zur betrieblichen Eigenversorgung. Kundenanlagen zur betrieblichen Eigenversorgung sind gemäß § 3 Nr. 24b EnWG Energieanlagen zur Abgabe von Energie, **428**

a) die sich auf einem räumlich zusammengehörenden Betriebsgebiet befinden,
b) mit einem Energieversorgungsnetz oder mit einer Erzeugungsanlage verbunden sind,
c) fast ausschließlich dem betriebsnotwendigen Transport von Energie innerhalb des eigenen Unternehmens oder zu verbundenen Unternehmen oder fast ausschließlich dem der Bestimmung des Betriebs geschuldeten Abtransport in ein Energieversorgungsnetz dienen und
d) jedermann zum Zwecke der Belieferung der an sie angeschlossenen Letztverbraucher im Wege der Durchleitung unabhängig von der Wahl des Energielieferanten diskriminierungsfrei und unentgeltlich zur Verfügung gestellt werden.

Die Kriterien b) und d) entsprechen denen der Kundenanlage im Sinne des § 3 Nr. 24a EnWG, so dass auf die dortigen Ausführungen verwiesen werden kann.

429 Abweichend von § 3 Nr. 24a lit. a) EnWG kann sich die Energieanlage „auf einem räumlich zusammengehörenden Betriebsgebiet" befinden. Das „Betriebsgebiet" nach Nr. 24b kann deutlich größer sein als das „Gebiet" nach Nr. 24a. Es kann sich nach der Gesetzesbegründung ausdrücklich „über **weite Flächen** erstrecken und soll nicht nur kleine Betriebsgelände erfassen"[573]. Ansonsten gelten die Ausführungen zu Nr. 24a, das Gebiet kann also beispielsweise auch von öffentlichen Straßen durchschnitten sein[574].

---

[571] BGH, Beschl. v. 12.11.2013 – EnVZ 11/13, Rn. 2.
[572] *Voß/Weise/Heßler*, EnWZ 2015, 12, 14.
[573] BT-Drs. 17/6072, S. 51.
[574] BerlKommEnR/*Boesche*, § 3 EnWG, Rn. 127.

430 Die Anforderung an Kundenanlagen nach Nr. 24a lit. c) EnWG, wonach die Anlage für den Wettbewerb unbedeutend sein muss, ist in Nr. 24b lit. c) EnWG vollständig durch eine betriebsbezogene Anforderung ersetzt. Danach muss die Anlage „fast ausschließlich dem betriebsnotwendigen **Transport** von **Energie innerhalb** des eigenen Unternehmens oder zu verbundenen Unternehmen oder fast ausschließlich dem der Bestimmung des **Betriebs** geschuldeten Abtransport in ein Energieversorgungsnetz dienen". Wie hoch der Anteil des „eigenen" Stroms sein muss, wird nicht genauer festgelegt. Ein Anteil von 80 % dürfte nicht ausreichen[575]. In der Definition wird auch nicht auf eine bestimmte Art von „Betrieben" Bezug genommen. Die Anlagen können also sowohl Bestandteil von Produktionsanlagen eines Unternehmens des produzierenden Gewerbes aber auch anderer Gewerbe-, Industrie- und insbesondere auch Dienstleistungszweige sein[576]. Die Menge der durchgeleiteten Energie ist nicht von Bedeutung. Unschädlich ist es, wenn geringe Energiemengen zu den Abnahmestellen Dritter transportiert werden, was z.B. der Fall ist, wenn auf einem Betriebsgelände dort für den Betrieb tätige Serviceunternehmen ihre Büros oder Werkstätten unterhalten.

431 Der Eigenversorgungscharakter der Anlage kommt dadurch zum Ausdruck, dass die Anlage „dem Transport von Energie innerhalb des eigenen Unternehmens" dient. Das ist unzweifelhaft der Fall, wenn das Unternehmen, auf dessen Gelände sich die Anlage befindet, für den Betrieb der Anlage verantwortlich ist. Betreibt ein Energiedienstleistungsunternehmen eine solche Anlage im Auftrag des Unternehmens, so ändert dies nichts daran, dass die Anlage dem unternehmensinternen Energietransport dient. Denn das Kriterium des unternehmensinternen Transports bezieht sich auf die Anlage, nicht auf den Betreiber der Anlage. Gehört die Anlage also weiter dem Unternehmen (oder einem verbundenen Unternehmen), so bleibt sie eine Eigenversorgungsanlage, auch wenn sie von einem Energiedienstleister betrieben wird. Das wäre nur dann nicht mehr der Fall, wenn die Anlage dem Energiedienstleister gehörte.

d) Geschlossenes Verteilernetz

432 Handelt es sich bei einer Elektrizitätsversorgungsanlage **nicht** um eine **Kundenanlage**, so ist sie nach der oben zitierten Entscheidung des Oberlandesgericht Düsseldorf[577] jedenfalls dann ein Netz im Sinne des Energiewirtschaftsgesetzes, wenn sie der Verbindung der

---

[575] *Strohe*, CuR 2011, 105, 109.
[576] BT-Drs. 17/6072, S. 51.
[577] OLG Düsseldorf, Beschl. v. 5.4.2006 – VI-3 Kart 143/06, Rn. 22, RdE 2006, 196–199.

Abnahmestelle von Letztverbrauchern mit dem zu ihrer Versorgung notwendigen vorgelagerten Elektrizitätsversorgungsnetz dient. Das kann schon die Mittelspannungsleitung vom Umspannwerk zur Mittelspannungsschaltanlage auf dem Grundstück des Letztverbrauchers sein. Weil es Konstellationen gibt, in denen eine Energieversorgungsanlage zwar als Netz einzustufen ist, bei denen aber die Schutzzwecke des Regulierungsrechts, Wahlfreiheit der Kunden hinsichtlich des Lieferanten und Schutz vor unbilligen Netznutzungsbedingungen, nicht gefährdet sind, ist in die **Elektrizitätsbinnenmarktrichtlinie** (EltRL) in ihrer seit 2009 geltenden Fassung eine Sonderregelung für dort als geschlossene Verteilernetze bezeichnete Netze in Art. 28 aufgenommen worden[578]. Darin werden die Pflichten des Netzbetreibers eingeschränkt. Der 30. Erwägungsgrund der Richtlinie beschreibt die Motivation wie folgt:

„(30) Wo im Interesse der optimalen Effizienz integrierter Energieversorgung ein geschlossenes Verteilernetz betrieben wird und besondere Betriebsnormen erforderlich sind oder ein geschlossenes Verteilernetz in erster Linie für die Zwecke des Netzeigentümers betrieben wird, sollte die Möglichkeit bestehen, den Verteilernetzbetreiber von Verpflichtungen zu befreien, die bei ihm – aufgrund der besonderen Art der Beziehung zwischen dem Verteilernetzbetreiber und den Netzbenutzern – einen unnötigen Verwaltungsaufwand verursachen würden. Bei Industrie- oder Gewerbegebieten oder Gebieten, in denen Leistungen gemeinsam genutzt werden, wie Bahnhofsgebäuden, Flughäfen, Krankenhäusern, großen Campingplätzen mit integrierten Anlagen oder Standorten der Chemieindustrie können aufgrund der besonderen Art der Betriebsabläufe geschlossene Verteilernetze bestehen."

Der Wortlaut des **Art. 28 EltRL** ist nahezu wortgleich in § 110 EnWG **übernommen** worden und definiert die Netze, für die Regulierungserleichterungen gelten, und beschreibt die – begrenzten – Regulierungserleichterungen, die dann gelten.

aa) Einschränkung der Regulierungspflichten. § 110 Abs. 1 EnWG regelt, dass der Betreiber eines geschlossenen Verteilernetzes verschiedene einem Netzbetreiber sonst obliegende Pflichten nicht erfüllen muss. Das sind insbesondere folgende Pflichten: **433**

- § 14 Abs. 1b: Pflicht zum Bericht über Netzzustand
- § 18: Allgemeine Anschlusspflicht
- § 19: Festlegung technischer Mindestanforderungen
- § 21a: Anreizregulierung
- § 23a: Genehmigung Netzentgelte

[578] Ausführlich hierzu *Ortlieb/Staebe*, S. 1 ff., 103 ff.

- § 33: Vorteilsabschöpfung durch Regulierungsbehörde
- § 52: Meldepflichten bei Versorgungsstörungen.

Nicht befreit sind auch Betreiber geschlossener Verteilernetze von der Pflicht, jedermann die **Netznutzung** zur Versorgung von Letztverbrauchern in ihrem Netzgebiet zu gestatten, und allen sonstigen, in § 110 EnWG nicht ausdrücklich genannten Regulierungspflichten. Die ehemalige Regelung in § 110 EnWG zu den Objektnetzen sah im Gegensatz zur heutigen Regelung einen vollständigen Ausschluss des Regulierungsrechts vor[579].

434 Die entscheidende **Erleichterung** ist, dass der Netzbetreiber **nicht** an dem aufwendigen **Anreizregulierungsverfahren** zur Festlegung der Netzentgelte teilnehmen muss. Er kann Netzentgelte also eigenständig festlegen, unterliegt aber gemäß § 110 Abs. 4 EnWG der nachträglichen Kontrolle der Netzentgelte, wenn ein Netznutzer deren Überprüfung durch die Regulierungsbehörde verlangt. Bei der Kontrolle gilt eine Vermutungsregelung, die den Kontrollaufwand minimiert und schon im Vorwege dafür sorgt, dass im Zweifel gar nicht erst Streitigkeiten entstehen. Denn nach § 110 Abs. 4 EnWG wird vermutet, dass die Bestimmung der Netznutzungsentgelte den rechtlichen Vorgaben entspricht, wenn der Betreiber des geschlossenen Verteilernetzes kein höheres Entgelt fordert als der Betreiber des vorgelagerten Energieversorgungsnetzes für die Nutzung des an das geschlossene Verteilernetz angrenzenden Energieversorgungsnetzes der allgemeinen Versorgung auf gleicher Netz- oder Umspannebene. Jeder potentielle Betreiber eines geschlossenen Verteilernetzes kann sich also schon vor Übernahme des Netzes darauf einstellen, dass seine Netzentgelte an denen der benachbarten Netze der allgemeinen Versorgung gemessen werden. Ergibt seine Kalkulation, dass diese überschritten werden, sollte sorgfältig erwogen werden, ob überhaupt die Netzbetreiberrolle übernommen werden soll. Streit über die Höhe der Netzentgelte wäre jedenfalls bei einer solchen Konstellation absehbar und es dürfte im Regelfall schwer fallen zu begründen, weshalb es angemessen ist, bei identischen Randbedingungen mehr zu verlangen als der Netzbetreiber in der Nachbarschaft.

435 **bb) Einstufung durch Regulierungsbehörde.** Die Einstufung als geschlossenes Verteilernetz erfolgt nicht automatisch, sondern gemäß § 110 Abs. 2 EnWG auf Antrag des Netzbetreibers durch die Regulierungsbehörde. Sie ist konstitutiv[580], der Betreiber eines geschlossenen Verteilernetzes kann sich also erst dann endgültig auf die Re-

[579] *Schalle*, ZNER 2011, 406; *Strohe*, CuR 2011, 105, 106.

[580] *Schalle*, ZNER 2011, 406, 407; *Strohe*, CuR 2011, 105, 106; BerlKommEnR/*Wolf*, § 110 EnWG, Rn. 152.

gulierungseinschränkungen berufen, wenn der Einstufungsbescheid erlassen ist. Allerdings erlaubt ihm § 110 Abs. 3 S. 3 EnWG schon ab vollständiger Antragstellung eine Berufung auf den Status, die dann wieder endet, wenn der Antrag abgelehnt wird. Die Regulierungsbehörden der Länder und die Bundesnetzagentur haben zur Vereinheitlichung der Verwaltungspraxis ein **„Gemeinsames Positionspapier der Regulierungsbehörden der Länder und der Bundesnetzagentur zu geschlossenen Verteilernetzen gem. § 110 EnWG“**[581] erarbeitet, das sie dem Einstufungsverfahren zugrunde legen.

436 Die Einstufung als geschlossenes Verteilernetz erfolgt, wenn

1. die Tätigkeiten oder Produktionsverfahren der Anschlussnutzer dieses Netzes aus konkreten technischen oder sicherheitstechnischen Gründen verknüpft sind oder
2. mit dem Netz in erster Linie Energie an den Netzeigentümer oder -betreiber oder an mit diesen verbundene Unternehmen verteilt wird; maßgeblich ist der Durchschnitt der letzten drei Kalenderjahre; gesicherte Erkenntnisse über künftige Anteile sind zu berücksichtigen.

437 Die Einstufung erfolgt nur, wenn keine Letztverbraucher, die Energie für den Eigenverbrauch im Haushalt kaufen, über das Netz versorgt werden oder nur eine geringe Zahl von solchen Letztverbrauchern, wenn diese ein Beschäftigungsverhältnis oder eine vergleichbare Beziehung zum Eigentümer oder Betreiber des Netzes unterhalten. Es wird nicht auf Haushaltskunden im Sinne des § 3 Nr. 22 EnWG abgestellt, sondern auf den Eigenverbrauch im Haushalt Bezug genommen. Daraus ist zu schließen, dass alle privaten Haushaltskunden im Sinne des § 3 Nr. 22 EnWG erfasst sind, die den Strom nicht zu beruflichen, gewerblichen oder landwirtschaftlichen Zwecken verwenden[582]. Es gibt also ein **Ausschlusskriterium**, das stets zuerst geprüft werden sollte, und dann zwei Alternativen, die zur Einstufung als geschlossenes Verteilernetz führen können. Ausgeschlossenen ist die Einstufung, wenn an das Netz private Haushaltskunden angeschlossen sind, es sei denn, sie sind beim Netzeigentümer oder -betreiber angestellt oder stehen in einem ähnlichen Verhältnis zu ihm.

Dass der Hausmeister eines Einkaufszentrums in diesem wohnt und dort als Haushaltskunde Strom bezieht, schließt also noch nicht die Einstufung als geschlossenes Verteilernetz aus. Ist das Einkaufs-

---

[581] Vom 23.2.2012, abrufbar auf der Homepage der BNetzA unter www.bundesnetzagentur.de.

[582] BerlKommEnR/*Wolf*, § 110 EnWG, Rn. 121; mit weiteren Differenzierungen *Ortleib/Stabe*, Kap. 4, Rn. 28–31, S. 110.

zentrum aber Teil eines Gebäudekomplexes, der auch eine Vielzahl von Wohnungen umfasst und werden diese Wohnungen aus dem gleichen Netz wie das Einkaufszentrum versorgt, scheidet eine Einstufung als geschlossenes Verteilernetz aus. Ob die Regelung tatsächlich dahingehend verstanden werden kann, dass ein Netz auch dann noch ein geschlossenes Verteilernetz ist, wenn neben einem großen Industriebetrieb auch noch eine Werkssiedlung mit 500 Einwohnern angeschlossen ist[583], erscheint fraglich[584].

438 Liegt kein Ausschlussgrund vor, hat die Einstufung dann zu erfolgen, wenn die **Tätigkeiten** oder **Produktionsverfahren** der Anschlussnutzer dieses Netzes aus konkreten technischen oder sicherheitstechnischen Gründen miteinander **verknüpft** sind. Es reicht dafür nicht aus, dass nur die elektrotechnische Verknüpfung über das Netz besteht. Es müssen vielmehr besondere technische oder sicherheitstechnische Gründe hinzukommen. Um beim Beispiel des Einkaufszentrums zu bleiben kann dies die Notstromversorgung im Falle eines Netzzusammenbruchs sein, die für das gesamte Einkaufszentrum gemeinschaftlich installiert ist und sicherstellt, dass bei einem Stromausfall zur Evakuierung der Besucher Notbeleuchtung, Türen und Aufzüge funktionstüchtig bleiben. Sind einzelne Netzanschlussnehmer nicht in diese besondere Struktur eingebunden, so stellt das die Einstufung insgesamt nicht in Frage[585]. Ebenso wäre die sicherheitstechnische Verknüpfung bei einem Flughafen oder Krankenhaus zu bejahen, die über eine für Notfälle vorgehaltene gemeinsame Notstromversorgung verfügen. Im Erwägungsgrund Nr. 30 der Elektrizitätsbinnenmarktrichtlinie werden **Bahnhofsgebäude, Flughäfen, Krankenhäuser, große Campingplätze mit integrierten Anlagen oder Standorte der Chemieindustrie** als weitere mögliche Beispiele genannt.

439 Die zweite Alternative, die zu einer Einstufung als geschlossenes Verteilernetz führt, ist erfüllt, wenn mit dem Netz **in erster Linie** Energie an den **Netzeigentümer** oder -betreiber oder an mit diesen verbundene Unternehmen verteilt wird. Das ist anhand der Zahlen der letzten drei Jahre vor Antragstellung und – sofern vorhandenen – verlässlicher Abschätzungen für die Zukunft zu entscheiden. Welcher Anteil mit „in erster Linie“ gemeint ist, sagt das Gesetz nicht. An anderer Stelle verwendet das EnWG als Mengenkriterien „fast ausschließlich“ (§ 3 Nr. 24b), „überwiegend“ (§ 3 Nr. 29c) oder „weit überwiegend“ (§ 3 Nr. 10). Versucht man eine Stufenbildung, so ist

[583] So *Schalle*, ZNER 2011, 406, 408.
[584] Ablehnend BerlKommEnR/*Wolf*, § 110 EnWG, Rn. 124.
[585] *Strohe*, CuR 2011, 105, 107; BerlKommEnR/*Wolf*, § 110 EnWG, Rn. 99.

„in erster Linie" ähnlich wie „weit überwiegend" einzuordnen[586], worunter ein Anteil im Bereich zwischen **70 und 90 %** zu verstehen ist. Denn „überwiegend" bedeutet mehr als 50 % und „fast ausschließlich" sind 90 % und mehr. Erfüllt ein Netz die Bedingungen des § 110 EnWG nicht, so ist es ein voll regulierungspflichtiges Netz im Sinne des EnWG. Auf die umfangreichen Regelungen, die dann eingehalten werden müssen, kann an dieser Stelle nicht eingegangen werden. Insofern wird auf die einschlägigen Darstellungen dazu verwiesen[587].

440 Damit ergibt sich für die Praxis ein **knappes Resümee**: Betreiber dezentraler Erzeugungsanlagen sind **nicht** der **Regulierung** der von ihnen betriebenen Elektrizitätsversorgungsanlagen ausgesetzt, **solange** die an die von ihnen betriebenen Anlagen angeschlossenen Letztverbraucher den sie versorgenden Stromlieferanten frei wählen können und für die Nutzung der Anlagen **keine Netznutzungsentgelte** erhoben werden. Werden Netznutzungsentgelte erhoben und handelt es sich bei den versorgten Gebäuden um Wohngebäude, so gilt immer das volle Regulierungsrecht; handelt es sich bei den Letztverbrauchern nicht um Haushaltskunden, so können gewisse Regulierungserleichterungen gelten, wenn das Netz auf Antrag des Netzbetreibers von der zuständigen Regulierungsbehörde bei Erfüllung der dafür geltenden Voraussetzungen als geschlossenes Verteilernetz eingestuft wird.

e) Genehmigung des Netzbetriebes

441 Ist die Tätigkeit des Energiedienstleisters nicht nur als Energielieferung einzustufen, sondern auch als Betrieb eines Elektrizitätsversorgungsnetzes, so bedarf der Energiedienstleister dafür gemäß § 4 Abs. 1 EnWG einer **Genehmigung** durch die nach Landesrecht zuständige Behörde. Dies gilt sowohl für geschlossene Verteilernetze, als auch für voll regulierungspflichtige Netze.

442 Die Erteilung der Genehmigung nach § 4 EnWG steht **nicht im Ermessen** der zuständigen Behörde. Sie muss gemäß § 4 Abs. 2 EnWG vielmehr erteilt werden, es sei denn, dass der Antragsteller nicht die personelle, technische und wirtschaftliche Leistungsfähigkeit und Zuverlässigkeit besitzt, um den Netzbetrieb entsprechend den Vorschriften des Energiewirtschaftsgesetzes auf Dauer zu gewährleisten. Liegt kein Versagungsgrund vor, besteht ein **Rechtsanspruch auf**

---

[586] Anders BerlKommEnT/*Wolf*, § 110, Rn. 118, und *Ortlieb/Staebe*, Kap. 4, Rn. 25, S. 109, die eine Gleichsetzung mit „überwiegend" vornehmen und mehr als 50 % ausreichen lassen.

[587] *Schneider/Theobald*, Recht der Energiewirtschaft; *Baur/Salje/Schmidt-Preuß*, Regulierung in der Energiewirtschaft.

Genehmigung[588]. Im Antragsverfahren hat der Energiedienstleister Nachweise über seine Leistungsfähigkeit und Zuverlässigkeit vorzulegen. Die Landesenergiebehörden haben dazu ein bundesweit einheitliches Verfahren abgestimmt. Betreibt ein Energiedienstleister ein Netz ohne die erforderliche Genehmigung, so kann die zuständige Behörde den Netzbetrieb untersagen. Gemäß § 95 Abs. 1 Nr. 1 EnWG handelt ordnungswidrig, wer ohne Genehmigung ein Energieversorgungsnetz betreibt. Dies kann gemäß § 95 Abs. 2 EnWG mit einer Geldbuße bis zu 100.000,– EUR geahndet werden.

4. Einsatz von Stromspeichern

443 Wie die vorausgehenden Ausführungen zeigen, ist es im Regelfall für die Wirtschaftlichkeit der dezentralen Stromversorgung vorteilhaft, einen möglichst hohen Anteil des erzeugten Stroms am Ort der Erzeugung oder im räumlichen Zusammenhang damit zu verbrauchen. Das führt gleichzeitig zu dem größtmöglichen Netzentlastungseffekt. Vor diesem Hintergrund sind technische Lösungen, die eine Speicherung des dezentral erzeugten Stroms am Ort der Erzeugung und den zeitversetzten dezentralen Verbrauch erlauben interessant. Voraussetzung für deren Umsetzung ist, dass geeignete Speicher zu vertretbaren Preisen zur Verfügung stehen.

Aus rechtlicher Sicht ergeben sich nur wenige Besonderheiten: Der dezentral erzeugte Strom, den die Letztverbraucher in der Kundenanlage nicht zeitgleich mit der Erzeugung verbrauchen, wird im Stromspeicher gespeichert. Übersteigt der Verbrauch in der Kundenanlage die zeitgleiche Erzeugung, so wird die notwendige Ergänzungsmenge aus dem Speicher entnommen. Er funktioniert wie eine weitere Erzeugungsanlage. Nur dann, wenn bei laufender Erzeugung kein zeitgleicher Verbrauch durch Letztverbraucher erfolgt und der Stromspeicher voll ist, wird dezentral erzeugter Strom in des vorgelagerte Netz eingespeist. Umgekehrt erfolgt eine Einspeisung aus dem vorgelagerten Netz nur dann, wenn in der Kundenanlage mehr verbraucht wird, als zeitgleich aus den Erzeugungsanlagen und dem Stromspeicher bereitgestellt werden kann. Insgesamt reduzieren sich also die Einspeise- und Entnahmemengen aus dem und in das vorgelagerte Netz.

444 Die einzige bei dezentralen Projekten relevante rechtliche Sonderregelung für Stromspeicher ist § 19 Abs. 4 EEG. Danach gilt Strom, der in Anlagen zur Nutzung erneuerbarer Energien erzeugt worden ist, auch dann als nach dem EEG förderfähiger Strom, wenn er vor

---

[588] *Danner/Theobald-Theobald*, § 4 EnWG, Rn. 14.

der Einspeisung in das Netz zwischengespeichert worden ist. Als Einspeisemenge gilt die aus dem Speicher in das Netz eingespeiste Menge. Speicherverluste trägt also der Anlagenbetreiber. Die Regelung des § 60 Abs. 3 EEG, der zufolge keine EEG-Umlage auf Strom anfällt, der zum Zweck der Zwischenspeicherung an einen Stromspeicher geliefert wird, hat keine Bedeutung. Denn die Befreiung gilt nur dann, wenn dem Stromspeicher Energie ausschließlich zur Wiedereinspeisung in das Netz entnommen wird. Gerade das passiert bei einem dezentralen Stromspeicher nicht. Ihm werden großen Mengen Strom für den Verbrauch in der Kundenanlage entnommen. Erwähnenswert ist ansonsten noch, dass die Kreditanstalt für Wiederaufbau im Rahmen des Programms 275 die Neuerrichtung von Stromspeichern mit verbilligten Zinsen und einem Tilgungszuschuss fördert[589].

5. Ausgestaltung des Stromlieferungsvertrages

445 Die wesentlichen Regelungen eines Energiedienstleistungsvertrages sind bereits im Abschnitt B. (Rn. 21 ff.) erörtert worden. Gehört zu den vom Energiedienstleister zu erbringenden Leistungen die **Stromlieferung**, so gelten einige **Besonderheiten**, die nachfolgend dargestellt werden.

a) Vertragsinhalt

446 § 41 EnWG schreibt für Energielieferverträge mit Haushaltskunden ein umfangreiches **Mindestregelungsprogramm** vor. Dies gilt unabhängig davon, ob die Haushaltskunden wie üblich über das Netz der allgemeinen Versorgung oder im Rahmen eines dezentralen Versorgungsmodells versorgt werden.

Die Verträge müssen insbesondere Bestimmungen enthalten über:

1. die Vertragsdauer, die Preisanpassung, Kündigungstermine und Kündigungsfristen sowie das Rücktrittsrecht des Kunden,
2. zu erbringende Leistungen einschließlich angebotener Wartungsdienste,
3. die Zahlungsweise,
4. Haftungs- und Entschädigungsregelungen bei Nichteinhaltung vertraglich vereinbarter Leistungen,
5. den unentgeltlichen und zügigen Lieferantenwechsel,
6. die Art und Weise, wie aktuelle Informationen über die geltenden Tarife und Wartungsentgelte erhältlich sind,

[589] Stand der Auskunft: April 2015.

7. Informationen über die Rechte der Haushaltskunden im Hinblick auf Streitbeilegungsverfahren, die ihnen im Streitfall zur Verfügung stehen, einschließlich der für Verbraucherbeschwerden nach § 111b EnWG einzurichtenden Schlichtungsstelle und deren Anschrift sowie die Kontaktdaten des Verbraucherservice der Bundesnetzagentur für den Bereich Elektrizität und Gas.

Nach § 42 Abs. 2 EnWG sind dem Haushaltskunden vor Vertragsschluss verschiedene Zahlungsweisen anzubieten.

b) Besonderheiten bei dezentraler Stromlieferung

447 Die Stromlieferung als Teil eines dezentralen Energiedienstleistungskonzepts steht regelmäßig in einem untrennbaren wirtschaftlichen Zusammenhang mit anderen Teilen eines solchen Energiedienstleistungskonzepts. Das typische Beispiel ist die Stromlieferung aus einer KWK-Anlage, deren Wärmeerzeugung zur Beheizung und Warmwasserbereitung verwendet wird. Voraussetzung dafür, dass der Strom den Bewohnern des Hauses zu einem besonders günstigen Preis angeboten werden kann, ist der Betrieb der KWK-Anlage in demselben Gebäude. Ein solcher Betrieb ist wirtschaftlich nur solange möglich, wie die Wärme, die die KWK-Anlage erzeugt, zu auskömmlichen Preisen im Gebäude verkauft werden kann. Rechtlich bedeutet das, dass der Energiedienstleister den Stromlieferungsvertrag mit den günstigen Bedingungen nur dann abschließen kann, wenn gleichzeitig ein Wärmelieferungsvertrag zu Konditionen zustande kommt, die insgesamt zur Wirtschaftlichkeit des Projekts führen. Wärme- und Stromlieferungsvertrag sind deshalb so auszugestalten, dass sie jeweils nur unter der Bedingung wirksam sind, dass der andere Vertrag auch besteht.

c) EEG-Umlage auf Stromlieferungen

448 Nach § 19 i.V.m. §§ 34, 37 oder 38 EEG erhalten die Betreiber von Anlagen zur Nutzung erneuerbarer Energien für den in solchen Anlagen erzeugten Strom einen finanzielle Förderung von dem Netzbetreiber, an dessen Netz die Anlage angeschlossen ist. Als Förderung erhalten sie entweder eine Marktprämie (§ 34 EEG) oder eine Einspeisevergütung (§§ 37 oder 38 EEG). Die zur Zahlung verpflichteten Netzbetreiber haben gegenüber ihren vorgelagerten Übertragungsnetzbetreibern gemäß § 57 Abs. 1 EEG einen Anspruch darauf, die gezahlte Vergütung erstattet zu bekommen. Die Übertragungsnetzbetreiber sind nach § 59 EEG verpflichtet, den vergüteten Strom diskriminierungsfrei, transparent und unter Beachtung der Vorgaben der Verordnung zum EEG-Ausgleichsmechanismus

(Ausgleichsmechanismusverordnung – AusglMechV)[590] zu vermarkten.

449 Die nach Vermarktung verbleibenden **Kosten der Übertragungsnetzbetreiber** können von diesen gemäß § 60 EEG und den Regelungen der AusglMechV anteilig auf die Elektrizitätsversorgungsunternehmen **verteilt** werden, die Strom an Letztverbraucherinnen und Letztverbraucher liefern. Diese EEG-Umlage wird gemäß § 3 AusglMechV berechnet. Gemäß § 70 EEG sind Anlagenbetreiber, Netzbetreiber und Elektrizitätsversorgungsunternehmen verpflichtet, einander die für den bundesweiten Ausgleich erforderlichen Daten zur Verfügung zu stellen. § 74 EEG verpflichtet Elektrizitätsversorgungsunternehmen, die von ihnen an Letztverbraucher gelieferten Strommengen unverzüglich ihrem regelverantwortlichen Übertragungsnetzbetreiber (ÜNB) mitzuteilen und die Jahresabrechnung bis zum 31. Mai des Folgejahres vorzulegen. Die ÜNB können **Abschläge** auf die zu leistende Umlage verlangen. Die Höhe der Umlage wird gemäß § 5 Abs. 1 AusglMechV bis zum 15. Oktober eines Jahres für das Folgejahr veröffentlicht, so dass sich die Elektrizitätsversorgungsunternehmen darauf einstellen können. Daraus ergab sich für das Jahr 2015 eine EEG-Umlage von 6,170 Cent/kWh[591].

450 Der frühere Streit darüber, ob der Betreiber einer Energieversorgungsanlage, der ohne Nutzung des Netzes der allgemeinen Versorgung andere beliefert, die EEG-Umlage zahlen muss, hat sich erledigt. Schon durch die Novellierung des EEG 2004 hat der Gesetzgeber entscheiden wollen, dass nicht nur für den aus dem Netz der allgemeinen Versorgung bezogenen Strom eine EEG-Umlage erhoben wird, sondern auch für den Strom, der direkt an die Letztverbraucher, d.h. ohne Nutzung des Netzes, geliefert wird[592]. In Kenntnis dieser Regelungsabsicht gab es im Zuge der Entstehung des EEG 2009 eine Bundesratsinitiative, die auf eine Klarstellung abzielte und in einem § 37 Abs. 2a EEG regeln wollte, dass Strom, der ohne Nutzung des Netzes der allgemeinen Versorgung geliefert wird, von der EEG-Umlage befreit sein soll[593]. Diesen Vorstoß hat der Bundestag ausdrücklich abgelehnt[594].

451 Der Bundesgerichtshof hat dementsprechend mit Urteil vom 9.12.2009[595] entschieden, dass in den Ausgleichsmechanismus auch der Strom einzubeziehen ist, der außerhalb eines Netzes der allge-

---

[590] Vom 17.2.2015, BGBl. I S. 146.
[591] Die Veröffentlichung erfolgt auf der Internetseite der ÜNB unter www.netztransparenz.de.
[592] BT-Drs. 15/2864, S. 48.
[593] Vgl. BR-Drs. 10/1/08, S. 20 Nr. 28.
[594] Siehe BT-Drs. 16/8393, S. 3 Nr. 19.
[595] VIII ZR 35/09, NVwZ-RR 2010, 315–317; CuR 2010, 16–20.

meinen Versorgung an Letztverbraucher geliefert wird. Dies gilt auch für Strom, der in KWK-Anlagen erzeugt wird. Das Ergebnis ist **absurd**: Nach dem **KWKG** erhält der Betreiber einer KWK-Anlage mit einer elektrischen Leistung bis 50 kW einen **Zuschlag** von 5,41 Cent/kWh. Solche Anlagen werden gefördert, weil sie eine klimaschonende Stromerzeugung ermöglichen. Gleichzeitig muss der Betreiber einer KWK-Anlage dann, wenn er aus seiner Anlage Strom an andere liefert, sogleich wieder die EEG-Umlage abführen. Das der klimafreundlichen Stromerzeugung dienende **EEG zerstört** damit den dem Klimaschutz dienenden **Förderansatz des KWKG** weitgehend. Bei größeren Anlagen, für die der Zuschlag nach § 7 KWKG 2,4 Cent/kWh oder weniger beträgt, wird der Fördereffekt des KWKG vollständig durch die EEG-Umlage neutralisiert.

452 Auch der Energiedienstleister, der dezentral Strom erzeugt und ohne Nutzung des Netzes der allgemeinen Versorgung an seine Kunden liefert, ist Energieversorgungsunternehmen im Sinne des § 3 Nr. 18 EnWG und damit Elektrizitätsversorgungsunternehmen im Sinne des § 60 EEG, weil er Letztverbraucher mit Strom versorgt. Er unterliegt damit der EEG-Umlage. Erfüllt er die ihm obliegenden Meldepflichten hinsichtlich der gelieferten Strommengen gegenüber dem Übertragungsnetzbetreiber nicht, so bleibt seine Zahlungspflicht dennoch bestehen. Der Auskunftsanspruch des Übertragungsnetzbetreibers verjährt erst drei Jahre nachdem der Übertragungsnetzbetreiber davon Kenntnis erlangt hat, dass der Energiedienstleister andere mit Strom beliefert hat[596].

453 Das EEG kennt nur noch eine Fallgruppe, in der eine reduzierte EEG-Umlage zu zahlen ist: Wenn der Letztverbraucher den Strom selbst erzeugt und verbraucht, fällt gemäß § 61 EEG eine reduzierte EEG-Umlage an[597]. Irgendeine nachvollziehbare, aus dem Zweck des EEG abzuleitende Begründung für diese Ausnahme ist nicht ersichtlich. Die praktische Folge dieser systemwidrigen Ausnahme ist die, dass Stromerzeugungsmodelle konzipiert werden, bei denen eine Eigenversorgung vorliegt. Weil die volle Übernahme aller für den Eigenbetrieb erforderlichen Aufgaben den Letztverbraucher überfordert, werden solche Modelle dadurch ermöglicht, dass der sich selbst versorgende Letztverbraucher umfangreiche Dienstleistungen eines kompetenten Fachunternehmens in Anspruch nimmt[598]. Solche Modelle haben aber den Nachteil, dass das Effizienzrisiko beim Letztverbraucher liegt. Er erhält nicht Strom zu einem vereinbarten

---

[596] OLG Celle, Urt. v. 15.52014 – 13 U 153/13, RdE 2014, 334.

[597] Ausführlicher dazu unter Rn. 465.

[598] Solche Modelle behandelt *Fricke*, CuR 2010, 109 in seinen Ausführungen zur vertraglichen Vermeidung der EEG-Umlage nicht, da er allen Betrachtungen eine Stromlieferung an den Letztverbraucher zugrunde legt.

Preis, sondern zahlt alle Kosten der KWK-Anlage und ihres Betriebes in der Hoffnung, dass es am Ende günstiger als der normale Strombezug aus dem Netz wird. Solche Verlagerungen der Produktion von Strom auf den Letztverbraucher behindern den Einsatz von KWK-Anlagen merklich und sind deshalb nur bedingt geeignet, als Ersatzmodelle für die Stromlieferung durch einen Energiedienstleister aus einer auf sein Risiko betriebenen KWK-Anlage zu dienen.

454 Die praktischen Auswirkungen der in sich unschlüssigen Methodik der EEG-Umlage für Energiedienstleistungsprojekte sind äußerst **unerfreulich**: Viele KWK-Projekte erreichen wegen der EEG-Umlage nicht die Wirtschaftlichkeit, die sie mit der Förderung nach dem KWK-Gesetz eigentlich hätten und werden deshalb nicht realisiert. Wenige Standorte werden trotz eines solchen Problems zwar im Eigenbetrieb realisiert. Der Großteil der **Standorte** geht aber **verloren**, weil der Letztverbraucher sich nicht zutraut, die Investitionen in ein BHKW und die damit verbundenen Risiken zu bewältigen.

d) KWK-Umlage

455 Die KWK-Umlage wird über die Netznutzungsentgelte erhoben, wie sich aus § 9 Abs. 7 KWKG ergibt: Der Netzbetreiber, der die Vergütung nach § 4 KWKG an KWK-Anlagen-Betreiber bezahlt, ist gemäß § 9 Abs. 7 KWKG berechtigt, diese geleisteten Zuschlagszahlungen über die Netznutzungsentgelte in Ansatz zu bringen. Im Jahre 2015 beläuft sie sich auf 0,221 ct/kWh für Verbrauchsmengen bis 100.000 kWh. Bei der dezentralen Stromlieferung aus KWK-Anlagen ohne Netznutzung wird für den Strom aus diesen Anlagen kein Netz genutzt, so dass auch keine Netznutzungsentgelte und damit auch keine KWK-Umlage für diesen Strom von einem Netzbetreiber erhoben werden können. Da bei einer dezentralen Stromversorgung immer auch Zusatz- und Reservestrom aus dem Netz eingesetzt wird, ist die aus dem Netz bezogene Teilmenge des Stromes, der an den Letztverbraucher geliefert wird, mit der KWK-Umlage belastet. Der Belastungsausgleich nach § 9 KWKG findet unter Netzbetreibern statt. Das sind nach § 3 Abs. 9 KWKG nur Netzbetreiber der allgemeinen Versorgung. Ein Netzbetreiber, dessen Netz kein Netz der allgemeinen Versorgung ist, wie z.B. die früheren Objektnetze im Sinne des § 110 EnWG, sind weder zur Zahlung des KWK-Zuschlags verpflichtet, noch als Netzbetreiber Teil des Belastungsausgleichs nach § 9 KWKG. Sie sind vielmehr einem an das Netz der allgemeinen Versorgung angeschlossenen Letztverbraucher gleich zu behandeln und haben für die aus dem Netz der allgemeinen Versorgung in ihr Netz gelieferte Strommenge die KWK-Umlage wie ein Letztverbraucher zu zahlen[599].

[599] BGH, Urt. v. 16.12.2014 – EnZR 81/13, Rn. 24 ff.

e) Umlage gemäß § 19 Abs. 2 StromNEV

456 Im Jahre 2013 ist § 19 Abs. 2 StromNEV dahingehend geändert worden, dass dann, wenn die Stromabnahme aus dem Netz der allgemeinen Versorgung für den eigenen Verbrauch an einer Abnahmestelle die Benutzungsstundenzahl von mindestens 7.000 Stunden erreicht oder übersteigt und der Stromverbrauch an dieser Abnahmestelle 10 GWh übersteigt, der Letztverbraucher nur 20 % der veröffentlichten Netzentgelte bezahlen muss. Ab einer Benutzungsstundenzahl von 7.500 reduziert sich das Netzentgelt auf 15% der veröffentlichten Netzentgelte und ab 8.000 Benutzungsstunden auf 10% der veröffentlichten Netzentgelte. Die Verluste werden entsprechend dem Mechanismus des § 9 KWKG auf die Netzentgelte derjenigen umgelegt werden, die weiterhin für die Inanspruchnahme der Leistung „Netznutzung" bezahlen. Weil durch die Regelung **Großverbraucher entlastet** werden, entfallen erhebliche Volumina an Netzentgelten. Dies führt zu einer Mehrbelastung der übrigen Netznutzer in Höhe von 0,227 Cent/kWh für Abnahmemengen bis 1.000.000 kWh im Jahre 2015. Weil auch diese Umlage nicht auf Strom anfällt, der dezentral erzeugt und ohne Netznutzung an Letztverbraucher geliefert wird, belastet sie die dezentral erzeugte und vermarktete Strommenge nicht.

f) Umlage für abschaltbare Lasten

457 Die Verordnung über Vereinbarungen zu abschaltbaren Lasten (AbLaV)[600] verpflichtet die Übertragungsnetzbetreiber zur Durchführung von Ausschreibungen für den Abschluss von Verträgen mit Stromgroßverbrauchern über die Abschaltung der von ihnen in Anspruch genommenen Leistung im Bedarfsfall, also bei einer Netzüberlast. Für die Bereitschaft zur Abschaltung und die Inanspruchnahme der Abschaltleistung erhalten diese Großverbraucher eine Vergütung vom Übertragungsnetzbetreiber. Die durch die Vergütungszahlungen entstehenden Kosten können die Übertragungsnetzbetreiber in entsprechender Anwendung des Mechanismus des § 9 KWKG auf alle Netznutzer verteilen. Im Jahre 2015 beläuft sich die Umlage für abschaltbare Lasten auf 0,006 ct/kWh. Sie fällt ebenfalls nicht auf Strommengen an, die dezentral erzeugt und ohne Netznutzung an Letztverbraucher geliefert werden.

[600] Vom 28.12.2012, BGBl. I S. 2998.

g) Offshore-Haftungsumlage

458 § 17e EnWG sieht vor, dass die Betreiber von Offshore-Windanlagen eine Entschädigung vom anbindungsverpflichteten Übertragungsnetzbetreiber beanspruchen können, wenn dieser es nicht schafft, rechtzeitig den notwendigen Anschluss für genehmigte und fertiggestellte Offshore-Windanlagen herzustellen. Die dem Übertragungsnetzbetreiber dafür entstehenden Kosten werden nach § 17f EnWG bundesweit ausgeglichen und auf alle Netzbetreiber verteilt, die diese Kosten über die Netzentgelte von den Netznutzern erstattet verlangen können. Im Jahre 2015 beläuft sich die Umlage für die ersten 1.000.000 kWh Letztverbraucherstromverbrauchsmenge auf -0,051 ct/kWh. Für diese Verbrauchsmengen bekommen die Letztverbraucher also wegen eines Überschusses aus den Vorjahren eine Erstattung. Auch diese Umlage fällt wegen der Koppelung an das Netznutzungsentgelt nicht für dezentral erzeugte und gelieferte Strommengen an.

6. Besondere Streitbeilegungsverfahren

459 Mit der Novellierung des Energiewirtschaftsgesetzes im Jahre 2011 sind zwei Verfahrensvorschriften eingeführt worden, die darauf abzielen, Streitigkeiten zwischen Energieversorgungsunternehmen und Verbrauchern ohne Belastung der Gerichte zu klären.

a) Verbraucherbeschwerden

460 In § 111a EnWG werden Verbraucherbeschwerden geregelt[601]. Das sind **Beanstandungen** von **Verbrauchern**, die sich auf den Vertragsschluss oder die Qualität von Leistungen von Energieversorgungsunternehmen, Messstellenbetreibern oder Messdienstleistern beziehen. Diese müssen innerhalb eines Monats ab Zugang von dem **Unternehmen**, bei dem sich der Kunde beschwert, **beantwortet** werden. Wird nicht abgeholfen, müssen die Gründe schriftlich oder elektronisch dargelegt werden. Außerdem muss auf das Schlichtungsverfahren nach § 111b EnWG hingewiesen werden.

b) Schlichtungsstelle

461 § 111b EnWG führt ein Schlichtungsverfahren für Streitigkeiten zwischen Verbrauchern und Unternehmern ein[602]. Dafür ist die pri-

[601] Ausführlich dazu BerlKommEnR-*Keßler*, § 111a EnWG, Rn. 1–14.
[602] Kritsich dazu *Lange*, RdE 2012, 41, 43; ausführlich dazu BerlKommEnR-*Keßler*, § 111b EnWG, Rn. 1–37.

vatrechtlich organisierte „Schlichtungsstelle Energie“ eingerichtet worden, die durch das Bundeswirtschaftsministerium und das Bundesministerium für Ernährung, Landwirtschaft und Verbraucherschutz anerkannt wurde. Sofern ein Verbraucher ein Schlichtungsverfahren beantragt, ist das Energieversorgungsunternehmen nach § 111b Abs. 1 S. 2 EnWG verpflichtet, an dem Schlichtungsverfahren teilzunehmen.

462 Die **Kosten** des Schlichtungsverfahrens muss gemäß § 111b Abs. 6 EnWG das **Energieversorgungsunternehmen** zahlen, es sei denn, der Verbraucher hat in missbräuchlicher Weise das Verfahren angestrengt. Der Verbraucher hat nicht missbräuchlich gehandelt, wenn er eine Rechnung nicht verstanden hat und erst weitere Erläuterungen des Lieferanten dazu führen, dass er sie versteht. Solche Erläuterungen sollte man deshalb möglichst früh geben, damit es gar nicht erst zu einem Verfahren kommt. Die Höhe der Verfahrenskosten ist auf der Internetseite der Schlichtungsstelle veröffentlicht[603]. Die **Fallpauschale** beträgt im Jahr 2015 bei einer Einigung im Rahmen der Schlichtung 300,– EUR und dann, wenn die Ombudsperson eine Schlichtungsempfehlung aussprechen muss, **450,– EUR**. In einem Rechtsstreit zwischen der Schlichtungsstelle und einem Versorgungsunternehmen ist die Kostenordnung 2012 als gesetzkonform bestätigt worden[604]. Die nicht unerheblichen Kosten und der Aufwand, den ein Schlichtungsverfahren für ein Unternehmen verursacht, sollten jedes Unternehmen veranlassen, auf eine Verbraucherbeschwerde immer binnen der Frist nach § 111a EnWG zu reagieren und eine Klärung mit dem Kunden vor Beginn eines Schlichtungsverfahrens zu erreichen.

463 § 111b Abs. 1 EnWG regelt zwar, dass das Recht der Vertragsparteien eines Energielieferungsvertrages zur **gerichtlichen Klärung unberührt** bleibt. Gleichzeitig schreibt Abs. 1 aber zwingend vor, dass eine Unternehmen zur Teilnahme am Schlichtungsverfahren verpflichtet ist, wenn ein Verbraucher es dort beantragt. Die Schlichtungsstelle Energie soll nach § 111b Abs. 1 EnWG innerhalb von **drei Monaten** eine **einvernehmliche Lösung** herbeiführen. Das Gesetz schreibt in Abs. 2 weiter vor, dass ein Mahnverfahren, das der Energielieferant bei Beginn des Schlichtungsverfahrens schon beantragt hat, zum Ruhen gebracht werden soll. Das ist keine zwingende Regelung und es ist auch keine zivilprozessuale Konstruktion ersichtlich, die diesen Fall erfasst[605]. Im Ergebnis läuft es darauf hinaus, dass das Verfahren durch Nichtbetreiben zum Stillstand gebracht wird. Einen

[603] www.schlichtungsstelle-energie.de/.
[604] LG Köln, Urt. v. 22.5.2014 – 88 O 78/13, RdE 2015, 44.
[605] BerlKommEnR-*Keßler*, § 111b, Rn. 21.

Zwang dazu gibt es aber nicht. Nicht ausgeschlossen erscheint, dass der Verbraucher, der gegen einen gegen ihn gerichteten Mahnbescheid Widerspruch einlegt und nachweist, dass ein Schlichtungsverfahren läuft, das Gericht veranlassen kann, das vom Energieversorgungsunternehmen beantragte streitige Verfahren ohne große Eile zu betreiben, bis der Schlichtungsspruch vorliegt. Für das Energieversorgungsunternehmen mag das hinnehmbar sein, weil die Durchführung des Schlichtungsverfahrens die Verjährung hemmt[606].

464 Die Regeln über das Schlichtungsverfahren gelten nicht nur für „große Energieversorger", sondern auch für **jeden Energiedienstleister**, der einige **Verbraucher** in einem Haus aus dem dort betriebenen BHKW **mit Strom beliefert**. Auch er muss sich also auf die Teilnahme an Schlichtungsverfahren einstellen und auf Verbraucherbeschwerden fristgerecht und mit ausreichenden nachvollziehbaren Erklärungen und Begründungen reagieren. Nur dann, wenn der Verbraucher trotz einer umfassenden, nachvollziehbaren und zutreffenden Erklärung ein Schlichtungsverfahren beantragt, kann das Energielieferungsunternehmen später die Kostenlast für das Verfahren mit dem Argument ablehnen, dass das Verfahren missbräuchlich war.

7. Exkurs: Eigenversorgung

465 Mit der Novellierung des Erneuerbare-Energien-Gesetzes im Jahre 2014 ist erstmals auch eine EEG-Umlage auf Strom eingeführt worden, der vom Letztverbraucher selbst erzeugt und verbraucht wird. Das Gesetz bezeichnet diesen Vorgang als „Eigenversorgung" und definiert ihn in § 5 Nr. 12 EEG als Verbrauch von Strom, den eine natürliche oder juristische Person im unmittelbaren räumlichen Zusammenhang mit der Stromerzeugungsanlage selbst verbraucht, wenn der Strom nicht durch ein Netz durchgeleitet wird und diese Person die Stromerzeugungsanlage selbst betreibt.

466 § 61 Abs. 1 EEG bestimmt, dass die Übertragungsnetzbetreiber für die Eigenversorgung die EEG-Umlage anteilig erheben müssen, und zwar in Höhe von 30 % der vollen Umlage für alle vor dem 1.1.2016 verbrauchten Strommengen, in Höhe von 35 % für alle vor dem 1.1.2017 verbrauchten Strommengen und in Höhe von 40 % für Strom, der ab dem 1.1.2017 verbraucht wird. Damit ist jede Form des Stromverbrauchs grundsätzlich mit der Pflicht zur Zahlung der EEG-Umlage belastet. Die EEG-Umlage erhöht sich auf 100 %, wenn der Eigenversorger seine Meldepflicht nach § 74 EEG nicht bis zum 31. Mai des Folgejahres erfüllt oder wenn die Eigenversorgungs-

[606] BerlKommEnR-*Keßler*, § 111b, Rn. 22.

anlage weder eine Anlage zur Nutzung erneuerbarer Energien oder eine hocheffiziente KWK-Anlage ist.

467 § 61 Abs. 2 EEG enthält einige Ausnahmen, in denen bei Eigenversorgung keine EEG-Umlage anfällt, und zwar

1. soweit der Strom in den Neben- und Hilfsanlagen einer Stromerzeugungsanlage zur Erzeugung von Strom im technischen Sinne verbraucht wird (Kraftwerkseigenverbrauch),
2. wenn der Eigenversorger weder unmittelbar noch mittelbar an ein Netz angeschlossen ist (sog. Inselanlagen),
3. wenn sich der Eigenversorger selbst vollständig mit Strom aus Erneuerbaren Energien versorgt und für den Strom aus seiner Anlage, den er nicht selbst verbraucht, keine finanzielle Förderung nach Teil 3 in Anspruch nimmt, oder
4. wenn Strom aus Stromerzeugungsanlagen mit einer installierten Leistung von höchstens 10 kW erzeugt wird, für höchstens 10 MWh selbst verbrauchten Stroms pro Kalenderjahr; dies gilt ab der Inbetriebnahme der Stromerzeugungsanlage für die Dauer von 20 Kalenderjahren zuzüglich des Inbetriebnahmejahres.

Weitere Ausnahmen regelt § 61 Abs. 3 EEG für Bestandsanlagen.

468 Um zu gewährleisten, dass der Übertragungsnetzbetreiber möglichst alle Eigenversorger erfasst, räumt das Gesetz ihm in § 61 Abs. 5 EEG umfassende Auskunfts- und Informationsansprüche gegenüber allen Stellen ein, die dem Übertragungsnetzbetreiber bei einer solchen Kontrolltätigkeit hilfreich sein könnten. Im Einzelnen kann der ÜNB verlangen:

1. von den Hauptzollämtern Daten über Eigenerzeuger und Eigenversorger, wenn und soweit dies im Stromsteuergesetz oder in einer auf der Grundlage des Stromsteuergesetzes erlassenen Rechtsverordnung zugelassen ist,
2. vom Bundesamt für Wirtschaft und Ausfuhrkontrolle die Daten über die Eigenversorger nach § 8 Abs. 1 KWKG in der jeweils geltenden Fassung und
3. von den Betreibern von nachgelagerten Netzen Kontaktdaten der Eigenversorger sowie weitere Daten zur Eigenversorgung einschließlich des Stromverbrauchs von an ihr Netz angeschlossenen Eigenversorgern.

§ 7 AusglMechV regelt, dass der Übertragungsnetzbetreiber nur in bestimmten Fällen selbst die EEG-Umlage erhebt. In allen dort in Absatz 1 nicht genannten Fällen ist der Netzbetreiber für die Erhebung der EEG-Umlage für Eigenversorger zuständig, an dessen Netz die Eigenversorgungsanlage angeschlossen ist.

D. Nahwärmeversorgung

469 Energiedienstleister befassen sich nicht nur mit der Versorgung einzelner Gebäude oder Grundstücke, sondern auch damit, beispielsweise Gewerbegebiete, Neubauwohngebiete oder mehrere nahe bei einander liegende Gebäude aus einer Anlage zu versorgen. Im Bereich der Wärmeversorgung verschwimmt in solchen Fällen die Grenze zur „klassischen Fernwärme", weil der Energiedienstleister nicht mehr nur auf dem versorgten Grundstück tätig ist, sondern von dem Anlagengrundstück aus über mehr oder minder lange Versorgungsleitungen andere Grundstücke versorgt. Das **entspricht** der Situation bei der **Fernwärmeversorgung.**

470 Übernimmt ein Energiedienstleister die Elektrizitätsversorgung eines mehrere Grundstücke umfassenden Gebietes, so stellen sich die in Kapitel C. (Rn. 415 ff.) erörterten Fragen dazu, ob die vom Energiedienstleister vorgehaltene Elektrizitätsinfrastruktur ein regulierungspflichtiges Netz ist. Zu ergänzen ist hier nur, dass jedermann gemäß § 48 Abs. 1 EnWG einen gesetzlichen Anspruch gegen die Gemeinde hat, ihm die Nutzung öffentlicher Straßen und Wege für die Verlegung von Strom- oder Gasleitungen zu gestatten. Dafür kann die Gemeinde gemäß § 48 Abs. 2 EnWG eine Konzessionsabgabe erheben. Deren Höhe bestimmt sich nach den Regelungen der Konzessionsabgabenverordnung[607] (KAV). Die KAV gilt nicht für die Verlegung von Wärme- oder Kälteleitungen, weil es sich bei Wärme und Kälte nicht um Energie im Sinne des § 3 Nr. 14 EnWG handelt.

471 Im Verhältnis zum einzelnen Anschlussnehmer ergeben sich bei der Nahwärmeversorgung keine grundlegend anderen rechtlichen Fragen als bei einem Einzelversorgungsvertrag mit dem Eigentümer eines Grundstücks, auf dessen Grundstück der Energiedienstleister die Energieversorgungsanlage errichtet. Die hinzu kommenden rechtlichen Fragen resultieren im Wesentlichen daraus, dass bei einem für eine bestimmte Mindestanzahl von Abnehmern ausgelegten Versorgungskonzept eine langfristige **Wirtschaftlichkeit** nur dann gegeben ist, wenn alle vorgesehenen Abnehmer auch über den der Kalkulation zugrunde liegenden Zeitraum Energie beim Energiedienstleister beziehen. Beeinflusst wird die Wirtschaftlichkeit von der Möglichkeit,

[607] V. 9.1.1992, BGBl. I S. 12 (407), zuletzt geändert durch Art. 3 Abs. 4 Verordnung v. 1.11.2006, BGBl. I S. 2477.

Fördermittel nach dem KWKG zu nutzen. Eine zweite, im Zusammenhang mit der Versorgung von Einzelobjekten nicht auftretende Frage, ist die der **Nutzung** weiterer **Grundstücke** als der des Kunden, insbesondere die Nutzung öffentlicher Straßen zur **Leitungsverlegung**. Diesen Fragestellungen soll hier nachgegangen werden.

472 Eine Nahwärmeversorgung kann so konzipiert sein, dass die Wärmeerzeugungsanlage, aus der die angeschlossenen Abnehmer versorgt werden, in einem der versorgten Gebäude errichtet worden ist. Hinsichtlich des Verhältnisses zwischen dem Eigentümer dieses Gebäudes und dem Energiedienstleister kann auf die Ausführungen zur Rechtslage hinsichtlich der Energieerzeugungsanlage verwiesen werden (Rn. 203 ff.). Errichtet der Energiedienstleister die Energieerzeugungsanlage, also z.B. ein Blockheizkraftwerk, auf einem in seinem Eigentum stehenden Grundstück, so bestehen hinsichtlich seines Eigentums an der Energieerzeugungsanlage keine Zweifel, die eine weitere Erörterung notwendig erscheinen ließen.

I. Absicherung des Bezuges

473 Die mit der Errichtung einer Nahwärmeversorgung verbundenen Investitionen sind umfangreich und nur dann wirtschaftlich, wenn die Nutzung der Anlage über **längere Zeiträume als zehn Jahre** – die in allgemeinen Versorgungsbedingungen gemäß § 32 Abs. 1 AVBFernwärmeV höchstzulässige Laufzeit – gesichert ist. Erdleitungen weisen beispielsweise je nach Typ eine Lebensdauer von 30 oder mehr Jahren auf. Ihre Verlegung ist so teuer, dass die Wärmepreise bei einer Verteilung der Kosten über eine zehnjährige Vertragslaufzeit zu hoch wären. Um eine verlässliche Grundlage für die Investitionsentscheidung zu haben, ist es erforderlich, dass die Abnahmepflicht der Nutzer und das Recht des Energiedienstleisters zur Durchführung der Versorgung entsprechend langfristig gesichert sind. Dazu bieten sich unterschiedliche öffentlich-rechtliche und zivilrechtliche Instrumente an.

1. Anschluss- und Benutzungszwang

474 Rechtsvorschriften der Bundesländer, meist die **Gemeindeordnungen**, sehen die Möglichkeit vor, dass die Gemeinden für bestimmte Einrichtungen einen Anschluss- und Benutzungszwang durch Satzung einführen. Beispielhaft sei § 17 der Schleswig-Holsteinischen Gemeindeordnung zitiert: „(1) Die Gemeinde schafft in den Grenzen ihrer Leistungsfähigkeit die öffentlichen Einrichtungen, die für die wirtschaftliche, soziale und kulturelle Betreuung ihrer Einwohner erforderlich sind. (2) Sie kann bei dringendem öffentlichen Bedürfnis durch Satzung für die Grundstücke ihres Gebiets den Anschluss an die Wasserversorgung, die Abwasserbeseitigung, die Abfallentsorgung, die Versorgung mit Fernwärme, die Straßenreinigung und ähnliche der Gesundheit und dem Schutz der natürlichen Grundlagen des Lebens dienende öffentliche Einrichtungen (**Anschlusszwang**) und die Benutzung dieser Einrichtungen und der Schlachthöfe (**Benutzungszwang**) vorschreiben. ...“[608].

475 Schreibt eine solche **Satzung** für ein bestimmtes Gebiet den Anschluss an ein Fern- oder Nahwärmenetz und dessen Benutzung vor, so ist der gesamte Wärmebedarf auf den erfassten Grundstücken aus dem Wärmenetz zu decken. In einer solchen Satzung müssen Ausnahmen für solche Fälle vorgesehen werden, in denen die Anordnung des Anschluss- und Benutzungszwanges unbillig wäre. Wird der Anschluss- und Benutzungszwang mit der Vermeidung klimaschädlicher Emissionen begründet, dann sehen landesrechtliche Vorschriften wie beispielsweise das brandenburgische Landesimmissionsschutzgesetz einen Anspruch auf Befreiung vor, wenn die Beheizung durch eine Anlage erfolgt, die vollständig regenerative Energieträger einsetzt. Verzichtet der Satzungsgeber darauf, bei einem Anschluss- und Benutzungszwang für Fernwärme eine **Ausnahme** in der Satzung für Grundstücke vorzusehen, die auf der Grundlage **regenerativer Energieträger** versorgt werden, so ist die Satzung wegen unverhältnismäßiger Einschränkung der Grundrechte der Anschlussnehmer unwirksam[609]. Es ist zweifelhaft, bisher aber nicht gerichtlich entschieden, ob eine solche Ausnahme auch dann vorgesehen werden muss, wenn die Versorgung, zu deren Gunsten der Anschluss- und Benutzungszwang besteht, selbst vollständig auf der Basis regenerativer Energieträger erfolgt. Dann entfällt jedenfalls der Ausnahmegrund, den das OVG Thüringen zum Anlass für seine Entscheidung genommen hat. Zusammenfassend gilt, dass sich für eine Nahwärmeversorgung, die nicht vollständig auf regenerativen Energien beruht, keine ausnahmslose Bindung aller im Versorgungsgebiet liegenden Grundstücke mittels Anschluss- und Benutzungszwang erreichen lässt.

a) Öffentliche Einrichtung

476 Grundlegende Voraussetzung dafür, dass die von einem Energiedienstleister durchgeführte Nahwärmeversorgung überhaupt durch

[608] Die Möglichkeit eines Anschluss- und Benutzungszwangs für Fernwärme sehen u.a. vor: § 8 Landesimmissionsschutzgesetz Brandenburg, § 13 Niedersächsische Kommunalverfassung, Art. 24 Abs. 1 Nr. 3 Gemeindeordnung für den Freistaat Bayern.

[609] Thüringer OVG, Urt. v. 24.9.2007 – 4 N 70/03, CuR 2008, 102–108.

einen Anschluss- und Benutzungszwang abgesichert werden kann, ist deren Einordnung als „öffentliche Einrichtung“[610]. Eine öffentliche Einrichtung ist jede organisatorische Zusammenfassung von Personen und Sachen, die von der **Gemeinde** im Rahmen ihrer Verbandskompetenz sowie kraft gesetzlicher Zulassung im Rahmen des übertragenen staatlichen Wirkungskreises geschaffen wird und dem von dem Widmungszweck erfassten Personenkreis nach allgemeiner und gleicher Regelung zur **Benutzung offen** steht[611]. Mit einem Anschluss- und Benutzungszwang ist stets ein Anspruch derjenigen Grundstückseigentümer auf Anschluss- und Benutzung zu diskriminierungsfreien Bedingungen verbunden, deren Grundstück im Geltungsbereich der Satzung liegt[612].

477 Unterhält und betreibt die Gemeinde selbst das Nahwärmenetz, so ist es unzweifelhaft, dass es sich um eine öffentliche Einrichtung handelt. Für die Praxis entscheidend ist aber die Frage, ob die Nahwärmeversorgung auch dann noch als öffentliche Einrichtung angesehen werden kann, wenn sie von einem **Energiedienstleister betrieben** wird. Nur dann kann sie über einen Anschluss- und Benutzungszwang abgesichert werden. Zur Beantwortung dieser Frage ist zu unterscheiden zwischen dem Fall, in dem das Benutzungsverhältnis weiterhin zwischen den Anschlussnehmern und der Gemeinde selbst begründet wird – sei es zivilrechtlich oder öffentlich-rechtlich ausgestaltet –, und dem Fall, in dem der Energiedienstleister direkte vertragliche Bindungen mit den einzelnen Anschlussnehmern eingeht. Im erstgenannten Fall beschränkt sich die Aufgabe des Energiedienstleisters rechtlich darauf, **Erfüllungsgehilfe** der Gemeinde zu sein. Die öffentlich-rechtliche Zuständigkeit und Pflichtigkeit der Gemeinde erfährt keine Änderung. Solche Modelle werden als **Betreiber**- und **Betriebsführungsmodell** bezeichnet[613]. Zweifel an der Einordnung als öffentliche Einrichtung bestehen nicht.

478 Wird aber dem **Energiedienstleister** das Recht eingeräumt, seine Tätigkeit auf eigenes Risiko in dem Geltungsbereich der Satzung über den Anschluss- und Benutzungszwang zu entfalten und dabei alle erforderlichen Fragen über die Ausgestaltung des **Benutzungsverhältnisses** mit den Anschlussnehmern **selbst** zu regeln, ist jedenfalls der Träger der Einrichtung keine Körperschaft des öffentlichen Rechts mehr. Die Gemeinde schließt einen Vertrag mit dem Energiedienstleister, der ihm die Nutzung der gemeindlichen Grundstücke einschließlich der öffentlichen Straßen und Wege im Geltungsbereich

---

610 OVG Schleswig, Urt. v. 22.10.2003 – 2 KN 5/02, NordÖR 2004, 152–155; *Raabe*, S. 25.

611 *Gern*, Deutsches Kommunalrecht, Rn. 528.

612 Siehe z.B. § 18 SH GO; Art. 21 Bay GO.

613 *Cronauge/Westermann*, Kommunale Unternehmen, Rn. 773.

der Satzung gestattet. Sie kann also nur noch mittelbar, und zwar über die Ausgestaltung des Vertrages mit dem Energiedienstleister, Einfluss auf das Benutzungsverhältnis nehmen. Dieses Modell kann als **Konzessionierungsmodell** bezeichnet werden[614].

479 Dazu hat das Bundesverwaltungsgericht mit zwei Urteilen vom 6.4.2005[615] Entscheidungen des sächsischen und des schleswig-holsteinischen Oberverwaltungsgerichts insoweit bestätigt, als der Fernwärmeversorgung der Charakter als öffentliche Einrichtung **aberkannt** wurde, weil die Gemeinden **keinerlei Einfluss** auf den Betrieb der Versorgung hatten und so nicht im Streitfall den Anspruch der Bürger hätten durchsetzen können, zu angemessenen Bedingungen angeschlossen und versorgt zu werden. Das Bundesverwaltungsgericht tritt allerdings der Auffassung des schleswig-holsteinischen Oberverwaltungsgerichts entgegen, wonach schon dann keine öffentliche Einrichtung mehr vorliegt, wenn das Versorgungsverhältnis zwischen dem beauftragten Unternehmen und dem Bürger zustande kommt. Das ist zulässig, wenn gleichzeitig gesichert ist, dass die **Gemeinde umfassende Einflussmöglichkeiten** auf die Art und Weise der Wärmeversorgung hat und damit die Ansprüche der Bürger auf eine Versorgung zu angemessenen Bedingungen durchsetzen kann. Diese Einflussmöglichkeiten müssen entweder durch einen entsprechenden Vertrag mit dem beauftragten Unternehmen gesichert werden oder aber dadurch, dass die Gemeinde mit entsprechendem Einfluss, also mehrheitlich, an dem Unternehmen beteiligt ist und so aus der Gesellschafterrolle heraus die Schutzansprüche des Bürgers durchsetzen kann. Die Gemeinde muss in der Lage sein, auf die Versorgungssicherheit, die Preisgestaltung und den angestrebten Immissionsschutz bestimmenden Einfluss zu haben[616].

480 Im Ergebnis führt diese Rechtsprechung dazu, dass ein **Energiedienstleister** die Wärmeversorgung in einem durch Anschluss- und Benutzungszwang abgesicherten Gebiet **nie eigenverantwortlich** durchführen kann. Die Gemeinde muss bei allen maßgeblichen Fragen im Verhältnis zum Anschlussnehmer immer ein Letztentscheidungsrecht haben. Ein Energiedienstleister hat keinerlei **Investitionssicherheit**, wenn er vertraglich dazu gezwungen werden kann, seinen Preis dem Wunsch der Gemeinde entsprechend gegebenenfalls zu senken oder nicht seiner Kostenentwicklung entsprechend zu erhöhen oder kostenintensive Maßnahmen durchzuführen. Ein solches Modell lässt sich deshalb nur dann realisieren, wenn der Energiedienstleister mit der Gemeinde vereinbart, dass die Gemeinde dann,

[614] Vgl. *Raabe*, Kommunalwirtschaftliche Rahmenbedingungen, S. 35 ff.
[615] 8 CN 1.03, NVwZ 2005, 963–964, und 8 CN 1.04, NVwZ 2005, 1072–1074.
[616] BVerwG, Urt. v. 6.4.2005 – 8 CN 1.04, Rn. 36, NVwZ 2005, 1074.

wenn ihre Preisentscheidungen und sonstigen Eingriffe zu einem unwirtschaftlichen Betrieb führen, diese Verluste von der Gemeinde ausgeglichen werden. Damit entspricht das Modell betriebswirtschaftlich weitgehend dem schon angesprochenen Betriebsführungsmodell, bei dem der Energiedienstleister für die Tätigkeit eine vereinbarte Vergütung von der Gemeinde erhält.

b) Schutzzweck

481 Ein Anschluss- und Benutzungszwang darf nur dann angeordnet werden, wenn der in den jeweiligen Ermächtigungsnormen benannte Schutzzweck erfüllt wird. Hier gibt es erhebliche Unterschiede im Wortlaut der Vorschriften in den einzelnen Bundesländern. Während der Freistaat Bayern die Anordnung gemäß Art. 24 Abs. 1 Nr. 3 GO nur zulässt, „sofern der Anschluss aus besonderen städtebaulichen Gründen oder zum Schutz vor schädlichen **Umwelteinwirkungen** im Sinne des Bundes-Immissionsschutzgesetzes notwendig ist", erlaubt die oben zitierte Schleswig-Holsteinische Gemeindeordnung die Anordnung in § 17 Abs. 2 dann, wenn sie der „Gesundheit und dem Schutz der **natürlichen Lebensgrundlagen**" dient. In § 8 Abs. 1 des Brandenburgischen Landesimmissionsschutzgesetzes wird ganz allgemein auf den „Zweck des Gesetzes" Bezug genommen. Dieser ist in § 1 u.a. damit beschrieben, Menschen, die natürliche Umwelt sowie Kultur- und Sachgüter vor schädlichen Umwelteinwirkungen im Sinne des § 3 Abs. 1 BImSchG zu schützen. Die Kommunalverfassung für das Land Mecklenburg-Vorpommern regelt in § 15, dass die Gemeinde einen Anschluss- und Benutzungszwang u.a. für Einrichtungen zur Versorgung mit Fernwärme und ähnliche dem **öffentlichen Wohl** dienende Einrichtungen anordnen kann.

482 Diese Unterschiede haben in der Vergangenheit dazu geführt, dass Gerichte einen allein aus Gründen des **Klimaschutzes** angeordneten Anschluss- und Benutzungszwang für unwirksam gehalten haben[617]. Solche Diskussionen haben sich aber mit Inkrafttreten des **Erneuerbare-Energien-Wärmegesetzes** (EEWärmeG) im Jahre 2009 erledigt. Denn dessen § 16 bestimmt, dass Gemeinden von Bestimmungen des Landesrechts, die sie zur Begründung eines Anschluss- und Benutzungszwanges an ein Netz der öffentlichen Fernwärme- oder Fernkälteversorgung ermächtigen, auch zum Zwecke des Klima- und Ressourcenschutzes Gebrauch machen können[618].

---

[617] Z.B. VGH Baden-Württemberg, Urt. v. 18.3.2004 – 1 S 2261/02.

[618] Vom Bundesrat im Gesetzgebungsverfahren geäußerte Zweifel an der Gesetzgebungskompetenz des Bundes greifen nicht durch *Ennuschat/Volino*, CuR 2009, 90, 94 f.

483 Anlass für die Etablierung einer Nahwärmeversorgung ist heute in den meisten Fällen der Klimaschutz. Dabei sind zwei Fallgruppen zu unterscheiden. Ausgehend von der Erkenntnis, dass CO_2-Emissionen im heutigen Umfang zu einer übermäßigen Erwärmung der Erdoberfläche führen, werden positive Klimaeffekte zum einen mit einer Nahwärmeversorgung verbunden, deren Wärmegrundlast in einer **KWK-Anlage** erzeugt wird. Der positive Klimaeffekt ergibt sich in diesem Fall daraus, dass die Abwärme, die bei der Erzeugung der Elektrizität anfällt, nicht wie bei der konventionellen Elektrizitätserzeugung in Kondensationskraftwerken über Kühltürme in die Atmosphäre oder über Kühlwasser in Flüsse abgegeben wird, sondern zur Raum- bzw. Brauchwassererwärmung oder für industrielle Prozesse genutzt wird. Das führt zu einem deutlich geringeren Brennstoffeinsatz im Vergleich zu dem Fall, in dem die gleiche Menge an Elektrizität in einem Kondensationskraftwerk und die Wärme in einem Kessel erzeugt wird[619]. Die zweite Gruppe bilden Nahwärmegebiete, die aus Wärmeerzeugungsanlagen versorgt werden, die mit **regenerativen Energieträgern**, insbesondere Holzhackschnitzeln, befeuert werden. Hier ergibt sich der Klimaeffekt aus der Vermeidung einer zusätzlichen Belastung der Atmosphäre mit CO_2-Immsionen aus der Verbrennung von Gas, Kohle oder Öl.

484 Kommt es zum Streit darüber, ob eine unter Berufung auf Klimaschutzgründe begründete Satzung über einen Anschluss- und Benutzungszwang wirksam ist, müssen die positiven Emissionseffekte gegebenenfalls im Vergleich zu Einzelheizungskonzepten wissenschaftlich nachgewiesen werden. Ein Urteil des OVG Schleswig vom 5.1.2005 zeigt, dass dieser Nachweis sehr aufwändig werden kann[620].

c) Öffentliches Bedürfnis

485 Schließlich setzt der Erlass einer Satzung über einen Anschluss- und Benutzungszwang nach den unterschiedlichen landesrechtlichen Vorschriften voraus, dass ein „öffentliches Bedürfnis" oder ein „dringendes öffentliches Bedürfnis" für ihren Erlass besteht. Dieses dürfte in Anbetracht der **völkerrechtlichen Verpflichtungen** der Bundesrepublik Deutschland zur Senkung der CO_2-Emissionen nach dem Kyoto-Protokoll[621] unzweifelhaft anzunehmen sein.

---

[619] *Tolle* in: *von Braunmühl*, Handbuch Contracting, S. 201–206.

[620] Urt. v. 25.1.2005 – 2 LB 62/04, Rn. 80–95, bestätigt durch BVerwG, Urt. v. 25.1.2006 – 8 C 13.05, NVwZ 2006, 690–694.

[621] UN Doc. FCCC/CP/1997/L.7/Add. 1 v. 11.12.1997.

2. Festsetzungen in Bebauungsplänen

486 § 9 Abs. 1 Nr. 23 Baugesetzbuch (BauGB) eröffnet die Möglichkeit, in Bebauungsplänen Gebiete festzusetzen, in denen zum Schutz vor schädlichen Umwelteinwirkungen im Sinne des Bundes-Immissionsschutzgesetzes bestimmte luftverunreinigende Stoffe nicht oder nur beschränkt verwendet werden dürfen oder in denen bei der Errichtung von Gebäuden bestimmte Vorkehrungen zur Nutzung erneuerbarer Energien oder von KWK-Technologie zu treffen sind.

a) Verbot von Brennstoffen

487 In Bebauungsplänen können gemäß § 9 Abs. 1 Nr. 23 a) BauGB Gebiete festgesetzt werden, in denen „zum Schutz vor schädlichen Umwelteinwirkungen im Sinne des Bundes-Immissionsschutzgesetzes bestimmte Luft verunreinigende Stoffe nicht oder nur beschränkt verwendet werden dürfen". Ginge man allein vom Wortlaut der Vorschrift und davon aus, dass CO_2-Immissionen in die Atmosphäre schädliche Immissionen im Sinne des Bundes-Immissionsschutzgesetzes sind[622], so bestünden keine Zweifel an der Möglichkeit, durch entsprechende Festsetzungen zum Schutze vor übermäßigen Immissionen von CO_2 in die Atmosphäre den Betrieb von Heizungsanlagen, die CO_2 emittieren, auszuschließen und dadurch zu bewirken, dass die Grundstückseigentümer im Geltungsbereich des Bebauungsplanes ihre Gebäude an eine dort vorgehaltene Nahwärmeversorgung anschließen.

488 Weil es sich bei § 9 Abs. 1 Nr. 23 BauGB aber um eine **städtebauliche Regelung** handelt, lässt die Rechtsprechung eine solche Festsetzung nur dann zu, wenn sie aus städtebaulichen Gründen erfolgt[623]. Bisher sah die Rechtsprechung es als ein Fehlverständnis an, in der Regelung ein Instrument des allgemeinen Klimaschutzes ohne bodenrechtlichen Bezug zu sehen[624]. Dementsprechend sei unverzichtbare Vorausaussetzung für eine solche Festsetzung, dass die konkreten örtlichen Gegebenheiten – und sei es aus Gründen des vorbeugenden Immissionsschutzes – eine solche Festsetzung rechtfertigen[625]. Als zulässig wurde ein **Verbrennungsverbot** nach § 9 Abs. 1 Nr. 23 BauGB deshalb nur dann angesehen, wenn damit besonders empfindliche Gebiete wie ein Kurgebiet, enge Tallagen

---

[622] Siehe dazu oben (Rn. 481 f.).

[623] OVG Münster, Beschl. v. 27.3.1998 – 10aD 188/97.NE, BauR 1998, 981; Beschl. v. 24.7.2000 – 7aD 179/98.NE, BauR 2001, 62, 63; *Battis/Krautzberger/Löhr*, § 9 BauGB, Rn. 81–81b m.w.N.

[624] OVG Münster, Beschl. v. 27.3.1998 – 10aD 188/97.NE, BauR 1998, 981, 983.

[625] OVG Münster, Beschl. v. 24.7.2000 – 7aD 179/98.NE, BauR 2001, 62, 63.

oder Gewerbegebiete mit besonders immissionsempfindlichen Betrieben vor dort konkret beeinträchtigenden Immissionen geschützt werden sollen[626].

489 Diese Rechtsprechung ist seit langer Zeit berechtigt kritisiert worden[627] und lässt sich nach der Änderung des Baugesetzbuches im Juli 2011[628] nicht mehr aufrecht erhalten. Durch die Verankerung einer **Klimaschutzklausel** in § 1 Abs. 5 S. 2 BauGB ist jetzt grundsätzlich klargestellt, dass Bauleitpläne, also Bebauungspläne und Flächennutzungspläne, gezielt Zwecke des Klimaschutzes und der Klimaanpassung verfolgen dürfen. Entsprechend regelt § 1a Abs. 5 BauGB, dass Klimaschutz ein städtebaulicher Belang und als solcher bei der Abwägung verschiedener Interessen zu berücksichtigen ist. § 9 Abs. 1 Nr. 23 a) BauGB erlaubt es mithin, in Bebauungsplänen aus Gründen des Klimaschutzes z.B. den Einsatz fossiler Brennstoffe zu verbieten.

490 Die Regelung ist aber keine geeignete Grundlage für einen Anschluss- und Benutzungszwang. Ein Verbrennungsverbot hat nur den **mittelbaren Effekt**, dass ein Nahwärmenetz, das im Gebiet vorgehalten wird, eher genutzt wird, wenn die Alternative für den einzelnen Gebäudeeigentümer nur darin besteht, in eine teure eigene Anlage zur Nutzung regenerativer Energien zu investieren.

b) Bauliche und technische Maßnahmen

491 § 1 Abs. 9 Nr. 23 b) BauGB erlaubt, dass Gebiete festgesetzt werden, in denen bei der Errichtung von Gebäuden oder bestimmten sonstigen baulichen Anlagen bestimmte bauliche und sonstige technische Maßnahmen für die Erzeugung, Nutzung oder Speicherung von Strom, Wärme oder Kälte aus erneuerbaren Energien oder Kraft-Wärme-Kopplung getroffen werden müssen. Während ein Verbrennungsverbot an den Einsatzstoffen ansetzt, zielt diese Regelung darauf ab, dass bauliche Anlagen schon bei ihrer Errichtung oder Veränderung **technisch** von Anfang an auf einen **klimaschonenden Energieeinsatz** hin ausgerichtet werden. Im Bebauungsplan kann mithin vorgeschrieben werden, dass ein Anschluss an ein auf Basis von erneuerbaren Energien oder KWK-Technologie betriebenes Nahwärmenetz vorzusehen ist. Auch damit ist kein Anschluss- und Benutzungszwang verbunden. Wenn aber die Investitionen in einen solchen Anschluss sowieso zu tätigen sind, besteht nur ein geringer Anreiz, eine andere Beheizungslösung zu wählen. Eine solche gebäu-

---

[626] *Battis/Krautzberger/Löhr*, § 9 BauGB, Rn. 81.

[627] *Roller*, BauR 1995, 185, 190; *Koch/Mengel*, DVBl. 2000, 953, 957 ff.; *von Mutius*, Die Gemeinde, 1996, S. 64.

[628] Gesetz zur Förderung des Klimaschutzes bei der Entwicklung in den Städten und Gemeinden (KlimaSchFöG) v. 22.7.2011, BGBl. I S. 1509.

debezogene Festsetzung kann nach § 9 Abs. 1 Nr. 12 BauGB ergänzt werden um die Festsetzung von Versorgungsflächen für Anlagen und Einrichtungen zur dezentralen und zentralen Erzeugung, Verteilung, Nutzung oder Speicherung von Strom, Wärme oder Kälte aus erneuerbaren Energien oder Kraft-Wärme-Kopplung. So kann z.B. der Standort für ein das Gebiet versorgendes Heizwerk abgesichert werden.

3. Zivilrechtliche Absicherung

492 Ein rechtsmethodisch anderer Weg kann bei Neubaugebieten beschritten werden, die im Zeitpunkt der Erschließung im Eigentum eines Grundstückseigentümers stehen. Der Grundstückseigentümer kann zugunsten des Energiedienstleisters eine **Grunddienstbarkeit** (diese setzt voraus, dass der Energiedienstleister Eigentümer eines Heizwerkgrundstücks im Baugebiet oder dessen Nähe ist) oder eine beschränkte persönliche Dienstbarkeit an allen Grundstücken des Baugebiets bestellen.

493 Den Absicherungseffekt erfüllt sie, wenn sie, wie in Rn. 93 ff. ausführlich dargestellt, zugunsten des Energiedienstleisters bzw. des Heizwerkgrundstücks **Leitungsrechte**, ein Betretungsrecht und ein Heizverbot enthält. Der mit der Bestellung der Dienstbarkeit verbundene Aufwand lässt sich sehr überschaubar halten, wenn die Eintragung vor Aufteilung des Baugebietes in einzelne Grundstücke erfolgt. Bei der späteren Teilung in einzelne Baugrundstücke erfolgt automatisch eine Eintragung in jedem einzelnen Teilgrundstück-Grundbuch.

494 Diese Vorgehensweise ist für den Fall, dass sich die Gemeinde als Grundstückseigentümerin dieser Technik bedient, vom Landgericht Kiel und Oberlandesgericht Schleswig für unzulässig gehalten worden[629]. Auf die Revision der betroffenen Gemeinde hin hat der Bundesgerichtshof die Urteile der Vorinstanzen aufgehoben und die Klage abgewiesen. In einem solchen Vorgehen der Gemeinde liegt weder ein Verstoß gegen wettbewerbsrechtliche, noch gegen kartellrechtliche Vorschriften. Es ist **nicht missbräuchlich**, die vorhandenen rechtlichen Gestaltungsmöglichkeiten zur Durchsetzung des Ziels einzusetzen, in dem Neubaugebiet eine unter Klimaschutzgesichtspunkten günstige Wärmeversorgung abzusichern[630]. Mithin ist durch höchstrichterliche Rechtsprechung der Weg der Absatzsicherung über Dienstbarkeiten als zulässig bestätigt worden. Dies ist erneut

---

[629] OLG Schleswig, Urt. v. 11.7.2000 – 6 U Kart 78/99.
[630] Urt. v. 9.7.2002 – KZR 30/00, NJW 2002, 3779–3782.

durch ein Urteil des Oberlandesgerichts Koblenz anerkannt worden, das die Klage eines Grundstückseigentümers auf Löschung der sein Grundstück belastenden Grunddienstbarkeit zugunsten eines Heizwerksgrundstücks abgewiesen hat. Das Gericht bestätigt, dass nicht unter Hinweis auf angeblich niedrigere Kosten bei einer anderen Art der Wärmeversorgung die Löschung der einmal eingetragenen Dienstbarkeit verlangt werden kann[631].

495 Zusammenfassend ist festzuhalten, dass die Absicherung über **Dienstbarkeiten** sowohl wegen des überschaubaren Aufwandes, als auch wegen der hohen **Sicherheit** hinsichtlich der Erfassung aller Grundstücke und der dauerhaften Bindung, immer dann, wenn die Rahmenbedingungen diese Absicherungsmethode zulassen, die vorzugswürdige Absicherungsvariante ist.

II. Nutzung anderer Grundstücke, insbesondere Straßen

496 Eine Nahwärmeversorgung erstreckt sich über mehrere Grundstücke. Handelt es sich dabei, wie z.B. bei einer größeren Wohnanlage, nur um **private Grundstücke**, die im Eigentum derjenigen Personen stehen, die auch Eigentümer der versorgten Gebäude sind, so ergibt sich ein Anspruch des Energiedienstleisters auf Nutzung der Grundstücke zur Verlegung von Versorgungsleitungen schon aus **§ 8 AVBFernwärmeV**. Dieser Duldungsanspruch besteht für alle Grundstücke, die vom Eigentümer eines angeschlossenen Grundstücks im wirtschaftlichen Zusammenhang mit dem angeschlossenen Grundstück genutzt werden. Der Begriff des „wirtschaftlichen Zusammenhangs“ ist weit auszulegen[632], so dass z.B. auch ein in der Nähe des versorgten Grundstücks liegendes Garagengrundstück des Kunden, auf dem die Bewohner des versorgten Grundstücks parken, mit von der Duldungspflicht umfasst wäre. Muss der Energiedienstleister für die Verlegung seiner Leitungen auch Grundstücke in Anspruch nehmen, die er nicht versorgt und die er nicht nach § 8 AVBFernwärmeV nutzen darf, so setzt dies voraus, dass er sich mit dem Grundstückseigentümer entsprechend einigt. Das Nutzungsrecht sollte in jedem Falle durch eine Dienstbarkeit abgesichert werden, die den Grundstückseigentümer dazu verpflichtet, die Verlegung, Unterhaltung und den Betrieb der Leitung zu dulden und es zu unterlassen, die Trasse zu bebauen oder mit tiefwurzelnden Bäumen zu bepflanzen.

---

[631] OLG Koblenz, Urt. v. 13.3.2006 – 12 U 1227/04, NJW-RR 2006, 1285–1287.

[632] OLG Naumburg, Urt. v. 19.4.2013 – 10 U 43/12, NJW-RR 2014, 18, Rn. 28, juris.

Es reicht nicht aus, wenn man sich mit dem Grundstückseigentümer mündlich oder schriftlich einigt, dass er die Leitung duldet. Verkauft er das Grundstück, ohne die Duldungspflicht dem neuen Eigentümer ausdrücklich aufzuerlegen, so kann trotz jahrzehntelanger Duldung der neue Grundstückseigentümer die Entfernung der Leitung verlangen[633].

497 Ist der Energiedienstleister darauf angewiesen, für die Verlegung seines Netzes **öffentliche Straßen** in Anspruch zu nehmen, so muss er dies mit dem Eigentümer des Straßengrundstücks vereinbaren[634], also je nach Kategorie der Straße mit der Gemeinde, dem Kreis, dem Land oder dem Bund. In einem solchen **Gestattungsvertrag**[635] ist insbesondere die Laufzeit des Nutzungsrechts und die Frage zu klären, wie nach Ende der Laufzeit mit dem Netz des Energiedienstleisters zu verfahren ist. Wird eine Laufzeit vereinbart, die kürzer als die Lebensdauer des Netzes ist, sollte eine Entschädigungsregelung zugunsten des Energiedienstleisters vorgesehen werden, wenn die Finanzierung der Anlage nicht schon während der kürzeren Laufzeit – durch höhere Preise – erfolgt. Entspricht die Laufzeit des Vertrages der Lebensdauer der Anlage, so muss geregelt werden, ob das Netz bei Vertragsende auszubauen ist. Unzulässig wäre eine Regelung, die es dem Eigentümer der Straße verbietet, auch anderen die Verlegung von Leitungen im Straßengrundstück zu gestatten.

498 Ein weiterer bedeutsamer Regelungspunkt ist der Umgang mit den so genannten **Folgelasten**[636], also den Pflichten und Kosten, die Energiedienstleister und Gemeinde im Zusammenhang mit Straßenbauarbeiten oder Arbeiten am Netz des Energiedienstleisters entstehen. Da es hier an klaren gesetzlichen Regelungen mangelt, muss eindeutig geregelt werden, wer die Kosten in den verschiedenen denkbaren Fällen sich gegenseitig beeinflussender Eingriffe trägt, also z.B. dann, wenn die Gemeinde Umbauarbeiten an der Straße vornimmt, die den Energiedienstleister zur Verlegung seiner Leitungen zwingen oder wenn der Energiedienstleister Reparaturen der Leitungen durchführt und dabei die Straßenoberfläche beschädigen muss.

---

[633] BGH, Urt. v. 16.5.2014 – V ZR 181/13, RdE 2014, 332, Rn. 11 ff.

[634] Die Nutzung ist im Regelfall zivilrechtlich zu regeln, weil es sich um eine sonstige Nutzung im straßen- und wegerechtlichen Sinn handelt, die anders als eine öffentlich-rechtlich zu behandelnde Sondernutzung den sonstigen Gemeingebrauch nicht dauerhaft beeinträchtigt; ausführlich zu Versorgungsleitungen und öffentlichen Wegen *Danner/Theobald*, Kap. V.

[635] Ausführlich dazu *Danner/Theobald-Stahlhut*, B. 1. II. Versorgungsleitungen und öffentliche Wege, Gestattungsverträge; *Bartsch/Ahnis*, IR 2014, 245 ff.

[636] *Danner/Theobald-Stahlhut*, Gestattungsverträge, Rn. 49 ff.

III. Wärmenetzförderung nach dem KWKG

499 Mit der Novellierung des Kraft-Wärme-Kopplungsgesetzes (KWKG) im Jahre 2009 wurde das Gesetz um Regelungen zur Förderung von Wärmenetzen ergänzt. Diese Regelungen sind im Jahre 2012 überarbeitet worden. Die nachfolgenden Regelungen gelten in gleicher Weise für **Wärme- und Kältenetze**. Weil in der Praxis Wärmenetze der Hauptanwendungsfall sind, wird vereinfachend nur der Begriff „Wärmenetz" verwendet.

500 § 5a Abs. 1 KWKG bestimmt, dass ein Wärmenetzbetreiber für den Neu- und Ausbau von Wärmenetzen Anspruch auf Zahlung eines Zuschlages hat, wenn der Bau ab dem 1.1.2009 begonnen wird und die Inbetriebnahme bis zum 31.12.2020 erfolgt. Weitere Voraussetzung ist, dass die Versorgung der Abnehmer überwiegend mit Wärme aus KWK-Anlagen erfolgt, der Anteil der **KWK-Wärme** im Endausbau mindestens **60 %** beträgt und eine Zulassung gemäß § 6a KWKG erteilt wurde.

501 Die Höhe des **Zuschlages** beträgt gemäß § 7a Abs. 1 Nr. 1 KWKG bei Leitungen mit einem mittleren Nenndurchmesser bis zu 100 mm je laufendem Meter der verlegten Wärmeleitung 100,– EUR, höchstens aber 40 % der ansatzfähigen Investitionskosten. Für Leitungen mit einem mittleren Nenndurchmesser von mehr als 100 mm beläuft der Zuschlag sich gemäß § 7a Abs. 1 Nr. 2 KWKG auf 30 % der ansatzfähigen Investitionskosten. Maßgeblich ist in beiden Fällen der mittlere Durchmesser über die gesamt Leitungslänge. Ansatzfähige Kosten im Sinne der Nr. 2 sind gemäß § 7a Abs. 2 alle Kosten, die für erforderliche Leistungen Dritter im Rahmen des Netzneu- und -ausbaus anfallen, nicht aber interne Konstruktions- und Planungskosten, kalkulatorische Kosten, Grundstücks-, Versicherungs- und Finanzierungskosten.

502 Der Zuschlag ist mehrfach **begrenzt**: Er darf insgesamt 10 Mio. EUR je Projekt nicht übersteigen. Weiterhin darf die Summe der pro Kalenderjahr zu leistenden Zuschlagszahlungen für Netze und Speicher bundesweit nicht mehr als 150 Mio. EUR betragen. Wird diese Grenze überschritten, fällt der Zuschlagsanspruch allerdings nicht weg; die Auszahlung wird lediglich auf das nächste oder ein späteres Folgejahr verschoben. Maßgeblich ist die Reihenfolge der Zulassung.

503 Die Zulassung gemäß § 6a KWKG wird von dem dafür gemäß § 10 Abs. 1 KWKG zuständigen Bundesamt für Wirtschaft und Ausfuhrkontrolle (BAFA) erteilt, wenn die Voraussetzungen des § 5a Abs. 1 Nr. 1 und 2 KWKG erfüllt sind. Die Höhe des Zuschlages ergibt sich nicht unmittelbar aus dem Gesetz, sondern wird im **Zulassungsbescheid** mit festgelegt. Der Zulassungsantrag kann nach Inbetriebnah-

me bis zum 1. Juli des auf die Inbetriebnahme folgenden Jahres gestellt werden. Voraussetzung für die Fristeinhaltung ist, dass der Antrag in jedem Detail vollständig ist. Fehlen bei Fristablauf notwendige Antragsunterlagen, ist der Zuschlag dauerhaft verloren[637].

1. Erstreckung des Wärmenetzes

504 Förderungswürdige Wärmenetze im Sinne des § 3 Nr. 13 KWKG sind nur solche Einrichtungen zur leitungsgebundenen Versorgung mit Wärme, die eine horizontale Ausdehnung über die Grundstücksgrenze des Standortes der einspeisenden KWK-Anlage hinaus haben. Bedeutet dies, dass ein Nahwärmenetz, das auf einem nach dem Wohnungseigentumsgesetz geteilten Grundstück verlegt ist und 100 Reihenhäuser versorgt, kein Wärmenetz im Sinne des § 3 Nr. 13 KWKG ist?

505 Das KWKG bestimmt nicht, welcher **Grundstücksbegriff** zugrunde zu legen ist. Man kann von einem Grundstück im katasterrechtlichen Sinne sprechen, worunter ein Flurstück zu verstehen ist, und man kann von einem Grundstück im grundbuchrechtlichen Sinne sprechen, worunter auch mehrere Flurstücke zu verstehen sind, wenn sie auf einem Grundbuchblatt gebucht sind. Das Gesetz gibt keine Hinweise darauf, welcher Begriff gemeint ist. Auch die Begründung des Gesetzes gibt dazu nichts Präzises her. In der Bundestagsdrucksache heißt es lediglich, dass entscheidend für die Klassifizierung als förderfähiges Netz die räumliche Trennung von Erzeugung und Verbrauch sei[638]. Daraus ist abzuleiten, dass es möglich sein muss, auf einem ausreichend großen Grundstück, auf dem die räumliche Trennung von Erzeugung und Verbrauch möglich ist, auch ein förderfähiges Netz zu errichten[639]. Für den maßgeblichen Grundstücksbegriff ergibt sich daraus, dass die Bedingung jedenfalls dann erfüllt ist, wenn die Wärmeerzeugungsanlage und das Abnehmergebäude getrennte Gebäude sind und auf unterschiedlichen Flurstücken stehen. Eine verbindliche Klärung kann sich nur über einen Zulassungsantrag gemäß § 6a KWKG und dessen verbindliche Entscheidung durch das BAFA ergeben. Gegen eine abschlägige Entscheidung kann vor dem Verwaltungsgericht geklagt werden. Weil der Antrag aber erst nach Inbetriebnahme des Netzes gestellt werden kann, ist es nicht möglich, durch Antragstellung vor der Bauentscheidung Investitionssicherheit zu erhalten.

---

[637] VGH Kassel, Beschl. v. 31.7.2012 – 6 A 1106/12 Z, CuR 2012, 123.
[638] BT-Drs. 16/8305, S. 16.
[639] Ablehnend *Hempel/Franke-Salje*, § 3 KWKG, Rn. 147.

506 Das Problem lässt sich aber in einer frühen Planungsphase eines Bauprojekts **praktisch lösen**: Entweder wird das Heizwerk auf einem extra zu diesem Zweck vom übrigen Grundstück abgeteilten Grundstück errichtet, das auf einem eigenen Grundbuchblatt gebucht wird. Oder es wird von Anfang an dafür gesorgt, dass in der Nachbarschaft des Bauprojekts ein weiteres Grundstück an das Nahwärmenetz angeschlossen wird.

2. „Öffentliches Netz"

507 § 3 Nr. 13 KWKG verlangt, dass an die Einrichtungen zur leitungsgebundenen Versorgung „als öffentliches Netz eine unbestimmte Zahl von Abnehmenden angeschlossen werden kann". Es stellt sich schon die Frage, was ein „öffentliches Netz" ist. Mit Sicherheit ist nicht gemeint, dass es sich im Eigentum einer öffentlich-rechtlichen Körperschaft befinden muss, weil dem Gesetzgeber klar war, dass nur eine Minderheit der Wärmenetze von öffentlich-rechtlichen Körperschaften, also z.B. Gemeindewerken, die Eigenbetriebe einer Kommune sind, betrieben wird. Es kann also nur – im übertragenen Sinne – gemeint sein, dass das Netz auch anderen als den Projektbeteiligten dann, wenn ein solcher Wunsch besteht, eine **Anschlussmöglichkeit gewähren** muss. Das scheint auf den ersten Blick dazu zu führen, dass viele kleine Netze nicht in den Genuss der Förderung kommen können. Denn kleinere und mittlere Netze sind auf eine endliche Zahl von Abnehmern hin konzipiert. Dieses Problem scheint auch schon der Gesetzgeber erkannt zu haben, ohne jedoch eine vernünftige Lösung gefunden zu haben. In der Begründung zu § 3 Nr. 13 KWKG heißt es, dass „die zumindest theoretische Möglichkeit des Zugangs einer unbestimmten Anzahl von Abnehmern" gegeben sein muss[640]. Daraus ergibt sich die Lösung der aufgeworfenen Frage:

508 Jedes Netz lässt sich durch Netzausbau so erweitern, dass weitere Abnehmer versorgt werden können. Gegebenenfalls muss auch die Erzeugungskapazität erhöht werden. Damit ist das Netz dann „öffentlich" im Sinne des § 3 Nr. 13 KWKG, wenn der Betreiber der Nachbarschaft anbietet, sie auch an das Netz anzuschließen, und die allgemeinen Versorgungsbedingungen gemäß § 1 Abs. 4 AVBFernwärmeV öffentlich bekannt gegeben werden[641]. Ob er dafür einen

[640] BT-Drs. 16/8305, S. 16.

[641] Ähnlich *Hempel/Franke-Salje*, § 3 KWKG, Rn. 148; BerlKommEnR/*Topp*, § 3 KWKG, Rn. 84, der zusätzlich die Kapazität der KWK-Anlage als Kriterium ansieht, was aber nicht überzeugt, da niemand auf Vorrat überdimensionierte Anlagen baut, und die Kapazitätserweiterung entsprechend der Entwicklung der Abnehmerzahl technisch immer möglich ist.

Baukostenzuschuss und Hausanschlusskosten verlangt, die seine für deren Anschluss erforderlichen Investitionen im zulässigen Umfang decken, ist auszuhandeln. Weiterhin muss ein Grundpreis verlangt werden, der ausreichend ist, um die verbliebenen Kosten für den Anschluss und die damit verbundene Erweiterung zu zahlen. Nirgendwo ist geregelt, dass die Versorgung der hinzu kommenden Abnehmer zu den gleichen Bedingungen wie die der vorhandenen Abnehmer erfolgt. Für die Einstufung als öffentliches Netz ist allein ausschlaggebend, dass weitere Anschlussinteressenten die Möglichkeit haben, sich anzuschließen.

E. Energiedienstleistungen in der Wohnungswirtschaft

509 Ausgehend von den **Meseberger Beschlüssen** der Bundesregierung im Jahre 2007[642] sind die Rahmenbedingungen für die **Energieversorgung** von Wohngebäuden deutlich **anspruchsvoller** geworden. Neubauten dürfen nicht mehr ohne Heizanlagen zur Nutzung regenerativer Energien oder anspruchsvolle Ersatzmaßnahmen errichtet werden. § 2a Abs. 1 Energieeinsparungsgesetz (EnEG)[643] bestimmt, dass nach dem 31.12.2020 Neubauten nur noch als Niedrigstenergiehäuser errichtet werden dürfen. Ein Niedrigstenergiegebäude ist gemäß § 2a Abs. 1 S. 3 EnEG ein Gebäude, das eine sehr gute Gesamtenergieeffizienz aufweist; der Energiebedarf des Gebäudes muss sehr gering sein und soll, soweit möglich, zu einem ganz wesentlichen Teil durch Energie aus erneuerbaren Quellen gedeckt werden. Altbauten, deren Fassaden aus städtebaulichen Gründen erhalten werden sollen, können nicht durch Dämmung, sondern nur durch anspruchsvolle Heiztechnik so modernisiert werden, dass ihr Primärenergieverbrauch mit den **Klimaschutzzielen** der Bundesregierung halbwegs vereinbar ist. Die zur Erfüllung der Anforderungen notwendigen technischen Lösungen sind kostspielig sowie anspruchsvoll in Planung, Errichtung und Betrieb. Viele Gebäudeeigentümer fühlen sich dem nicht gewachsen und sind es auch nicht. Bei Neubauten werden Anlagen eingebaut, deren Potentiale nicht genutzt werden. Bei Altbauten herrscht eine weitgehende **Modernisierungszurückhaltung**. Energiedienstleistungen bieten sich hier als Konzept sowohl zur Bewältigung der technisch-betrieblichen Anforderungen, als auch der Finanzierung anspruchsvoller effizienter Wärmeversorgungslösungen an.

Die Fragen zur Ausgestaltung des Energiedienstleistungsvertrages, die in den vorangehenden Kapiteln behandelt wurden, stellen sich weitgehend unabhängig davon, ob der Energiedienstleister ein Wohnhaus, einen Industriebetrieb oder ein Verwaltungsgebäude versorgt. Bei der dezentralen Versorgung von Wohngebäuden mit Wärme und Strom durch Energiedienstleister stellen sich weitere Fragen. Einen Schwerpunkt der rechtlichen Diskussionen zur Wär-

---

[642] Eckpunkte für ein integrierters Energie- und Klimaprogramm v. 23.8.2007, www.bmu.de.

[643] Neugefasst durch Bekanntmachung v. 1. 9.2005, BGBl. I S. 2684; zuletzt geändert durch Art. 1 des Gesetzes v. 4.7.2013, BGBl. I S. 2197.

melieferung bildet die Frage, ob die Kosten der Wärmelieferung als Betriebskosten vom Mieter zu tragen sind. Strukturell anders stellt sich die Rechtslage bei der Wärmeversorgung von Wohngebäuden dar, die nach dem Wohnungseigentumsgesetz aufgeteilt sind. Umfasst die Leistung des Energiedienstleisters nicht nur die Wärmeversorgung, sondern wegen des von ihm vorgesehenen Einsatzes einer KWK-Anlage oder anderen Stromerzeugungsanlage auch die Elektrizitätsversorgung, ergibt sich weiterer Klärungsbedarf.

I. Anspruchsvolle energetische Anforderungen an Wohngebäude

510 Das Gesetz zur Förderung Erneuerbarer Energien im Wärmebereich (Erneuerbare-Energien-Wärmegesetz – **EEWärmeG**)[644] schreibt vor, dass bei der Errichtung von Neubauten der Wärme- und Kältebedarf des Gebäudes teilweise durch den Einsatz regenerativer Energieträger gedeckt werden muss. Das Gesetz kennt keine einheitliche **Bedarfsdeckungsquote**[645], die für alle erneuerbaren Energieträger gilt, sondern unterscheidet in §5 EEWärmeG je nach Energieträger. Bei dem Einsatz solarer Strahlungswärme reicht eine Quote von 15 %, beim Einsatz von gasförmiger Biomasse müssen es 30 % sein, die zwingend aus einer KWK-Anlage stammen müssen. Beim Einsatz von flüssiger oder fester Biomasse und Geothermie müssen mindestens 50 % aus diesen Energieträgern stammen.

511 Ein Gebäudeeigentümer kann die gesetzlichen Pflichten gemäß §7 EEWärmeG auch dadurch erfüllen, dass er gar keine Erneuerbaren Energien einsetzt, wenn er den gewünschten Klimaschutzeffekt durch zulässige **Ersatzmaßnahmen** erzielt. Das kann die Versorgung aus KWK-Anlagen im Gebäude, aber auch aus einem Wärmenetz mit einem Anteil von 50 % Wärme aus KWK-Anlagen oder Erneuerbaren Energien sein. Eine zulässige Ersatzmaßnahme ist weiterhin eine verbesserte Wärmedämmmaßnahmen am Gebäude gemäß Ziffer 7 der Anlage zum EEWärmeG.

512 Für Bestandsbauten ordnet das EEWärmeG keine Pflicht zur Nutzung Erneuerbarer Energien an[646]. Stattdessen soll die finanzielle Förderung gemäß §§13ff. EEWärmeG dazu beitragen, dass auch in diesem Bereich der Anteil der aus Erneuerbaren Energien erzeug-

[644] V. 7.8.2008, BGBl. I S.1658, zuletzt geändert durch Art.14 des Gesetzes vom 21.7.2014, BGBl. I S.1066.

[645] *Wustlich* in: *Müller/Oschmann/Wustlich*, §5 EEWärmeG, Rn.1.

[646] Ausführlich dazu *Wustlich* in: *Müller/Oschmann/Wustlich*, §3 EEWärmeG, Rn.80–99.

ten Wärme steigt. § 3 Abs. 4 EEWärmeG enthält aber eine Öffnungsklausel, die den Bundesländern gestattet, für Bestandsbauten eine Nutzungspflicht anzuordnen. Das ist bisher in Baden-Württemberg geschehen[647]. In der ab dem 1. Juli 2015 geltenden Fassung wird im Falle der Heizungserneuerung verlangt, dass 15% des Wärmebedarfs durch erneuerbare Energien gedeckt werden. Gemäß § 5 EWärmeG ist es bei Gas-Heizkesselanlagen mit einer Leistung von mehr als 50 kW nicht mehr zulässig, diese Pflicht durch Beimischung von Biomethan zu erreichen. Bei kleineren Anlagen und Ölanlagen kann die Pflicht maximal zu 2/3 durch Brennstoffe aus Biomasse erfüllt werden. Stattdessen bzw. ergänzend muss in anspruchsvolle Heiztechnik, Ersatzmaßnahmen wie die Wärmeerzeugung mittels einer hocheffizienten KWK-Anlage oder eine Verbesserung der Gebäudedämmung investiert werden.

513 Bundesweit ergeben sich erhöhte Anforderungen an die Beheizung von Bestandsbauten nur in sehr überschaubarem Umfang. Im Jahr 2013 ist das ehemals in § 10a Energieeinsparverordnung (EnEV) enthaltene Verbot des Einsatzes von Nachtspeicherheizungen aufgehoben worden. In sehr zurückhaltender Weise wurden in der EnEV 2014 die Anforderungen an bestehende Heizkessel in § 10 Abs. 1 verschärft, der es nun verbietet, Heizkessel zu betreiben, die älter als 30 Jahre und weder ein Niedertemperatur-, noch ein Brennwertkessel sind. Da seit ca. 30 Jahren fast nur noch Niedertemperatur- oder Brennwertkessel eingebaut werden, hat die Regelung in der Praxis begrenzte Auswirkungen und verursacht keinen Modernisierungsschub bei alten Heizkesselanlagen.

514 Die aufgezeigten Anforderungen an die Beheizung von neuen Wohngebäuden lassen sich mit der erprobten Standardtechnik, also etwa einem Brennwertkessel, nicht mehr erfüllen. Es sind häufig Kombinationen aus KWK-Anlagen, Anlagen zur Nutzung regenerativer Energien und konventionellen Kesselanlagen erforderlich. Das ist sowohl vom Investitionsvolumen, als auch von den technisch zu bewältigenden Aufgaben her anspruchsvoll. Energiedienstleistungskonzepte bieten sich als Lösung an, um dem Gebäudeeigentümer die Erfüllung dieser Aufgaben abzunehmen. Gleiches gilt für die Eigentümer von Bestandsgebäuden in Baden-Württemberg und solche Eigentümer von Bestandsgebäuden, die unter Nutzung staatlicher Förderung oder aus sonstigen Gründen eine Modernisierung der Wärmeversorgung ihrer Gebäude veranlassen.

---

[647] Gesetz zur Nutzung erneuerbarer Wärmeenergie in Baden-Württemberg (Erneuerbare-Wärme-Gesetz – EWärmeG) v. 17.3.2015, GBl. 2015, 151.

II. Wärmelieferung und Mietrecht

515 Die Wärmeversorgung eines vermieteten Mehrfamilienhauses kann in unterschiedlicher Weise organisiert werden:

- Der Gebäudeeigentümer ist Eigentümer der Wärmeerzeugungsanlage und betreibt die Anlage, wartet sie und hält sie instand (**Eigenversorgung**). Die dem Gebäudeeigentümer entstehenden Kosten werden auf die Nutzer verteilt.
- Der Gebäudeeigentümer bezieht die Wärme von einem eigenständig gewerblichen Lieferanten von Wärme auf der Grundlage eines Wärmelieferungsvertrages (**Wärmelieferung**) und verteilt das von ihm dafür zu entrichtende Entgelt auf die Nutzer.
- Der Gebäudeeigentümer beauftragt einen eigenständig gewerblichen Lieferanten von Wärme, der mit den Nutzern direkt Einzelwärmeversorgungsverträge abschließt und von diesen direkt das Entgelt für die Wärmelieferung erhält (**Direktlieferung**).

516 Dominierend ist die Eigenversorgung. Das hat sich in den zurückliegenden Jahrzehnten als eher hinderlich für den Einsatz energiesparender Heiztechniken im Mietwohnungsbau erwiesen. Dies veranschaulichen folgende Zahlen zum Bestand und zur Erneuerung von Heizkesselanlage in Deutschland[648]:

Anzahl Ölfeuerungsanlage in Deutschland 2011 und 2013

Baujahr bis	1978	1982	1990	1997			Summe
Anzahl 2011	317.500	241.700	760.400	2.451.400	1.770.000 bis 2010	21.500 2011	5.562.500
Anzahl 2013	249.900	205.500	663.000	2.310.000	1.847.900 bis 2012	16.700 2013	5.293.100

Anzahl Gasfeuerungsanlagen in Deutschland 2011 und 2013:

Baujahr bis	1978	1982	1990	1997			Summe
Anzahl 2011	155.100	254.500	1.033.000	4.607.000	3.152.800 bis 2010	85.500 2011	9.287.900
Anzahl 2013	125.900	200.500	875.900	4.286.000	3.359.200 bis 2012	84.200 2013	8.931.700

[648] Bundesverband des Schornsteinfegerhandwerks – Zentralinnungsverband –, Schornsteinfegererhebung 2013, www.schornsteinfeger.de.

Die Zahlen zeigen zwei Dinge: Mehrere Millionen Heizkesselanlagen sind weit über 20 Jahre alt. Im Jahr 2013 wurden 84.200 der vorhandenen 8.931.700 Gasheizkesselanlagen erneuert, bei den Ölkesselanlagen 16.700 von 5.293.100. Man gelangt zu Erneuerungsquoten von 0,9 % bei den Gasanlagen und 0,3 % bei den Ölanlagen, wobei die Zahl für die Ölanlagen vermutlich unzutreffend als Erneuerungsquote interpretiert wird, weil viele Ölanlagen stillgelegt und durch solche auf der Basis anderer Energieträger ersetzt werden. Nimmt man nur die Quote bei den Gasgeräten, so wird es mathematisch betrachtet bei der heutigen Erneuerungsquote etwas mehr als 100 Jahre dauern, bis der heutige Bestand an Kesselanlagen erneuert ist.

Alte Anlagen weisen verglichen mit modernen Wärmeerzeugungsanlagen wesentlich ungünstigere Brennstoffausnutzungsgrade und Pumpenstromverbräuche auf, so dass in ihnen sehr viel mehr Brennstoff und Strom zur Erzeugung der benötigten Wärme verbraucht wird, als technisch notwendig. Die Ursache für die **Modernisierungsunwilligkeit** im Mietwohnungsbau lässt sich in der Zuordnung von Kosten ansiedeln:

Die Mieter zahlen für ihre Wohnung (in den meisten Fällen) eine Kaltmiete und erstatten dem Vermieter alle mit der Wohnung verbundenen Betriebskosten, u.a. auch die Heizkosten. Gemäß § 556 Abs. 1 BGB dürfen als Betriebskosten auf die Mieter die in der Betriebskostenverordnung[649] (BetrKV) genannten Kosten umgelegt werden. § 2 Nr. 4 a) BetrKV benennt die umlagefähigen Heizkosten für den Fall der **Eigenversorgung**. Umgelegt werden können nur die in dem dortigen abschließenden Katalog genannten Einzelkostenpositionen. Das sind die Brennstoffkosten, Stromkosten der Heizung, Wartungs- und weitere Kosten. Für den Vermieter, der die Heizungsanlage selbst betreibt, sind die mit ihrem Betrieb verbundenen **Brennstoffkosten** nur **durchlaufende Kosten**.

517 Die **Investition** in eine moderne Heizungsanlage dagegen muss der Vermieter bei der Eigenversorgung aus den **Kaltmieteinnahmen** bestreiten. Zwar berechtigen die Modernisierungsinvestitionen des Vermieters gemäß § 559 BGB zur Erhöhung der Kaltmiete. In der Praxis wird die Modernisierung aber häufig wegen der erst einmal vom Vermieter zu tätigenden Investition, des damit verbundenen Aufwandes und der möglichen Auseinandersetzungen um die Erhöhung der Kaltmiete gescheut. Unmittelbare wirtschaftliche Vorteile sind mit einer Modernisierung für den Vermieter nicht verbunden, weil nicht er, sondern die Mieter von der Brennstoffkostenreduktion

[649] Verordnung über die Aufstellung der Betriebskosten – Betriebskostenverordnung (BetrKV) v. 25.11.2003, BGBl. I S. 2346, geändert durch Art. 4 des Gesetzes v. 3.5.2012, BGBl. I S. 958.

profitieren. Das Problem liegt darin, dass derjenige, der investiert, keinen unmittelbaren wirtschaftlichen Nutzen von dieser Investition hat. Es besteht also kein wirtschaftlicher Anreiz, die Mühen der Modernisierung auf sich zu nehmen. Diese Situation wird häufig auch als **„Nutzer-Investor-Dilemma“** oder „Principle-Agent-Problem“[650] bezeichnet.

518 Lediglich dann, wenn eine in der Praxis nur selten anzutreffende hohe Sensibilität der Mieter für die mit der Beheizung verbundenen Kosten bereits bei Anmietung der Wohnung besteht, könnte sich die Investition in moderne Heizungstechnik für den Vermieter vorteilhaft darstellen und zwar als ein Mittel zur Verbesserung der Vermietbarkeit. Dieser Aspekt hat in den zurückliegenden Jahrzehnten aber offensichtlich kaum eine Rolle gespielt, weil nach den eingangs genannten Zahlen immer noch mehrere Millionen veraltete Heizungsanlagen in Betrieb sind. Sehr anschaulich schildert Zehelein die Schwierigkeiten, Energieeffizienzmaßnahmen im Rahmen des geltenden Mietrechts über die Betriebskostenumlage zu finanzieren[651].

519 Der Gesetzgeber hat bisher auch nicht ernsthaft durch **Ordnungsrecht** versucht, eine Modernisierung des Heizungsanlagenbestandes zu forcieren. § 10 Abs. 1 Energieeinsparverordnung[652] (EnEV) verbietet den Betrieb von Heizkesseln, die vor dem 1.10.1978 eingebaut oder aufgestellt wurden oder älter als 30 Jahre und keine Niedertemperatur- oder Brennwertkessel sind. Es gibt also – außer für Uraltanlagen – auch keine gesetzliche Pflicht, veraltete Heizungsanlagen auszutauschen. Eine solche Pflicht ergibt sich auch nicht mittelbar aus dem Mietrecht. Nach § 535 Abs. 1 BGB hat der Vermieter die Mietsache dem Mieter in einem zum vertragsgemäßen Gebrauch geeigneten Zustand zu überlassen und sie während der Mietzeit in diesem Zustand zu erhalten. Verbesserungen sind nicht geschuldet. Auch aus dem nach § 556 Abs. 3 S. 1 Halbs. 2 BGB vom Vermieter zu beachtenden Grundsatz der Wirtschaftlichkeit lässt sich **keine Verpflichtung** des Vermieters zur **Modernisierung** einer vorhandenen alten, die Wärmeversorgung der Wohnung jedoch sicherstellenden Heizungsanlage herleiten[653].

520 Es existiert mithin kein zwingender rechtlicher Rahmen, der eine zügige Modernisierung des überalterten Heizungsbestandes erwar-

---

650 *Schwintowski*, WuM 2006, 115.

651 *Zehelein*, NZM 2014, 649.

652 Verordnung über energiesparenden Wärmeschutz und energiesparende Anlagentechnik bei Gebäuden – Energieeinsparverordnung v. 24.7.2007, BGBl. I S. 1519, zuletzt geändert durch Art. 1 der Verordnung v. 18.11.2013, BGBl. I S. 3051.

653 BGH, Urt. v. 31.10.2007 – VIII ZR 261/06, Rn. 18, NJW 2008, 142–144; BGH, Urt. v. 18.12.2013 – XII ZR 80/12, NJW 2014, 685, Rn. 28.

ten lässt. Die aufgezeigten Hindernisse für die gebotene Modernisierung und den effizienten Betrieb des Heizanlagenbestandes sind überwindbar. Die eigenständige gewerbliche Lieferung von Wärme bietet sich als ein **Lösungskonzept** an[654]. Das hat folgenden Grund: Der Energiedienstleister erhält aufgrund des Wärmelieferungsvertrages, den er für die Versorgung des Gebäudes abschließt, für die gelieferte Wärme einen festgelegten Preis. Es ist ohne Einfluss auf den Preis pro gelieferter Kilowattstunde Wärme, welche Brennstoffmenge er einsetzt, um diese gelieferte Wärmemenge zu erzeugen. Der Energiedienstleister, der in eine besonders sparsame Technik investiert, kann die von ihm zu liefernde Wärmemenge mit einem geringeren Brennstoffeinsatz produzieren. Je optimaler er die Wärme produziert, desto besser ist sein eigenes wirtschaftliches Ergebnis. Der sich daraus ergebende **Einsparungsanreiz** besteht nicht nur bei der Entscheidung über die Auswahl und Dimensionierung der einzusetzenden Anlage, er bleibt auch **dauerhaft** während der gesamten Laufzeit des Wärmelieferungsvertrages bestehen und wird den Energiedienstleister veranlassen, die Anlage so zu pflegen und zu warten, dass sie stets optimal läuft. Die Übertragung der Wärmeversorgungsaufgabe auf einen Energiedienstleister eröffnet also die Möglichkeit zur Erschließung größerer **Einsparpotentiale** als bei der Eigenversorgung durch den Vermieter[655]. Eine im Auftrag des Bundesministeriums für Verkehr, Bau und Stadtentwicklung im Jahre 2009 erstellte Studie gelangt zu dem Ergebnis, dass durch eine auf den Betrieb vorhandener Wärmeerzeugungsanlagen beschränkte Wärmelieferung Energieeinsparungen im Umfang von 10 % und bei der Erneuerung der Heiztechnik durch den Wärmelieferanten Energieeinsparungen im Umfang von 20 % erreicht werden können[656].

521 Die in der Wärmelieferung liegenden Optimierungspotentiale hat der Verordnungsgeber schon 1989 erkannt. Nach dem damals maßgeblichen Betriebskostenrecht waren als Heizkosten entweder die Eigenversorgungskosten oder Fernwärmekosten umlegbar. Durch die damalige Neufassung der Ziffern 4 c) und 5 b) des Betriebskostenkataloges in Anlage 3 zu § 27 II. BV (heute § 2 Nr. 4 c) und 5 b) Betriebskostenverordnung) wurden alle Kosten der eigenständig gewerblichen Lieferung von Wärme für umlagefähig erklärt. Damit sind sowohl die Kosten der herkömmlichen Fernwärmeversorgung, als auch diejenigen Wärmelieferungskosten der Unternehmen erfasst, die es übernommen haben, eine von ihnen errichtete und in ihrem

[654] *Eisenschmid*, WuM 2008, 264–270.

[655] So auch *Rips*, WuM 2001, 419, 423.

[656] Contracting im Mietwohnungsbau, Heft 141 der Schriftenreihe „Forschungen" des Bundesministeriums für Verkehr, Bau und Stadtentwicklung, S. 13, Berlin 2010.

Eigentum verbleibende Wärmeerzeugungsanlage oder die Heizungsanlage des Gebäudeeigentümers für diesen im eigenen Namen und für eigene Rechnung zu betreiben[657]. Sog. Nah- und Direktwärmekonzepte werden dadurch der Fernwärme- und Fernwarmwasserlieferung rechtlich gleichgestellt[658]. Dadurch sollten Realisierungshindernisse für die aus energie-, umwelt- und beschäftigungspolitischen Gründen wünschenswerten dezentralen Energieversorgungskonzepte beseitigt werden[659].

522 Wärmelieferung ist zudem für Vermieter ein interessantes Angebot, weil der Energiedienstleister die **Investition** in die Heizstation und die gesamte **Betriebsverantwortung** übernimmt, den Vermieter also wirtschaftlich und organisatorisch entlastet.

523 Gerade die wirtschaftliche Entlastung des Wohnungsunternehmens ist aber auch Anlass für den **Vorwurf**, dass das „Outsourcing" der Wärmeversorgungsaufgabe nur ein Mittel sei, um **auf Kosten der Mieter** höhere Erträge zu erwirtschaften[660]. Ausgehend davon hat sich eine rege mietrechtliche Debatte entwickelt, die immer wieder zu Unsicherheiten darüber führt, ob der Vermieter auf Wärmelieferung übergehen kann und ob die Kosten der Wärmelieferung in vollem Umfang als Betriebskosten von den Mietern zu zahlen sind[661]. Diese Debatte hatte im Jahre 2011 einen gewissen Abschluss gefunden, nachdem der **Bundesgerichtshof** die mit der Umlage von Wärmelieferungskosten in Bestandmietverhältnissen verbundenen Rechtsfragen als **geklärt** bezeichnet hatte[662].

524 Ungeachtet dessen hat der Gesetzgeber die Situation als regelungsbedürftig angesehen und im Rahmen des Gesetzes über die energetische Modernisierung von vermietetem Wohnraum und über die vereinfachte Durchsetzung von Räumungstiteln[663] in § 556c BGB und der zugehörigen Wärmlieferverordnung (WärmeLV)[664] eine gesetzliche Neuregelung zum Übergang auf die eigenständige gewerbliche Wärmelieferung in bestehenden Mietverhältnissen geschaffen. Sie soll die Umstellung auf Contracting als wichtiges Instrument zur Verbesserung der Energieeffizienz ermöglichen[665]. Die Neuregelung befasst sich mit der Umlage von Wärmelieferungskosten bei dem Übergang von der Eigenversorgung mit einer vor-

---

657 BR-Drs. 494/88, S. 21, 22.
658 BR-Drs. 494/88, S. 19.
659 BR-Drs. 494/88, S. 22.
660 Anschaulich geschildert von *Derleder*, WuM 2000, 3 ff.
661 *Eisenschmid* in: *Schmidt-Futterer*, § 535 BGB, Rn. 103–108 m.w.N.; *Schmid*, ZMR 2008, 25–27; ausführlich *Cramer*, ZNER 2007, 388–397; Pfeifer, S. 552–559.
662 BGH, Beschl. v. 8.2.2011 – VIII ZR 145/10, CuR 2011, 87–88.
663 Vom 11.3.2013, BGBl. I S. 434.
664 Vom 7.6.2013, BGBl. I S. 1509.
665 BR-Drs. 313/12, S. 29.

handenen Zentralheizung durch den Vermieter auf Wärmelieferung. Bei der Einführung von eigenständiger gewerblicher Wärmelieferung im Mietwohnungsbau sind deshalb weiterhin **mehrere Fallgruppen** zu unterscheiden:

525 Die eine Fallgruppe bilden **Neuvermietungsfälle**, wobei es unbeachtlich ist, ob es sich um Neu- oder Bestandsgebäude handelt. Die andere Fallgruppe bilden **Bestandsmietverhältnisse**, wobei hier noch **drei Unterfälle** zu unterscheiden sind: Neben den in der Wärmelieferverordnung geregelten Fällen des Übergangs von der Eigenversorgung durch den Vermieter auf Wärmelieferung, gelten andere Regelungen für die nicht in der Wärmelieferverordnung geregelten Fälle des Übergangs von einer vom Mieter selbst betriebenen Heizung auf Wärmelieferung und die Fälle, in denen das Mietverhältnis den Regelungen für den öffentlich geförderten Wohnungsbau (sog. Sozialwohnungen) unterliegt.

Wärmelieferung umfasst oftmals auch die Lieferung von Warmwasser. Wenn nachfolgend von Wärmelieferung die Rede ist, so gelten die Ausführungen ebenso für die Lieferung von Warmwasser.

1. Einführung von Wärmelieferung

526 Die rechtliche Betrachtung der Wärmelieferung muss unterscheiden zwischen der Frage, unter welchen Voraussetzungen der Vermieter die Wärmelieferung im Vermietungsobjekt einführen kann und der Frage, ob die Mieter die aus der Wärmelieferung erwachsenden Kosten als Betriebskosten zu tragen haben[666].

Wie bereits geschildert, kann die Wärmelieferung entweder an den Vermieter aufgrund eines Wärmelieferungsvertrages für das gesamte Gebäude erfolgen, oder aber direkt an die Mieter auf der Grundlage von einzelnen Wärmelieferungsverträgen mit jedem einzelnen Mieter. Bei der Wärmelieferung an den Vermieter schließt der Vermieter mit dem Energiedienstleister einen Wärmelieferungsvertrag. Der Vermieter bleibt den Mietern gegenüber zur Beheizung der Wohnung verpflichtet. Die Kosten der Wärmelieferung werden vom Vermieter als Betriebskosten auf die Mieter umgelegt. Bei der Direktlieferung schließt der Energiedienstleister mit jedem Mieter unmittelbar einen Vertrag. Ebenso wie bei der Versorgung mit Elektrizität seit jeher üblich entstehen Leistungspflichten allein zwischen Mieter und Energiedienstleister. Treten Versorgungsstörungen auf, sind diese grundsätzlich im Verhältnis zwischen Energiedienstleister und Mieter zu bewältigen. Weil die Beheizung nicht mehr Vermieterpflicht

[666] *Schmid*, WuM 2000, 339.

ist, kommt auch keine Minderung der Miete gegenüber dem Vermieter bei Störungen der Versorgung in Betracht, es sei denn, dass das Leistungshindernis im Verantwortungsbereich des Vermieters liegt.

a) Belieferung des Vermieters

527 Der Vermieter einer zentral beheizten Wohnung ist verpflichtet, für eine ausreichende Beheizung der Wohnung zu sorgen. Auch wenn dies nicht ausdrücklich im Mietvertrag geregelt ist, ergibt sich diese Pflicht aus dem Umstand, dass jedenfalls in Deutschland eine Mietwohnung während großer Teile des Jahres nur bewohnt werden kann, wenn sie über eine funktionierende Heizung verfügt[667]. Anders liegt es nur dann, wenn der Vermieter seine Pflicht zur Beheizung der Wohnung ausdrücklich ausgeschlossen hat. Wie der Vermieter seine vertraglichen Pflichten erfüllt, ist seiner Organisationshoheit überlassen. Denn unter der gemäß § 362 BGB zur Erfüllung führenden Leistung ist nicht die Leistungshandlung, sondern das Bewirken des Leistungserfolgs zu verstehen[668]. Hat der Vermieter bisher durch eine von ihm selbst betriebene Heizung die Beheizbarkeit der vermieteten Wohnungen gewährleistet, so stellt die Übertragung dieser Aufgabe auf einen Energiedienstleister keine Vertragsänderung dar, wenn weiterhin in gleicher Weise die Beheizung gewährleistet ist. Der vom Vermieter eingeschaltete **Energiedienstleister** ist sein **Erfüllungsgehilfe** (§ 278 BGB). An der Pflicht des Vermieters, die Beheizung zu gewährleisten, ändert die Einschaltung eines solchen Erfüllungsgehilfen nichts.

528 Für die Einschaltung eines Energiedienstleisters als Erfüllungsgehilfe bräuchte der Vermieter nur dann eine Zustimmung des Mieters, wenn der Vermieter zur höchstpersönlichen Erbringung der Leistungshandlungen verpflichtet wäre. Bei einem Mietvertrag, der den Vermieter dazu verpflichtet, eine ausreichend beheizte Wohnung zu stellen, kann man eine Pflicht zur höchstpersönlichen Erbringung der Leistungshandlung nur dann annehmen, wenn dies ausdrücklich so im Vertrag bestimmt ist[669]. Beschränkt sich der Mietvertrag wie in den meisten praktischen Fällen darauf zu beschreiben, dass die Wohnung mittels einer Zentralheizung beheizt wird, besteht keine Pflicht des Vermieters zur höchstpersönlichen Leistungserbringung[670]. Auch die langjährige Durchführung der Beheizung im Eigenbetrieb begründet keinen konkludenten Verzicht auf die Ein-

---

[667] So auch *Schmid*, WuM 2000, 339.

[668] BGH, Urt. v. 6.2.1954, BGHZ 12, 267, 268; Urt. v. 17.6.1994, NJW 1994, 2947, 2948.

[669] *Palandt-Grüneberg*, § 362 BGB, Rn. 2.

[670] *Seitz*, ZMR 1993, 1, 2; im Ergebnis ebenso *Schmid*, WuM 2000, 339.

schaltung eines Energiedienstleisters als Erfüllungsgehilfen[671], weil eine konkludente Änderung des Vertrages überhaupt erst zu erwägen ist, wenn abweichend von den vertraglichen Vereinbarungen geleistet wird und dies widerspruchslos akzeptiert wird, was gerade nicht der Fall ist, wenn es keine vertragliche Festlegung auf Eigenbetrieb oder Wärmelieferung gibt[672].

529 Im Ergebnis ist also davon auszugehen, dass der zur Beheizung der Wohnung verpflichtete Vermieter von Ausnahmefällen abgesehen im Rahmen seiner **Organisationshoheit** frei ist, diese Pflicht selbst oder mit Hilfe eines Energiedienstleisters als Erfüllungsgehilfen zu erfüllen. Es bedarf für einen **Übergang** von Eigenbetrieb auf **Wärmelieferung** nicht der Zustimmung des Mieters[673].

b) Direkte Belieferung der Mieter

530 Beabsichtigt der Vermieter dagegen, sich der Aufgabe der Wärmeversorgung ganz zu entledigen, indem er es den Mietern überlässt, mit einem Energiedienstleister Versorgungsverträge abzuschließen, so ist zwischen bestehenden und neu zu begründenden Mietverhältnissen zu unterscheiden. Ist der Vermieter aufgrund eines **bestehenden Mietvertrages** verpflichtet, die zentrale Beheizung der Wohnung zu gewährleisten, so kann er diese Aufgabe mit schuldbefreiender Wirkung nur dann auf den Energiedienstleister übertragen, wenn er mit dem Mieter eine entsprechende Änderung des Mietvertrages vereinbart[674].

531 Anders liegt der Fall, wenn die Wohnung bisher mit einer Ofenheizung, Gaseinzelöfen oder einer Nachtspeicherheizung ausgestattet ist, für deren Brennstoffversorgung der Mieter zuständig ist. Dann kann der Vermieter im Zuge des Einbaus einer Zentralheizung bestimmen, dass der Mieter auch weiterhin den Vertrag zum Bezug der Heizenergie mit dem entsprechenden Lieferanten abschließt, nunmehr also mit dem Energiedienstleister[675].

532 Bei der **Neubegründung** eines Mietverhältnisses steht es dem Vermieter frei, die Leistungspflichten zu bestimmen, die er zu übernehmen bereit ist[676]. Entscheidend ist nur, dass es eine klare vertrag-

---

[671] Vgl. *Seitz*, ZMR 1993, 1, 2; LG Chemnitz, Urt. v. 1.11.1999 – 12 S 2013/99, WuM 2000, 16, 17; a.A. LG Neuruppin, Urt. v. 20.4.2000, WuM 2000, 554, 555.

[672] So zutreffend *Langefeld-Wirth*, ZMR 1997, 165, 167.

[673] So auch *Eisenschmid*, WuM 1998, 449, 450; *Seitz*, ZMR 1993, 1, 2.

[674] *Seitz*, ZMR 1993, 1, 2; *Langefeld-Wirth*, ZMR 1997, 165, 166; *Wüstefeld*, WuM 1996, 736, 737.

[675] BGH, Urt. v. 25.11.2009 – VIII ZR 235/08, NJW-RR 2010, 516–517; siehe dazu auch *Schmid*, CuR 2010,13.

[676] Davon geht auch *Schmidt-Futterer/Eisenschmid* aus, § 535, Rn. 109.

liche Regelung gibt[677]. Es steht dem Vermieter also frei, im Mietvertrag mit dem Mieter zu vereinbaren, dass dieser die Wärme und Warmwasser von einem Energiedienstleister beziehen muss.

533 Der Energiedienstleister kann vom Grundstückseigentümer nicht dazu gezwungen werden, eine Direktbelieferung durchzuführen[678]. Es ist vielmehr erforderlich, dass zwischen Vermieter und Energiedienstleister ein **Rahmenvertrag** abgeschlossen wird, in dem der Vermieter es z.B. übernimmt dafür zu sorgen, dass die Mieter Lieferverträge mit dem Energiedienstleister abschließen. Dort sollte weiterhin geregelt sein, wie mit Zahlungsverzögerungen bei den Abnehmern umgegangen wird. Ist es dem Energiedienstleister nicht möglich, wohnungsweise die Versorgung abzusperren, um so gemäß § 33 AVBFernwärmeV Vergütungsansprüche durchzusetzen, sollte vorgesehen werden, dass der Vermieter, der allein den Mietvertrag kündigen kann, nach vergeblicher Mahnung Rückstände übernimmt. Es sollte ferner der Umgang mit leerstehenden Wohnungen geregelt werden. Weil allein der Vermieter und nicht der Energiedienstleister über die Vermietung entscheidet und somit dafür sorgen kann, dass Kunden des Energiedienstleisters vorhanden sind, ist es sachgerecht vorzusehen, dass der Vermieter bei Leerstand die auf die Wohnung entfallenden Kosten, insbesondere den Grundpreisanteil, zahlt. In diesem Sinne hat auch der Bundesgerichtshof in einem Fall entschieden, in dem diese Frage nicht im Vertrag zwischen Grundstückseigentümer und Fernwärmelieferant geregelt war[679].

2. Kostentragung

534 Deutlich komplexer ist die Antwort auf die Frage, ob der Mieter die Kosten der Wärmelieferung als Betriebskosten zu tragen hat. Bei der Direktbelieferung des Mieters durch den Energiedienstleister ist es selbstverständlicher Bestandteil der zu treffenden Regelung, dass der Mieter die Kosten trägt, die ihm der Energiedienstleister auf der Grundlage des mit ihm abgeschlossenen Wärmelieferungsvertrages in Rechnung stellt. Beschränkt sich die Einführung von Wärmelieferung wie in den meisten praktischen Fällen dagegen darauf, dass der Vermieter sich im Rahmen seiner Organisationshoheit eines Energiedienstleisters zur Erfüllung seiner Beheizungspflicht bedient, so stellt sich die Frage, ob die damit erstmals entstehenden Wärmelieferungskosten auf den Mieter umgelegt werden können.

---

[677] *Derleder*, WuM 2000, 3, 4.

[678] So ausdrücklich für die Wasserversorgung BGH, Urt. v. 30.4.2003 – VIII ZR 278/02, WuM 2003, 458.

[679] BGH, Urt. v. 16.7.2003 – VIII ZR 30/03, RdE 2003, 309 = WuM 2003, 503 f.

a) Wärmelieferungskosten sind Betriebskosten

535 Die Parteien eines Wohnraummietvertrages können, wie bereits erwähnt, gemäß § 556 Abs. 1 BGB vereinbaren, dass der Mieter die Betriebskosten trägt. Zu den umlegbaren **Betriebskosten** gehören nicht nur gemäß § 2 Ziffer 4 a) BetrKV (entspricht weitgehend § 7 Abs. 2 HeizkV) die Kosten des Eigenbetriebs einer zentralen Heizungsanlage, sondern ebenso gemäß § 2 Ziffer 4 c) BetrKV (entspricht weitgehend § 7 Abs. 4 HeizkV) die Kosten der **eigenständig gewerblichen Lieferung** von Wärme. Bei der Warmwasserversorgung ist die Rechtslage entsprechend ausgestaltet: Die Kosten des Eigenbetriebs einer zentralen Warmwasserversorgungsanlage sind gemäß § 2 Ziffer 5 a) (entspricht inhaltlich § 8 Abs. 2 HeizkV) ebenso Betriebskosten wie nach § 2 Ziffer 5 b) (entspricht inhaltlich § 8 Abs. 4 HeizkV) die Kosten der eigenständig gewerblichen Lieferung von Warmwasser.

536 § 2 Ziffer 4 c) BetrKV regelt, in welchem Umfang Wärmelieferungskosten als Betriebskosten gelten. Danach sind „das Entgelt für die Wärmelieferung und die Kosten des Betriebs der zugehörigen Hausanlagen entsprechend Buchstabe a)" umlagefähig. Anders als beim Eigenbetrieb durch den Vermieter sind nicht einzelne Kostenpositionen wie Brennstoffbeschaffung, Pflege der Anlage, Schornsteinfegerkosten etc. umlagefähig, sondern das gesamte **Wärmelieferungsentgelt**. Auch die darin enthaltenen Investitions- und Reparaturkosten sowie der Unternehmergewinn sind als Teil der Wärmelieferungskosten umlagefähig[680].

b) Wärmelieferungskosten bei Neuvermietung

537 Aufgrund der ausdrücklichen Entscheidung des Gesetzgebers, beide Arten der Wärmeversorgung gleich zu behandeln, obwohl betriebswirtschaftlich betrachtet im Wärmelieferungsentgelt umfangreichere Kosten enthalten sind, kann sich der Vermieter bei der Neuvermietung **frei zwischen** der Art der Beheizung – **Eigenversorgung oder Wärmelieferung – entscheiden**. Einzige Voraussetzung ist, dass der Mietvertrag beide Formen dadurch zulässt, dass er § 2 Nr. 4 und Nr. 5 BetrKV vollständig in den Vertrag einbezieht[681]. Aus dem von ihm zu beachtenden Wirtschaftlichkeitsgebot kann nicht der Anspruch abgeleitet werden, dass der Vermieter vor der Entscheidung für die eine oder andere Versorgungsart ermittelt, welche für die Mieter günstiger ist. Er muss nur innerhalb der von ihm gewählten Versorgungsart ein wirtschaftliches Angebot wählen[682].

---

680 BGH, Urt. v. 16.7.2003 – VIII ZR 286/02, Rn. 15, NJW 2003, 2900–2902.
681 *Beyer*, CuR 2014, 4.
682 BGH, Urt. v. 13.6.2007 – VIII ZR 78/06, Rn. 14, NJW-RR 2007, 1242–1243.

c) Wärmelieferungskosten im Bestandsmietverhältnis

538 **aa) Umstellung von Eigenversorgung durch den Vermieter auf Wärmelieferung.** Am 1.7.2013 ist die gesetzliche Neuregelung der Umstellung auf Wärmelieferung in bestehenden Mieterverhältnissen in Kraft getreten. Die Grundzüge der Regelung sind in § 556c BGB geregelt, die Details der Umstellung in der Verordnung über die Umstellung auf gewerbliche Wärmelieferung für Mietwohnraum (Wärmelieferverordnung – WärmeLV)[683]. Gemäß § 578 Abs. 2 S. 2 BGB sind diese Vorschriften auch auf gewerbliche Mietverhältnisse anwendbar.

539 § 556c BGB erlaubt nach einer Umstellung auf Wärmelieferung die Umlage der Wärmelieferungskosten als Betriebskosten auf die Mieter, wenn drei Kriterien erfüllt sind. Diese Kriterien können als „technische Bedingung", „Umwelt- und Klimaschutzbedingung", und „Wirtschaftlichkeitsbedingung" bezeichnet werden. Danach ist die Umlage der Wärmelieferungskosten zulässig, wenn

(1) die Wärme in einer neu errichteten Anlage erzeugt oder das Gebäude an ein Wärmenetz – egal ob neu oder alt – angeschlossen wird oder die Wärmelieferung aus einer schon vorhandenen Wärmeerzeugungsanlage erfolgt, die bisher einen Jahresnutzungsgrad von mindestens 80 % hatte,
(2) die Wärme mit verbesserter Effizienz bzw. verbesserter Betriebsführung erzeugt wird, und
(3) die Wärmelieferungskosten nicht höher sind als die bisherigen Heizungsbetriebskosten der Eigenversorgung.

Sind diese Bedingungen erfüllt, können die Wärmelieferungskosten unabhängig davon auf den Mieter umgelegt werden, welche Detailregelungen zur Umlage von Heiz- und Warmwasserkosten der einzelne Mietvertrag enthält[684]. Die Zustimmung des Mieters ist nicht erforderlich[685]. Dies ist in der Praxis von großer Bedeutung, weil es nicht mehr nötig ist, jeden einzelnen Mietvertrag darauf zu überprüfen, ob er die Umlage der Wärmelieferungskosten zulässt. Stattdessen kann einheitlich, transparent und mit identischer Rechtsfolge für alle Mieter eines Gebäudes die Zulässigkeit geprüft werden. Nicht möglich ist die Umlage allerdings dann, wenn im Mietvertrag

---

[683] Die Begründung findet sich in der „Bekanntmachung der Begründung zur Verordnung über die Umstellung auf gewerbliche Wärmelieferung für Mietwohnraum (Wärmelieferverordnung – WärmeLV)" vom 14.6.2013, BAnz. AT 20.06.2013 B2 S. 1–8.

[684] *Schmidt-Futterer/Lammel*, 11. Aufl., § 556c, Rn. 20

[685] *Hinz*, WuM 2014, 55, 57; *Lammel*, § 1 HeizkV, Rn. 63.

überhaupt keine Umlage von Heiz- und Warmwasserkosten vorgesehen ist, weil die Miete eine Warmmiete ist.

540 Die Regelungen gelten nur für die Umstellung auf Wärmelieferung in **bestehenden Wohnraum-Mietverhältnissen**, bei denen die Wärmeversorgung der Wohnung bisher durch den Vermieter als Eigenversorgung, also mittels einer von ihm betriebenen Heizungs- und gegebenenfalls Warmwasserbereitungsanlage erfolgt. Die Regelungen gelten **nicht** bei der Neuvermietung[686] einer Wohnung oder bei bestehenden Mietverhältnissen, bei denen bisher der Mieter selbst für die Beheizung zuständig war und die jetzt auf Wärmelieferung umgestellt werden sollen[687]. Sie gelten nicht für öffentlich geförderte Wohnungen, deren Förderung nach dem bis zum 31.12.2001 geltenden Recht bewilligt worden ist, weil die Regelung des § 5 Abs. 3 NMV 1970 als speziellere Regelung dem § 556c BGB vorgeht[688].

541 Die detaillierten Anforderungen an das Vorgehen bei der Umstellung von Eigenversorgung auf Wärmelieferung sind in der Wärmelieferverordnung geregelt. Sie regelt den Kostenvergleich, Anforderungen an den Wärmelieferungsvertrag, der bei einer solchen Umstellung abgeschlossen wird, und bestimmt, welche weiteren Bedingungen der Vermieter erfüllen muss, um die Wärmelieferungskosten zukünftig als Betriebskosten umlegen zu können.

542 **(1) Technische Bedingung.** Die Umstellung auf Wärmelieferung kann auf drei unterschiedlichen technischen Wegen realisiert werden (§ 556c Abs. 1 BGB).

543 **(a) Neuanlage.** Der in der Praxis häufigste Fall ist die Lieferung aus einer vom Wärmelieferanten errichteten neuen Anlage. Hier liegt der Effizienzvorteil unmittelbar auf der Hand, weil bei Ersatz einer meist mehrere Jahrzehnte alte Heizkesselanlage durch einen neuen Kessel aus dem eingesetzten Brennstoff wegen der viel geringeren Verluste mehr Wärme gewonnen wird. In der Praxis kann sich die Frage ergeben, was unter einer neuen Anlage zu verstehen ist. Um ein Gebäude zu beheizen, braucht man nicht nur einen Kessel, sondern auch eine Anlagensteuerung, Pumpen, Verteiler, gegebenenfalls Warmwasserspeicher und weitere technische Bauteile. Ein Heizkessel selbst besteht aus den Hauptkomponenten Brenner und Kessel. Den Gesetzesmaterialien ist nicht zu entnehmen, wie weit der Anlagenbegriff reichen soll. Nach dem Sinn und Zweck der Norm er-

---

[686] *Lammel*, § 1 HeizkV, Rn. 64.

[687] *Eisenschmid*, Die Neuregelung des Contracting, WuM 2013, 393, 394 f.; *Lammel*, § 1 HeizkV, Rn. 65; *Lützenkirchen*, Wärmecontracting, Kommentar zur Wärmelieferverordnung, § 1 WärmeLV, Rn. 12 f.

[688] *Hinz*, WuM 2014, 55, 58; *Bellinger*, WuM 2014, 449, 42 f.; *Lammel*, § 1 HeizkV, Rn. 64.

scheint es angebracht, unter der Anlage im Sinne des §556c Abs. 1 BGB den für die Effizienz der Wärmeerzeugung entscheidenden Kernbestand zu verstehen, also den Heizkessel einschließlich Brenner. Es reicht für die Annahme einer neuen Anlage im Sinne der Norm also nicht aus, wenn nur der Brenner erneuert wird, der vorhandene Kessel also lediglich modernisiert wird[689]. Es ist aber auch nicht erforderlich, die gesamte Technik im Heizungskeller zu erneuern, wenn vorhandene Bauteile noch sinnvoll zusammen mit der neuen Kesselanlage verwendet werden können. Eine neue Anlage im Sinne des §556c BGB ist natürlich auch dann gegeben, wenn die Wärme nicht in einem Kessel, sondern in einer Wärmepumpe, einer thermischen Solaranlage, einem Blockheizkraftwerk, den Kühlelementen einer Computeranlage oder irgendeiner anderen neuen technischen Einheit erzeugt wird, die Wärme abgibt.

544 (b) **Anschluss an ein Wärmenetz.** Der Begriff des Wärmenetzes ist in der Wärmelieferverordnung nicht genauer definiert. In §3 Nr. 13 KWKG ist der Begriff definiert. Es ist aber nicht ersichtlich, dass die dortige einengende Definition – sie verwendet u.a. das Tatbestandsmerkmal „öffentliches Netz“ – auch hier gilt. Dem Sinn und Zweck des §556c BGB, der der Erschließung von Möglichkeiten zur Einführung der Wärmelieferung dient, entsprechend ist darunter deshalb jede ein wärmeübertragendes Medium transportierende Leitung zu verstehen, die das von der Umstellung betroffene Gebäude mit einer von einem Wärmelieferanten betriebenen Wärmeerzeugungsanlage verbindet und so die Belieferung aus dieser Wärmeerzeugungsanlage ermöglicht[690]. Akademisch stellt sich die Frage, ob der Anschluss an ein neues Heizwerk mittels eines Wärmenetzes als Anschluss an eine neue Anlage oder an ein Wärmenetz zu verstehen ist. Das braucht aber nicht geklärt zu werden, weil beide Fälle im Rahmen des §556c BGB gleich behandelt werden.

545 (c) **Bestehende Anlage.** Die dritte gesetzlich vorgesehene Umstellungsmöglichkeit ist nach §556c Abs. 1 S. 2 BGB die Wärmelieferung aus einer bestehenden Anlage. Technische Voraussetzung dafür, dass dieser Weg beschritten werden kann, ist, dass die bestehende Anlage vor der Umstellung einen Jahresnutzungsgrad[691] von mindestens 80 % hatte. Damit will der Gesetzgeber sicherstellen, dass nur solche Anlagen in die Wärmelieferung übernommen werden, die eine als noch hinnehmbar angesehene Mindesteffizienz aufweisen. Ist die vorhandene Anlage technisch so schlecht oder so schlecht betrieben

---

[689] *Lammel*, §1 HeizkV, Rn. 68.
[690] Ähnlich *Lammel*, §1 HeizkV, Rn. 69.
[691] Ausführlicher dazu unter Rn. 556.

worden, dass sie in den Jahren vor der Umstellung es nicht einmal geschafft hat, 80 % der im Brennstoff enthaltenen Energie in Wärmeenergie umzuwandeln, dann soll sie jedenfalls nicht im Rahmen einer Wärmelieferung weiter betrieben werden. Das bedeutet nicht, dass der Weiterbetrieb einer solchen Wärmeerzeugungsanlage im Rahmen der Eigenversorgung verboten wäre. Denn bei der Eigenversorgung gibt es als Zulässigkeitskriterium nicht das Erreichen eines bestimmten Jahresnutzungsgrades, sondern die Einhaltung gewisser in § 10 der 1. BImSchV – Verordnung über kleine und mittlere Feuerungsanlagen – geregelte Abgasverluste, die nach einem anderen Verfahren als der Jahresnutzungsgrad ermittelt werden.

Erreicht eine bestehende Anlage nicht den Mindestjahresnutzungsgrad von 80 %, so ist es ausgeschlossen, sie im Rahmen eines Wärmelieferungskonzeptes bei der Umstellung von Eigenversorgung auf Wärmelieferung einzusetzen.[692] Stattdessen bleibt nur die Möglichkeit, eine neue Anlage einzubauen oder einen Anschluss an ein Wärmenetz herzustellen.

Es wird zum Teil die Ansicht vertreten, dass keine Wärmelieferung vorläge, wenn die bestehende Anlage nicht in das sachenrechtliche Eigentum des Wärmelieferanten übergeht[693]. Es ist nicht ersichtlich, worauf diese Aussage gestützt wird. Eigenständige gewerbliche Lieferung von Wärme liegt immer dann vor, wenn das Risiko für die effiziente Herstellung der zu liefernden Wärme bei einer rechtlich selbstständigen Person oder Körperschaft liegt. Ob der Heizkessel, aus dem die Wärme geliefert wird, dem Wärmelieferanten gehört, einem Finanzierungsinstitut, bei dem der Wärmelieferant einen Kredit aufgenommen hat, einem anderen Unternehmen, von dem der Wärmelieferant die Wärme kauft oder aber dem Kunden, von dem der Wärmelieferant die Anlage mietet, ist für das Produkt „Wärmelieferung“ belanglos. Es findet sich auch im Wortlaut des § 556c BGB kein Grund, das dingliche Eigentum des Wärmelieferanten an der Wärmeerzeugungsanlage zu verlangen.

(2) Klima- und Umweltschutzbedingung

(a) Verbesserte Effizienz. Die Umstellung ist bei Einsatz einer neuen Anlage oder dem Anschluss an ein Wärmenetz nur dann zulässig, wenn die Wärme „mit verbesserter Effizienz“ geliefert wird. Was darunter zu verstehen ist, wird in § 556c BGB nicht definiert. In § 555b BGB, der Modernisierungsmaßnahmen regelt, kommt der Begriff nicht vor. Dort wird von der Einsparung von Endenergie oder nicht erneuerbarer Primärenergie gesprochen. Es liegt deshalb **546**

[692] *Hinz*, WuM 2014, 55, 62.
[693] *Lammel*, § 1 HeizkV, Rn. 72.

nahe, unter verbesserter Effizienz die Erzeugung der benötigten Wärme unter Einsatz einer geringeren Brennstoffmenge zu verstehen. Wird ein 30 Jahre alter Kessel durch einen neuen Kessel ersetzt, so ergibt sich der Nachweis schon aus den besseren Kesselwirkungsgraden, die für jeden Kessel vom Hersteller ermittelt werden. Für den Nachweis reicht es nicht aus, dass man eine solche Verbesserung vermutet[694]. Es ist vielmehr erforderlich, im Einzelfall den Nachweis zu erbringen.

Anders als bei dem Ersatz einer alten durch eine neue Kesselanlage ist die Erfüllung dieser Bedingung aber dann nicht ohne weiteres als wahrscheinlich anzusehen, wenn gut funktionierende Brennwert-Gasetagenheizungen gegen den Anschluss an ein verlustreich arbeitendes altes Fernwärmenetz ausgetauscht werden sollen. In einem solchen Fall muss man sehr genau nachrechnen, ob es eine Effizienzverbesserung gibt. In Anhang V zur Energieeffizienzrichtlinie 2012/27/EU sind einheitliche Methoden und Grundsätze zur Berechnung der Auswirkungen der Energieeffizienzverpflichtungssysteme oder anderer strategischer Maßnahmen nach Art. 7 und Art. 20 der Richtlinie festgelegt. Ob nur die dort genannten Methoden für den Nachweis der Effizienzverbesserung anwendbar sind[695], erscheint fraglich, weil der Übergang auf Wärmelieferung weder zwingend eine Maßnahme im Sinne des Art. 7, noch des Art. 20 EffizienzRL ist.

547 **(b) Verbesserte Betriebsführung.** Wird beim Übergang auf Wärmelieferung eine bestehende Anlage mit mindestens 80 % Jahresnutzungsgrad verwendet, so ist es erforderlich, dass der Wärmelieferant eine Verbesserung der Betriebsführung erreicht. Eine im Auftrag des damaligen Bundesministeriums für Verkehr, Bau und Stadtentwicklung für den Bereich des Mietwohnungsbaus durchgeführte Untersuchung hat bestätigt[696], dass der Übergang von der Eigenversorgung auf Wärmelieferung bei Bestandsanlagen zu Brennstoffeinsparungen im Umfang von bis zu 10% führen kann. Zurückgeführt wird dies darauf, dass der Wärmelieferant die Anlage regelmäßig überwacht, den Erkenntnissen aus der Überwachung entsprechend einstellt, die übrigen Anlagenteile so einstellt, dass im Kessel bei der Umwandlung von Brennstoff in Wärme optimale Bedingungen herrschen, wie z.B. eine möglichst geringe Temperatur des Rücklaufwassers aus der Sekundäranlage.

[694] *Lammel,* § 1 HeizkV, Rn. 73.

[695] So *Lammel,* § 1 HeizkV, Rn. 75.

[696] Bundesministerium für Verkehr, Bau und Stadtentwicklung/Bundesamt für Bauwesen und Raumordnung, „Contracting im Mietwohnungsbau", Heft Nr. 141 der Schriftenreihe „Forschungen", Bonn 2009, S. 78-89; siehe auch Techem Energy Services GmbH, Energiekennwerte 2013 „Techem Studie", Eschborn 2014, S. 60 und Grafik 17 und 18.

(3) Wirtschaftliche Bedingung – Kostenneutralität. Unabhängig davon, welcher der zulässigen technischen Wege im Rahmen der Umstellung auf Wärmelieferung genutzt wird, so ist gemäß § 556c Abs. 1 Nr. 2 BGB die zukünftige Umlegung der Wärmelieferungskosten als Betriebskosten nur dann zulässig, wenn die Kosten der Wärmelieferung die Betriebskosten für die bisherige Eigenversorgung mit Wärme oder Warmwasser nicht übersteigen. Den Nachweis dieser Kostenneutralität hat der Vermieter unter genauer Beachtung des in den §§ 8 bis 10 WärmeLV geregelten Kostenvergleichs zu erbringen[697]. **548**

Der Kostenvergleich ist nicht für jede einzelne Mietwohnung durchzuführen, sondern, wie es § 8 WärmeLV anordnet, für das Mietwohngebäude. Es ist also eine gebäudebezogene Betrachtung vorzunehmen[698]. Werden mehrere Gebäude aus einer Heizzentrale versorgt und bisher als eine Wirtschaftseinheit abgerechnet, so ist auch diese Wirtschaftseinheit als „Mietwohngebäude" im Sinne des § 8 WärmeLV anzusehen. Denn die spezifischen Kosten mehrerer Kleinanlagen sind höher als die einer Gesamtanlage, so dass der wirtschaftliche Zusammenhang aufrecht erhalten bleiben muss, um einen sachgerechten Vergleich zu erhalten[699]. **549**

Im Kostenvergleich sind zwei nach den Vorgaben der Verordnung zu berechnende Größen gegenüber zu stellen, die Betriebskosten der **bisherigen Eigenversorgung** und die Kosten der **geplanten Wärmelieferung.**

(a) Betriebskosten der Eigenversorgung. Gemäß § 9 Abs. 1 Nr. 1 WärmeLV ist zuerst der durchschnittliche Endenergieverbrauch der letzten drei abgerechneten Abrechnungszeiträume zu ermitteln. Eine Bereinigung der Verbrauchszahlen z.B. aufgrund unterschiedlicher klimatischer Bedingungen oder unterschiedlichen Nutzerverhaltens findet nicht statt. **550**

Endenergie im Sinne der Regelung in Nummer 1 ist die Menge an Energie, die der Anlagentechnik eines Gebäudes (Heizungsanlage, raumlufttechnische Anlage, Warmwasserbereitungsanlage) zur Verfügung stehen muss, um die für den „Endverbraucher" (also insbesondere den Mieter) erforderliche Nutzenergie sowie die Verluste der

---

[697] Für die Durchführung des Kostenvergleichs bieten der VfW e.V. einen Kostenvergleichsrechner (http://www.energiecontracting.de/3-praxishilfen/kostenvergleichsrechnung/kostenvergleichsrechnung.php) und die dena (Deutsche Energieagentur GmbH) eine Berechnungshilfe (http://www.kompetenzzentrum-contracting.de/praxishilfen/energieliefer-contracting/dena-berechnungshilfen-waermelieferung-im-mietwohnbereich/dena-berechnungshilfen-anfordern/) an.

[698] *Klemm*, CuR 2013, 152, 157; a. A. *Heix*, WuM 2014, 511, 513, gegen den Wortlaut des § 8 WärmeLV.

[699] Verordnungsbegründung, BAnz. AT 20.6.2013 B2 S. 7.

Anlagentechnik bei der Übergabe, der Verteilung, der Speicherung und der Erzeugung im Gebäude zu decken. Die zur Versorgung eines Gebäudes benötigte Endenergie wird an der „Schnittstelle" Gebäudehülle gemessen und dort in Form von Heizöl, Erdgas, Braunkohlenbriketts, Holzpellets, Strom, Fernwärme etc. übergeben[700]. Da die Umstellung auf Wärmelieferung nach diesen Regelungen in Bestandsgebäuden mit Zentralheizung erfolgt, gibt es für die betroffenen Gebäude immer einen Heizkostenabrechnung aus den zurückliegenden Jahren. Dieser kann die eingesetzte Endenergiemenge unschwer entnommen werden, weil dort immer angegeben ist, wieviel Brennstoff in dem abgerechneten Jahr eingesetzt wurde.

551 Im zweiten Berechnungsschritt sind gemäß § 9 Abs. 1 Nr. 2 WärmeLV für die ermittelte **durchschnittliche Verbrauchsmenge** die Kosten unter Ansatz des **Energiepreises im letzten Abrechnungszeitraum** zu errechnen. Hat sich der Energiepreis innerhalb des letzten Abrechnungszeitraums geändert, so ist ein durchschnittlicher Preis für diesen zu errechnen und in die Berechnung einzusetzen[701]. Die maßgeblichen Preise finden sich in der Heizkostenabrechnung des letzten abgerechneten Abrechnungszeitraumes.

552 Den so ermittelten maßgeblichen Kosten für die Endenergie sind nach § 9 Abs. 1 Nr. 3 WärmeLV in einem dritten Schritt die **sonstigen Heizungsbetriebskosten** im Sinne des § 2 Nr. 4 a) und 5 a) BetrKV hinzu zu rechnen, also die Kosten des Betriebsstroms, die Kosten der Bedienung, Überwachung und Pflege der Anlage, der regelmäßigen Prüfung ihrer Betriebsbereitschaft und Betriebssicherheit einschließlich der Einstellung durch eine Fachkraft, der Reinigung der Anlage und des Betriebsraums und die Kosten der Messungen nach dem Bundes-Immissionsschutzgesetz. Auch diese Kosten lassen sich im Regelfall aus der letzten Heizkostenabrechnung entnehmen.

Einzustellen sind die gesetzlich und vertraglich umlagefähigen und auch angefallenen Heizkosten, ob sie auch alle umgelegt worden sind, ist nicht entscheidend. Sie sind in den Vergleich mit einzubeziehen, weil sie im Wärmepreis enthalten sein werden[702]. Nicht einzubeziehen sind die sonstigen Heizungsbetriebskosten, die auch weiterhin entstehen werden, weil sie nicht Bestandteil der Wärmelieferungskosten werden, wie z.B. die Kosten der Heizkostenverteilung, wenn diese auch zukünftig vom Vermieter durchgeführt wird[703].

553 § 9 Abs. 2 WärmeLV regelt den Sonderfall, dass die Heizungs- oder Warmwasseranlage in den maßgeblichen drei Abrechnungszeiträu-

---

[700] BT-Drs. 17/10485, S. 19.
[701] *Eisenschmid*, WuM 2013, 393, 401.
[702] *Lammel*, § 1 HeizkV, Rn. 147.
[703] *Wall*, WuM 2014, 68, 70.

men modernisiert wurde. Dann dürfen nur die Verbrauchszahlen zugrunde gelegt werden, die nach der Modernisierung angefallen sind. Diese Regelung dürfte unmittelbar nur sehr selten zur Anwendung kommen, weil es in der Praxis fast nie passiert, dass kurz nach Einbau einer neuen Heizungsanlage eine Umstellung auf Wärmelieferung erfolgt. Die Regelung enthält aber gleichzeitig einen wichtigen Hinweis in Bezug auf andere Modernisierungsmaßnahmen und deren Berücksichtigung bei der Ermittlung der Kostenneutralität. Denn weil § 9 Abs. 2 WärmeLV nur zur Anwendung kommt, wenn die Heizungs- oder Warmwasseranlage ausgetauscht wurde, scheidet ein entsprechendes Vorgehen bei anderen Modernisierungsmaßnahmen aus. Ist also die Gebäudehülle in den letzten drei Jahren vor der Umstellung gedämmt worden, so ist trotzdem der durchschnittliche Verbrauch der letzten drei abgerechneten Jahre zugrunde zu legen und nicht nur der nach Dämmung reduzierte Verbrauch.

Die Summe der nach § 9 WärmeLV ermittelten Beträge ergibt die Betriebskosten für die bisherige Eigenversorgung mit Wärme und Warmwasser und damit die erste für den Kostenvergleich maßgebliche Zahl.

554 **(b) Ermittlung der Wärmelieferungskosten.** In dem Kostenvergleich werden die ermittelten bisherigen Betriebskosten nicht den zukünftigen Wärmelieferungskosten gegenüber gestellt, weil das zu Zufallsergebnissen führen würde. So könnte ein besonders kaltes Jahr vor der Umstellung mit einem besonders warmen nach der Umstellung verglichen werden oder umgekehrt. Außerdem könnte ein solcher Vergleich mangels Kenntnis der zukünftigen Verbräuche vor der Umstellung nicht verlässlich durchgeführt werden. Deshalb schreibt die WärmeLV eine fiktive Betrachtung[704] vor. Es wird ermittelt, wie hoch die Wärmelieferungskosten im letzten abgerechneten Verbrauchszeitraum, allerdings mit dem durchschnittlichen Verbrauch der letzten drei Abrechnungszeiträume, gewesen wären, wenn schon Wärmelieferung durchgeführt worden wäre.

555 § 10 Abs. 1 WärmeLV schreibt für die Ermittlung der in den Vergleich einfließenden Wärmelieferungskosten vor, dass in einem ersten Schritt aus dem bisherigen Endenergieverbrauch gemäß § 9 Abs. 1 Nr. 1 WärmeLV mit dem Jahresnutzungsgrad der bisherigen Heizungs- und Warmwasseranlage die maßgebliche **verbrauchte durchschnittliche Wärmemenge** zu berechnen ist. Dieser Schritt ist zwingend erforderlich, weil bei der Eigenversorgung immer nur die eingesetzte Brennstoffmenge zugrundegelegt wird und nicht die verbrauchte Wärmemenge, die aus dem Kessel in die Hausanlage

[704] *Lammel,* § 1 HeizkV, Rn. 136.

eingespeist wurde. Nach der Umstellung auf Wärmelieferung wird aber nicht mehr die verbrauchte Brennstoffmenge, sondern immer nur die von der Hausanlage abgenommene Wärmemenge, also die Menge an fertig erzeugter Wärme ohne die Umwandlungsverluste im Kessel gemessen und abgerechnet.

556 Um zu errechnen, wieviel Wärme verbraucht wurde, muss man wissen, welcher Prozentsatz des eingesetzten Brennstoffs im Jahresdurchschnitt in nutzbare Wärme umgewandelt wurde. Dieser Wert wird als **„Jahresnutzungsgrad"** bezeichnet. Das ist gemäß § 3 Abs. 3 Energiesteuergesetz „der Quotient aus der Summe der genutzten erzeugten mechanischen und thermischen Energie in einem Kalenderjahr und der Summe der zugeführten Energie aus Energieerzeugnissen in derselben Berichtszeitspanne". Diese steuerrechtliche Definition kann auch im vorliegenden mietrechtlichen Zusammenhang genutzt werden, wobei es bei der Wärmeversorgung nur um thermische und nicht auch mechanische Energie geht. Der Wortlaut des § 10 Abs. 1 und 2 WärmeLV bringt dieses Verständnis zum Ausdruck. Der Jahresnutzungsgrad wird also dadurch ermittelt, dass man die Nutzenergiemenge im Betrachtungszeitraum durch die eingesetzte Endenergiemenge im Betrachtungszeitraum teilt[705]. Es ist kein Grund dafür zu erkennen, hier kompliziertere Berechnungsformeln anzuwenden, die weitere theoretische Zahlen berücksichtigen wie die von Lammel vorgeschlagene Formel, die den Jahresnutzungsgrad als den Quotienten aus dem Produkt von Kesselwirkungsgrad in Prozent und Brennerlaufzeit in Stunden pro Jahr und der Summe aus 1 plus dem relativen Bereitschaftswärmeverlust multipliziert mit der Einschaltdauer der Heizungsanlage in Stunden pro Jahr definiert[706].

557 Unter Nutzenergie wird diejenige Menge an Energie verstanden, die für eine bestimmte Energiedienstleistung am Ort des Verbrauchs (z.B. erwärmter Raum, warmes Wasser etc.) erforderlich ist. Die Umwandlungsverluste der Anlagentechnik (z.B. Heizkessel) sind nicht Teil der Nutzenergie. Nicht berücksichtigt wird außerdem die für den Betrieb der Anlagentechnik benötigte Hilfsenergie (z.B. Pumpenstrom)[707]. Die Nutzenergiemenge lässt sich ganz einfach bestimmen, wenn sie durch einen Wärmemengenzähler an der Übergabestelle von der Wärmeerzeugungsanlage an die Gebäudeanlage gemessen würde[708].

558 Da bei der Eigenversorgung durch den Vermieter gemäß § 2 Nr. 4 a) und 5 a) BetrKV die Brennstoffkosten umlagefähig sind, also nur

[705] Ebenso und sehr anschaulich *Wall*, WuM 2014, 68, 72.

[706] *Lammel*, § 1 HeizkV, Rn. 151.

[707] BT-Drs. 17/10485, S. 19.

[708] Davon geht auch die Verordnungsbegründung aus, BAnz. AT 20.6.2013 S. 7.

die verbrauchte Endenergie betrachtet wird, und es auf die abgenommene Nutzenergie für die Abrechnung nicht ankommt, gibt es in eigenversorgten Mietwohnhäusern nahezu **nie Wärmemengenzähler**, die die verbrauchte Nutzenergiemenge erfassen. In solchen Objekten kann man den Jahresnutzungsgrad nicht einfach mittels Division der gemessenen Nutzenergie- durch die bekannte Endenergiemenge ermitteln.

559 Ist der Jahresnutzungsgrad nicht bekannt, so ist er gemäß § 10 Abs. 2 WärmeLV durch eine Kurzzeitmessung oder unter Verwendung anerkannter Pauschalwerte zu ermitteln. Was unter einer Kurzzeitmessung zu verstehen ist, wird in der Verordnung oder deren Begründung nicht weiter erläutert. Denklogisch lässt sich aber ein Rahmen bestimmen: Die Kurzzeitmessung kann nach § 10 Abs. 2 WärmeLV dann zum Einsatz kommen, wenn der Jahresnutzungsgrad nicht anhand der im letzten Abrechnungszeitraum fortlaufend gemessenen Wärmemenge, also einer Messung über ein Jahr, bestimmbar ist. Damit ist jede Messung, die weniger Zeit als ein Jahr umfasst, eine Kurzzeitmessung im Sinne der Regelung. Nach unten hin gibt es keine rechtliche Grenze. Wenn man also mit der Messung der Wärmemenge und des Brennstoffverbrauchs an nur einem Tag in technisch korrekter Weise den Jahresnutzungsgrad ermitteln könnte, wäre das ein zulässiges Vorgehen. Tatsächlich verhält es sich aber so, dass der Nutzungsgrad einer Kesselanlage stark schwankt. Er ist besser, wenn die Anlage im Volllastbetrieb mit gut ausgekühltem Rücklaufwasser läuft (also an kalten Tagen) und schlechter, wenn die Anlage häufig taktet oder im Teillastbetrieb läuft und das Rücklaufwasser warm ist (an wärmeren Tagen). Eine Kurzzeitmessung muss also in geeigneter Weise die unterschiedlichen Betriebszustände erfassen und bei der Ermittlung des Ergebnisses berücksichtigen.

560 Findet auch keine Kurzzeitmessung statt, so sieht § 10 Abs. 2 WärmeLV vor, dass der Jahresnutzungsgrad unter Verwendung anerkannter Pauschalwerte ermittelt wird. In der Begründung der Verordnung wird ausgeführt, dass für diese Fälle speziell ermittelte anerkannte Pauschalwerte nicht vorliegen[709] und deshalb solange, bis solche vorliegen, Zahlen verwendet werden sollen, die in der „Bekanntmachung der Regeln zur Datenaufnahme und Datenverwendung im Wohngebäudebestand" des Bundesministeriums für Verkehr, Bau und Stadtentwicklung vom 30.7.2009[710] angegeben sind[711]. Praktiker kritisieren, dass sich danach unrealistisch hohe

[709] So auch *Lammel*, § 1 HeizkV, Rn. 152.
[710] Abgedruckt bei *Lammel*, § 1 HeizkV, Rn. 155.
[711] Bekanntmachung der Begründung zur Verordnung über die Umstellung auf gewerbliche Wärmelieferung für Mietwohnraum (Wärmelieferverordnung – WärmeLV) vom 14.6.2013, BAnz. AT v. 20.6.2013 B 2 S. 1–8, hier S. 7.

Jahresnutzungsgrade ergeben. Das ändert aber nichts daran, dass diese Werte bisher die einzigen vom Normgeber anerkannten Pauschalwerte sind. Will man diese nicht in Ansatz bringen, so muss man den tatsächlichen Jahresnutzungsgrad durch eine Kurz- oder Langzeitmessung ermitteln.

561 Im zweiten Schritt ist gemäß § 10 Abs. 3 WärmeLV ausgehend von der ermittelten Wärmemenge zu berechnen, wie hoch die Wärmelieferungskosten im letzten Abrechnungszeitraum, in dem tatsächlich noch Eigenversorgung erfolgte, gewesen wären. Man muss also eine fiktive Wärmelieferungsabrechnung für einen in der Vergangenheit liegenden Versorgungszeitraum erstellen. Das zwingt dazu, eine **Preisberechnung** nach dem Wärmelieferungsvertrag **für die Vergangenheit** durchzuführen. Dazu müssen in die Preisänderungsklauseln des Wärmelieferungsvertrages die Werte eingesetzt werden, die im letzten Abrechnungszeitraum galten. Man kann das auch als „Rückwärts-Indexierung" der Preise bezeichnen. Es kommt also nicht darauf an, welche Kosten durch die Wärmelieferung in der Zukunft entstehen. Maßgeblich sind allein die fiktiven Kosten für den durchschnittlichen Verbrauch der letzten drei Abrechnungszeiträume bei Preisen des letzten Abrechnungszeitraumes. Einsparungen bei der verbrauchten Wärmemenge, also der Nutzenergie, die der Wärmelieferant im Zuge der Umstellung durch Maßnahmen an der Gesamtheizanlage erzielt, bleiben unberücksichtigt im Kostenvergleich. Ergeben sich später bei der Abrechnung der Wärmelieferung aufgrund geänderter Energiepreise und geänderten Verbrauchsverhaltens der Mieter höhere oder niedrigere Kosten als nach dem Kostenvergleich, so hat das keine Auswirkungen auf die Zulässigkeit der Umstellung[712].

562 Die so ermittelten Wärmelieferungskosten sind den Betriebskosten der bisherigen Eigenversorgung gegenüber zu stellen. Sind sie nicht höher als die Kosten der bisherigen Eigenversorgung, so ist die Umlage der Wärmelieferungskosten nach der Umstellung zulässig. Sind sie höher, können die sich aus dem Wärmelieferungsvertrag für den Vermieter ergebenden Kosten nicht auf die Mieter umgelegt werden.

563 (c) **Herstellung der Kostenneutralität**. Ist die Kostenneutralität bei dem üblichen Modell, das keine Einmalzahlungen des Vermieters und eine Laufzeit von zehn Jahren vorsieht, nicht zu erreichen, so stellt sich die Frage, ob die **Kostenneutralität** durch Veränderungen an Leistung und Gegenleistung **hergestellt** werden kann. Die Regelungen des § 556c BGB und der WärmeLV enthalten keine Vorschrif-

---

[712] *Schmidt-Futterer/Lammel*, § 556c, Rn. 28.

ten dazu, auf welche Laufzeit bezogen die Kostenneutralität zu ermitteln ist. Ist bei zehnjähriger Laufzeit aufgrund der hohen Investitionen in die neue Heizungsanlage eine Kostenneutralität nicht möglich, so kann eine Möglichkeit zur Herstellung der Kostenneutralität darin liegen, eine längere Laufzeit zu vereinbaren und damit zu niedrigeren Jahreskosten zu gelangen, weil bei einer längeren Laufzeit die den Grundpreis maßgeblich bestimmenden Investitionskosten über einen längeren Zeitraum verteilt werden können und damit einen geringeren Jahresgrundpreis zulassen. Ebenso wenig ist es ausgeschlossen, durch die Vereinbarung einer Einmalzahlung durch den Vermieter an den Wärmelieferanten den laufend zu zahlenden Grundpreis zu senken und damit die Kostenneutralität insgesamt herzustellen oder sie dadurch zu erreichen, dass neben dem Grundpreis eine weitere laufende Zahlung des Vermieters vereinbart wird, die nicht auf die Mieter umgelegt wird[713].

564 Theoretisch könnte sich ein Vermieter auch überlegen, zur Einhaltung der Kostenneutralität erst einmal einen Wärmelieferungsvertrag mit Nutzung der bestehenden Anlage abzuschließen, weil dieser vermutlich oft kostenneutral sein kann, da er nur geringe Investitionen in die Heizanlage verlangt. Ein solcher Wärmelieferungsvertrag darf nach der Rechtsprechung des Bundesgerichtshofes in allgemeinen Geschäftsbedingungen keine längere Laufzeit als zwei Jahre haben[714]. Nach Ablauf der Laufzeit eines solchen Vertrages wäre der Abschluss eines mit hohen Investitionen des Lieferanten verbundenen neuen Wärmelieferungsvertrages keine Umstellung im Sinne des § 556c BGB mehr, so dass auch nicht die Kostenneutralität verlangt werden könnte. Das ist dogmatisch so weit zutreffend, berechtigt aber nicht zu der Schlussfolgerung, dass die Mieter danach höhere Wärmelieferungskosten automatisch tragen müssen. Denn dort, wo § 556c BGB nicht mehr anwendbar ist, gilt hinsichtlich der Betriebskosten wieder der vorher durch den spezielleren § 556c BGB verdrängte allgemeine Wirtschaftlichkeitsgrundsatz (§ 560 Abs. 5 BGB). Dieser verbietet es dem Vermieter, kurze Zeit nach der nur bei Kostenneutralität zulässigen Umstellung auf die Umlegung der Wärmelieferungskosten einen neuen Vertrag abzuschließen, der diese Kostenneutralität nicht mehr wahrt[715]. Das bedeutet aber nicht, dass sich die Wärmelieferungskosten auch dann noch als kostenneutral darstellen müssen, wenn nach dem Auslaufen eines längerfristigen Wärmelieferungsvertrages die aktuelle Kostensituation sich verän-

[713] *Klemm*, CuR 2013, 152, 157; *Beyer*, CuR 2014, 4, 10.

[714] BGH, Urt. v. 21.12.2011 – VIII ZR 262/09, NJW-RR 2012, 249.

[715] Im Ergebnis ebenso Verordnungsbegründung, BAnz. AT v. 20.6.2013 B2 S. 3 a.E.

dert hat und ein Wärmelieferungsvertrag zu den Konditionen des bisherigen Vertrages nicht abgeschlossen werden kann, weil kein Anbieter zu diesen Konditionen zu liefern bereit ist[716].

565 **(d) Keine abweichenden Vereinbarungen.** § 556c Abs. 4 BGB und § 12 WärmeLV bestimmen ausdrücklich, dass abweichende **Vereinbarungen** zum Nachteil des Mieters **unwirksam** sind. Es ist also nicht möglich, in Mietverträgen als Standard eine Regelung vorzusehen, die die Anwendbarkeit des § 556c BGB und der WärmeLV ausschließt. Das führt aber nicht zur Unzulässigkeit von Vereinbarungen zwischen Vermieter und Mieter, die im laufenden Mietverhältnis aus Anlass der Modernisierung der Heizungsanlage geschlossen werden, weil § 555f BGB es zulässt, nach Abschluss des Mietvertrages Vereinbarungen aus Anlass einer Erhaltungs- oder Modernisierungsmaßnahme abzuschließen. Auch Sinn und Zweck des Verbots bestätigen diese Sichtweise: Nur solche Klauseln, die bei Abschluss des Mietvertrages von der WärmeLV abweichende Regelungen enthalten, sind unwirksam, weil der Vermieter in dieser Situation eine Übermachtstellung hat und sie zur Durchsetzung seiner Vorstellungen nutzen kann. Dagegen besteht diese Übermacht nicht mehr, wenn es um Vereinbarungen im laufenden Mietverhältnis geht[717]. Es ist also beispielsweise möglich, mit den vorhandenen Mietern eines Hauses zu vereinbaren, dass ein vollständig neues, aber teureres Wärmeversorgungskonzept auf der Basis regenerativer Energien installiert und von den Mietern durch die Zahlung höherer Heizkosten mitfinanziert wird.

566 Gelingt es nicht, ein Konzept bei fehlender Kostenneutralität im Einvernehmen mit den Mietern zu realisieren, dann bleibt nur der Weg, keine Wärmelieferung durchzuführen, sondern als Vermieter so etwas selbst umzusetzen. Der Vermieter muss dann selbst in die neuen technischen Einrichtungen investieren und die anfallenden Investitionen über eine Kaltmietenerhöhung gemäß § 559 BGB refinanzieren. Die Kaltmietensteigerung darf also merklich höher sein als die Einsparung der Mieter bei den laufenden Heizkosten[718]. Wählt der Vermieter diesen Weg, so gilt also nicht die bei der Umstellung auf Wärmelieferung geltende Kostenneutralitätspflicht und die Mieter haben eine insgesamt deutlich höhere Miete zu akzeptieren. Die bei der Umstellung auf Wärmelieferung bestehende Kostenneutralitätspflicht stellt sich damit als eine bewusste Schlechterstellung von Energiedienstleistungslösungen gegenüber anderen Organisa-

[716] Eine differenzierte Betrachtung hält auch *Hinz*, WuM 2014, 55, 65 für erforderlich.

[717] *Lützenkirchen*, Wärmecontracting, § 12, Rn. 10 ff.; *Beyer*, CuR 2014, 4, 10 f.

[718] *Schmidt-Futterer/Börstinghaus*, § 559 BGB, Rn. 87.

tionsmodellen zur Erreichung des gleichen Zweckes dar. Damit verstößt der deutsche Gesetzgeber gegen seine Pflicht aus Art. 19 Abs. 1 EffizienzRL, wonach er geeignete Maßnahmen zur Beseitigung rechtlicher Hemmnisse für die Energieeffizienz zu ergreifen hat.

(4) Besondere Anforderungen an den Wärmelieferungsvertrag. Die §§ 2 bis 7 WärmeLV enthalten Vorschriften zur Ausgestaltung des Wärmelieferungsvertrages zwischen Vermieter und Wärmelieferant. **567**

Nach § 2 Abs. 1 WärmeLV soll der Wärmelieferungsvertrag Regelungen zu folgenden Punkten enthalten:

- Beschreibung der Leistungen,
- Aufschlüsselung in Grund- und Arbeitspreis und etwaige Preisänderungsklauseln,
- Übergabepunkt,
- Angaben zur Dimensionierung der Anlage,
- Umstellungszeitpunkt und Laufzeit,
- Sonstige Leistungen des Kunden neben Grund- und Arbeitspreis,
- Endschaftsregelungen.

Wie dem im Anhang abgedruckten Vertragsmuster zu entnehmen ist, enthält ein üblicher Wärmelieferungsvertrag Regelungen zu all diesen Punkten. Beide Vertragsparteien wären schlecht beraten, würden sie die Regelung dieser Punkte unterlassen. Fehlen solche Regelungen, so hat das aber keine Auswirkungen auf die Zulässigkeit der Umstellung oder die Wirksamkeit des Vertrags, denn aus dem „soll" ergibt sich keine Pflicht zur Befolgung. Es stellt sich allenfalls die Frage, ob der Vertrag überhaupt wirksam ist, weil die Einigung über wesentliche Vertragsinhalte fehlt[719]. Generell von einem Einigungsmangel auszugehen, wenn einer der Regelungspunkte des § 2 Abs. 1 WärmeLV nicht ausdrücklich im Vertrag geregelt wurde, ist aber unzutreffend. Denn bei vielen Punkten ergibt sich dann, wenn im Vertrag keine Regelung enthalten ist, das geltende Recht aus dem dispositiven Gesetzesrecht.

568 Nach § 2 Abs. 2 WärmeLV ist der Wärmelieferant verpflichtet, in den Wärmelieferungsvertrag Angaben zur voraussichtlichen energetischen Effizienzverbesserung (bei Neuanlagen und Anschluss an ein Wärmenetz) oder die energetisch verbesserte Betriebsführung (bei Wärmelieferung aus Bestandsanlagen) aufzunehmen. Weiterhin muss der Wärmelieferungsvertrag den Kostenvergleich einschließlich der ihm zugrunde liegenden Annahmen und Berechnungen enthalten. Fehlen diese Angaben, so führt dies allein nicht zur Unwirksamkeit

---

[719] *Lammel*, § 1 HeizkV, Rn. 99.

des Wärmelieferungsvertrages[720]. Kommt es zu einer Effizienzverbesserung und ist die Kostenneutralität objektiv gegeben, so kann allein aus dem Fehlen dieser Unterlagen als Anlagen zum Wärmelieferungsvertrag auch nicht abgeleitet werden, dass der Vertrag wegen Zweckverfehlung unwirksam ist[721], weil er seinen gesetzlichen Zweck genau erfüllen kann. Es bedarf nur einer Korrektur im Ablauf, die durch das spätere Hinzufügen der fehlenden Anlagen erfolgen kann.

569 § 2 Abs. 3 WärmeLV erklärt in Wärmelieferungsverträgen, die bei der Umstellung auf Wärmelieferung abgeschlossen werden, Vereinbarungen über Mindestabnahmemengen oder Modernisierungsbeschränkungen für unwirksam. Solche Regelungen sind auch unüblich. Praktisch relevant könnte diese Regelung allenfalls dann werden, wenn der Wärmelieferant ein Preismodell anwendet, das keine Aufteilung in Grund- und Arbeitspreis vorsieht, sondern einen reinen Mengenpreis. Bei solchen Preismodellen kommen Mindestabnahmemengenvereinbarungen öfter vor. Sie wären im vorliegenden Fall unwirksam. Der Wärmelieferant hätte also keine Sicherheit hinsichtlich irgendeiner Mindestabnahmemenge. Er sollte deshalb überlegen, ob er tatsächlich an einem reinen Mengenpreis festhält oder das Problem dadurch löst, dass er einen Grundpreis vereinbart und damit immer die verbrauchsunabhängigen Kosten deckt.

570 § 3 WärmeLV schreibt vor, dass in Wärmelieferungsverträgen zur Umstellung nur solche **Preisänderungsklauseln** vereinbart werden dürfen, die den Vorgaben des **§ 24 Abs. 4 AVBFernwärmeV** entsprechen. Es ist also nicht möglich, zwischen Vermieter und Wärmelieferant individuell eine abweichende Preisregelung zu vereinbaren[722]. Eine solche Vereinbarung wäre gemäß § 7 WärmeLV unwirksam.

571 Die WärmeLV enthält weiterhin einen sehr interessanten und ungewöhnlichen **Auskunftsanspruch** in § 5. Normalerweise besteht keine Pflicht eines Vertragspartners, dem anderen offen zu legen, wie ein vereinbarter Preis zustande kommt. § 5 WärmeLV schreibt davon abweichend vor, dass ein Wärmelieferant seinem Kunden dann, wenn dieser die Wärmelieferungskosten nach einer Umstellung nicht vollständig auf die Mieter umlegen kann, eine Aufschlüsselung seines Preises liefern muss, die alle umlagefähigen Positionen im Sinne der §§ 7 Abs. 2 und 8 Abs. 2 Heizkostenverordnung einzeln benennt. Damit soll dem Vermieter die Möglichkeit gegeben werden, jedenfalls Teile der anfallenden Wärmelieferungskosten nach den Regeln

---

720 Verordnungsbegründung S. 5, BAnz. AT v. 20.6.2013.

721 So aber *Lammel*, § 1 HeizkV, Rn. 99.

722 *Lützenkirchen*, Wärmecontracting, § 3 WärmeLV, Rn. 7; *Lammel*, § 1 HeizkV, Rn. 131.

über die Umlage von Kosten der Eigenversorgung einer Heizung auf die Mieter umzulegen.

Neben der Auskunftspflicht ergibt sich aus § 5 WärmeLV dogmatisch eine interessante Konsequenz: Die WärmeLV regelt nicht ausdrücklich, welche Auswirkungen es auf die Wirksamkeit des zwischen Vermieter und Wärmelieferant abgeschlossenen Wärmelieferungsvertrages hat, wenn – aus welchen Gründen auch immer – die Kostenneutralitätsberechnung fehlerhaft ist und die Kostenneutralität nicht eingehalten wird. Man könnte den Standpunkt vertreten, dass dann der ganze Wärmelieferungsvertrag unwirksam ist, weil er für den Vermieter nicht mehr den Zweck erfüllt, alle Wärmelieferungskosten auf die Mieter umlegen zu können. Diese Konsequenz ist aber durch § 5 WärmeLV ausgeschlossen. Denn der Auskunftsanspruch nach § 5 WärmeLV hätte überhaupt keinen Anwendungsbereich, wenn der Wärmelieferungsvertrag bei fehlerhafter Kostenvergleichsrechnung und deshalb fehlender Kostenneutralität unwirksam würde.

572 **(5) Umstellungsankündigung.** Schließlich ist noch in § 11 WärmeLV geregelt, wie der Vermieter bei der Umstellung zu verfahren hat. Dafür gilt: Die Umstellung ist mit einer Frist von drei Monaten vor Umstellung in Textform anzukündigen (§ 11 Abs. 1 WärmeLV). Darin müssen die in § 11 Abs. 2 WärmeLV genannten Informationen an den Mieter übermittelt werden. Das sind Angaben

- zur Art der künftigen Wärmelieferung,
- zur voraussichtlichen energetischen Effizienzverbesserung (bei Neuanlagen oder Anschluss an ein Wärmenetz) oder zur energetisch verbesserten Betriebsführung (bei Wärmelieferung aus Bestandsanlagen);
- zum Kostenvergleich nach § 556c Abs. 1 S. 1 Nr. 2 BGB und nach den §§ 8 bis 10 WärmeLV einschließlich der ihm zugrunde liegenden Annahmen und Berechnungen,
- zum geplanten Umstellungszeitpunkt,
- zu den im Wärmelieferungsvertrag vorgesehenen Preisen und den gegebenenfalls vorgesehenen Preisänderungsklauseln.

Daraus folgt, dass die Umstellung auf Wärmelieferung mit ausreichendem zeitlichem Vorlauf vorbereitet werden muss. Der Vermieter muss den abgeschlossenen Vertrag einschließlich Kostenvergleich und aller Angaben zur zukünftigen Effizienzverbesserung mehr als drei Monate vor Lieferbeginn in Händen halten, um den Mietern innerhalb der gesetzlichen Fristen die geforderten Informationen übermitteln zu können. Die Umstellung kann zu jedem beliebigen Zeitpunkt und nicht nur zum Beginn eines Abrechnungszeitraums erfolgen[723]. Kommt es zu formalen Fehlern bei der Ankündigung, so haben diese nach § 11 Abs. 3 WärmeLV zur Folge, dass die sonst ein Jahr betragende Frist des Mieters zur Erhebung von Einwendungen gegen Betriebskostenabrechnungen hinsichtlich der Wärmelieferungskosten nicht mit der Übersendung der Abrechnung zu laufen beginnt, sondern erst dann, wenn die ordnungsgemäße Ankündigung nachgeholt worden ist. Daraus, dass keine weiteren Sanktionen und ein in dem Entwurf noch vorgesehenes Kürzungsrecht des Mieters nicht im Gesetz geregelt sind, folgt, dass für die Zeit bis zur ordnungsgemäßen Ankündigung keine Kürzung der Wärmelieferungskostenumlage vorzunehmen ist[724].

573 **bb) Umstellung von mieterbetriebenen Einzelheizungen auf Wärmelieferung.** Ist im Mietvertrag gemäß § 556 BGB die Umlage von Betriebskosten auf den Mieter vereinbart und durch Verweis auf die Betriebskostenverordnung oder deren Vorgängerregelung, die Anlage 3 zu § 27 II. BV, bestimmt, dass alle nach dem Gesetz umlagefähigen Kosten umgelegt werden, so sind die Wärmelieferungskosten auf den Mieter umlegbar. Dem Vermieter steht es dann frei, im laufenden Mietverhältnis vom Eigenbetrieb zur Wärmelieferung zu wechseln und die vollständigen Kosten der Wärmelieferung auf den Mieter als Betriebskosten umzulegen. Eine **Zustimmung** des **Mieters** ist **nicht erforderlich**[725].

Der Vermieter kann bei der Umstellung nicht einen beliebigen Wärmelieferungsvertrag abschließen. Er muss vielmehr das **Wirtschaftlichkeitsgebot** (§ 556 Abs. 3 S. 1 BGB) beachten. Den Vermieter trifft gegenüber seinem Mieter die vertragliche Nebenpflicht, bei Maßnahmen und Entscheidungen, die Einfluss auf die Höhe der letztlich vom Mieter zu tragenden Nebenkosten haben, auf ein angemessenes Kosten-Nutzen-Verhältnis Rücksicht zu nehmen. Ein Verstoß gegen diese Nebenpflicht kann zu einem Schadensersatzanspruch führen, der sich auf Freihaltung des Mieters von den unnötigen Kosten richtet[726]. Das bedeutet, dass der Vermieter nur einen solchen Wärmelieferungsvertrag abschließen darf, der marktübliche Wärmelieferungskosten verursacht.

574 Nur dann, wenn im Mietvertrag zwar die Umlage der Betriebskosten vereinbart ist, der Vermieter aber in einem abweichend vom Gesetz formulierten Katalog der umlegbaren Kosten nicht die Kos-

[723] *Pfeiffer*, CuR 2013, 108, 110.

[724] *Pfeiffer*, CuR 2013, 108, 112.

[725] BGH, Urt. v. 27.6.2007 – VIII ZR 202/06, NJW 2007, 3060 f.; BGH, Urt. v. 16.4.2008 – VIII ZR 75/07, NJW 2008, 2105–2106; BGH, Beschl. v. 8.2.2011 – VIII ZR 145/10, CuR 2011, 87 f.

[726] BGH, Urt. v. 28.11.2007 – VIII ZR 243/06, Rn. 14, NJW 2008, 440.

ten der Wärmelieferung benannt hat, können diese nach einer Umstellung auf Wärmelieferung im laufenden Mietverhältnis nicht ohne Zustimmung des Mieters umgelegt werden[727]. Für eine Umlegung der Wärmelieferungskosten nach einer Umstellung braucht man weiterhin auch dann die **Zustimmung** des Mieters, wenn es sich um einen vor 1989 geschlossenen Mietvertrag handelt, in dem auf den gesetzlichen **Betriebskostenkatalog** in der **alten Fassung** verwiesen wird[728]. Denn erst ab der Änderung im Jahre 1989 enthält der gesetzliche Betriebskostenkatalog die Kosten aller Arten der Wärmelieferung als Betriebskostenposition.

Besteht Unsicherheit darüber, ob die Wärmelieferungskosten nach einer Umstellung nach den Vorschriften der vorhandenen Mietverträge getragen werden müssen, so empfiehlt es sich, mit dem Mieter eine Modernisierungsvereinbarung abzuschließen, die ausdrücklich bestimmt, dass zukünftig die Wärmlieferungskosten vom Mieter zu tragen sind.

575 cc) **Preisgebundener Wohnraum.** Das Recht des preisgebundenen Wohnraums ist durch den Erlass des Gesetzes über die soziale Wohnraumförderung (Wohnraumförderungsgesetz – WoFG) vom 13.9.2001 umfassend neu geregelt worden. Es enthält seitdem keine Sonderregelungen mehr für den Umgang mit Wärmelieferungskosten. Das Gesetz findet gemäß § 46 WoFG aber nur auf Maßnahmen Anwendung, für die die Förderzusage nach dem 31.12.2001 erteilt wurde. Das bis 2001 geltende Recht gilt für die davor errichteten und geförderten Gebäude weiter, bis die dort maßgebliche **Sozialbindung** ausläuft. Da diese sich über Zeiträume von bis zu 30 Jahren erstreckt, wird das alte Recht für die betroffenen Wohnungsbestände noch lange Zeit von Bedeutung bleiben. Hinsichtlich der Umlegung der Wärmelieferungskosten gelten dort andere Regelungen als im freifinanzierten Wohnungsbau[729]:

576 Die an den Vermieter zu zahlende Kaltmiete ist gemäß § 3 Abs. 1 Neubaumietenverordnung[730] (NMV 1970) eine **Kostenmiete.** Da die Investitions- und Instandhaltungskosten für die Heizstation den Vermieter nach der Umstellung nicht mehr belasten, hat er gemäß § 5 Abs. 1 und 3 NMV 1970 eine neue Wirtschaftlichkeitsberechnung

[727] BGH, Urt. v. 6.4.2005 – VIII ZR 54/04, NJW 2005, 1776–1778.
[728] BGH, Urt. v. 22.2.2006 – VIII ZR 362/04, NJW 2006, 2185–2187.
[729] *Kramer*, ZMR 2007, 508–511.
[730] Verordnung über die Ermittlung der zulässigen Miete für preisgebundene Wohnungen – Neubaumietenverordnung 1970, neugefasst durch Bekanntmachung v. 12.10.1990, BGBl. I S. 2204, zuletzt geändert durch Art. 4 der Verordnung v. 25.11.2003, BGBl. I S. 2346.

nach den Vorschriften der Zweiten Berechnungsverordnung[731] (II. BV) aufzustellen. Bei eigenständiger gewerblicher Lieferung von Wärme sind in die Wirtschaftlichkeitsberechnung gemäß §§25 und 28 II. BV niedrigere Ansätze für die Abschreibung und die Instandhaltungskosten einzustellen. In §25 Abs.3 Nr.4 und 5 II. BV ist vorgeschrieben, dass bei der Abschreibung bei Eigenversorgung zusätzlich zu den in der Wirtschaftlichkeitsberechnung enthaltenen Kosten 4 % der für die Sammelheizung aufgewendeten Kosten berücksichtigt werden können, bei eigenständig gewerblicher Wärmelieferung lediglich 0,5 % der für die Hausanlage aufgewendeten Kosten. Bei den Instandhaltungskosten dürfen nach §28 Abs.2 S.2 II. BV für Wohnungen, die durch einen eigenständig gewerblichen Wärmelieferanten versorgt werden, pro Jahr nur um 0,20 EUR/m^2 und Jahr verringerte Kosten gegenüber einem Gebäude angesetzt werden, das vom Vermieter selbst aus einer Zentralheizung versorgt wird. Daraus folgt gemäß §5 Abs.3 NMV 1970 die Pflicht, die **Kostenmiete** zu **senken**.

577 Der Vermieter bestimmt nach der Einführung der Wärmelieferung durch **einseitige Erklärung** gemäß §10 WoBindG, §§20 und 22 NMV 1970 die neue reduzierte Kaltmiete und die **Umlage** der sich nach dem Wärmelieferungsvertrag ergebenden Heizkosten. Einer Zustimmung der Mieter bedarf es nicht[732].

III. Elektrizitätsversorgung und Mietrecht

578 Anders als die Wärmeversorgung erfolgt die Elektrizitätsversorgung praktisch nie durch den Vermieter. Es ist vielmehr meist so, dass sich der Mieter die benötigte Elektrizität bei einem Dritten – einem Energieversorgungsunternehmen im Sinne des §3 Nr.18 EnWG – direkt beschafft. Die Leistung des Wohnungsvermieters beschränkt sich dann darauf, die notwendigen Leitungen in der Wohnung und im Haus bis zum Ende der Hausanschlussleitung des Versorgungsunternehmens an der Hausanschlusssicherung (vgl. §5 S.2 NAV) zur Verfügung zu stellen. Seit der **Liberalisierung** des Elektrizitätsmarktes durch die Reform des Energiewirtschaftsgesetzes im Jahre 1998 ist es dem Mieter bei einer solchen mietvertragli-

[731] Verordnung über wohnungswirtschaftliche Berechnungen nach dem Zweiten Wohnungsbaugesetz, II. BV, neugefasst durch Bekanntmachung v. 12.10.1990, BGBl. I S.2178; zuletzt geändert durch Art.78 Abs.2 des Gesetzes v. 23.11.2007, BGBl. I S.2614.

[732] *Heix*, Änderung der Kostenmiete nach einer Umstellung auf eigenständig gewerbliche Heizungs- und Warmwasserversorgung im preisgebundenen Wohnraum, WuM 1994, 177; *Kramer*, ZMR 2007, 508.

chen Situation daher möglich, den Strom bei einem **Stromlieferanten** seiner **Wahl** zu beziehen[733].

579 Wie bereits ausführlich dargestellt, bietet es sich aus Gründen der effizienten und klimaschonenden Stromerzeugung an, Strom dezentral dort zu erzeugen, wo die bei der Stromerzeugung anfallende Wärme sinnvoll genutzt werden kann, also z.B. in Miethäusern. In Kap. C. (Rn. 335.) ist auch aufgezeigt worden, dass bei solchen Versorgungsmodellen der Mieter, der bisher seinen Stromversorger frei wählen konnte, diese Möglichkeit auch dann behält, wenn der Energiedienstleister darauf setzt, den Strom im Gebäude zu vermarkten (**Summenzählermodell**). Betriebswirtschaftlich ist das Modell aber mit erheblichen Risiken belastet. Denn der Energiedienstleister kann sich nicht darauf verlassen, dass er – mit den für die Wirtschaftlichkeit seines Konzeptes nötigen – Erlösen aus der Vermarktung des Stromes im Gebäude für die Zeit rechnen kann, die er für die Amortisation seines Stromerzeugungsanlage benötigt.

580 Um den Einsatz von dezentralen Stromerzeugungsanlagen in größerem Umfang zu erreichen, wäre es hilfreich, wenn es Einsatzmodelle gäbe, die eine **Erlössicherheit** gewähren, die zwar nicht dem alten EEG entspricht, aber einen solchen Umfang hat, dass damit eine Investition in eine dezentrale Erzeugungsanlage hinreichend abgesichert wird. Das wäre dann erreicht, wenn der Betreiber einer dezentralen Stromerzeugungsanlage Stromlieferungsverträge für eine Laufzeit abschließen könnte, die für die Amortisation eines BHKW oder einer Photovoltaikanlage benötigt wird, also Zeiträume von ca. sechs Jahren an aufwärts. Wie in Kap. B. IX (Rn. 235 ff.) dargestellt, können solche Laufzeiten individualvertraglich vereinbart werden. Das mag bei Einzelkunden, die den gesamten im BHKW oder in der Photovoltaikanlage erzeugten Strom verbrauchen, auch umsetzbar sein. In Wohnhäusern mit vielen Bewohnern funktioniert dies praktisch nicht, weil es wirtschaftlich nicht leistbar ist, mit jedem einzelnen Bewohner lange Vertragsverhandlungen zu führen und es auch nur selten gelingen wird, alle Bewohner zum Abschluss eines Vertrages mit einer solch langen Laufzeit zu bewegen.

581 Um dennoch auch in Wohnhäusern mit vielen Abnehmern ein Modell mit langfristiger Investitionssicherheit realisieren zu können, bietet sich eine Umstrukturierung der Mietverhältnisse an, und zwar in der Weise, dass die Wohnungen von Anfang an **einschließlich der Stromversorgung vermietet** werden, so wie es üblich ist, dass Wohnungen mit Wärme- und Wasserversorgung vermietet werden. Der Energiedienstleister liefert dann den von ihm dezentral erzeugten

---

[733] Ausführlich zum Thema *Theobald/Zenke*, Grundlagen der Strom- und Gasdurchleitung, S. 5 ff.

Strom an den Vermieter, der diesen im Rahmen seiner Vermieterleistung bereitstellt. Zwischen Energiedienstleister und Vermieter besteht ein Stromlieferungsvertrag mit einer individuell ausgehandelten Laufzeit von z.B. zehn Jahren. Es gibt keinen Stromlieferungsvertrag zwischen dem Mieter und einer anderen Person, ebenso wenig wie der Mieter einer vom Vermieter beheizten Wohnung einen Wärmelieferungsvertrag mit dem Vermieter oder einem Wärmelieferanten abschließt. Die Stromversorgung wäre dann Teil der Vermieterleistungen und würde als eine Betriebskostenposition gegenüber dem Mieter abgerechnet werden. Dieser Ansatz ist zwar ungewöhnlich, aber nicht abwegig, weil z.B. in Studentenwohnheimen, Boarding-Houses, Ferienwohnungen und ähnlichen dem Wohnen dienenden Räumen eine Vermietung einschließlich des vom Nutzer verbrauchten Stromes erfolgt. Die Umsetzung dieses Modells erfordert eine Anpassung der Mietverträge. Rechtliche Aspekte, die eine Umsetzung verbieten, sind nicht ersichtlich.

1. Stromkosten sind Betriebskosten

582 Voraussetzung dafür, dass man die Stromkosten der Mieterversorgung auf die Mieter umlegen kann, ist die Einordnung dieser Kosten als **Betriebskosten**. Denn nur deren Umlage kann nach § 556 Abs. 1 BGB i.V.m. § 2 Betriebskostenverordnung (BetrKV) zwischen Vermieter und Mieter vereinbart werden. Betriebskosten sind nach § 1 BetrKV u.a. die dem Eigentümer durch den bestimmungsgemäßen Gebrauch des Gebäudes entstehenden Kosten. Nicht dazu gehören Investitionskosten für die Herrichtung des Gebäudes, Verwaltungskosten (§ 1 Abs. 2 Nr. 1 BetrKV) sowie Instandhaltungs- und Instandsetzungskosten (§ 1 Abs. 2 Nr. 2 BetrKV).

Der Begriff der Betriebskosten wird präzisiert durch den Betriebskostenkatalog in § 2 BetrKV. In den dortigen Ziffern 1 bis 16 sind Stromkosten, die in der Wohnung des Mieters für seine individuellen Zwecke verursacht werden, nicht aufgelistet. § 2 Ziffer 2 erklärt aber die Kosten des Betriebs einer hauseigenen Wasseraufbereitungsanlage für umlagefähig. Solche Anlagen verursachen Stromkosten, die damit umlagefähig sind. In § 2 Ziffer 3 werden u.a. die Kosten des Betriebs einer Bewässerungspumpe für umlagefähig erklärt. Das ist vor allem der Strom zu deren Betrieb. § 2 Nr. 4 a) und 4 b) BetrKV erklären ausdrücklich die Kosten des Betriebsstromes der Heizungsanlage für umlagefähig. § 2 Nr. 7 BetrKV erklärt die Kosten des Betriebsstromes eines Aufzuges als umlagefähig. Ebenso sind in den gemäß § 2 Nr. 8 BetrKV umlagefähigen Kosten des Betriebs von Müllschluckern etc. Stromkosten enthalten. Nach § 2 Nr. 11

BetrKV sind die Stromkosten für die Beleuchtung der gemeinschaftlich genutzten Bereiche umlagefähig ebenso wie gemäß § 2 Nr. 15 a) BetrKV der Betriebsstrom einer Antennenanlage. Gemäß § 2 Nr. 16 BetrKV sind die Kosten des Betriebsstromes einer Einrichtung zur Wäschepflege ebenfalls umlagefähig.

583 Es ist mithin festzustellen, dass **Stromkosten Betriebskosten** sind. Nach § 2 Nr. 17 BetrKV sind auch sonstige Betriebskosten umlagefähig, wenn es sich denn um Betriebskosten handelt und diese sonstigen Betriebskosten in einer vertraglichen Vereinbarung ausdrücklich benannt sind. Hat sich der Vermieter entschieden, nicht nur den Betriebsstrom für diverse Einrichtungen, wie sie in den Ziffern 2 bis 16 des Betriebskostenkataloges genannt werden, den Mietern bereitzustellen, sondern auch den Strom für die Nutzung der Wohnung, so sind die Stromkosten, die durch den Verbrauch des Mieters entstehen, auch als dem Eigentümer durch den bestimmungsgemäßen Gebrauch des Gebäudes entstandene Kosten anzusehen, deren Umlage möglich ist[734].

2. Wahlfreiheit der Mieter bei der Stromlieferung

584 Zu einer Unzulässigkeit der Einbeziehung der Stromversorgung in die Vermieterleistung könnte man dennoch gelangen, und zwar aufgrund der europarechtlichen Vorgaben der **Elektrizitätsbinnenmarktrichtlinie**[735]. Art. 3 Abs. 4 EltRL verpflichtet die Mitgliedstaaten sicherzustellen, dass alle Kunden tatsächlich zu einem neuen Lieferanten wechseln können. **Kunden** sind nach der Begriffsbestimmung in Art. 2 Nr. 7 der Richtlinie „Großhändler und Endkunden, die **Elektrizität kaufen**". Tritt der Mieter aber gar nicht als Käufer auf dem Elektrizitätsmarkt auf, weil er mit dem Vermieter vereinbart hat, dass der Vermieter als Teil der Bereitstellung der Räume auch deren Stromversorgung gewährleistet, so ist er **nicht Käufer** von Elektrizität im Sinne des Art. 2 Nr. 7 EltRL ebenso wenig wie er vom Vermieter das Wasser oder die Wärme zur Versorgung der Wohnung kauft. Die Richtlinie verbietet deshalb auch nicht den Abschluss von Mietverträgen, die eine Stromversorgung durch den Vermieter vorsehen. Bei der Umsetzung der Stromversorgung durch den Vermieter muss man zwischen bestehenden und neu begründeten Mietverhältnissen unterscheiden.

---

[734] *Eisenschmid/Rips/Wahl*, Rn. 3913.

[735] Richtlinie 2009/72/EG des Europäischen Parlaments und des Rates vom 13. Juli 2009 über gemeinsame Vorschriften für den Elektrizitätsbinnenmarkt und zur Aufhebung der Richtlinie 2003/54/EG, ABl. L 211 S. 55.

3. Einführung in bestehenden Mietverhältnissen

585 In bestehenden Mietverhältnissen ist davon auszugehen, dass die Möglichkeit, aus dem Netz der Allgemeinen Versorgung Strom von einem beliebigen Lieferanten zu beziehen, Teil der Vermieterleistung ist. Ist im Mietvertrag nicht ausdrücklich geregelt, dass die Stromversorgung anders als durch einen Anschluss an das Netz des örtlichen Verteilernetzbetreibers erfolgt, so kann der Mieter beanspruchen, dass für ihn ein solcher Anschluss hergestellt wird[736]. Diese Vermieterleistung ermöglicht es dem Mieter, Strom von jedem beliebigen Anbieter zu beziehen. Eine solche vertraglich eingeräumte Möglichkeit kann der Vermieter dem Mieter grundsätzlich nicht ohne dessen Einverständnis nehmen[737]. Soll also in ein vorhandenes Gebäude, dessen Wohnungen in der oben beschriebenen Weise vermietet sind, eine KWK-Anlage eingebaut werden und die Versorgung mit Elektrizität zukünftig als Vermieterleistung erfolgen, so muss dafür das **Einverständnis** der **Mieter** eingeholt werden. Die Mieter müssen ihre Versorgungsverträge mit dem bisherigen Versorger kündigen.

4. Neubegründete Mietverhältnisse

586 Weil es grundsätzlich zulässig ist, in einem Mietvertrag die Stromversorgung durch den Vermieter vorzusehen[738], kommt es bei der Neubegründung von Mietverhältnissen darauf an, dass die vertragliche Regelung fehlerfrei erfolgt. Mietverträge werden regelmäßig unter Verwendung von Mustern abgeschlossen und sind deshalb in solchen Fällen als Allgemeine Geschäftsbedingungen einzuordnen. Ihre Regelungen sind nur dann wirksam, wenn sie die besonderen Zulässigkeitsanforderungen an Allgemeine Geschäftsbedingungen erfüllen.

587 Da die Einbeziehung der Stromversorgung in die Vermieterleistung vom üblichen Modell abweicht, darf die entsprechende Regelung nicht irgendwo in einer der vielen Klauseln des Mietvertrages „versteckt" sein. Ihr würde dann die Unwirksamkeit als überraschende Klausel gemäß § 305c BGB drohen. Die entsprechende **Regelung** muss im **Mietvertrag** vielmehr deutlich **hervorgehoben** werden. Der Mieter sollte durch eine gesonderte Unterschrift bestätigen, dass er sie zur Kenntnis genommen hat. Wenn die vom Vermieter umgelegten Stromkosten nicht höher als der Tarifpreis des die allgemeine

[736] BGH, Urt. v. 30.6.1993 – XII ZR 161/91, NJW-RR 1993, 1159.
[737] OLG Dresden, RdE 2002, 310, 311.
[738] Vgl. OLG Dresden, RdE 2002, 310, 311.

Versorgung sicherstellenden örtlichen Grundversorgers sind und die KWK-Anlage wärmegeführt gefahren wird, bestehen keine Wirksamkeitsbedenken gegen eine solche Klausel in einem Mietvertrag.

588 Der Umstand, dass in den für dieses Modell nötigen Mietverträgen die Bereitstellung von Strom durch den Vermieter standardmäßig mit vorgesehen ist, führt ebenfalls nicht zur Unwirksamkeit der Vereinbarung nach Grundsätzen des Rechts der Allgemeinen Geschäftsbedingungen. Im Rahmen der **Vertragsfreiheit** können Vermieter und Mieter frei vereinbaren, welche Leistungen der Vermieter neben der Bereitstellung der Räume erbringt. Eine gerichtliche Inhaltskontrolle der **Hauptleistungspflichten** ist ausgeschlossen. Denn § 307 Abs. 3 BGB beschränkt die Inhaltskontrolle nach den §§ 307 bis 309 BGB auf Klauseln, die von Rechtsvorschriften abweichen oder diese ergänzen. Da die Vertragsparteien nach dem im Bürgerlichen Recht geltenden Grundsatz der Privatautonomie Leistung und Gegenleistung grundsätzlich frei bestimmen können, unterliegen AGB-Klauseln, die Art und Umfang der vertraglichen Hauptleistungspflicht und den dafür zu zahlenden Preis unmittelbar regeln, nicht der Inhaltskontrolle. Kontrollfähig sind dagegen (Preis-) Nebenabreden, d.h. Abreden, die zwar mittelbare Auswirkungen auf Preis und Leistung haben, an deren Stelle aber, wenn eine wirksame vertragliche Regelung fehlt, dispositives Gesetzesrecht treten kann[739]. Die Vereinbarung, dass die Wohnung mit Stromversorgung vermietet wird, ist Teil der Hauptleistungsvereinbarung.

589 Zu einem anderen Ergebnis kommt man auch nicht aufgrund der in der Kommentarliteratur als herrschende Meinung bezeichneten Ansicht, dass es zur Gebrauchsgewährungspflicht des Vermieters gehört, die Wohnung einschließlich eines Anschlusses an die „öffentliche Wasser- und Stromversorgung" zur Verfügung zu stellen[740]. Dies zeigt schon die Formulierung, denn es ist zwar öfter so, dass es direkte Versorgungsverträge mit dem Wasserversorger gibt. Die Regel ist aber immer noch, dass der Vermieter mit dem Wasserversorger den Vertrag abschließt und den Mietern das Wasser gegen Kostenerstattung zur Verfügung stellt. Die von der Kommentierung beschriebene herrschende Meinung ist also dahingehend zu verstehen, dass es zur geschuldeten Gebrauchsüberlassung gehört, dass der Mieter in der Wohnung stromverbrauchende Geräte nutzen kann. Wie die Stromversorgung organisiert ist, ist dagegen mietrechtlich nicht zwingend vorgegeben, sondern durch eine jahrzehntelange

---

[739] Ständige Rechtsprechung des BGH, siehe BGH, Urt. v. 30.11.1993 – XI ZR 80/93, Rn. 12 unter Verweis auf BGHZ 93, 358, 360 f.; 106, 42, 46; 114, 330, 333; 116, 117, 119; BGH, Urt. v. 20.10.1992 – X ZR 95/90, WM 1993, 384, 386; BGH, Urt. v. 9.12.1992 – VIII ZR 23/92, WM 1993, 753, 754.

[740] *Palandt-Weidenkaff*, § 535 BGB, Rn. 17 m.w.N.

Übung geprägt. Von einer weit verbreiteten Übung durch eine abweichende Vereinbarung abzuweichen ist nicht verboten.

5. Betriebskostenrechtliche Abrechnung der Stromversorgung

590 Stellt der Vermieter den Mietern den Strom als Teil der Vermieterleistung zur Verfügung, so richtet sich die Abrechnung nach § 1 BetrKV. Zur Abrechnung der Stromkosten können übliche Stromzähler eingesetzt werden. Der Stromlieferant stellt dem Vermieter eine Rechnung über den gesamten Stromverbrauch des Hauses, die der Vermieter dann nach Maßgabe der einzelnen Wohnungszähler auf die Mieter verteilt. Die Mieter bekommen also nicht einen vorher vereinbarten Strompreis in Rechnung gestellt, sondern sie tragen den **Anteil der Gesamtstromkosten** des Hauses, der auf sie aufgrund des bei ihnen festgestellten Verbrauchs entfällt. Die Stromzähler für die einzelnen Wohnungen werden also ähnlich wie Heizkostenverteiler bei der Wärmeabrechnung eingesetzt, um Anteile am Gesamtverbrauch zu ermitteln und nicht, um konkrete Energieverbrauchsmengen zu ermitteln und nach festgelegten Preisen abzurechnen. Wie bei allen anderen Betriebskosten auslösenden Geschäften ist der Vermieter bei diesem Modell auch verpflichtet, bei der Strombeschaffung das **Wirtschaftlichkeitsgebot** der §§ 556, 560 BGB zu beachten. Dieses ist so lange als eingehalten anzusehen, wie die Stromkosten, die bei diesem Modell auf die Mieter entfallen, nicht höher sind als sie es wären, wenn die Mieter am Markt bei einem günstigen Anbieter den Strom selbst kaufen würden.

591 Die Umlage der Stromkosten als Betriebskosten erweist sich damit als ein grundsätzlich zulässiges Modell zur Integration einer Stromerzeugungsanlage in ein Mehrfamilienhaus. In der Umsetzung ist dieses Modell bei Bestandsgebäuden insofern aufwändig und störanfällig, als es nur dann durchgesetzt werden kann, wenn alle Mieter einer entsprechenden Änderung ihres Mietvertrages zustimmen oder der seltene Fall der kompletten Neuvermietung eines Hauses vorliegt. Zudem ist dieses Modell in hohem Maße erklärungsbedürftig, weil es von den üblichen Organisationsformen der Stromversorgung von Wohnungen abweicht. Schließlich kann auch nicht ausgeschlossen werden, dass der Europäische Gerichtshof entscheidet, dass die Versorgung der vermieteten Wohnung mit Wärme, Wasser und Strom eine kaufvertragliche Lieferung darstellt. Täte er das, so wäre der Abschluss eines die Stromversorgung mit umfassenden Mietvertrages nicht mit den Vorgaben des Art. 3 Abs. 4 EltRL vereinbar. Das hätte zur Folge, dass der Vermieter den Mietern wieder die freie Wahl des Stromlieferanten ermöglichen müsste, was aber ohne weiteres nach Maßgabe des Summenzählermodells (siehe oben Rn. 396) möglich ist. Der die Stromerzeugungsanlage betreibende Energiedienstleister verlöre damit die Sicherheit, die dezentral erzeugte Menge auch dezentral ohne Netznutzung vollständig an den Vermieter verkaufen zu können.

IV. Energiedienstleistungen und Wohnungseigentumsrecht

592 Eine Wohnungseigentümergemeinschaft ist eine Mehrheit von Personen, denen Miteigentumsanteile an einem Grundstück zustehen, die verbunden sind mit dem Sondereigentum an einzelnen Wohnungen in den Gebäuden, die auf dem Grundstück stehen. Anders als bei der Versorgung von vermieteten Gebäuden sind die erforderlichen Regelungen also nicht mit einem Vertragspartner – dem Vermieter –, sondern mit der Wohnungseigentümergemeinschaft zu treffen.

1. Struktur der Wohnungseigentümergemeinschaft

593 Das Verhältnis der Wohnungseigentümer untereinander bestimmt sich gemäß § 10 Abs. 2 des Gesetzes über das Wohnungseigentum und das Dauerwohnrecht (Wohnungseigentumsgesetz – WEG)[741] nach dem Wohnungseigentumsgesetz und, soweit das Gesetz keine besonderen Bestimmungen enthält, nach den Vorschriften des Bürgerlichen Gesetzbuches über die Gemeinschaft (§§ 741 bis 758 BGB). Die im **Innenverhältnis** maßgeblichen Regelungen sind streng zu trennen von den Verpflichtungen, die im **Außenverhältnis**, also z.B. mit einem Energiedienstleister, eingegangen werden.

594 Der Bundesgerichtshof hat durch Beschluss vom 2.6.2005[742] abweichend von seiner jahrzehntelangen Rechtsprechung entschieden, dass die Wohnungseigentümergemeinschaft **„teilrechtsfähig"** ist. Sie ist also teilweise wie eine juristische Person zu behandeln, und zwar in dem Umfang, in dem sie im Rahmen der Verwaltung des gemeinschaftlichen Eigentums am Rechtsverkehr teilnimmt[743], also z.B. dann, wenn sie einen Wärmelieferungsvertrag abschließt. Diese Rechtsprechung ist in das Wohnungseigentumsgesetz übernommen worden, dessen § 10 Abs. 6 jetzt ausdrücklich regelt, dass die Eigen-

---

741 Wohnungseigentumsgesetz in der im Bundesgesetzblatt Teil III, Gliederungsnummer 403-1, veröffentlichten bereinigten Fassung, zuletzt geändert durch Art. 4 des Gesetzes v. 5.12. 2014, BGBl. I S. 1962.

742 V ZB 32/05, NJW 2005, 2061–2069.

743 *Hügel* in: BeckOK WEG, § 10, Rn. 11.

tümergemeinschaft im Rahmen der gesamten Verwaltung des gemeinschaftlichen Eigentums selbst Rechte erwerben und Pflichten eingehen kann. § 10 Abs. 8 WEG zieht daraus die Konsequenzen für die Haftung der Wohnungseigentümer. Ein **Wohnungseigentümer haftet** einem Gläubiger der Gemeinschaft danach nicht mehr gesamtschuldnerisch, sondern nur **entsprechend** seines **Miteigentumsanteils** für Verbindlichkeiten der Gemeinschaft, die während seiner Zugehörigkeit zur Gemeinschaft entstanden und während dieses Zeitraums fällig geworden sind.

595 Das hat für die Gläubiger der Gemeinschaft, also z.B. einen Energiedienstleister, positive und negative Folgen: Positiv ist, dass man bei allen die Gemeinschaft betreffenden Angelegenheiten nur noch mit deren Vertreter, also dem Verwalter (§ 27 Abs. 3 WEG), kommunizieren muss. Die Abwicklung des Tagesgeschäfts wird also einfacher.

596 Es gibt aber auch Nachteile hinsichtlich der Durchsetzung von Zahlungsforderungen: Ein Lieferant kann Forderungen aus dem Wärmelieferungsvertrag mit der Gemeinschaft in voller Höhe nur gegenüber der Gemeinschaft geltend machen und dafür nur noch auf das **Verwaltungsvermögen** der Gemeinschaft zugreifen[744]. Im Verwaltungsvermögen der Gemeinschaft befindet sich aber nur das Geld, das der Gemeinschaft auf der Grundlage der im Wirtschaftsplan beschlossenen Zahlungen der Eigentümer zufließt. Grundeigentum gehört von Ausnahmen abgesehen nicht zum Verwaltungsvermögen[745]. Erstreitet man also ein Urteil gegen die Gemeinschaft, das auf Zahlung von Wärmelieferungsentgelten gerichtet ist, so kann man in das Konto der Gemeinschaft vollstrecken, nicht aber in irgendein Grundeigentum.

597 Allerdings kann der Lieferant dann, wenn der Verwalter für die Gemeinschaft nicht zahlt, gleichzeitig gegen die einzelnen Eigentümer vorgehen und von ihnen verlangen, in Höhe ihres Anteils an dem Gemeinschaftseigentum die offene Forderung zu begleichen. Das ist mühevoll, kann aber auch hilfreich sein, wenn die Gemeinschaft nicht zahlt. Der Unterschied zur früheren Rechtslage könnte nicht deutlicher sein: Konnte man früher die gesamten Außenstände von einem oder zwei gesamtschuldnerisch haftenden Eigentümern einfordern, so kann man heute dann, wenn das Gemeinschaftskonto leer ist und der Verwalter nicht zahlt, gegen jeden einzelnen Miteigentümer nur den anteiligen Anspruch geltend machen.

598 Beruht der Zahlungsrückstand darauf, dass einzelne Eigentümer ihre Zahlungspflichten gegenüber der Wohnungseigentümergemein-

---

[744] *Klein* in: *Bärmann*, § 10 WEG, Rn. 227.
[745] *Klein* in: *Bärmann*, § 10 WEG, Rn. 285 ff.

schaft nicht erfüllen, so ist die Gemeinschaft berechtigt, hinsichtlich der Versorgungsleistungen diesen Miteigentümern gegenüber ein Zurückbehaltungsrecht auszuüben. Konkret bedeutet das, dass die Wohnungseigentümergemeinschaft die Wärmeversorgung solcher Miteigentümer absperren darf, bis diese ihre Zahlungspflichten wieder erfüllt haben[746].

2. Einführung von Energiedienstleistungen

599 Die Versorgung des einer Wohnungseigentümergemeinschaft gehörenden Gebäudes mit Energie ist Voraussetzung für die zweckentsprechende Nutzbarkeit und Funktionsfähigkeit. Die Verwaltung des gemeinschaftlichen Eigentums unterliegt nach § 21 Abs. 1 WEG der gemeinschaftlichen Verwaltung. Zur Verwaltung im Sinne der Vorschrift gehören alle Maßnahmen, die in tatsächlicher oder rechtlicher Hinsicht auf eine Änderung des bestehenden Zustands abzielen oder sich als Geschäftsführung zugunsten der Wohnungseigentümer in Bezug auf das gemeinschaftliche Eigentum darstellen[747]. Damit stellt sich auch die Regelung der **Wärmeversorgung** als Maßnahme der **Verwaltung** des **gemeinschaftlichen Eigentums** dar. Für die Durchführung der Verwaltungsaufgaben sieht das Gesetz in § 21 Abs. 3 WEG zwei Wege vor. Sie kann durch Vereinbarung oder durch Beschluss erfolgen.

a) Vereinbarung über die Einführung von Energiedienstleistungen

600 Vereinbarungen, durch die die Wohnungseigentümer ihr Verhältnis untereinander regeln, wirken gemäß § 10 Abs. 3 WEG gegen den Sonderrechtsnachfolger nur, wenn sie als Inhalt des Sondereigentums im Grundbuch eingetragen sind. Eine Vereinbarung zwischen den Wohnungseigentümern über die Einführung der Wärmelieferung ist zwar zwischen den aktuellen Wohnungseigentümern auch formfrei verbindlich[748], sie ist aber nur dann eintragungsfähig, wenn alle Wohnungseigentümer die Eintragung in einer den Anforderungen der Grundbuchordnung entsprechenden Weise bewilligt haben, also gemäß §§ 29, 19 Grundbuchordnung (GBO) in einer öffentlichen oder öffentlich beglaubigten Urkunde. Jeder Wohnungseigentümer muss also mindestens eine von einem Notar beglaubigte Unterschrift unter die Eintragungsbewilligung setzen (§ 129 Abs. 1 BGB). In einer

[746] BGH, Urt. v. 10.6.2005 – V ZR 235/04, NJW 2005, 2622.
[747] BGH, Urt. v. 6.3.1997 – III ZR 248/95, Rn. 9, NJW 1997, 2106–2109.
[748] *Klein* in: *Bärmann*, § 10, Rn. 67.

bestehenden Wohnungseigentümergemeinschaft ist es deshalb schon praktisch äußerst schwierig, zu einer eingetragenen Vereinbarung zu kommen, weil es kaum gelingt, ausnahmslos alle Eigentümer dazu zu bewegen, eine Vereinbarung in der notwendigen Form zu unterzeichnen. Wegen des hohen formellen Aufwands kommt es in der Praxis deshalb nicht vor, dass über die Einführung der Wärmelieferung in einer bestehenden Wohnungseigentümergemeinschaft eine Vereinbarung geschlossen wird.

Geht es dagegen darum, in einer **neu entstehenden Wohnungseigentümergemeinschaft** die Durchführung der Energieversorgung durch einen Energiedienstleister abzusichern, so erfordert es keinen zusätzlichen Aufwand, eine entsprechende Vereinbarung als Inhalt des Sondereigentums im Grundbuch einzutragen. Denn die **Teilungserklärung**, durch die der Eigentümer eines Grundstücks gemäß § 8 WEG das Eigentum aufteilt, ist ebenso gegenüber dem Grundbuchamt abzugeben wie der nach § 3 WEG zur Begründung von Wohnungseigentum führende Vertrag zwischen den Eigentümern. Mit der Teilungserklärung kann gemäß §§ 8 Abs. 2, 5 Abs. 4 WEG eine regelmäßig „Gemeinschaftsordnung" genannte Vereinbarung über das Verhältnis der Wohnungseigentümer untereinander verbunden werden. Hinsichtlich der Ausgestaltung der Gemeinschaftsordnung herrscht gemäß § 10 Abs. 2 S. 2 WEG Vertragsfreiheit, soweit nicht zwingende Regelungen des WEG entgegenstehen[749]. In der Gemeinschaftsordnung kann also beispielsweise als **Gebrauchsregelung** gemäß § 15 WEG bestimmt werden, dass die Wärmeversorgung durch einen **eigenständigen gewerblichen Wärmelieferanten** erfolgt.

b) Beschluss über die Einführung von Energiedienstleistungen

601 Soweit die Verwaltung des gemeinschaftlichen Eigentums nicht durch Gesetz oder durch Vereinbarung der Wohnungseigentümer geregelt ist, können die Wohnungseigentümer gemäß § 21 Abs. 3 WEG eine der Beschaffenheit des gemeinschaftlichen Eigentums entsprechende **ordnungsgemäße Verwaltung** durch Stimmenmehrheit beschließen. Beschlüsse der Wohnungseigentümer bedürfen – anders als Vereinbarungen – gemäß § 10 Abs. 4 WEG zu ihrer Wirksamkeit gegen den Sondernachfolger eines Wohnungseigentümers nicht der Eintragung in das Grundbuch. Bei bestehenden Wohnungseigentümergemeinschaften ist damit der **Beschluss** das Mittel, um die Übertragung der Energieversorgung auf einen Energiedienstleister zwischen den Wohnungseigentümern untereinander verbindlich

[749] *PKlein* in: *Bärmann*, § 10 WEG, Rn. 72.

auch für Sondernachfolger, also spätere Erwerber der Wohnungen, zu regeln.

602 Die bei Beschlüssen grundsätzlich ausreichende **Mehrheit** der Stimmen reicht dann nicht mehr, wenn bauliche Veränderungen und Aufwendungen, die über die ordnungsgemäße Instandhaltung oder Instandsetzung des gemeinschaftlichen Eigentums hinausgehen, beschlossen werden sollen. Sie können gemäß § 22 Abs. 1 WEG nur mit Zustimmung aller betroffenen Eigentümer beschlossen werden. Handelt es sich bei der Maßnahme allerdings um eine Modernisierung im Sinne des § 555b Nr. 1 bis 5 BGB, so kann diese gemäß § 22 Abs. 2 WEG mit einer Mehrheit von drei Viertel aller stimmberechtigten Wohnungseigentümer beschlossen werden, sofern gleichzeitig die Eigentümer von mehr als der Hälfte der Miteigentumsanteile zustimmen.

603 **aa) Anforderungen an den Mehrheitsbeschluss.** Entscheidend für die erforderliche Mehrheit ist also, ob die Umstellung auf eine Versorgung durch einen Energiedienstleister eine Maßnahme der ordnungsgemäßen Instandhaltung und Instandsetzung des gemeinschaftlichen Eigentums ist oder darüber hinausgeht. Nach einer Entscheidung des Oberlandesgerichts Düsseldorf[750] geht die Umstellung von einer selbstbetriebenen Zentralheizung auf Fernwärme, also eigenständige gewerbliche Lieferung von Wärme, über die ordnungsgemäße Verwaltung hinaus und kann nicht mit einfacher Mehrheit beschlossen werden. Diese Entscheidung ist aber nicht verallgemeinerungsfähig, weil dort eine voll funktionsfähige Heizkesselanlage ausgetauscht werden sollte und durch eine Kostengegenüberstellung nachgewiesen worden war, dass die Fernwärme deutlich teurer als die bisherige Beheizungsart würde.

604 Für den praktisch bedeutenden Fall einer Modernisierung der Heizanlage ging schon die bisherige Rechtsprechung davon aus, dass eine Umstellung auf Wärmelieferung mit **einfacher Mehrheit** beschlossen werden kann, wenn die Kosten nicht höher werden als bei einer von der Gemeinschaft selbst durchgeführten Erneuerung der Anlage mit fortgesetzter Eigenversorgung der Gemeinschaft[751]. Im Rahmen einer Instandsetzung besteht nach ständiger Rechtsprechung immer ein gewisser Spielraum, diese zu einer sachgerechten Modernisierung zu nutzen. Ob eine solche modernisierende Instandsetzung vorliegt, die mit einfacher Mehrheit beschlossen werden darf, hängt von einer Kosten-Nutzen-Analyse ab[752]. Vor der Vergabe eines

[750] Beschl. v. 8.10.1997 – 3 Wx 352/97, WuM 1998, 114f.
[751] OLG Köln, Beschl. v. 30.7.1980, NJW 1981, 585.
[752] BayObLG, ZMR 89, 317; OLG Frankfurt a. M., OLGZ 84, 129.

Wärmelieferungsauftrages sind Konkurrenzangebote einzuholen[753]. Da bei der Kosten-Nutzen-Analyse auch für den Eigenversorgungsfall die dann von der Eigentümergemeinschaft selbst aufzubringenden Investitionen in den Kostenvergleich einzustellen sind, ist dieser Kostenvergleich – anders als der im Mietrecht nach § 556c BGB vorzunehmende – ein Vollkostenvergleich. Ergibt sich, dass die Wärmelieferung günstiger oder jedenfalls nicht teurer ist als die fortgesetzte Eigenversorgung, so kann die Umstellung mit einfacher Mehrheit beschlossen werden[754]. Den Ablauf einer ordnungsgemäßen Prüfung hat das Oberlandesgericht Hamburg in seinem Beschluss vom 21.7.2005[755] ausführlich und nachvollziehbar beschrieben. Im zitierten Fall gelangt es zur Zulässigkeit des Beschlusses durch einfache Mehrheit.

Selbst wenn die mit der Übertragung der Energieversorgung auf einen Energiedienstleister verbundenen Veränderungen so weitgehend sind, dass sie sich nicht als modernisierende Instandsetzung darstellen, werden sie voraussichtlich immer eine Modernisierung im Sinne des § 555b BGB sein, die mit der qualifizierten Mehrheit gemäß § 22 Abs. 2 WEG beschlossen werden kann[756]. Die Zustimmung aller Miteigentümer wird also für die Aufgabenübertragung auf einen Energiedienstleister nie gebraucht.

605 **bb) Verfahren.** Ein **Mehrheitsbeschluss** kann gemäß § 23 Abs. 1 WEG nicht schriftlich, sondern nur auf einer **Wohnungseigentümerversammlung** gefasst werden. Die Versammlung muss gemäß § 24 Abs. 4 WEG in Textform einberufen werden, wobei eine Frist von zwei Wochen zu wahren ist, die nur in Ausnahmefällen unterschritten werden darf. Ein Beschluss ist gemäß § 23 Abs. 2 WEG nur dann wirksam, wenn in der **Einberufung** der Versammlung angegeben wurde, dass über das zur Beschlussfassung gestellte Thema ein Beschluss gefasst werden soll. Gefasste Beschlüsse sind gemäß § 24 Abs. 6 WEG zu protokollieren.

606 Will sich ein Eigentümer gerichtlich gegen einen Mehrheitsbeschluss, der den Übergang auf Wärmelieferung vorsieht, wehren, so muss er gemäß § 46 Abs. 1 WEG innerhalb der kurzen **Frist** von **einem Monat** die **Anfechtungsklage** einreichen. Versäumt er dies, bleibt der Beschluss gemäß § 24 Abs. 4 WEG wirksam, bis er von einer Mehrheit aufgehoben wird.

607 Der Abschluss eines Wärmelieferungsvertrages ohne vorherige Beschlussfassung der Eigentümergemeinschaft liegt nicht im Rah-

---

[753] BayObLG, NJW-RR 89, 1293.
[754] *Schmid*, CuR 2008, 84, 85, 86.
[755] 2 Wx 18/04, CuR 2005, 133.
[756] *Schmid*, CuR 2008, 84, 86.

men der Handlungsbefugnisse, die dem Verwalter einer Wohnungseigentümergemeinschaft gemäß §27 WEG zustehen, wenn er dazu nicht – was möglich ist – in der Teilungserklärung bevollmächtigt wird. Schließt der Verwalter ohne eine solche Bevollmächtigung einen solchen Vertrag ab und unterlässt es dann auch noch, die Gemeinschaft der Eigentümer darüber zu informieren, so berechtigt dieses unzulässige Verhalten die Gemeinschaft zur fristlosen Kündigung des Verwaltervertrages[757]. Ein solcher Vertrag bindet die Wohnungseigentümergemeinschaft auch nicht, denn er ist von einem Vertreter ohne Vertretungsmacht für sie abgeschlossen worden (§ 177 BGB).

cc) Wärmelieferung bei vermieteten Eigentumswohnungen. Haben einzelne Wohnungseigentümer die ihnen gehörenden Wohnungen vermietet, so gilt zwischen den einzelnen Wohnungseigentümern und ihren Mietern das Mietrecht des BGB. Wird die vermietete Wohnung bisher von der Wohnungseigentümergemeinschaft im Wege der Eigenversorgung mit Wärme aus einer Zentralheizung versorgt, so ist dann, wenn die Wohnungseigentümergemeinschaft auf Wärmelieferung umstellen will, im Verhältnis des einzelnen Wohnungseigentümers zu seinem Mieter §556c BGB anwendbar[758]. Dies bedeutet aber nicht, dass die Umstellung auf Wärmelieferung von der Wohnungseigentümergemeinschaft nur dann beschlossen werden darf, wenn die Kostenneutralität gegeben ist. Denn §556c BGB gilt nicht im Verhältnis zwischen den Wohnungseigentümern[759]. Wird in einer Wohnungseigentümergemeinschaft also auf Wärmelieferung umgestellt und liegt keine Kostenneutralität im Sinne des §556c BGB vor, so kann der vermietende Wohnungseigentümer nicht die anteilig auf seine Wohnung entfallenden Wärmelieferungskosten auf seinen Mieter umlegen. Er muss stattdessen die anteiligen umlagefähigen Kosten im Sinne des §2 Nr.4a) und 5a) BetrKV ermitteln. Diese kann er dann auf den Mieter umlegen[760]. **608**

3. Rechtsverhältnis Wohnungseigentümergemeinschaft – Energiedienstleister

Haben die Wohnungseigentümer im Verhältnis untereinander geklärt, dass die Energieversorgung einem Energiedienstleister übertragen werden soll, so ist noch der Energiedienstleistungsvertrag **609**

[757] KG Berlin, Beschl. v. 31.3.2009 – 24 W 183/07, Grundeigentum 2009, 1053–1056.
[758] *Schmid,* CuR 2013, 64, 65.
[759] *Schmid,* CuR 2013, 64, 65.
[760] *Schmid,* CuR 2013, 64, 66.

zwischen der **Wohnungseigentümergemeinschaft** und dem **Energiedienstleister** abzuschließen. Denn die zwischen den Wohnungseigentümern getroffene Regelung begründet noch nicht unmittelbar Rechte des außerhalb der Wohnungseigentümergemeinschaft stehenden Energiedienstleisters gegen die Wohnungseigentümergemeinschaft. Dies ist für den Fall, dass die Teilungserklärung eine Pflicht der Wohnungseigentümer vorsieht, einen Wärmelieferungsvertrag abzuschließen, ausdrücklich so entschieden worden[761]. Der Energiedienstleistungsvertrag wird bei einer bestehenden Wohnungseigentümergemeinschaft mit der durch den Verwalter gemäß § 27 WEG vertretenen Wohnungseigentümergemeinschaft abgeschlossen[762].

610 Bei **neu entstehenden Wohnungseigentümergemeinschaften** ist die Lage komplizierter. Regelmäßig wird der Energiedienstleister frühzeitig in die Planung eines Neubauvorhabens mit einbezogen, allein schon deshalb, damit seine Anlagenplanung mit der Bauplanung abgestimmt wird. Außerdem soll er seine Anlagen im Bauverlauf installieren. Die wesentlichen Investitionen werden also lange vor dem Zeitpunkt erbracht, zu dem die Wohnungen fertig gestellt und übergeben werden. Die Wohnungseigentümergemeinschaft entsteht grundsätzlich aber erst dann, wenn der erste Erwerber neben dem Verkäufer in das Grundbuch eingetragen ist[763]. Zwar ist anerkannt, dass die „werdende Wohnungseigentümergemeinschaft" auch schon Rechtsträger sein kann. Diese entsteht aber frühestens, wenn der erste Erwerber eine Wohnung übergeben bekommen hat[764]. Zu dem Zeitpunkt, zu dem der Energiedienstleister als verlässliche Investitionsgrundlage den Vertrag abschließen muss, existiert sein eigentlicher Vertragspartner noch gar nicht. Er muss deshalb mit dem aktuellen Grundstückseigentümer einen Vertrag abschließen und dafür sorgen, dass die **Wohnungseigentümergemeinschaft nach ihrer Entstehung Vertragspartner** des Energiedienstleisters wird. Dazu kommen mehrere Wege in Betracht.

611 Der Vertrag kann dadurch auf die später entstehende Wohnungseigentümergemeinschaft übertragen werden, dass in jeden Wohnungskaufvertrag eine Regelung aufgenommen wird, wonach die Wohnungseigentümergemeinschaft in den Vertrag eintritt und dies im schriftlichen Verfahren gemäß § 23 Abs. 4 WEG beschließt. Dadurch, dass in jedem Kaufvertrag eine solche Regelung enthalten ist, ist die Anforderung erfüllt, dass alle Miteigentümer schriftlich zugestimmt haben.

---

[761] OLG Frankfurt a. M., Urt. v. 9.2.1983 – 9 U 17/82, MDR 1983, 580–581.
[762] *Schmid*, CuR 2008, 84, 85.
[763] *Palandt-Bassenge*, Einl. WEG, Rn. 7.
[764] *Palandt-Bassenge*, Einl. WEG, Rn. 7 m.w.N.

612 Den Eintritt erreicht man auch dadurch, dass nach Verkauf der ersten Wohnungen und Eintragung der Erwerber im Wohnungsgrundbuch eine Eigentümerversammlung den Eintritt der Gemeinschaft in den bestehenden Wärmelieferungsvertrag beschließt.

613 Eine weitere, in der Abwicklung einfachere Möglichkeit besteht darin, dass der Grundstückseigentümer oder der erste Verwalter den Wärmelieferungsvertrag als Vertreter der noch nicht existierenden Wohnungseigentümergemeinschaft abschließt und in jedem Kaufvertrag über die verkauften Wohnungen mit den Erwerbern vereinbart wird, dass die Erwerber dem Vertragsschluss zwischen Wohnungseigentümergemeinschaft und Wärmelieferant durch den Verkäufer oder Verwalter als **Vertreter** der Gemeinschaft zustimmen. Dann wird der Vertrag nach Entstehung der Wohnungseigentümergemeinschaft gemäß § 177 Abs. 1 BGB wirksam zwischen Gemeinschaft und Wärmelieferant. Anstelle der **Zustimmung** der Erwerber im Kaufvertrag kann die Berechtigung des ersten Verwalters zum Abschluss des Wärmelieferungsvertrages auch in der Teilungserklärung gemäß § 27 Abs. 3 S. 1 Nr. 7 WEG vorgesehen werden[765].

614 Wie bereits einleitend dargestellt, haftet die Wohnungseigentümergemeinschaft dem Energiedienstleister für die Erfüllung der vertraglichen Pflichten. Neben ihr haften die einzelnen Eigentümer gemäß § 10 Abs. 8 WEG nach dem Verhältnis ihres Miteigentumsanteils für die Verbindlichkeiten der Gemeinschaft, die während der Zeit ihrer Zugehörigkeit entstanden sind.

4. Teileigentum an Räumen für Energieversorgungsanlagen

615 Der Energiedienstleister, der eine Wohnungseigentümergemeinschaft beliefert, nutzt dazu regelmäßig einen Raum in dem den Wohnungseigentümern gehörenden Gebäude. Oftmals werden auch größere Wohnanlagen, die sich über mehrere Grundstücke erstrecken, aus einer Anlage versorgt, die sich in dem Kellerraum eines Gebäudes einer Wohnungseigentümergemeinschaft befindet. Dann nutzt der Energiedienstleister das Grundstück dieser Wohnungseigentümergemeinschaft und die Grundstücke anderer Abnehmer zur Verlegung der Versorgungsleitungen. Gerade in dem letztgenannten Fall, der technisch, kostenmäßig und organisatorisch regelmäßig auf eine Belieferung für mehr als zehn Jahre angelegt ist, besteht ein besonderes Interesse des Energiedienstleisters, sein Recht zum Betrieb der Anlage in dem Aufstellungsraum langfristig **abzusichern**. Da nach § 1 Abs. 1 WEG an einem Gebäude nicht nur Wohnungseigentum

---

[765] *Schmid*, CuR 2008, 84, 85.

begründet werden kann, sondern auch **Teileigentum** an nicht zu Wohnzwecken dienenden Räumen, bietet es sich an, dass der Energiedienstleister zu seiner Absicherung an dem für die Energieerzeugungsanlagen vorgesehenen Raum oder Räumen Teileigentum erwirbt. In Rechtsprechung und Literatur ist umstritten, ob an einem Heizraum Teileigentum begründet werden kann[766].

616 Ansatzpunkt der rechtlichen Probleme, die in diesem Zusammenhang erörtert werden, ist die Regelung des § 5 Abs. 2 WEG, der wie folgt lautet: „Teile des Gebäudes, die für dessen Bestand oder Sicherheit erforderlich sind, sowie **Anlagen** und Einrichtungen, die dem **gemeinschaftlichen Gebrauch** der Wohnungseigentümer dienen, sind **nicht** Gegenstand des **Sondereigentums**, selbst wenn sie sich im Bereich der im Sondereigentum stehenden Räume befinden." Daraus wird zum Teil die Folgerung abgeleitet, dass Sondereigentum an der Heizungsanlage, die das Gebäude einer Wohnungseigentümergemeinschaft versorgt, und dem Heizraum ausgeschlossen sei[767]. Damit wird die Rechtslage unzureichend erfasst.

a) Energieerzeugungsanlagen als Scheinbestandteil

617 § 5 WEG regelt „Gegenstand und Inhalt des Sondereigentums". Die aus § 5 Abs. 2 WEG abgeleiteten Aussagen haben also überhaupt nur dann irgendeine rechtliche Relevanz, wenn es um die Frage geht, was eigentumsrechtlich zu einer Wohnungseigentumseinheit oder einer Teileigentumseinheit gehört. Beliefert der Energiedienstleister eine Wohnungseigentümergemeinschaft aus einem Heizraum, der zum Gemeinschaftseigentum gehört und baut er als Mieter dieses Heizraums die Wärmeerzeugungsanlage ein, so hat **§ 5 Abs. 2 WEG** überhaupt **keine Bedeutung**, weil der Energiedienstleister nicht Wohnungs- oder Teileigentümer ist und damit auch nicht zu klären ist, was zu seinem mit Wohnungs- oder Teileigentum verbundenen Sondereigentum gehört. Die Frage, in wessen Eigentum die Wärmeerzeugungsanlage steht, ist vielmehr nach den allgemeinen oben erörterten Grundsätzen zu klären (siehe oben Rn. 204 ff.). Hat der Energiedienstleister das Vertragsverhältnis entsprechend ausgestaltet, so ist die von ihm eingebaute Anlage **Scheinbestandteil** im Sinne des § 95 BGB und kann damit gar nicht gemeinschaftliches Eigentum der Wohnungseigentümer sein[768]. Eine Betrachtung des § 5 Abs. 2

---

[766] *Hurst*, Das Eigentum an der Heizungsanlage, DNotZ 1984, 66–82 und 140–165; *Weitnauer*, § 5 WEG, Rn. 12, 20, 24; *Staudinger-Rapp* (1997), § 5 WEG, Rn. 34 ff.

[767] Ausführlicher Überblick über den damaligen Meinungsstand bei *Hurst*, DNotZ 1984, 66, 67–72.

[768] *Schmid*, CuR 2008, 84.

WEG erübrigt sich also stets dann, wenn die Anlage Scheinbestandteil des Grundstücks ist[769].

b) Teileigentum des Energiedienstleisters

618 Teileigentum ist nach § 1 Abs. 3 WEG das Sondereigentum an nicht zu Wohnzwecken dienenden Räumen eines Gebäudes in Verbindung mit dem Miteigentumsanteil an dem gemeinschaftlichen Eigentum, zu dem es gehört. **Teileigentum** kann also für Räume gebildet werden, die für berufliche, gewerbliche, sportliche, kulturelle oder öffentliche Nutzungen vorgesehen sind. Es kann auch an Räumen gebildet werden, die einer Wohnnebennutzung dienen, also z.B. an **Kellerräumen**[770]. Es ist mithin kein Grund ersichtlich, der dagegen spricht, dass an einem leeren Kellerraum, in dem die Hauptsteigeleitungen für die Heizungsanlage des Hauses beginnen bzw. enden, Teileigentum gebildet wird. Die in dem Raum endenden Leitungen werden nicht Teil des mit dem Teileigentum verbundenen Sondereigentums, weil sie im hier gebildeten Beispiel mit Einbau in das Gebäude wesentlicher Bestandteil des Gebäudes geworden sind und gemäß § 5 Abs. 2 WEG dem gemeinschaftlichen Gebrauch der Wohnungseigentümer dienen.

619 Der Bundesgerichtshof dagegen bezieht die Regelung des § 5 Abs. 2 WEG nicht nur dem Wortlaut entsprechend auf „Anlagen und Einrichtungen", sondern auch auf Räume und geht deshalb davon aus, dass an einem ausschließlich dem gemeinschaftlichen Gebrauch der Wohnungseigentümer dienenden Raum kein Teileigentum begründet werden kann[771]. Ausgehend davon, dass die vom Energiedienstleister in den ihm gehörenden Raum eingebaute Wärmeerzeugungsanlage gemäß § 94 Abs. 2 BGB wesentlicher Bestandteil des Raumes wird (es fehlt der vorübergehende Zweck, der Energiedienstleister ist nicht nur Mieter)[772], ist also zu klären, ob eine solche Anlage und der ausschließlich für ihren Betrieb genutzte Raum „dem gemeinschaftlichen Gebrauch der Wohnungseigentümer" im Sinne des § 5 Abs. 2 WEG dienen.

620 Der Energiedienstleister hat die Anlage eingebaut, um seiner Lieferverpflichtung aus dem mit den Wohnungseigentümern abgeschlossenen Energiedienstleistungsvertrag nachzukommen. Die Anlage dient damit allein den Zwecken des Energiedienstleisters. Denn die Wohnungseigentümer verfolgen gar **keinen gemeinsamen**

---

[769] BGH, Urt. v. 22.11.1974, NJW 1975, 688; Urt. v. 2.2.1979, BGHZ 73, 302, 309; *Hurst*, DNotZ 1984, 66, 145–146.
[770] *Staudinger-Rapp* (1997), § 1 WEG, Rn. 8.
[771] Urt. v. 2.2.1979, BGHZ 73, 302, 311.
[772] Zu dieser Problematik ausführlich oben Rn. 210.

Zweck, der den Gebrauch der Wärmeerzeugungsanlage zum Gegenstand hat. Sie haben die Aufgabe der Energieversorgung gerade dem Energiedienstleister übertragen, um sich nicht selbst um die ihnen im Zweifel zu kapitalintensive und technisch zu anspruchsvolle Aufgabe kümmern zu müssen. Verdeutlicht man sich die Wesenselemente eines Energiedienstleistungsvertrages in dieser Weise, gelangt man unschwer zu dem Ergebnis, dass die Anlage mit Einbau wesentlicher Bestandteil des Teileigentums des Energiedienstleisters geworden ist[773].

621 Ein anderes Verständnis des „Dienens" legt dagegen der Bundesgerichtshof zugrunde. Er stellt darauf ab, ob in dem Raum eine Anlage vorhanden ist, die für den **Bedarf** der Wohnungseigentümergemeinschaft ausgelegt ist, in deren **Gebäude** bzw. Gebäuden sie errichtet worden ist. Sofern dies der Fall ist, dienen die Anlage und der Raum unabhängig davon, wer sie betreibe, dem Gebrauch der Wohnungseigentümer. An dem Raum kann damit kein Teileigentum begründet werden[774]. Verhält es sich dagegen so, dass die Anlage nur aus praktischen Erwägungen gerade auf dem Grundstück der einen Wohnungseigentümergemeinschaft errichtet wurde, aber dazu verwendet wird, auch **andere Grundstückseigentümer** oder Nutzer auf anderen Grundstücken zu versorgen, so trete der Umstand, dass die Anlage auch zur Versorgung der Wohnungseigentümer benutzt werde, in deren Gebäude sie steht, zurück. Sie dient dann nicht im Sinne des § 5 Abs. 2 WEG dem gemeinschaftlichen Gebrauch. An dem Heizraum, in dem sie steht, kann dann Teileigentum begründet werden[775].

622 Zur weiteren Begründung seines Standpunkts bezieht sich der Bundesgerichtshof auf die Gesetzesbegründung, der zufolge durch die Regelung des § 5 Abs. 2 WEG verhindert werden soll, dass die Miteigentümer eigenmächtigen Verfügungen desjenigen ausgesetzt sind, der Sondereigentum an diesen Anlagen hat[776]. Die Begründung des Bundesgerichtshofes erscheint inkonsequent, weil die Wohnungseigentümer natürlich auch dann eigenmächtigen Maßnahmen des Eigentümers des Heizraumes ausgesetzt sind, wenn dieser Dritte mit aus der Anlage versorgt. Vergegenwärtigt man sich weiterhin, dass die Eigentümer von Gebäuden, die an die Fernwärmeversorgung angeschlossen sind, ebenfalls den Entscheidungen des Betreibers

---

[773] So sahen es auch das LG Bayreuth, Beschl. v. 8.6.1972, Rpfleger 1973, 401, und das OLG Celle in seinem, dem Urt. des BGH v. 2.2.1979 vorausgehenden Urteil; siehe dazu die Schilderung in der Entscheidung BGHZ 73, 302, 305.

[774] BGHZ 73, 302, 309f.

[775] BGH, Urt. v. 8.11.1974 – V ZR 120/73, NJW 1975, 688.

[776] BGH, Urt. v. 3.11.1989 – V ZR 143/87, WuM 1990, 41, 42 unter Verweis auf 2c zu § 5, BR-Drs. 75/51.

über den Umgang mit der Wärmeerzeugungsanlage ohne Einflussmöglichkeiten ausgesetzt sind, wird das Missbrauchsargument weiter entkräftet.

Berücksichtigt man schließlich, dass durch die spätere Entscheidung des Bundesgerichtshofes zur Anwendbarkeit der AVBFernwärmeV auf alle Fälle der eigenständigen gewerblichen Lieferung von Wärme auch die Versorgungsbedingungen zwischen Energiedienstleister und Wohnungseigentümergemeinschaft im Rahmen allgemeiner Geschäftsbedingungen nicht nachteiliger als bei der Fernwärmeversorgung ausgestaltet werden können, verliert das Missbrauchsargument weitere Substanz. Zudem ergingen die maßgeblichen Entscheidungen des Bundesgerichtshofes zehn bzw. 15 Jahre vor der auf die Gleichbehandlung von Fernwärme und anderen Formen der eigenständigen gewerblichen Lieferung von Wärme abzielenden Änderung der Heizkostenverordnung im Jahre 1989[777]. Unter Berücksichtigung der aufgezeigten Aspekte ist die Teileigentumsfähigkeit des Heizraumes deshalb unabhängig davon zu bejahen, ob aus ihm nur die Wohnungseigentümergemeinschaft versorgt wird, zu der der Raum gehört, oder auch andere Abnehmer angeschlossen sind.

623 Dessen ungeachtet ist aber die sich aus der vorliegenden Rechtsprechung ergebende Rechtslage in der Praxis zu berücksichtigen. Sofern es um die Begründung von Teileigentum an einem Heizraum geht, aus dem über die Wohnungseigentümer der betroffenen Gemeinschaft hinaus Dritte, deren Gebäude auf anderen Grundstücken liegen, versorgt werden, kann die Zulässigkeit als weitgehend gesichert angesehen werden. Wird dagegen nur die betroffene Eigentümergemeinschaft versorgt, so besteht das Risiko, dass selbst nach einmal erfolgter Anlage des Teileigentumsgrundbuchs von den anderen Wohnungseigentümern die Herausgabe der Anlage verlangt wird.

624 Um die die Zulässigkeit der Bildung von Teileigentum an einem Heizraum, aus dem nur die Eigentümergemeinschaft versorgt wird, der das Gebäude gehört, erneut ohne großes wirtschaftliches Risiko gerichtlich prüfen und möglichst bestätigen zu lassen, könnte so verfahren werden, dass bei der Begründung einer Wohnungseigentümergemeinschaft die Einräumung von Teileigentum an einem

[777] Das von *Hurst*, DNotZ 1984, 66, 160 f. gegen eine volle Sonderrechtsfähigkeit der Heizungsanlage bei fortbestehendem gemeinschaftlichen Eigentum am Verteilungsnetz angeführte Argument, dass damit die Verantwortungsbereiche nicht klar genug abgegrenzt seien, lässt sich m.E. aufgrund der Entwicklung im Contracting-Markt seit Veröffentlichung des Aufsatzes, insbesondere die durch §§ 12–14 AVBFernwärmeV gesteuerte funktionierende Praxis eines Nebeneinander von Lieferantenanlage und Kundenanlage nicht aufrecht erhalten.

Heizraum vorgesehen und das **Grundbuchamt** im **Eintragungsverfahren** auf die sich hier aus §5 Abs.2 WEG ergebende unsichere Rechtslage hingewiesen wird. Weist das Grundbuchamt daraufhin den Antrag zurück (§18 GBO), so kann dagegen gemäß §§71 ff. GBO Beschwerde eingelegt und damit eine gerichtliche Klärung der Frage erreicht werden, ob Teileigentum am Heizraum möglich ist.

625 Ist Teileigentum an einem Heizraum wirksam begründet worden, so kann zugunsten dieses Teileigentums in allen anderen Wohnungs- und Teileigentumsgrundbüchern des versorgten Objektes eine Grunddienstbarkeit eingetragen werden[778], die die Energielieferung aus dem Heizraum absichert, also Leitungs- und Betretungsrechte und gegebenenfalls ein Heizverbot enthält.

[778] OLG Zweibrücken, Beschl. v. 10.7.2013 – W 3/12, ZWE 2014, 123, Rn.5ff., juris.

F. Energiedienstleistungen und Vergaberecht

626 Die **öffentliche Hand**[779] ist im Bereich der Energiedienstleistungen ein wichtiger **Auftraggeber.** Hohe laufende Gebäudebewirtschaftungskosten, die auf veraltete Energieversorgungsanlagen und unzureichende Dämmung des Gebäudebestandes zurückzuführen sind, fehlende Investitionsmittel und die zunehmende technische Komplexität effizienter Energieversorgungsanlagen führen dazu, dass Energiedienstleister damit beauftragt werden, die **Sanierung** und Versorgung öffentlicher Liegenschaften zu übernehmen. Dafür kommen alle Erscheinungsformen von Energiedienstleistungen in Betracht, insbesondere das **Einspar-Contracting** und das **Energieliefer-Contracting** sowie Zwischenformen.

627 Die Anforderungen an die öffentliche Hand sind weiter dadurch gewachsen, dass ihr nach Art. 5 und 6 EffizienzRL[780] wie schon nach deren Vorgängerregelung, Art. 5 der Richtlinie über Endenergieeffizienz und Energiedienstleistungen 2006/32/EG, eine Vorbildfunktion hinsichtlich des effizienten Umgangs mit Energie zugewiesen ist. Umgesetzt wurde dies in Deutschland durch verschiedene Regelungen.

Das Energiedienstleistungsgesetz fasst die Pflicht in § 3 Abs. 3 sehr weit:

„Der öffentlichen Hand kommt bei der Energieeffizienzverbesserung eine Vorbildfunktion zu. Hierzu nimmt die öffentliche Hand Energiedienstleistungen in Anspruch und führt andere Energieeffizienzmaßnahmen durch, deren Schwerpunkt in besonderer Weise auf wirtschaftlichen Maßnahmen liegt, die in kurzer Zeit zu Energieeinsparungen führen. Die öffentliche Hand wird insbesondere

[779] Darunter sind nach § 2 Abs. 2 Nr. 6 EEWärmeG zu verstehen: a) jede inländische Körperschaft, Personenvereinigung oder Vermögensmasse des öffentlichen Rechts mit Ausnahme von Religionsgemeinschaften und b) jede Körperschaft, Personenvereinigung oder Vermögensmasse des Privatrechts, wenn an ihr eine Person nach Buchstabe a allein oder mehrere Personen nach Buchstabe a zusammen unmittelbar oder mittelbar aa) die Mehrheit des gezeichneten Kapitals besitzen, bb) über die Mehrheit der mit den Anteilen verbundenen Stimmrechte verfügen oder cc) mehr als die Hälfte der Mitglieder des Verwaltungs-, Leitungs- oder Aufsichtsorgans bestellen können.

[780] Richtlinie 2012/27/EU des Europäischen Parlaments und des Rates vom 25. Oktober 2012 zur Energieeffizienz, zur Änderung der Richtlinien 2009/125/EG und 2010/30/EU und zur Aufhebung der Richtlinien 2004/8/EG und 2006/32/EG.

bei ihren Baumaßnahmen unter Beachtung der Wirtschaftlichkeit nicht unwesentlich über die Anforderungen zur Energieeffizienz in der Energieeinsparverordnung in der jeweils geltenden Fassung hinausgehen."

Weiter konkretisiert wird die Vorbildfunktion in den §§ 1a, 3 Abs. 2 und 5a **EEWärmeG**. Die öffentliche Hand muss danach dafür sorgen, dass der Wärme- und Kältebedarf ihr gehörender und von ihr angemieteter Bestandsgebäude nach einer grundlegenden Renovierung zu mindestens 15 % aus erneuerbaren Energien im Sinne des Gesetzes gedeckt wird; bei Nutzung von Biogas oder Biomethan muss der Anteil sich auf mindestens 25 % belaufen. Weiterhin schreibt die allgemeine Verwaltungsvorschrift zur Beschaffung energieeffizienter Produkte und Dienstleistungen vom 17.1.2008 in ihrem Art. 3 die Beachtung der „Leitlinien für die Beschaffung energieeffizienter Produkte und Dienstleistungen" vom 10.12.2007 vor[781].

628 Die Vergabe von Aufträgen durch die öffentliche Hand richtet sich traditionell nach dem **Haushaltsrecht**. Sein Ziel besteht nach § 6 Abs. 1 des Gesetzes über die Grundsätze des Haushaltsrechts des Bundes und der Länder (Haushaltsgrundsätzegesetz – HGrG) darin, die wirtschaftliche und sparsame Verwendung der Haushaltsmittel zu sichern. Zu diesem Zweck legt § 30 HGrG die öffentliche Ausschreibung als Regelform der Auftragsvergabe fest[782]. Dies gilt seit der Liberalisierung des Energiemarktes auch für jede Art von Energielieferungsaufträgen[783]. Der dadurch entstehende Wettbewerb soll sicherstellen, dass die öffentliche Hand die von ihr benötigten Leistungen nicht zu überhöhten Preisen am Markt beschafft.

629 Die haushaltsrechtliche Ausschreibungspflicht dient ausschließlich dem Schutz der öffentlichen Haushalte, nicht auch dem Schutz der am Vergabeverfahren teilnehmenden Bieter. Ein übergangener **Bieter** hatte deshalb bis 1999 keine Möglichkeit, eine seiner Ansicht nach rechtswidrige Vergabeentscheidung gerichtlich überprüfen zu lassen. Auch die 1993 geschaffenen Überprüfungsmöglichkeiten boten keinen **effektiven Rechtsschutz**[784]. Dieser gegen die Richtlinie 89/665/EWG des Rates vom 21.12.1989 zur Koordinierung der Rechts- und Verwaltungsvorschriften für die Anwendung der Nachprüfungsverfahren im Rahmen der Vergabe öffentlicher Liefer- und Bauaufträge (Rechtsmittelrichtlinie)[785] verstoßende Zustand wurde

---

[781] BAnz. Nr. 12/2008 v. 23.1.2008, S. 198, zuletzt geändert am 16.1.2013, BAnz. AT 24.1.2013 B1.

[782] BVerfG, Beschl. v. 13.6.2006 – 1 BvR 1160/03, Rn. 3, NJW 2006, 3701–3706.

[783] So ausdrücklich Haushaltserlass 2001 des Schleswig-Holsteinischen Innenministeriums v. 6.9.2000, ABl. für Schleswig-Holstein 2000, 589, 595.

[784] *Immenga/Mestmäcker-Dreher*, vor § 97 GWB, Rn. 53.

[785] ABl. L 395/33 mit späteren Änderungen.

durch das Vergaberechtsänderungsgesetz[786] mit Wirkung zum 1.1.1999 korrigiert. Neben den haushaltsrechtlichen Vorschriften regeln nunmehr die §§ 97 ff. des Gesetzes gegen Wettbewerbsbeschränkungen (GWB)[787] das Kartellvergaberecht, das den an einem Vergabeverfahren teilnehmenden Bietern gemäß § 97 Abs. 7 GWB einen – notfalls gerichtlich einklagbaren – Anspruch auf Einhaltung der Bestimmungen über das Vergabeverfahren gewährt.

630 Im Jahre 2011 ist das Vergaberecht dahingehend ergänzt worden, dass die **Energieeffizienz** bei allen energieverbrauchsrelevanten Beschaffungen schon bei der Leistungsbeschreibung, aber auch bei der Zuschlagsentscheidung beachtet werden muss. Die Auswertung öffentlicher Ausschreibungen mit Bezug zur Energieeffizienz hat ergeben, dass die Vorbildfunktion der öffentlichen Hand vielfach noch nicht beachtet wird[788].

631 Für die praktische Durchführung von Vergabeverfahren kann auf mehrere Leitfäden zurückgegriffen werden[789].

I. Haushaltsrechtliche Fragen

632 Im Zusammenhang mit der Ausschreibung von Energiedienstleistungsprojekten stellen sich immer wieder spezielle haushaltsrechtliche Fragen, die nachfolgend behandelt werden, ohne damit den Anspruch zu erheben, einen Überblick über alle anstehenden haushaltsrechtlichen Fragen bei einer solchen Ausschreibung zu geben.

1. Vorrang der Eigenvornahme

633 Ein öffentlicher Auftraggeber darf nicht im Vertrauen darauf, dass die Vergabe an einen Privaten schon zu einer besseren Leistungserbringung führt, ein Vergabeverfahren durchführen. Er ist vielmehr gemäß § 6 Abs. 2 HGrG verpflichtet, für alle finanzwirksamen Maß-

---

[786] V. 28.5.1998, BGBl. I S. 730.

[787] In der Fassung der Bekanntmachung v. 26.8.1998, BGBl. I S. 2546 mit späteren Änderungen, BGBl. III/FNA 703-5.

[788] *dena* – Auswertung öffentlicher Ausschreibungen mit Energieeffizienzbezug (2014), http://www.energieeffizienz-online.info/produkte-dienstleistungen/ausschreibungen/auswertung.html.

[789] *Bayerisches Staatsministerium des Innern, für Bau und Verkehr,* Leitfaden Contracting der Bayerischen Staatlichen Hochbauverwaltung (2013), http://www.stmi.bayern.de/buw/hochbau/programmeundinitiativen/cib/; *VfW e.V.*, Leitfaden für die Ausschreibung von Energieliefer-Contracting, Stand: 2012, www.energiecontracting.de unter „Praxishilfen"; *dena*, Leitfaden Energieliefer-Contracting, Berlin 2010; Leitfaden Energiespar-Contracting, 2008.

nahmen angemessene **Wirtschaftlichkeitsuntersuchungen** durchzuführen. §7 Abs.2 BHO[790] konkretisiert dies wie folgt: „Dabei ist auch die mit den Maßnahmen verbundene Risikoverteilung zu berücksichtigen. In geeigneten Fällen ist privaten Anbietern die Möglichkeit zu geben darzulegen, ob und inwieweit sie staatliche Aufgaben oder öffentlichen Zwecken dienende wirtschaftliche Tätigkeiten nicht ebenso gut oder besser erbringen können […]". Vor der Durchführung einer Ausschreibung hat der öffentliche Auftraggeber deshalb eine Kosten- und Risikoabschätzung durchzuführen, auf deren Grundlage er zu entscheiden hat, ob überhaupt eine Chance besteht, die Leistungen im Wege der Fremdvergabe günstiger hinsichtlich der Kosten und der Risikoverteilung beschaffen zu können als bei der Eigenvornahme. Die Kostenabschätzung muss realistisch sein. In ihr dürfen also nicht einfach nur die bei Eigenversorgung anfallenden Brennstoffkosten den Vollkosten des Contractings gegenüber gestellt werden. Es ist vielmehr einschließlich Planungskosten, Bauüberwachungskosten, Personalkosten, Abschreibung etc. zu kalkulieren, was es die Vergabestelle kosten würde, die Maßnahme selbst oder mit Hilfe von Auftragnehmern für Einzelaufgaben durchzuführen. Ergibt diese Risiko- und Kostenabschätzung, dass die Eigenvornahme günstiger als die Fremdvergabe ist, darf eine Ausschreibung nicht durchgeführt werden. Diese Prüfung hat in jedem Fall vor einer öffentlichen Ausschreibung zur Herstellung der Ausschreibungsreife zu erfolgen[791]. Das Vergabeverfahren darf gemäß §2 EG Abs.3 VOL/A nicht zur Markterkundung und zum Zwecke von Ertragsberechnungen missbraucht werden.

2. Kreditähnliches Geschäft

634 Hat ein Vertrag einen Kredit oder eine ähnliche langfristige finanzielle Verpflichtung zum Gegenstand, so benötigt eine Kommune dafür in den meisten Bundesländern die **Genehmigung** der Aufsichtsbehörde. Es zeigt sich immer wieder, dass Aufsichtsbehörden Gemeinden mit schlechter Haushaltslage den Abschluss von Energiedienstleistungsverträgen auch dann nicht genehmigen, wenn die Gemeinde dadurch geringere laufende Kosten als bei Fortsetzung des Betriebs mit veralteten Anlagen hätte. Als Begründung wird angeführt, dass dies eine unzulässige Kreditaufnahme sei. Diese Argu-

[790] Bundeshaushaltsordnung, zuletzt geändert durch Art.2 des Gesetzes v. 15.7.2013, BGBl. I S.2395.

[791] OLG Naumburg, Beschl. v. 27.2.2014 – 2 Verg 5/13, Rn.50 und insbesondere 53, juris = ZfBR 2014, 392.

mentation ist nicht nur wirtschaftlich unsinnig, sondern bei gewöhnlichen Energieliefer-Contracting-Verträgen auch rechtlich falsch.

a) Genehmigungserfordernisse

635 Das in den Gemeindeordnungen der Länder geregelte kommunale Haushaltsrecht sieht zumeist ein Genehmigungserfordernis für die Begründung von Zahlungsverpflichtungen durch die Gemeinden vor, wenn diese wirtschaftlich einer **Kreditaufnahme** gleichkommen (vgl. § 85 Abs. 5 GO Schleswig-Holstein, § 120 Abs. 6 S. 1 Niedersächsisches Kommunalverfassungsgesetz, § 74 Abs. 5 Kommunalverfassung des Landes Brandenburg, § 103 Abs. 7 S. 1 GO Hessen). Einige Länder sehen Ausnahmen von diesem **Genehmigungserfordernis** für die Begründung von Zahlungsverpflichtungen im Rahmen der laufenden Verwaltung vor (vgl. § 120 Abs. 6 S. 3 Niedersächsisches Kommunalverfassungsgesetz, § 74 Abs. 5 S. 3 Kommunalverfassung des Landes Brandenburg, § 103 Abs. 7 S. 3 GO Hessen). Nordrhein-Westfalen sieht lediglich eine **Anzeigepflicht** vor, die bei Geschäften der laufenden Verwaltung entfällt (§ 85 Abs. 4 S. 1 und 3 GO NRW).

b) Der Begriff des kreditähnlichen Geschäfts

636 Ein kreditähnliches Geschäft im Sinne der genannten Regelungen liegt grundsätzlich immer dann vor, wenn sich ein Dritter zur **Vorfinanzierung** von Investitionsaufgaben der Gemeinde verpflichtet und dafür zu **späterer** Zeit eine **Gegenleistung** erhält. Denn es gehört zum Wesen des Kredits, dass die Gemeinde von einem Dritten Kapital aufnimmt und eine Verpflichtung zur späteren Rückzahlung eingeht. Nur dann sind die wirtschaftlichen Folgen einer Kreditaufnahme vergleichbar, weil die Gemeinde die volle Leistung in Form des Investitionsgutes sofort erhält, während die Zahlungsverpflichtung erst zu einem späteren Zeitpunkt einsetzt[792]. Entscheidend ist, ob ein konkreter Vertrag wirtschaftlich einer Kreditaufnahme gleichkommt. Dies ist insbesondere dann der Fall, wenn eine Vertragsgestaltung beispielsweise von den Vorschriften des BGB über Kauf-, Miet- und Werkverträge im Hinblick auf Leistung und Gegenleistung, Gefahrtragung und Zahlungspflichten abweicht.

637 Gemessen daran ist beispielsweise ein Mietvertrag regelmäßig kein kreditähnliches Geschäft. Dies gilt auch dann, wenn die Vertragslaufzeit 25 Jahre und mehr beträgt. Denn zum Wesen des Mietvertrags gehört es, dass der Mieter ein Entgelt für die Gebrauchsüber-

---

[792] Vgl. BGH, Urt. v. 4.2.2004 – XII ZR 301/01, NVwZ 2004, 763–764; OVG Sachsen, Urt. v. 25.4.2006 – 4 B 637/05; OLG Dresden, Urt. v. 11.7.2001 – 6 U 254/01, SächsVBl. 2002, 63 ff.

lassung während der Nutzungszeit entrichtet. Das Entgelt wird nicht für die erstmalige Überlassung, sondern für die jeweilige aktuelle Nutzung geschuldet. Der Mieter erhält daher mit Beginn der Vertragslaufzeit nicht bereits die volle Leistung, sondern die Leistung in Form der Überlassung der Mietsache wird – ebenso wie die Gegenleistung in Form des Mietzinses – über die gesamte Laufzeit gestreckt erbracht. Der Vermieter bleibt für die Instandhaltung, für Sachmängel, Untergang und Beschädigung der Mietsache verantwortlich. Der Mieter erlangt auch kein Eigentum oder anderes dingliches Recht an der Mietsache. Sein Nutzungsrecht ist rein schuldrechtlicher Natur und endet mit Ablauf des Mietvertrages[793].

c) Energiedienstleistungen als kreditähnliches Geschäft

638 Energie-Contracting wird verbreitet als ein kreditähnliches Geschäft angesehen, das der Genehmigung durch die Kommunalaufsicht bedarf[794]. Dies ist eine verkürzte Sicht der Dinge:

639 **aa) Energieliefer-Contracting.** Ein Energieliefer-Contracting-Vertrag ist ein Kaufvertrag im Sinne der §§ 433 und 453 BGB[795]. Der Kunde kauft fertige Wärme oder Strom vom Energiedienstleister statt – wie zuvor – Primärenergie von einem Versorgungsunternehmen. Der Energiedienstleister deckt durch seine Einnahmen die Kosten für den Brennstoff und die Investition in die Anlage. Der Energiedienstleister bleibt Eigentümer seiner Anlage, er hat bis zum Vertragsende die volle Betriebs- und Instandhaltungsverantwortung. Das kreditähnliche Element der Refinanzierung der Anlageninvestition über die Energiepreise tritt in den Hintergrund. Denn der **öffentliche Auftraggeber** erhält mit Abschluss des Vertrags **nicht Zugriff** auf die Energieerzeugungsanlagen, sondern nur den Anspruch auf **Belieferung.** Dieser Anspruch ist parallel zu den Zahlungsverpflichtungen über die gesamte Vertragslaufzeit gestreckt. Bei einer solchen vertraglichen Ausgestaltung liegt keine Kreditähnlichkeit vor. Eine Gemeinde, die einen solchen Vertrag abschließen möchte, bedarf keiner Genehmigung der Aufsichtsbehörde.

640 **bb) Einspar-Contracting.** Beim Einspar-Contracting übernimmt der Energiedienstleister umfangreiche Maßnahmen an dem Gebäude selbst. Die Bezahlung erfolgt in Orientierung an der tatsächlich erzielten Energieeinsparung. In der Regel gehen die vom Energie-

---

[793] Vgl. BGH, Urt. v. 4.2.2004 – XII ZR 301/01, NwZ 2004, 763–764.

[794] Vgl. Krediterlass des Innenministeriums Schleswig-Holstein v. 29.8.2013 – IV 305 – 163.221 –, S. 9; Stellungnahme des Hessischen Innenministeriums v. 29.12.1997, – IV 62 –.

[795] Siehe oben Kap. B. I. (Rn. 23 ff.).

dienstleister zu errichtenden Anlagen schon bei Vertragsbeginn in das Eigentum des Auftraggebers über und verbleiben nach Ablauf des Vertrages dort. Die Kreditähnlichkeit ist zu bejahen und damit auch die **Genehmigungsbedürftigkeit**, soweit sie für solche Geschäfte landesrechtlich angeordnet ist.

d) Rechtsschutz

641 Hat der öffentliche Auftraggeber einen Energiedienstleistungsvertrag, der kein kreditähnliches Geschäft ist, abgeschlossen, und bestreitet die Aufsichtsbehörde die Wirksamkeit, so kann der Energiedienstleister nach § 43 Abs. 1 VwGO eine Klage vor dem Verwaltungsgericht auf Feststellung erheben, dass der Vertrag ohne Genehmigung wirksam ist. Die erforderliche Klagebefugnis folgt aus der Behauptung, entgegen Art. 2 Abs. 1 GG in der Vertragsfreiheit verletzt zu sein. Soweit die Behörde die Genehmigungsbedürftigkeit gesetzwidrig angenommen hat, verletzt sie damit Grundrechte des Energiedienstleisters[796].

642 Rechtsschutz gegen die Versagung einer Genehmigung durch die Kommunalaufsicht kann der Energiedienstleister dagegen in der Regel nicht erlangen. Ebenso wenig kann er mittels einer Verpflichtungsklage auf Genehmigung klagen. Denn die Vorschriften über die Genehmigungsbedürftigkeit kreditähnlicher Geschäfte dienen allein öffentlichen Interessen. Sie vermitteln dem Vertragspartner der Gemeinde nicht die nach § 42 Abs. 2 VwGO erforderliche Klagebefugnis[797]. Die Gemeinde, die den Energiedienstleistungsvertrag abschließen möchte, müsste also selbst gegen die Aufsichtsbehörde klagen.

II. Kartellvergaberecht

643 Auch in der **Privatwirtschaft**, insbesondere in der Bauwirtschaft, wird die Erteilung von Aufträgen an andere Unternehmen bisweilen als „Vergabe" bezeichnet. Dies bedeutet jedoch **nicht**, dass auf solche Fälle der Auftragserteilung die vergaberechtlichen Vorschriften des öffentlichen Haushaltsrechts und des Gesetzes gegen Wettbewerbsbeschränkungen **anwendbar** sind. Dies wäre allenfalls dann der Fall, wenn die Vertragsparteien die Anwendung dieser Vorschriften ausdrücklich vereinbaren würden. Zwingend gilt das Vergaberecht der

---

796 Vgl. OVG Sachsen, Urt. v. 25.4.2006 – 4 B 637/05, KStZ 2007, 14–16.
797 Vgl. OVG Sachsen, Urt. v. 25.4.2006 – 4 B 637/05, KStZ 2007, 14–16.

§§ 97 ff. GWB gemäß § 97 Abs. 1 GWB nur dann, wenn öffentliche Auftraggeber Waren, Bau- und Dienstleistungen beschaffen.

Das Kartellvergaberecht ist in weiten Teilen eine Umsetzung der geltenden europarechtlichen Vorgaben der aktuell noch geltenden Vergaberechtsrichtlinien, insbesondere der Richtlinie 2004/18/EG des Europäischen Parlaments und des Rates vom 31. März 2004 über die Koordinierung der Verfahren zur Vergabe öffentlicher Bauaufträge, Lieferaufträge und Dienstleistungsaufträge[798]. Am 26.2.2014 ist die Richtlinie 2014/24/EU des Europäischen Parlaments und des Rates über die öffentliche Auftragsvergabe und zur Aufhebung der Richtlinie 2004/18/EG[799] beschlossen worden. Sie ändert die von der Bundesrepublik Deutschland umzusetzenden Vorgaben für das Kartellvergaberecht in vielen Details. Die Umsetzungsfrist läuft gemäß Art. 90 Abs. 1 am 18.4.2016 aus. An diesem Tag tritt die Richtlinie aus dem Jahre 2004 außer Kraft. In den nachfolgenden Ausführungen wird das geltende deutsche Recht dargestellt, da nicht vorhersehbar ist, wie die Umsetzung der neuen Richtlinie im Detail erfolgen wird. Es wird aber überall dort, wo Änderungen erforderlich erscheinen, die Rechtslage nach der neuen Richtlinie erwähnt.

1. Öffentliche Auftraggeber

644 Öffentliche Auftraggeber sind gemäß § 98 GWB nicht nur Bund, Länder, Kreise und Gemeinden (§ 98 Nr. 1 GWB), sondern auch öffentlich-rechtliche Körperschaften wie Krankenkassen[800], Rundfunkanstalten[801] (§ 98 Nr. 2 GWB) und von den vorgenannten beherrschte, aber privatrechtlich organisierte Unternehmen, die gegründet worden sind, um im Allgemeininteresse liegende Aufgaben nichtgewerblicher Art zu erfüllen, also z.B. ein von der Gemeinde beherrschtes, in der Form der Aktiengesellschaft oder GmbH organisiertes Veranstaltungszentrum (§ 98 Nr. 2 GWB).

2. Öffentlicher Auftrag

645 Dem Vergaberecht unterliegen gemäß § 99 GWB nur öffentliche Aufträge. Das sind nach § 99 Abs. 1 GWB **entgeltliche Verträge** von öffentlichen Auftraggebern **mit Unternehmen** über die Beschaffung von Leistungen, die Liefer-, Bau- oder Dienstleistungen zum Gegen-

[798] ABl. L 134/114.
[799] ABl. L 94/65.
[800] EuGH, Urt. v. 11.6.2009 – C-300/07 (Oymanns), Rn. 53, NJW 2009, 2427.
[801] EuGH, Urt. v. 13.12.2007 – C-337/06 (Bayerischer Rundfunk/GEWA), Rn. 32 ff., NZBau 2008, 130 ff.

stand haben, Baukonzessionen und Auslobungsverfahren, die zu Dienstleistungsaufträgen führen sollen. Bis in die jüngste Vergangenheit wurde immer wieder auf die Ausschreibung von Energiedienstleistungen mit dem Argument verzichtet, dass es sich bei dem geplanten Geschäft nicht um einen öffentlichen Auftrag, sondern ein sog. **Inhouse-Geschäft** handelt. Richtig ist das Argument, wenn ein öffentlicher Auftraggeber, also z.B. eine Stadt, bei den eigenen Stadtwerken, die als **Eigenbetrieb** und damit Teil der Stadtverwaltung organisiert sind, die Energie für andere öffentliche Gebäude beschafft. Denn die Stadt kann mit sich selbst keinen Vertrag schließen. In der Praxis wurden vielfach aber auch alle solchen Geschäfte als Inhouse-Geschäft verstanden, die mit Rechtsträgern abgeschlossen wurden, an denen der eigentlich ausschreibungspflichtige öffentliche Auftraggeber maßgeblich beteiligt war, in die aber auch private Unternehmen oder Personen als Gesellschafter eingebunden sind. Das sind Fälle wie der Einkauf von Strom oder Gas durch eine Stadt bei dem örtlichen Stadtwerk, welches als GmbH organisiert ist und an dem neben der Stadt z.B. ein anderes Energieversorgungsunternehmen beteiligt ist. Diese Praxis ist durch Urteil des Europäischen Gerichtshofes vom 11.1.2005[802] für unzulässig erklärt worden. Ausschreibungsfrei sind danach nur solche Aufträge, die an ein **vollständig** im **Eigentum** des **öffentlichen Auftraggebers** oder mehrerer öffentlicher Auftraggeber stehendes Unternehmen vergeben werden. Durch das Urteil vom 13.10.2005[803] hat der Europäische Gerichtshof den vergaberechtsfreien Bereich weiter dahingehend eingeschränkt, dass ergänzend zum vollständigen Eigentum an der Gesellschaft auch noch eine gesellschaftsrechtliche Beherrschung mit unmittelbaren Eingriffsbefugnissen gegeben sein muss.

646 Ein weiteres, durch Urteil des Europäischen Gerichtshofes konkretisiertes Erfordernis für die Annahme eines vergaberechtsfreien Inhouse-Geschäfts ist die Bedingung, dass **wesentliche Leistungen** nur **an** die öffentliche **Mutter** erbracht werden. Das ist dann nicht mehr der Fall, wenn „nur“ 90 % des Umsatzes mit der Mutter gemacht werden[804].

647 Als Ergebnis kann festgestellt werden, dass **Inhouse-Geschäfte** im Bereich der **Energieversorgung** außer bei der Beauftragung von kommunalen Eigenbetrieben faktisch **nicht** mehr **vorkommen** können, da kein, auch kein privatrechtlich organisierter kommunaler Energieversorger, das Kriterium erfüllt, zu mehr als 90 % nur die eigene Mutter zu beliefern.

[802] C-26/03 (Stadt Halle), NVwZ 2005, 187–190.
[803] C-458/03 (Parking Brixen), NVwZ 2005, 1407–1411.
[804] Urt. v. 19.4.2007 – C-295/05, Rn. 63.

Die RL 2014/24/EU regelt nunmehr ausdrücklich Inhouse-Geschäfte in ihrem Art. 12 unter dem Titel „Öffentliche Aufträge zwischen Einrichtungen des öffentlichen Sektors". Dort wird weitgehend die oben umrissene Rechtsprechung des Europäischen Gerichtshofes festgeschrieben. Abweichend davon wird in Abs. 1 lit. b) nunmehr bestimmt, dass es ausreicht, wenn mehr als 80% der Tätigkeiten des kontrollierten Unternehmens für den kontrollierenden öffentlichen Auftraggeber erbracht werden. Weiterhin ist in Art. 12 Abs. 1 lit. c) vorgeschrieben, dass keine private Kapitalbeteiligung an dem kontrollierten Unternehmen vorliegen darf. Dieser strenge Grundsatz wird zwar eingeschränkt, weil eine private Kapitalbeteiligung in nicht beherrschender Formen und Formen der privaten Kapitalbeteiligung ohne Sperrminorität, die in Übereinstimmung mit den Verträgen durch nationale gesetzliche Bestimmungen vorgeschrieben sind und die keinen maßgeblichen Einfluss auf die kontrollierte juristische Person vermitteln, zulässig sind. Die Einschränkung hat für die Vergabe von Energiedienstleistungsverträgen an Energiedienstleister mit privater Beteiligung keine Bedeutung, weil solche privaten Beteiligungen nicht durch „nationale gesetzliche Bestimmungen vorgeschrieben" sind. Es wird also auch nach der Umsetzung der RL 2014/24/EU dabei bleiben, dass der Abschluss von Energiedienstleistungsverträgen mit Energieversorgungsunternehmen, an denen Private beteiligt sind, kein vergaberechtsfreies Inhouse-Geschäft ist.

3. Schwellenwerte

648 Die Vorschriften der §§ 97 ff. GWB gelten gemäß § 100 Abs. 1 GWB jedoch nur für Aufträge, die bestimmte Auftragswerte, die sog. Schwellenwerte, erreichen oder übersteigen. Die maßgeblichen Schwellenwerte sind europarechtlich bestimmt. Die jeweils aktuellen Werte werden gemäß § 2 Abs. 1 S. 3 der Verordnung über die Vergabe öffentlicher Aufträge (VgV)[805] vom Bundeswirtschaftsministerium im Bundesanzeiger bekanntgegeben. Als Schwellenwert für **Lieferaufträge** gilt im Regelfall ein Betrag von **207.000,– EUR**. Für Bauaufträge beläuft sich der Schwellenwert auf 5.186.000,– EUR[806].

---

[805] V. 9.1.2001, BGBl. I S. 110, neugefasst durch Bekanntmachung. v. 11.2.2003, BGBl. I S. 169; zuletzt geändert durch Art. 1 der Verordnung v. 15.10.2013, BGBl. I S. 3854.

[806] Die Schwellenwerte werden europaweit einheitlich durch Verordnung der Kommission festgelegt. Die jüngste Festlegung erfolgte durch die Verordnung (EU) Nr. 1336/2013 der Kommission vom 13. Dezember 2013 zur Änderung der Richtlinien 2004/17/EG, 2004/18/EG und 2009/81/EG des Europäischen Parlaments und des Rates im Hinblick auf die Schwellenwerte für Auftragsvergabeverfahren, ABl. L 335/17 v. 13.12.2013, S. 17–18.

Der maßgebliche Auftragswert ist vor Durchführung der Ausschreibung vom öffentlichen Auftraggeber abzuschätzen. Dabei ist nach § 3 Abs. 1 VgV von der geschätzten Gesamtvergütung für die vorgesehene Leistung einschließlich etwaiger Prämien oder Zahlungen an Bewerber oder Bieter auszugehen. Eine solche Gesamtvergütung ist aber bei langfristigen Energiedienstleistungsaufträgen wie beispielsweise Wärmelieferungsverträgen wegen der nicht absehbaren preislichen und klimatischen Einflüsse nur sehr ungenau abschätzbar. Deshalb wird kein Gesamtpreis abgefragt oder angegeben, sondern es werden aktuelle Preise und Preisänderungsregelungen abgefragt und angeboten. Für diese Fälle, bei denen kein Gesamtpreis angegeben wird, schreibt § 3 Abs. 4 VgV vor, dass bei Aufträgen mit einer Laufzeit bis 48 Monate der Gesamtwert für die Laufzeit maßgeblich ist. Bei Aufträgen mit unbestimmter Laufzeit oder einer Laufzeit von mehr als 48 Monaten ist der 48-fache Monatswert maßgeblich.

649 Werden die Schwellenwerte nicht erreicht, so finden die §§ 97 ff. GWB keine Anwendung. Der deutsche Gesetzgeber war nicht bereit, den Bieterschutz über seine europarechtliche Verpflichtung hinaus auch auf Aufträge zu erstrecken, deren Wert unterhalb der Schwellenwerte liegt[807]. Die haushaltsrechtlichen Vergabevorschriften finden unabhängig vom Erreichen der Schwellenwerte Anwendung. Auch unterhalb der Schwellenwerte besteht also grundsätzlich die Pflicht zur öffentlichen Ausschreibung. Sie muss aber nicht europaweit erfolgen und Bieter haben keine bzw. nur sehr eingeschränkte Rechtsschutzmöglichkeiten bei Fehlern im Vergabeverfahren.

650 Die Bieter sind also mit einer **gespaltenen Rechtslage** konfrontiert. Bei Überschreitung der Schwellenwerte kann die Beachtung des Vergaberechts gerichtlich durchgesetzt werden, bei Unterschreitung der Schwellenwerte hat der unrechtmäßig behandelte Bieter keinen Anspruch auf Rechtsschutz in Form eines vergaberechtlichen Nachprüfungsverfahrens[808]. Ausgehend von dem allgemeinen Justizgewährungsanspruch wird von mehreren Oberlandesgerichten die Ansicht vertreten, dass der Bieter auch bei Vergabeverfahren unterhalb der Schwellenwerte nicht allein darauf verwiesen werden kann, im Falle einer Rechtsverletzung Schadensersatz gegenüber dem öffentlichen Auftraggeber geltend zu machen (Sekundärrechtsschutz). Ihm steht vielmehr auch bei solchen Vergabeverfahren ein Anspruch auf Primärrechtsschutz zu, also die Möglichkeit, mit Hilfe eines Gerichts das rechtswidrige Verhalten des öffentlichen Auf-

---

[807] *Weyand*, Vergaberecht, § 102 GWB, Rn. 127.

[808] BVerfG, Beschl. v. 13.6.2006 – 1 BvR 1160/03, Rn. 15–17, NJW 2006, 3701–3706.

traggebers zu unterbinden. Weil der Vergaberechtsschutz des GWB dafür nicht zur Verfügung steht, muss ihm die Möglichkeit gewährt werden, vor den Zivilgerichten im einstweiligen Verfügungsverfahren seine Rechte geltend zu machen[809]. Ist der öffentliche Auftraggeber im Gerichtsbezirk eines Oberlandesgerichts ansässig, dass diese Rechtsauffassung vertritt, so kann ein Bieter bei dem örtlich zuständigen Landgericht im Falle der Verletzung bieterschützender Vorschriften des Vergaberechts mit Aussicht auf Erfolg beantragen, dem öffentlichen Auftraggeber die Erteilung des Auftrages zu untersagen. Daneben besteht die Möglichkeit, Schadensersatz wegen der Verletzung von Bieterrechten geltend zu machen[810].

4. Zuordnung von Energiedienstleistungsverträgen zu den Verfahrensarten

651 Wegen der großen Unterschiede bei der Höhe der Schwellenwerte kommt der Zuordnung eines zu vergebenden Auftrags zu einer der genannten Auftragsarten große Bedeutung zu.

652 Unproblematisch ist die Zuordnung eines reinen Energieliefervertrages. Hier gilt der Schwellenwert von 207.000,– EUR. Dies ist beispielsweise dann der Fall, wenn die Wärme-, Strom- oder Gaslieferung für öffentliche Liegenschaften vergeben werden soll[811].

653 Energieliefer-Contracting-Verträge bestimmen als Leistungserfolg zwar auch nicht mehr als die Lieferung von Energie. Um sie erfüllen zu können, muss der Energiedienstleister aber regelmäßig gewisse Bauleistungen auf dem Grundstück des Auftraggebers erbringen, insbesondere die Errichtung seiner Energieerzeugungsanlage. Dies führte immer wieder dazu, dass ein solcher Energiedienstleistungsvertrag als Bauauftrag eingestuft wurde, weil der öffentliche Auftraggeber die Anwendung des Kartellvergaberechts vermeiden wollte. **Energieliefer-Contracting-Verträge** sind aber **Lieferverträge** im Sinne des § 4 VgV. Die Errichtung der Energieversorgungsanlage ist eine rein interne Maßnahme des Energiedienstleisters für die Erfüllung seiner Leistungspflicht, weil der Energiedienstleis-

---

[809] Ausführlich dazu *Weyand*, § 102 GWB, Rn. 126 ff., 129 unter Verweis auf OLG Düsseldorf, Beschl. v. 19.10.2011 – I-27 W 1/11; Beschl. v. 13.1.2010 – I-27 U 1/09; OLG Stuttgart, Urt. v. 19.5.2011 – 2 U 36/11; OLG Thüringen, Urt. v. 8.12.2008 – 9 U 431/08; LG Bad Kreuznach, Urt. v. 20.4.2012 – 2 O 77/12; LG Berlin, Beschl. v. 5.12.2011 – 52 O 254/11; LG München, Beschl. v. 18.4.2012 – 11 O 7897/12

[810] Ausführlich dazu *Weyand*, § 126 GWB, insbesondere Rn. 29.

[811] Vergabekammer Sachsen-Anhalt, Beschl. v. 16.1.2013 – 2 VK-LAS 40/12, juris.

ter das Anlagenrisiko über die gesamte Laufzeit trägt. Zudem stellen die Bauleistungen nur einen untergeordneten Teil der Leistung dar[812].

654 Anders kann sich die Rechtslage dann darstellen, wenn der geschuldete Leistungserfolg über die Lieferung von Energie hinausgeht oder gar keine Energielieferung beinhaltet, sondern nur eine energetische Modernisierung von Gebäude und Anlagen und gewisse Schulungsleistungen. Das ist beim **Einspar-Contracting** regelmäßig der Fall, weil hier gebäudetechnische und bauliche Maßnahmen an Gebäuden neben weiteren Dienstleistungen geschuldet sind. Dann liegt der maßgebliche Schwerpunkt der Leistung[813] auf der Bauleistung, so dass der Vertrag dann als Bauauftrag einzustufen ist[814].

III. Verfahrensablauf

655 Die Verfahrensgrundsätze ergeben sich aus den §§ 97ff. GWB, die eine Präzisierung in den Vorschriften der Vergabeverordnung erfahren. Die Vergabeverordnung wiederum verweist hinsichtlich der Details des Verfahrens getrennt nach Auftragsarten auf die Vergabe- und Vertragsordnung für Leistungen (VOL/A), Vergabe- und Vertragsordnung für Bauleistungen (VOB/A) sowie die Vergabeordnung für freiberufliche Leistungen (VOF). Das Vergabeverfahren ist in vier Abschnitte (Verfahrenswahl, Bekanntmachung, Eignungsprüfung und Zuschlag) aufgeteilt[815].

1. Verfahrensarten

656 § 101 GWB unterscheidet zwischen offenem und nicht offenem Verfahren, Verhandlungsverfahren sowie wettbewerblichem Dialog. Beim offenen Verfahren wird eine unbeschränkte Zahl von Unternehmern zur Abgabe eines Angebots aufgefordert. Beim nicht offenen Verfahren wird öffentlich zur Teilnahme aufgefordert und aus dem Bewerberkreis eine beschränkte Zahl von Bewerbern zur Angebotsabgabe aufgefordert. Beim Verhandlungsverfahren wird mit oder ohne vorherige Aufforderung zur Teilnahme mit bestimmten Unter-

---

812 OLG Düsseldorf, Beschl. v. 12.3.2003 – Verg 49/02, CuR 2004, 26–31; OLG Naumburg, Beschl. v. 27.2.2014 – 2 Verg 5/13, CuR 2014, 35-41.

813 Urt. v. 19.4.1994 – C-331/92 (Gestión Hotelera Internacional), NVwZ 1994, 990–991.

814 *Trautner* in: Leitfaden Energiespar-Contracting in öffentlichen Liegenschaften, herausgegeben vom Hessischen Ministerium für Umwelt, Energie, Landwirtschaft und Verbraucherschutz (2012), S.38.

815 BVerfG, Beschl. v. 13.6.2006 – 1 BvR 1160/03, Rn.4, NJW 2006, 3701–3706.

nehmern verhandelt. Der wettbewerbliche Dialog soll zulässig sein, wenn besonders komplexe Auftragsgegenstände vergeben werden sollen, bei denen die auszuschreibende Leistung vom Auftraggeber nicht genau beschrieben werden kann.

657 Gemäß § 101 Abs. 5 GWB haben öffentliche Auftraggeber das offene Verfahren anzuwenden, es sei denn, aufgrund des Gesetzes ist etwas anderes gestattet. Damit steht der **Vorrang** des **offenen Verfahrens** fest[816]. Im Zusammenhang mit der Vergabe von Energiedienstleistungsaufträgen begegnet man bisweilen der Ansicht, dass solche Aufträge im Verhandlungsverfahren vergeben werden dürften, weil sie einen hohen Komplexitätsgrad aufwiesen. Das ist so nicht richtig. Bei Standardfällen des Energieliefer-Contractings, die lediglich die Belieferung aus einer vom Energielieferanten gestellten Energieerzeugungsanlage umfassen, ist kein in § 3 EG Abs. 3 oder 4 VOL/A geregelter Grund gegeben, der ein Verhandlungsverfahren rechtfertigt. Anders mag es sich bei komplizierten Vorhaben des Einspar-Contractings verhalten. Aber auch in solchen Fällen dürfte ein nicht offenes Verfahren im Regelfall das geeignete Verfahren sein, weil es eine hinreichende Anzahl von Fachunternehmen gibt, die solche Leistungen anbieten können.

Die neue Vergaberichtlinie 2014/24/EU ergänzt die zur Verfügung stehenden Verfahrensarten um die Innovationspartnerschaft (Art. 31 VRL) und erweitert die Zulässigkeit eines Verhandlungsverfahrens mit vorherigem Aufruf zum Wettbewerb (Art. 26, 29 VRL). Energiedienstleistungsverträge, die über eine standardmäßige Wärme-, Strom oder Kältelieferung hinaus eine Anpassung auf verschiedenste Details des Versorgungsobjekts erfordern und deshalb ohne umfangreiche Abstimmungen zwischen Auftraggeber und Energiedienstleister nicht optimal ausgestaltet werden können, dürfen deshalb ab dem Inkrafttreten der noch zu schaffenden nationalen Umsetzungsvorschriften umfangreich ausgehandelt und damit den Erfordernissen des Einzelfalles besser angepasst werden.

2. Verfahrensfragen

658 Die Grundsätze des Verfahrens sind in § 97 GWB geregelt:

- Das Verfahren soll transparent sein.
- Die Teilnehmer an einem Vergabeverfahren sind gleich zu behandeln.
- Mittelständische Interessen sind durch Teilung der Aufträge in Fach- oder Teillose zu berücksichtigen.

---

[816] *Immenga/Mestmäcker-Dreher*, § 101 GWB, Rn. 7.

- Aufträge werden an fachkundige, leistungsfähige und zuverlässige Unternehmer vergeben.
- Der Zuschlag ist auf das unter Berücksichtigung aller Umstände wirtschaftlichste Angebot zu erteilen.

Im Zusammenhang mit der Vergabe von Energiedienstleistungsverträgen treten bei einzelnen Schritten des Verfahrens regelmäßig Fragen auf, die nachfolgend behandelt werden. Die Darstellung beschränkt sich auf diese spezifischen Fragen und beansprucht nicht, einen vollständigen Überblick über ein Vergabeverfahren zu geben.

a) Projektantenproblematik

659 Energiedienstleistungen sind eine anspruchsvolle und erklärungsbedürftige Dienstleistung. Viele potentielle öffentliche Auftraggeber sind sich nicht darüber bewusst, welches Potential zur Energie- und Kosteneinsparung sich durch Energiedienstleistungen erschließen lässt. Energiedienstleistungsunternehmen versuchen deshalb, öffentliche Auftraggeber anzusprechen und zur Vergabe solcher Verträge zu motivieren. Es stellt sich dann die Frage, ob ein solcher Anbieter, im Vergaberecht oftmals als „Projektant" bezeichnet, später überhaupt noch an einem Vergabeverfahren als Bieter teilnehmen kann, wenn er im Vorwege schon umfangreiche Informationen über das betreffende Objekt erhalten hat. Nach § 6 EG Abs. 7 VOL/A und § 6 EG Abs. 7 VOB/A gilt: „Hat ein **Bieter** oder Bewerber vor Einleitung des Vergabeverfahrens den Auftraggeber **beraten** oder sonst **unterstützt**, so hat der Auftraggeber sicherzustellen, dass der Wettbewerb durch die Teilnahme des Bieters oder Bewerbers nicht verfälscht wird." Damit ist klargestellt, dass der vorherige intensivere Kontakt mit einem Bieter nicht zu dessen Ausschluss führt. Vielmehr muss der öffentliche Auftraggeber die Gleichbehandlung aller Bieter sicherstellen[817]. Der Ausschluss des Projektanten ist also nur dann zulässig, wenn es keinen anderen Weg gibt, um die Gleichbehandlung aller Bieter herzustellen.

660 Der öffentliche Auftraggeber muss zum einen dafür sorgen, dass der Projektant kein Insiderwissen und damit keinen unzulässigen **Informationsvorsprung** hat. Im Ergebnis bedeutet dies, dass der öffentliche Auftraggeber alle Informationen, die er vom Projektanten

---

[817] *Weyand*, § 6 VOL/A, Rn. 244 unter Verweis auf OLG Bremen, Beschl. v. 9.10.2012 – Verg 1/12; OLG Brandenburg, Beschl. v. 19.12.2011 – Verg W 17/11; OLG Düsseldorf, Beschl. v. 25.4.2012 – VII-Verg 100/11; OLG München, Beschl. v. 10.2.2011 – Verg 24/10; VK Brandenburg, Beschl. v. 11.11.2011 – VK 47/11; 3. VK Bund, Beschl. v. 16.7.2013 – VK 3 – 47/13; Beschl. v. 24.5.2012 – VK 3 – 45/12; 1. VK Sachsen, Beschl. v. 15.2.2011 – 1/SVK/052-10; VK Südbayern, Beschl. v. 21.10.2013 – Z3-3-3194-1-29 -08/13.

erhalten und die er ihm gegeben hat, im Vergabeverfahren allen Bietern zur Verfügung stellen muss. Zum anderen ist der Gefahr vorzubeugen, dass der Projektant die Vergabe so vorbereitet hat, dass sie auf seine Leistungen oder die des von ihm unterstützten Bieters besonders passend zugeschnitten ist. Das ist schwieriger zu überprüfen, weil nicht immer zu erkennen ist, ob das Projekt den Ausschreibungszuschnitt erfordert oder Interessen eines Bieters dabei berücksichtigt wurden.

Diese Gesetzeslage entspricht auch den europarechtlichen Vorgaben. Der Europäische Gerichtshof hat im Jahre 2005 über eine Regelung zur Projektantenproblematik im belgischen Recht entschieden und dabei u.a. ebenfalls herausgearbeitet, dass der Gleichbehandlungsgrundsatz anhand des Verhältnismäßigkeitsprinzips anzuwenden und eine Einzelfallbetrachtung geboten ist[818].

661 Im Ergebnis ist der Ausschluss eines Projektanten vom Vergabeverfahren mithin nur dann korrekt, wenn die **Chancengleichheit** der Bewerber dermaßen gefährdet ist, dass ein objektives Verfahren nicht mehr garantiert werden kann.

Die neue Vergaberichtlinie 2014/24/EU befasst sich mit dem Thema in den Art. 57 und 59. Sie lässt in Art. 57 Abs. 4 lit. f) den Ausschluss eines Projektanten nur dann zu, wenn eine aus der vorherigen Einbeziehung in die Vorbereitung des Vergabeverfahrens resultierende Wettbewerbsverzerrung gemäß Art. 41 VRL nicht durch andere, weniger einschneidende Maßnahmen beseitigt werden kann. Damit wird bestätigt, dass der Ausschluss die ultima ratio ist. Zudem muss dem Projektanten nach Art. 57 Abs. 6 VRL vor dem Ausschluss noch die Möglichkeit gegeben werden zu beweisen, dass er keine unzulässigen Vorteile aus seiner Projektantenrolle erlangt hat.

b) Mittelständische Interessen

662 Durch die Neuregelung des Vergaberechts im Jahre 2009 hat die Berücksichtigung mittelständischer Interessen deutlich größeres Gewicht bekommen. Gemäß § 97 Abs. 2 GWB ist der Auftraggeber verpflichtet, die ausgeschriebenen Leistungen in **Teil- und Fachlose** aufzuteilen, damit auch kleinere Unternehmen eine Chance auf einen Zuschlag haben. Für Energiedienstleister kann das z.B. bedeuten, dass ein großer öffentlicher Auftraggeber dann, wenn es für ihn wirtschaftlich und technisch vertretbar ist, eine Mehrzahl von zu vergebenden Gebäuden nicht in einer großen Ausschreibung, sondern in mehreren kleineren Ausschreibungen vergeben muss. Generalunternehmerausschreibungen sind nur noch ausnahmsweise

[818] EuGH, Urt. v. 3.3.2005 – C-21/03 (Fabricom), NVwZ 2005, 551–553.

zulässig[819]. Angreifbar wäre deshalb z.B. eine Ausschreibung für ein Bauvorhaben, in die die langfristige Wärmelieferung mit einbezogen ist. Weil die Wärmeversorgung eine gut durch Fachlose von anderen Bauleistungen abtrennbare Aufgabe ist, fehlt es an einem sachlichen Grund für die Aufnahme in eine Generalunternehmerausschreibung.

c) Energieeffizienz in der Leistungsbeschreibung

663 § 97 Abs. 4 GWB stellt klar, dass öffentliche Auftraggeber nicht verpflichtet sind, den Zuschlag auf das billigste Angebot zu erteilen, sondern dass sie – wenn solche Kriterien von Anbeginn der Ausschreibung präzise auch mit ihrem Gewicht benannt werden – **zusätzliche Anforderungen** an die abzugebenden Angebote stellen können, wie z.B. soziale, **umweltbezogene** oder innovative Kriterien[820].

Seit der Änderung der Vergabeverordnung im Jahre 2011 ist es gemäß § 4 Abs. 4 VgV zwingend erforderlich, in jeder mit dem Verbrauch von Energie in Verbindung stehenden Ausschreibung zusätzliche Anforderungen in Bezug auf die Energieeffizienz aufzunehmen. Diese formuliert die VgV in § 4 Abs. 5 bis 6a wie folgt:

„(5) In der Leistungsbeschreibung sollen im Hinblick auf die Energieeffizienz insbesondere folgende Anforderungen gestellt werden:

1. das **höchste Leistungsniveau** an Energieeffizienz und

2. soweit vorhanden, die **höchste Energieeffizienzklasse** im Sinne der Energieverbrauchskennzeichnungsverordnung.

(6) In der Leistungsbeschreibung oder an anderer geeigneter Stelle in den Vergabeunterlagen sind von den Bietern folgende Informationen zu fordern:

1. konkrete Angaben zum **Energieverbrauch**, es sei denn, die auf dem Markt angebotenen Waren, technischen Geräte oder Ausrüstungen unterscheiden sich im zulässigen Energieverbrauch nur geringfügig, und

2. in geeigneten Fällen,

a) eine Analyse minimierter **Lebenszykluskosten** oder

b) die Ergebnisse einer Buchstabe a vergleichbaren Methode zur Überprüfung der Wirtschaftlichkeit.

(6a) Die Auftraggeber dürfen nach Absatz 6 übermittelte Informationen überprüfen und hierzu ergänzende Erläuterungen von den Bietern fordern."

664 Hinsichtlich der in Abs. 5 genannten Anforderungen spricht das Gesetz von „soll". Der öffentliche Auftraggeber muss also nicht diese Anforderungen stellen. Das „soll" bedeutet aber mehr als ein „kann". Mithin ist davon auszugehen, dass die in Abs. 5 genannten

---

[819] *Weyand*, Vergaberecht, § 97 GWB, Rn. 407.
[820] Siehe zur Rechtsentwicklung *Otting*, CuR 2009, 44–50.

Anforderungen an das höchste Niveau der Energieeffizienz **regelmäßig** zu stellen sind. In den Fällen, in denen die Forderung der höchsten Leistungsniveaus und Effizienzklassen ausnahmsweise nicht möglich ist, kann der öffentliche Auftraggeber davon absehen und ist stattdessen gehalten, die höchst möglichen Anforderungen zu stellen[821].

665 Unverzichtbar ist gemäß Abs. 6a die Anforderung aller energieverbrauchsrelevanten Daten der zum Einsatz kommenden Geräte und Ausrüstungen. Bei der Angabe der Lebenszykluskosten ist der Spielraum wieder größer. Diese müssen nur in „geeigneten Fällen" abgefordert werden. Da es aber seit Jahren erprobte Methoden zur Ermittlung der Lebenszykluskosten von Geräten und Anlagen gibt[822], sind auch die Lebenszykluskosten regelmäßig abzufragen.

d) Funktionale Ausschreibung

666 § 8 EG Abs. 1 VOL/A formuliert, dass eine **Leistungsbeschreibung** so **eindeutig** und erschöpfend sein muss, dass alle Bewerber die Beschreibung im gleichen Sinne verstehen müssen und dass miteinander vergleichbare Angebote zu erwarten sind. Das lässt sich dadurch erreichen, dass der öffentliche Auftraggeber die gewünschte Leistung gemäß § 8 EG Abs. 2a VOL/A möglichst detailliert beschreibt. Eine solche bis ins Detail gehende Leistungsbeschreibung hat aber gerade bei Energiedienstleistungen den großen Nachteil, dass dann nicht mehr die Kompetenz der Anbieter bei der Ermittlung der wirtschaftlich und energetisch besten Versorgungslösung genutzt wird, sondern – ohne Zugriffsmöglichkeit auf das **Erfahrungswissen** der **Anbieter** – alle solche Überlegungen aufwändig im Vorwege vorgenommen werden müssen. Diese Methode ist deshalb ungeeignet, weil es einerseits nicht zu vertretbaren Kosten möglich ist, alle eventuell passenden Realisierungsvarianten in einer Vorplanung so detailliert vorzuprüfen. Außerdem lässt sich schon gar nicht im Vorwege ermitteln, welche Realisierungsmethode die preisgünstigste von denen ist, die alle sonstigen Anforderungen erfüllt. Es ist eine Illusion, dass ein Sachverständiger in der Lage wäre, vor der Durchführung einer sachgerechten Ausschreibung entscheiden zu können, welche von verschiedenen technischen Realisierungsmöglichkeiten die preisgünstigste ist.

---

[821] *Weyand*, Vergaberecht, § 4 VgV, Rn. 93.

[822] Siehe z. B. *Verband Deutscher Ingenieure*, Richtlinie VDI 2884:2005 „Beschaffung, Betrieb und Instandhaltung von Produktionsmitteln unter Anwendung von Life Cycle Costing (LCC)"; *Deutsches Institut für Normung*, DIN EN 60300-3-3:2004 „Anwendungsleitfaden Lebenszykluskosten"; Veröffentlichung der *dena* zur Ermittlung der Lebenszykluskosten von Pumpen, die in haustechnischen Anlagen eingesetzt werden unter www.industrie-energieeffizienz.de.

Diese Probleme stellen sich aber auch gar nicht, wenn der öffentliche Auftraggeber den Weg geht, eine funktionale Ausschreibung im Sinne des § 8 EG Abs. 2 Nr. 2 VOL/A durchzuführen. Dazu muss er – was für sich genommen schon eine anspruchsvolle und für den Erfolg der Ausschreibung ausschlaggebende Aufgabe ist – die **Leistungs-** und **Funktionsanforderungen** so genau fassen, dass sie ein klares Bild vom Auftragsgegenstand vermitteln und dem Auftraggeber die Erteilung des Zuschlages ermöglichen. Der Lösungsweg bleibt den Bietern aber überlassen, so dass deren Kompetenz bei der Ermittlung des wirtschaftlichsten Weges zum Erreichen der geforderten Anforderungen genutzt werden kann[823]. Bei der Erstellung kann auf erprobte Vorlagen für eine solche funktionale Ausschreibung zurückgegriffen werden[824].

e) Angebot

667 Als Bieter in einem Vergabeverfahren muss man sich bewusst sein, dass nach Abgabe eines Angebotes kein Raum mehr für Verhandlungen besteht, wenn es sich nicht ausnahmsweise um ein Verhandlungsverfahren oder einen wettbewerblichen Dialog handelt. Durch Zuschlagserteilung kommt der Vertrag zustande, und zwar mit dem Inhalt, der sich aus den Ausschreibungsunterlagen und dem Angebot des Bieters ergibt. Es ist also ausgeschlossen, nach dem Zuschlag noch mit dem Argument, dass die Ausschreibungsunterlagen unvollständig oder ungenau waren, eine Änderung der Bedingungen durchzusetzen. Daraus folgt die Notwendigkeit, bei Unklarheiten oder unangemessenen Regelungen in den Ausschreibungsunterlagen immer sofort während der laufenden Ausschreibung der vergebenden Stelle diese **Probleme mitzuteilen** und zur Abhilfe aufzufordern („Rüge"). Darauf wird die vergebende Stelle regelmäßig schnell reagieren, weil sie sich sonst in das Risiko begibt, dass die Ausschreibung auf einen Nachprüfungsantrag hin aufgehoben wird.

668 Weiterhin ist zu beachten, dass Fehler oder Abweichungen beim Ausfüllen der Angebotsunterlagen bereits gemäß § 19 EG Abs. 3 VOL/A zum **Ausschluss** aus dem Verfahren führen können, auch wenn ansonsten ein gutes Angebot vorgelegt wurde. Auch aus Sicht des Bieters unnütze oder überflüssige Angaben sind akribisch zu erfüllen, weil der öffentliche Auftraggeber und nicht der Bieter ent-

---

[823] Zu den dabei einzuhaltenden Anforderungen im Einzelnen siehe *Weyand*, § 7 VOL/A, Rn. 350 ff.

[824] *VfW e.V.*, Ausschreibungsleitfaden und Ausschreibungsmuster, www.energiecontracting.de unter „Praxishilfen"; *VfW e.V.*, Praxishilfen Einspar-Contracting, www.einsparcontracting.eu; *Deutsche Energie-Agentur GmbH (dena)*, Leitfaden Energieliefer-Contrating 2010; Leitfaden Energiespar-Contracting 2008.

scheidet, welche Angaben für die Angebotswertung und die Ausführung des Auftrages maßgeblich sind. Allerdings ist der Missstand, dass wegen kleinster Formalfehler Angebote ohne Ansehen ihres wesentlichen Inhalts ausgeschlossen werden mussten, durch die Neufassung des § 19 EG Abs. 2 VOL/A abgemildert. Nunmehr ist es zulässig – und aus Sicht eines Auftraggebers, der den Wettbewerb möglichst intensiv nutzen möchte, auch geboten – **fehlende Erklärungen** und **Nachweise** mit Fristsetzung **nachzufordern**.

f) Zuschlag

669 Der Zuschlag ist gemäß § 97 Abs. 5 GWB und § 21 EG Abs. 1 VOL/A auf das unter Berücksichtigung aller Umstände **wirtschaftlichste Angebot** zu erteilen. Der niedrigste Angebotspreis allein ist nicht entscheidend. Es ist das günstigste Verhältnis zwischen der gewünschten Leistung und dem angebotenen Preis zu wählen, wobei alle auftragsbezogenen Umstände wie technische, funktionsbedingte Gesichtspunkte, Kundendienst und Folgekosten zu beachten sind. Gemäß § 4 Abs. 6 b i.V.m. § 4 Abs. 4 VgV ist der öffentliche Auftraggeber verpflichtet, im Rahmen der Ermittlung des wirtschaftlichsten Angebotes die in der Leistungsbeschreibung abgeforderten Angaben zur **Energieeffizienz** als **Zuschlagskriterium** angemessen zu berücksichtigen.

670 Es ist also **nicht mehr zulässig**, bei der Ausschreibung von Energiedienstleistungen wie Wärmelieferung, aber auch bei der Ausschreibung der Sanierung einer Heizungsanlage, **allein** auf den **Preis** abzustellen. Welches Gewicht bei der Zuschlagsentscheidung die Energieeffizienz hat und wie sie gemessen wird, ist frühzeitig festzulegen, weil bereits in der Bekanntgabe der Ausschreibung und in den Vergabeunterlagen die Zuschlagskriterien zu benennen sind und später auch nicht mehr geändert werden dürfen, damit die Bieter die Chance haben, sich auf die Anforderungen des Auftraggebers möglichst weitgehend einzustellen[825].

g) Aufhebung der Ausschreibung

671 Die Teilnahme an einer Ausschreibung von Energiedienstleistungen ist für die Bieter aufwändig. Sie nehmen diesen Aufwand auf sich, weil sie darauf setzen, einen Auftrag zu erhalten. Wie schon in § 2 EG Abs. 3 VOL/A ausdrücklich geregelt, ist es deshalb **unzulässig**, die **Ausschreibung** nur zur **Markterkundung** zu verwenden. Der Auftraggeber muss die Ausschreibung also sorgfältig vorbereiten und durch die vorher durchzuführende Wirtschaftlichkeitsabschätzung

---

[825] *Weyand*, Vergaberecht, § 97 GWB, Rn. 1160.

sich hinreichend sicher sein, dass die Möglichkeit besteht, Angebote zu erhalten, die günstiger als die Eigenvornahme sind. Hat der Auftraggeber diese Bedingungen beachtet, so kann er unter besonderen, in § 20 EG Abs. 1 VOL/A genannten Umständen dennoch berechtigt sein, die Ausschreibung aufzuheben. Das Vorliegen eines der dort genannten schwerwiegenden Gründe ist die erste Voraussetzung dafür, dass eine Ausschreibung überhaupt aufgehoben werden darf[826].

672 Vergabeverfahren können aufgehoben werden, wenn

a) kein Angebot eingegangen ist, das den Bewerbungsbedingungen entspricht,
b) sich die Grundlagen der Vergabeverfahren wesentlich geändert haben,
c) sie kein wirtschaftliches Ergebnis gehabt haben,
d) andere schwerwiegende Gründe vorliegen.

673 Nach der höchstrichterlichen Rechtsprechung können die genannten Aufhebungsgründe auch nur dann eine Aufhebung rechtfertigen, wenn sie erst nach Beginn der Ausschreibung eingetreten sind und dem Ausschreibenden vor Beginn der Ausschreibung nicht bekannt waren bzw. nicht bekannt sein mussten[827]. Liegt kein beachtlicher Grund vor und wird trotzdem aufgehoben, so kann diese Aufhebung der Ausschreibung erfolgreich vor der Vergabekammer angefochten werden. Die Vergabestelle kann dann zur Fortsetzung des Verfahrens verpflichtet werden. Außerdem kann den Bietern ein Schadensersatzanspruch zustehen.

674 **aa) Unwirtschaftlichkeit.** Die Aufhebung der Ausschreibung kann nicht damit begründet werden, dass die Eigenversorgung billiger wäre. Denn die Entscheidung, ob überhaupt eine Ausschreibung von Energiedienstleistungen in bestimmter Form durchgeführt oder aber die Aufgaben selbst erledigt werden, ist vor dem Beginn der Ausschreibung von Energiedienstleistungen zu treffen, um überhaupt die Ausschreibungsreife herzustellen. Bei der Bewertung der Wirtschaftlichkeit kommt es ausschließlich darauf an, ob die ausgeschriebene Leistung zu wirtschaftlichen Preisen angeboten wurde. Unterlässt die Vergabestelle eine sorgfältige Kalkulation der Eigenregiekosten vor der Ausschreibung, so kann sie sich später nicht auf die Unwirt-

---

[826] OLG Naumburg, Beschl. v. 27.2.2014 – 2 Verg 5/13, Rn. 44, juris = ZfBR 2014, 392.

[827] OLG Naumburg, Beschl. v. 27.2.2014 – 2 Verg 5/13, Rn. 44, juris = ZfBR 2014, 392, unter Verweis auf BGH, Urt. v. 25.11.1992 – VIII ZR 170/91, BGHZ 120, 281; Urt. v. 8.9.1998 – X ZR 48/97 „Neubau Landwirtschaftsministerium", BGHZ 137, 259; Urt. v. 20.11.2012 – X ZR 108/10 „Friedhofserweiterung", VergabeR 2013, 208.

schaftlichkeit der Angebote berufen[828]. Sie muss also den Zuschlag auf das günstigste Angebot erteilen oder macht sich schadensersatzpflichtig, wenn sie das unterlässt.

675 **bb) Änderung der Ausschreibungsgrundlagen.** Eine wesentliche Veränderung der Grundlagen des Vergabeverfahrens im Sinne von § 20 EG Abs. 1 lit. b) VOL/A liegt zwar vor, wenn der Auftraggeber sich endgültig entscheidet, statt des ursprünglich ausgeschriebenen Energieliefer-Contracting-Vertrages nunmehr von Dritten eine neue Heizungsanlage planen und errichten zu lassen sowie den Energieträger einzukaufen, die Finanzierung und den Betrieb der Anlage aber selbst auszuführen. Die Aufhebung der Ausschreibung ist gleichwohl rechtswidrig, wenn dem Auftraggeber die tatsächlichen Grundlagen für diese Entscheidung bereits vor Einleitung des Vergabeverfahrens vorlagen[829].

676 **cc) Abwägungsentscheidung.** § 20 EG VOL/A bestimmt nicht, dass der Auftraggeber die Ausschreibung aufheben muss, wenn eine Aufhebungsgrund vorliegt, sondern dass er dies „kann". Damit handelt es sich bei der von ihm zu treffenden Entscheidung um einen Ermessensentscheidung, bei der er die Interessen der Bieter an einer Auftragserteilung gegen seine Interessen an einer Aufhebung abwägen muss. Zweite Voraussetzung für die Rechtmäßigkeit einer Aufhebung ist neben dem Vorliegen eines Aufhebungsgrundes also, dass diese Abwägung durchgeführt wurde und zu dem Ergebnis geführt hat, dass die Interessen des Auftraggebers an der Aufhebung die Interessen der Anbieter an der Vergabe überwiegen. Die Ermessensentscheidung ist nur begrenzt gerichtlich überprüfbar. Unterbleibt eine solche Abwägung aber vollständig, so ist die Aufhebungsentscheidung in jedem Fall rechtswidrig[830].

677 **dd) Rechtsschutz.** Meint ein Bieter, dass die Aufhebung unzulässig erfolgt ist, muss er unverzüglich eine entsprechende Rüge an die Vergabestelle schicken. Darin muss eine kurze Fristsetzung zur Fortsetzung des Ausschreibungsverfahrens enthalten sein und angedroht werden, bei Nichtfortsetzung ein Vergabenachprüfungsverfahren einzuleiten. Weigert sich die Vergabestelle, das Verfahren fortzusetzen, muss diese Weigerung gegenüber der Vergabestelle gerügt werden. Einen Vergabenachprüfungsantrag auf Fortsetzung des Verfahrens kann der Bieter dann gemäß § 107 Abs. 3 Nr. 4 GWB spätestens 15 Tage nach Eingang der Mitteilung über die Weigerung

---

828 Vergabekammer Schleswig-Holstein v. 24.10.2003 – VK-SH 24/03.
829 OLG Naumburg, Beschl. v. 27.2.2014 – 2 Verg 5/13, ZfBR 2014, 392.
830 OLG Naumburg, Beschl. v. 27.2.2014 – 2 Verg 5/13, Rn. 55, juris = ZfBR 2014, 392.

zur Fehlerbehebung bei der zuständigen Vergabekammer einreichen. Bestätigt sich, dass die Aufhebung rechtswidrig war, verpflichtet die Vergabekammer die Vergabestelle zur Fortsetzung des Verfahrens.

h) Dokumentation

678 Das gesamte Vergabeverfahren ist nach Maßgabe des § 24 EG VOL/A fortlaufend sorgfältig zu dokumentieren, insbesondere die einzelnen Maßnahmen und die Begründungen für die einzelnen Entscheidungen. Eine **unzureichende Dokumentation** kann zur **Aufhebung** der Ausschreibung führen[831].

i) Auftragserteilung

679 Erfolglosen Bietern ist die vorgesehene Nichtberücksichtigung gemäß § 101a GWB spätestens **15 Tage** vor der geplanten Auftragserteilung mitzuteilen, und zwar unter Nennung der Gründe für die Nichtberücksichtigung und des Namens des Bieters, der zum Zuge kommen soll. Wird **vor** Ablauf dieser **Frist** der Auftrag erteilt, so ist der dadurch zustande gekommene Vertrag gemäß § 101b GWB von Anfang an **unwirksam**. Die Wartefrist verkürzt sich auf zehn Tage, wenn die Benachrichtigung per Fax oder Email erfolgt.

j) De-facto-Vergabe

680 Von einer De-facto-Vergabe spricht man, wenn ein öffentlicher Auftraggeber einen Auftrag vergibt, **ohne** vorher ein **ordnungsgemäßes Vergabeverfahren** durchgeführt zu haben. Hier sind die Fälle zu unterscheiden, in denen von Anfang an nur mit einem Anbieter verhandelt wird und die, in denen mehrere Anbieter angesprochen werden und letztendlich einem der Zuschlag erteilt wird. Der Europäische Gerichtshof hat durch Urteil vom 18.7.2007[832] entschieden, dass die Bundesrepublik Deutschland dadurch gegen europäisches Vergaberecht verstieß, dass sie den weiteren Vollzug von Verträgen zugelassen hat, die entgegen den europarechtlichen Pflichten ohne vorherige Ausschreibung zustande gekommen sind. Mit der Novelle des Vergaberechts im Jahre 2009 hat der Gesetzgeber in § 101b GWB die Entscheidung getroffen, dass in allen Fällen der Vergabe ohne Beteiligung anderer Unternehmen der Vertrag unwirksam ist.

681 Ein Energiedienstleister, der davon erfährt, dass ein Auftrag ohne Vergabeverfahren oder ohne ordnungsgemäße Information der unterliegenden Bieter vergeben wurde, kann also noch nachträglich

[831] Vergabekammer Lüneburg, Beschl. v. 23.2.2009 – Vg-K 58/2009; Vergabekammer Sachsen-Anhalt v. 2.3.2011 – 2 VK LSA 39/10.
[832] C-503-04, VergabeR 2007, 597–601.

ein Vergabenachprüfungsverfahren mit dem Ziel einleiten, dass die Unwirksamkeit des bereits abgeschlossenen Vertrages festgestellt wird[833]. Allerdings kann der übergangene Bieter den **Nachprüfungsantrag** gemäß § 101b Abs. 2 GWB nur innerhalb von 30 Tagen seit Kenntnis vom unzulässigen Zuschlag oder seit Veröffentlichung einer Bekanntmachung über die Auftragserteilung im Amtsblatt der EU stellen. Sind seit dem unzulässigen Zuschlag mehr als sechs Monate verstrichen, so ist ein Nachprüfungsantrag in jedem Fall ausgeschlossen, auch wenn der übergangene Bieter von dem Verstoß erst später erfährt[834].

IV. Rechtsschutz

682 Hat der übergangene Bieter Anhaltspunkte dafür, dass er zu Unrecht übergangen wurde, so kann er gemäß § 107 GWB bei der zuständigen Vergabekammer ein **Nachprüfungsverfahren** beantragen. Die Vergabekammern sind keine Gerichte, sondern gemäß § 105 GWB mit einer weitgehenden Unabhängigkeit ausgestattete, zur Exekutive gehörende Entscheidungsgremien.

683 Ein bereits erteilter Zuschlag kann gemäß § 114 Abs. 2 GWB nicht von der Vergabekammer aufgehoben werden. Der Nachprüfungsantrag muss also **vor Zuschlagserteilung** gestellt werden. Da der Zuschlag frühestens nach Ablauf der Informations- und Wartefrist gemäß § 101a GWB gestellt werden kann, steht diese Frist für die Antragsstellung zur Verfügung. Die Vergabekammer stellt den bei ihr eingegangenen Antrag auf Nachprüfung dem Auftraggeber zu. Vor einer Entscheidung der Vergabekammer und Ablauf der zweiwöchigen Beschwerdefrist darf der Auftraggeber den Zuschlag nicht erteilen. Wegen der immer sehr knappen Frist zwischen Mitteilung über die Nichtberücksichtigung und Vertragsschluss muss der übergangene Bewerber **schnell handeln**. Für die Anfertigung und Einreichung des häufig aufwändigen und umfangreichen Antrages bei der Vergabekammer bleiben wegen der für die Zustellung benötigten Zeit häufig nur sehr wenige Tage. Entscheidend ist, dass der sich wehrende übergangene Bewerber die Mängel des Vergabeverfahrens, auf die er sich beruft, im laufenden Verfahren unverzüglich nachweisbar gerügt hat. Dies muss er durch geeignete Mittel im Antrag auf Nachprüfung glaubhaft machen. Der Nachprüfungsantrag ist ansonsten unzulässig (§ 107 Abs. 3 GWB). Die **Rügeobliegenheit** wird von der

---

[833] *Pünder/Schellenberg-Mentzinis*, § 101b GWB, Rn. 27 ff.

[834] OLG Schleswig, Beschl. v. 4.11.2014 – 1 Verg 1/14, Rn. 61, juris = NZBau 2015, 186.

Rechtsprechung sehr streng angewendet und führt in vielen Fällen dazu, dass eine Prüfung in der Sache wegen verspäteter oder nicht scharf genug formulierter Rüge nicht erfolgt[835]. Ein Bieter kann also nicht alle ihm auffallenden Fehler „sammeln" und dann, wenn er die Mitteilung bekommt, den Zuschlag nicht zu erhalten, erstmals im Nachprüfungsantrag vorbringen.

684 Die Frist zur unverzüglichen Rüge kann dazu führen, dass ein Bieter sich lange vor dem Ende der Angebotsfrist entscheiden muss, ob er einen Fehler hinnimmt oder ein Rügeverfahren durchführt: Hat der Bieter unverzüglich gerügt, führte dies aber nicht zur Korrektur des von ihm gerügten Fehlers, so muss er innerhalb von 15 Tagen nach der Mitteilung des Auftraggebers, den Fehler nicht zu korrigieren, den Nachprüfungsantrag stellen. Ein späterer Antrag, z.B. erst dann, wenn er erfährt, den Zuschlag nicht zu erhalten, könnte nicht mehr auf diesen Fehler gestützt werden. Gibt er ein Angebot ab, ohne dass der Fehler korrigiert wurde, so hat der den Fehler hinzunehmen. Wegen der strengen Ausschlusswirkung ist die Frist des § 107 Abs. 3 Nr. 4 GWB als Rechtsbehelfsfrist anzusehen. Auf sie muss deshalb in der Veröffentlichung der **Bekanntmachung hingewiesen** werden. Unterbleibt das, so kann ein Bieter auch noch nach Ablauf der Frist einen Nachprüfungsantrag auf die Fehler stützen, die er gerügt hat, die aber nicht behoben worden sind[836].

685 Gegen die Entscheidung der Vergabekammer kann der übergangene Bieter innerhalb von zwei Wochen **Beschwerde** beim Vergabesenat des zuständigen **Oberlandesgerichts** einreichen (§§ 116, 117 GWB), die aber nicht automatisch zur weiteren Aussetzung des Zuschlags führt (§ 118 GWB). Setzt sich der Bieter durch, sind die festgestellten Fehler zu beheben. Geschieht dies nicht, ist das Vergabeverfahren fortzusetzen und zum Abschluss zu führen.

V. Schadensersatz

686 Hat der öffentliche Auftraggeber gegen eine den Schutz von Unternehmen bezweckende Vorschrift verstoßen und hätte das Unternehmen ohne diesen Verstoß eine **echte Chance** gehabt, den Zuschlag zu erhalten, die aber durch den Rechtsverstoß beeinträchtigt wurde, so kann das Unternehmen gemäß § 126 GWB Schadensersatz für die Kosten der Vorbereitung des Angebotes oder der Teilnahme an einem Vergabeverfahren verlangen. Diese neben dem

[835] *Pünder/Schellenberg-Nowak*, § 107 GWB, Rn. 48 ff.
[836] OLG Celle, Beschl. v. 4.3.2010 – 13 Verg 1/10, VergabeR 2010, 653–660.

allgemeinen Schadensersatzrecht stehende Norm begründet einen eigenständigen, **verschuldensunabhängigen Schadensersatzanspruch**[837], so dass es ausreicht, dass ein objektiver Verstoß gegen eine bieterschützende Norm vorliegt und der Bieter eine „echte Chance“ auf den Zuschlag hatte. Die komplexen Details eines möglichen Schadensersatzanspruchs weisen bei der Ausschreibung von Energiedienstleistungen keine Besonderheiten auf, so dass hier von einer weiteren Erörterung abgesehen und auf die Literatur verwiesen wird[838].

VI. Vergabe von Konzessionen zur Wegenutzung für Wärmenetze

687 Der Betreiber des Nahwärmenetzes nutzt in der Regel öffentliche Straßen und Wege zur Verlegung der Leitungen und schließt zur genauen Regelung und langfristigen Absicherung dieses Benutzungsrechts einen Gestattungsvertag mit der öffentlich-rechtlichen Körperschaft, in deren Eigentum die Straßen und Wege stehen. Das auf der Grundlage eines solchen Vertrages eingeräumte Recht wird auch als **Konzession** bezeichnet. Ausgehend von dem Befund, dass ein öffentlicher Auftraggeber im Sinne des § 98 GWB jede Lieferung von Energie auszuschreiben hat, liegt der Schluss nahe, dass dann die Vergabe der Aufgabe, für einen Teil des Gemeindegebietes oder das gesamte Gemeindegebiet die Versorgung mit Energie zu übernehmen, erst recht dem Vergaberecht unterliegt und der Ausschreibung bedarf. Dies trifft jedoch so nicht zu[839].

688 Mit dem Hinweis darauf, dass es sich bei der Vergabe einer Konzession nicht um einen entgeltlichen Vertrag im Sinne des § 99 Abs. 1 GWB handelt und deshalb auch keine Lieferung vorliegt, hat die Vergabekammer Schleswig-Holstein einen gegen die Vergabe einer Konzession gerichteten Nachprüfungsantrag als unzulässig zurückgewiesen[840]. Es liegt **nicht** die nach § 99 GWB geforderte **Entgeltlichkeit** vor, weil nicht die vergebende Gemeinde, sondern die späteren Abnehmer die Wärme zahlen. In seinem Urteil vom 7.12.2000[841] „Tele-Austria“ hat der Europäische Gerichtshof nach ausführlicher Untersuchung der Entstehungsgeschichte und des Wortlautes der

---

[837] BGH, Beschl. v. 27.11.2007 – X ZR 18/07, Rn 23 f., VergabeR 2008, 219–226.
[838] *Pünder/Schellenberg*, Vergaberecht; *Willenbruch/Wieddekind*, Vergaberecht Kompaktkommentar; *Immenga-Mestmäcker*, Wettbewerbsrecht GWB.
[839] Ausführlich dazu *Ax/Siewert*, ZNER 2010, 553 ff. und *Reidt*, Vergabe- und unionsrechtliche Vorgaben für Fernwärmeleitungen, RdE 2012, 265.
[840] Beschl. v. 9.2.2001 – VK-SH 1/01.
[841] C-324/98.

vergaberechtlichen Richtlinien festgestellt, dass der Gemeinschaftsgesetzgeber beschlossen hat, **Dienstleistungskonzessionen** nicht in den Geltungsbereich der Vergaberichtlinien mit einzubeziehen. Für Dienstleistungskonzessionen im Telekommunikationsbereich ist das nunmehr durch Art. 17 Vergabekoordinierungsrichtlinie[842] ausdrücklich geregelt. Da keine Gesichtspunkte dafür erkennbar sind, dass andere Dienstleistungskonzessionen in den Geltungsbereich einbezogen werden sollten, ist davon auszugehen, dass das aktuelle Kartellvergaberecht dafür nicht gilt.

Bei der Vergabe von Dienstleistungskonzessionen gelten nach ständiger Rechtsprechung des EuGH die sich aus den primärrechtlichen Regelungen insbesondere zu den Grundfreiheiten und zum Diskriminierungsverbot ergebenden allgemeinen Vorgaben. In welcher Weise und in welchem Umfang daraus ein Interessent an dem Zuschlag für eine Dienstleistungskonzession Ansprüche ableiten kann, ist noch weitgehend ungeklärt[843]. Mit Urteil vom 14.11.2013 hat der Europäische Gerichtshof entschieden, dass sich alle von einem Verstoß gegen diese Grundsätze betroffenen Wirtschaftsteilnehmer, auch Inländer, gegen die vergebende Dienststelle vor einem innerstaatlichen Gericht wehren können müssen[844]. Mithin hätte ein Unternehmen, welches ein Nahwärmenetz in einem Ort verlegen möchte, mit dem die zuständige Gemeinde aber keinen Vertrag über die Nutzung der öffentlichen Straßen und Wege abschließt, weil es ohne Ausschreibung mit einem anderen Unternehmen den Vertrag abschließen möchte oder abgeschlossen hat, einen gerichtlich durchsetzbaren Anspruch darauf, dass die Vergabe des Wegenutzungsrechts ausgeschrieben wird.

689 Am 20.12.2011 hat die Europäische Kommission einen Vorschlag für eine Richtlinie zur Vergabe von Konzessionen vorgelegt[845]. Darin ist vorgesehen, die Vergabe von Konzessionen ähnlich wie die Vergabe von Bau- und Lieferleistungen zu regeln, aber ohne Festlegung auf bestimmte Verfahrensarten. Zudem sollen erstmals klare Regeln für den Rechtsschutz der Bieter eingeführt werden, die an solchen Verfahren teilnehmen[846]. Auf dieser Grundlage ist die **Richtlinie 2014/23/EU des Europäischen Parlaments und des Rates vom 26.2.2014 über die Konzessionsvergabe**[847] verabschiedet worden. Sie

[842] Richtlinie 2004/18/EG des Europäischen Parlaments und des Rates vom 31. März 2004 über die Koordinierung der Verfahren zur Vergabe öffentlicher Bauaufträge, Lieferaufträge und Dienstleistungsaufträge.

[843] Ausführlich dazu *Pünder/Schellenberg-Wegener*, § 99 GWB, Rn. 51–56.

[844] C 221/12 – Belgacom.

[845] KOM (2011) 897 endgültig.

[846] Eine kurze Zusammenfassung gibt *Ortlieb*, EWeRK 2012, 30–34.

[847] ABl. L 94/1.

ist gemäß Art. 51 bis zum 18.4.2016 umzusetzen. Die Richtlinie schreibt in Art. 3 die Grundsätze fest, die die Rechtsprechung des EuGH bisher ermittelt hatte. Art. 18 begrenzt die Laufzeit auf maximal den Zeitraum, in dem die Kosten und eine angemessene Rendite für die Investition erwirtschaftet werden können. Nach Art. 30 kann das Verfahren frei gestaltet werden. Art. 31 verlangt eine Konzessionsbekanntmachung, so dass alle Interessierten sich beteiligen können. Es wird also nicht den detailliert gesetzlich durchstrukturierten Ablauf wie bei der Vergabe von Liefer- oder Bauaufträgen geben, sondern ein weniger streng strukturiertes Verfahren.

690 Beschränkt sich die Vergabe einer Konzession für ein Netz nicht auf das Recht zur Netzverlegung, sondern beinhaltet sie auch die Belieferung der Gemeinde mit Wärme aus dem Netz, so ist das Kartellvergaberecht wieder anzuwenden. Denn die entgeltliche Versorgung der Gemeinde ist eine dem Vergaberecht unterliegende Lieferleistung. Die Anwendbarkeit des Kartellvergaberechts kann nicht über den Umweg, dass gleichzeitig eine Konzession eingeräumt wird, ausgeschaltet werden.

G. Insolvenz und Zwangsvollstreckung

691 Bei Abschluss eines Energiedienstleistungsvertrages ist wegen der regelmäßig vereinbarten langen Laufzeiten nicht absehbar, ob beide Vertragsparteien über die gesamte vereinbarte Laufzeit des Vertrages wirtschaftlich so leistungsfähig bleiben, dass sie ihre Verpflichtungen aus dem Vertrag erfüllen können. Um für die damit verbundenen Risiken eine vernünftige vertragliche Absicherung vorsehen zu können, müssen sich beide Vertragsparteien bei Vertragsschluss darüber im Klaren sein, welche Konsequenzen die Insolvenz eines Vertragspartners oder die Durchführung von Zwangsvollstreckungsmaßnahmen gegen einen Vertragspartner für den gesamten Vertrag und für die sich daraus ergebenden Ansprüche des jeweils anderen Vertragspartners hat.

I. Insolvenz einer Vertragspartei

692 Die Eröffnung eines Insolvenzverfahrens setzt nach § 16 InsO voraus, dass ein Eröffnungsgrund vorliegt. **Eröffnungsgrund** kann gemäß § 17 InsO die **Zahlungsunfähigkeit**, gemäß § 18 InsO die drohende Zahlungsunfähigkeit oder gemäß § 19 InsO die Überschuldung sein. Liegt einer dieser Eröffnungsgründe vor, so kann der Schuldner oder der Gläubiger einen **Antrag** auf Eröffnung des Insolvenzverfahrens beim dafür zuständigen Amtsgericht stellen (§ 13 InsO). Das Gericht bestellt dann meist einen vorläufigen Insolvenzverwalter (§ 21 Abs. 2 Ziffer 1 InsO), dessen Befugnisse von Fall zu Fall unterschiedlich weit gehen und vom Gericht mit der Bestellung festgelegt werden (§ 22 InsO). Der Antrag auf Eröffnung des Insolvenzverfahrens wird abgewiesen, wenn die Prüfung der Vermögensverhältnisse des Schuldners ergeben hat, dass das Vermögen nicht ausreichen wird, um die Kosten des Verfahrens zu decken (§ 26 InsO); anderenfalls wird das Verfahren eröffnet und ein **Insolvenzverwalter** bestellt (§ 27 InsO). Durch die Eröffnung des Insolvenzverfahrens geht das Recht des Schuldners, dass zur Insolvenzmasse gehörende Vermögen zu verwalten und über es zu verfügen, auf den Insolvenzverwalter über (§ 80 Abs. 1 InsO). Der Verwalter hat das Vermögen in Besitz zu nehmen (§§ 148 ff. InsO), den Gläubigern über die wirtschaftliche Lage des Schuldners und die Aussichten, das

Unternehmen des Schuldners weiterzuführen, zu berichten (§ 156 InsO) und entsprechend der Beschlusslage der Gläubiger das Vermögen zu verwerten (§ 159 InsO). Die dadurch erwirtschafteten Barmittel sind zur Befriedigung der Gläubiger zu verteilen (§§ 187 ff. InsO). Wenn es eine hinreichende Fortführungsperspektive gibt, so kann ein **Insolvenzplan** (§§ 217 ff. InsO) beschlossen werden, der hinsichtlich der Befriedigung der Gläubiger, der Verteilung der Masse, der Haftung des Schuldners und der Beendigung des Verfahrens von den Vorschriften des Gesetzes abweicht.

An dieser Stelle ist es weder sinnvoll noch möglich, alle Details des Verfahrens zu erörtern. Insofern wird auf die insolvenzrechtliche Literatur verwiesen. Die nachfolgende Betrachtung beschränkt sich auf die für die Praxis der Energiedienstleistungen wichtigsten Gesichtspunkte. Dabei bleiben Aspekte unberücksichtigt, die sich bei den Sonderformen der Eigenverwaltung (§§ 270 ff. InsO) und dem Verbraucherinsolvenzverfahren (§ 304 ff. InsO) ergeben.

1. Schicksal des Energiedienstleistungsvertrages

693 Ist ein gegenseitiger Vertrag zur Zeit der Eröffnung des Insolvenzverfahrens vom Schuldner und vom anderen Teil nicht oder nicht vollständig erfüllt, so besteht er ab Verfahrenseröffnung zwar weiter fort, die Erfüllungsansprüche sind aber wegen § 320 BGB nicht mehr durchsetzbar[848]. Energiedienstleistungsverträge sind gegenseitige Verträge, weil sie auf einen gegenseitigen Leistungsaustausch gerichtet sind. Sie fallen in den Anwendungsbereich des § 103 InsO, wenn sie bei Eröffnung des Verfahrens noch nicht vollständig erfüllt sind[849].

a) Wahlrecht des Insolvenzverwalters

694 Der Insolvenzverwalter kann gemäß § 103 Abs. 1, 2 InsO wählen, ob er den noch nicht vollständig erfüllten Vertrag erfüllt und vom anderen Teil die Erfüllung verlangt oder ob er die Erfüllung ablehnt. Endet die Laufzeit des Energiedienstleistungsvertrages nicht zufällig am Tag der Eröffnung des Insolvenzverfahrens, so wird der Energiedienstleistungsvertrag bei Eröffnung des Verfahrens regelmäßig von beiden Seiten nicht vollständig erfüllt sein, weil die Laufzeit sich über den Zeitpunkt der Verfahrenseröffnung hinaus erstrecken sollte. Es

---

[848] BGH, Urt. v. 25.4.2002 – IX ZR 313/99, NJW 2002, 2783–2786; *FK-InsO/Wegener*, § 103, Rn. 3 m.w.N.; *MüKo-InsO/Kreft*, § 103 InsO, Rn. 13.

[849] *FK-InsO/Wegener*, § 103, Rn. 8; davon geht auch das OLG Brandenburg aus, ohne es ausdrücklich zu erwähnen, Urt. v. 16.4.2008 – 7 U 143/07, NZI 2009, 117.

ist also davon auszugehen, dass der Insolvenzverwalter bei **Energiedienstleistungsverträgen** regelmäßig die **Wahl** zwischen **Erfüllung** und **Ablehnung** der Erfüllung treffen muss.

695 Die Rechte gemäß §§ 103 ff. InsO stehen nur dem mit Eröffnung des Verfahrens bestellten Verwalter und **nicht** dem **vorläufigen Verwalter** zu[850]. Bis zur Eröffnung des Verfahrens ändert sich an dem Bestehen eines Energiedienstleistungsvertrages mit allen gegenseitigen Rechten und Pflichten also nichts. Nur der Vollzug verläuft anders, weil der vorläufige Insolvenzverwalter je nachdem, in welchem Umfang er berechtigt war, eingebunden war. Die Trennung zwischen den Geschehnissen vor und nach Eröffnung des Insolvenzverfahrens ist von erheblicher rechtlicher Bedeutung, die in der Praxis oft verkannt wird. Hat der Energiedienstleister mit dem vorläufigen Insolvenzverwalter eine Regelung zur Weiterbelieferung getroffen, so ergibt sich daraus noch nichts für die Zeit nach Insolvenzeröffnung[851]. Auch wenn der vorläufige Insolvenzverwalter später zum Insolvenzverwalter bestellt wird, ist er an seine Absprachen nicht mehr gebunden[852]. Der Vertragspartner sollte ihn vorsichtshalber genau so behandeln, wie einen „neuen" Insolvenzverwalter, mit dem er in der Phase nach dem Insolvenzantrag noch keine Absprachen getroffen hat.

b) Ausübung des Wahlrechts

696 Der Vertragspartner des Insolvenzschuldners kann den Insolvenzverwalter auffordern zu erklären, ob er die Erfüllung wünscht. Wird die Erklärung nicht unverzüglich abgegeben, kann der Verwalter nicht auf Erfüllung bestehen (§ 103 Abs. 2 InsO). Unverzüglich bedeutet gemäß § 121 Abs. 1 BGB **„ohne schuldhaftes Zögern"**. Was das konkret für den Insolvenzverwalter bedeutet, lässt sich nicht schematisch festlegen. Ihm muss eine den Umständen nach angemessene Frist zugestanden werden, um die für eine sinnvolle Ausübung des Wahlrechts erforderliche Abklärung herbeiführen zu können[853]. Das kann auch ein längerer Zeitraum sein, wenn es wegen der Bedeutung der Forderung nach Ansicht des Insolvenzverwalters angezeigt ist, den Gläubigerausschuss dazu zu hören oder die Klärung der Fortführungschancen abzuwarten[854]. Erklärt sich der Insolvenzverwalter gar nicht, so bedeutet dies weder eine Ablehnung, noch eine

---

[850] *FK-InsO/Wegener*, § 103, Rn. 5–5b.
[851] *FK-InsO/Wegener*, § 103, Rn. 4a unter Verweis auf BGH ZIP 2002, 1625, 1628.
[852] BGH, Urt. v. 8.11.2007 – IX ZR 53/04; *FK-InsO/Wegener*, § 103, Rn. 5a, 5b m.w.N.; *MüKo-InsO/Huber*, § 103 InsO, Rn. 150.
[853] OLG Köln, Urt. v. 2.12.2002 – 15 W 93/02, NZI 2003, 149–150.
[854] *MüKo-InsO/Huber*, § 103 InsO, Rn. 173.

Erfüllungswahl. Es bleibt dabei, dass der Vertragspartner die nicht durchsetzbare Leistungspflicht nicht erfüllen muss[855].

c) Folgen der Ausübung des Wahlrechts

697 Wählt der Insolvenzverwalter die Erfüllung, so werden die ab Verfahrenseröffnung zwar weiter bestehenden, aber wegen § 320 BGB nicht mehr durchsetzbaren Ansprüche wieder durchsetzbar[856]. Der Verwalter hat den Vertrag aus der Insolvenzmasse zu erfüllen (§ 55 Abs. 1 Nr. 2 InsO). Lehnt er die weitere Erfüllung ab, so kann der andere Teil die sich daraus ergebende Forderung wegen Nichterfüllung des Vertrages gemäß § 103 Abs. 2 InsO nur als **Insolvenzgläubiger** geltend machen. In der Praxis bedeutet dies, dass zwar ein Schadensersatzanspruch entstehen kann, dieser aber kaum werthaltig ist, weil er nur wie jede andere nachrangige Insolvenzforderung mit der Quote befriedigt wird.

d) Beschränkung des Wahlrechts auf Teilleistungen

698 Wählt der Verwalter die Erfüllung, so hat er grundsätzlich den gesamten Vertrag zu erfüllen. Damit würden auch die Zahlungsrückstände des Schuldners, die vor der Eröffnung des Insolvenzverfahrens aufgelaufen sind, zu Masseforderungen und wären damit bevorzugt zu befriedigen. Weil der Insolvenzverwalter regelmäßig gezwungen ist, die weitere Erfüllung von Energiebezugsverträgen zu wählen, sofern er den Betrieb des jeweiligen Unternehmens weiterführen möchte, führte diese Rechtslage in der Praxis dazu, dass Forderungen der Energieversorgungsunternehmen für Lieferungen aus der Zeit vor Verfahrenseröffnung oftmals zu Masseforderungen wurden und damit eine als ungerecht empfundene Bevorzugung gegenüber anderen Gläubigern eintrat. Sollte diese vermieden werden, so musste der Konkursverwalter die Erfüllung ablehnen und einen neuen Vertrag abschließen. Bei diesem Neuabschluss ist das Energieversorgungsunternehmen nicht verpflichtet, einen günstigen Preis aus dem Altvertrag erneut anzubieten. Dies erschwerte die Fortführung des Unternehmens[857]. Deshalb ist mit der Insolvenzordnung in § 105 InsO ein Recht des Verwalters eingeführt worden, die **Erfüllungswahl** auf noch **ausstehende Teilleistungen** zu beschränken. Mit dem Teil der Gegenleistung, der dem anderen Teil für bereits vor Eröffnung des Verfahrens erbrachte Leistungen zusteht, ist der

---

[855] *MüKo-InsO/Huber*, § 103 InsO, Rn. 170.

[856] BGH, Urt. v. 25.4.2002 – IX ZR 313/99, NJW 2002, 2783–2786; *FK-InsO/Wegener*, § 103, Rn. 3 m.w.N.

[857] *FK-InsO/Wegener*, § 105, Rn. 1–2 m.w.N.

andere Teil nach § 105 S. 1 InsO nur Insolvenzgläubiger. Wird also über das Vermögen des Kunden das Insolvenzverfahren eröffnet und entscheidet sich der Verwalter für eine weitere Erfüllung des Energiedienstleistungsvertrages, so werden nur die Vergütungsansprüche des Energiedienstleisters für nach Eröffnung des Verfahrens erbrachte Leistungen **Masseforderungen** gemäß § 55 Abs. 1 Nr. 2 InsO.

e) Vertragliche Regelungen für den Fall der Insolvenz

699 Die Regelungen der §§ 103 ff. InsO sind Zentralnormen des Insolvenzrechts und dienen dazu, dem Insolvenzverwalter die Fortführung des Unternehmens zu erleichtern[858]. Der Verwalter soll die Möglichkeit erhalten, den Vertragspartner des insolventen Schuldners an der Erfüllung der Verträge festzuhalten, wenn dies für die Gläubiger sinnvoll ist. Dieses Ziel würde dann nicht erreicht, wenn vertraglich vereinbart werden könnte, dass im Falle der Insolvenz der einen Vertragspartei die andere vom Vertrag Abstand nehmen könnte. Deshalb ist in § 119 InsO bestimmt, dass Vereinbarungen, durch die im Voraus die Anwendung der §§ 103 bis 118 InsO ausgeschlossen wird, unwirksam sind. Die Parteien haben also keinerlei Möglichkeit, bei der Vertragsgestaltung die im Falle einer Insolvenz **dem** Verwalter zustehenden **Rechte** zu **beschränken**. Der Bundesgerichtshof leitet daraus ab, dass Lösungsklauseln in Verträgen über die fortlaufende Lieferung von Waren oder Energie, die an den Insolvenzantrag oder die Insolvenzeröffnung anknüpfen, unwirksam sind[859]. Nach umstrittener Ansicht sind Lösungsklauseln zulässig, die vorsehen, dass bei einer Verschlechterung der Vermögenslage ein Kündigungsrecht besteht[860]. Ein entsprechendes Recht kann wirksam aber nur vor Eröffnung des Insolvenzverfahrens ausgeübt werden. Teilweise werden Überlegungen angestellt, dass bei Energieliefer-Contracting-Verträgen aufgrund des besonderen Interesses des Kunden an der umgehenden Klärung seiner Versorgungssicherheit dennoch Lösungsklauseln zulässig sein müssen, die an die Insolvenz des Lieferanten anknüpfen[861]. Es erscheint in Anbetracht der eindeutigen Rechtsprechung des Bundesgerichtshofes fraglich, ob ein solcher Standpunkt durchsetzbar ist. Um sich davor zu schützen, in der Insolvenz des Kunden weiter Leistungen erbringen zu müssen, die nicht vergütet werden, müssen Lösungsklauseln verwendet werden, die an Tatsachen anknüpfen, die vor dem Zeitpunkt des Antrages auf

---

[858] *FK-InsO/Wegener*, § 103, Rn. 1 m.w.N.
[859] BGH, Urt. v. 15.11.2012 – IX ZR 169/11, Rn. 13, NJW 2013, 1159-1162.
[860] *FK-InsO/Wegener*, § 119, Rn. 3 ff.; *MüKo-InsO/Huber*, § 119 InsO, Rn. 28 ff.
[861] *Faßbender*, S. 85 ff.

Eröffnung des Insolvenzverfahrens für den Energiedienstleister erkennbar sind[862].

2. Insolvenz des Energiedienstleisters

700 Die möglichen Reaktionen des Kunden unterscheiden sich danach, ob schon ein Insolvenzverfahren eröffnet ist oder nicht.

a) Handlungsmöglichkeiten bis zur Eröffnung des Verfahrens

701 Wird der Energiedienstleister zahlungsunfähig, so verursacht dies vor Eröffnung des Insolvenzverfahrens für den Kunden nur dann Probleme, wenn er die Belieferung einstellt. Kommt es zu einer unberechtigten **Einstellung der Versorgung**, z.B. deshalb, weil der Brennstofflieferant dem Energiedienstleister mangels Zahlung seiner Rechnungen die Lieferungen sperrt, so stellt dies eine schuldhafte Verletzung des Vertrages dar. Will der Kunde sich aufgrund einer solchen Pflichtverletzung vom Vertrag lösen, so muss der Kunde gemäß § 314 Abs. 2 BGB eine **Frist zur Abhilfe** setzen und kann den Vertrag nach erfolglosem Ablauf dieser Frist fristlos **kündigen**. Wie lang die Frist zu bemessen ist, hängt von den Umständen des Einzelfalls ab. Handelt es sich um eine für die Funktionsfähigkeit eines Unternehmens unverzichtbare Energielieferung, so dürfte eine Frist von wenigen Stunden ausreichen, wird dagegen die Wärmeversorgung eines Gewerbeobjektes ohne Brauchwarmwassernutzung im Sommer unterbrochen, kann eine nur wenige Tage umfassende Frist unangemessen sein. Ist der Vertrag wirksam gekündigt, so kann sich der Kunde einen neuen Energiedienstleister suchen. Der Insolvenzverwalter, der erst durch einen nach der Kündigung ergehenden Eröffnungsbeschluss bestellt wird, kann nicht mehr das Wahlrecht nach § 103 InsO ausüben.

Kommt es bis zur Eröffnung des Insolvenzverfahrens zu keinen Lieferunterbrechungen und setzt der Verwalter auch nach Eröffnung des Insolvenzverfahrens die Belieferung fort, so hat der Kunde kein akutes Problem. Zahlungen sind an den Insolvenzverwalter zu leisten (§§ 28 Abs. 3, 80, 82 InsO). Wird die Belieferung längere Zeit fortgesetzt, ohne dass sich der Insolvenzverwalter gegenüber dem Kunden erklärt, so kommt eine Erfüllungswahl durch schlüssiges Verhalten in Betracht[863]. Wünscht der Kunde langfristige Klarheit, so sollte er den Verwalter gemäß § 103 Abs. 2 InsO zur Erklärung auffordern.

[862] Zu den Details *Behrens*, RdE 2014, 424.
[863] *FK-InsO/Wegener*, § 103, Rn. 59 m.w.N.

b) Handlungsmöglichkeiten nach Eröffnung des Verfahrens

702 Lehnt der Verwalter die Erfüllung ab, so ist der Kunde gezwungen, sich einen anderen Energiedienstleister zu suchen. Die damit verbundenen **Mehrkosten**, also etwa höhere Preise des neuen Energiedienstleisters oder Kosten für eine Interimsversorgung aus einem mobilen Aggregat, kann der Kunde nur als **Insolvenzforderung** geltend machen.

Wählt der Verwalter die Erfüllung, so ist er verpflichtet, den Kunden bis zum ursprünglich vorgesehenen Ende der Laufzeit ordnungsgemäß zu versorgen. Der Verwalter wird die Erfüllung dann wählen, wenn er eine Möglichkeit sieht, den fortbestehenden Vertrag auf einen anderen Energiedienstleister zu übertragen, der dann, wenn die Vertragskonditionen auskömmlich sind, für die Übernahme des Vertrages einschließlich der Anlagen des Energiedienstleisters mehr zahlen wird, als wenn er nur die Anlagen als Sachwert übernimmt.

703 Problematisch kann die Situation für den Kunden dann werden, wenn der Insolvenzverwalter sich nicht erklärt und ihm auch nicht vorgeworfen werden kann, dass er sich hätte erklären können und müssen. Ist der Kunde ein Wohnungsunternehmen, dessen vermietete Gebäude vom Energiedienstleister mit Wärme versorgt werden, so ist es darauf angewiesen, ohne Unterbrechung mit Wärme versorgt zu werden. In der insolvenzrechtlichen Literatur wird eine **Fortführungspflicht** des Verwalters im eröffneten Verfahren bis zum Berichtstermin und der dort erfolgenden Entscheidung des Gläubigerausschusses über die Fortführung oder Liquidierung angenommen[864]. Sie wird nachvollziehbar damit begründet, dass die das Insolvenzverfahren grundlegend bestimmende Hoheit der Gläubiger über alle verfahrenswesentlichen Entscheidungen völlig ausgehöhlt würde, wenn der Insolvenzverwalter wichtige Verträge schon vor dem Berichtstermin nicht mehr erfüllt, weil dann eine Fortführung des Unternehmens faktisch verhindert wird, da Vertragspartner sich bereits vom Unternehmen gelöst haben werden.

Mithin gibt es nicht nur eine der Praxis entsprechende Erfahrung, dass der Insolvenzverwalter im Regelfall Übergangslösungen zu finden bereit ist, sondern auch eine entsprechende Rechtspflicht. Diese Pflicht besteht gegenüber den Insolvenzgläubigern. Das Wohnungsunternehmen, das vom Energiedienstleister versorgt wird, wäre im Falle der Insolvenz des Energiedienstleisters ein wichtiger Gläubiger, so dass diese Pflicht des Verwalters auch gegenüber dem Wohnungsunternehmen bestünde.

---

[864] *Beck/Depré*, § 18, Rn. 17.

Wie konkret die Übergangslösung aussieht, ob also der Insolvenzverwalter weiter Energie einkauft und liefert, ob er nur dem Wohnungsunternehmen gestattet, die Anlagen des Energiedienstleisters mit eigenem Personal und selbst beschaffter Energie zu betreiben, oder ob er eine andere Lösung findet, ist insolvenzrechtlich nicht vorgegeben.

Weigert sich der Insolvenzverwalter, irgendetwas zu tun und verhindert er zugleich den Zugriff des Wohnungsunternehmens auf die Versorgungsanlagen, so bliebe nur die Möglichkeit, mittels einstweiliger Verfügung unter Berufung auf die dem Wohnungsunternehmen als Gläubiger gegenüber bestehende Pflicht zur Fortführung des Betriebes bis zum Berichtstermin jedenfalls zuzulassen, dass die Anlagen zur Aufrechterhaltung der Versorgung genutzt werden.

3. Insolvenz des Kunden

704 Leistet der Kunde nicht die nach dem Vertrag fälligen Zahlungen, so hat der Energiedienstleister gemäß § 33 Abs. 2 AVBFernwärmeV bzw. § 19 StromGVV das Recht, die Versorgung zwei bzw. vier Wochen nach Mahnung und Androhung der Einstellung einzustellen. Dieses Recht sollte der Energiedienstleister schon deshalb immer einsetzen, wenn Kunden nicht regelmäßig zahlen, um so zu verhindern, dass vom Kunden nicht mehr zu bewältigende Rückstände entstehen. Unabhängig davon gibt es aber auch einen besonderen insolvenzrechtlichen Grund, so vorzugehen. Denn unter noch genauer zu schildernden Umständen ist ein späterer Insolvenzverwalter berechtigt, die Zahlungen vom Energiedienstleister zurück zu fordern, die dieser für seine erbrachten Leistungen erhalten hat. Wenn überhaupt, so können solche Rückforderungsansprüche dann abgewehrt werden, wenn die Leistungen des Energiedienstleisters wie ein Bargeschäft bezahlt worden sind. Lässt der Energiedienstleister dagegen größere Rückstände auflaufen, die später in einer Summe gezahlt werden, so ist die Wahrscheinlichkeit, dass er diese Zahlungen auf die Anfechtung des Insolvenzverwalters hin zurückzahlen muss, wesentlich höher.

705 Wird das Insolvenzverfahren über das Vermögen des Kunden eröffnet, so kann der Energiedienstleister ausgehend von der Rechtsprechung des Bundesgerichtshofes zur entfallenden Durchsetzbarkeit der Erfüllungsansprüche[865] die Lieferung **sofort einstellen** und braucht sie erst dann wieder aufzunehmen, wenn der Verwalter die

[865] BGH, Urt. v. 25.4.2002 – IX ZR 313/99, NJW 2002, 2783–2786; *FK-InsO/Wegener*, § 103, Rn. 3 m.w.N.

weitere Erfüllung des Vertrages gewählt hat[866]. Da die vertraglichen Schutzpflichten aber auch gegenüber dem Insolvenzverwalter bestehen, dürfte eine Einstellung der Versorgung ohne entsprechende Ankündigung jedenfalls dann, wenn sie zu einer Schädigung der Insolvenzmasse führen kann, unzulässig sein. Praktisch empfiehlt es sich deshalb, auf die Mitteilung des Insolvenzgerichts sofort mit einer Androhung der Versorgungseinstellung gegenüber dem Insolvenzverwalter zu reagieren und die Versorgung einzustellen, wenn auf diese Androhung hin keine verbindliche schriftliche Zahlungszusage erfolgt. Die Ankündigung der Versorgungseinstellung sollte mit der **Aufforderung** an den Insolvenzverwalter verbunden werden, zu erklären, ob er die **Erfüllung** wählt. Der Energiedienstleister sollte sich vom Insolvenzverwalter nicht hinhalten lassen. Der Umstand, dass der Insolvenzverwalter bis zur abschließenden Entscheidung, ob er Erfüllung wählt, noch Prüfungszeit benötigt, ist kein Grund dafür, ihn ohne sichere Vergütungsperspektive zu beliefern. Dann bedarf es einer Regelung für die Zeit des Schwebezustandes. Nach Eröffnung des Insolvenzverfahrens sollte deshalb in jedem Fall mit kurzer Frist von wenigen Tagen – die Zweiwochenfrist der AVBFernwärmeV oder die Vierwochenfrist der StromGVV gelten wegen der entfallenden Durchsetzbarkeit der Erfüllungsansprüche nicht – die Versorgung eingestellt werden, wenn keine eindeutige schriftliche Erklärung des Insolvenzverwalters dahingehend erfolgt, dass er die Lieferungen seit Verfahrenseröffnung zu Bedingungen, die in der Vereinbarung mit ihm benannt werden sollten, aus der Masse vergüten wird.

a) Erfüllungswahl

706 Wählt der Insolvenzverwalter die Erfüllung, so sind die Vergütungsansprüche des Energiedienstleisters **Masseschulden** und damit gemäß § 55 Abs. 1 Nr. 2 InsO aus der Masse zu berichtigen. Die Erfüllungswahl kann nicht nur durch ausdrückliche Erklärung, sondern auch **konkludent**, durch schlüssiges Verhalten erfolgen. Verlangt er Erfüllung der vertraglichen Leistungen zur Masse, so ist das eine Erfüllungswahl[867]. Der schlichte Weiterbezug von Energie reicht nicht aus. Das Oberlandesgericht Naumburg[868] hat allerdings entschieden, dass auch durch konkludentes Handeln die Erfüllungswahl erfolgen kann, wenn der Insolvenzverwalter durch sein gesamtes Verhalten zum Ausdruck gebracht hat, die Erfüllung zu wünschen. Neben dem monatelangen Weiterbezug von Energie und deren

[866] Ausführlich und sehr instruktiv dazu *Brickwedde,* RdE 2012, 321.
[867] *FK-InsO/Wegener,* § 103, Rn. 59.
[868] Urt. v. 4.2.2004 – 5 U 129/03, RdE 2004, 194.

Bezahlung kam als ausschlaggebender Aspekt hinzu, dass über eine Weiterführung des Vertrages bei einer beabsichtigten Sanierung gesprochen worden war, auch wenn diese dann nicht vereinbart wurde. Dies hätte aus der Sichtweise des Energielieferanten aber hinreichend Anlass für die Annahme gegeben, dass eine Erfüllungswahl vorliegt. Diese Entscheidung wird in der Literatur weitgehend abgelehnt[869]. Es ist dem Energiedienstleister deshalb dringend anzuraten, sich auf keinerlei Verhalten des Insolvenzverwalters zu verlassen, das nicht eine schriftliche Erklärung ist. Ohne beweisbare Anforderung der Leistung durch den Insolvenzverwalter oder ausdrückliche schriftliche Erfüllungswahl geht der Energiedienstleister immer das Risiko ein, später wegen Ablehnung der Erfüllung auch hinsichtlich seiner nach Verfahrenseröffnung geleisteten Lieferung nur eine wertlose Insolvenzforderung zu erwerben.

Der Insolvenzverwalter hat nur insoweit die Möglichkeit, eine eingeschränkte Erfüllung zu wählen, als es die Zeit vor Eröffnung des Insolvenzverfahrens betrifft. § 105 InsO erlaubt ihm, die Erfüllungswahl auf die Zeit ab Eröffnung zu beschränken. Verlangt der Insolvenzverwalter aber Erfüllung des Vertrages zu veränderten Bedingungen, also z.B. ohne Bindung an die vertraglich vereinbarte Laufzeit oder die vereinbarten Preise, so liegt darin eine Ablehnung der Erfüllung[870]. Auf eine solche Aufforderung hin sollte also auch nicht die Lieferung wieder aufgenommen werden.

b) Ablehnung der Erfüllung

707 Lehnt der Insolvenzverwalter die weitere Erfüllung des Vertrages ab, so ist der Energiedienstleister **nicht verpflichtet**, eine **Interimsversorgung** für den Zeitraum zur Verfügung zu stellen, für den der Verwalter noch auf die Belieferung angewiesen ist. Der Verwalter kann dem Energiedienstleister aber anbieten, einen neuen Vertrag mit ihm abzuschließen, der nur eine kurze Laufzeit hat. In einer solchen Situation kann vom Energiedienstleister nicht verlangt werden, dass er die Versorgung zu den für langfristige Verträge kalkulierten Preisen anbietet, weil eine Amortisation seiner Investition in der kurzen Laufzeit regelmäßig nicht möglich ist. Er kann deshalb einen deutlich höheren Preis für die Interimsversorgung verlangen[871]. Die Höhe ist unter Berücksichtigung aller Umstände des Einzelfalles zu bestimmen.

708 Lehnt der Insolvenzverwalter die weitere Erfüllung ab, so steht dem Energiedienstleister ein **Schadensersatzanspruch** wegen entgan-

---

[869] *FK-InsO/Wegener*, § 103, Rn. 59.
[870] BGH, Urt. v. 11.2.1988 – IX ZR 36/87, NJW 1988, 1790–1792.
[871] *FK-InsO/Wegener*, § 105, Rn. 1.

genen Gewinns und vergeblicher Aufwendungen zu, dessen dogmatische Begründung, nicht aber dessen Bestehen umstritten ist[872]. Dieser Anspruch ist als **Insolvenzforderung** geltend zu machen, also gerade keine Masseverbindlichkeit. Der Energiedienstleister kann einen **Aussonderungsanspruch** gemäß § 47 InsO hinsichtlich der in seinem Eigentum stehenden Anlage geltend machen, der darauf gerichtet ist, die Anlage an ihn herauszugeben. Sofern der Insolvenzverwalter ein Interesse daran hat, die Anlage für die Insolvenzmasse zu erwerben, um selbst mit ihrer Hilfe die Versorgung des Gebäudes zu bewerkstelligen, steht es dem Energiedienstleister frei, die Anlage an den Insolvenzverwalter zu verkaufen und zu übereignen. Die Kaufpreisforderung ist eine Masseverbindlichkeit.

c) Anfechtung erhaltener Zahlungen

709 Eine für Laien kaum verständliche Rechtslage herrscht hinsichtlich der Zahlungen, die der Energiedienstleister vor Antragstellung oder Eröffnung des Insolvenzverfahrens erhalten hat. Zahlungen auf rückständige Energiekosten sind in vielen Fällen nach §§ 129 ff. InsO durch den späteren Insolvenzverwalter anfechtbar mit der Folge, dass sie an den Insolvenzverwalter zurückgewährt werden müssen. Das führt zu vollständig unbilligen Situationen: Der Energiedienstleister ist bis zur Eröffnung des Insolvenzverfahrens verpflichtet, seine vertraglichen Lieferpflichten zu erfüllen, wenn er dafür eine Gegenleistung erhält. Ist der kurz vor der Insolvenz stehende Kunde bereit und in der Lage, Energielieferungen zu zahlen, kann der Energiedienstleister sie nicht zurückhalten, wenn er sich nicht schadensersatzpflichtig machen will. Gleiches gilt, wenn nach Antragstellung ein vorläufiger Insolvenzverwalter den Bezug und die Bezahlung von Energiedienstleistungen gestattet. Gleichzeitig folgt aber aus der Rechtsprechung zur Insolvenzanfechtung, dass der Energiedienstleister mit an Sicherheit grenzender Wahrscheinlichkeit die **erhaltenen Zahlungen für erbrachte Energielieferungen** später an den Insolvenzverwalter **zurückzahlen** muss, wenn dieser sich zur Anfechtung entscheidet. Das bedeutet zugespitzt formuliert, dass Energielieferanten von der Rechtsprechung als verpflichtet angesehen werden, die Insolvenzmasse zum eigenen Schaden und zum Nutzen der übrigen Insolvenzgläubiger zu subventionieren. Irgendeine Berechtigung für eine solche Benachteiligung eines Insolvenzgläubigers gegenüber anderen ist nicht ersichtlich. Energiedienstleister müssen deshalb versuchen, rechtzeitig eine solche Situation zu erkennen und unter Nutzung der rechtlichen Möglichkeiten ihre Leistungen einstellen

[872] *FK-InsO/Wegener*, § 103, Rn. 2.

und gegebenenfalls den Vertrag beenden. Diese Situationsbeschreibung hat folgenden Hintergrund:

Die Insolvenzordnung enthält in den §§ 129 bis 147 ausführliche Regelungen zur Anfechtung von Rechtshandlungen, die vor der Insolvenz vorgenommen worden sind und die Insolvenzmasse unberechtigt schmälern. Solche Rechtshandlungen kann der Insolvenzverwalter anfechten. Keiner weiteren Diskussion bedürfen Fälle, in denen Zahlungen ohne Gegenleistung geflossen sind oder ähnliche Fälle (§§ 131, 134 InsO). Die §§ 130 und 133 InsO erlauben es aber auch, Zahlungen zurück zu fordern, die für vertragsgemäß erbrachte Leistungen in der vertraglich festgelegten Höhe geleistet worden sind.

710 Nach § 130 Abs. 1 Nr. 1 InsO muss ein Energiedienstleister, der innerhalb von drei Monaten vor dem Eröffnungsantrag auf seine offenen Rechnungen oder Abschlagsforderungen **berechtigte Zahlungen** erhalten hat, im Falle der späteren Anfechtung dieser Zahlungen durch den Insolvenzverwalter das erhaltene Geld an den Insolvenzverwalter **zurückzahlen**, wenn er bei Erhalt der Zahlung die Zahlungsunfähigkeit des Kunden kannte. Gleiches gilt nach § 130 Abs. 1 Nr. 2 InsO, wenn der Energiedienstleister zwischen Eröffnungsantrag und Eröffnung des Verfahrens Zahlungen in Kenntnis von Zahlungsunfähigkeit und Eröffnungsantrag erhielt. Kenntnis im Sinne des § 130 InsO liegt vor, wenn der Energiedienstleister aus den ihm bekannten Tatsachen und dem Verhalten des Schuldners bei natürlicher Betrachtungsweise selbst zu dem zutreffenden Schluss kommt, dass der Kunde wesentliche Teile seiner ernsthaft eingeforderten Verbindlichkeiten im Zeitraum der nächsten drei Wochen nicht wird tilgen können. Eine genaue Kenntnis der rechtlichen Zusammenhänge oder gar der Anfechtbarkeit als Rechtsfolge wird nicht vorausgesetzt[873].

711 § 130 Abs. 2 InsO setzt der Kenntnis der Zahlungsunfähigkeit oder des Eröffnungsantrages die Kenntnis von Umständen gleich, die zwingend auf die Zahlungsunfähigkeit oder den Eröffnungsantrag schließen lassen. Die Zahlungsunfähigkeit kann schon gegenüber nur einem einzigen Gläubiger zum Ausdruck kommen, und zwar dann, wenn der (Groß-)Gläubiger vor oder bei dem Empfang der angefochtenen Leistung seine unstreitigen Ansprüche vergeblich eingefordert hat sowie weiß, dass diese verhältnismäßig hoch sind, und wenn der Gläubiger keine greifbare Grundlage für eine Erwartung sieht, dass der Schuldner genügend flüssige Geldmittel erhalten wird, um die Forderung spätestens drei Wochen nach Fälligkeit

---

[873] *MüKo-InsO/Kayser*, § 130 InsO, Rn. 33.

erfüllen zu können[874]. Der Energiedienstleister muss also nicht die gesamte finanzielle Lage des Kunden kennen, um sich Kenntnis entgegenhalten lassen zu müssen. Es reicht, wenn er weiß, dass er ein wichtiger Gläubiger ist und trotzdem nicht zeitnah bezahlt wird. Vor diesem Hintergrund ist es unwahrscheinlich, dass der Energiedienstleister sich entsprechend älterer Urteile darauf berufen kann, trotz mehrfacher Zahlungen erst nach Einstellungsandrohung noch keine Kenntnis von der Zahlungsunfähigkeit gehabt zu haben[875].

712 Nach § 133 Abs. 1 InsO ist eine Zahlung anfechtbar, die der Schuldner in den letzten zehn Jahren vor dem Antrag auf Eröffnung des Insolvenzverfahrens oder nach dem Antrag mit dem **Vorsatz** vorgenommen hat, seine Gläubiger zu **schädigen**, wenn der andere Teil zur Zeit der Handlung den Vorsatz des Schuldners kannte. Der Laie mag nach diesem Wortlaut an Fälle denken, in denen der Energiedienstleister vom zahlungsunfähigen Kunden über seine Zahlungsunfähigkeit und die Absicht informiert wird, dem Energiedienstleister durch die volle Bezahlung seiner Forderungen einen Gefallen zu Lasten der anderen Gläubiger zu tun. Dann hätte § 133 InsO geringe praktische Bedeutung. Die Interpretation der Tatbestandsmerkmale durch die Rechtsprechung führt aber zu einer **extremen Ausdehnung der Anwendung** dieser Vorschrift auf sehr viele Fälle, in denen es in den letzten zehn Jahren vor dem Insolvenzantrag zu größeren Zahlungsstockungen kam, ohne dass der Zahlungsempfänger auch nur die spätere Insolvenz voraussehen konnte. Dies ergibt sich wie folgt:

Der Bundesgerichtshof geht davon aus, dass ein Schuldner, der seine Zahlungsunfähigkeit kennt, in der Regel mit dem nach § 133 Abs. 1 InsO erforderlichen Benachteiligungsvorsatz handelt[876]. Der Kunde, der die wirtschaftlichen Realitäten verdrängt und es nach außen hin schafft, über längere Zeit sein Unternehmen am Laufen zu halten, handelt also bereits vorsätzlich im Sinne der Rechtsprechung. Die für eine Anfechtung weiter erforderliche Kenntnis des Energiedienstleisters von dem Schädigungsvorsatz ist nach der Rechtsprechung des Bundesgerichtshofes in der Regel schon dann anzunehmen, wenn die Verbindlichkeiten des Kunden bei dem Energiedienstleister über einen längeren Zeitraum hinweg ständig in beträchtlichem Umfang nicht ausgeglichen wurden und diesem den Umständen nach bewusst ist, dass es noch weitere Gläubiger mit ungedeckten Ansprüchen gibt. Dafür reicht es, dass Lastschriften zurückgegeben wurden[877].

---

[874] *MüKo-InsO/Kayser*, § 130 InsO, Rn. 35.
[875] LG Frankfurt a. M., Urt. v. 10.7.2006 – 14 O 426/05, RdE 2007, 62–63.
[876] BGH, Urt. v. 12.2.2015, IX ZR 180/12, Rn. 16 m.w.N.
[877] BGH, Urt. v. 12.2.2015, IX ZR 180/12, Rn. 29 m.w.N.

713 Verhält es sich also so, dass der Energiedienstleister von Zahlungsschwierigkeiten des Kunden Kenntnis erhält und daraufhin nur noch gegen Vorauszahlung leistet, so kann der Insolvenzverwalter später diese Zahlungen zurückfordern. Der Energiedienstleister müsste also dann, wenn er solche Umstände erfährt, die weitere Lieferung verweigern, und zwar mit dem Grund, dass ihm die Leistung unzumutbar ist, weil er später die berechtigte Vergütung wieder zurückzahlen muss und damit unentgeltlich leisten muss. Wenn der Energiedienstleister mit diesen Argumenten nicht weiter liefert und der Kunde deshalb wegen fehlender Energielieferungen seinen Betrieb einstellen muss, läuft der Energiedienstleister Gefahr, schadensersatzpflichtig zu werden, weil die Nichterfüllung seiner Lieferpflicht den Untergang des Kundenunternehmens erst ausgelöst hat. Diese Überlegungen zeigen, dass die extrem weite Auslegung des § 133 Abs. 1 InsO durch die Rechtsprechung **unangemessen** ist. Das hilft dem Energiedienstleister in der Praxis aber nicht und macht deutlich, dass der Energiedienstleister sehr genau prüfen sollte, welche Möglichkeiten es zur Sicherung seiner Ansprüche und Vermeidung weiterer Ausgaben, für die er keine Vergütung erhält, gibt.

714 Als Lösung für das Problem, Zahlungen trotz kongruenter Deckung zurückerstatten zu müssen, wird vorgeschlagen, die Leistungen als **Bargeschäft** im Sinne des § 142 InsO abzuwickeln. Ein Bargeschäft liegt vor, wenn ein unmittelbarer zeitlicher Zusammenhang zwischen Erhalt der Leistung und Erhalt der Zahlung besteht, also dann, wenn die Versorgungsleistungen nur noch nach vorheriger Zahlung von Vorauszahlungen erbracht oder aber sofort nach Erhalt bezahlt werden. Die Zahlung von Rückständen, die älter als ein oder zwei Wochen sind, fällt dagegen nicht mehr unter diese Regelung. Die Grenze ist hier nicht scharf gezogen, sondern wird von den Gerichten im Einzelfall festgelegt[878]. Wie schon der Wortlaut des § 142 InsO besagt, hilft dieses Vorgehen aber auch nicht vollständig, weil § 142 InsO bestimmt, dass die Leistung des Schuldners nur anfechtbar ist, wenn die Voraussetzungen des § 133 Abs. 1 InsO vorliegen. Die oben geschilderten unzumutbaren Anforderungen aus der Rechtsprechung zu § 133 Abs. 1 InsO lassen sich durch ein Bargeschäft also auch nicht vermeiden. Dennoch sollte bei Zahlungsstockungen des Kunden frühzeitig auf eine Abwicklung wie ein Bargeschäft, also über Vorauszahlungen übergegangen werden, weil im Rahmen der Wertung, die ein Gericht bei der Anwendung des § 133

---

[878] *FK-InsO/Dauernheim*, § 142, Rn. 5 ff., *MüKo-InsO/Kirchhof*, § 142 InsO, Rn. 15.

Abs. 1 InsO vornehmen muss, die Wertungen, dies sich aus § 142 InsO ergeben, zu berücksichtigen sind[879].

715 Die Konsequenz aus diesen Regelungen für den Energiedienstleister sollte – was sicherlich verwundert – die sein, sich nicht zu gründlich nach der Finanzlage seines nicht mehr regelmäßig zahlenden Kunden zu erkundigen. Vielmehr sollte er auf Zahlungsverzögerungen so schnell, wie es unter Einhaltung der AVBFernwärmeV bzw. der StromGVV möglich ist, mit der Einstellung der Versorgung reagieren und in jedem Fall auf Vorauszahlungen übergehen. Der Gesetzgeber hat mittlerweile erkannt, dass die Rechtslage im Zusammenhang mit der Anfechtung von Rechtsgeschäften mit kongruenter Deckung unangemessen ist. Das Bundesjustizministerium hat am 16.3.2015 den Entwurf für ein „Gesetz zur Verbesserung der Rechtssicherheit bei Anfechtungen nach der Insolvenzordnung und nach dem Anfechtungsgesetz“[880] vorgelegt. Darin soll u.a. geregelt werden, dass keine Vorsatzanfechtung droht, wenn dem Schuldner mit wertäquivalenten Bargeschäften die Fortführung seines Unternehmens ermöglicht werden soll.

II. Zwangsvollstreckung

716 Während das Insolvenzverfahren alle gegen einen bestimmten Schuldner gerichteten Ansprüche erfasst, ist die Zwangsvollstreckung darauf gerichtet, einen einzelnen materiellen, z.B. aus einem Energiedienstleistungsvertrag resultierenden Anspruch **mit staatlichem Zwang** gegen einen Schuldner **durchzusetzen**. Verfahrensziel ist die Befriedigung einer Geldforderung, die Herausgabe einer Sache, die Erwirkung einer Handlung oder Unterlassung[881]. Dementsprechend unterscheidet die Zivilprozessordnung zwischen der Zwangsvollstreckung wegen Geldforderungen (§§ 803 bis 882a ZPO) und der Zwangsvollstreckung zur Erwirkung der Herausgabe von Sachen und zur Erwirkung von Handlungen oder Unterlassungen (§§ 883 bis 898 ZPO). Bei der Zwangsvollstreckung wegen Geldforderungen wird u.a. unterschieden zwischen der Zwangsvollstreckung in das bewegliche Vermögen, also in körperliche Sachen, Forderungen und andere Vermögensrechte (§§ 803 bis 863 ZPO), und der Zwangsvollstreckung in das unbewegliche Vermögen (§§ 864 bis

---

[879] *Brickwedde*, RdE 2012, 321, 325.

[880] http://www.bmjv.de/SharedDocs/Downloads/DE/pdfs/Gesetze/RefE_Reform_Insolvenzanfechtung.pdf?__blob=publicationFile.

[881] *Zöller-Vollkommer/Stöber*, vor § 704 ZPO, Rn. 1; *MüKo-ZPO/Gruber*, § 803 ZPO, Rn. 72.

871 ZPO), wobei gemäß § 869 ZPO der praktisch wichtige Bereich der Zwangsverwaltung und Zwangsversteigerung von Grundstücken in einem besonderen Gesetz, dem Gesetz über die Zwangsversteigerung und die Zwangsverwaltung (ZVG)[882] geregelt ist.

717 Im Zusammenhang mit einem Energiedienstleistungsprojekt können alle genannten Verfahrensziele vorkommen: Ein Energiedienstleister betreibt beispielsweise die Zwangsvollstreckung, um einen ausgeurteilten Zahlungsanspruch oder einen Anspruch auf Herausgabe seiner Energieerzeugungsanlage durchzusetzen. Der Kunde eines Energiedienstleisters kann bei einer unberechtigten Einstellung der Versorgung gezwungen sein, die von ihm erwirkte einstweilige Verfügung, die den Energiedienstleister zur Aufnahme der Versorgung verpflichtet, zwangsweise durchzusetzen. Solche Zwangsvollstreckungsmaßnahmen werfen aber keine für Energiedienstleistungen spezifischen Rechtsfragen auf. Die Zwangsvollstreckung wegen einer Geldforderung hat in der Praxis zudem eine nur relativ geringe Bedeutung, weil dem Energiedienstleister als Mittel zur Durchsetzung seiner Zahlungsforderungen die **Einstellung der Versorgung** (§ 33 Abs. 2 AVBFernwärmeV/§ 19 StromGVV) zur Verfügung steht, die wesentlich effektiver und kostengünstiger als die gerichtliche Durchsetzung ausstehender Zahlungen ist. Die Erörterung soll sich deshalb an dieser Stelle auf Fallkonstellationen beschränken, die aufgrund der Besonderheiten von Energiedienstleistungsprojekten spezielle rechtliche Probleme verursachen können.

1. Vollstreckung in die Anlage des Energiedienstleisters

718 Bei vielen dezentralen Energiedienstleistungsprojekten verbleibt die Anlage des Energiedienstleisters in seinem Eigentum. Hauptgrund dafür ist, dass sie als Sicherheit dient, da der Kunde regelmäßig keine hohen Einmalzahlungen bei Vertragsbeginn zur Finanzierung der Anlage leistet, sondern diese über die Vertragslaufzeit durch die Grundpreiszahlungen amortisiert wird. Wird gegen den Energiedienstleister von einem Dritten die Zwangsvollstreckung betrieben, so stellen seine Energieanlagen Wertgegenstände dar, die als Vollstreckungsobjekt von Interesse sein können. Für den Kunden stellt sich deshalb die Frage, ob daraus für ihn erhebliche Nachteile erwachsen können. Eine genauere Betrachtung einer möglichen Zwangsvollstre-

[882] Gesetz über die Zwangsversteigerung und die Zwangsverwaltung in der im Bundesgesetzblatt Teil III, Gliederungsnummer 310-14, veröffentlichten bereinigten Fassung, zuletzt geändert durch Art. 6 des Gesetzes vom 7.12.2011, BGBl. I S. 2582.

ckung in die Anlage zeigt, dass die Risiken für den Kunden überschaubar sind.

Erhält der Gerichtsvollzieher von einem Gläubiger des Energiedienstleisters den Auftrag, in die Anlage im Kundengebäude zu vollstrecken, so hat er vor Durchführung der Pfändung die Verwertbarkeit der vorhandenen pfändbaren Sachen zu überprüfen. Eine **zwecklose Pfändung** ist **unzulässig**. Sie liegt gemäß § 803 Abs. 2 ZPO vor, wenn der voraussichtliche Verwertungserlös nicht ausreicht, um mehr als die Pfändungs- und Verwertungskosten zu decken[883]. Ergibt sich also, dass der vermutliche Erlös aus der Versteigerung der Anlage nicht die Pfändungskosten und die erforderlichen Ausbau-, Transport- und Lagerkosten decken wird, ist die Pfändung schon deshalb ausgeschlossen. Da es keinen funktionierenden Markt für Gebrauchtheizungsanlagen und BHKW gibt und der Ausbau einer gebrauchten Anlage nicht unerheblichen Aufwand verursacht, wird der Gerichtsvollzieher bei Kenntnis dieser Umstände im konkreten Einzelfall hier schon zu dem Ergebnis gelangen können, dass die Pfändung unzulässig ist. Dies entspräche auch den Anforderungen der Geschäftsanweisung für Gerichtsvollzieher (GVGA)[884]. Gemäß § 81 Abs. 2 GVGA darf der Gerichtsvollzieher solche Sachen, deren Aufbewahrung, Unterhaltung oder Fortschaffung unverhältnismäßig hohe Kosten verursachen oder deren Versteigerung nur mit großem Verlust oder mit großen Schwierigkeiten möglich sein würde, nur pfänden, wenn keine anderen Pfandstücke in ausreichendem Maße vorhanden sind. Der Kunde des Energiedienstleisters hätte den Gerichtsvollzieher auf diese Umstände hinzuweisen, um so einer Pfändung entgegenzuwirken. **719**

Entscheidet sich der Gerichtsvollzieher, trotzdem die Pfändung durchzuführen, so hat er folgendes zu beachten: **720**

Da die Energieerzeugungsanlage sich in den vom Energiedienstleister gemieteten Räumen und damit in seinem Gewahrsam befindet, hat die Pfändung zwar gemäß § 808 Abs. 1 grundsätzlich dadurch zu erfolgen, dass der Gerichtsvollzieher die Anlage in Besitz nimmt. Eine Energieerzeugungsanlage ist aber – anders als Geld, Kostbarkeiten und Wertpapiere – gemäß § 808 Abs. 2 ZPO im Gewahrsam des Schuldners, hier also des Energiedienstleisters, zu belassen, wenn dadurch nicht die Befriedigung des Gläubigers gefährdet wird. Die **Pfändung** ist durch Anlegung von **Siegeln** ersichtlich zu machen. Eine Gefährdung der Gläubigerinteressen ist dann anzunehmen,

---

[883] *Zöller-Stöber*, § 803 ZPO, Rn. 9.

[884] In der seit dem 1.9.2013 bundeseinheitlich geltenden Fassung; veröffentlicht in den jeweiligen Justizverwaltungs-, Amts-, Ministerialblättern oder anderen amtlichen Veröffentlichungen der Länder, für NRW siehe http://www.datenbanken.justiz.nrw.de.

wenn der Gerichtsvollzieher annehmen muss, dass eine Beiseiteschaffung durch den Schuldner oder Dritte zu befürchten ist[885]. Das ist hier zu verneinen, weil der Kunde des Energiedienstleisters einen Anspruch auf Weiterbelieferung gegen den Energiedienstleister hat und dann, wenn der Energiedienstleister tatsächlich versuchen sollte, die Energieerzeugungsanlage auszubauen, dies ggf. mittels einer einstweiligen Verfügung verhindern könnte. Der Gerichtsvollzieher ist auf diesen Umstand hinzuweisen. Legt der Kunde des Energiedienstleisters dem Gerichtsvollzieher die Situation dar, so wird der Gerichtsvollzieher wahrscheinlich von einer Entfernung der Anlage absehen und dem Gläubiger raten, die Pfändung der Zahlungsansprüche des Energiedienstleisters gegen den Kunden (vgl. §§ 828 ff. ZPO) zu betreiben.

721 Es stellt zudem eine schwerwiegende Gefährdung der Vertragserfüllung dar, wenn der Energiedienstleister es durch Nichterfüllung seiner Zahlungspflichten zulässt, dass in seine Energieerzeugungsanlage vollstreckt wird. Der Kunde könnte den Energiedienstleistungsvertrag fristlos kündigen, wenn er von einer bevorstehenden Pfändung erfährt, dem Energiedienstleister gemäß § 314 Abs. 2 BGB eine Frist zur Abwendung der Vollstreckung setzt und der Energiedienstleister die Vollstreckung trotzdem nicht abwenden würde. In der Praxis wird es sich meistens so verhalten, dass der Energiedienstleister die vollstreckte Forderung sofort begleichen wird, wenn ein Dritter in seine Anlage vollstreckt, weil er sonst den Energiedienstleistungsvertrag gefährdet, der ihm langfristige Erträge sichert.

722 Die Vollstreckung in die vom Energiedienstleister errichtete Anlage wird in der Praxis auch aus einem anderen Grund kaum vorkommen: Wird die Anlage über eine Leasing-Lösung finanziert, so gehört sie während der Vertragslaufzeit dem Leasinggeber. Der Leasinggeber kann gegen eine Vollstreckung gemäß § 771 ZPO mit der Drittwiderspruchsklage vorgehen und effektiv sein Eigentum geltend machen. Die Vollstreckung des Dritten in die Anlage scheitert. Sie bleibt im Gebäude des Kunden und versorgt dieses weiterhin.

2. Zwangsversteigerung des Kundengrundstücks

723 Ein Energiedienstleister investiert regelmäßig in eine Energieerzeugungsanlage oder jedenfalls in Energieversorgungsleitungen mit Nebenanlagen, die auf dem Kundengrundstück aufgestellt bzw. verlegt werden. Wechselt der Grundstückseigentümer, so ist der Energiedienstleister darauf angewiesen, dass der Erwerber des Grund-

[885] *Zöller-Stöber*, § 808 ZPO, Rn. 17.

stücks in den Energiedienstleistungsvertrag eintritt, damit dieser über die vereinbarte Laufzeit erfüllt wird. Um dies abzusichern, sieht § 32 Abs. 4 AVBFernwärmeV und daran angelehnt nahezu jeder Energiedienstleistungsvertrag vor, dass der Kunde bei Veräußerung des Grundstücks verpflichtet ist, dem Erwerber den Eintritt in den Vertrag aufzuerlegen. Tritt der **Eigentumswechsel** aber nicht freiwillig durch Veräußerung ein, sondern zwangsweise als Ergebnis eines Zwangsversteigerungsverfahrens, so hat der bisherige Eigentümer und Kunde **keine Möglichkeit**, dem Erwerber den **Eintritt** in den Vertrag aufzuerlegen. Vor diesem Hintergrund ist zu klären, wie sich die Rechtsposition des Energiedienstleisters schon durch Vorkehrungen im Vertrag verbessern lässt.

724 Für den Zeitraum während der Zwangsverwaltung des Grundstücks sind die Kosten für Energie und Wasser, die aufgrund der vom Zwangsverwalter geschlossenen oder fortgesetzten Lieferungsverträgen entstehen, gemäß § 155 ZVG vorweg zu bestreiten. Zu diesem Zweck hat der Zwangsverwalter Rücklagen zu bilden sowie sich vor der Auskehr des bei der Versteigerung erzielten Überschusses bei dem Versorgungsunternehmen nach eventuellen Ausständen zu erkundigen. Unterlässt er dies, folgt eine Eigenhaftung des Zwangsverwalters nach § 154 ZVG. Der Energiedienstleister kann in einem solchen Fall unmittelbar vom Zwangsverwalter die ausstehenden Beträge einfordern[886].

a) Kein Eintritt des Erstehers in den Energiedienstleistungsvertrag

725 Das Zwangsversteigerungsverfahren dient dazu, durch die Versteigerung des Grundstücks einen Erlös zu erzielen, mit dem die durch das Grundstück abgesicherten Forderungen der Gläubiger des Grundstückseigentümers befriedigt werden. Das Eigentum am Grundstück wird durch Zuschlag gemäß § 90 Abs. 1 ZVG dem Ersteher übertragen. Dieser entrichtet den seinem Meistgebot entsprechenden Preis an das Gericht, das den Erlös auf die Gläubiger verteilt (§§ 105 ff. ZVG).

726 Der Zuschlag gestaltet nur die dingliche Rechtslage neu. Die schuldrechtlichen Verpflichtungen des Grundstückseigentümers bleiben unberührt, der mit ihm abgeschlossene **Energiedienstleistungsvertrag geht** also **nicht** auf den Ersteher **über**[887]. Der Energiedienstleistungsvertrag bleibt mit dem bisherigen Kunden bestehen. Theoretisch ist es zwar möglich, dass dieser weiterhin die für die

---

[886] BGH, Urt. v. 5.3.2009 – IX ZR 15/08.
[887] *Stöber*, § 90 ZVG, Rn. 2, 7.

Versorgung des Grundstücks anfallenden Kosten zahlt, obwohl der Energiedienstleister ein dem bisherigen Kunden nicht mehr gehörendes Grundstück versorgt. Praktisch verhält es sich aber so, dass der bisherige Kunde, dessen Grundstück meist nur deshalb versteigert wird, weil er seine finanziellen Verpflichtungen nicht mehr in vollem Umfang erfüllt, spätestens mit Erteilung des Zuschlags alle Zahlungen an den Energiedienstleister einstellt. Einigt sich der Energiedienstleister in dieser Situation nicht mit dem Ersteher darauf, dass dieser in den Vertrag **eintritt** oder einen neuen Vertrag abschließt, so endet seine Tätigkeit auf dem Grundstück. Er kann lediglich die in seinem Eigentum stehenden Anlagen bzw. Anlagenteile demontieren und von dem bisherigen Kunden Schadensersatz wegen entgangenen Gewinns und vergeblicher Aufwendungen verlangen. Ein solcher Anspruch ist regelmäßig nicht werthaltig, weil der Kunde, dessen Grundstück zwangsversteigert wird, meist über kein weiteres Vermögen verfügt, in das der Energiedienstleister nach erfolgreicher gerichtlicher Durchsetzung seines Schadensersatzanspruchs vollstrecken könnte.

b) Absicherung der Abnahme durch eine Dienstbarkeit

727 Günstiger kann sich die Situation für den Energiedienstleister allein dann darstellen, wenn zu seinen Gunsten eine Dienstbarkeit[888] an dem Grundstück eingetragen ist, die es dem jeweiligen Grundstückseigentümer verbietet, Energie selbst zu erzeugen oder von Dritten zu beziehen. Die Dienstbarkeit ist nur dann hilfreich, wenn sie im Zwangsversteigerungsverfahren bestehen bleibt. Gemäß § 91 Abs. 1 ZVG **erlöschen** mit dem **Zuschlag** die Rechte am Grundstück, die nicht nach den Versteigerungsbedingungen bestehen bleiben sollen. Bestehen bleiben gemäß §§ 52 Abs. 1, 44 Abs. 1 ZVG die dem Anspruch des bestrangig betreibenden Gläubigers vorgehenden Rechte. Die den Lieferanten absichernde Dienstbarkeit bleibt grundsätzlich also nur dann bestehen, wenn sie im Rang dem Recht des betreibenden Gläubigers vorgeht. Der Rang eines Rechts richtet sich nach den §§ 10 bis 12 ZVG. Meist wird die Zwangsversteigerung von Grundpfandgläubigern betrieben, deren Rechte ebenso wie Dienstbarkeiten der „Rangklasse 4" angehören. Unter diesen grundsätzlich gleichberechtigten Rechten geht gemäß § 879 Abs. 1 BGB das früher eingetragene vor. Ein Energiedienstleister sollte deshalb bei Neubauvorhaben bemüht sein, so früh wie möglich die Eintragung der Dienstbarkeit zu erreichen.

---

[888] Ausführlich dazu oben Rn. 94 ff.

728 Meistens wird ein Energiedienstleister aber auf vorrangige Gläubiger treffen. Dann bestehen folgende Möglichkeiten: Gemäß § 880 BGB können mehrere Inhaber von Rechten am Grundstück durch Vertrag den Rang ihrer Rechte zueinander regeln (**Rangrücktrittsvereinbarung**)[889]. Der Energiedienstleister kann seine Absicherung also dadurch verbessern, dass er mit den vorrangigen Gläubigern eine Rangrücktrittsvereinbarung schließt. Ob das gelingt, hängt davon ab, wie die vorrangigen Gläubiger eine Belastung des Grundstücks mit der Dienstbarkeit bewerten.

729 Selbst wenn kein Rangrücktritt vereinbart werden kann, besteht aber noch eine Möglichkeit, die Dienstbarkeit zu erhalten. Gemäß § 59 ZVG kann bei der **Feststellung des geringsten Gebotes von den gesetzlichen Vorschriften abgewichen** werden. Dies setzt einen entsprechenden Antrag des betroffenen Gläubigers voraus. Ein Energiedienstleister, zu dessen Absicherung eine Dienstbarkeit eingetragen ist, kann also beim Gericht beantragen, dass die Dienstbarkeit bei der Feststellung des geringsten Gebotes berücksichtigt wird[890]. Das Gericht hat dann zu prüfen, ob durch die beantragte Feststellung das Recht eines anderen, also eines vorrangig abgesicherten Gläubigers, beeinträchtigt wird. Eine **Beeinträchtigung** liegt nicht schon darin, dass das Grundstück durch die abweichende Feststellung mit ungünstigeren Bedingungen übernommen wird, es kommt vielmehr darauf an, dass durch die abweichende Feststellung andere Gläubiger beeinträchtigt werden, also z.B. der Versteigerungserlös geringer ausfällt und deshalb vorrangige Gläubiger auf ihre gesicherte Forderung hin einen geringeren Zahlungsbetrag erhalten[891]. Ob eine solche Beeinträchtigung vorliegt, ist im Einzelfall zu prüfen. Wird das zu versteigernde Grundstück beispielsweise aus einem Nahwärmenetz versorgt und verfügt es weder über eine eigene Heizung, einen Schornstein noch einen Gasanschluss, so ist nicht ersichtlich, dass das Bestehenbleiben einer den Energiedienstleister absichernden Dienstbarkeit zu einem geringeren Erlös führen wird, weil der Ersteher sowieso darauf angewiesen ist, Wärme von dem Energiedienstleister zu beziehen. Eine Beeinträchtigung ist auch dann fraglich, wenn der Energiedienstleister die Energieerzeugungsanlage im Gebäude des Grundstückseigentümers errichtet hat und für den Fall, dass die Dienstbarkeit nicht bestehen bleibt, die Anlage ausbauen wird. In einem solchen Fall müsste der Ersteher erhebliche Mittel aufwenden, um das Grundstück wieder nutzen zu können oder aber jedenfalls Aufwand treiben, um einen neuen Energiedienstleister zu

---

[889] *Palandt-Bassenge*, § 880 BGB, Rn. 1 f.
[890] *Stöber*, § 52 ZVG, Rn. 2 Anm. 2.2.
[891] *Stöber*, § 59 ZVG, Rn. 4, Anm. 4.2.

finden. Beide Konsequenzen wirken sich eher mindernd als erhöhend auf den zu erwartenden Versteigerungserlös aus, so dass auch in diesem Fall eine Berücksichtigung bei der Feststellung des geringsten Gebotes zulässig ist.

730 Wird die zugunsten des Energiedienstleisters eingetragene Dienstbarkeit nicht bei der Feststellung des geringsten Gebotes berücksichtigt, so **erlischt** sie gemäß § 91 Abs. 1 ZVG **mit dem Zuschlag.** An ihre Stelle tritt gemäß § 92 ZVG ein Anspruch auf Wertersatz. Bei einer Grunddienstbarkeit bemisst sich dieser nach dem Wert, den das Recht für das herrschende Grundstück hatte[892]. Es ist ein Einmalbetrag anzusetzen. Bei einer beschränkten persönlichen Dienstbarkeit ist gemäß § 92 Abs. 2 ZVG eine monatliche Geldrente anzusetzen, zu deren Absicherung dann, wenn keine Laufzeit bestimmt ist, maximal der 25-fache Jahresbetrag in den Teilungsplan einzustellen ist[893]. Es ist zu beachten, dass die sich ergebenden Ersatzansprüche nur dann befriedigt werden, wenn alle vorrangigen Gläubiger vollständig befriedigt sind[894].

c) Eigentum an der Energieerzeugungsanlage

731 Der **Ersteher** wird gemäß § 90 Abs. 1 ZVG **mit Zuschlagserteilung Eigentümer** des Grundstücks. Dieses Eigentum umfasst auch alle wesentlichen Bestandteile des Grundstücks. Hat der Energiedienstleister also mit dem ehemaligen Eigentümer eine unwirksame Scheinbestandteilsabrede getroffen und ist seine Anlage damit schon beim Einbau wesentlicher Bestandteil des Grundstücks geworden, so erwirbt der Ersteher das Eigentum daran unabhängig von dem Bestehen eines Vertrages mit ihm.

732 Ist die Anlage des Energiedienstleisters dagegen als **Scheinbestandteil** anzusehen, so kann der Energiedienstleister seine Anlage für den Fall, dass eine Fortsetzung des Vertrages mit dem Ersteher nicht zustande kommt, vom Grundstück entfernen. Dem Energiedienstleister kann nicht entgegengehalten werden, dass der Ersteher vom Recht des Lieferanten an der Anlage nichts wusste und deshalb daran **gutgläubig Eigentum erworben** hat, weil auf den Eigentumserwerb mittels Zuschlag nicht die Regelungen über den rechtsgeschäftlichen Eigentumserwerb anzuwenden sind[895]. Was nicht zum versteigerten Grundeigentum gehörte, ist also auch nicht in das Eigentum des Erstehers übergegangen. Dessen ungeachtet ist der

---

[892] *Stöber,* § 92 ZVG, Rn. 6, Anm. 6.5.
[893] *Stöber,* § 92 ZVG, Rn. 4, Anm. 4.5.
[894] *Stöber,* § 109 ZVG, Rn. 3, Anm. 3.2.
[895] *Stöber,* § 90 ZVG, Rn. 2; vgl. OLG Celle, Urt. v. 25.3.2009 – 4 U 162/08; CuR 2009, 150–152.

Energiedienstleister, der von der bevorstehenden Versteigerung des belieferten Grundstücks erfährt, gut beraten, seine Ansprüche schon vor der Versteigerung anzumelden, weil dadurch z.B. ein Streit darüber vermieden werden kann, ob die Anlage des Energiedienstleisters von der Beschlagnahmewirkung umfasst ist (vgl. §55 Abs.2 ZVG). Er sollte den betreibenden Gläubiger auffordern, die Anlage frei zu geben. Weigert sich der Gläubiger, so sollte dieser auf Freigabe verklagt werden[896].

3. Zwangsverwaltung des Kundengrundstücks

733 Die Zwangsverwaltung ist streng von der Insolvenz zu trennen. Denn Insolvenz liegt vor, wenn der Schuldner nicht mehr zahlungsfähig oder überschuldet ist. Zwangsverwaltung wird bezüglich eines bestimmten Grundeigentums angeordnet, wenn ein Gläubiger des Schuldners dies aufgrund von Rechten, die ihm an dem Grundstück zustehen, erwirkt. Ein solcher Fall liegt z.B. vor, wenn eine kreditgebende Bank ihre Sicherheiten verwertet, weil der Kredit nicht mehr bedient wird und sie es für ertragreicher hält, dass Grundstück der Zwangsverwaltung zu unterstellen als die Zwangsversteigerung zu betreiben. Das Vermögen des Schuldners wird durch die Beschlagnahme zerlegt in das beschlagnahmte Grundeigentum sowie in das beschlagnahmefreie sonstige Vermögen. Der Zwangsverwalter ist bezüglich des von ihm verwalteten Vermögens mit wichtigen Einschränkungen Rechtsnachfolger des Grundstückseigentümers. Ein Energiedienstleistungsvertrag gehört aber nicht zu den Rechtsverhältnissen, auf die sich die Beschlagnahmewirkung bezieht. Mithin ist aus ihm weiterhin der Grundstückseigentümer verpflichtet. Der Energiedienstleister kann ihn auf Zahlung der offenen Forderungen daraus in Anspruch nehmen. Der Eigentümer hat aus seinem beschlagnahmefreien Vermögen diese Forderungen zu begleichen. Ob solches Vermögen vorhanden ist, spielt für die Frage, wer Anspruchsgegner ist, keine Rolle.

a) Eintritt des Zwangsverwalters in den Vertrag

734 Der Zwangsverwalter ist gemäß §152 ZVG verpflichtet, alle Handlungen vorzunehmen, die erforderlich sind, um das Grundstück in seinem wirtschaftlichen Bestande zu erhalten und ordnungsgemäß zu benutzen. Dazu gehört es gegebenenfalls auch, in die Verträge mit Lieferanten einzutreten, deren Leistungen für die ord-

---

[896] LG Leipzig, Urt. v. 9.8.2001 – 15 O 8132/00, CuR 2004, 24–26.

nungsgemäße Weiternutzung des Grundstücks erforderlich sind[897]. Der Zwangsverwalter ist nicht verpflichtet, in einen langfristigen Energieliefervertrag mit Wirkung für die Vergangenheit einzutreten. Versucht ein Versorgungsunternehmen, dass die Monopolstellung hinsichtlich der benötigten Versorgung hat, durch Einstellung der Versorgung eine Übernahme von Verbindlichkeiten aus der Zeit vor der Anordnung der Zwangsverwaltung zu erzwingen, so handelt es sittenwidrig und macht sich schadenersatzpflichtig[898]. Mit dem Zwangsverwalter kommt ein Stromlieferungsvertrag bezüglich einzelner Mieteinheiten nur dann schon durch Abnahme zustande, wenn der Zwangsverwalter mietrechtlich verpflichtet ist, die betroffene Mieteinheit mit Strom zu versorgen. Dies ist anders als bei der Wärmeversorgung vermieteter Räume keine regelmäßig von einem Zwangsverwalter zu unterstellende Situation[899].

b) Heizkostenabrechnung durch den Zwangsverwalter

735 Eine ganz andere rechtliche Frage ist die danach, ob der Zwangsverwalter verpflichtet ist, gegenüber den Mietern auch für Zeiträume, in denen er noch nicht Zwangsverwalter war, für die aber noch keine Heizkostenabrechnung vorliegt, diese Heizkostenabrechnung vorzunehmen. Das war lange Zeit streitig und ist vom Bundesgerichtshof dahingehend entschieden worden, dass der Zwangsverwalter eine Abrechnung erstellen muss und danach nicht nur berechtigt ist, Nachzahlungen einzuziehen, sondern auch verpflichtet ist, Guthaben auszukehren. Daran ändert nichts, dass er die Vorauszahlungen gar nicht erhalten hat[900]. Diese Pflicht zur rückwirkenden Abrechnung begründet aber keinen Anspruch des Wärmelieferanten, vom Zwangsverwalter Zahlungen für Rückstände aus der Zeit vor Anordnung der Zwangsverwaltung zu erhalten[901].

c) Abrechnung von Energielieferungen an den Zwangsverwalter

736 Entgegen älterer untergerichtlicher Entscheidungen hat der Bundesgerichtshof mit seinem Urteil vom 5.3.2009[902] eine sachgerechte, nachvollziehbare Rechtslage zum Umgang mit den **ausstehenden Energiekosten** nach **Beendigung** der Zwangsverwaltung hergestellt. In dem entschiedenen Streit hatte ein Zwangsverwalter nach Aufhe-

[897] *Stöber,* § 152 ZVG, Rn. 8.
[898] *Stöber,* § 152 ZVG, Rn. 8.3.
[899] BGH, Urt. v. 22.1.2014 – VIII ZR 391/12, Rn. 14-16, EnWZ 2014, 222.
[900] BGH, Urt. v. 26.3.2003 – VIII ZR 333/02, WuM 2003, 390.
[901] OLG Brandenburg, Urt. v. 2.3.2010 – 6 U 40/09, Grundeigentum 2010, 1120–1121.
[902] IX ZR 15/08, NJW 2009, 1677–1678.

bung der Zwangsverwaltung einen Überschuss ermittelt, den er an die Gläubiger auskehrte. Danach erhielt er die an ihn gerichteten Schlussrechnungen für die Zeit seiner Zwangsverwaltung. Er zahlte mangels verfügbarer Gelder nicht. Das Energieversorgungsunternehmen hat ihn daraufhin erfolgreich auf **Schadensersatz** gemäß § 154 ZVG wegen der Verletzung zwangsverwaltungstypischer Pflichten gegenüber dem Versorgungsunternehmen verklagt. Der Bundesgerichtshof gelangt zu diesem Ergebnis, weil seiner Ansicht nach der Zwangsverwalter gemäß § 154 ZVG nicht nur gegenüber den in § 9 ZVG genannten Verfahrensbeteiligten haftet, sondern gegenüber allen Personen, denen gegenüber das Zwangsversteigerungsgesetz ihm besondere Pflichten auferlegt. Gegenüber dem Energielieferanten hat der Zwangsverwalter nach § 155 Abs. 1 ZVG die Pflicht, die Ausgaben der Verwaltung aus den Nutzungen vorweg zu bestreiten. Dazu gehören auch die laufenden Energiekosten aus den Verträgen, die der Zwangsverwalter fortgesetzt oder neu begründet hat[903]. Der BGH hält den Zwangsverwalter für verpflichtet, bei Beendigung der Zwangsverwaltung abzuschätzen, welche **Nachzahlungen** noch zu leisten sind, Versorgungsunternehmen aufzufordern, ausstehende Zahlungen in Rechnung zu stellen und ausreichende **Rücklagen** zu bilden. Beachtet der Zwangsverwalter das nicht und kehrt er Überschüsse vorzeitig aus, so haftet er später dem Energielieferanten für dessen Nachzahlungsansprüche persönlich.

---

[903] BGH, Urt. v. 20.11.2008 – V ZB 81/08, NJW 2009, 598–599.

H. Checkliste Energiedienstleistungsvertrag

737 Die im Rahmen von Energiedienstleistungen möglichen Fallgestaltungen sind so vielfältig, dass eine schematische Betrachtung nicht geeignet ist, alle regelungsbedürftigen Aspekte zu erfassen. Eine Checkliste kann deshalb immer nur eine erste Orientierung ermöglichen. In Anlehnung an die Gliederung dieses Buches sollen deshalb nachfolgend wesentliche Regelungspunkte eines Energiedienstleistungsvertrages benannt werden[904].

I. Versorgungsobjekt

738 Folgende Rechtsverhältnisse am Versorgungsobjekt sind zu erfassen:

- Bezeichnung des Versorgungsobjekts
- Lage des Versorgungsobjekts
- Eigentumsverhältnisse am Versorgungsobjekt und, wenn davon abweichend, am Grundstück, auf dem sich das Versorgungsobjekt befindet; Einholung eines Grundbuchauszuges
- Handelt es sich um ein vermietetes Wohngebäude, das vom Eigentümer zentral beheizt und auf Wärmelieferung umgestellt wird, so sind bei Vertragsvorbereitung und -ausgestaltung die ergänzenden Anforderungen des § 556c BGB und der Wärmelieferverordnung zu beachten.

II. Vertragsparteien

739
- Die Vertragsparteien sind präzise zu benennen.
- Gehört das versorgte Objekt einer Wohnungseigentümergemeinschaft, die von einem Verwalter vertreten wird, so ist zu klären, ob der Verwalter in der erforderlichen Weise zum Vertragsschluss bevollmächtigt ist.

---

[904] Eine Checkliste für Energiespar-Contracting-Verträge und Energieliefer-Contracting-Verträge findet sich ebenfalls auf der Internetseite der Bundesstelle für Energieeffizienz unter www.bfee-online.de.

- Soll die Wärmelieferung nicht mit dem Vermieter eines Wohnhauses abgeschlossen werden, sondern mit den Mietern, so muss daneben auch ein Rahmenvertrag mit dem Vermieter abgeschlossen werden.
- Handelt es sich bei dem Kunden nicht um den Eigentümer des Grundstücks, auf dem sich das zu versorgende Objekt befindet, so ist der Eigentümer zu ermitteln und sein Einverständnis und die Bereitschaft, bei Beendigung des Mietverhältnisses den Vertrag zu übernehmen, frühzeitig zu klären.
- Oftmals verlangt der Finanzier des Contractors, dass ihm für den Fall, dass der Contractor ausfällt, das Recht eingeräumt wird, einen anderen Contractor zu benennen, der den Vertrag im ursprünglich vereinbarten Umfang erfüllt. Ein solches Drittbenennungsrecht muss mit dem Kunden ausdrücklich im Wärmelieferungsvertrag vereinbart werden.
- Ist der Kunde eine juristische Person, sind die Vertretungsverhältnisse zu klären, es ist ein Handelsregisterauszug vorzulegen.

III. Leistungspflicht des Energiedienstleisters

740 Die Versorgungsaufgabe des Energiedienstleisters ist möglichst präzise zu bestimmen:

- Energieart (Wärme, Elektrizität, Kälte, Licht, Druckluft etc.)
- Umfang der Energielieferung (Anschlussleistung, zu gewährleistende Raumtemperatur, Nachtabsenkung, Produktionsunterbrechungen bei Industriekunden o.ä.)
- Energieeigenschaften (Temperatur, Druck, Spannung etc.)
- Übergabepunkt
- Messung der gelieferten Energie
- Abgrenzung Kundenanlage/Energiedienstleisteranlage
- sonstige Leistungspflichten des Energiedienstleisters wie z.B. Instandhaltung der Kundenanlage, Abrechnung u.ä.
- Einschränkungen der Leistungspflicht (Ausfall des Vorlieferanten u.ä.).

Die Abgrenzung der Kundenanlage von der des Energiedienstleisters und die Übergabepunkte sollten zur eindeutigen Veranschaulichung in einer schematischen Anlagenskizze festgelegt werden. Unklarheiten können die gesamte Kalkulation in Frage stellen, wenn aufgrund fehlender Festlegungen ein Gericht z.B. zu dem Ergebnis kommt, dass aufwändige Instandhaltungsarbeiten an einzelnen Anlagenteilen der Kundenanlage vom Energiedienstleisters zu erledigen sind. Die gesetzlichen Pflichten zur Legionellenprüfung von Warmwasseranlagen können sowohl den Energiedienstleister, als auch den Gebäudeeigentümer treffen. Sie sind klar zuzuordnen.

IV. Leistungspflichten des Kunden

741 Die in die Kalkulation des Energiedienstleisters eingestellten Pflichten des Kunden sind umfassend festzuschreiben:
- Abnahmepflicht und deren Umfang
- Absicherung der Abnahmepflicht (Übertragung auf Rechtsnachfolger, dingliche Absicherung)
- Vom Kunden zu stellende Sicherheiten
- vom Kunden zu stellende Anlagen (z.B. Verteilanlage, Tankanlage, Anschlüsse an Versorgungs- und Entsorgungsleitungen, Anlagenaufstellungsraum etc.).

V. Preisgestaltung

742 Die vereinbarten Preise sind transparent und vollständig darzustellen:
- Preisbestandteile (Grund-/Leistungspreis, Arbeitspreis, Messpreis)
- Preisbildung und ggf. Preisänderungsklauseln
- Zeitpunkt der Preisanpassung
- Preisänderung bei geänderten oder neuen Abgaben oder anderen gesetzlich auferlegten Belastungen

Es sollte geklärt werden, ob eine Individualvereinbarung zur Preisanpassung herbeigeführt werden soll. Dient der Vertrag der Umstellung von Eigenversorgung durch den Vermieter auf Wärmelieferung ist eine von § 24 Abs. 4 AVBFernwärmeV abweichende Preisänderungsklausel allerdings immer unwirksam.

VI. Abrechnung

743 Es ist zu klären, ob der Energiedienstleister nur die Abrechnung seinem Vertragspartner, z.B. dem Vermieter gegenüber vornimmt, oder auch für diesen die Abrechnung mit dessen Vertragspartnern, z.B. den Mietern, erstellt und gegebenenfalls weitere Leistungen wie das Inkasso erbringt.

Die Höhe der Abschlagszahlungen bis zur ersten Abrechnung ist festzulegen.

VII. Energieerzeugungsanlage

744 Es ist zu klären, in wessen Eigentum die Energieerzeugungsanlage stehen soll. Regelmäßig soll das Eigentum beim Energiedienstleister verbleiben. Dazu ist es erforderlich, mehrere Vorkehrungen zu treffen:

- Scheinbestandteilsabrede (vorübergehender Zweck, kein Übernahmerecht des Kunden, Laufzeit geringer als Anlagenlebensdauer)
- Mietvertrag über den Anlagenaufstellungsort
- Bestellung einer Dienstbarkeit zur Absicherung
- ggf. Recht zur Nutzung bestimmter vorhandener Anlagenteile und Instandhaltungsverantwortung dafür.

VIII. Vertragslaufzeit

745 Neben der Länge der Vertragslaufzeit ist zu bestimmen, wann die Lieferung aufgenommen werden soll. Gegebenenfalls sind Vertragsstrafen oder Kündigungsmöglichkeiten für den Fall vorzusehen, dass der vereinbarte Lieferbeginn nicht eingehalten wird. Sofern die vorgesehene Vertragslaufzeit nicht in Allgemeinen Geschäftsbedingungen vereinbart werden kann, ist eine entsprechende Individualvereinbarung zu treffen.

IX. Einbeziehung der StromGVV/NAV/AVBFernwärmeV

746 Sofern die AVBFernwärmeV nicht schon von Gesetzes wegen gilt, ist sie, wenn dies gewünscht ist, durch ausdrückliche Vereinbarung in den Vertrag einzubeziehen. Die StromGVV und die NAV müssen bei Energiedienstleistungs-Vorhaben dann, wenn sie gelten sollen, stets ausdrücklich in den Vertrag mit einbezogen werden, weil sie von Gesetzes wegen nicht für Energiedienstleistungen gelten. § 5 Abs. 2 StromGVV ist unwirksam, wenn er in allgemeine Versorgungsbedingungen für Strom außerhalb der Grundversorgung einbezogen wird. Werden AVBFernwärmeV und/oder StromGVV nicht mit einbezogen, so muss sehr sorgfältig überprüft werden, welche der darin enthaltenen Regelungen in den Energiedienstleistungsvertrag aufgenommen werden sollen. Eine Vielzahl der dortigen Regelungen sollten in jedem Fall übernommen werden, wie z.B. die Regelungen über die Art und Umfang der Versorgung, die Haftung bei Versorgungsstörungen, die Kundenanlage, die Messung, die Abrechnung und Abschlagszahlungen sowie die Einstellung der Versorgung und die Kündigung des Vertrages.

X. Sonstige Regelungen

747 Sofern gesetzlich zulässig und gewünscht, sollte ein Gerichtsstand vereinbart werden. In jedem Fall ist neben der Einbeziehung der AVBFernwärmeV bzw. StromGVV und NAV durch entsprechende Verweise im Vertrag eindeutig zu klären, dass eine Anlagenskizze mit Übergabepunkt und Abgrenzung zur Kundenanlage Bestandteil des Vertrages ist. Gegebenenfalls ist auf weitere technische Anschlussbedingungen zu verweisen.

J. Vertragsbeispiel Wärmelieferungsvertrag

748 Anhand eines Vertragsbeispiels soll die Gestaltung eines Energiedienstleistungsvertrages illustriert werden. Das Beispiel bezieht sich auf die dezentrale Wärmelieferung an den Vermieter eines Mehrfamilienhauses einschließlich der Berechtigung des Energiedienstleisters, an dem Anlagenstandort Strom zu erzeugen. Für die Vermarktung des Stromes muss ein dem gewählten Vermarktungsmodell (siehe dazu Kap. C. I. – III., Rn. 332 ff.) angepasster Vertrag hinzukommen. Auch für den benannten Einsatzbereich stellt das Vertragsbeispiel keine abschließende Regelung dar, weil auch hier Besonderheiten des Einzelfalls andere Gestaltungen notwendig machen können. Es wird deshalb ausdrücklich darauf hingewiesen, dass für eine rechtssichere Ausgestaltung eines Energiedienstleistungsvertrages in jedem Fall die Überprüfung des Vertrages unter Berücksichtigung der wirtschaftlichen und rechtlichen Rahmenbedingungen des Einzelfalles erforderlich ist. Grundlage ist ein Vertragsmuster, das in seiner den aktuellen Verhältnissen angepassten Form seit vielen Jahren vom Verband für Wärmelieferung e.V., Hannover (www.vfw.de), verwendet wird. Das Vertragsmuster des VfW e.V. sowie weitere Vertragsmuster finden sich auf der Internetseite der Bundesstelle für Energieeffizienz unter www.bfee-online.de.

Wärmelieferungsvertrag

749 (Dieser Vertrag stellt ein Muster dar, das den besonderen Bedingungen jedes Einzelfalls angepasst werden muss. Sind in diesem Muster Alternativlösungen vorgesehen, so ist die für den Einzelfall passende auszuwählen.)

zwischen

____

Kunde

und

____

Lieferant

für das Grundstück ....

Flurstücksbezeichnung ....

Grundbuchbezeichnung ....

§ 1 Vertragszweck und Rechtsverhältnisse an dem Grundstück

(1) Der Lieferant beliefert den Kunden auf der Grundlage dieses Vertrages mit Wärme.

(2) Hinsichtlich der Eigentumsverhältnisse am Kundengrundstück gilt: (bitte ankreuzen)

❒ Der Kunde versichert, Eigentümer des Grundstücks zu sein. Steht das Grundstück im Eigentum mehrerer natürlicher oder juristischer Personen, so wird der Vertrag mit allen Eigentümern als Kunden abgeschlossen.

❒ Der Kunde ist eine Wohnungseigentümergemeinschaft. Der unterzeichnende Vertreter der Wohnungseigentümergemeinschaft sichert zu, dass er aufgrund eines ihn dazu berechtigenden und bevollmächtigenden Beschlusses der Wohnungseigentümer den Vertrag abschließt. Er legt dem Wärmelieferanten eine Niederschrift des Beschlusses gemäß § 24 Abs. 6 Wohnungseigentumsgesetz vor.

❒ Der Kunde ist Mieter oder Nutzungsberechtigter des Grundstücks. Er legt eine Erklärung des/der Grundstückseigentümer/s vor, der zufolge der/die Grundstückseigentümer dem Vertragsschluss zustimmt/en und sich verpflichtet/n, im Falle der Kündigung dieses Vertrages bei Beendigung des Miet- oder Nutzungsverhältnisses die Abnahme von Wärme für das belieferte Grundstück zu den Bedingungen dieses Vertrages bis zu dem in § 11 Abs. 1 genannten Enddatum fortzusetzen. Der Eigentümer ist dann nicht selbst zur Wärmeabnahme verpflichtet, wenn mit einem Nachfolgemieter ein neuer Wärmelieferungsvertrag zu den Bedingungen dieses Vertrages für den Zeitraum abgeschlossen wird, der unmittelbar nach dem Ende des Vertrages mit dem bisherigen Mieter zu laufen beginnt und bis zu dem in § 11 Abs. 1 Satz 1 genannten Enddatum läuft. Der Eigentümer verpflichtet sich, diese Eintrittspflicht auf den Erwerber im Falle der Übertragung des Eigentums am Grundstück während der Laufzeit dieses Vertrages zu übertragen.

(3) Der Lieferant ist nicht verpflichtet, mit den Vorbereitungen zur Erfüllung seiner in diesem Vertrag übernommenen Pflichten zu beginnen, solange ihm bei Belieferung einer Wohnungseigentümergemeinschaft die Beschlussniederschrift oder bei Belieferung eines Mieters die Eintrittserklärung des/der Grundstückseigentümer nicht vorliegt. Sollten die Beschlussniederschrift oder die Eintrittserklärung trotz Fristsetzung durch den Lieferanten ausbleiben, ist der

Lieferant berechtigt, diesen Vertrag ohne weitere Fristsetzung zu kündigen. Bei einer solchen Kündigung steht ihm die vereinbarte Vergütung abzüglich ersparter Aufwendungen zu.

(4) Ein aktueller Grundbuchauszug liegt diesem Vertrag als Anlage 1 bei. Lage und Größe des zu versorgenden Grundstücks ergeben sich aus dem als Anlage 2 beigefügten Lageplan.

§ 2 Lieferpflicht

(1) Der Lieferant versorgt aus seiner Heizstation gemäß der Verordnung über allgemeine Bedingungen für die Versorgung mit Fernwärme (AVBFernwärmeV) die auf dem Kundengrundstück befindlichen Gebäude mit Wärme. Die AVBFernwärmeV ist Bestandteil dieses Vertrages (Anlage 3), sofern nicht abweichende Regelungen in diesem Vertragstext oder anderen Anlagen individuell vereinbart wurden. Der Kunde verwendet die Wärme zur

❒ Raumheizung
❒ Warmwasserbereitung.
(Zutreffendes bitte ankreuzen)

Die Wärmelieferung beginnt am ____. Kommt es bei der Durchführung der Arbeiten, die für einen fristgerechten Lieferbeginn erforderlich sind, zu Verzögerungen, die der Lieferant nicht zu vertreten hat, so verschiebt sich der Lieferbeginn entsprechend.

(2) Als Wärmeträger dient Heizwasser. Es darf der Anlage nicht entnommen und nicht verändert werden.

Die Heizleistung ist dem Wärmebedarf entsprechend vom

❒ Lieferanten
❒ Kunden
(Zutreffendes bitte ankreuzen)

ermittelt worden. Die vereinbarte bereitzustellende maximale Heizleistung (Vertragsleistung) beträgt ca. _____ kW.

(Hier evtl. auch noch Angaben zur Vorlauftemperatur, Nachtabsenkung und weiteren Details einfügen.)

(3) Die vereinbarte Heizleistung wird nach der Inbetriebnahme vorgehalten. Eine Änderung der Leistungsanforderung bedarf einer besonderen Vereinbarung.

Die Verpflichtung, die vereinbarte Heizleistung vorzuhalten, entfällt, soweit und solange der Lieferant an der Erzeugung, dem Bezug oder der Fortleitung des Wärmeträgers durch höhere Gewalt

(Unwetter, Streik, Krieg u.ä.) oder sonstige Umstände, deren Beseitigung ihm wirtschaftlich nicht zugemutet werden kann, gehindert ist.

Ist der Lieferant zur Versorgung des Kunden darauf angewiesen, aus dem Netz eines Anderen Einsatzenergien wie z.B. Gas oder Elektrizität zu beziehen, so entfällt seine Verpflichtung, die Heizleistung vorzuhalten, auch dann, wenn die Versorgung aus dem Netz aus einem nicht vom Lieferanten zu vertretenden Grund unterbrochen wird. Die Versorgung kann ferner unterbrochen werden, soweit dies zur Vornahme betriebsnotwendiger Arbeiten erforderlich ist.

Über alle bevorstehenden Lieferunterbrechungen von nicht nur kurzer Dauer setzt der Lieferant den Kunden umgehend in Kenntnis.

Werden dem Kunden die Heizstation betreffende Unregelmäßigkeiten bekannt, so hat er den Lieferanten davon sofort in Kenntnis zu setzen.

(4) Die Wärme wird dem Kunden am Ausgang des/der Wärmemengenzähler/s übergeben (Übergabestation).

Die Abgrenzung der technischen Einrichtungen zwischen Kunde und Lieferant und die Lage der Übergabestation sind in einer Skizze dargestellt. Diese ist als Anlage 4 Bestandteil dieses Vertrages.

(5) Der Kunde verpflichtet sich, dem Finanzier des Lieferanten das Recht einzuräumen, bei Ausfall des Lieferanten einen anderen Wärmelieferanten zu benennen, der den Vertrag bis zum Ablauf der vereinbarten Laufzeit erfüllt. Hierüber wird eine gesonderte Vereinbarung zwischen Kunde und Finanzier geschlossen.

§ 3 Abnahmepflicht

(1) Der Kunde verpflichtet sich, den in § 2 Abs. 2 definierten Wärmebedarf während der Vertragslaufzeit ausschließlich durch Bezug vom Lieferanten zu decken; das Recht zur Nutzung erneuerbaren Energien gemäß § 3 S. 3 AVBFernwärmeV bleibt unberührt. Ergibt sich ein darüber hinausgehender Wärmebedarf, so verpflichtet sich der Kunde, auch diesen beim Lieferanten zu decken, sofern dieser zur Lieferung bereit und in der Lage ist.

(2) Ist der Kunde Eigentümer des Grundstücks und findet ganz oder teilweise ein Eigentumswechsel an dem Grundstück statt, ist der Kunde während der Laufzeit dieses Vertrages verpflichtet, formwirksam alle Rechte und Pflichten des Kunden aus diesem Vertrag auf den Erwerber zu übertragen. Dieser ist zu verpflichten, etwaige Rechtsnachfolger entsprechend weiter zu verpflichten. Abweichungen hiervon bedürfen der schriftlichen Zustimmung des Lieferanten. Der Lieferant ist vor jedem Eigentümerwechsel zu unterrichten.

Der Kunde wird von seinen Verpflichtungen aus diesem Vertrag frei, wenn der Erwerber dem Lieferanten gegenüber den Eintritt in diesen Vertrag schriftlich erklärt hat und hinreichende Gewähr zur Erfüllung der sich aus diesem Vertrag ergebenden Ansprüche des Lieferanten bietet.

(3) Die Wärme wird dem Kunden nur für die Versorgung des in diesem Vertrag genannten Grundstücks zur Verfügung gestellt. Die Weiterleitung zur Versorgung anderer Grundstücke ist mit dem Lieferanten abzustimmen und bedarf dessen schriftlicher Zustimmung.

§ 4 Heizstation

(1) Die zur Wärmeversorgung erforderliche Heizstation wird vom Lieferanten auf seine Kosten gestellt und verbleibt in seinem Eigentum.

(2) Der Kunde gestattet dem Wärmelieferanten, die vorhandenen Wärmeversorgungsanlagen oder Teile davon auf Kosten des Wärmelieferanten auszubauen, zu verwerten oder in die neue Heizstation zu integrieren.

(3) Die Heizstation wird nur zu einem vorübergehenden Zweck für die Vertragsdauer mit dem Grundstück verbunden. Sie wird durch Eigentumsmarken begrenzt. Sie ist nicht Bestandteil des Grundstücks und fällt nicht in das Eigentum des Kunden oder des Grundstückseigentümers (§ 95 BGB).

Der Lieferant entfernt die Heizstation nach der Beendigung des Vertrages aus dem Heizraum. Er ist nicht verpflichtet, den ursprünglichen Zustand wiederherzustellen.

(4) Der Lieferant schließt mit dem Kunden einen gesonderten Mietvertrag über den Heizraum.

(5) Der Kunde gewährleistet, dass der Heizraum mit Versorgungsleitungen für Wasser, Strom und Gas versehen ist und dass die Leitungen so installiert sind, dass die Versorgung nicht ohne Beschädigung von Sicherungseinrichtungen von Dritten unterbrochen werden kann. Der Lieferant darf diese Leitungen unentgeltlich nutzen.

(Alternativ: Der Kunde und in Fällen, in denen der Kunde nicht Grundstückseigentümer ist, der Grundstückseigentümer gestatten dem Lieferanten unentgeltlich, die für den Betrieb der Heizstation erforderlichen Versorgungsleitungen auf dem Grundstück zu verlegen und die für die eingesetzten Energieträger erforderlichen Lagereinrichtungen auf dem Grundstück zu errichten.)

Der Kunde gewährleistet weiter, dass der Heizraum mit einem Schmutzwassersiel und einem Schornstein ausgestattet ist, die der Lieferant unentgeltlich nutzen darf.

Der Lieferant ist berechtigt, aus der Heizstation auch Kunden auf anderen Grundstücken zu beliefern und die dafür erforderlichen Versorgungsleitungen auf dem Grundstück des Kunden zu verlegen, ohne dafür eine gesonderte Nutzungsentschädigung zahlen zu müssen. Er ist weiterhin berechtigt, die Wärme ganz oder teilweise in einer Kraft-Wärme-Kopplungsanlage zu erzeugen und alle für eine solche Anlage erforderlichen Leitungen und Nebenanlagen auf dem Grundstück zu errichten und zu betreiben. Er ist weiterhin berechtigt, den Nutzern der Gebäude die Versorgung mit Strom anzubieten und die dafür erforderlichen messtechnischen Einrichtungen zu errichten und zu betreiben sowie alle für die Umsetzung eines solchen Versorgungskonzeptes erforderlichen Erklärungen gegenüber dem Betreiber des Elektrizitätsversorgungsnetzes abzugeben, an das die elektrische Anlage des Kunden angeschlossen ist.

(6) Der Kunde verpflichtet sich, zu Lasten des belieferten Grundstücks eine beschränkte persönliche Dienstbarkeit/Grunddienstbarkeit zugunsten des Lieferanten nach Maßgabe der Anlage 5 zu diesem Vertrag zu bestellen, die zur Errichtung, zum Betrieb und zur Instandhaltung der Heizanlage unter Ausschluss des Grundstückseigentümers berechtigt. Der Lieferant beginnt mit der Installation der von ihm zu errichtenden Anlagen nach Übergabe der formgerechten Bewilligung der Dienstbarkeit. Wird dem Lieferanten nicht innerhalb von vier Wochen nach Vertragsschluss die formgerechte Bewilligung der Dienstbarkeit übergeben, so ist der Lieferant berechtigt, den Vertrag fristlos zu kündigen und Schadenersatz wegen des ihm dadurch entstehenden wirtschaftlichen Schadens zu verlangen.

(7) Der Lieferant versichert die Heizstation gegen Verlust oder Beschädigung durch Feuer, Überschwemmung oder andere Schadensursachen. Er ist berechtigt, die dafür anfallende Versicherungsprämie bei der Berechnung des Grundpreises zu berücksichtigen. Der Kunde teilt seiner Gebäudeversicherung zur Vermeidung einer Mehrfachversicherung mit, dass die Heizstation bis zur Beendigung dieses Vertrages nunmehr durch den Lieferanten versichert wird.

(Alternativ: Die Parteien vereinbaren, dass die Heizstation vom Kunden in seiner Gebäudeversicherung mitversichert wird. Der Kunde erbringt hierüber einen Nachweis durch die Vorlage eines unterzeichneten Sicherungsscheines des Verbandes der Sachversicherer oder eine andere geeignete schriftliche Erklärung des Versicherers und tritt den Anspruch auf Versicherungsleistungen für die Heizstation wirksam an den Lieferanten ab. Dies ist von dem Kunden dem Gebäudeversicherer anzuzeigen.)

(8) Der Wärmeverbrauch des Kunden wird durch Messung im Vorlauf und Rücklauf des Heizwassers festgestellt. Die Messeinrichtung ist Eigentum des Lieferanten und wird von ihm Instand gehalten. Sie muss den eichrechtlichen Vorschriften entsprechen. Der Lieferant kann eine Fernableseeinrichtung installieren.

(9) Der Lieferant trägt die Kosten der gesetzlich vorgeschriebenen Messungen und Kontrollen sowie des Betriebsstromes für die Heizstation. Wasser- und Abwasserkosten trägt der Kunde.

§ 5 Wärmepreis

(1) Abgerechnet werden Entgelte für die Vorhaltung der Heizstation (Jahresgrundpreis), die gelieferte Wärmemenge (Arbeitsentgelt) und die Messung der Wärmemenge (Messpreis). Die Entgelte sind veränderlich. Sie ergeben sich nach Maßgabe der nachfolgenden Vorschriften.

(2) Der Jahresgrundpreis berechnet sich nach folgender Formel:

$PG = \_\_\_ \text{ EUR} \times (x + y \times L/L_0)$.

In dieser Formel bedeuten:

PG = Grundpreis

x = nicht variabler Anteil des Grundpreises, ausgedrückt als Dezimalzahl (z.B. 0,6 für 60 % Fixkostenanteil)

y = variabler Anteil des Grundpreises, ausgedrückt als Dezimalzahl (z.B. 0,4 für 40 % variable Kosten im Grundpreis)

Die Summe der Faktoren x und y muss stets 1 betragen.

L = Index der tariflichen Stundenverdienste im Produzierenden Gewerbe und im Dienstleistungsbereich, 2010 = 100, Deutschland, Wirtschaftszweig Energieversorgung, entsprechend der Veröffentlichung des Statistischen Bundesamtes, Fachserie 16, Reihe 4.3, Abschnitt 1.1, laufendes Kennzeichen D

L_0 = Index der tariflichen Stundenverdienste im Produzierenden Gewerbe und im Dienstleistungsbereich, 2010 = 100, Deutschland, Wirtschaftszweig Energieversorgung, entsprechend der Veröffentlichung des Statistischen Bundesamtes, Fachserie 16, Reihe 4.3, Abschnitt 1.1, laufendes Kennzeichen D; Stand: ___ (Datum) = ___ (konkreter Indexwert zum Bezugsdatum)

Der Grundpreises ändert sich jeweils zum 1. Januar eines Jahres. Der maßgebliche Indexwert L ist der für das erste Quartal des Abrechnungszeitraums veröffentlichte Wert.

(3) Das Arbeitsentgelt ist das Produkt aus der verbrauchten Wärmemenge und dem jeweils geltenden Arbeitspreis. Der Arbeitspreis ergibt sich nach folgender Formel:

$PA = \_\_\_ \text{ EUR/kWh} \times (0{,}5 \times B/B_0 + 0{,}5 \times BI/BI_0)$.

In dieser Formel bedeuten:

PA = Arbeitspreis

B = Durchschnittliche Brennstoffkosten des Lieferanten in EUR/kWh netto ohne Mehrwertsteuer, aber einschließlich aller sonstigen Steuern und Abgaben, in dem Zeitraum, der für die jeweilige Preisanpassung maßgeblich ist

B_0 = Basiswert der Brennstoffkosten des Lieferanten in Höhe von ... EUR/kWh netto ohne Mehrwertsteuer, aber einschließlich aller sonstigen Steuern und Abgaben

BI = ___index (genauen Brennstoffindex eintragen) des Statistischen Bundesamtes, Fachserie 17, Reihe .... Index der Erzeugerpreise gewerblicher Produkte, lfd. Nr.___ (2010 = 100); ___, bei Abgabe an ___

BI_0 = Basiswert des Brennstoffindex, Stand ___ = ___ (hier genauen Wert und Bezugsdatum einsetzen)

Der Arbeitspreis ändert sich jeweils zum Beginn eines Vierteljahres (Quartals). Grundlage für die Preisänderung sind

für das erste Quartal der mittlere Indexwert und die durchschnittlichen Brennstoffkosten in den Monaten Juli bis September des Vorjahres,

für das zweite Quartal der mittlere Indexwert und die durchschnittlichen Brennstoffkosten in den Monaten Oktober bis Dezember des Vorjahres,

für das dritte Quartal der mittlere Indexwert und die durchschnittlichen Brennstoffkosten in den Monaten Januar bis März des laufenden Jahres,

für das vierte Quartal der mittlere Indexwert und die durchschnittlichen Brennstoffkosten in den Monaten April bis Juni des laufenden Jahres.

(Es kommt auch eine monatliche oder jährliche Anpassung in Betracht ebenso wie die Bezugnahme auf kürzer zurückliegende Index- und Kostenwerte. Die Formulierung muss dann entsprechend geändert werden.)

(4) Der Jahresmesspreis berechnet sich wie folgt:

PM = ___ EUR × L/L_0.

In dieser Formel bedeuten:

PM = Jahresmesspreis

L = Index der tariflichen Stundenverdienste im Produzierenden Gewerbe und im Dienstleistungsbereich, 2010 = 100, Deutschland, Wirtschaftszweig Energieversorgung, entsprechend der Veröffentlichung des Statistischen Bundesamtes, Fachserie 16, Reihe 4.3, Abschnitt 1.1, laufendes Kennzeichen D

L_0 = Index der tariflichen Stundenverdienste im Produzierenden Gewerbe und im Dienstleistungsbereich, 2010 = 100, Deutschland, Wirtschaftszweig Energieversorgung, entsprechend der Veröffentlichung des Statistischen Bundesamtes, Fachserie 16, Reihe 4.3, Abschnitt 1.1, laufendes Kennzeichen D; Stand: ___ (Datum) = ___ (konkreter Indexwert zum Bezugsdatum)

Der Messpreis ändert sich jeweils zum 1. Januar eines Jahres. Der maßgebliche Indexwert L ist der für das erste Quartal des Abrechnungszeitraums veröffentlichte Wert.

(5) Zu den Entgelten kommen die jeweils gesetzlich vorgeschriebene Umsatzsteuer (zurzeit 19 %) und sonstige Steuern oder Abgaben, mit denen das Wärmeentgelt unmittelbar belastet ist, hinzu. Solche Steuern und Abgaben werden in der Rechnung einzeln ausgewiesen.

(6) Nach den Abs. 2 bis 5 ergeben sich bezogen auf den Zeitpunkt der Angebotserstellung folgende Preise:

Zurzeit aktueller Grundpreis: ___ EUR/Jahr zzgl. MwSt. = ___ EUR/Jahr

Zurzeit aktueller Arbeitspreis: ___ EUR/kWh zzgl. MwSt. = ___ EUR/kWh

Zurzeit aktueller Messpreis: ___ EUR/Jahr zzgl. MwSt. = ___ EUR/Jahr.

Haben sich die Bezugswerte für die Preise bis zum Lieferbeginn verändert, so kommen bereits ab Lieferbeginn entsprechend geänderte Preise zur Anwendung.

(7) Die Änderung der Preise bedarf zu ihrer Wirksamkeit keiner Vorankündigung. Die Preisermittlung ist in der Abrechnung zu erläutern.

(8) Sollten zukünftig Steuern oder sonstige Abgaben oder sich aus gesetzlichen Vorschriften ergebende Zahlungsverpflichtungen an Dritte, welche Versorgungsleistungen betreffen und in die Kosten des Lieferanten eingehen, gegenüber dem Stand bei Vertragsschluss eingeführt, erhöht, gesenkt oder abgeschafft werden, so ändern sich die Preise den Auswirkungen dieser Änderungen entsprechend ab dem Zeitpunkt, zu dem die Änderungen in Kraft treten. Entsprechendes gilt, wenn bei Vertragsschluss vom Lieferanten in Anspruch genommene Steuervergünstigungen für den Energiebezug sich während der Laufzeit des Vertrages ändern.

(9) Werden die den Preisen zugrunde liegenden Indices nicht mehr veröffentlicht, so ist der Lieferant berechtigt, den Bezugsindex durch einen in seiner wirtschaftlichen Auswirkung möglichst gleichen oder den bisherigen Bezugsgrößen nahe kommenden veröffentlichten Index zu ersetzen. Die Indices des Statistischen Bundesamtes werden unter http://www.destatis.de veröffentlicht.

(10) Sind die vereinbarten Preisbestimmungen nicht mehr geeignet, die Kostenentwicklung bei der Erzeugung und Bereitstellung von Wärme durch den Lieferanten und die jeweiligen Verhältnisse auf dem Wärmemarkt angemessen zu berücksichtigen, so ist der Lieferant verpflichtet, nach billigem Ermessen die Preisänderungsklausel so anzupassen, dass sie wiederum die Kostenentwicklung bei der Erzeugung von Wärme durch den Lieferanten und die jeweiligen Verhältnisse auf dem Wärmemarkt angemessen abbildet.

§ 6 Abrechnung

(1) Die gelieferte Wärmemenge wird jährlich/monatlich abgerechnet. Bei jährlicher Abrechnung sind Teilbeträge in Höhe von 1/12 der voraussichtlichen Jahreskosten für die verbrauchte Wärme, deren Bereitstellung und Messung als Abschlagszahlung für den vorausgegangenen Monat am Anfang jedes Kalendermonats bis zum dritten Werktag zu entrichten. Bis zur Vorlage der ersten Jahresabrechnung beträgt die Abschlagszahlung ______ EUR pro Monat. Die Höhe der weiteren Abschlagszahlungen wird in der Jahresabrechnung vom Lieferanten nach billigem Ermessen festgelegt und ist bis zur Vorlage der folgenden Jahresabrechnung oder einer Anpassung nach Abs. 3 verbindlich.

(2) Zur Sicherung der dem Lieferanten gegen den Kunden zustehenden Forderungen tritt der Kunde die ihm gegen die Mieter des versorgten Hauses zustehenden Heizkostenerstattungsansprüche an den Lieferanten ab. Sind die Heizkostenerstattungsansprüche oder Vorauszahlungsansprüche auf Heizkostenerstattungsansprüche im Mietvertrag nicht betragsmäßig gesondert ausgewiesen, so tritt der Kunde die ihm gegen die Mieter zustehenden Mietzinszahlungsansprüche an den Lieferanten ab. Der Lieferant nimmt die Abtretung an. Der Kunde versichert, über diese Ansprüche verfügen zu dürfen und sie noch nicht abgetreten zu haben. Er überlässt dem Lieferanten eine im Bedarfsfalle zu aktualisierende Aufstellung der Mieter und der von ihnen zu zahlenden Mieten. Der Lieferant verpflichtet sich, alle Ansprüche an den Kunden zurück abzutreten, sobald die Laufzeit dieses Vertrages beendet und alle Ansprüche des Lieferanten aus diesem befriedigt sind.

Der Kunde zieht die abgetretenen Forderungen solange vom Mieter ein, bis der Lieferant die Sicherungsabtretung wegen Zahlungsverzuges des Kunden gegenüber den Mietern des Kunden offen legt.

(3) Sollte eine Änderung der Jahresverbrauchskosten von über 5 % zu erwarten sein, so können der Lieferant oder der Kunde eine angemessene Anpassung der Abschlagszahlungen verlangen.

(4) Die Jahresabrechnung ist innerhalb von sechs Monaten nach dem Ende des jeweiligen Abrechnungszeitraumes vorzulegen. Die Rechnungsbeträge der Jahresabrechnung sind binnen zwei Wochen nach Zugang der Jahresabrechnung auf ein Bankkonto des Lieferanten zu überweisen. Ergibt sich eine Überzahlung, wird der überzahlte Betrag binnen zwei Wochen an den Kunden zurückgezahlt.

(5) Bei Zahlungsverzug ist der Vertragspartner, der Zahlung verlangen kann, berechtigt, unbeschadet weitergehender Ansprüche Verzugszinsen in Höhe von 5 Prozentpunkten über dem jeweiligen Basiszinssatz nach § 247 BGB zu verlangen. Ist keine Vertragspartei des Wärmelieferungsvertrages Verbraucher im Sinne des § 13 BGB, so beträgt der Verzugszinssatz 9 Prozentpunkte über dem Basiszinssatz gemäß § 247 BGB.

§ 7 Instandhaltung und Überprüfung der Kundenanlage und Zutrittsrecht des Lieferanten

(1) Der Kunde ist verpflichtet, für die ordnungsgemäße Herstellung und Instandhaltung der gebäudeseitigen Wärmeverteilungsanlage jenseits der Übergabestation (Kundenanlage) Sorge zu tragen. Änderungen an der Kundenanlage sind im Vorwege mit dem Liefe-

ranten abzustimmen. Führen die Änderungen dazu, dass der Lieferant Veränderungen an seiner Anlage vornehmen muss, so erstattet der Kunde dem Lieferanten die damit verbundenen Kosten. Wird der Lieferant auch mit der Instandhaltung der Kundenanlage beauftragt, so ist darüber ein gesonderter, eigenständig neben diesem Wärmelieferungsvertrag stehender Wartungsvertrag abzuschließen.

(2) Der Lieferant ist berechtigt, die Kundenanlage jederzeit zu überprüfen. Der Lieferant hat den Kunden auf erkannte Sicherheits- und Funktionsmängel aufmerksam zu machen. Er kann deren Beseitigung verlangen.

(3) Werden Mängel festgestellt, die die Sicherheit gefährden oder erhebliche Störungen erwarten lassen, so ist der Lieferant berechtigt, den Anschluss oder die Versorgung zu verweigern.

(4) Durch Vornahme der Überprüfung der Kundenanlage oder deren Unterlassung übernimmt der Lieferant keine Haftung für die Mängelfreiheit der Kundenanlage. Unbeschadet davon bleiben anders lautende Vereinbarungen in einem eigenständigen Wartungsvertrag.

(5) Der Kunde hat dem mit einem Ausweis versehenen Beauftragten des Lieferanten ab Vertragsschluss Zutritt zu seinem Grundstück, seinen Gebäuden und seinen Räumen zu gestatten, soweit dies erforderlich ist, unbedingt aber zu der Heizstation. Der Lieferant erhält vom Kunden die dafür erforderlichen Schlüssel innerhalb von zwei Wochen nach Vertragsschluss. Ist es erforderlich, die Räume eines Dritten zu betreten, so ist der Kunde verpflichtet, dem Lieferanten hierzu die Möglichkeit zu verschaffen.

§ 8 Haftung

(1) Die Haftung des Lieferanten bei Versorgungsstörungen richtet sich nach § 6 AVBFernwärmeV.

(2) Der Lieferant ist verpflichtet, während der gesamten Vertragslaufzeit eine Haftpflichtversicherung mit einer Versicherungssumme von mindestens ... € pro Schadensfall zu unterhalten, die seine Haftung nach diesem Vertrag deckt.

§ 9 Aufrechnung

Gegen Ansprüche des Lieferanten kann nur mit unbestrittenen oder rechtskräftig festgestellten Gegenansprüchen aufgerechnet werden.

§ 10 Billigkeitsklausel

Wenn die wirtschaftlichen, technischen oder rechtlichen Voraussetzungen, unter denen die Bestimmungen dieses Vertrages vereinbart worden sind, eine grundlegende Änderung erfahren und infolgedessen einem der Vertragspartner oder beiden unter Berücksichtigung aller Umstände des Einzelfalles, insbesondere der vertraglichen oder gesetzlichen Risikoverteilung, ein Festhalten am Vertrag nicht mehr zugemutet werden kann, weil dies den gemeinsamen bei Vertragsschluss vorhandenen Vorstellungen über einen angemessenen Ausgleich der beiderseitigen wirtschaftlichen Interessen nicht entsprechen würde, so ist dieser Vertrag unter Berücksichtigung des Grundsatzes von Treu und Glauben den geänderten Verhältnissen anzupassen.

§ 11 Vertragsdauer und Kündigung

(1) Die Laufzeit beginnt am _______ und endet am ________. Eine Kündigung vor Ablauf der Vertragslaufzeit ist ausgeschlossen. Unberührt bleibt das Recht zur außerordentlichen Kündigung gemäß § 314 BGB und § 33 AVBFernwärmeV.

(2) Wird der Vertrag nicht neun Monate vor Ablauf gekündigt, so gilt eine Verlängerung um jeweils weitere fünf Jahre als stillschweigend vereinbart.

§ 12 Einstellung der Versorgung, fristlose Kündigung

(1) Der Lieferant ist berechtigt, die Versorgung fristlos einzustellen, wenn der Kunde den Bestimmungen dieses Vertrages zuwider handelt und die Einstellung erforderlich ist, um

1. eine unmittelbare Gefahr für die Sicherheit von Personen oder Anlagen abzuwenden,
2. den Verbrauch von Wärme unter Umgehung, Beeinflussung oder vor Anbringung der Messeinrichtungen zu verhindern oder
3. zu gewährleisten, dass Störungen anderer Kunden oder störende Einwirkungen auf Einrichtungen des Unternehmens oder Dritter ausgeschlossen sind.

(2) Bei anderen Zuwiderhandlungen, insbesondere bei Nichterfüllung einer Zahlungsverpflichtung trotz Mahnung, ist der Lieferant berechtigt, die Versorgung zwei Wochen nach Androhung einzu-

stellen. Dies gilt nicht, wenn der Kunde darlegt, dass die Folgen der Einstellung außer Verhältnis zur Schwere der Zuwiderhandlung stehen, und hinreichende Aussicht besteht, dass der Kunde seinen Verpflichtungen nachkommt. Der Lieferant kann mit der Mahnung zugleich die Einstellung der Versorgung androhen.

(3) Der Lieferant hat die Versorgung unverzüglich wieder aufzunehmen, sobald die Gründe für ihre Einstellung entfallen sind und der Kunde die Kosten der Einstellung und Wiederaufnehme der Versorgung ersetzt hat. Die Kosten können pauschal berechnet werden.

(4) Der Lieferant ist in den Fällen des Abs. 1 berechtigt, das Vertragsverhältnis fristlos zu kündigen, in Fällen des Absatzes 1 Nr. 1 jedoch nur, wenn die Voraussetzungen zur Einstellung der Versorgung wiederholt vorliegen. Bei wiederholten Zuwiderhandlungen nach Absatz 2 ist der Lieferant zur fristlosen Kündigung berechtigt, wenn sie zwei Wochen vorher angedroht wurde; Absatz 2 Satz 2 und 3 gilt entsprechend.

§ 13 Schlussbestimmung

(1) Vertragsänderungen und Kündigungen müssen schriftlich erfolgen. Mündliche Nebenabreden bestehen nicht.

(2) Gerichtsstand ist __________.

(3) Die Bestimmungen dieses Vertrages gehen allen gesetzlichen Vorschriften, auch solchen, die auf noch in der Zukunft stattfindenden Gesetzesänderungen beruhen, vor, sofern die gesetzlichen Vorschriften abdingbar sind. Die Unwirksamkeit einzelner Vertragsbestimmungen ist auf den Bestand und die Fortdauer des Vertrages ohne Einfluss.

(4) Sofern dieser Vertrag vom Kunden nicht als Unternehmer in Ausübung seiner gewerblichen oder freiberuflichen Tätigkeit abgeschlossen wird, sind Kunde und Lieferant erst nach Ablauf der Frist zur Ausübung des Widerrufsrechts, über das der Kunde gesondert belehrt wird, dazu verpflichtet, ihre nach diesem Vertrag geschuldeten Leistungen zu erbringen. Insbesondere muss der Lieferant erst nach Ablauf dieser Frist mit der Errichtung der Heizstation und der Ausführung der Arbeiten beginnen, die erforderlich sind, um die nach diesem Vertrag geschuldeten Leistungen erbringen zu können.

(5) Soweit dieser Vertrag nichts anderes bestimmt, gelten die folgenden Anlagen als Bestandteil des Vertrages:

Anlage 1 Grundbuchauszug

Anlage 2 Lageplan

Anlage 3 AVBFernwärmeV

Anlage 4 Anlagenskizze mit Liefer- und Eigentumsgrenzen

Anlage 5 Dienstbarkeitsmuster

______________	______________
Ort	Datum
______________	______________
Kunde	Lieferant

Anhang: Formular zur Anmeldung einer Stromlieferung aus dem Netz bei einem Letztverbraucher innerhalb einer Kundenanlage

Anzeige eines von einem Dritten mit Strom zu beliefernden bzw. belieferten Letztverbrauchers in einer Kundenanlage

(nur gültig für SLP-Letztverbraucher)

Meldestatus	☐ Anmeldung zum	☐ Abmeldung zum	☐ Änderungsmeldung zum
Meldeanlass (bitte ☒)	☐ Zählerstandsmeldung (turnusmäßig) ☐ besondere Zählerstandsmeldung		

Ein GPKE-Meldeverfahren (UTILMD-Nachricht) ist für Meldungen in nicht der Regulierung durch die BNetzA unterliegenden Kundenanlagen nicht vorgesehen.

A. Ort der Kundenanlage – Anschlussnehmer – Zähleridentifikation	
Straße, PLZ, Ort (Netzanschlusspunkt zum Verteilnetzbetreiber)	
Anschlussnehmer (§1 Abs. 2 NAV)	
Zählpunktbezeichnung	D E
Zähler-Nummer	

B. Kundenanlagenbetreiber (KAB) – Anschlussnutzer	
Name Anschrift (Straße, PLZ, Ort)	
Falls vorhanden: Betriebsnummer des KAB bei der Bundesnetzagentur (BNetzA)	
USt-Id-Nummer des KAB:	
Energierechtlicher Status der Kundenanlage	***§ 3 Nr. 24a EnWG***

Der KAB ist vom Anschlussnehmer bevollmächtigt, die Kundenanlage zu betreiben und innerhalb der Kundenanlage als Stromlieferant Letztverbraucher mit elektrischer Energie zu beliefern.

Der KAB gewährt dem unter G. genannten Stromlieferanten diskriminierungsfreien Zugang zur Kundenanlage zur Belieferung des unter D. genannten Letztverbrauchers und erhebt dafür vom Stromlieferanten keine Entgelte.

C. Netzbetreiber des Netzes, an das die Kundenanlage angeschlossen ist	
Name Anschrift	

Der der Kundenanlage vorgelagerte Netzbetreiber ist verpflichtet, einen virtuellen Zählpunkt zu bilden und die Zählpunkte zu verwalten (vgl. §20 Abs. 1d EnWG, § 4 Abs. 3b KWKG, § 2 Nr. 13 StromNZV, § 4 Abs. 4 MessZV).

D. Letztverbraucher (Abnahmestelle innerhalb der Kundenanlage)	
Vorname, Zuname Abnahmestelle (Straße, PLZ, Ort, (ggf. Haus-/Wohnungs-bezeichnung)	

Messstellenbetrieb und Messung der vorgenannten Abnahmestelle erfolgt auf Basis der unter E. genannten Rechtsgrundlage

Der Letztverbraucher hat mit dem unter G. genannten Stromlieferanten einen Vertrag zur Lieferung von elektrischer Energie geschlossen.

E. Messstellenbetreiber der Abnahmestelle des Letztverbrauchers

Messstellenbetreiber	bitte ☒	VDEW-Nr. Messstellenbetreiber	VDEW-Nr. Messdienstleister	Rechtsgrundlage
= Netzbetreiber (siehe C.)	☐			gemäß § 21b Abs. 1 EnWG
= Kundenanlagenbetreiber (siehe B) *	☐			
= (Name, Anschrift eines sonstigen Messstellenbetreibers)	☐			gemäß § 21b Abs. 2 EnWG

Erfolgt der Messstellenbetrieb und die Messung nicht durch den Netzbetreiber, hat der innerhalb der Kundenanlage angeschlossene Letztverbraucher entweder selbst mit dem vorgenannten Messstellenbetreiber eine Vereinbarung nach § 21 b Abs. 2 EnWG zum Messstellenbetrieb abgeschlossen oder nach § 21 b Abs. 4 EnWG dem Anschlussnehmer die Einwilligung erteilt, den vorgenannten Messstellenbetreiber zu beauftragen. Dieser Messstellenbetreiber gewährleistet einen einwandfreien und den eichrechtlichen Vorschriften entsprechenden Messstellenbetrieb einschließlich Messungen und Datenüber-mittlungen an die berechtigten Marktteilnehmer für eine fristgerechte und vollständige Abrechnung mit dem Letztverbraucher (§21b Abs. 2 EnWG).

*** Ist der KAB innerhalb der Kundenanlage gleichzeitig Messstellenbetreiber der Abnahmestelle des Letztverbrauchers, so ist dieser nicht verpflichtet, die Daten über das elektronische Nachrichtenformat MSCONS oder ein vergleichbares Format zu übermitteln, da dieses für ihn bei einer nur geringen Anzahl von Letztverbrauchern, die von einem Dritten beliefert werden, einen unverhältnismäßigen und u.U. diskriminierenden Aufwand bedeuten würde.**

Diese Anzeige ist ein von den Verbänden **VfW – Verband für Wärmelieferung e.V., Hannover** (www.vfw.de), **B.KWK – Bundesverband Kraft-Wärme-Koppelung e.V., Berlin** (www.bkwk.de) und **Arbeitsgemeinschaft für sparsame Energie- und Wasserverwendung im VKU (ASEW), Köln** abgestimmtes Formular für die An-/Abmeldung sowie laufende Meldungen beim Netzbetreiber.

F. Zählerdaten des Letztverbrauchers		
Zähler vorhanden	☐ Ja	☐ Nein, der Messstellenbetreiber (E) hat den Zähler unverzüglich bereitzustellen und zu installieren
Zählernummer		
Zählpunktbezeichnung (falls vom Netzbetreiber vergeben)	D E	
Zählerstand (in kWh)	HT:	NT:
Ablesedatum (TT/MM/JJJJ)		
Stromzählertyp		
Integriertes Zählersystem zur Erfassung und Auslesung weiterer Medien (z.B. Wärme, Gas, Wasser) (bitte ☒)	☐ Strom	☐ Wärme ☐ Kaltwasser ☐ Warmwasser ☐ Gas ☐ Sonstiges
Vorprogrammierte HT/NT-Zeiten Mo. – So. (Uhrzeit)	HT: von Uhr bis Uhr	NT: von Uhr bis Uhr
Turnusmäßiger Ablesezeitpunkt	***jährlich zum***	
Änderung des turnusmäßigen Ablesezeitpunktes möglich	☐ Ja	☐ Nein
Fernauslesung des Zählers durch E. möglich	☐ Ja	☐ Nein

G. Stromlieferant des Letztverbrauchers (Drittstromlieferant)	
Name Anschrift (Straße, PLZ, Ort)	
weitere Angaben	

⚠

H. Verrechnung Stromliefermenge an Letztverbraucher (D) mit Strombezugsmenge (Zusatz- und Reservestrom) des Kundenanlagenbetreibers (B)	
Stromlieferant des KAB am Ort der Kundenanlage (gemäß obiger Ziffer A) (Name, Anschrift)	
Kd.-Nr. des KAB beim vorgenannten Stromlieferanten	
Vertragskontonummer des KAB beim vorgenannten Stromlieferanten	
Sonstige Identifizierungsmerkmale des KAB beim vorgenannten Stromlieferanten	
Nach § 4 Abs. 3b KWKG sind die Strommengen des KAB aus dem Netz des Netzbetreibers (C) um die Strommengen des Letztverbrauchers (D) zu reduzieren. Der Netzbetreiber hat die reduzierte Bezugsmenge an den Stromlieferanten des KAB (H) zu melden.	

I. Sonstiges		
Ansprechpartner beim KAB	Vorname/Name: Email:	Telefon: Telefax:
Ort, Datum		
Unterschrift, Stempel des KAB		

Hinweis an den Letztverbraucher: **Die Belieferung mit Strom durch einen Dritten innerhalb der Kundenanlage erfolgt außerhalb des Geltungsbereichs des Energiewirtschaftsgesetzes (EnWG) und außerhalb der Netzregulierung durch die Bundesnetzagentur (BNetzA).**

Verteiler: ☐ Kundenanlagenbetreiber ☐ Verteilnetzbetreiber ☐ Drittstromlieferant ☐ ZuR-Stromlieferant ☐ Letztverbraucher

Diese Anzeige ist ein von den Verbänden **VfW – Verband für Wärmelieferung e.V., Hannover** (www.vfw.de), **B.KWK – Bundesverband Kraft-Wärme-Koppelung e.V., Berlin** (www.bkwk.de) und **Arbeitsgemeinschaft für sparsame Energie- und Wasserverwendung im VKU (ASEW), Köln** abgestimmtes Formular für die An-/Abmeldung sowie laufende Meldungen beim Netzbetreiber.

Stichwortverzeichnis

(Die Zahlen beziehen sich auf die jeweiligen Randnummern.)